普通高等教育“十一五”国家级规划教材

基础工程原理与方法

JICHU GONGCHENG YUANLI YU FANGFA

黄生根　吴　鹏　戴国亮　编著

中国地质大学出版社

内容提要

本书由相对独立的四个部分组成：第一篇天然地基上的浅基础，介绍了浅基础的类型、浅基础的设计内容、常见浅基础的设计计算方法以及减轻不均匀沉降危害的措施；第二篇地基处理，详细介绍了目前在实际工程中应用广泛的各种地基处理方法的加固机理、设计计算方法、施工技术及质量检验等方面的内容；第三篇桩基础，介绍了桩基的设计理论、桩与土的相互作用原理、桩基承载力的计算方法、桩基沉降的计算方法、桩基础的设计内容和方法，并介绍了特殊条件下桩基的设计方法以及桩基静载试验方法；第四篇基坑支护工程，系统介绍了土压力的计算方法、基坑支护结构的设计原理与计算方法、土层锚杆技术、水泥土挡墙支护技术及土钉支护技术等内容。本书在编写过程中，参照了新修订的《建筑桩基技术规范》(JGJ94—2008)以及《建筑地基基础设计规范》(GB 50007—2002)、《混凝土结构设计规范》(GB 50010—2002)等相关规范。

本书内容丰富，理论与实践兼顾，注重科学性、先进性与实用性的统一。可作为大中专院校地质工程、岩土工程、土木工程等专业的教材或参考书，也可供建筑、水利、交通、铁道、地质、冶金等部门从事工程勘察、设计、施工的技术人员及现场管理人员参考。

图书在版编目(CIP)数据

基础工程原理与方法/黄生根，吴鹏，戴国亮编著. —武汉：中国地质大学出版社，2009.2
ISBN 978-7-5625-2306-2

Ⅰ.基…
Ⅱ.①黄…②吴…③戴…
Ⅲ.地基-基础(工程)
Ⅳ.TU47

中国版本图书馆 CIP 数据核字(2008)第 202403 号

基础工程原理与方法
JICHU GONGCHENG YUANLI YU FANGFA

黄生根　吴　鹏　戴国亮　编著

责任编辑：方　菊　　　　责任校对：戴　莹

出版发行：中国地质大学出版社(武汉市洪山区鲁磨路 388 号)　　邮政编码：430074
电话：(027)67883511　　传真：67883580　　E-mail：cbb @ cug. edu. cn
经　销：全国新华书店　　http：//www. cugp. cn

开本：787 毫米×1092 毫米 1/16　　字数：610 千字　印张：23.75
版次：2009 年 2 月第 1 版　　印次：2009 年 2 月第 1 次印刷
印刷：武汉中远印务有限公司　　印数：1—5 000 册

ISBN 978-7-5625-2306-2　　定价：46.00 元

前　言

随着我国经济的发展，公路、铁路、水利、建筑等各领域的工程建设项目日益增多，从而引发各种各样亟待解决的基础工程问题，例如桩基础设计和施工问题、软弱地基处理问题、深基坑的设计和施工问题等。

在各种复杂的地质条件下，如何经济合理地解决好基础工程方面的问题，在整个工程建设中占有重要地位。为了解决好这些问题，许多学者和工程技术人员进行了不懈的努力，在新设备、新材料、新工艺的研究和应用以及设计与施工方法等方面，取得了很大的进展；基础工程的各类设计与施工规范等也相应进行了修订，日臻完善。

我们依据现行的新规范，在总结国内外最新技术的基础上，系统介绍了浅基础设计、地基处理、桩基础和基坑支护工程等方面的内容。全书共分四篇二十九章，既系统阐述了基础工程的基本原理，也介绍了国内外基础工程的新技术、新工艺、新方法。本书内容全面，系统性强，既充分考虑了教学要求，又兼顾了工程设计的实用性要求。

本书第一篇由戴国亮编写，第二篇由黄生根编写，第三篇由吴鹏、黄生根编写，第四篇由黄生根、吴鹏编写。全书由黄生根统稿。

本书在编写过程中参考了很多资料和技术成果，在此对相关单位和个人表示衷心的感谢。因作者水平有限，书中错误和不当之处，欢迎批评指正。

作者

2008 年 12 月 12 日

目 录

第一篇 天然地基上的浅基础

第二篇 地基处理

第三篇　桩基础

第四篇　基坑支护工程

第一篇

天然地基上的浅基础

第一章 概 述

地基基础是建筑结构很重要的一个组成部分。地基基础设计时需要综合考虑建筑物的使用要求、上部结构特点和场地的工程地质、水文地质等条件，并结合施工条件以及工期、造价等各方面的要求，合理选择地基基础方案，因地制宜，精心设计，以保证基础工程安全可靠、经济合理。

基础按其埋置深度的不同，可分为浅基础和深基础。通常把埋置深度不大(小于或相当于基础底面宽度，一般认为小于5m)，只需经过挖槽、排水等普通施工工程序就可建造的基础称为浅基础。浅基础在设计计算时可以忽略基础侧面土体对基础的影响，基础结构型式和施工方法较简单，造价也较低，如能满足地基的强度和变形要求，宜优先选用。

第一节 地基基础设计原则和设计内容

地基基础的设计和计算应该满足下列三项基本原则：

(1)为防止地基土体剪切破坏和丧失稳定性，应具有足够的安全度；

(2)应控制地基变形量，使之不超过建筑物的地基变形允许值；

(3)基础的型式、构造尺寸除应能适应上部结构、符合使用需要、满足地基承载力(稳定性)和变形要求外，还应满足对基础结构的强度、刚度和耐久性的要求。

1. 地基基础设计等级

《建筑地基基础设计规范》(GB50007—2002)根据地基复杂程度、建筑物规则和功能特征，以及由于地基问题可能造成建筑物破坏或影响正常使用的程度，将地基基础设计划分为三个设计等级，见表1-1。

表1-1 地基基础设计等级

设计等级	建筑和地基类型
甲级	重要的工业与民用建筑 30层以上的高层建筑 体型复杂，层数相差超过10层的高低层连成一体的建筑物 大面积的多层地下建筑物(如地下车库、商场、运动场等) 对地基变形有特殊要求的建筑物 复杂地质条件下的坡上建筑物(包括高边坡) 对原有工程影响较大的新建建筑物 场地和地基条件复杂的一般建筑物 位于复杂地质条件及软土地区的两层及两层以上地下室的基坑工程
乙级	除甲级、丙级以外的工业与民用建筑物
丙级	场地和地基条件简单、荷载分布均匀的7层及7层以下民用建筑及一般工业建筑物，次要的轻型建筑物

2. **荷载取值的规定**

(1)按地基承载力确定基础底面积及埋深时,传至基础底面上的荷载效应按正常使用极限状态下荷载效应的标准组合。相应的抗力应采用地基承载力特征值。

(2)计算地基变形时,传至基础底面上的荷载效应按正常使用极限状态下荷载效应准永久组合,并不应计入风荷载和地震作用荷载。相应的限值为地基变形允许值。

(3)计算挡土墙的土压力、地基或斜坡稳定及滑坡推力时,荷载效应应按承载力极限状态下荷载效应的基本组合,但其分项系数均为1.0。

(4)在确定基础高度、支挡结构截面、计算基础或支挡结构内力、确定配筋和验算材料强度时,上部结构传来的荷载效应组合和相应的基底反力,应按承载力极限状态下荷载效应的基本组合,并采用相应的分项系数。当需要验算基础裂缝宽度时,应按正常使用极限状态荷载效应标准组合。

(5)基础设计的结构重要性系数不应小于1.0。由永久荷载效应控制的基本组合可取标准组合值的1.35倍。

3. **地基计算的一般规定**

地基基础设计应符合下列基本规定。

(1)所有建筑物的地基计算均应满足承载力计算的有关规定。

(2)设计等级为甲级、乙级的建筑物,均应按地基变形设计。

(3)丙级建筑物中可不做变形验算的范围详见《建筑地基基础设计规范》(GB50007—2002)表3.0.2,但如有下列情况之一时,仍应作变形验算。

1)地基承载力特征值小于130kPa,且体型复杂的建筑;

2)在基础上及其附近有地面堆载或相邻基础荷载差异较大,可能引起地基产生过大的不均匀沉降时;

3)软弱地基上的建筑物存在偏心荷载时;

4)相邻建筑物距离过近,可能发生倾斜时;

5)基础下存在厚度较大或厚薄不均的填土,其自然固结未完成时。

(4)对经常受水平荷载作用的高层建筑、高耸结构和挡土墙等,以及建造在斜坡上或边坡附近的建筑物和构筑物,尚应验算地基稳定性。

(5)基坑工程应进行稳定性验算。

(6)当地下水埋藏较浅,建筑地下室或地下构筑物存在上浮问题时,尚应进行抗浮验算。

4. **地基基础设计内容**

地基基础设计内容和一般步骤如下:

(1)选择基础的材料、类型,确定基础平面布置;

(2)选择基础的埋置深度;

(3)确定地基承载力特征值;

(4)根据地基承载力特征值,确定基础底面积;

(5)进行必要的地基变形和稳定性验算;

(6)进行基础的结构设计,确定基础构造尺寸;

(7)绘制基础施工图。

第二节 浅基础类型

浅基础按所用材料可分为混凝土基础、毛石混凝土基础、砖基础、毛石基础、灰土基础、三合土基础以及钢筋混凝土基础，按结构刚度可分为刚性基础和柔性基础，按结构型式可分为扩展基础、联合基础、柱下条形基础、筏形基础以及箱形基础等。

一、扩展基础

扩展基础的作用是把墙或柱的荷载扩散到地基中，使之满足地基承载力和变形的要求。扩展基础通常指墙下条形基础和柱下独立基础（单独基础）。扩展基础又可分为无筋扩展基础（刚性基础）和钢筋混凝土扩展基础（柔性基础）。

1. 无筋扩展基础

无筋扩展基础是由砖、毛石、混凝土或毛石混凝土、灰土和三合土等材料组成的，且不需配置钢筋的墙下条形基础或柱下独立基础。常见基础有砖基础、毛石基础、三合土基础、灰土基础、混凝土基础和毛石混凝土基础，如图 1－1 所示。由于基础材料的受拉、受弯以及受剪强度较低，为满足材料强度要求，设计时需要加大基础的高度。无筋扩展基础可用于 6 层和 6 层以下（三合土基础不宜超过 4 层）的民用建筑和墙承重的厂房。

砖基础有二皮一收砌法和二一间隔收砌法两种。在基底宽度相同的情况下，二一间隔收砌法可减小基础高度，并节省用砖量，如图 1－2 所示。

毛石基础是用未经加工的石材和砂浆砌筑而成。其优点是能就地取材，价格低；缺点是施工劳动强度大。另外，由于在搬运毛石过程中，极易破坏垫层基底，故毛石基础设计中，一般不设混凝土垫层。

三合土基础是用石灰、砂、碎砖或碎石三合一材料铺设、压密而成。其体积比一般按 1∶2∶4～1∶3∶6 配制，经加入适量水拌和后，均匀铺入基槽，每层虚铺 200mm，再压实至 150mm，铺至一定高度后再在其上砌大放脚。三合土基础常用于我国南方地区，地下水位较低的 4 层及 4 层以下的民用建筑工程中。

灰土基础是用石灰和黏性土混合材料铺设、压密而成。其体积比常用 3∶7 或 2∶8 的比例配制，经加入适量水拌匀，分层压实。每层虚铺 220～250mm，压实至 150mm，俗称一步。施工中应严格控制灰土比例和注意拌和均匀，每层压实结束后，按规定取灰土样，测定其干密度。压实后的灰土最小干密度：粉土 15.5kN/m^3，粉质黏土 15.0kN/m^3，黏土 14.0kN/m^3。

混凝土和毛石混凝土基础的强度、耐久性与抗冻性都优于砖石基础，因此，当荷载较大或位于地下水位以下时，可考虑选用混凝土基础。

2. 钢筋混凝土扩展基础

钢筋混凝土扩展基础是指墙下钢筋混凝土条形基础和柱下钢筋混凝土独立基础，这类基础的受弯和受剪性能良好。

现浇柱下钢筋混凝土基础的截面常做成台阶形或角锥形，预制柱下的基础一般做成杯形基础，如图 1－3 所示。

墙下钢筋混凝土条形基础多用于地质条件较差的多层建筑物，其截面形式可做成无肋式

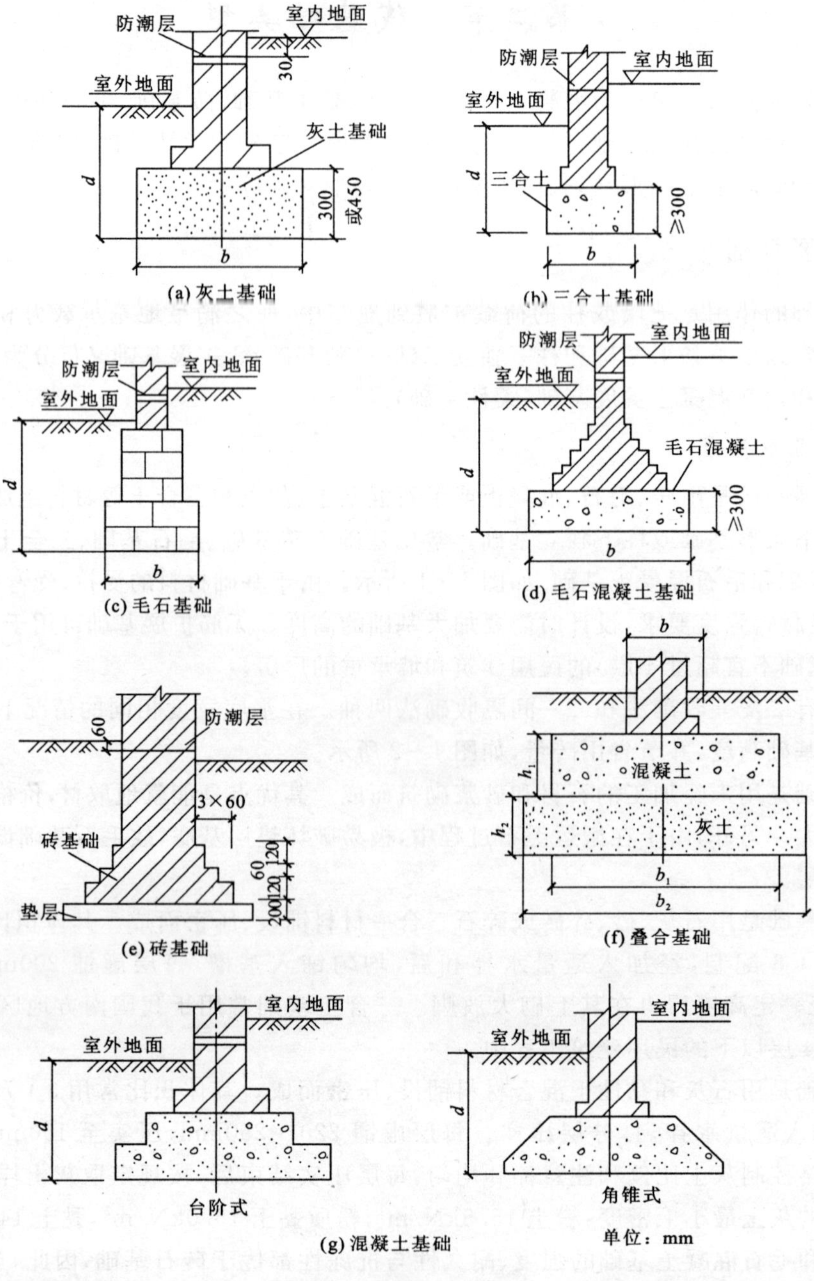

图 1-1　无筋扩展基础

或有肋式两种，如图 1-4 所示。

二、联合基础

联合基础主要指同列相邻两柱公共的钢筋混凝土基础，即双柱联合基础（图 1-5），其设计原则可供其他型式联合基础参考。

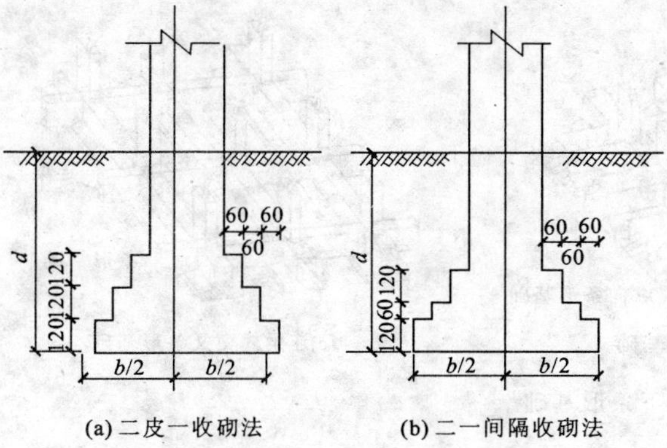

图 1-2　砖基础(单位:mm)

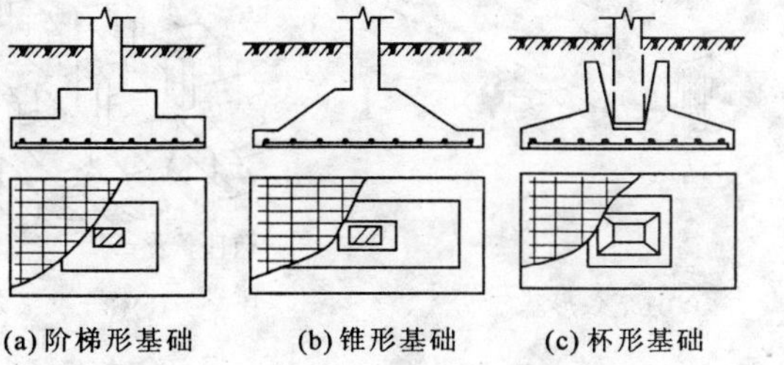

图 1-3　柱下钢筋混凝土独立基础

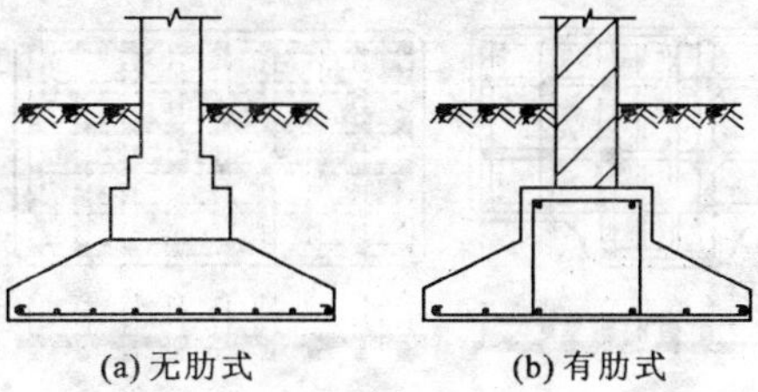

图 1-4　墙下钢筋混凝土条形基础

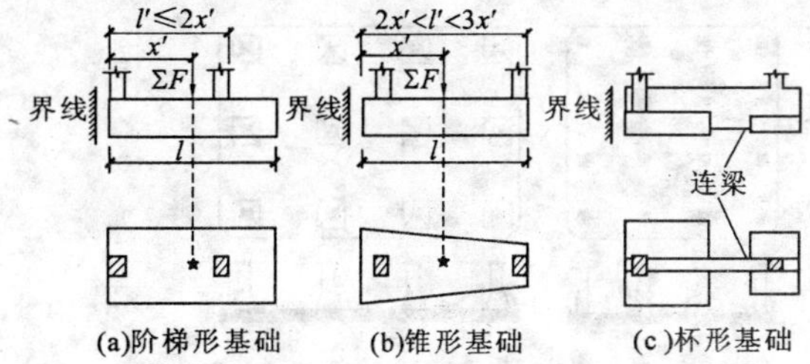

图 1-5　典型双柱联合基础

在为相邻两柱分别配置独立基础时,常因其中一柱靠近建筑界线或因两柱间距较小,而出现基底面积不足或荷载偏心过大等情况,此时可考虑采用联合基础。联合基础也可用于调整相邻两柱的沉降差,或防止两者之间的相向倾斜等。

三、柱下条形基础

当地基较为软弱、柱荷载或地基压缩性分布不均匀,以至于采用扩展基础可能产生较大的不均匀沉降时,常将同一方向(或同一轴线)上若干柱子的基础连成一体而形成柱下条形基础。柱下条形基础主要用于柱距较小的框架结构,也可用于排架结构,它可以是单向设置的[图 1-6(a)],也可以是十字交叉形的[图 1-6(b)(c)]。单向条形基础一般沿房屋的纵向柱列布置,这是因为房屋纵向柱列的跨数多、跨距小的缘故,也因为沉陷挠曲主要发生在纵向。当单向条形基础不能满足地基承载力的要求,或者由于调整地基变形的需要,可以采用十字交叉条形基础。

四、筏形基础

当柱下交叉梁基础面积占建筑物平面面积的比例较大,或者建筑物在使用上有要求时,可以在建筑物的柱、墙下方做成一块满堂的基础,即筏形基础。筏形基础由于其底面积大,故可减小基底压力,并能有效地增强地基的整体性,调整不均匀沉降。筏形基础在构造上好像倒置

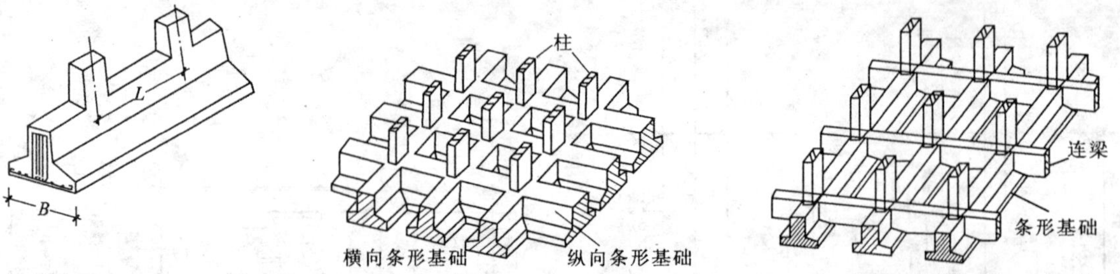

(a)柱下条形基础 (b)柱下交叉条形基础 (c)连梁式交叉条形基础

图 1-6 柱下条形基础

的钢筋混凝土楼盖，并可分为平板式和梁板式两种(图 1-7)。平板式的筏形基础为一块等厚度钢筋混凝土平板(0.5～1.5m)。

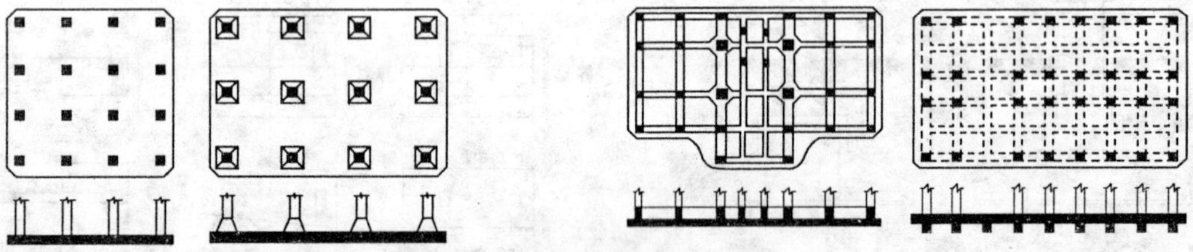

(a)平板式 (b)梁板式

图 1-7 筏形基础

五、箱形基础

箱形基础是由钢筋混凝土底板、顶板和纵横内外墙组成的整体空间结构(图 1-8)，具有极大的刚度，能有效地扩散上部结构传下的荷载，调整地基的不均匀沉降。箱形基础一般有较大的基础宽度和埋深，能提高地基承载力，增强地基的稳定性。箱形基础内的空间常用作地下室，这一空间的存在，减少了基础底面的压力。但箱形基础的钢筋、水泥用量很大，施工技术要求也高。

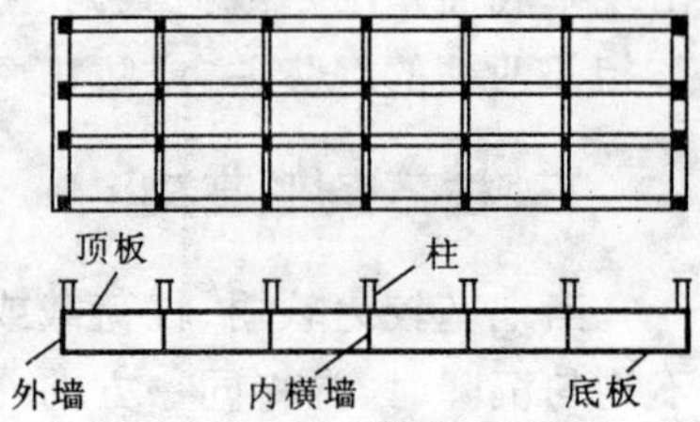

图 1-8 箱形基础

除了上述各种类型外，还有壳体基础等型式。

在进行基础设计时，一般遵循无筋扩展基础→柱下独立基础→柱下条形基础→筏形基础→箱形基础的顺序来选择基础型式。在选择过程中应尽量做到经济、合理。当上述选择均无法满足要求时，才考虑采用桩基等深基础型式。

第二章　浅基础的设计

第一节　基础埋置深度的确定

基础埋置深度(简称埋深)一般是指室外设计地面到基础底面的距离。基础的埋深对于建筑物的安全和正常使用、基础施工、施工工期和工程造价影响较大。因此,确定基础埋深是基础设计的一个重要内容。确定基础埋深,就是选择合适的土层作为持力层。影响基础埋深的因素很多,可按以下几个方面综合确定。

1. 与建筑物有关的条件

基础的埋深,首先应满足上部及基础的结构构造要求,适合建筑物的使用功能要求和荷载的性质、大小。

为了保护基础不受人类和生物活动的影响,基础应埋置在地表以下,其最小埋深为0.5m,且基础顶面至少应低于设计地面0.1m,同时又要便于建筑物周围排水沟的布置。

具有地下室或半地下室的建筑物,其基础埋深必须结合建筑物地下部分的设计标高来选定。如果在基础影响范围内有管道或坑沟等地下设施通过,基础的埋深原则上应低于这些设施的底面,否则应采取有效措施,消除基础对地下设施的不利影响。

对位于土质地基上的高层建筑,为了满足稳定性要求,其基础埋深应随建筑物高度适当增大。在抗震设防区,筏形和箱形基础的埋深不宜小于建筑物高度的1/15;桩筏或桩箱基础的埋深(不计桩长)不宜小于建筑物高度的1/18～1/20。对建于岩石地基上的高层建筑,基础埋深应满足抗滑要求。受有上拔力的基础(如输电塔基础)要求有较大的埋深以提供足够的抗拔力。烟囱、水塔等高耸结构均应满足抗倾覆稳定性的要求。

2. 工程地质条件

直接支承基础的土层称为持力层,在持力层下方的土层称为下卧层。为了满足建筑物对地基承载力和地基变形的要求,基础应尽可能埋置在良好的持力层上。当地基受力(或沉降计算深度)范围内存在软弱下卧层时,软弱下卧层的承载力和地基变形也必须满足要求。

在选择持力层和基础埋深时,应详细了解拟建场地的地层分布、各土层的物理力学性质和地基承载力等。

根据土层分布条件,大致可分为以下几种情况。

(1)自上而下都是良好土层。基础埋深可按最小埋深或其他条件确定。

(2)自上而下都是软弱土层。若难以找到良好的持力层,可考虑采用人工地基或深基础等方案。

(3)上部为软弱土层而下部为良好土层。基础持力层的选择取决于上部软弱土层的厚度。一般来说,软弱土层厚度小于2m时,应选取下部良好土层作为持力层;软弱土层厚度较大时,宜考虑采用人工地基或深基础等方案。

(4)上部为良好土层而下部为软弱土层,即存在一层厚度为2～3m的所谓硬壳层,硬壳层以下为孔隙比大、压缩性高、强度低的软土层。对一般中小型建筑物,可充分利用硬壳层,最好采用钢筋混凝土基础,并尽量按基础最小埋深考虑,即采用"宽基浅埋"方案。同时在确定基础底面尺寸时,应对地基受力范围内的软弱下卧层进行验算。

以上所划分的良好土层和软弱土层,只是相对于一般中小型建筑而言,不一定适用于高层建筑。

3. 水文地质条件

选择基础埋深时应考虑地下水的埋藏条件和变化情况。一般基底宜设置在地下水位以上,以避免地下水对基坑开挖、基础施工的影响。当设置在地下水位以下时,应考虑地下水位对基础的影响以及施工时基坑排水、坑壁稳定等问题。

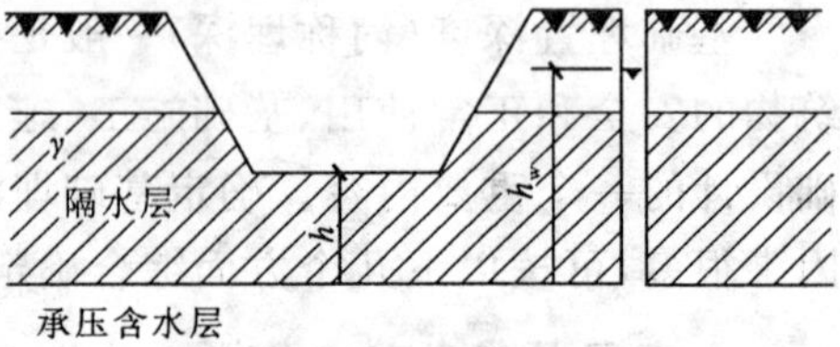

图 2-1 有承压水时的基坑开挖深度

当持力层为隔水层而其下方存在承压水时,为了避免开挖基坑时隔水层被承压水冲破,坑底隔水层应有一定的厚度。这时,基坑隔水层的重力应大于其下面承压水的压力(图 2-1),即

$$\gamma \cdot h > k\gamma_w h_w \tag{2-1}$$

式中,γ 为土的重度,kN/m^3;γ_w 为水的重度,kN/m^3;h 为基坑底至隔水层底面的距离,m;h_w 为承压水的上升高度(从隔水层底面算起),m;k 为安全系数,一般取1.0,对平面尺寸较大的基础宜不小于1.1。

在 h 确定之后,基础的最大埋深便可确定。

4. 地基冻融条件

地面以下一定深度内,地层的温度随大气温度而变化。当地层温度降至摄氏零度以下时,土中部分孔隙水将冻结而形成冻土。冻土可分为季节性冻土和多年冻土两类。季节性冻土在冬季冻结而夏季融化,每年冻融交替一次。多年冻土则常年均处于冻结状态,且冻结连续三年以上。我国季节性冻土分布很广,东北、华北和西北地区的季节性冻土层厚度在0.5m以上,最大的可达3m左右。

如果季节性冻土由细粒土(粉砂、粉土、黏性土)组成,冻结前的含水量较高且冻结期间的地下水位低于冻结深度不足1.5～2.0m,那么不仅处于冻结深度范围内的土中水将被冻结形成冰晶体,而且未冻结区的自由水和部分结合水会不断地向冻结区迁移、聚集,使冰晶体逐渐扩大,引起土体发生膨胀和隆起,形成冻胀现象。位于冻结区的基础所受到的冻胀力若大于基底压力,基础就有可能被抬起。到了夏季,土体因温度升高而解冻,含水量增加,使土体处于饱和及软化状态,承载力急剧降低,基础下陷,这种现象称为融陷。上抬和融陷往往是不均匀的,致使建筑物墙体产生方向相反、互相交叉的斜裂缝,或使轻型构筑物逐年上抬。

土的冻胀性主要与土的粒径、含水量及地下水位等条件有关。对于结合水含量极少的粗粒土,因不发生水分迁移,故不存在冻胀问题;处于坚硬状态的黏性土,因结合水的含量很少,冻胀作用也很微弱;而粉土等细颗粒土则冻胀较严重。《建筑地基基础设计规范》根据冻胀对建筑物的危害程度，把地基土的冻胀性分为不冻胀、弱冻胀、冻胀、强冻胀和特强冻胀五类。

不冻胀土的基础埋深可不考虑冻结深度。

对于埋置于可冻胀土中的基础，其最小埋深 $d_{\min}$ 可按下式确定：

$$d_{\min}=z_d-h_{\max} \tag{2-2a}$$

$$z_d=z_0\cdot\psi_{zs}\cdot\psi_{zw}\cdot\psi_{ze} \tag{2-2b}$$

式中，z_d为设计冻深；z_0为地区标准冻深，按《建筑地基基础设计规范》GB50007—2002 附录 F 采用；ψ_{zs}、ψ_{zw}、ψ_{ze}为影响系数，分别按表 2-1、表 2-2、表 2-3 确定；$h_{\max}$为基础底面下允许残留冻土层的最大厚度，按表 2-4 采用。

对于冻胀、强冻胀和特强冻胀地基上的建筑物，尚应采取相应的防冻害措施。

表 2-1　土的类别对冻深的影响系数

土的类别	影响系数 ψ_{zs}	土的类别	影响系数 ψ_{zs}
黏性土	1.00	中、粗砾砂	1.30
细砂、粉砂、粉土	1.20	碎石土	1.40

表 2-2　土的冻胀性对冻深的影响系数

冻胀性	影响系数 ψ_{zw}	冻胀性	影响系数 ψ_{zw}
不冻胀	1.00	强冻胀	0.85
弱冻胀	0.95	特强冻胀	0.80
冻 胀	0.90	—	—

表 2-3　环境对冻深的影响系数

周围环境	影响系数 ψ_{ze}	周围环境	影响系数 ψ_{ze}
村、镇、旷野	1.00	城市市区	0.90
城市近郊	0.95	—	—

注：环境影响系数，当城市市区人口为 20～50 万时，按城市近郊取值；当城市市区人口大于 50 万、小于或等于 100 万时，按城市市区取值；当城市市区人口超过 100 万时，按城市市区取值，5km 以内的郊区应按城市近郊取值。

5. 场地环境条件

新建筑物基础的埋深不宜超过既有建筑物基础的底面，否则新旧基础间应保持一定的净距，其值不小于两基础底面高差的 1～2 倍（土质好时可取低值），如图 2-2 所示；若不能满足这一要求，则在基础施工期间应采取有效措施以保证邻近既有建筑物的安全。

表 2-4　建筑基底下允许残留冻土层厚度 h_{max}　　(单位:m)

冻胀性	基础型式	采暖情况	基底平均压力/kPa						
			90	110	130	150	170	190	210
弱冻胀土	方形基础	采暖	—	0.94	0.99	1.04	1.11	1.15	1.20
		不采暖	—	0.78	0.84	0.91	0.97	1.04	1.10
	条形基础	采暖	—	>2.50	>2.50	>2.50	>2.50	>2.50	>2.50
		不采暖	—	2.20	2.50	>2.50	>2.50	>2.50	>2.50
冻胀土	方形基础	采暖	—	0.64	0.70	0.75	0.81	0.86	—
		不采暖	—	0.55	0.60	0.65	0.69	0.74	—
	条形基础	采暖	—	1.55	1.79	2.03	2.26	2.50	—
		不采暖	—	1.15	1.35	1.55	1.75	1.95	—
强冻胀土	方形基础	采暖	—	0.42	0.47	0.51	0.56	—	—
		不采暖	—	0.36	0.40	0.43	0.47	—	—
	条形基础	采暖	—	0.74	0.88	1.00	1.13	—	—
		不采暖	—	0.56	0.66	0.75	0.84	—	—
特强冻胀土	方形基础	采暖	0.30	0.34	0.38	0.41	—	—	—
		不采暖	0.24	0.27	0.31	0.34	—	—	—
	条形基础	采暖	0.43	0.52	0.61	0.70	—	—	—
		不采暖	0.33	0.40	0.47	0.53	—	—	—

注:①本表只计算法向冻胀力,如果基侧存在切向冻胀力,应采取防切向力措施。

②本表不适用于宽度小于 0.6m 的基础,矩形基础可取短边尺寸按方形基础计算。

③表中数据不适用于淤泥、淤泥质土和欠固结土。

④表中基底平均压力数值为永久荷载标准值乘以 0.9,可以内插。

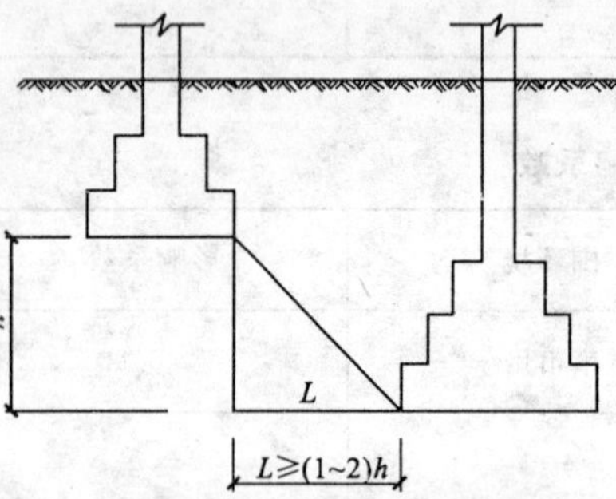

图 2-2　相邻基础的埋深

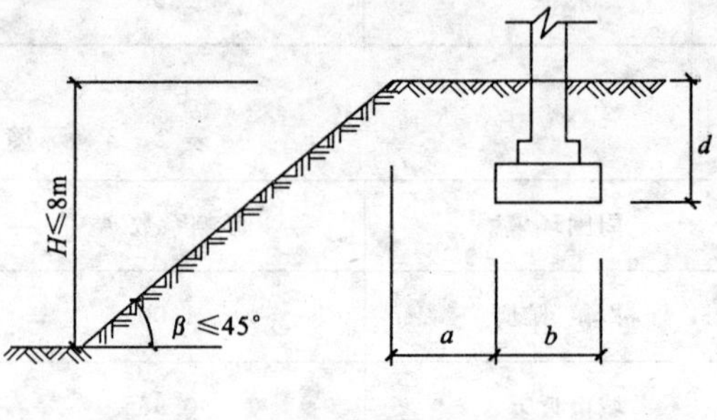

图 2-3　土坡坡顶处基础的最小埋深

位于稳定边坡之上的拟建工程,要保证地基有足够的稳定性。当坡高 $h\leqslant 8$m,坡角 $\beta\leqslant 45°$(图 2-3)且 $b\leqslant 3$m、$a\geqslant 2.5$m 及基础埋深 d 符合下列条件时,可以满足稳定要求:

条形基础　$d\geqslant(3.5b-a)\tan\beta$　(2-3)

矩形基础　$d\geqslant(2.5b-a)\tan\beta$　(2-4)

第二节　地基承载力的确定

目前确定地基承载力特征值的主要方法有：按载荷试验确定，根据土的强度理论公式确定，采用经验法确定等。

1. 载荷试验确定承载力特征值

载荷试验是一种原位测试技术，通过载荷板向地基土施加荷载，得出地基土的应力与变形关系曲线，从而得到地基承载力特征值 f_{ak}。

载荷试验主要有浅层平板载荷试验和深层平板载荷试验。浅层平板载荷试验的承压板面积不应小于 $0.25m^2$，对于软土不应小于 $0.5m^2$，可测定浅部地基土层在承压板下应力主要影响范围内的承载力。深层载荷试验的承压板一般采用直径为 0.8m 的刚性板，紧靠承压板周围外侧的土层高度应不小于 0.8m，可测定深部地基土层在承压板下应力主要影响范围内的承载力。

载荷试验都是按分级加荷、逐级稳定、直到破坏的试验步骤进行。根据试验得到的 $p-s$ 曲线（图 2－4），确定承载力特征值 f_{ak} 的规定如下。

(1)当 $p-s$ 曲线上有比例界限时，取该比例界限所对应的荷载值。

(2)当极限荷载小于比例界限荷载值的 2 倍时，取其极限荷载值的一半。

(3)当不能按以上方法确定时，可取 $s/d=0.01\sim0.015$ 所对应的荷载值，但其值不应大于最大加载量的一半。

(4)同一土层参加统计的试验点不应少于三点，当试验实测值的极差不超过其平均值的 30％时，取其平均值作为该土层的地基承载力特征值 f_{ak}。

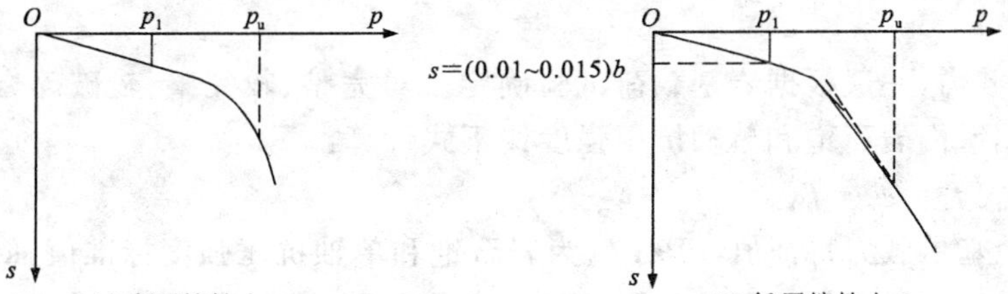

图 2－4　按载荷试验成果确定地基承载力标准值

2. 根据土的强度理论公式确定承载力特征值

根据建筑物地基等级、荷载性质、抗剪强度指标的可靠程度以及地基条件等因素，可取临塑荷载 P_{cr} 作为承载力特征值，也可用汉森、太沙基等极限荷载 P_u 除以安全系数，得到承载力特征值。

《建筑地基基础设计规范》(GB50007—2002)规定，当基底偏心距 $e\leqslant l/30$（l 为偏心方向基础边长）时，根据土的抗剪强度指标确定的地基承载力特征值可按下式计算：

$$f_a=M_b\gamma b+M_d\gamma_m d+M_c c_k \tag{2-5}$$

式中，f_a 为由土的抗剪强度指标确定的地基承载力特征值；M_b、M_d、M_c 分别为承载力系数，按

φ_k值查表2－5可得；b为基础底面宽度，大于6m时按6m考虑，对于砂土，小于3m时按3m考虑；φ_k、c_k分别为基底下一倍基宽深度内土的内摩擦角标准值、黏聚力标准值；γ_m为基础底面以上土的加权平均重度，地下水位以下取有效重度；γ为基础底面以下土的重度，地下水位以下取有效重度；d为基础埋置深度，当$d<0.5$m时按0.5m计。一般自室外地面标高算起。在填方整平地区，可从填土地面标高算起，但填土在上部结构施工后完成时，应从天然地面标高算起。对于地下室，如采用整体的箱形基础或筏形基础时，基础埋置深度自室外地面标高算起，当采用独立基础或条形基础时，应从室内地面标高算起。

表2－5　承载力系数 M_b、M_d、M_c

土的内摩擦角标准值 φ_k/(°)	M_b	M_d	M_c	土的内摩擦角标准值 φ_k/(°)	M_b	M_d	M_c
0	0	1.00	3.14	22	0.61	3.44	6.04
2	0.03	1.12	3.32	24	0.80	3.87	6.45
4	0.06	1.25	3.51	26	1.10	4.37	6.90
6	0.10	1.39	3.71	28	1.40	4.93	7.40
8	0.14	1.55	3.93	30	1.90	5.59	7.95
10	0.18	1.73	4.17	32	2.60	6.35	8.55
12	0.23	1.94	4.42	34	3.40	7.21	9.22
14	0.29	2.17	4.69	36	4.20	8.25	9.97
16	0.36	2.43	5.00	38	5.00	9.44	10.80
18	0.43	2.72	5.31	40	5.80	10.84	11.73
20	0.51	3.06	5.66	—	—	—	—

岩石地基承载力，一般根据岩基载荷试验确定。对完整、较完整、较破碎岩石的地基承载力特征值，可根据室内岩石饱和单轴抗压强度按下式计算：

$$f_a=\psi_r\cdot f_{rk} \tag{2-6}$$

式中，f_a为岩石地基承载力特征值，kPa；f_{rk}为岩石饱和单轴抗压强度标准值，kPa；ψ_r为折减系数，根据岩体完整程度以及结构面的间距、宽度、产状和组合，由地区经验确定，无经验时，对完整岩体可取0.5，对较完整岩体可取0.2～0.5，对较破碎岩体可取0.1～0.2。

3．根据经验法确定地基承载力

这类方法依据大量工程实践经验、原位测试及室内土工实验数据，进行系统的统计分析，总结出可供使用的图表或计算公式，建立地基承载力与土的物理力学指标或原位测试指标之间的关系。由于这类方法具有地区性、经验性的特点，对于丙级地基基础是非常适用和经济的，但对于设计等级为甲、乙级的地基基础，应按确定承载力特征值的多种方法综合确定。

4．修正后的承载力特征值

按照载荷试验或触探等原位测试、经验值等方法确定的承载力特征值，在地基基础设计中，应考虑基础埋深（超载）和基底尺寸的效应。《建筑地基基础设计规范》(GB50007—2002)规定，对基础宽度大于3m或埋置深度大于0.5m时，尚应按下式进行修正：

$$f_a=f_{ak}+\eta_b\gamma(b-3)+\eta_d\gamma_m(d-0.5) \tag{2-7}$$

式中，f_a为修正后的地基承载力特征值；f_{ak}为地基承载力特征值；η_b、η_d为基础宽度和埋深的地基承载力修正系数，查表2-6可得；b为基础底面宽度，当$b<3$m时按3m计，当$b>6$m时按6m计。

表2-6 地基承载力修正系数

土的类别		η_b	η_d
淤泥和淤泥质土		0	1.0
人工填土、e或I_L大于等于0.85的黏性土		0	1.0
红黏土	含水比$\alpha_w>0.8$	0	1.2
	含水比$\alpha_w\leqslant 0.8$	0.15	1.4
大面积压实填土	压实系数大于0.95、黏粒含量$\rho_c\geqslant 10\%$的粉土	0	1.5
	最大干密度大于2.1t/m³的级配砂石	0	2.0
粉土	黏粒含量$\rho_c\geqslant 10\%$的粉土	0.3	1.5
	黏粒含量$\rho_c<10\%$的粉土	0.5	2.0
e或I_L均小于0.85的黏性土		0.3	1.6
粉砂、细砂(不包括很湿与饱和时的稍密状态)		2.0	3.0
中砂、粗砂、砾砂和碎石土		3.0	4.4

注：①强风化和全风化的岩石，可参照所风化成的相应土类取值，其他状态下的岩石不修正；

②地基承载力特征值按《建筑地基基础设计规范》附录D深层平板载荷试验确定时，η_d取0。

第三节 基础底面尺寸的确定

在初步选择基础类型和埋深后，可以根据持力层承载力特征值计算基础底面的尺寸。如果地基沉降计算深度范围内存在软弱下卧层，还必须对软弱下卧层进行验算。此外，在选择基础底面尺寸后，必要时应对地基变形或稳定性进行验算。

一、按持力层承载力计算基底尺寸

按荷载对基底形心的偏心情况，上部结构作用在基础顶面处的荷载可以分为轴心荷载和偏心荷载两种。

1. 轴心荷载作用

若作用在基底形心的荷载只有竖向荷载，没有弯矩，则为轴心受压基础(图2-5)。在轴心荷载作用下，要求基底压力不超过修正后的地基承载力特征值，即

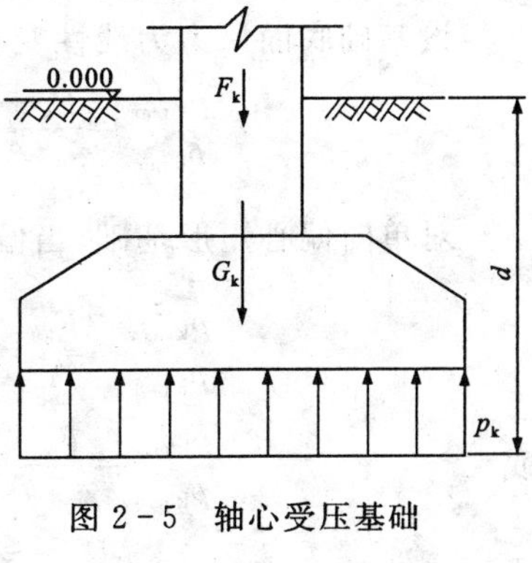

图2-5 轴心受压基础

$$p_k\leqslant f_a \tag{2-8}$$

$$p_k=\frac{F_k+G_k}{A} \tag{2-9}$$

式中，p_k为相应于荷载效应标准组合时，基础底面处的平均压力；f_a为修正后的地基承载力特

征值；F_k为相应于荷载效应标准组合时，上部结构传至基础顶面的竖向力；G_k为基础自重和基础上的土重，$G_k=\gamma_G Ad$；A 为基础底面面积；γ_G 为基础及其上的土的平均厚度，通常取 $\gamma_G \approx 20\text{kN/m}^3$，地下水位以下取 10kN/m^3；d 为基础埋深（对于室内外地面有高差的外墙、外柱，取室内外平均埋深）。

由式(2-8)和式(2-9)可得基础底面积

$$A \leqslant \frac{F_k}{f_a-\gamma_G d} \tag{2-10}$$

算出 A 后，可确定基底宽度 b 和长度 l。

(1)墙下条形基础，沿墙纵向取1m为计算单元，轴心荷载也为单位长度的数值(kN/m)，则

$$b \geqslant \frac{F_k}{f_a-\gamma_G d} \tag{2-11}$$

(2)方形柱下基础（一般用于方形截面柱）：

$$b \geqslant \sqrt{\frac{F_k}{f_a-\gamma_G d}} \tag{2-12}$$

(3)矩形柱下基础，取基础底面长边和短边的比为：$l/b=n$（一般取 $n=1.5\sim2.0$），有 $A=lb=nb^2$，则底宽为

$$b=\sqrt{\frac{F_k}{n(f_a-\gamma_G d)}} \tag{2-13}$$

在上面的计算中，需要先确定修正后的地基承载力特征值。而修正后的地基承载力特征值与基础底宽有关，即在式(2-11)～式(2-13)中，b 和 f_a 可能都是未知值，因此需要通过试算确定。

2. **偏心荷载作用**

若作用在基底形心处的荷载不仅有竖向荷载，还有弯矩存在，则为偏心受压基础（图2-6）。

基底压力需同时满足以下承载力要求，即

$$\left.\begin{aligned} p_k &\leqslant f_a \\ p_{k\max} &\leqslant 1.2 f_a \end{aligned}\right\} \tag{2-14}$$

式中，$p_{k\max}$为相应于荷载效应标准组合时，基础底面边缘处的最大压力。

设基础底面压力为线性变化，则基底最大和最小压力设计值可按下式计算：

$$\begin{matrix} p_{k\max} \\ p_{k\min} \end{matrix} = \frac{F_k+G_k}{A} \pm \frac{M_k}{W} \tag{2-15}$$

对单向偏心矩形基础，当偏心距 $e \leqslant \frac{1}{6}$时，基底压力可按下式计算：

$$\begin{matrix} p_{k\max} \\ p_{k\min} \end{matrix} = \frac{F_k}{A} + \gamma_G d \pm \frac{6M_k}{bl^2} \tag{2-16}$$

或

$$\begin{matrix} p_{k\max} \\ p_{k\min} \end{matrix} = \frac{F_k+G_k}{A}\left(1 \pm \frac{6e}{l}\right) \tag{2-17}$$

式中，e 为偏心距，$e=\frac{M_k}{F_k+G_k}$，m；M_k 为相应于荷载效应标准组合时，基础所有荷载对基底形心的合力矩；W 为基础底面的抵抗矩；$p_{k\min}$为相应于荷载效应标准组合时，基础底面边缘处的

最小压力。

当偏心矩 $e>l/6$ 时(图 2－7)，$p_{k\,max}$ 应按下式计算：

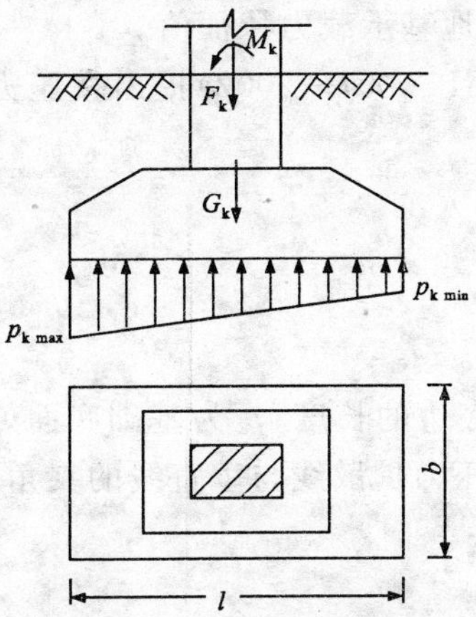

图 2－6　偏心受压基础

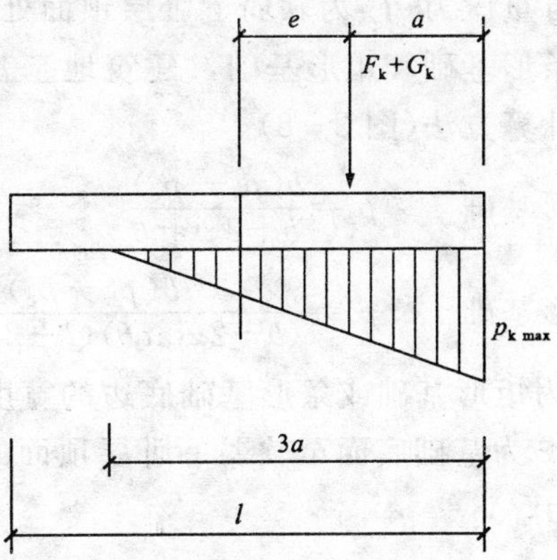

图 2－7　偏心荷载($e>l/6$)下基底压力计算示意图

$$p_{k\,max}=\frac{2(F_k+G_k)}{3ba} \tag{2-18}$$

式中，b 为垂直于力矩作用方向的基础底面边长；a 为合力作用点至基础底面最大压力边缘的距离。

高宽比大于 4 的高层建筑物，应控制 $p_{k\,min}\geqslant 0$；高宽比不大于 4 的高层建筑物，基底压力为零区的面积不应超过基础底面面积的 15％。计算时，对偏心较大的裙楼与主楼可分开考虑。

根据按承载力计算的要求，在确定基底尺寸时，可按下述步骤进行。

(1)进行深度修正，初步确定地基承载力特征值 f_a。

(2)根据偏心情况，将按轴心荷载作用计算得到的基底面积增大 10％～40％。

(3)对矩形基础选取基底长边 l 与短边 b 的比值 n(一般取 $n\leqslant 2$)，可初步确定基底长边和短边尺寸。

(4)考虑是否应对地基土承载力进行宽度修正。如果需要，在承载力修正后，重复上述(2)～(3)步骤，使所取宽度前后一致。

(5)计算基底最大压力值，并应符合式(2－14)的要求。

(6)通常，基底最小压力值不应出现负值，即要求偏心距 $e\leqslant l/6$ 或 $p_{kmin}\geqslant 0$，对低压缩性土或短暂作用的偏心荷载时，可放宽至 $e=l/4$。

(7)若 l、b 取值不适当，可调整尺寸，重复步骤(5)和步骤(6)，重新验算。如此反复几次，便可定出合适的尺寸。

二、软弱下卧层验算

如果在持力层以下的地基范围内，存在压缩性高、抗剪强度和承载力低的软弱土层，尚应对软弱下卧层进行验算。要求软弱下卧层顶面处的附加应力 p_z 与土的自重应力 p_{cz} 之和不超

过软弱下卧层经深度修正后的承载力特征值 f_{az}，即

$$p_z+p_{cz}\leqslant f_{az} \tag{2-19}$$

式中，p_z 为相应于荷载效应标准组合时，软弱下卧层顶面处的附加压力；p_{cz} 为软弱下卧层顶面处土的自重压力；f_{az} 为软弱下卧层顶面处经深度修正后的地基承载力特征值。

对条形基础和矩形基础，《建筑地基基础设计规范》(GB50007—2002)提出按压力扩散角的简化计算方法(图 2-8)。

条形基础 $$p_z=\frac{b(p_k-p_c)}{b+2z\tan\theta} \tag{2-20}$$

矩形基础 $$p_z=\frac{lb(p_k-p_c)}{(b+2z\tan\theta)(l+2z\tan\theta)} \tag{2-21}$$

式中，b 为矩形基础或条形基础底边的宽度；l 为矩形基础底边的长度；p_c 为基础底面处土的自重压力；z 为基础底面至软弱下卧层顶面的距离；θ 为地基压力扩散线与垂直线的夹角，可按表 2-7 采用。

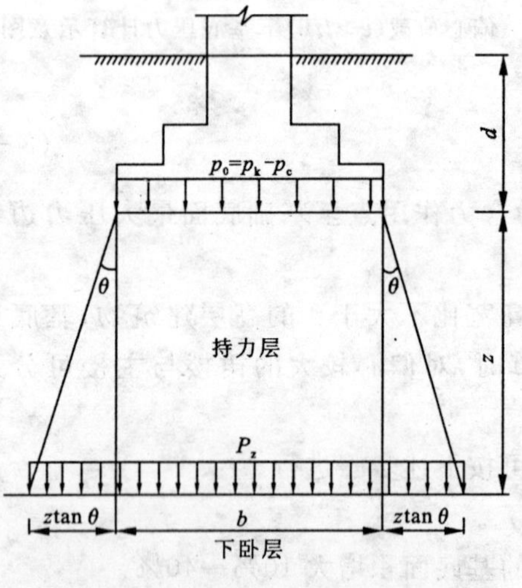

图 2-8 验算软弱下卧层的计算图式

表 2-7 地基压力扩散角 θ

E_{s1}/E_{s2}	z/b	
	0.25	0.50
3	6°	23°
5	10°	25°
10	20°	30°

注：①E_{s1} 为上层土压缩模量；E_{s2} 为下层土压缩模量。

②$z/b<0.25$ 时，取 $\theta=0°$，必要时，宜由试验确定；$z/b>0.50$ 时，θ 值不变。

当基础底面为偏心受压时，可取基础中心点的压力作为扩散前的平均压力。

如果软弱下卧层的承载力不满足要求，应考虑增大基础底面尺寸，或改变基础类型，减小埋深。如果这样处理后仍未能符合要求，则应考虑采用其他地基基础方案

第四节 地基变形验算

由于不同建筑物的结构类型、整体刚度、使用要求的差异，对地基变形的敏感程度、危害、变形要求也不同。

1. 地基特征变形

建筑物地基变形的特征，有下列四种。

(1)沉降量，指基础中心点的沉降值。

(2)沉降差，指同一建筑物中相邻两个基础沉降量的差。

(3)倾斜，指基础倾斜方向两端点的沉降差与其距离的比值。

(4)局部倾斜，指砌体承重结构沿纵墙 6～10m 内基础两点的沉降差与其距离的比值。

对不同的建筑结构类型应控制不同的地基特征变形值，使其不超过变形允许值。《建筑地基基础设计规范》(GB50007—2002)通过对各类建筑物实际沉降观测资料的分析和综合，提出了地基变形允许值，见表 2-8。对表中未包括的其他建筑物的地基变形允许值，可根据上部结构对地基变形特征的适应能力和使用要求来确定。

表 2-8　建筑物地基特征变形允许值

变形特征		地基土类型	
		中、低压缩性土	高压缩性土
砌体承重结构基础的局部倾斜		0.002	0.003
工业与民用建筑相邻柱基的沉降差			
(1)框架结构		$0.002l$	$0.003l$
(2)砖石墙填充的边排柱		$0.0007l$	$0.001l$
(3)当基础不均匀沉降时不产生附加应力的结构		$0.005l$	$0.005l$
单层排架结构(柱距为 6m)柱基的沉降量/mm		(120)	200
桥式吊车轨面的倾斜(按不调整轨道考虑)			
纵向		0.004	
横向		0.003	
多层和高层建筑基础的倾斜	$H_g \leqslant 24$	0.004	
	$24 < H_g \leqslant 60$	0.003	
	$60 < H_g \leqslant 100$	0.002	
	$H_g > 100$	0.0015	
高耸结构基础的倾斜	$H_g \leqslant 20$	0.008	
	$20 < H_g \leqslant 50$	0.006	
	$50 < H_g \leqslant 100$	0.005	
	$100 < H_g \leqslant 150$	0.004	
	$150 < H_g \leqslant 200$	0.003	
	$200 < H_g \leqslant 250$	0.002	
高耸结构基础的沉降量	$H_g \leqslant 100$	400	
	$100 < H_g \leqslant 200$	300	
	$200 < H_g \leqslant 250$	200	

注：①本表数值为建筑地基实际最终变形允许值。

②有括号者只适用于中压缩性土。

③l 为相邻柱基的中心距离，mm；H_g 为自室外地面起算的建筑物高度，m。

2. 地基特征变形验算

地基特征变形验算公式如下：

$$\Delta \leqslant [\Delta] \tag{2-22}$$

式中，Δ 为地基特征变形计算值；$[\Delta]$为地基特征变形允许值，查表 2-8 可得。

上式中的地基特征变形计算值 Δ，可按《建筑地基基础设计规范》（GB50007—2002）中建议的分层总和法计算。

在计算地基变形时，应符合下列规定。

（1）由于建筑地基不均匀、荷载差异很大、体型复杂等因素引起的地基变形，对于砌体承重结构应由局部倾斜值控制；对于框架结构和单层排架结构应由相邻柱基础的沉降差控制；对于多层或高层建筑物和高耸结构应由倾斜值控制；必要时尚应控制平均沉降量。

（2）在必要情况下，需要分别预估建筑物在施工期间和使用期间的地基变形值，以便预留建筑物有关部分之间的净空、选择连接方法和施工顺序。一般多层建筑物在施工期间完成的沉降量，对于砂土可认为其最终沉降量已完成 80％以上，对于其他低压缩性土可认为已完成最终沉降量的 50％～80％，对于中压缩性土可认为已完成 20％～50％，对于高压缩性土可认为已完成 5％～20％。

第五节　扩展基础的设计

一、无筋扩展基础

无筋扩展基础具有较好的抗压性能，但其抗拉强度和抗剪强度较低，因此必须控制基础内的拉应力和剪应力，不超过相应的材料强度值。如图 2-9 所示，基础底面宽度为 b，高度为 H_0，基础台阶挑出墙或柱外的长度为 b_2。基础顶面与基础墙或柱的交点的垂线与压力线的夹角称为压力角，无筋扩展基础中压力角的极限值称为刚性角。因此，无筋扩展基础需将基础尺寸控制在刚性角限定的范围内，一般由基础台阶的宽高比控制，即要求

$$\tan\alpha=\frac{b_2}{H_0}\leqslant\left[\frac{b_2}{H_0}\right] \tag{2-23}$$

故有

$$b\leqslant b_0+2H_0\tan\alpha \tag{2-24}$$

或

$$H_0\geqslant\frac{b-b_0}{2\tan\alpha} \tag{2-25}$$

式中，b 为基础底面宽度；b_0 为基础顶面的墙体宽度或柱脚宽度；b_2 为基础台阶宽度；H_0 为基础高度；$\tan\alpha$ 为基础台阶宽高比（b_2/H_0），其允许值可按表 2-9 选用。

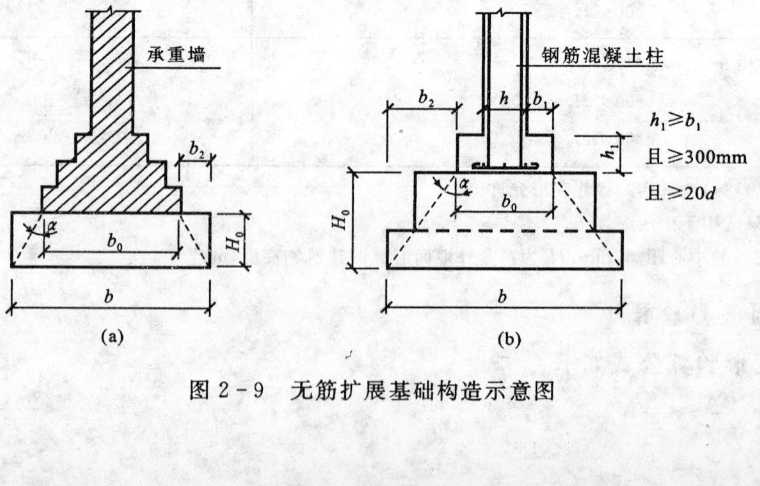

图 2-9　无筋扩展基础构造示意图

表 2-9　无筋扩展基础台阶宽高比的允许值

基础材料	质量要求	台阶宽高比的允许值		
		$p_k \leqslant 100$	$100 < p_k \leqslant 200$	$200 < p_k \leqslant 300$
混凝土基础	C15 混凝土	1∶1.00	1∶1.00	1∶1.25
毛石混凝土基础	C15 混凝土	1∶1.00	1∶1.25	1∶1.50
砖基础	砖不低于 MU10、砂浆不低于 M5	1∶1.50	1∶1.50	1∶1.50
毛石基础	砂浆不低于 M5	1∶1.25	1∶1.50	—
灰土基础	体积比为 3∶7 或 2∶8 的灰土，其最小干密度：粉土 1.55t/m^3 粉质黏土 1.50t/m^3 黏土 1.45t/m^3	1∶1.25	1∶1.50	—
三合土基础	体积比 1∶2∶4～1∶3∶6（石灰∶砂∶骨料），每层约虚铺 220mm，夯至 150mm	1∶1.50	1∶2.00	—

注：①p_k为荷载效应标准组合时，基础底面处的平均压力值，kPa；

②阶梯形毛石基础的每阶伸出宽度，不宜大于 200mm；

③当基础由不同材料叠合组成时，应对接触部分作抗压验算；

④基础底面处的平均压力值超过 300kPa 的混凝土基础，尚应进行抗剪验算。

采用无筋扩展基础的钢筋混凝土柱，其柱脚高度 h_1 不得小于 b_1（图 2-9），并不应小于 300mm 且不小于 $20d$（d 为柱中的纵向受力钢筋的最大直径）。当柱纵向钢筋在柱脚内的竖向锚固长度不满足锚固要求时，可沿水平方向弯折，弯折后的水平锚固长度不应小于 $10d$ 也不应大于 $20d$。

为了施工方便，基础通常做成台阶形，各级台阶的内缘与刚性角的斜线相交是安全的。由式(2-25)可知，在确定的基础底面尺寸条件下，基础高度可能会大于基础埋深，这是不允许的。此时应选择刚性角较大的材料做基础，如仍不满足，则可采用钢筋混凝土扩展基础。

墙下的无筋扩展基础只在墙的厚度方向放级，而柱下的无筋扩展基础则在两个方向放级，但两个方向都要符合宽高比允许值要求。

二、墙下混凝土条形基础

墙下钢筋混凝土条形基础的截面设计包括基础高度和基础底板配筋计算。在这些计算中，可不考虑基础及其上土的重力，但在确定基础底面尺寸或计算基础沉降时，要考虑基础及其上土的重力。仅由基础顶面的荷载设计值所产生的地基反力，称为净反力，以 p_j 表示。沿墙长度方向取 1m 作为计算单元。

1. 构造要求

(1)锥形基础的边缘高度，不宜小于 200mm；阶梯形基础的每阶高度，宜为 300～500mm。

(2)垫层厚度为 70～100mm，每边伸出基础边缘 100mm；垫层混凝土强度等级应为 C10。

(3)墙下钢筋混凝土条形基础纵向分布钢筋的直径不小于 8mm，间距不大于 300mm，每延米分布钢筋的面积应不小于受力钢筋面积的 1/10。当有垫层时钢筋保护层的厚度不小于

40mm，无垫层时不小于 70mm。

(4)混凝土强度等级不应低于 C20。

(5)当墙下钢筋混凝土条形基础的宽度大于或等于 2.5m 时，底板受力钢筋的长度可取边长或宽度的 0.9 倍，并宜交错布置[图 2-10(a)]。

(6)钢筋混凝土条形基础底板在 T 形及十字形交接处，底板横向受力钢筋仅沿一个主要受力方向通长布置，另一方向的横向受力钢筋可布置到主要受力方向底板宽度的 1/4 处[图 2-10(b)]。在拐角处底板横向受力钢筋应沿两个方向布置[图 2-10(c)]。

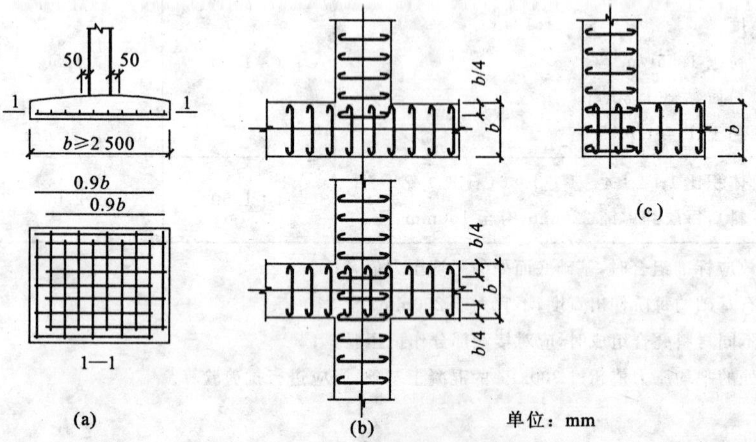

图 2-10 扩展基础底板受力钢筋布置示意图

2. 设计计算

(1)轴心荷载作用。

1)地基土净反力为

$$p_j = \frac{F}{b} \tag{2-26}$$

2)基础高度。基础内不配箍筋和弯筋，故基础高度由混凝土的受剪承载力确定，即

$$V \leqslant 0.7\beta_{hs} f_t h_0 \tag{2-27}$$

式中，V 为剪力设计值，$V = p_j b_1$，kN；b_1 为基础悬臂部分计算截面的挑出长度(图 2-11)，m，当墙体为混凝土材料时，b_1 为基础边缘至墙面的距离，当为砖墙且墙脚伸出 1/4 砖长时，b_1 为基础边缘至墙面距离加上 0.06m；h_0 为基础有效高度，m；f_t 为混凝土轴心抗拉强度设计值，kPa；β_{hs} 为截面高度影响系数，$\beta_{hs} = (800/h_0)^{1/4}$，当 $h_0 < 800$mm 时，取 $h_0 = 800$mm，当 $h_0 > 2\,000$mm 时，取 $h_0 = 2\,000$mm。

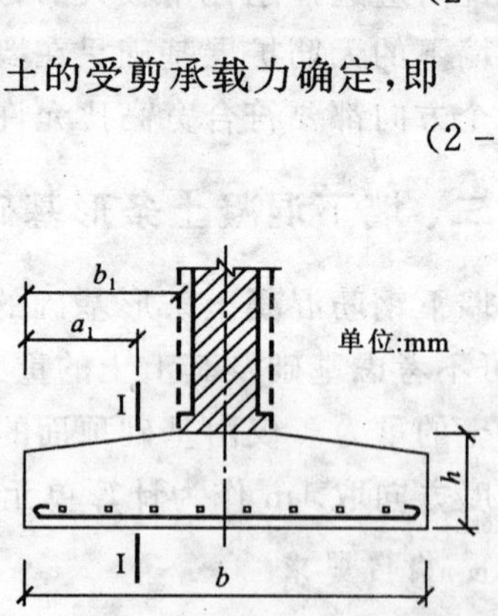

图 2-11 墙下条形基础的计算示意图

3)基础底板配筋。悬臂根部的最大弯矩为

$$M = \frac{1}{2} p_j b_1^2 \tag{2-28}$$

式中，M 为基础底板悬臂根部处由地基净反力引起的最大弯矩值，kN·m。

每米长基础的受力钢筋截面面积

$$A_s=\frac{M}{0.9f_yh_0} \tag{2-29}$$

式中，A_s 为受力钢筋截面面积，mm；f_y 为钢筋抗拉强度设计值，N/mm^2。

(2) 偏心荷载作用。在偏心荷载作用下，基底净反力一般呈梯形分布，基础底面积按矩形考虑。先计算基础底净偏心距 $e_0=M/F$，则基础边缘处最大和最小净反力为

$$\begin{matrix} p_{j\max} \\ p_{j\min} \end{matrix}=\frac{F}{b}\left(1\pm\frac{6e_0}{b}\right) \tag{2-30}$$

悬臂根部截面Ⅰ—Ⅰ处的净反力为

$$p_{j1}=p_{j\min}+\frac{b-b_1}{b}(p_{j\max}-p_{j\min}) \tag{2-31}$$

基础的高度和配筋仍按式(2-27)和式(2-29)计算，但在计算弯矩和剪力设计值时，应按下列公式计算

$$M=\frac{(2p_{j\max}+p_{j1})}{6}b_1^2 \tag{2-32}$$

$$V=\frac{1}{2}(p_{j\max}+p_{j1})b_1 \tag{2-33}$$

三、柱下钢筋混凝土独立基础

1. 构造要求

柱下钢筋混凝土独立基础，除应满足上述墙下钢筋混凝土条形基础的要求外，尚应满足其他一些要求(图2-12)。阶梯形基础每阶高度一般为300～500mm，当基础高度大于600mm而小于900mm时，阶梯形基础分为二级；当基础高度大于900 mm时，则分为三级。每级伸出宽度不应大于2.5倍的高度。当采用锥形基础时，其顶部每边应沿柱边放出50 mm。由于阶梯形基础的施工质量较易保证，宜优先考虑采用。

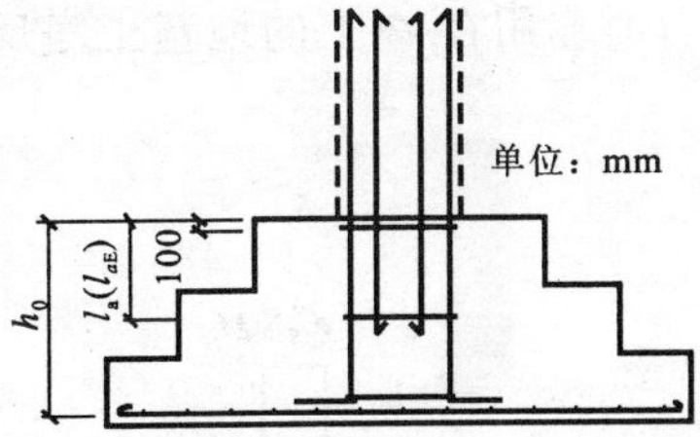

图2-12　柱下钢筋混凝土基础的构造

柱下钢筋混凝土基础的受力钢筋应双向布置。基础底板受力钢筋的最小直径不宜小于10mm；间距不宜大于200mm，也不宜小于100mm。现浇柱的纵向钢筋可通过插筋锚入基础中，其插筋的数量、直径以及钢筋种类应与柱内纵向受力钢筋相同。插筋的锚固长度和插筋与柱的纵向受力钢筋的连接方法，应符合《混凝土结构设计规范》的规定。插筋的下端宜做成直钩放在基础底板钢筋网上。当符合下列条件之一时，可仅将四角的插筋伸至底板钢筋网上，其余插筋锚固在基础顶面下 l_a 或 l_{aE}(有抗震设防要求时)处：①柱为轴心受压或小偏心受压，基础高度大于等于1 200mm；②柱为大偏心受压，基础高度大于等于1 400mm。

2. 基础高度

基础高度由混凝土抗冲切承载力确定。在柱荷载作用下，如果沿柱周边(或变阶处)基础高度不足，将产生如图2-13的冲切破坏，形成45°斜裂面的角锥体。为防止发生这种形式的破坏，冲切破坏锥体以外的地基净反力所产生的冲切力应小于冲切面处混凝土的抗冲切能力。

矩形基础一般沿柱短边一侧先产生冲切破坏，所以只需根据短边一侧的冲切破坏条件确定基础高度，即要求

$$F_l \leqslant 0.7\beta_{hp} f_t a_m h_0 \qquad (2-34)$$

$$a_m = (a_t + a_b)/2 \qquad (2-35)$$

$$F_l = p_j A_l \qquad (2-36)$$

式中，β_{hp}为受冲切承载力截面高度影响系数，当基础高度 h 不大于 800mm 时，β_{hp}取 1.0，当基础高度 h 大于等于 2 000mm 时，β_{hp}取 0.9，其间按线性内插法取用；f_t为混凝土轴心抗拉强度设计值，h_0为基础冲切破坏锥体的有效高度；a_m为冲切破坏锥体最不利一侧计算长度；a_t为冲切破坏锥体最不利一侧斜截面的上边长，当计算柱与基础交接处受冲切承载力时，取柱宽，当计算基础变阶处受冲切承载力时，取上阶宽；a_b为冲切破坏锥体最不利一侧斜截面在基础底面积范围内的下边长，当冲切破坏锥体的底面落在基础底面以内[图 2-14(a)(b)]，计算柱与基础交接处受冲切承载力时，取柱宽加两倍基础有效高度，当计算基础变阶处受冲切承载力时，取上阶宽加两倍该处的基础有效高度，当冲切破坏锥体的底面在 l 方向落在基础底面以外，即 $a+2h_0 \geqslant l$ 时[图 2-14(c)]，$a_b = l$；p_j为扣除基础自重及其上土重后相应于荷载效应基本组合时的地基土单位面积净反力，对偏心受压基础可取基础边缘处最大地基土单位面积净反力；A_l为冲切验算时取用的部分基底面积[图 2-14(a)(b)中的阴影面积 $ABCDEF$，或图 2-14(c)中的阴影面积 $ABCD$]；F_l为相应于荷载效应基本组合时作用在 A_l上的地基土净反力设计值。

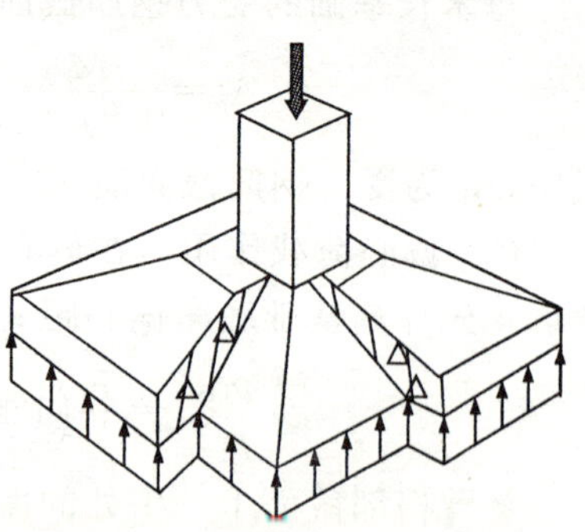

图 2-13 基础冲切破坏

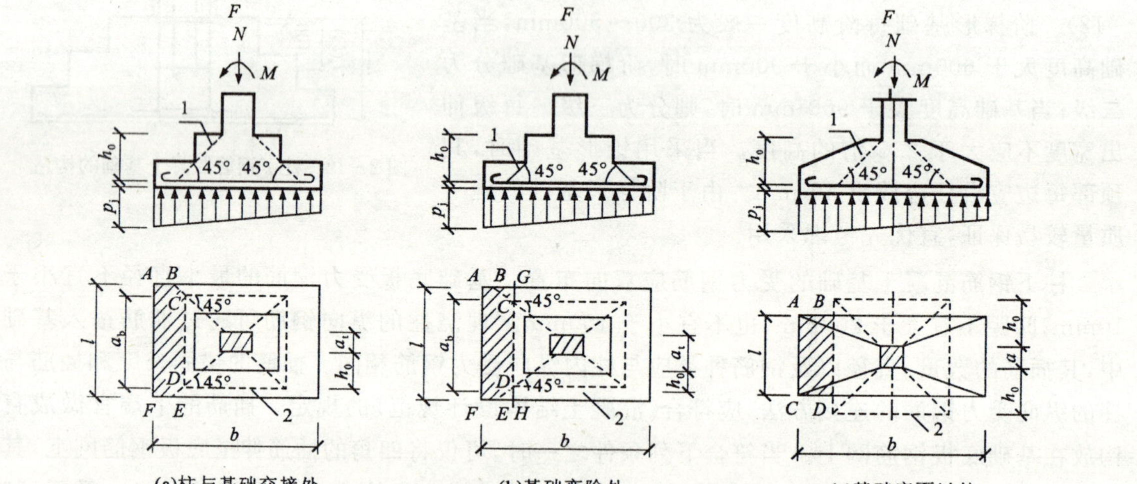

(a)柱与基础交接处 (b)基础变阶处 (c)基础底面以外

图 2-14 计算阶形基础的受冲切承载力截面位置

1—冲切破坏锥体最不利一侧的斜截面；2—冲切破坏锥体的底面线

关于 A_l 和 a_m 的计算可分为两种情况。

(1)当 $l > a_t + 2h_0$ 时[图 2-14(b)]，

$$A_l = A_{\square AGHF} - (A_{\triangle BGC} + A_{\triangle DHE}) = (b/2 - h/2 - h_0)l - (l/2 - a_t/2 - h_0)^2 \tag{2-37}$$

$$a_m = \frac{a_t + (a_t + 2h_0)}{2} = \frac{2a_t + 2h_0}{2} = a_t + h_0 \tag{2-38}$$

(2)当 $l \leqslant a_t + 2h_0$ 时[图 2-14(c)]，

$$A_l = A_{ABDC} = [(b/2 - h/2) - h_0]l \tag{2-39}$$

$$a_m = (a_t + l)/2 \tag{12-40}$$

对于阶梯形基础，例如分成二级的阶梯形，除了对柱边进行冲切验算外，还应对上一阶底边变阶处进行下阶的冲切验算。验算方法与柱边冲切验算相同，将式(2-37)～式(2-40)中 h、a_t、h_0 分别换为台阶的长边、宽边和台阶处的有效高度即可。

进行基础设计时，一般先根据荷载大小和构造初选基础高度和台阶高度，再按式(2-34)验算。当基础底面全部落在 45°冲切破坏锥体底边以内时，则成为刚性基础，不必进行计算。

3. 底板内力计算及配筋

在地基净反力作用下，基础沿柱周边向上弯曲。一般矩形基础的长宽比小于 2，故为双向受弯。当弯曲应力超过了基础的抗弯强度时，就发生弯曲破坏。其破坏特征是裂缝沿柱角至基础角将基础底面分裂成四块梯形面积。故配筋计算时，将基础底板看成四块固定在柱边的梯形悬臂板。

《建筑地基基础设计规范》(GB50007—2002)规定，对于矩形基础，当台阶的宽高比小于或等于 2.5 和偏心距小于或等于 1/6 基础宽度时，任意截面的弯矩可按下列公式计算(图 2-15)。

$$M_{\mathrm{I}} = \frac{1}{12}a_1^2\left[(2l + a')\left(p_{\max} + p - \frac{2G}{A}\right) + (p_{\max} - p)l\right] \tag{2-41}$$

$$M_{\mathrm{II}} = \frac{1}{48}(l - a')^2(2b + b')\left(p_{\max} + p_{\min} - \frac{2G}{A}\right) \tag{2-42}$$

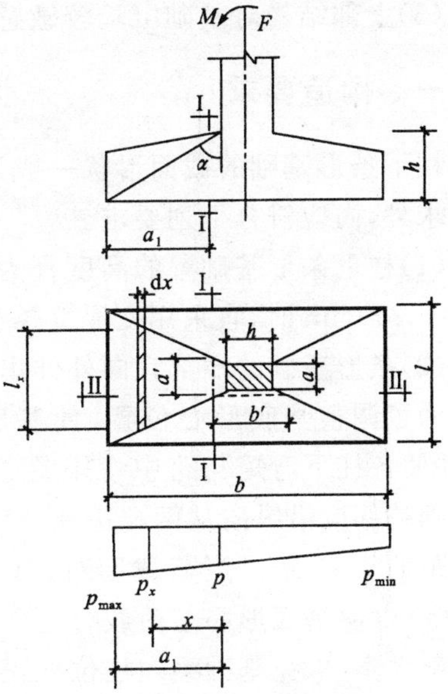

图 2-15　矩形基础底板的计算示意图

式中，M_{I}、M_{II} 分别为任意截面Ⅰ—Ⅰ、Ⅱ—Ⅱ处相应于荷载效应基本组合时的弯矩设计值；a_1 为任意截面Ⅰ—Ⅰ至基底边缘最大反力处的距离；l、b 分别为基础底面的边长；$p_{\max}$、$p_{\min}$ 分别为相应于荷载效应基本组合时的基础底面边缘最大和最小地基反力设计值；p 为相应于荷载效应基本组合时在任意截面Ⅰ—Ⅰ处基础底面地基反力设计值；G 为考虑荷载分项系数的基础自重及其上的土自重，当组合值由永久荷载控制时，$G = 1.35G_k$，G_k 为基础及其上土的标准自重。

基础底板两个方向上的钢筋面积可近似按下式计算

$$A_{s\mathrm{I}} = \frac{M_{\mathrm{I}}}{0.9h_0 f_y} \tag{2-43}$$

$$A_{s\mathrm{II}} = \frac{M_{\mathrm{II}}}{0.9(h_0 - d)f_y} \tag{2-44}$$

式中，d 为 b 方向上的钢筋直径。

阶梯形基础在变阶处也是抗弯的危险截面，由式(2-41)、式(2-42)可以分别计算上阶底边Ⅲ—Ⅲ和Ⅳ—Ⅳ截面的弯矩 $M_{Ⅲ}$、钢筋面积 $A_{sⅢ}$ 和 $M_{Ⅳ}$、$A_{sⅣ}$，然后按 $A_{sⅠ}$ 和 $A_{sⅢ}$ 中的大值配置平行于 b 边方向的钢筋，并放置在下层；按 $A_{sⅡ}$ 和 $A_{sⅣ}$ 中的大值配置平行于 l 边方向的钢筋，并放置在上排。

当扩展基础的混凝土强度等级小于柱的混凝土强度等级时，尚应验算柱下扩展基础顶面的局部受压承载力。

符合构造要求的杯形基础，在与预制柱结合形成整体后，其性能与现浇基础相同，故其高度和底面配筋仍按柱边和高度变化处的截面进行计算。

第六节　柱下条形基础的设计

柱下条形基础是常用于软弱地基上框架或排架结构的一种基础类型。它具有刚度较大、调整不均匀沉降能力较强的优点，但造价较高。以下情况可以考虑采用柱下条形基础。

(1)地基较软弱，承载力较低，而荷载较大或地基压缩性不均匀时。

(2)荷载分布不均匀，有可能导致不均匀沉降时。

(3)上部结构对基础沉降较敏感，有可能产生较大的次应力或影响使用功能时。

一、构造要求

柱下条形基础的截面形状一般为倒T形，由翼板和肋梁组成。其构造除应满足扩展基础的要求外，尚应符合下列要求。

(1)柱下条形基础梁的高度宜为柱距的1/4～1/8。翼板厚度不应小于200mm。当翼板厚度大于250mm时，宜采用变厚度翼板，其坡度宜小于或等于1∶3。

(2)条形基础的端部宜向外伸出，其长度宜为第一跨距的1/4。

为了调整基底形心位置，使基底压力分布较为均匀，并使各柱下弯矩与跨中弯矩趋于均衡以利配筋，条形基础端部应沿纵向从两端边往外伸，外伸长度宜为边跨跨距的0.25倍。当荷载不对称时，两端伸出长度可不相等，以使基底形心与荷载合力作用点重合。但也不宜伸出太多，以免基础梁在柱位处正弯矩太大。

(3)现浇柱与条形基础梁的交接处，其平面尺寸不应小于图2-16的规定。

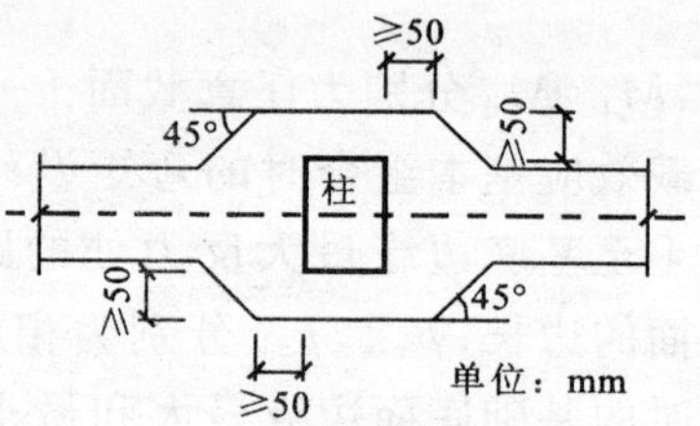

图2-16　现浇柱与条形基础梁交接处平面尺寸

(4)条形基础梁顶部和底部的纵向受力钢筋除满足计算要求外，顶部钢筋按计算配筋全部贯通，底部通长钢筋不应少于底部受力钢筋截面总面积的1/3。

(5)柱下条形基础的混凝土强度等级不应低于C20。

(6)翼板的横向受力钢筋由计算确定，但直径不应小于10mm，间距100～200mm。非肋部分的纵向分布钢筋可用直径8～10mm，间距不大于300mm。其余构造要求可参照钢筋混凝土扩展基础的有关规定。

二、内力计算方法

柱下条形基础在其纵横两个方向均产生弯曲变形，故在这两个方向的截面内均存在剪力和弯矩。柱下条形基础的横向剪力与弯矩通常可考虑由翼板的抗剪、抗弯能力承担，其内力计算与墙下条形基础相同。柱下条形基础纵向的剪力与弯矩一般由基础梁承担。

柱下条形基础的内力计算，原则上应同时满足静力平衡和变形协调条件。目前提出的计算方法主要有简化计算方法、弹性地基梁方法以及考虑上部结构参与共同工作的方法。

1. 简化计算方法

采用基底压力呈直线分布假设，用倒梁法或静定分析法计算。简化计算方法仅满足静力平衡条件，是最常用的设计方法。简化方法适用于柱荷载比较均匀、柱距相差不大，基础对地基的相对刚度较大，以至于可忽略柱间的不均匀沉降影响的情况。

柱下条形基础可视为作用有若干集中荷载并置于地基上的梁，同时受到地基反力的作用。在柱下条形基础结构设计中，除按抗冲切和抗剪强度验算以确定基础高度，并按翼板弯曲确定基础底板横向配筋外，还需计算基础纵向受力，以配置纵向受力钢筋，所以必须计算柱下条形基础的纵向弯矩分布。柱下条形基础纵向弯矩计算的常用简化方法有以下两种。

(1)静定分析法。当柱荷载比较均匀，柱距相差不大，基础与地基相对刚度较大，以至于可忽略柱下不均匀沉降时，可进行满足静力平衡条件下梁的内力计算。地基反力以线性分布作用于梁底，用材料力学的截面法求解梁的内力，称为静定分析法(图 2-17)。静定分析法不考虑与上部结构的共同作用，因而在荷载和直线分布的地基反力作用下产生整体弯曲。此法算得的基础最不利截面上的弯矩绝对值往往偏大，只宜用于柔性上部结构且自身刚度较大的条形基础。

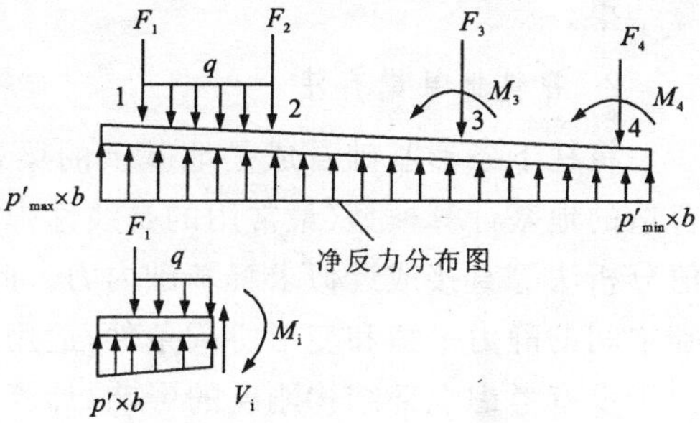

图 2-17　静定分析法计算简图

(2)倒梁法。倒梁法是将柱下条形基础假设为以柱脚为固定铰支座的倒置连续梁，以线性分布的基底净反力作为荷载，用弯矩分配法或查表法求解倒置连续梁的内力。

由于倒梁法在假设中忽略了基础梁的挠度和各柱脚的竖向位移差，且认为基底净反力为线性分布，故应用倒梁法时限制相邻柱荷载差不超过 20%，柱间距不宜过大，并应尽量等间距。若地基比较均匀，基础或上部结构刚度较大，且条形基础的高度大于 1/6 柱距，则倒梁法计算得到的内力比较接近实际。

倒梁法计算步骤如下(图 2-18)。

1)根据初步选定的柱下条形基础尺寸和作用荷载，确定计算简图。

2)计算基底净反力，按线性分布进行计算[图 2-18(a)]。

3)根据计算简图[图 2-18(b)]用弯矩分配法或查表法计算弯矩、剪力和支座反力。

4)调整不平衡力。

由于上述假定不能使支座反力 R_i 等于柱子传来的反力 F_i，因此应通过逐次调整消除不平衡力[图 2-18(c)]。各柱脚不平衡力为

$$\Delta p_i = F_i - R_i \tag{2-45}$$

把各支座不平衡力均匀分布在相邻两跨的各1/3跨度范围内[图 2-18(c)]。对边跨支座，有

$$\Delta p_1=\frac{\Delta p_1}{\left(l_0+\frac{l_1}{3}\right)} \tag{2-46}$$

对中间支座，有

$$\Delta p_i=\frac{\Delta p_i}{\left(\frac{l_{i-1}}{3}+\frac{l_i}{3}\right)} \tag{2-47}$$

式中，Δp_i 为不平衡均布力，kN/m；l_0 为边跨长度，m；l_{i-1}、l_i为 i 支座左右跨长度，m。

5)继续用弯矩分配法或查表法计算内力和支座反力，并重复 4)，直至不平衡力在计算允许精度范围内。一般与荷载的误差不超过 2%。

6)将逐次计算结果叠加，得到最终内力计算结果。

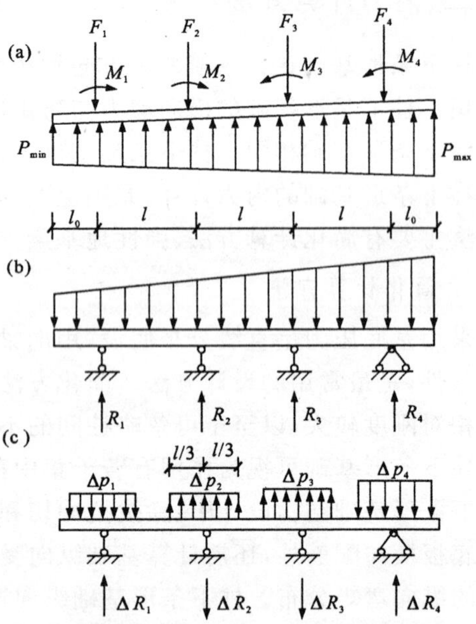

图 2-18　倒梁法计算简图

(a)直线分布基底反力；(b)倒置的梁；(c)调整的梁

2. 弹性地基梁方法

将柱下条形基础看成是地基上的梁，采用合适的地基计算模型(最常用的是线性弹性地基模型)建立方程，采用解析法、近似解析法和数值分析法等直接或近似求解基础内力。此方法考虑地基与基础的共同作用，即满足地基与基础之间的静力平衡和变形协调条件，适用于具有不同相对刚度的基础、荷载分布和地基条件。由于没有考虑上部结构刚度的影响，计算结果一般偏于安全。

3. 考虑上部结构参与共同工作的方法

这种方法最符合条形基础的实际工作状态，但计算过程很复杂，工作量大，通常将上部结构适当简化以考虑其刚度的影响，例如等效刚度法、空间子结构法、弹性杆法、加权残数法等，目前在设计中应用尚不多。

《建筑地基基础设计规范》(GB50007—2002)关于柱下条形基础的计算规定如下。

(1)在比较均匀的地基上，上部结构刚度较好，荷载分布较均匀，且条形基础梁的高度不小于 1/6 柱距时，地基反力可按直线分布，条形基础梁的内力可按连续梁计算，此时边跨跨中弯矩及第一内支座的弯矩值宜乘以 1.2 的系数。

(2)当不满足(1)的要求时，宜按弹性地基梁计算。

(3)验算柱边缘处基础梁的受剪承载力。

(4)当存在扭矩时，尚应作抗扭计算。

(5)当条形基础的混凝土强度等级小于柱的混凝土强度等级时，尚应验算柱下条形基础梁顶面的局部受压承载力。

第三章　减轻不均匀沉降危害的措施

在实际工程中，由于地基软弱，土层厚度变化大，土层在水平方向软硬不一，建筑物荷载相差悬殊或基础类型、尺寸的差异等原因，容易使地基产生过量的不均匀沉降，造成建筑物倾斜，墙体、楼地面开裂等事故。因此，如何采取有效措施，防止或减轻不均匀沉降造成的危害，是建筑设计必须考虑的一个问题。

不均匀沉降对工程的危害主要表现为：不均匀沉降会引起上部结构产生附加应力，使上部结构开裂甚至破坏；沉降使得建筑底层层高减小，建筑总高度减小。

解决危害的途径为：第一，设法增强上部结构对不均匀沉降的适应能力；第二，设法减少不均匀沉降或总沉降量。

不均匀沉降常引起砌体承重构件开裂，尤其是墙体窗口门洞的角位处。裂缝的位置和方向与不均匀沉降的状况有关。图3－1为不均匀沉降引起墙体开裂的一般规律：斜裂缝上段对应下来的基础或基础的一部分沉降较大。如果墙体中间部分的沉降比两端大，则墙体两端的斜裂缝将呈八字形。如果墙体两端的沉降大，则斜裂缝将呈倒八字形。当建筑物各部分的荷载或高度差别较大时，重、高部分的沉降也常较大，并导致轻、低部分产生斜裂缝。

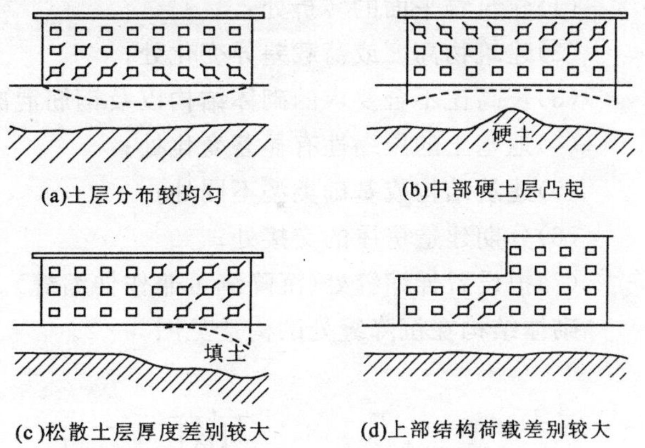

图3－1　不均匀沉降引起墙体开裂

对框架等超静定结构来说，各柱的沉降差必将在梁柱等构件中产生附加内力。当这些附加内力和设计荷载作用下的内力超过构件承载能力时，梁、柱端和楼板将出现裂缝。

若工程地质勘察资料或基坑开挖查验表明不均匀沉降可能较大时，应考虑更改设计或采取有效办法处理。常用的方法有：①对地基某一深度内或局部进行人工处理；②采用桩基础或其他基础方案；③在建筑设计、结构设计和施工方面采取相应措施。

一、建筑措施

1. 建筑物体型力求简单

建筑物体型包括其平面与立面形状及尺度。平面形状复杂的建筑物，在纵横单元交接处的基础密集，地基中附加应力相互重叠，导致该部分的沉降往往大于其他部位。当建筑物的高低或荷载差异较大时，也必然会加大地基的不均匀沉降。因此，当具备发生较大不均匀沉降条件时，建筑物的体型应力求简单。

当建筑物体型较复杂时，宜根据其平面、立面形状、荷载差异等情况，在适当部位用沉降缝将其划分成若干刚度较好的独立单元；或者将两者隔开一定距离，两者之间采用能自由沉降的连接体或简支、悬挑结构相连接。

2. **控制建筑物的长高比**

建筑物在平面上的长度 L 和从基础底面算起的高度 H_f 之比，称为建筑物的长高比。它是决定砌体结构房屋刚度的一个主要因素。L/H_f 越小，建筑物的刚度越好，调整地基不均匀沉降的能力就越大。对 3 层和 3 层以上的房屋，L/H_f 宜小于或等于 2.5；当建筑物的长高比满足 $2.5<L/H_f\leqslant 3.0$ 时，应尽量做到纵墙不转折或少转折，其内墙间距不宜过大，且与纵墙之间的连接应牢靠，同时纵墙开洞不宜过大。必要时还应增强基础的刚度和强度。当建筑物的预估最大沉降量不大于 120mm 时，一般情况下，砌体结构的长高比可不受限制。

3. **设置沉降缝**

沉降缝把建筑物从基础底面直至屋盖分开成各自独立的单元。每个单元的体型一般应简单、长高比较小以及地基比较均匀。沉降缝一般设置在建筑物的下列部位：

(1)建筑物平面的转折处；

(2)建筑物高度或荷载差异变化处；

(3)长高比不合要求的砌体结构以及钢筋混凝土框架结构的适当部位；

(4)地基土的压缩性有显著变化处；

(5)建筑结构或基础类型不同处；

(6)分期建造房屋的交接处；

(7)拟设置伸缩缝处(沉降缝可兼作伸缩缝)。

砌体结构在沉降缝处的构造见图 3-2。

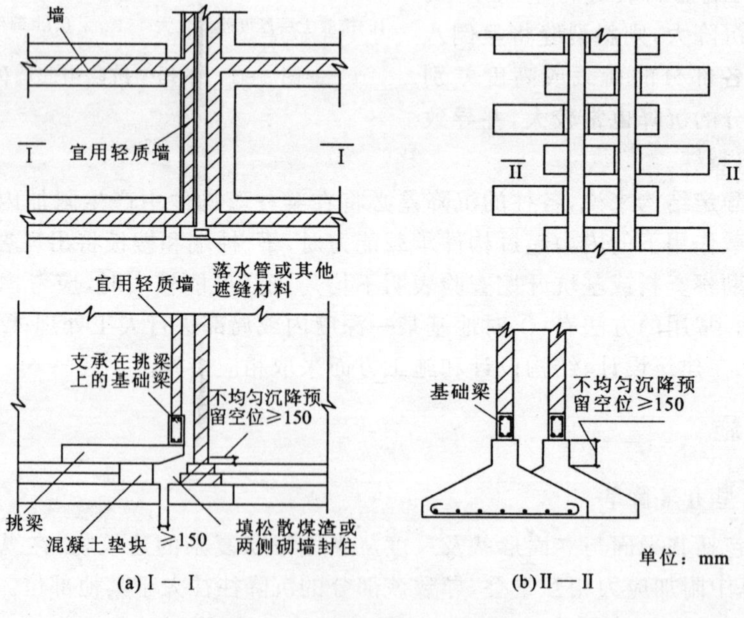

图 3-2　沉降缝构造示意图

为避免沉降缝两侧单元相向倾斜挤压，沉降缝应有足够的宽度，其宽度可按表 3－1 选用。

表 3－1　房屋沉降缝的宽度

房屋层数	沉降缝的宽度/mm
2～3	50～80
4～5	80～120
5 层以上	不小于 120

注：当沉降缝两侧单元层数不同时，沉降缝的宽度按低层取用，并应满足抗震缝宽度要求。

4. 建筑物之间应有一定距离

由于地基中附加应力的扩散作用，邻近的建筑物之间的沉降会相互影响。为避免引起地基的不均匀沉降造成建筑物的倾斜或裂缝，应控制相邻建筑物基础间的距离。相邻建筑物基础的净距，可按表 3－2 选用。

对相邻高耸结构或对倾斜要求严格的构筑物外墙间隔距离，应根据倾斜允许值确定。

表 3－2　相邻建筑物基础间的净距　（单位：m）

影响建筑物的预估平均沉降量/mm ＼ 被影响建筑物的长高比	$2.0 \leqslant L/H_f < 3.0$	$3.0 \leqslant L/H_f < 5.0$
70～150	2～3	3～6
160～250	3～6	6～9
260～350	6～9	9～12

注：①表中 L 为建筑物长度或沉降缝分隔的单元长度，m；H_f 为自基础底面算起的建筑物高度，m。

②当被影响建筑物的长高比为 $1.5 < L/H_f < 2.0$ 时，其基础间的净距可适当缩小。

5. 调整某些设计标高

建筑物的长期沉降，将改变使用期间各建筑单元、地下管道和工业设备等的原有标高，这时可采取下列措施进行调整。

(1)室内外地坪和地下设施的标高，应根据预估沉降量予以调整。建筑物或设备各部分之间有联系时，可将沉降较大者标高提高。

(2)建筑物与设备之间应留有净空。当建筑物有管道穿过时，应预留孔洞，或采用柔性的管道接头等。

(3)室内外设备管道连接应在施工后期完成。

二、结构措施

1. 减轻建筑物自重

建筑物的自重(包括基础以及覆土重力)在基底压力中占有很大比例。工业建筑中估计占 50％，民用建筑中可高达 60％～70％，因而减少沉降量常可以从减轻建筑物自重着手。

(1)采用轻质材料,如采用空心砖墙或其他轻质墙等。

(2)选用轻型结构,如预应力混凝土结构、轻型钢结构以及各种轻型空间结构。

(3)减轻基础及以上回填土的重力,选用自重轻、覆土较少的基础型式,如浅埋的宽基础和半地下室、地下室基础,或者室内地面架空。

2. **设置圈梁**

圈梁的作用在于提高砌体结构抵抗弯曲变形的能力,即增强建筑物的抗弯刚度。它是防止砖墙出现裂缝和阻止裂缝开展的一项有效措施。当建筑物产生碟形沉降时,墙体产生正向弯曲,下层的圈梁将起作用;反之,墙体产生反向弯曲时,上层的圈梁起作用。

对于多层房屋的基础和顶层宜各设一道圈梁,其他可隔层设置;当地基软弱,或建筑体型较复杂,荷载差异较大时,可层层设置。对于单层工业厂房、仓库可结合基础梁、联系梁、过梁等酌情设置。

3. **减小或调整基础底面的附加压力**

(1)设置地下室。采用补偿性基础设计方法,以挖除的土重抵消部分甚至全部的建筑物重力,达到减小沉降的目的。

(2)调整基底尺寸。按地基承载力确定出基础底面尺寸之后,应用沉降理论进行计算,结合设计经验,对基底尺寸进行调整,使不同荷载的基础沉降量接近。

4. **设置基础梁**

钢筋混凝土框架结构对不均匀沉降很敏感,很小的沉降差异就足以引起较大的附加应力。对于采用单独柱基的框架结构,在基础之间设计基础梁是加大结构刚度、减少不均匀沉降的有效措施之一。

5. **加强基础整体刚度**

对于建筑体型复杂、荷载差异较大的钢筋混凝土结构体系,可采用交叉条形基础、筏形基础、箱形基础或桩基础等,以加强基础整体刚度,减小沉降差异。

6. **选用非敏感性结构**

排架结构或三铰拱等结构,地基发生一定的不均匀沉降时,不会引起很大的附加应力,因此可减轻不均匀沉降的危害。对于单层工业厂房、仓库和某些公共建筑,在情况许可时,可以选用对地基沉降不敏感的结构。

三、施工措施

在软弱地基上开挖基坑和施工基础时,应合理安排施工顺序,采用合理的施工方法,以确保工程质量和减小不均匀沉降造成的危害。

1. **合理安排施工顺序**

对于高低、重轻悬殊的建筑部位,在施工进度和条件许可的情况下,一般应按先高后低、先重后轻的顺序进行施工,并注意高低部分相连接的合理时间,一般可根据沉降观测资料确定。

对于具有地下室和裙房的高层建筑,为减小高层部分与裙房间的不均匀沉降,在施工时应采用施工后浇带断开,待高层部分主体结构完成时再连接成整体。如采用桩基,可根据沉降情况,在高层部分主体结构未全部完成时连接成整体。

2. **注意施工方法**

在软弱地基上开挖基坑时，应特别注意基坑壁的稳定和基坑的整体稳定。

在进行降低地下水位作业的现场，应密切注意降水对邻近建筑物可能产生的不利影响，特别应防止流土现象发生。

应尽量避免在新建基础、新建建筑物侧边长时间堆放大量土方、建筑材料等地面荷载，以免基础产生附加沉降。

第二篇

地基处理

第四章 概 述

当天然地基很软弱，不能满足地基强度和变形等要求时，要对地基进行人工处理后再建造基础，这种地基加固称为地基处理。

我国土地辽阔，自然地理环境不同，土质各异，地基条件区域性较强，在选择建筑场地时，应尽量选择地质条件良好的场地从事建设，但有时也不得不在地质条件不好的场地进行修建，为此必须对地基进行处理。

地基处理的对象是软弱地基和特殊土地基。《建筑地基基础设计规范》(GB50007—2002)中规定：软弱地基系指主要由淤泥、淤泥质土、冲填土、杂填土或其他高压缩性土层构成的地基。特殊土地基包括湿陷性黄土、膨胀土、红黏土和冻土等。在这类地基上建造建筑物时，主要面临以下四个问题。

1. 强度及稳定性

当地基的抗剪强度不足以承受上部结构的自重及附加荷载时，地基就会发生局部或整体破坏。

2. 变形

当地基在上部结构的自重及附加荷载作用下产生过大的变形时，会影响建筑物的正常使用；当超过建筑物所能允许的不均匀沉降时，结构可能产生开裂。一般沉降量越大，不均匀沉降也随之增大。湿陷性黄土遇水湿陷，膨胀土遇水膨胀、失水收缩也属于这类问题。

3. 渗漏

渗漏是由地下水在运动中产生的动水压力而引起的，当地基的渗漏量或水力坡降超过允许值时，会导致流砂(土)和管涌事故。

4. 液化

在地震、机器及车辆的振动、波浪作用和爆破等动力荷载作用下，会引起饱和松散粉细砂(包括部分粉土)产生液化，使土体类似于液体而失去抗剪强度，从而造成地基失稳和震陷。

当建筑物的天然地基存在以上四个问题的一个或几个时，就必须进行地基处理以保证建筑物的安全与正常使用。

地基处理的目的是利用置换、夯实、排水、胶结、加筋和热学等方法对地基土进行加固，以改善地基土的强度、压缩性、渗透性、动力特性和特殊土地基的特性等。

地基处理的方法有很多种，按时间可分为临时处理和永久处理；按处理深度可分为浅层处理和深层处理；按土性对象可分为砂性土处理和黏性土处理，饱和土处理和非饱和土处理；按处理的作用机理可分为物理处理和化学处理。按作用机理分类的处理方法见图 4-1。

- 地基处理方法分类
  - 物理处理
    - 1. 换土处理
      - 挖除换土法
        - 全部挖除换土法
        - 部分挖除换土法
      - 强制换土法
        - 自重强制换土法
        - 强夯挤淤法
      - 爆破换土法——爆破挤淤法
    - 2. 密实处理
      - 浅层密实处理
        - 碾压法
        - 重锤夯实法
        - 振动压实法
      - 深层密实处理
        - 冲击密实法
          - 爆破挤密法
          - 强夯法
        - 振冲法
        - 挤密法
          - 砂(石)桩挤密法
          - 灰土桩挤密法
          - 石灰桩挤密法
    - 3. 排水处理
      - 力学排水
        - 加压排水
          - 砂井排水法
          - 袋装砂井排水法
          - 塑料带排水法
        - 抽水排水
          - 水井排水法
            - 浅井排水法
            - 深井排水法
          - 井点排水法
            - 普通井点排水法
            - 真空井点排水法
        - 负压排水——真空排水法
      - 电学排水——电渗排水
      - 其他排水
        - 砂(砂石)垫层法
        - 土工织物法
    - 4. 加筋处理
      - 土工织物
      - 加筋土
      - 树根桩
    - 5. 热学处理
      - 热加固法
      - 冻结法
  - 化学处理
    - 灌浆法
    - 搅拌法
      - 石灰系搅拌法
      - 水泥系搅拌法
        - 深层搅拌法
          - 干喷
          - 湿喷
        - 高压喷射注浆法

图 4-1　按作用机理分类的地基处理方法分类图

图 4-1 中的各种处理方法是按处理的作用机理来划分的，但很多方法同时具有多重处理效果。如碎石桩具有挤密、置换、排水和加筋的多种作用；石灰桩既挤密又吸水，吸水后又进一步挤密。

在选择地基处理方案时要进行多方面的考虑，宜按下列步骤进行：①根据结构类型、荷载大小及使用要求，结合地形地貌、地层结构、工程地质及水文地质条件、环境情况和对邻近建筑物的影响等因素，初步选定几种处理方案。②对初步选定的各种地基处理方案，分别从加固机理、适用范围、预期效果以及材料来源及消耗、机具条件、工期要求、施工队伍素质和对环境的影响等方面进行技术经济分析和对比，确定最优的处理方案。③对已确定的处理方案，在有代表性的场地上进行相应的现场试验，并进行必要的测试，以检验设计参数和处理效果，如果达不到设计要求时，应查找原因，采取措施或对方案进行修改。

各种地基处理方法的主要适用范围及加固效果见表 4－1。

表 4－1 各种地基处理方法的主要适用范围和加固效果

按处理深浅分类	序号	处理方法	适用情况						加固效果				最大有效处理深度/m
			淤泥质土	人工填土	黏性土		无黏性土	湿陷性黄土	降低压缩性	提高抗剪性	形成不透水性	改善动力特征	
					饱和	非饱和							
浅层加固	1	换土垫层法	*	*	*	*		*	*	*		*	3
	2	机械碾压法		*		*	*	*	*	*			3
	3	平板振动法		*		*	*	*	*	*			1.5
	4	重锤夯实法		*		*	*	*	*	*			1.5
	5	土工聚合物法	*		*				*	*			
深层加固	6	强夯法		*		*	*	*	*	*		*	30
	7	砂桩挤密法	慎重	*	*	*	*		*	*		*	20
	8	振动水冲法	慎重	*	*	*	*		*	*		*	18
	9	灰土（土、二灰）桩挤密法		*		*		*	*	*		*	20
	10	石灰桩挤密法	*		*	*			*	*			20
	11	砂井（袋装砂井、塑料排水带）堆载预压法	*		*				*	*			15
	12	真空预压法	*		*				*	*			15
	13	降水预压法	*		*				*	*			30
	14	电渗排水法	*		*				*	*			20
	15	水泥灌浆法	*		*	*	*	*	*	*	*	*	20
	16	硅化法			*	*	*	*	*	*	*	*	20
	17	电动硅化法	*		*				*	*	*		
	18	高压喷射注浆法	*	*	*	*	*		*	*	*		20
	19	深层搅拌法	*		*	*			*	*	*		18
	20	粉体喷射搅拌法	*		*	*			*	*	*		13
	21	热加固法				*		*	*	*			15
	22	冻结法	*	*	*	*	*	*		*	*		

注：* 号表示适合采用。

第五章 换填法

换填法是将基础底面下一定范围内的软弱土层挖去，然后分层填入强度较大的砂、碎石、素土、灰土以及其他性能稳定和无侵蚀性的材料，并夯实(或振实)至要求的密实度。

按换填材料的不同，将垫层分为砂垫层、碎石垫层、素土垫层、干渣垫层和粉煤灰垫层等。不同材料的垫层，其应力分布稍有差异，但根据实验结果及实测资料，垫层地基的强度和变形特性基本相似，因此可将各种材料的垫层设计都近似按砂垫层的设计方法进行计算。

根据施工时使用的机具不同，施工方法可分为机械碾压法、重锤夯实法、振动压实法等。这些施工方法不但可处理分层回填土，还可加固地基表层土。

换填法常用作地基的浅层处理，其主要作用如下。

(1)提高持力层的强度，并将建筑物基底压力扩散到垫层以下的软弱地基，使软弱地基土中所受应力减小到该软弱地基土的允许承载力范围内，从而满足强度要求。

(2)垫层置换了软弱土层，可减少地基的变形量。

(3)加速软土层的排水固结。砂垫层和砂石垫层等垫层材料透水性大，软弱土层受压后，垫层可作为良好的排水面，使基础下面的孔隙水压力迅速消散，加速垫层下软弱土层的固结和提高其强度。

(4)防止冻胀。由于粗颗粒的垫层材料孔隙大，不易产生毛细现象，因此可防止在寒冷地区土中结冰造成的冻胀。

(5)对湿陷性黄土、膨胀土等特殊土，处理的目的是为了消除或部分消除地基土的湿陷性、胀缩性等。

换填法适用于淤泥、淤泥质土、湿陷性黄土、素填土、杂填土地基及暗沟、暗塘等的浅层处理。

第一节 垫层设计

一、砂(砂砾、碎石)垫层设计

砂垫层的设计原则是既要有足够的厚度以置换可能受剪切破坏的软弱土层，又要有足够的宽度以防止砂垫层向两侧挤出(图 5-1)。作为排水垫层还要求形成一个排水层面，以利于软土的排水固结。

(一)厚度确定

垫层厚度应根据垫层底部软弱下卧层的承载力确定，并满足

$$p_z + p_{cz} \leqslant f_{az} \tag{5-1}$$

式中，p_z 为垫层底面处的附加应力值，kPa；p_{cz} 为垫层底面处的自重压力值，kPa；f_{az} 为垫层底面处经修正的地基承载力特征值，kPa。

$$f_{az}=f_{ak}+\eta_b\cdot\gamma(b-3)+\eta_d\cdot\gamma_0(d-0.5)$$

式中，f_{az}为软弱下卧层地基承载力特征值，kPa；η_b、η_d为基础宽度和埋深的承载力修正系数（参考GB50007—2002）；γ为垫层底面下土的重度，地下水位以下取浮重度，kN/m³；b为基础底面宽度，m，基宽小于3m时按3m考虑，大于6m时按6m考虑；γ_0为基础底面以上土的加权平均重度，kN/m³；d为基础埋置深度，m。

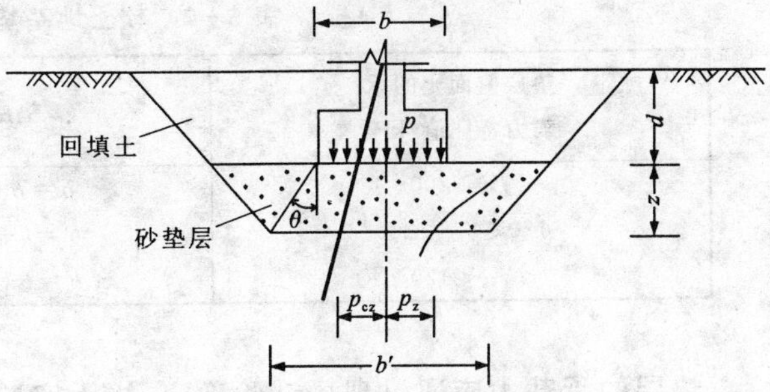

图5-1　垫层内应力分布

砂垫层厚度一般为0.5～3m。垫层太厚施工较困难，太薄作用不显著。砂垫层底面处的附加应力值p_z通常可按简化的压力扩散角法求得。即假定压力按某一扩散角（表5-1）向下扩散，在作用范围内假定为均匀分布，则p_z可按以下两式计算。

表5-1　压力扩散角θ(°)

换填材料 / z/b	中砂、粗砂、砾砂、圆砾、角砾、卵石、碎石	黏性土和粉土（$8<I_p<14$）	灰土
0.25	20	6	28
>0.50	30	23	

注：①当$z/b<0.25$时，除灰土压力扩散角仍取28°外，其余材料均取0°；

②当$0.25<z/b<0.50$时，θ值可用内插求得。

条形基础　$$p_z=\frac{b(p_k-p_c)}{b+2z\tan\theta} \tag{5-2}$$

矩形基础　$$p_z=\frac{bl(p_k-p_c)}{(b+2z\tan\theta)(l+2z\tan\theta)} \tag{5-3}$$

式中，p_k为基础底面平均压力值，kPa；p_c为基础底面处土的自重压力值，kPa；b为矩形（或条形）基础底面的宽度，m；l为矩形基础底面的长度，m；z为砂垫层的厚度，m；θ为砂垫层的压力扩散角，可按表5-1选用。

在具体计算时，可先假设一个厚度，然后按式（5-1）验算，如果不能满足，应重新假定一个厚度进行验算，直到满足要求为止。

（二）宽度确定

垫层宽度b'应满足基础底面应力扩散的要求，其宽度要根据当地实际情况确定。对条形基础可按下式计算

$$b'\geqslant b+2z\tan\theta \tag{5-4}$$

垫层顶面宽度一般宜超出基础底边不小于300mm，或从垫层底面两侧向上按当地基坑开挖经验的要求放坡，向上延伸至地表面。当垫层两侧土质较好时，垫层顶部与底部可以等宽，其宽度可沿基础两边各放出300mm，侧面土质较差时，应增加垫层底部的宽度，具体计算时可

根据侧面土的承载力按表 5-2 中的规定计算。

表 5-2 软土地基垫层加宽的规定

垫层侧面土的承载力特征值/kPa	垫层底部宽度	备注
$f_{ak} \geqslant 200$	$b'=b+(0\sim0.36)z$	b 为基础宽度，m；
$120 \leqslant f_{ak} < 200$	$b'=b+(0.6\sim1.0)z$	z 为垫层厚度，m
$f_{ak} < 120$	$b'=b+(1.6\sim2.0)z$	

垫层的承载力应通过现场试验确定，当无实验资料时，可按表 5-3 选用，并验算下卧层承载力。

砂垫层断面确定后，对比较重要的建筑物还要验算基础的沉降，沉降值应小于建筑物的允许沉降。建筑物基础的沉降包括：一部分是砂垫层的沉降；另一部分是在砂垫层下，压缩层范围内的软弱土层的沉降。

砂垫层自身的沉降仅考虑其压缩变形，垫层的压缩模量，应由载荷试验确定，当无试验资料时，可选用 24～30MPa。下卧土层的变形值可由分层总和法求得。

对于超出原地面标高的垫层或换填材料的密度高于天然土层的密度的垫层，宜早换填并应考虑附加的荷载对建筑物及邻近建筑沉降的影响。

表 5-3 各种垫层的承载力

施工方法	换填材料类别	压实系数 λ_c	承载力特征值/kPa
碾压或振密	碎石、卵石	0.94～0.97	200～300
	砂夹石（其中碎石、卵石占全重的 30%～50%）		200～250
	土夹石（其中碎石、卵石占全重的 30%～50%）		150～200
	中砂、粗砂、砾砂		150～200
	黏性土和粉土（$8<I_p<14$）		130～180
	灰土	0.93～0.95	200～250
重锤夯实	土或灰土	0.93～0.95	150～200

注：①压实系数小的垫层，承载力特征值取低值，反之取高值；

②重锤夯实土的承载力标准值取低值，灰土取高值；

③压实系数 λ_c 为土的控制干密度 ρ_d 与最大干密度 $\rho_{d\,max}$ 的比值，土的最大干密度宜由击实实验确定，碎石或卵石的 $\rho_{d\,max}$ 可取 2.0～2.2t/m^3。

二、土垫层设计

素土、灰土、二灰土垫层总称土垫层，适用于处理 1～4m 厚的软弱土层。

灰土垫层中石灰和土的体积比一般以 2∶8 或 3∶7 为最佳。垫层强度随含灰量的增加而提高。但含灰量超过一定值后，灰土强度增加很慢。

二灰垫层是将石灰和粉煤灰两种材料按 2∶8 或 3∶7 体积比加适当水拌和均匀后分层夯实。其强度比灰土垫层高得多，常用于处理湿陷性黄土的湿陷性。

(一)厚度确定

软土地基上土垫层厚度的确定与砂垫层相同。

对非自重湿陷性黄土地基上的垫层厚度应保证天然黄土层所受的压力小于其湿陷起始压力值。根据试验结果，当矩形基础的垫层厚度为 0.8～1.0 倍基底宽度，条形基础的垫层厚度为 1.0～1.5 倍基底宽度时，能消除部分至大部分非自重湿陷性黄土地基的湿陷性。当垫层厚度为 1.0～1.5 倍柱基基底宽度或 1.5～2.0 倍条基基底宽度时，可基本消除非自重湿陷性黄土地基的湿陷性。

在自重湿陷性黄土地基上，垫层厚度应大于非自重湿陷性黄土地基上垫层的厚度，或控制剩余湿陷量不大于 20cm 才能取得好的效果。

(二)宽度确定

灰土垫层的宽度可取 $b'=b+2.5z$，素土垫层的宽度可按下列方法之一确定。

(1)当垫层厚度小于 2m 时，宽度可取 $b'=b+\frac{2}{3}z$，且 $b'\geqslant b+0.6$(m)；当垫层厚度大于 2m 时，应考虑基础宽度的影响，可适当放宽，且 $b'\geqslant b+1.4$(m)。

(2)每边按(0.2～0.3)b 加宽，但不得小于 30cm 和不得大于 70cm。

(3)按 $b'=b+2z\tan\theta$ 计算，素土取 $\theta=22°$，灰土取 $\theta=28°$。

(三)平面处理范围

素土垫层或灰土垫层可分为局部垫层和整片垫层。

整片素土垫层宽度可取 $b'\geqslant b+3$ (m)，当 $z>2$m 时，b'还可适当放宽。

在湿陷性黄土场地，若仅要求消除基底下处理土层的湿陷性时，宜采用局部或整片素土垫层；当还要求提高土的承载力或水稳定性时，宜采用局部或整片灰土垫层。

局部垫层的平面处理范围，其宽度 b'可按下式计算

$$b'=b+2z\tan\theta+c \quad (b'\geqslant\frac{1}{2}z) \tag{5-5}$$

式中，c 为考虑施工机具影响而增加的附加宽度，宜为 200mm。

整片垫层的平面处理范围，每边超出建筑物外墙基础的外缘的宽度不应小于垫层的厚度，并不应小于 2m。

三、粉煤灰垫层

粉煤灰和天然土中的化学成分具有很大的相似性，其主要化学成分为硅、铝、铁等的氧化物，其中硅、铝氧化物总量超过 70%以上。经有关研究证实，粉煤灰具有火山灰的特性，在潮湿条件下具有凝硬性，且在碱性物质激发作用下，与 SiO_2、Al_2O_3等物质进行水化反应，生成水化产物，使碾压密实的粉煤灰颗粒胶结固化形成块体结构，提高粉煤灰的强度，降低压缩变形，增强抗渗性和水稳定性。

粉煤灰具有良好的物理、化学性能，是一种良好的换填材料。其压实曲线与黏性土相似，具有相对较宽的最优含水量区间，即其干密度对含水量的敏感性比黏性土小。因此，粉煤灰在换填施工中达到最大干密度时，所对应的最优含水量易于控制。

粉煤灰压实垫层遇水后强度会降低，降低幅度为 20%～30%，压缩变形量增大约 10%。

粉煤灰的内摩擦角、黏聚力、压缩模量、渗透系数等随粉煤灰的材质和压实密度而变化，应通过室内土工实验确定。

粉煤灰垫层的设计可参照砂垫层设计方法和有关的技术要求进行。在缺少资料和没有工程经验的情况下采用粉煤灰垫层，应对使用的材料进行物理、化学和力学性质试验，为设计提供资料及技术参数。

在确定粉煤灰垫层厚度时，可取其压力扩散角为22°，计算方法同砂垫层。

粉煤灰垫层的承载力一般应通过现场试验确定，当无试验资料时，可参考以下数据：①经过人工压实（夯实）的粉煤灰垫层，当压实系数控制在0.90及其干密度为$0.9\rho_{d\,max}$（t/m^3）时，其承载力可达120～150kPa。②当压实系数控制在0.95及其干密度为$0.95\rho_{d\,max}$（t/m^3）时，其承载力可达300kPa，但应进行下卧层强度验算。

第二节　土的压实作用

一、土的压实机理

实践证明，要使土的压实效果最好，其含水量一定要适当。对过湿的土进行碾压（或夯击、振实）会出现“橡皮土”，不能增大土的密实度。对很干的土进行碾压（或夯击、振实），也不能把土充分压实。在工程实践中，对垫层的碾压质量的检验，要求能获得填土的最大干密度$\rho_{d\,max}$，其值可由室内击实试验得出。根据室内标准击实实验，可绘制土的干密度ρ_d与制备含水量w的关系曲线，见图5-2。在ρ_d-w曲线上ρ_d的峰值即为$\rho_{d\,max}$，与之相应的含水量即为最优含水量w_{op}。

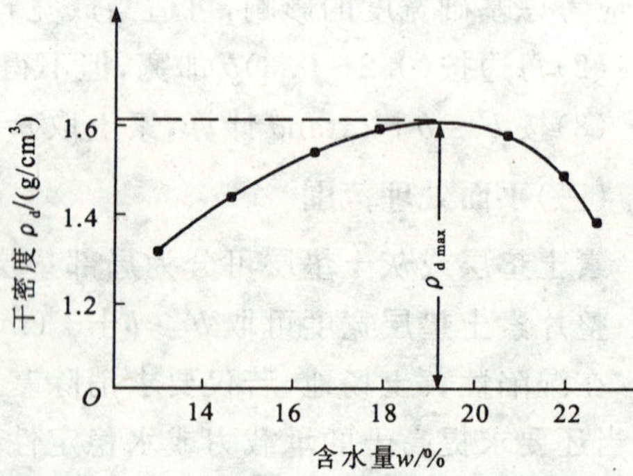

图5-2　干密度与含水量的关系曲线

由ρ_d-w曲线可看出，当$w<w_{op}$时，土的干密度ρ_d随含水量w增大而增大；当含水量$w>w_{op}$时，土的干密度ρ_d随含水量w增大而减小。其原理与土中水的状态有关：当黏性土的含水量较小时，水化膜很薄，以结合水为主，颗粒间引力大，在一定的外部压实功能作用下，还不能有效地克服这种引力而使土粒相对移动，所以压实效果差，土的干密度较小；当增加土的含水量时，结合水膜逐渐增厚，颗粒间引力减弱，土粒在相同的压实功能下易于移动而挤密，压实效果提高，土的干密度也随之提高。但当土中含水量增大到一定程度后，孔隙中开始出现自由水，这时结合水膜的扩大作用并不显著，粒间引力很弱，但自由水充填在孔隙中，阻止了土粒间的移动，并随着含水量的继续增大，移动阻力逐渐增大，所以压实效果反而下降，土的干密度也随之减少。

对于不同的压实功能（压实单位体积上所消耗的能量），曲线的基本形态不变，但曲线位置却发生移动，如图5-3所示，压实功能增大，最大干密度相应增大，最优含水量却减小。亦即压实功能愈大，愈容易克服粒间引力，因此在较低含水量下可达到更大的密实度。从图5-3还可看出，理论曲线高于实验曲线，其原因是理论曲线假定土中空气全部排出，而孔隙完全被水占据，但事实上，空气不可能完全排除，因此实际的干密度比理论值要小。

另外，相同的压实功能对不同土的压实效果并不相同，黏粒含量愈多的土，土粒间的引力愈大，只有在含水量比较大时，才能达到最大干密度的压实状态。

比较图 5－3 中室内击实试验结果与工地现场试验结果，用室内击实试验模拟现场工地上的压密是可行的，但在相同的压实功能下，施工现场所能达到的干密度一般都低于击实试验所获得的最大干密度。这是由于室内击实试验与现场试验的条件不同。室内击实试验时，土样是在有侧限的击实筒内，没有侧向位移，力作用在有限体积的整个土体上，击实均匀。而现场施工面积大，填料土块大小不一，含水量和铺土厚度等难以控制均匀，故压实土的均匀性较差。

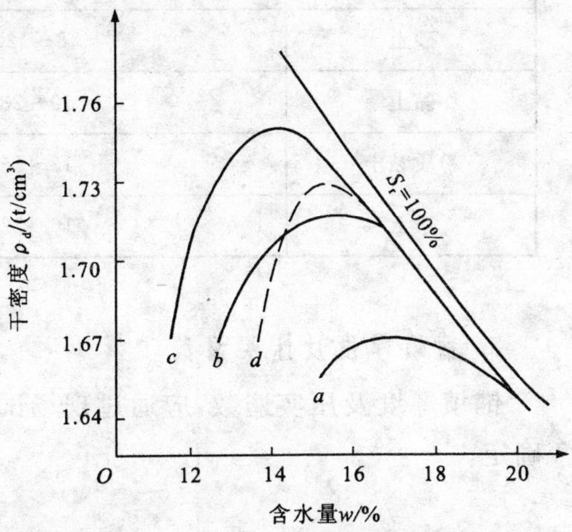

图 5－3　工地试验与室内击实试验的比较

a—碾压 6 遍；*b*—碾压 12 遍；*c*—碾压 24 遍；*d*—室内击实试验

二、土的压实参数

1. 压实系数 λ_c

土料碾压（夯击、振实）密实度的要求和质量控制指标通常以压实系数 λ_c 表示，其计算公式为

$$\lambda_c=\frac{\rho_d}{\rho_{d\max}} \tag{5-6}$$

式中，ρ_d 为现场土的实际控制干密度，g/cm³；$\rho_{d\max}$ 为土的最大干密度，g/cm³。

垫层的最大干密度 $\rho_{d\max}$ 应通过室内击实试验测得。当无试验资料时，也可按下式估算

$$\rho_{d\max}=\eta\cdot\frac{\rho_w\cdot d_s}{1+0.01\cdot w_{op}\cdot d_s} \tag{5-7}$$

式中，ρ_w 为水的密度，g/cm³；η 为经验系数，黏土取 0.95，粉质黏土取 0.96，粉土取 0.97；d_s 为土粒相对密度；w_{op} 为最优含水量，%。

压实系数的大小，一般由设计人员根据工程结构、使用要求及土的性质等确定，也可参考表 5－4 选用。

2. 含水量

现场施工时，应使填料的含水量尽量接近最优含水量。当无试验资料时，也可按表 5－5 选用。

表 5－4　压实填土地基质量控制值

结构类型	填土部位	压实系数	控制最优含水量/%
砌体承重结构和框架结构	在地基主要受力层范围内	＞0.96	$w_{op}\pm2$
	在地基主要受力层以下	0.93～0.96	
简支结构和排架结构	在地基主要受力层范围内	0.94～0.97	
	在地基主要受力层以下	0.91～0.93	

表 5-5 土的最优含水量及最大干密度参考表

土的种类	变动范围	
	最优含水量(质量比)/%	最大干密度/(g/cm³)
砂土	8～12	1.80～1.88
黏土	19～23	1.58～1.70
粉质黏土	12～15	1.85～1.95
粉土	16～22	1.61～1.80

3. 铺填厚度及压实遍数

铺填厚度及压实遍数,应通过现场试验确定。当无试验资料时,也可参考表 5-6 及表 5-7 确定。

表 5-6 各种压实机械铺土厚度及压实遍数

压实机械	黏土		粉质黏土	
	铺土厚度/cm	压实遍数/遍	铺土厚度/cm	压实遍数/遍
重型平碾 (12t)	25～30	4～6	30～40	4～6
中型平碾 (8～12t)	20～25	8～10	20～30	4～6
轻型平碾(8t)	15	8～12	20	6～10
轻型羊足碾 (5t)	25～30	12～22		
双联羊足碾 (12t)	30～35	8～12		
羊足碾 (13～16t)	30～40	18～24		
蛙式夯 (200kg)	25	3～4	30～40	8～10
人工夯(50～60kg,落距 50cm)	18～22	4～5		
重锤夯(1t,落距 3～4m)	120～150	7～12		

表 5-7 垫层的每层铺填厚度及压实遍数

碾压设备	每层虚铺厚度/mm	每层压实遍数/遍	土质环境
平碾 (8～12t)	200～300	6～8	软弱土、素填土
羊足碾 (5～16t)	200～350	8～16	软弱土
蛙式夯(碾)(0.2t)	200～250	3～4	狭窄场地
振动碾 (8～15t)	600～1 500	6～8	砂土、碎石土、湿陷性黄土等
振动压实机	1 200～1 500	10	
插入式振动机	200～500		
平振振动机	150～250		

第三节　垫层施工

一、垫层施工方法

垫层的施工方法一般可分为机械碾压法、重锤夯实法和振动压实法三种。

(一)机械碾压法

机械碾压法是采用压路机、推土机、羊足碾、振动碾或其他压实机械来压实软弱地基土或分层填土垫层。施工时先将拟建建筑物范围一定深度内的软弱土挖出,开挖的深度及宽度应视设计的具体要求而定,把基坑底部土碾压加固后,分层填筑,逐层压密。分层的厚度应视压实功能的大小而定。

当碾压以黏性土为主的软弱土时,宜采用平碾或羊足碾。对杂填土可用平碾。对砂土、湿陷性黄土、碎石类土和杂填土宜采用振动碾或振动压实机。对于狭窄场地、边角及接触带可用蛙式夯实机。

为了保证有效压实深度,机械碾压速度应控制在下述范围内:平碾为 2km/h,羊足碾为 3km/h,振动碾为 2km/h,振动压实机为 0.5km/h。

机械碾压地基的质量检验,必须随工程施工进行。分层回填碾压时,每碾压完一层,应检验该层土的平均干密度和含水量,当符合设计要求后,才能铺填上面土层。检验方法可用环刀法或贯入测定法。采用环刀法,每个基坑或每 100～500m^2 内应设一个检验点。

(二)重锤夯实法

重锤夯实法是利用起重机械将重锤提到一定高度,然后自由落下,重复夯打以加固地基。重锤夯实法一般适用于地下水位距地表 0.8m 以上稍湿的一般黏性土、砂土、杂填土、湿陷性黄土和分层填土。

1. 主要机具设备及夯击参数

重锤夯实法的主要机具设备为起重机、夯锤、钢丝绳和吊钩等。

直接用钢丝绳悬吊夯锤时,吊车的起重能力一般应大于锤重的 3 倍;采用脱钩夯锤时,起重能力应大于夯锤质量的 1.5 倍。

夯锤宜采用圆台形,如图 5-4 所示。锤重应大于 2t,锤底面单位静压力宜为 15～20kPa。夯锤落距应大于 4m。

一般情况下,增大夯击功或夯击遍数可提高夯击效果,但当土被夯实到某一密度时,再增加夯击功或夯击遍数,土的密度不再增大,有时反而降低。因此,应进行现场试验,确定符合夯击密实度要求的最少夯击遍数、最后下沉量(最后两击的平均下沉量)、总下沉量及有效夯实深度等。黏性土、粉土及湿陷性黄土最后下沉量不超过 10～20mm,砂土不超过 5～10mm 时停止夯击。施工时夯击遍数应比试夯时确定的最少夯击遍数增加 1～2 遍,由实践经验,夯实的有效影响深度约为锤底直径的 1 倍。

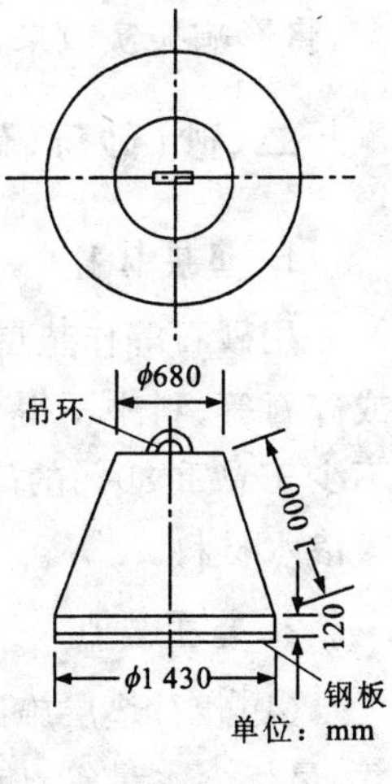

图 5-4　夯锤

2. 施工要点

(1)重锤夯实施工前应在现场试夯，试夯面积不小于 10m×10m，试夯层数不少于 2 层。

(2)夯击前应检查坑(槽)中土的含水量，如含水量偏高，可采用翻松、晾晒、均匀掺入吸水材料(干土、生石灰)等措施；如含水量偏低，则可预先洒水湿润并待渗透均匀后再夯击。

(3)施工时夯打方法。在条基或大面积基坑内夯击时，第一遍宜一夯挨一夯进行，第二遍应在第一遍的间隙点夯击；如此反复，最后两遍应一夯套半夯；在独立柱基基坑内，宜采用先外后里或先周围后中间的顺序进行夯打；当基坑底面标高不同时，应先深后浅逐层夯实。

(4)注意边坡稳定及夯击对邻近建筑物的影响，必要时应采取有效措施。

3. 质量检验

重锤夯实后地基加固质量的检验，除应检查施工记录及试夯最后下沉量的规定，还要检验加固质量。每一单独基础至少应有一个检验点，基槽每 30m 应有一点，整片地基每 100m^2 不少于 2 点。如果质量不合格，应进行补夯。

(三)振动压实法

振动压实法是利用各种振动压实机，将松散土振压密实。此法适用于处理无黏性土或黏粒含量少、透水性较好的松散杂填土地基。

振动压实机(图 5-5)的工作原理是由电动机带动两个偏心块以相同速度反向转动，由此产生较大的垂直振动力。这种振动机的频率为 1 160～1 180r/min，振幅为 3.5mm，激振力可达 50～100kN。

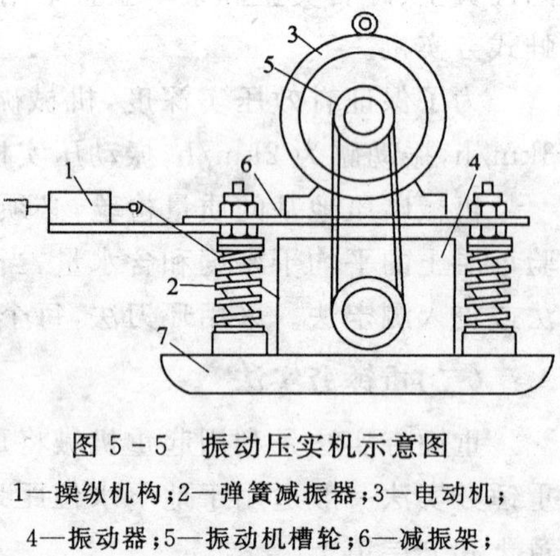

图 5-5 振动压实机示意图

1—操纵机构；2—弹簧减振器；3—电动机；4—振动器；5—振动机槽轮；6—减振架；7—振动夯板

振动压实的效果与填土的成分、振动时间等因素有关，一般施工前先进行试振，以确定振动所需的时间和产生的下沉量。对炉灰和细粒填土振实时间约 3～5min，有效的振实深度约 1.2～1.5m。一般杂填土经振实后，地基承载力基本值可达 100～120kPa。施工时应考虑地下水的影响，如果地下水位太高，将影响振实效果。

二、砂(砂砾、碎石)垫层施工

1. 垫层材料

用砂石等作垫层填料时，应选用颗粒级配良好和质地坚硬的中砂、粗砂、砾砂、圆砾、卵石或碎石等，料中不得含有草根、垃圾等杂物，且含泥量不应超过 5%。当使用粉细砂时，应掺入不少于总重 30%的碎石或卵石，最大粒径不宜大于 50mm。对湿陷性黄土地基，不得选用砂石等渗水材料。

2. 施工要点

(1)砂石垫层施工宜采用振动碾和振动压实机等机具，其压实效果、分层铺填厚度、压实遍数、最优含水量等，应根据具体施工方法及施工机具等通过现场试验确定。当无试验资料时，砂石垫层的每层铺填厚度及压实遍数可参考表 5-7 得到。

(2)砂及砂石料可根据不同的施工方法控制其最优含水量。用平振式振动器时，最优含水量为15%～20%；用平碾及蛙式夯时，其最优含水量为8%～12%；当用插入式振动器时，宜为饱和的碎石、卵石。

(3)垫层底部存在古井、古墓、洞穴、旧基础、暗塘等软硬不均的部位时，应先予清理，再用砂石或好土逐层回填夯实，经检查合格后，再铺填垫层。

(4)严禁扰动垫层下卧的淤泥和淤泥质土层，防止践踏、受冻、浸泡或暴晒过久。在卵石或碎石垫层的底部宜设置150～300mm厚的砂层或铺一层土工织物，以防止下卧淤泥和淤泥质土层表面的局部破坏。如淤泥和淤泥质土层厚度过小，在碾压荷载下抛石能挤入该土层底面时，可先在软弱土层面上堆填块石、片石等，然后将其压入以置换或挤出软弱土。

(5)砂石垫层的底面宜铺设在同一标高上。如果深度不同，基底土层面应挖成阶梯或斜坡搭接，并按先浅后深的顺序施工，搭接处应夯压密实。垫层竣工后，应及时施工基础、回填基坑。

(6)地下水高于基坑底面时，宜采取排降水措施，注意边坡稳定，以防止坍土混入砂石垫层中。

3. **质量检验**

垫层的质量检验应分层进行。对砂石垫层可用环刀法、贯入仪、静力触探、轻型动力触探、标准贯入试验或重型动力触探检验垫层质量。

(1)环刀法。用容积不小于200cm^3的环刀压入每层2/3的深度处取样，测定其干密度，干密度应不小于该砂石料在中密状态的干密度值(中砂为1.55～1.60t/m^3，粗砂为1.7t/m^3，碎石、卵石为2.0～2.2t/m^3)。

(2)贯入仪测定法。先将砂垫层表面3cm左右厚的砂刮去，然后用贯入仪、钢钗或钢筋以贯入度的大小来定性地检查砂垫层质量。在检验前应先根据砂石垫层的控制干密度进行相关性试验，以确定贯入度值。

1)钢筋贯入法：用直径为20mm、长度为1 250mm的平头钢筋，自700mm高处自由落下，插入深度以不大于根据该砂的控制干密度测定的深度为合格。

2)钢钗贯入法：用水撼法使用的钢钗，自500mm高处自由落下，其插入深度以不大于根据该砂控制干密度测定的深度为合格。

当使用贯入仪或钢筋检验垫层的质量时，检验点的间距应小于4m。当取土样检验时，大基坑每50～100m^2不应少于一个检验点，对基槽每10～20m不应少于一个点，每个单独柱基不应少于一个点。

三、土垫层施工

1. **土料**

素土垫层的土料中有机质含量不得超过5%，亦不得含有冻土或膨胀土。当含有碎石时，其粒径不宜大于50mm。用于湿陷性黄土地基的素土垫层，土料中不得夹有砖、瓦和石块。

灰土垫层的灰土体积比宜为2∶8或3∶7。土料宜用黏性土及塑性指数大于4的粉土，不得含有松软杂质，并应过筛，其颗粒不得大于15mm。灰料宜用新鲜的消石灰，其颗粒不得大于5mm。

2. 施工要点

(1)素土及灰土料垫层的施工,其施工含水量应控制在 $w_{op}\pm2\%$ 的范围内。w_{op} 可通过室内击实试验确定,或根据当地经验取用。

(2)土垫层施工时,不得在柱基、墙角及承重窗间墙下接缝,上下两层的缝距不得小于 0.5m,接缝处应夯压密实,灰土、二灰土应拌和均匀并应当日铺填压实,灰土压实后 3 天内不得受水浸泡,冬季应防冻。

(3)其他要求参见砂垫层的施工要点。

3. 质量检验

土垫层可用环刀法、贯入仪、静力触探、轻型动力触探或标准贯入试验检验质量。土垫层质量检验的其他要求及检验点的布置参见砂垫层。

四、粉煤灰垫层

1. 粉煤灰材料

燃煤电厂排出的湿排粉煤灰、调渣灰及干排粉煤灰均适用于做粉煤灰垫层的填筑材料,但不应混入植物、生活垃圾和有机质等杂物。装运时粉煤灰含水量不宜过多或过少,以 15%~25%为好。

2. 施工要点

(1)粉煤灰的最大干密度和最优含水量与粉煤灰颗粒粗细、形态结构和压实能量有关,应由室内击实试验确定。施工时分层摊铺,逐层振密或压实。

(2)粉煤灰垫层在地下水位以下施工时,应采取排(降)水措施,严禁在饱和或浸水状态下施工,更不宜采用水沉法施工。

(3)在软土地基上填筑粉煤灰垫层时,应先铺填 20cm 左右厚的粗砂或高炉干渣,以免表层土体扰动,同时有利于下卧土层的排水固结,并切断毛细水上升。

(4)每一层粉煤灰垫层验收合格后,应及时铺筑上层或采用封层,以防干燥松散起尘污染环境,并禁止车辆在其上行驶通行。

3. 质量检验

粉煤层垫层质量检验可用环刀法、贯入仪、静力触探、轻型动力触探或标准贯入试验测定法。对大中型工程检测点布置要求:环刀法按 $100\sim400m^2$ 布置 3 个测点,贯入测定法按 $20\sim50m^2$ 布置一个测点。

第六章　复合地基理论

复合地基是指天然地基在地基处理过程中，部分土体得到增强，或被置换，或在天然地基中设置加筋材料，加固区由基体(天然地基土体或被改良的地基土体)和增强体两部分组成的人工地基。

根据工作机理和材料构成，复合地基的分类见图 6-1。

- 复合地基
  - 竖直向增强体型
  - 水平向增强体型——加筋土地基
  - 竖直向＋水平向增强体型——桩网复合地基

图 6-1　复合地基分类

竖直向增强体型复合地基通常称为桩体复合地基，是由桩体和桩间土构成，共同承担荷载的人工地基，其分类见图 6-2。水平向增强体型复合地基主要是指加筋土地基，加筋材料主要为土工合成材料。竖直向与水平向增强体组合型复合地基称为桩网复合地基，是在刚性桩复合地基上铺设加筋土垫层形成的人工地基，主要用于路堤和柔性地面结构下软弱地基的加固。由于桩体复合地基在工程实践中应用广泛，设计计算理论相对比较成熟，故本章仅对桩体复合地基进行介绍。

- 桩体复合地基
  - 散体材料桩复合地基
    - 砂桩复合地基
    - 碎石桩复合地基
    - 矿渣桩复合地基
  - 柔性桩复合地基
    - 土桩复合地基
    - 灰土桩复合地基
    - 石灰桩复合地基
    - 粉体搅拌石灰桩复合地基
    - 水泥土桩复合地基
  - 刚性桩复合地基
    - 树根桩复合地基
    - CFG 桩复合地基
    - 锚杆静压桩复合地基

图 6-2　桩体复合地基分类

第一节　复合地基作用机理与破坏模式

一、作用机理

复合地基的作用主要有如下几种。

1. 桩体作用

复合地基是桩体与桩间土共同工作，由于桩体的刚度比周围土体大，在刚性基础下等量变形时，地基中应力将重新分配，桩体产生应力集中而桩间土应力降低，这样复合地基承载力和整体刚度高于原地基，沉降量有所减少。

2. 加速固结作用

碎石桩、砂桩具有良好的透水特性，可加速地基的固结。另外，水泥土类和混凝土类桩在某种程度上也可加速地基固结。由固结系数表示式：$c_v=k(1+e_0)/(\gamma a)$，地基固结不仅与地基土的排水性能有关，还与地基土的变形特性有关。虽然水泥土类桩会降低地基土的渗透系数 k，但它同样会减少地基土的压缩系数 a，而且 a 的减少幅度比 k 的减少幅度要大。因此，加固后的水泥土同样可起到加速固结的作用。

3. 挤密作用

砂桩、土桩、石灰桩、碎石桩等在施工过程中由于振动、挤压、排土等原因，可对桩间土起到一定的密实作用。另外，采用生石灰桩，由于生石灰具有吸水、发热和膨胀等作用，对桩间土同样起到挤密作用。

4. 加筋作用

各种复合地基除了可提高地基的承载力和整体刚度外，还可用来提高土体的抗剪强度，增加土坡的抗滑能力。

二、破坏模式

复合地基的破坏形式可分为三种情况：第一种是桩间土首先破坏进而发生复合地基全面破坏；第二种是桩体首先破坏进而发生复合地基全面破坏；第三种是桩体和桩间土同时发生破坏。在实际工程中，第一种、第三种情况较少见，一般都是桩体先破坏，继而引起复合地基全面破坏。

(1)复合地基破坏的模式可分为 4 种类型：刺入破坏、鼓胀破坏、整体剪切破坏和滑动破坏，参见图 6-3。

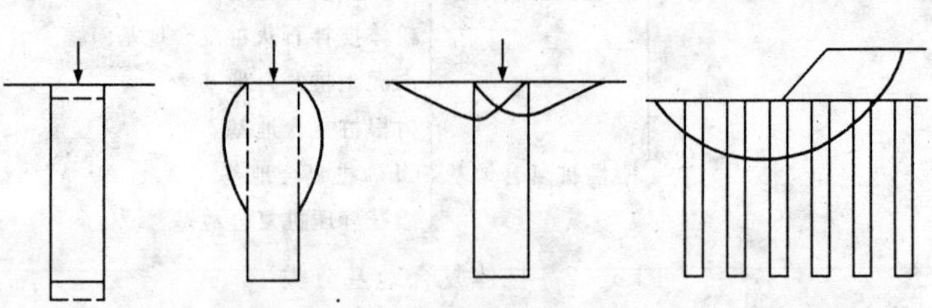

(a) 刺入破坏　(b) 鼓胀破坏　(c) 整体剪切破坏　(d) 滑动破坏

图 6-3　复合地基破坏模式

1)刺入破坏模式如图 6-3(a)所示。桩体刚度较大，地基土强度较低的情况下较易发生桩体刺入破坏。桩体发生刺入破坏后，不能承担荷载，进而引起桩间土发生破坏，导致复合地基全面破坏。刚性桩复合地基较易发生这类破坏。

2)鼓胀破坏模式如图 6-3(b)所示。在荷载作用下,桩间土不能提供足够的围压来阻止桩体发生过大的侧向变形,从而产生桩体的鼓胀破坏。桩体发生鼓胀破坏引起复合地基全面破坏。散体材料桩复合地基较易发生这类破坏。在一定条件下,柔性桩复合地基也可能产生这种类型的破坏。

3)整体剪切破坏模式如图 6-3(c)所示。在荷载作用下,复合地基产生图中所示的塑性区,在滑动面上桩体和土体均发生剪切破坏。散体材料桩复合地基较易发生这种类型的整体剪切破坏,柔性桩复合地基在一定条件下也可能发生这类破坏。

4)滑动破坏模式如图 6-3(d)所示。在荷载作用下,复合地基沿某一滑动面产生滑动破坏。在滑动面上,桩体和桩间土均发生剪切破坏。各种复合地基都可能发生这种类型的破坏。

(2)在荷载作用下,复合地基发生何种模式的破坏,影响因素很多,主要有如下几种。

1)对不同的桩型,有不同的破坏模式。如碎石桩易发生鼓胀破坏,而 CFG 桩易发生刺入破坏。

2)对同一桩型,当桩身强度不同时,也会有不同的破坏模式。对水泥土搅拌桩,当水泥掺入量较小时($a_w=5\%$),易发生鼓胀破坏;当 $a_w=15\%$时,易发生整体剪切破坏;当 $a_w=25\%$时,易发生刺入破坏。

3)对同一桩型,当土层条件不同时,也可能发生不同的破坏模式。当浅层存在非常软的黏土时,碎石桩可能在浅层发生剪切或鼓胀破坏,如图 6-4(a)所示;当较深层存在有局部非常软的黏土时,碎石桩可能在较深层发生局部鼓胀,如图 6-4(b)所示;对较深层存在有较厚非常软的黏土情况,碎石桩可能在较深层发生鼓胀破坏,而其上的碎石桩可能发生刺入破坏,如图 6-4(c)所示。

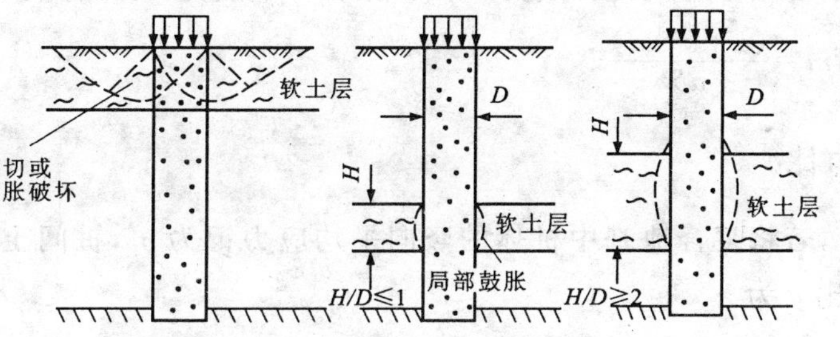

(a) 剪切或鼓胀破坏　(b) 局部鼓胀　(c) 鼓胀和刺入破坏

图 6-4　非均质黏性土中碎石桩破坏机理

另外,复合地基的破坏型式还与荷载型式、复合地基上基础结构型式有关。

第二节　复合地基的有关设计参数

一、面积置换率

研究复合地基时,是在众多根桩所加固的地基中,选取一根桩及其影响的桩周土所组成的单元体作为研究对象。若桩体的横截面积为 A_p,该桩体所承担的复合地基面积为 A,则复合

地基置换率为

$$m=A_p/A$$

桩体在平面的布置型式通常有两种，即等边三角形和正方形布置。但也有的布置成网格状，将增强体制成连续墙形状。三种布置型式如图 6-5 所示。

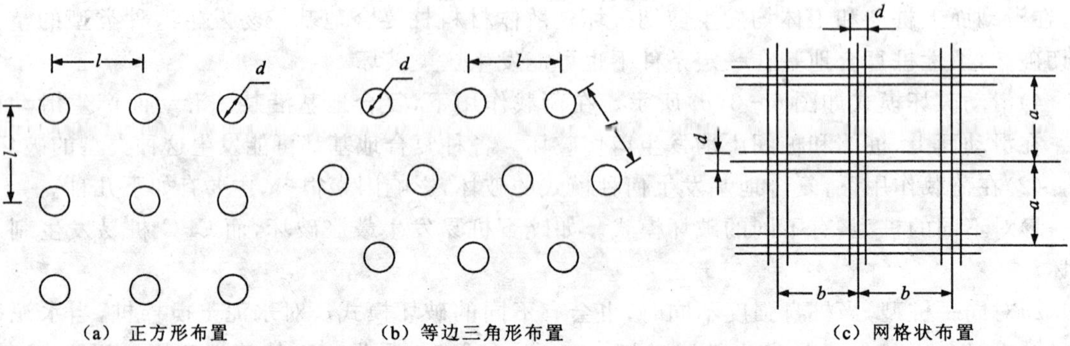

图 6-5 桩体平面布置型式

对正方形布置和等边三角形布置，若桩体直径为 d，桩间距为 l，则复合地基置换率分别为

$$m=\frac{\pi d^2}{4l^2} \quad (\text{正方形布置})$$

$$m=\frac{\pi d^2}{2\sqrt{3}\cdot l^2} \quad (\text{等边三角形布置})$$

对网格状布置，若增强体间距分别为 a 和 b，增强体宽度为 d，则置换率为

$$m=\frac{(a+b-d)}{ab}d$$

二、桩土应力比

在荷载作用下，若将复合地基中桩体的竖向平均应力记为 σ_p，桩间土的竖向平均应力记为 σ_s，则桩土应力比 n 为

$$n=\sigma_p/\sigma_s$$

桩土应力比是复合地基的一个重要设计参数，它关系到复合地基承载力和变形的计算。影响桩土应力比的因素很多，如荷载水平、桩土模量比、复合地基面积置换率、原地基土强度、桩长、固结时间和垫层情况等。

(一)影响因素

1. 荷载水平

桩土应力比 n 与荷载大小存在着一定的关系，如图 6-6 所示。

在荷载作用初期，荷载通过地基与基础间的垫层比较均匀地传递给桩和桩间土，然后随着荷载的逐渐增大，复合地基的变形随之增大，地基中的应力逐渐向桩体集中，因此，在 $p-n$ 曲线上表现为桩土应力比 n 随着荷载的增大而增大。但随着荷载的逐渐增大，往往桩体首先进入塑性状态，桩体变形加大，桩体应力就会逐渐向桩间土转移，桩土应力比减小，直至桩和桩间土共同进入塑性状态，趋于某一值。

2. 桩土模量比

桩土模量比 E_p/E_s 对应力比 n 的大小有重要影响。随着桩土模量比的增大，桩土应力比近于呈线性增长，见图 6-7。

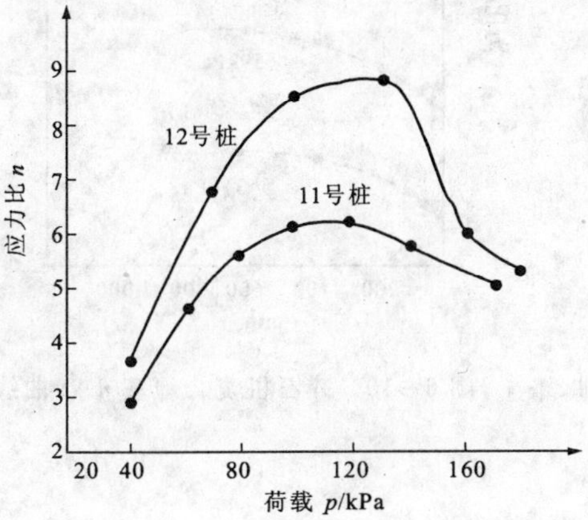

图 6-6　淤泥-石灰桩的应力比荷载曲线

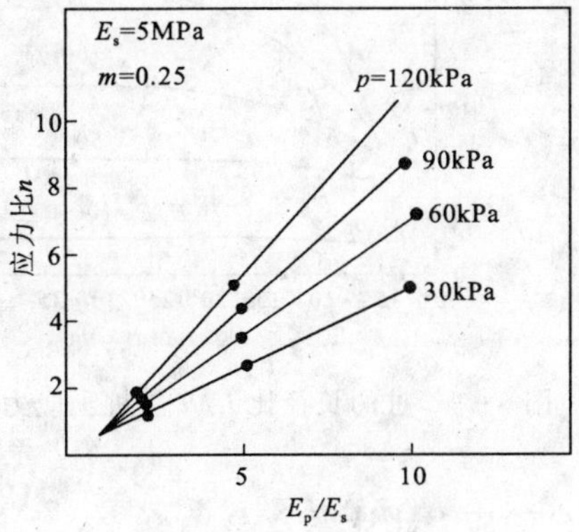

图 6-7　桩土应力比 n 与模量比 E_p/E_s 的关系曲线

3. 复合地基面积置换率

图 6-8 为国内学者通过有限单元法分析得到的复合地基置换率 m 与应力比 n 的关系。由图可以看出，m 增大，n 减小。国外学者的研究成果也有类似的结论。

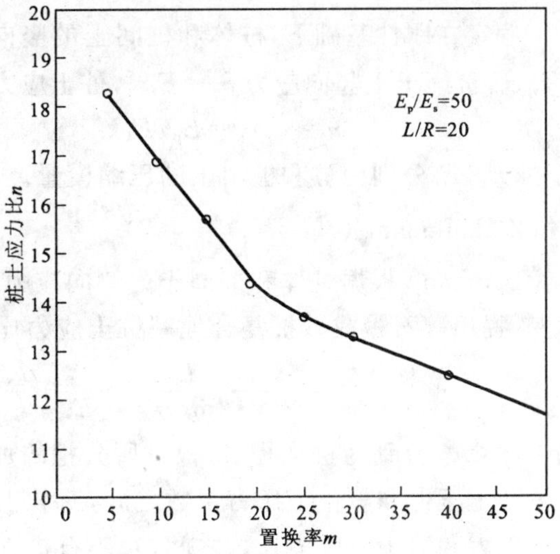

图 6-8　复合地基置换率 m 与应力比 n 的关系

4. 原地基土强度

由于原地基土的强度大小直接影响桩体的强度和刚度，因此即使是同一类桩，对不同的地基土，也将会有不同的桩土应力比。一般原地基土强度低，复合地基桩土应力比就大；而原地基土强度高，则其桩土应力比就小。

5. 桩长

由图 6-9 可见，桩土应力比随长径比 L/d 增大而增大，但当桩长达到某一值后，n 值几乎不再增大。即存在一个临界桩长 L_c，当 $L>L_c$ 后，再增大桩长也无助于提高桩的承载力。临界桩长的大小与复合地基类型、桩径、土质、荷载大小与基础宽度等一系列因素有关。

6. 时间

在荷载作用下，桩间土会产生固结和蠕变，桩间土的固结和蠕变会使荷载向桩体集中，导致应力比 n 随时间的延续逐渐增大，见图 6-10。

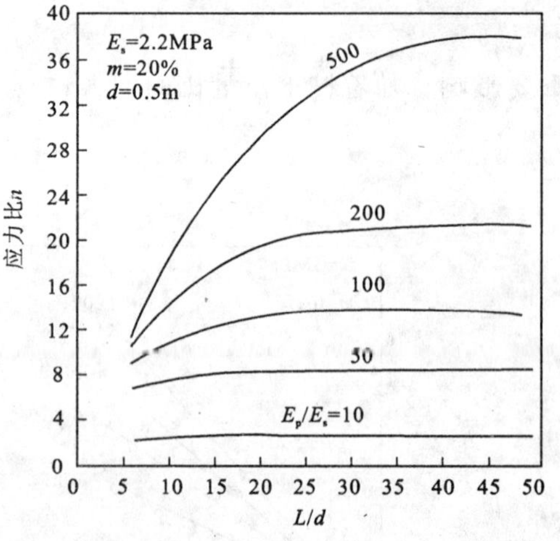

图 6-9　桩的长径比 L/d 与桩土应力比 n 的关系曲线

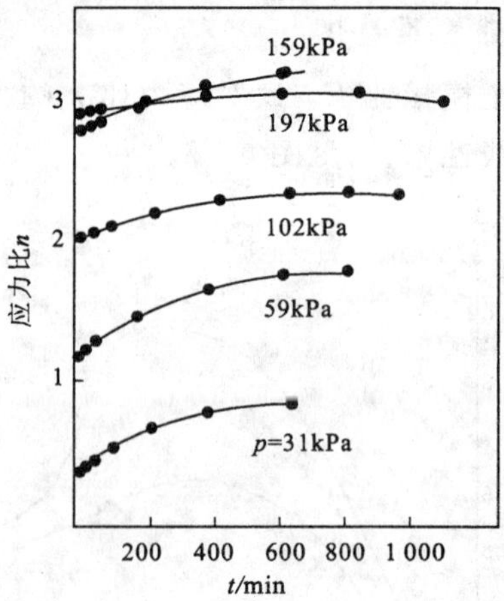

图 6-10　碎石桩复合地基 $n-t$ 曲线

(二)应力比计算公式

由于影响复合地基应力比的因素很多,目前还没有一个完善的计算模式。但国内外对复合地基应力比 n 的计算公式有很多,主要包括以下几种。

1. 模量比公式

假定在刚性基础下,桩体和桩间土的竖向应变相等,即 $\varepsilon_p=\varepsilon_s$。于是,桩体上竖向应力 $\sigma_p=E_p\varepsilon_p$,桩间土上竖向应力 $\sigma_s=E_s\varepsilon_s$,桩土应力比 n 的表达式为

$$n=\sigma_p/\sigma_s=E_p/E_s \tag{6-1}$$

式中,E_p、E_s 分别为桩和桩间土的压缩模量。

2. Baumann 公式

Baumann 根据桩体和桩周土的侧向应力及径向鼓胀量间的关系,并假定桩体总体积保持不变,提出碎石桩或砂桩复合地基桩土应力比 n 的计算公式为

$$n=\frac{E_p}{2k_p\cdot\ln R_0/r_0\cdot E_s}+\frac{k_s}{k_p} \tag{6-2}$$

式中,r_0、R_0 分别为桩半径、每根桩所分担的加固面积的折算半径;k_s 为桩间土侧压力系数,介于被动土压力和静止土压力系数之间,对软土 $k_s=1.25\sim1.50$;k_p 为桩的侧压力系数,介于被动土压力和静止土压力系数之间,对碎石桩 $k_p=0.40\sim0.45$,对砂桩 $k_p=0.35\sim0.40$。

3. Priebe 公式

Priebe 假设:①地基土为各向异性;②刚性基础;③桩体长度已达硬土层。由这些假设条件推导出的碎石桩复合地基桩土应力比 n 为

$$n=\frac{\frac{1}{2}+f(\mu,m)}{\tan^2(45°-\varphi_p/2)\cdot f(\mu,m)} \tag{6-3}$$

式中,$f(\mu,m)=\frac{1-\mu^2}{1-\mu-2\mu^2}\cdot\frac{(1-2\mu)(1-m)}{1-2\mu+m}$;$\mu$ 为地基土的泊松比;m 为置换率;φ_p 为碎石桩

碎石内摩擦角,(°)。

4. Rowe 剪胀理论的改进公式

郭蔚东等应用 Rowe 应力剪胀理论,把碎石桩看成轴对称的圆柱,提出下面公式

$$n=\frac{\mu_p}{\mu_s}\cdot\frac{k_p+1}{k_s+1} \tag{6-4}$$

如不考虑桩间土的剪胀性,则上式变为

$$n=\frac{k_p-2\mu_p}{k_s-2\mu_s} \tag{6-5}$$

式中,k_p、k_s 分别为桩体和桩间土的被动土压力系数;μ_p、μ_s 分别为桩体和桩间土的泊松比。

三、复合模量

复合地基加固区是由桩体和桩间土两部分组成的,呈非均质。在复合地基计算中,为了简化计算,将加固区视作一均质的复合土体,那么与原非均质复合土体等价的均质复合土体的模量称为复合地基的复合模量。

第三节　复合地基承载力

一、散体材料桩桩体承载力计算

散体材料桩在承受荷载时,将对桩周土产生水平方向的侧挤力,一旦侧挤力超过桩周土的侧限阻力,桩体将发生破坏。因此,桩周土可能发挥的侧限能力决定了散体材料桩的极限承载力。目前确定桩体承载力的方法除了荷载试验和经验的计算图表外,还有很多计算公式。这些公式基本上是根据鼓胀破坏模式推导出来的,主要有以下几种。

1. 侧向极限应力法

散体材料桩在荷载作用下,桩体发生鼓胀,桩周土进入塑性状态,由侧向极限应力即可算出单桩极限承载力。侧向极限应力法的一般表达式如下

$$f_{pu}=\sigma_{ru}k_p=(\sigma_{z0}+aC_u)k_p=a'C_uk_p \tag{6-6}$$

式中,σ_{ru} 为侧向极限应力;σ_{z0} 为深度 z 处的初始总侧向应力;C_u 为桩周土不排水抗剪强度;a 为与计算方法有关的系数,据统计,对碎石桩一般为 3～5;a' 为系数;k_p 为桩体材料的被动土压力系数;公式中的 a'、k_p 取值,对碎石桩,国外取 15.8～25.0,国内取 14.0～24.0。

2. 被动土压力法

这种方法的表达式为

$$f_{pu}=[(\gamma z+q)k_s+C_u\cdot\sqrt{k_s}\,]k_p \tag{6-7}$$

$$k_s=\tan^2(45°+\varphi_s/2) \tag{6-8}$$

式中,γ 为土的重度;z 为桩的鼓胀深度;q 为桩间土荷载;k_s 为桩间土的被动土压力系数;k_p 为桩体材料被动土压力系数。

3. Brauns 计算式

Brauns 计算式是以碎石桩为研究对象提出的,其原理及计算式也适用于其他散体材料

桩。Brauns 认为，在荷载作用下，桩体产生鼓胀变形，桩体的鼓胀变形使桩周土进入被动极限平衡状态，桩周土极限平衡区见图 6-11。在计算时，Brauns 作了以下三个假设。

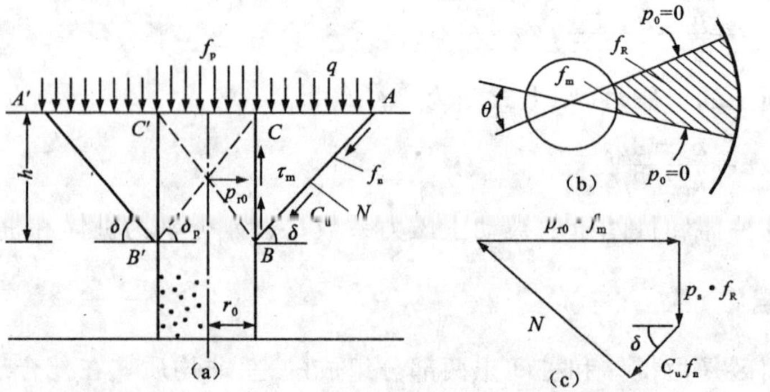

图 6-11 Brauns 的单根碎石桩的计算图式

f_n 为桩周土表面荷载的作用面积；f_R 为滑动面面积；f_m 为桩周界面面积；f_p 为桩顶应力；q 为桩间土面上的应力；δ 为滑动面与水平面夹角

(1)桩的破坏段长度 $h=2r_0\tan\delta_p$(式中 r_0 为桩半径，$\delta_p=45°+\varphi_p/2$，φ_p 为散体材料桩材料的内摩擦角)。

(2)桩周土与桩体间摩擦力 $\tau_m=0$，在极限平衡土体中，环向应力 $\sigma_0=0$。

(3)不计地基土和桩体的自重。

由图 6-11(b)列出 f_R 方向的力平衡方程式，可得到极限荷载作用下，桩周土上的极限应力为

$$\sigma_{r0}=\left(q+\frac{2C_u}{\sin 2\delta}\right)\left(\frac{\tan\delta_p}{\tan\delta}+1\right)$$

根据桩体极限平衡可得到桩体极限承载力为

$$f_{pu}=\sigma_{r0}\tan^2\delta_p=\left(q+\frac{2C_u}{\sin 2\delta}\right)\left(\frac{\tan\delta_p}{\tan\delta}+1\right)\tan^2\delta_p \tag{6-9}$$

滑动面与水平面的夹角 δ 可按下式用试算法求出

$$\frac{q}{2C_u}\tan\delta_p=-\frac{\tan\delta}{\tan 2\delta}-\frac{\tan\delta_p}{\tan 2\delta}-\frac{\tan\delta_p}{\sin 2\delta} \tag{6-10}$$

当 $q=0$ 时，可简化为

$$f_{pu}=\frac{2C_u}{\sin 2\delta}\cdot\left(\frac{\tan\delta_p}{\tan\delta}+1\right)\tan^2\delta_p \tag{6-11}$$

夹角 δ 按下式用试算法求得

$$\tan\delta_p=\frac{1}{2}\tan\delta(\tan^2\delta-1) \tag{6-12}$$

假定碎石桩的内摩擦角 $\varphi_p=38°$，则 $\delta_p=45°+\varphi_p/2=64°$，代入式(6-12)得 $\delta=61°$，再将 $\varphi_p=38°$和 $\delta=61°$代入式(6-11)得 $f_{pu}=20.8C_u$，这就是计算碎石桩承载力的 Brauns 理论简化计算式。

其他计算公式可参见表 6-1。

表 6-1 散体材料桩桩体极限承载力计算公式

序号	方法	公 式	说 明
1	侧向极限应力法	一般式：$f_{pu}=(\sigma_{z0}+aC_u)k_p=a'C_uk_p$ 简化式：$f_{pu}=(14\sim15)C_u$	对碎石桩，$a'\cdot k_p$ 取值：国外 15.8～25.0，国内 14～24
2	被动土压力法	$f_{pu}=[(\gamma z+q)k_s+C_u\cdot\sqrt{k_s}]k_p$ $k_s=\tan^2(45°+\varphi_s/2)$	
3	Brauns 计算法	一般式：$f_{pu}=\dfrac{2\cdot C_u}{\sin2\delta}\left(\dfrac{\tan\delta_p}{\tan\delta}+1\right)\tan^2\delta_p$ $\tan\delta_p=\dfrac{1}{2}\tan\delta(\tan^2\delta-1)$ $\delta_p=45°+\varphi_p/2$ 简化式：$f_{pu}=20.8C_u$	对碎石桩，取 $\varphi_p=38°$即得简化式
4	圆筒扩张计算法	一般式：$f_{pu}=C_u(\ln I_r+1)k_p$ $I_r=G/C_u,G=E/2\cdot(1+v_s)$ 简化式：$f_{pu}=4k_pC_u$ $f_{pu}=16.8C_u$	对软黏土，取 $I_r=20$，对碎石桩，取 $\varphi_p=38°$即得两个简化式
5	Wong H. Y. 计算法	$f_{pu}=(qk_s+2C_u\cdot\sqrt{k_s})/k_a$ $k_a=\tan^2(45°-\varphi_p/2)$ $f_{pu}=2\{qk_s+2C_u\cdot\sqrt{k_s}+\dfrac{3}{2}d\gamma k_s\cdot[1-3d/(4l)]\}/k_s$	上式用于小沉降量(相当于 25mm) 下式用于大沉降量(相当于 100mm)
6	Hughes-Withers 计算式	一般式：$f_{pu}=(p_0+\mu_0+4C_u)\cdot k_p$ 简化式：$f_{pu}=25.2C_u$；$f_{pu}=6C_uk_p$	以 $p_0+\mu_0=2C_u$ 对碎石桩，取 $\varphi_p=38°$即得简化式
7	Bell 计算法	一般式：$f_{pu}=(\gamma z+2C_u)k_p$ 简化式：$f_{pu}=2C_uk_p\,f_{pu}=8.4C_u$	当 $z=0$ 时，对碎石桩，取 $\varphi_p=38°$即得简化式

表中部分符号：I_r 为桩间土的剪切模量，kPa；E 为桩间土的弹性模量，kPa；μ_s 为桩间土泊松比；p_0 为桩间土的初始有效压力，kPa；μ_0 为桩间土的初始孔隙压力，kPa；d 为桩径，m；l 为桩长，m；φ_s 为桩间土的内摩擦角。

根据极限承载力就可由下式得出承载力特征值

$$f_{pk}=f_{pu}/K \tag{6-13}$$

式中，K 为安全系数，根据表 6-1 中序号 3、4 的公式计算时，取 $K=2.0\sim2.5$；根据表 6-1 中序号 6 的公式计算时，取 $K=2.5\sim3.0$；由表 6-1 中序号 5、7 的公式计算时，取 $K=1.2\sim1.4$。

二、柔性桩桩体承载力

目前，在实际工程中一般是根据下列两种情况来确定柔性桩桩体的承载力：①根据桩身材料强度计算承载力；②根据桩周摩阻力和桩端端阻力计算承载力。取二者中较小者为桩的承载力。

(1)按桩体材料强度计算：

$$f_{pk}=\eta f_{cu} \tag{6-14}$$

式中，f_{pk}为桩体承载力特征值；f_{cu}为桩体材料的无侧限抗压强度平均值；η为强度折减系数。

单桩竖向承载力标准值：

$$R_a = f_{pk} A_p$$

式中，R_a为单桩竖向承载力特征值；A_p为桩的截面积。

(2)按土的支持力计算：

$$R_a = u_p \sum q_{si} l_i + a A_p q_p \quad (6-15)$$

式中，u_p为桩周长；q_{si}为第i层桩间土的摩阻力特征值；l_i为桩周第i层土的厚度；q_p为桩端土未经修正的承载力特征值；a为桩端天然地基土的承载力折减系数，对搅拌桩可取a=0.4～0.6。

三、刚性桩桩体承载力

桩体相对刚度较大时，可看作刚性桩。复合地基中刚性桩多为摩擦桩，其承载力特征值表达式为

$$R_a = u_p \sum q_{si} l_i + A_p q_p \quad (6-16)$$

式中，R_a为刚性桩单桩承载力特征值；其余符号同前。

四、复合地基承载力

复合地基承载力的计算有两类方法：第一类是分别确定桩体和桩间土的承载力，依据一定的原则将两者叠加得到复合地基的承载力，这类方法称为复合求和法；第二类方法是将复合地基视作一个整体，按整体剪切破坏或整体滑动破坏来计算复合地基的承载力，这类方法称为稳定分析法。

1. 复合求和法

复合求和法的计算公式根据桩的类型不同略有差别。

(1)散体材料桩复合地基可采用以下三个公式计算：

$$f_{sp,k} = f_{p,k} m + (1-m) f_{s,k} \quad (6-17)$$

$$f_{sp,k} = [1 + m(n-1)] f_{s,k} \quad (6-18)$$

需满足： $f_{p,k} \geqslant n f_{s,k}$

$$f_{sp,k} = \frac{[1 + m(n-1)]}{n} f_{p,k} \quad (6-19)$$

需满足： $f_{s,k} \geqslant f_{sp,k}/n$

式中，$f_{sp,k}$、$f_{p,k}$、$f_{s,k}$分别为复合地基、桩体和桩间土承载力特征值；m为桩土面积置换率；n为桩土应力比。

(2)对柔性桩复合地基可采用下式计算：

$$f_{sp,k} = f_{p,k} m + \beta (1-m) f_{s,k} \quad (6-20)$$

式中，β为桩间土承载力折减系数，对摩擦型桩，β取0.5～1.0，对摩擦支承型桩，β取0.1～0.4。

(3)对刚性桩复合地基可采用下式计算：

$$f_{sp,k} = \frac{N R_a}{A} + \beta f_{s,k} A_s / A \quad (6-21)$$

式中，N为基础下桩数；R_a为单桩承载力特征值；A为基础面积；A_s为桩间土面积；β为桩间土

承载力折减系数，$\beta=0.8\sim1.0$。

2. **稳定分析法**

稳定分析方法很多，但通常采用圆弧分析法（图 6-12）。在分析计算时，假设圆弧滑动面经过加固区和未加固区；在滑动面上，设总滑动力矩为 M_S，总抗滑力矩为 M_R，则沿滑动面发生破坏的安全系数 $K=M_R/M_S$。取不同的滑动面进行计算，找出最小的安全系数值，那么通过稳定分析法即可根据要求的安全系数来计算地基承载力，也可按确定的荷载计算在荷载作用下的安全系数，从而判断其稳定性。在计算时，地基土的强度应分区计算，加固区和未加固区采用不同的强度指标，未加固区采用天然地基土的强度指标，加固区土体强度指标可分别采用桩体和桩间土的强度指标，也可采用复合土体的综合强度指标。

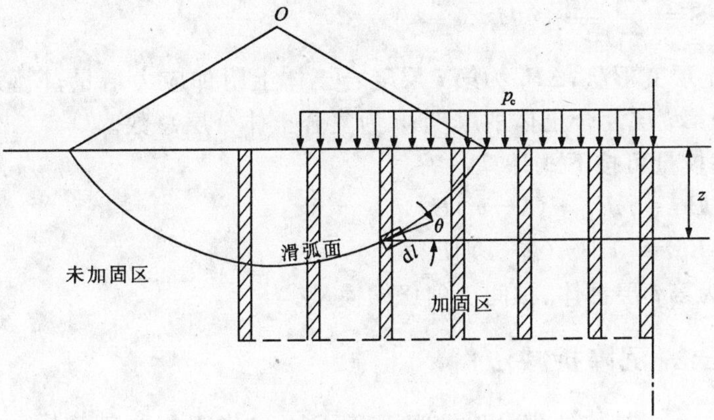

图 6-12　圆弧分析法

(1)按分别强度指标计算。

按分别强度指标计算时，复合地基的抗剪强度表达式为

$$\begin{aligned}\tau_{ps}&=m\tau_p+(1-m)\tau_s\\&=(1-m)[c_s+(\mu_s q+\gamma_s z)\cos^2\theta\tan\varphi_s]+m(\mu_p q+\gamma_p z)\cos^2\theta\tan\varphi_p\end{aligned}\tag{6-22}$$

式中，τ_{ps}、τ_p、τ_s分别为复合地基、桩体和桩间土的抗剪强度；m 为复合地基置换率；c_s为桩间土的黏聚力；q 为复合地基上的作用荷载；μ_s为应力降低系数，$\mu_s=\dfrac{1}{1+m(n-1)}$；$\mu_p$为应力集中系数，$\mu_p=\dfrac{n}{1+m(n-1)}$；$\gamma_s$、$\gamma_p$分别为桩间土和桩体的重度；$\varphi_s$、$\varphi_p$分别为桩间土和桩体的内摩擦角；$z$ 为某单元弧段的深度；θ 为某深度处剪切面与水平面的夹角；n 为桩土应力比。

若 $\varphi_s=0$，则上式可简化为

$$\tau_{ps}=(1-m)c_s+m(qn\mu_s+\gamma_p z)\tan\varphi_p\cos^2\theta\tag{6-23}$$

(2)按综合强度指标计算。

按综合强度指标计算时，复合土体黏聚力 c_c和内摩擦角 φ_c可分别采用以下两个表达式。

$$\tan\varphi_c=\omega\tan\varphi_p+(1-\omega)\tan\varphi_s\tag{6-24}$$

$$c_c=(1-\omega)c_s\tag{6-25}$$

式中，ω 为桩体与桩间土相对的应力分布，$\omega=mn\beta$。

第四节 复合地基变形

在各类计算复合地基变形的方法中，通常把复合地基沉降量分为两部分：复合地基加固区变形量和加固区下卧层变形量。加固区下卧层的变形计算一般采用分层总和法，加固区的变形计算主要有以下几种。

一、复合模量法

将复合地基加固区中桩体和桩间土视为一复合土体，采用复合压缩模量来评价复合土体的压缩性。采用分层总和法计算加固区变形量，加固区土层变形量 S 表达式为

$$S=\sum_{i=1}^{n}\frac{\Delta P_i}{E_{psi}}\cdot H_i \tag{6-26}$$

式中，S 为加固区土层变形量；ΔP_i 为第 i 层复合土体上附加应力增量；E_{psi} 为第 i 层复合地基的压缩模量；H_i 为第 i 层复合土体的厚度；n 为复合土体分层总数。

一般复合压缩模量可按下式计算：

$$E_{psi}=mE_{pi}+(1-m)E_{si} \tag{6-27}$$

或

$$E_{psi}=[1+m(n-1)]E_{si} \tag{6-28}$$

式中，E_{pi}、E_{si}分别为第 i 层桩体、桩间土的压缩模量。

二、应力修正法(沉降折减法)

在复合地基中，由于桩体的模量比桩间土模量大，使作用在桩间土上的应力小于作用在复合地基上的平均应力。采用应力修正法计算变形量时，根据桩间土分担的荷载(忽略桩体的存在)，用分层总和法计算加固区土层的变形量，其表达式为

$$S=\sum_{i=1}^{n}\frac{\Delta P_{si}}{E_{si}}\cdot H_i=\mu_s\sum_{i=1}^{n}\frac{\Delta P_i}{E_{si}}\cdot H_i=\mu_s S_0 \tag{6-29}$$

式中，ΔP_i 为天然地基在荷载作用下第 i 层土上的附加应力增量；ΔP_{si} 为复合地基中第 i 层桩间土中的附加应力增量；S_0 为天然地基在荷载作用下相应厚度内的压缩量。

三、桩身压缩量法

在荷载作用下，若桩体不会发生桩底端刺入下卧层的沉降变形，则可以通过计算桩身的压缩量来计算加固区土层的变形量。

若桩侧摩阻力为均匀分布，桩底端承力强度为 q，则桩身压缩量为

$$S=\frac{(\mu_p q+q_p)}{2E_p}l \tag{6-30}$$

式中，q 为复合地基荷载强度；q_p 为桩底端承力强度；l 为桩身长度，等于加固区厚度。

第七章 砂 桩

砂桩是指用振动或冲击荷载在软弱地基中成孔后，再将砂挤压入土中，形成大直径的密实柱体。

砂桩适用于松散砂土、人工填土、粉土和杂填土等地基，以提高地基的强度，减少地基的压缩性，或提高地基的抗震能力，以防止饱和松散砂土地基的振动液化。对加固饱和软弱土地基则应慎重，如果建筑物以变形为控制条件，则砂桩处理后的软弱地基需经预压，消除沉降后才可作为建筑物地基，否则难以满足建筑物对沉降的要求。

根据国内外的使用经验，砂桩适用于中小型工业与民用建筑物、散料堆场、码头、路堤、油罐等工程的地基加固。

第一节 砂桩的加固机理

一、在松散砂土中的加固机理

砂土属单粒结构，可分为疏松和密实两种极端状态。密实的单粒结构，颗粒间的排列已接近最稳定状态，在动(静)荷载下，一般不再产生大的变形。而疏松的单粒结构，颗粒间孔隙大，颗粒位置不稳定，在动(静)荷载作用下容易产生位移，因而会产生较大的沉降，特别是在动荷载作用下更为显著，可减少 20%，因此必须经过人工处理后才可作为建筑物的地基。

在砂桩的成桩过程中，因采用振动或冲击方法，桩管对周围砂土产生很大的横向挤压力，将地基中等于桩管体积的砂挤向周围的砂层，这种强制挤密使砂土的相对密实度增加，孔隙比降低，干密度和内摩擦角增大，土的物理力学性能得到改善，地基承载力大幅度提高，一般可提高 2～5 倍。当砂土地基被挤密到临界孔隙比以下时，还可防止砂土振动液化。

二、在软弱黏土中的加固机理

砂桩在软弱黏性土地基中主要起置换作用和排水作用，这样形成的复合地基，可提高地基的承载力和整体稳定性。

1. **置换作用**

黏性土多为蜂窝结构，在成桩过程中受扰动后，与具有相同密实度和含水量的原状土相比，力学性质会降低，不仅很难起到挤密加固作用，甚至会使桩周土体强度出现暂时降低。所以砂桩加固软弱地基主要是利用砂桩本身的强度形成复合地基，提高地基的承载力和地基的整体稳定性。

2. **排水作用**

一般软弱地基土的渗透性很小，渗透系数多在 $1\times10^{-7}\sim1\times10^{-4}$ cm/s 范围内。在软弱地基中设置砂桩后,减少了软弱地基土的排水距离,加快了固结速率,有助于地基土强度的提高。

第二节 砂桩的设计与计算

一、加固范围

加固范围应根据建筑物的重要性和场地条件确定,通常砂桩挤密地基的宽度应超出基础的宽度,每边放宽不应少于1～3排;当砂桩用于防止砂层液化时,每边放宽不宜小于处理深度的1/2(并不应小于5m)。当可液化层上覆盖有厚度大于3m的非液化层时,每边放宽不宜小于液化层厚度的1/2(并不应小于3m)。

二、桩位布置

砂桩最常用的布置方式有等边三角形和正方形两种。对于砂土地基,砂桩主要起挤密作用,采用等边三角形更有利,可使地基挤密较为均匀。对于软黏土地基,采用正方形或等边三角形均可。

三、砂桩直径

砂桩直径可根据成桩方法、施工机械能力和置换率来确定,多采用300～800mm。对饱和黏性土地基宜选用较大的直径。

四、砂桩长度

砂桩长度应根据软弱土层的性能、厚度或工程要求按下列原则确定。

(1)当软弱土层厚度不大时,砂桩应穿过软弱土层,以减少地基变形。

(2)当软弱土层厚度较大时,对按稳定性控制的工程,砂桩长度应不小于最危险滑动面以下2m深度;对按变形控制的工程,砂桩长度应满足砂桩复合地基沉降量不超过建筑物地基允许沉降量要求,并满足地基软弱下卧层强度要求。

(3)在可液化地基中,桩长应穿透可液化层,或按国家标准《建筑抗震设计规范》(GB50011)的有关规定执行。

(4)桩长不宜小于4m。

五、桩距计算

砂桩在砂性与软弱黏性土中的作用机理不同,桩距计算方法也有差别。通常桩距是通过现场试验确定,如无现场试验资料,也可采用计算方法进行估算。

(一)砂性土地基中桩距设计

当前砂性土地基中桩距设计方法主要有两种。第一种方法:假定挤密后土体中土颗粒增多而体积不变,由加固后要求的孔隙比计算出砂桩的间距。第二种方法:以灌砂率为参数,绘出天然地基标贯值、砂桩地基桩土间标贯值之间的关系曲线,借以求出砂桩间距和灌砂量。

1. 根据孔隙比要求设计

设砂桩的布置如图 7－1 所示。假定在松散砂土中打入砂桩能起到 100％的挤密效果，即成桩过程中地面没有隆起或下沉现象，被加固的砂土没有流失。设一根砂桩所分担的加固面积为 A，桩截面积为 A_p，桩距为 L，单位深度灌砂量为 q，原砂土地基单位深度的平均体积为 V_0，其中砂固相颗粒体积为 V_s，如图 7－2 所示。

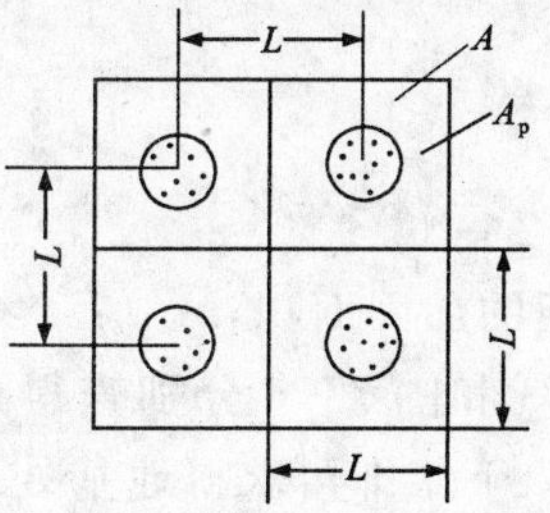

图 7－1　正方形布置

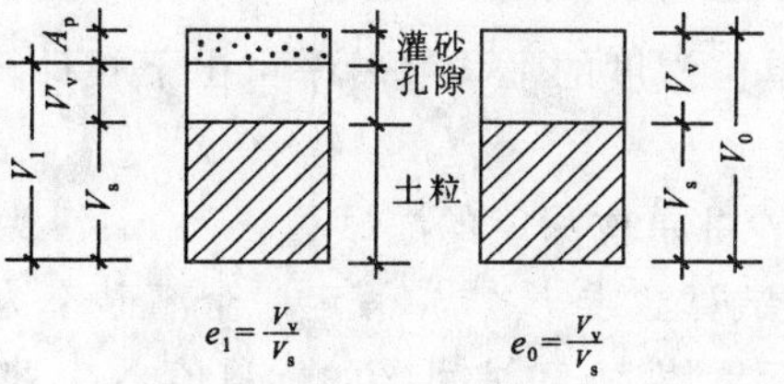

图 7－2　孔隙比变化图

图中 V_v 为天然地基中单位深度加固区的孔隙，V_v' 为加固挤密后的孔隙。

当桩距为正方形布置时：

处理前体积　$V_0 = L^2 \times 1 = V_s(1+e_0)$　　(7－1)

处理后体积　$V_1 = V_s(1+e_1) = V_0 - q = V_0 - A_p \times 1$　　(7－2)

式中，$e_0 = V_v / V_s$；$e_1 = V_v' / V_s$。

由式(7－1)、式(7－2)可得

$$\frac{V_1}{V_0} = \frac{1+e_1}{1+e_0} = \frac{V_0 - A_p}{V_0} \tag{7-3}$$

$$A_p = \frac{e_0 - e_1}{1+e_0} V_0 = \frac{e_0 - e_1}{1+e_0} L^2 \tag{7-4}$$

设桩体直径为 d，则 $A_p = \pi d^2/4$。

当正方形布置时，

$$L = 0.89 \xi d \sqrt{\frac{1+e_0}{e_0 - e_1}} \tag{7-5}$$

当等边三角形布置时，

$$L = 0.95 \xi d \sqrt{\frac{1+e_0}{e_0 - e_1}} \tag{7-6}$$

式中，ξ 为修正系数，当考虑振动下沉密实作用时，可取 1.1～1.2；不考虑时，可取 1.0。

地基挤密后要求达到的孔隙比 e_1 可由两种方法确定。

(1)根据工程对地基承载力的要求，结合设计规范，给出砂土要求的密实度，从而推算出加固后的孔隙比 e_1。砂土密实度的划分可参考表 7－1。

(2)根据工程的抗震要求，确定加固后地基的相对密实度 D_r，再按下式求得

$$e_1 = e_{max} - D_{r1}(e_{max} - e_{min}) \tag{7-7}$$

式中，e_{max}、e_{min} 分别为砂土的最大和最小孔隙比，可按国家标准《土工试验方法标准》(GB/T50123)的有关规定确定；D_{r1} 为相对密实度，可取 0.70～0.85。

表 7-1 砂土密实度参考表

状态 土类	密实	中密	稍密	松散
砾砂、粗砂、中砂	$e<0.60$	$0.60\leqslant e\leqslant 0.75$	$0.75<e\leqslant 0.85$	$e>0.85$
细砂、粉砂	$e<0.70$	$0.70\leqslant e\leqslant 0.85$	$0.85<e\leqslant 0.95$	$e>0.95$

2. **根据灌砂率设计**

砂桩单位深度的平均灌砂率可由下式计算

$$F_v=q/A \tag{7-8}$$

式中，q 为砂桩单位深度的灌砂量，m^3/m；A 为一根砂桩分担的加固面积，m^2。

(1)用试算法求 F_v。先假定一个灌砂率为 F_v，由图 7-3 和图 7-4 分别查得处理后砂桩中心处的标贯值 N_p 和桩间土的标贯值 N_1'，把 N_p 与 N_1' 代入下式即可求得地基处理后的平均标贯值$\overline{N_1}$。

$$\overline{N_1}=F_vN_p+(1-F_v)N'_1 \tag{7-9}$$

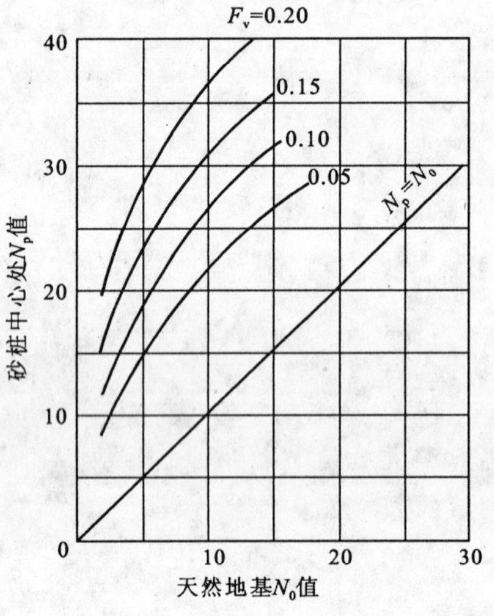

图 7-3 天然地基 N_0 值和砂桩中心 N_p 值的关系

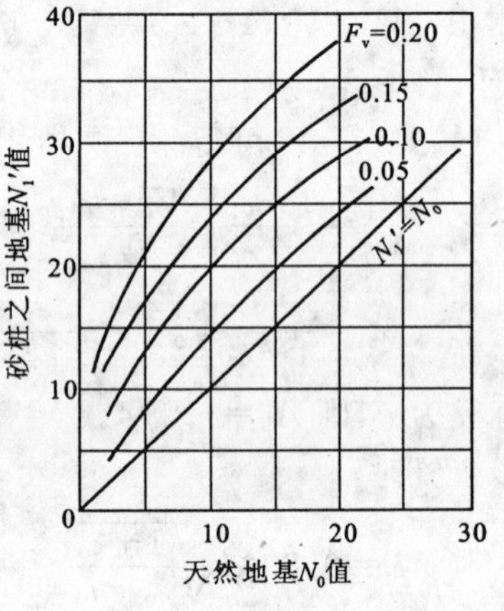

图 7-4 天然地基 N_0 值和桩间土 N'_1 值的关系

如果$\overline{N_1}$与设计要求的标贯值 N_1 不一致，

重新取一个 F_v 值，直至计算出的$\overline{N_1}$与设计要求的 N_1 相等。这个 F_v 就是要求的值，然后再由图 7-5 查得所求桩距。

图 7-5 是根据一些实际工程的资料作出的，只有当采用的施工方法与这些实例相同时，才可使用这些曲线来设计桩距。

(2)由诺谟图求灌砂率 F_v。先假定一个 F_v 值，由图 7-6 求出处理后的平均标贯值$\overline{N_1}$。如果所查出的$\overline{N_1}$与设计要求的标贯值 N_1 不符时，可改变 F_v，直到$\overline{N_1}$与 N_1 相等。这时的 F_v 就是要求的值，再由图 7-5 确定桩距。

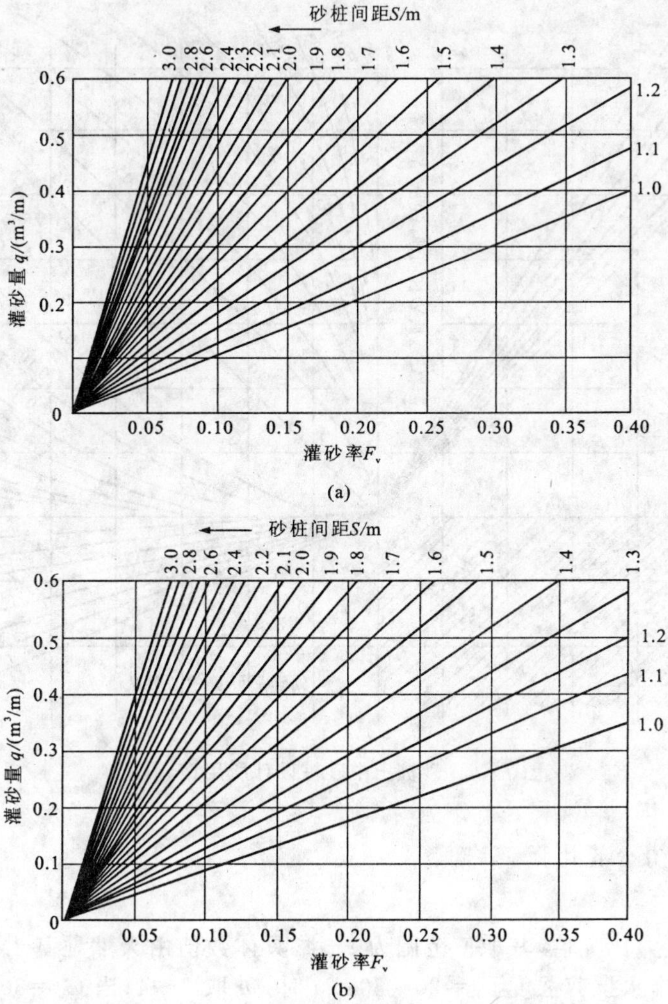

图 7-5　砂桩间距(三角形布置)和灌砂率及灌砂量的关系

根据灌砂率设计砂桩应注意的事项如下。

①确定天然地基的平均标贯击数 N_0时,应考虑砂土密实度分布的不均匀性。

②地基中含水量对处理效果有很大影响。当砂土处于完全干燥或饱和状态时才可能获得最大的振动密实度。如果砂土含水但并不饱和时,由于毛细压力作用,砂土在荷载作用下难以获得好的挤密效果。

③黏土颗粒含量对处理效果也会有影响。一般认为黏土颗粒含量超过 20%,挤密效果明显降低。

④地表层约 2m 内桩周土所受约束力较小,很难充分挤密,因而要用其他表层压实方法进行处理。

(二)黏性土地基中桩距设计

黏性土地基中桩距的设计,根据工程要求的不同,主要有以下两种方法。

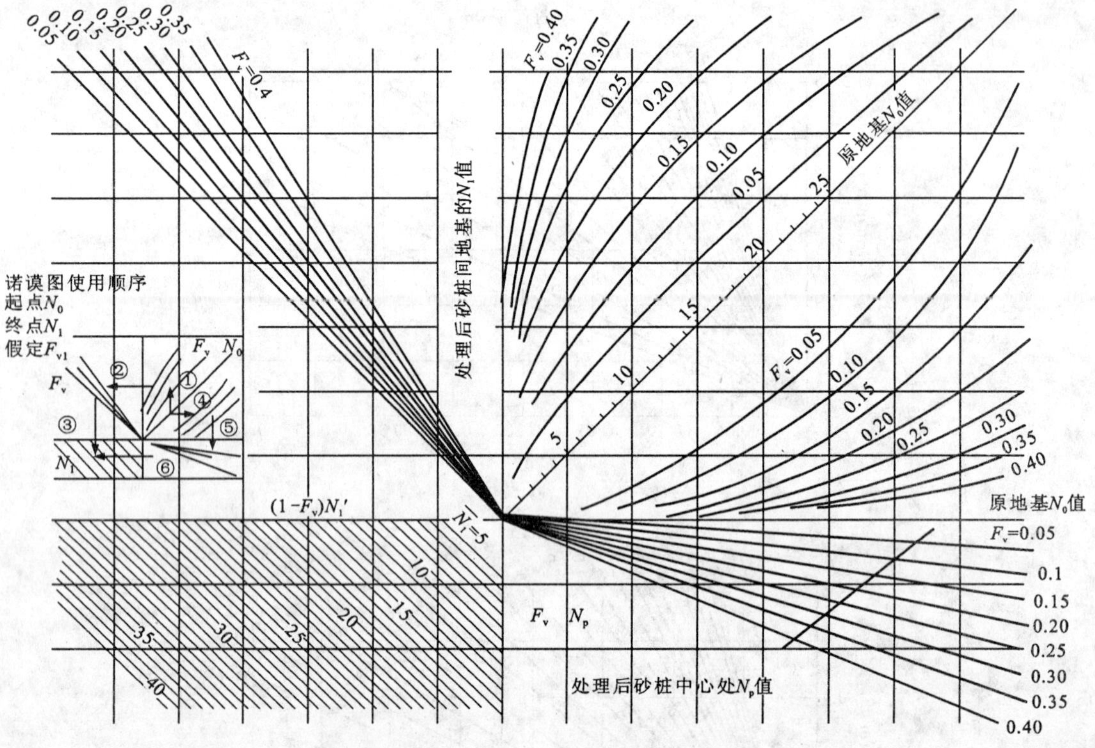

图 7-6 砂桩土中砂桩设计所用诺谟图

1. 按地基承载力公式计算

其具体步骤如下。

(1)选定桩土应力比 n 值，其取值范围为 2～4，具体数值由天然地基土强度或建筑物的允许变形而定。当不排水抗剪强度 C_u＝20～30kPa 时，n 取 3～4；当 C_u＝30～40kPa 时，n 取 2～3。天然地基土强度低取大值，强度高取小值；建筑物允许变形值小取低值，允许变形大取高值。

(2)由天然地基承载力和复合地基要求的承载力计算面积置换率 m 值。

由 $$f_{sp,k}=[1+m(n-1)]f_{s,k}$$

得 $$m=\frac{f_{sp,k}/f_{s,k}-1}{n-1} \tag{7-10}$$

(3)选定砂桩直径 d，计算砂桩截面积 A_p（$A_p=\pi d^2/4$）。

(4)由面积置换率 m 计算一根砂桩的分担面积 A_e。

由 $m=A_p/A_e$，得 $A_e=A_p/m$ (7-11)

(5)根据布桩方式和分担面积 A 值计算桩距 L。

正三角形布桩 $$L=1.08\times\sqrt{A_e} \tag{7-12}$$

正方形布桩 $$L=\sqrt{A_e} \tag{7-13}$$

2. 按稳定性计算桩距

如果砂桩用来提高天然地基的整体稳定性，则可根据复合地基的稳定性计算来确定桩距。

砂桩复合地基抗剪强度的计算可参考第六章，当采用分别强度指标时，其表达式为

$$\tau_{ps}=(1-m)c_0+m(pn\mu_s+\gamma_p z)\tan\varphi_p\cos^2\theta \tag{7-14}$$

上式没考虑因荷载而使桩间土产生固结，黏聚力 c_s是选用天然地基黏聚力 c_0。如果考虑因荷载而产生的固结，则桩间土黏聚力为

$$c_s=c_0+\mu_s pu\tan\varphi_{cu} \tag{7-15}$$

式中，c_0为天然地基黏聚力；u 为固结度；φ_{cu}为桩间土固结不排水内摩擦角。

按稳定性进行设计时，需先假定置换率 m 值，然后按滑弧稳定分析法进行验算，如果不能满足稳定性要求，可改变置换率再验算，直到满足稳定性要求为止。

六、复合地基沉降计算

经砂桩处理后的复合地基的沉降计算可参考第六章的有关内容。

砂桩复合地基的沉降量应控制在允许范围内，特别对地基沉降敏感的建筑物或构筑物，必须进行验算。

第三节 砂桩施工

一、砂桩材料

砂桩的填料宜用级配较好的中粗砂，也可用砾砂。对饱和软黏土，由于原地基土较软弱，侧限不大，为了利于成桩，应选用级配好、强度高的砂砾混合料。填料中最大颗粒尺寸由桩管直径和桩尖的构造决定，以能顺利出料为宜，但最大不应超过 50mm。

在饱和土中施工时，砂的含水量宜采用饱和状态；在非饱和且能形成直立桩孔孔壁的土层中用捣实法施工时，含水量采用 7%～9%。

二、施工机械

砂石桩机械主要分为振动式砂石桩机和锤击式砂石桩机两类。砂桩常用施工机械的技术性能见表 7-2。

表 7-2 常用砂桩施工机械的性能

类别	型号名称	技术性能		适用桩孔直径/cm	最大桩孔深度/m
		锤重/t	落距/cm		
柴油打桩机	D_1-6	0.6	155～187	30～35	5～6.5
	D_1-12	1.2	170～180	35～45	6～7
	D_1-18	1.8	210	45～50	6～8
	D_1-25	2.5	250	50～60	7～9
电动落锤打桩机		0.75～1.5	100～200	30～45	6～7
振动打桩机	7～8t 振动成桩机	激振力 70～80kN		30～35	5～6
	10～15t 振动成桩机	激振力 100～150kN		35～40	6～7
	15～20t 振动成桩机	激振力 150～200kN		40～50	7～8

砂石桩机通常包括桩机架、桩管及桩尖、提升装置、挤密装置(振动锤或冲击锤)、上料设备及检测装置等。高能量的振动砂石桩机配有高压空气或水的喷射装置,同时还配有自动记录桩管贯入深度、提升量、压入量、管内砂石位置变化以及电机电流变化等的检测装置。振动砂桩机如图 7-7 所示。

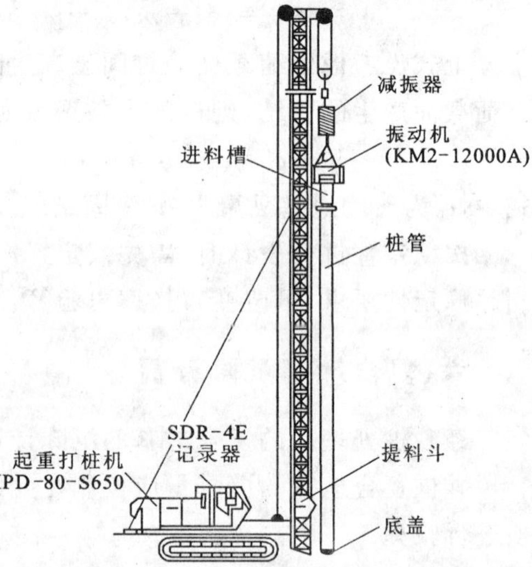

图 7-7 振动成桩机

三、施工工艺

(一)施工顺序

在砂性土地基中施工从外围或两侧向中间进行,以挤密为主的砂桩宜间隔施工;在淤泥质黏土地基中砂桩宜从中间向外围或隔排施工;在已有建(构)筑物邻近施工,应背离其方向进行;在路堤或岸坡上施工应背离岸边或坡顶方向进行。

(二)振动成桩法

1. 施工工艺

振动成桩法是在振动机的振动作用下,把带有底盖(或砂塞)的套管打入到规定深度,然后投入砂料,再排砂于土中,并振动密实成桩。其施工顺序如图 7-8 所示。

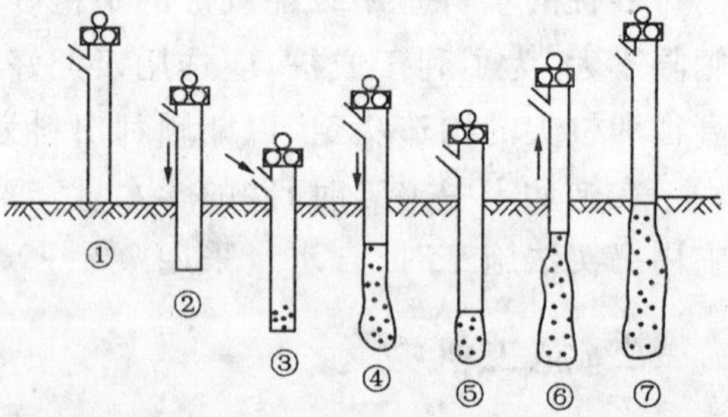

图 7-8 砂桩施工顺序图

①移动桩机及导向架,把桩管及桩尖对准桩位;②启动振动锤,将桩管打入土中,如遇到坚硬难打的土层,可辅以喷气或射水打入;③把套管打到预定的深度,然后向桩管内投入规定数量的砂料;④把桩管提升一定的高度(下砂顺利时提升高度不超过 1~2m),提升时桩尖自动打开,桩管内的砂料被排出;⑤将套管打下规定的深度,利用振动及桩尖的挤压作用使砂密实;⑥再一次向桩管内投入砂料,然后把桩管提升到规定的高度;⑦重复以上工序,砂料不断补充,砂桩不断增高,一直打到地面,砂桩即完成

2. 施工要点

(1)施工前应进行成桩挤密试验,桩数宜为 7~9 根。如果质量不能满足设计要求,应调整桩距、填砂量等有关参数,重新试验或改变设计。

(2)拔管速度不宜过快,排砂要充分。一般拔管速度为 2m/min。

(3)控制每段砂桩的灌砂量。一般应按桩孔体积和砂在中密状态时的干密度计算,砂桩的灌砂量不宜多于或少于设计量的 5%。每根砂桩单位长度内的灌砂量可按以下两式计算

$$q=\frac{e_0-e_1}{1+e_0}A\beta \tag{7-16}$$

或

$$g=\frac{d_s A_p \rho_w}{1+e_p}(1+0.01w_1)\beta \tag{7-17}$$

式中,q 为单位长度灌砂量,m^3/m;e_0、e_1 分别为天然地基土和加固后地基土的孔隙比;A 为每根砂桩的影响范围面积,m^2;d_s 为砂颗粒的相对密度;g 为单位长度计算灌砂量,t;w_1 为砂的含水量,%;A_p 为一根砂桩的横截面积,m^2;ρ_w 为水的密度,$1t/m^3$;e_p 为砂桩的孔隙比;β 为充盈系数,可取 1.2~1.4。

(4)桩管内的砂料应保持一定的高度。

(5)桩管排砂不畅时,可适当加大风压。桩管快拔出地面时,应减小风压,防止砂料外扬。

(6)在软黏土中施工时,桩管未入土前,应先在桩管内投砂2~3斗,并复打2~3次。这样底部的土更密实,加上有少量的砂排出分布在桩周,既挤密桩周的土,也可起护壁作用,避免因缩颈而出现夹泥断桩现象。

(7)注意贯入和电流曲线变化。如土质较硬,或者排砂量正常,贯入曲线平缓,而电流曲线变化幅度大。

(8)施工结束后,应将基底标高下的松土层夯压密实。

(三)锤击成桩法

锤击法施工有单管法和双管法两种。

1. 单管法

(1)施工机具。单管法施工机具主要有蒸气打桩机或柴油打桩机,下端带有活瓣钢制桩靴或预制钢筋混凝土锥形桩尖的桩管和装砂料斗等。

(2)成桩工艺。单管法成桩工艺见图7-9。

(3)施工要点。

1)以拔管速度控制桩身连续性。拔管速度可根据试验确定,在一般土质条件下,拔管速度应控制在1.5~3.0m/min。

2)根据灌砂量控制桩直径。当灌砂量达不到设计要求时,应在原位复打一次,或在其旁补加一根砂桩。

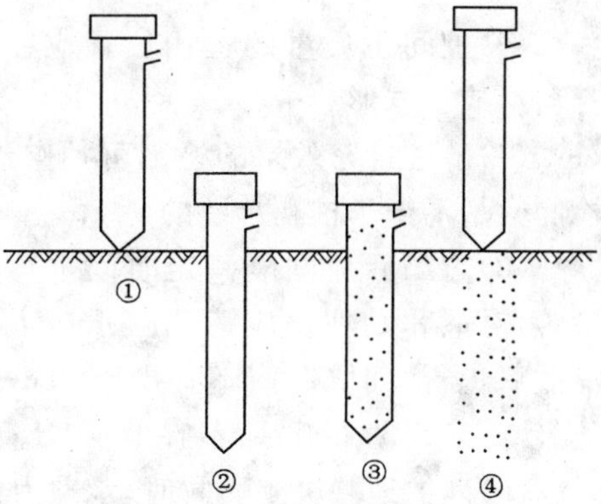

图7-9 单管法成桩工艺

①桩管就位,闭合桩靴;②将桩管打到设计深度;③灌砂(灌砂量较大时,可分成两次灌入,第一次灌入2/3,待桩管从土中拔起一半长度后,再灌入剩下的1/3);④按规定的拔出速度从土层中拔出桩管

2. 双管法

(1)施工机具。双管法施工机具主要有蒸气打桩机或柴油打桩机、履带式起重机、底端开口的外管和底端闭口的内管以及装砂料斗等。

(2)成桩工艺。双管法成桩工艺见图7-10。

(3)施工要点。为保证砂桩桩体的连续性、密实性和桩周土挤密后的均匀性,在进行第⑤工序时应按贯入度进行成桩。

第四节 质量检验

1. 对砂桩施工的质量要求

(1)砂桩必须上下连续,确保设计长度。

(2)单位长度的灌砂量要达到设计要求。

(3)砂桩平面位置和垂直度的偏差要满足允许值。施工时桩位水平偏差不应大于0.3倍套管外径,套管垂直度偏差不应大于1%。

2. **砂桩质量检验的要求**

(1)检查砂桩的沉管时间、各段的填砂量、提升及挤压时间和桩位偏差等各项施工记录和试验结果。如不符合设计要求，应采取补救措施。

(2)检验砂桩及桩间土的挤密质量可采用标准贯入、静力触探或动力触探等方法。对重要或大型工程宜进行现场载荷试验。

(3)桩间土质量的检测位置应在等边三角形或正方形的中心。

(4)砂桩挤密效果的检测可抽查进行，检测数量不少于桩孔总数的2%。

(5)施工后应间隔一定时间进行质量检验，对饱和黏性土应待孔隙水压力基本消散后进行，间隔时间不宜少于28d；对粉土、砂土和杂填土地基，不宜少于7d。

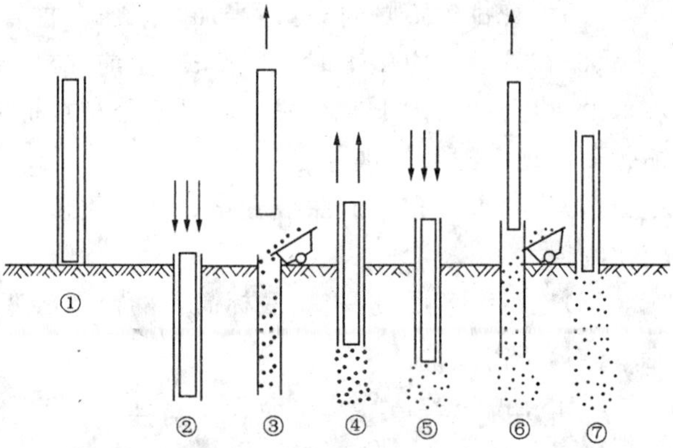

图7-10 双管法成桩工艺

①将内外管安放在预定的桩位上；②锤击内外管，下沉到规定的深度；③拔起内管向外管内灌砂；④放下内管到外管的砂面上，拔起外管到与内管底面平齐；⑤锤击内外管，将砂压实；⑥拔起内管，向外管内灌砂；⑦重复④～⑥工序，直到桩管拔出地面

(6)砂桩地基竣工验收时，承载力检验应采用复合地基载荷试验。复合地基载荷试验数量不应少于总桩数的0.5%，且每个单体建筑不应少于3点。

第八章　石灰桩

石灰桩是指用人工或机械在地基中成孔后，灌入生石灰块(或在生石灰块中掺入适量的水硬性掺合料，如粉煤灰、火山灰等)，经振密或夯压后形成的桩柱体。

用石灰桩加固软弱地基，不同的土质会产生不同的加固效果。如果被加固土的渗透系数太小，不利于软土脱水固结；如果被加固土的渗透系数太大，石灰难以密实。根据国内外的工程经验，石灰桩适用于处理杂填土、素填土、一般黏性土、淤泥质土和淤泥及透水性小的粉土等。

石灰桩可应用于道路、码头、铁路、软弱地基等加固工程及托换工程和基坑支护工程等。

第一节　石灰桩加固机理

一、生石灰的水化反应及其特性

生石灰 CaO 与水作用生成熟石灰 $Ca(OH)_2$ 的过程称为生石灰的熟化，也称为水化过程。其化学反应式及有关数据见表 8-1。

表 8-1　生石灰的熟化反应方程式及有关数据

反应式	CaO ＋	H_2O ⟶	$Ca(OH)_2+6.52\times10^4$J/mol
分子量	56	18	74
质量比	1	0.32	1.32
相对密度	3.37	1.0	2.24
体积比	1	1.08	1.99

生石灰的水化过程要产生大量的热量并发生体积膨胀。其反应的特性主要有以下几方面。

(1)反应过程吸收大量水分。生石灰的吸水量包括两部分，一部分是 CaO 水化所需的吸水量，另一部分是生石灰的水化产物 $Ca(OH)_2$ 的孔隙吸水量。

由表 8-1 可知，1kg 的 CaO 完全水化的理论吸水量为 0.32kg。并且水化后的熟石灰处于干燥状态，呈极细的粉末状，也要吸收一部分水，贮存在孔隙中。但生石灰的总吸水量与所受到的约束压力有关，压力增大吸水量减小。在 50kPa 的压力作用下，1kg 生石灰的总吸水量为 0.8～0.9kg。

(2)生石灰的水化反应为放热反应。生石灰在水化反应过程中，1molCaO 要产生 6.52×10^4J 的热量，那么 1kg 的 CaO 能放出 1 160J 的热量，这些热量能使地基土温度升高，产生汽化脱水现象，降低地基土的含水量，从而减少土的孔隙比，增加土的密实度。

(3)生石灰水化反应过程中伴有体积的显著增大。CaO与水反应生成$Ca(OH)_2$后，固相体积要比CaO的固相体积增大99%。另外，在水化过程中，石灰颗粒分散，比表面积增大，在分散颗粒的表面还吸附水分子，使颗粒直径增大，这些因素都将引起颗粒间孔隙增大。在水化过程中，由于固相体积和孔隙体积的增大，生石灰水化后可膨胀到原体积的1.5～3.5倍。体积膨胀的大小与生石灰的磨细度、水灰比、熟化温度、有效钙含量和外部约束等有关。生石灰越细，膨胀越小；水灰比增大，膨胀减小；熟化温度越高，膨胀越大。如果限制生石灰水化过程的体积膨胀，生石灰将产生较大的膨胀压力，在完全侧限条件下，生石灰的膨胀压力可高达10MPa以上。

二、石灰桩的加固机理

石灰桩的加固机理可从桩间土、桩身和复合地基三个方面进行分析。

(一)桩间土

1. 成孔挤密作用

如果石灰桩施工是采用振动沉管法成孔，则会对桩间土产生挤密作用，其挤密效果与石灰桩的置换率、土质情况、上覆土压力及地下水状况等有关。但对灵敏度高的饱和软黏土，成桩过程会破坏土的结构，这样不仅不会挤密桩间土，还会降低土的强度。另外，对饱和软黏土，成桩后地面会隆起，更使挤密效果减弱。

若用人工成孔或钻孔施工方法成孔，就不存在挤密作用。

2. 吸水、升温和膨胀作用

由于水化反应过程要吸收较多的水，并产生升温汽化现象，使地基中含水量下降，孔隙比减小，桩间土抗剪强度得到提高，提高的幅度与置换率有关。若采用10%的置换率，当石灰吸收的水全部是土孔隙中的水时，则土的平均失水量约为8%～9%，若石灰桩间距为3倍的桩径，采用正三角形布置时，置换率约为9%，实测土的失水率为5%。地基土降低5%～9%的含水量，只能使土的承载力提高15%～20%，因此，吸水升温而提高的承载力的一般幅值为15%～20%。

生石灰水化时，对桩间土产生较大的挤压力，使桩间土密实度提高，这将有助于提高地基的强度。

3. 胶凝及离子交换作用

黏土颗粒表面带负电，从而由吸附作用形成一个扩散双电层，扩散双电层的存在使土具有可塑性，扩散双电层越厚，土的抗剪强度越小，生石灰水化反应过程中产生的二价钙离子(Ca^{2+})与扩散双电层中的一价离子Na^+、K^+发生离子交换作用，交换的结果使扩散双电层变薄，黏土颗粒间的结合力增强形成团粒结构，从而使土的塑性减小，抗剪强度提高。

黏土中的二氧化硅和氧化铝与水化过程中产生的$Ca(OH)_2$发生化学反应，生成水化硅酸钙、水化铝酸钙等水化产物，与黏土颗粒黏结在一起形成网状结构，增强了颗粒间的联结作用，改善了土的物理力学性能。

由于上述作用，往往在生石灰桩周围形成一圈2～10cm厚的硬壳层。

(二)桩身

生石灰桩具有一定的强度和刚度，可以提高地基的承载力和改善地基的变形特性。

石灰桩桩身的强度与上覆压力和龄期有关，见图 8－1 和图 8－3，图 8－2 为膨胀率与上覆压力的关系。

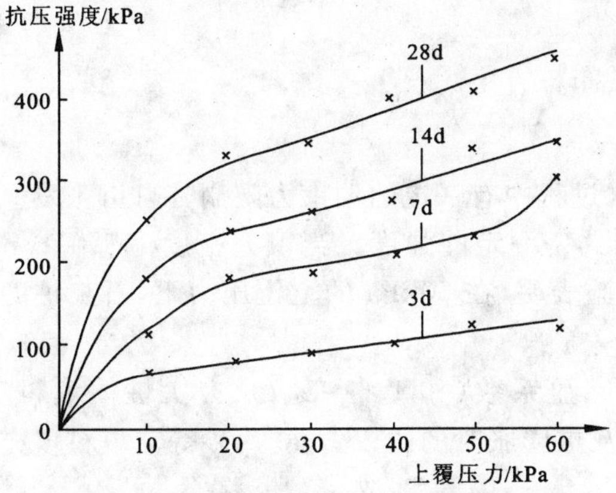

图 8－1　抗压强度与上覆压力的关系

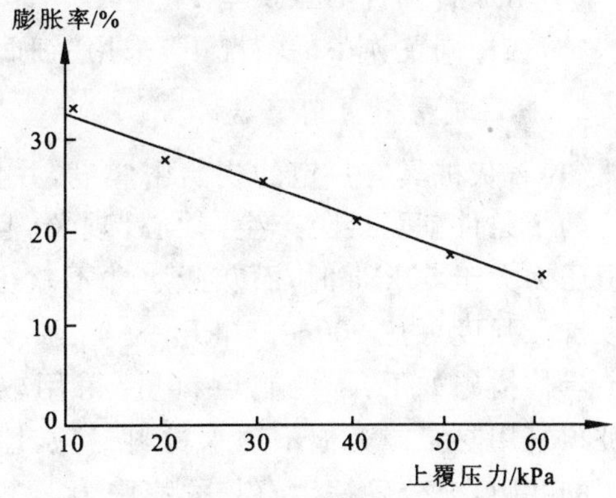

图 8－2　膨胀率与上覆压力的关系

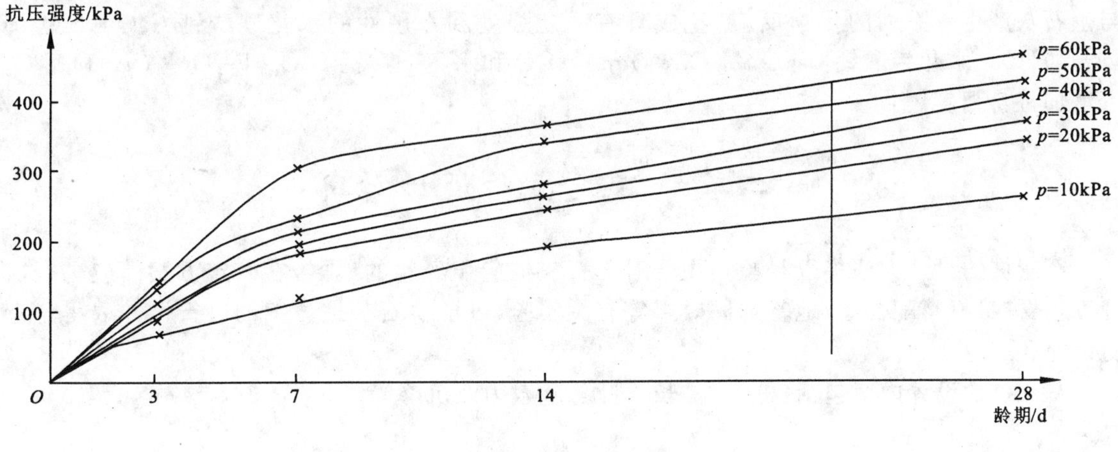

图 8－3　抗压强度与龄期的关系

石灰桩应用的一个重要问题是防止出现“软心”现象，即桩周呈硬壳而中间呈软膏状态，使桩身缺少必要的强度。

（三）复合地基

石灰桩复合地基承载力由三部分构成：①桩身强度；②桩间土；③桩周形成的硬壳层。由于硬壳层的形成需要一个较长期的过程，在设计时一般不作考虑而作为安全贮备。根据国内外实测数据，石灰桩复合地基的桩土应力比一般为 2.5～5.0。

要提高复合地基的承载力可从两方面着手，即提高桩身强度与增加桩间土的加固效果。但应注意：①桩间土的承载力应协调。既要保证桩身有较大的强度，又没必要过大增大桩身强度。②桩身吸水量的增加有助于改善桩间土的物理力学性能，但吸水量过多又使桩身强度降低，为使两者兼备，有时必须采用较大的置换率。因此在提高复合地基承载力时要进行综合考虑，确定桩间土强度、桩身强度和造价之间的最优关系。

1. 提高桩间土加固效果的方法

(1)采用优质生石灰。生石灰中纯 CaO 含量越高，水化反应能力越强。

(2)增加石灰桩的置换率。

(3)在相同置换率的情况下，采用"细而密"的布桩方案。

2. 提高桩身强度的方法

(1)石灰桩具有一定的初始密实度，并且吸水过程中有一定的约束力限制其自由胀发。满足这两个条件就可避免产生"软心"现象，且桩身具备一定的强度。当填充密度为 $1.17t/m^3$，上覆压力大于 50kPa 时，石灰吸水并不软化。试验表明，在 50kPa 的上覆压力下，石灰桩的无侧限抗压强度可达 300～350kPa。

具体措施如下：①控制填料量，采用较大的充盈系数（如 1.6～1.7）、夯实桩体填料等；②桩顶采用黏土或其他不透水材料封顶，增加石灰桩膨胀时的约束力；③用砂等充填料填充石灰桩的孔隙，充分发挥生石灰的膨胀力。

(2)桩身掺入活性材料，如粉煤灰、火山灰等。工程中多采用粉煤灰，掺入量一般为石灰桩质量的 15%～40%。

石灰桩身中掺入粉煤灰或火山灰后，由于其中含有丰富的 SiO_2、Al_2O_3、Fe_2O_3 等成分，能与生石灰产生一系列的化学反应，生成具有一定强度和水硬性的水化硅酸钙 $CaO \cdot SiO_2 \cdot (n+1)H_2O$、水化铝酸钙 $CaO \cdot Al_2O_3 \cdot (n+1)H_2O$ 和水化铁酸钙 $CaO \cdot Fe_2O_3 \cdot (n+1)H_2O$，可增加桩身强度。

第二节 石灰桩的设计计算

石灰桩的设计方法多以经验为主。对无石灰桩应用经验的地区，在确定方案前应进行成桩工艺、桩身材料配合比、地基加固效果等有关实验，以证实石灰桩方案的可行性并取得合理的设计和工艺参数。

石灰桩的设计内容包括：桩径、桩长、桩距、承载力及沉降等。

一、桩径

桩径主要由当地施工条件决定，一般为 150～400mm。

二、桩的布置

石灰桩的布置方式一般为正方形或正三角形。

膨胀前的置换率：

正方形布置 $$m=0.785(d/l)^2 \tag{8-1}$$

正三角形布置 $$m=0.907(d/l)^2 \tag{8-2}$$

膨胀后的置换率：

$$m'=\varepsilon m \tag{8-3}$$

式中，d 为石灰桩桩径；l 为石灰桩桩距；ε 为石灰桩膨胀率，按表 8-2 选用。

表 8-2　不同掺合料的石灰桩膨胀率参考值

纯石灰桩	2∶8(粉煤灰∶生石灰)	3∶7(粉煤灰∶生石灰)	2∶8(火山灰∶生石灰)	3∶7(火山灰∶生石灰)
1.2～1.5	1.15～1.40	1.10～1.35	1.10～1.35	1.05～1.25

注：桩身约束力大时取小值。

石灰桩的布桩范围可以仅布置在基础底面下，当基底土的承载力特征值小于 70kPa 时，宜在基础以外布置 1～2 排围护桩。

三、桩距

桩距宜用试验确定，应满足地基承载力和变形的要求，当土质较差和建筑物对复合地基承载力要求较高时，桩距应小些。但也要避免桩距过小造成地面的隆起和破坏土的结构，尤其是黄土和硬塑黏土等。常用的参考桩距如表 8-3 所示。

表 8-3　石灰桩参考桩距

土　类	桩距/桩径
淤泥和淤泥质土	2～3.5
较差的填土和一般黏性土	3～4
较好的填土和一般黏性土	≯5

四、桩长

桩的长度取决于石灰桩的加固目的和上部结构的条件。

(1)对变形要求较高的建筑物地基，桩长宜达到计算压缩层底部；

(2)对用于地基稳定目的的石灰桩，桩长应穿过可能的滑动面；

(3)对其他情况，可采用复合垫层法确定桩长，即把加固土层看作硬层，其与未加固的软弱下卧层组成双层地基，应满足软弱下卧层的承载力要求，并使复合地基沉降控制在允许范围之内。

五、复合地基承载力计算

确定石灰桩复合地基承载力的方法有现场载荷试验和计算方法。现场载荷试验方法可参考有关规定进行。计算方法可采用一般复合地基承载力计算公式：

$$f_{sp,k}=m'f_{p,k}+(1-m')f'_{s,k} \tag{8-4}$$

或

$$f_{sp,k}=[1+m'(n-1)]f'_{s,k} \tag{8-5}$$

式中，$f'_{s,k}$为加固后桩周土承载力特征值。

公式中 m' 受石灰质量、掺合料配合比、桩体密实度、桩周土质等情况的影响，宜由现场试验确定，但也可按 $m'=\varepsilon m$ 估算。

桩土应力比 n 一般采用 3～5，石灰桩复合地基承载力特征值不宜超过 160kPa，但土质较好并采取保证桩身强度的措施，经试验后可适当提高。

(一)桩身强度

可通过单桩静载荷试验或静力触探试验来确定，当利用静力触探试验时，可近似取 $0.1P_s$ (P_s为比贯入阻力)作为桩身强度，但仅适用于掺合料为粉煤灰、炉渣的情况。

进行初步设计时，可取 $f_{p,k}=350\sim500$kPa，土质好，施工条件好时，取高值；土质差，地下水较丰富时，取低值。

(二)桩周土的强度

加固后桩周土承载力特征值取天然地基承载力特征值的1.05～1.2倍，土质软弱或置换率大时取高值。也可采用以下方法进行估算。

1. 先求孔隙比

具体步骤如下。

(1)求加固后土的孔隙比e'。假定石灰桩的膨胀全部用于土的挤密，即地面不发生隆起，则

$$e'=e_0-\beta\varepsilon(1+e_0)\left(\frac{d}{l}\right)^2 \tag{8-6}$$

式中，e'为加固后地基土的孔隙比；e_0为天然地基土的孔隙比；β为与布桩形式有关的系数，正方形布桩，$\beta=0.785$，正三角形布桩，$\beta=0.907$；d为膨胀前石灰桩直径；l为石灰桩间距；ε为石灰桩膨胀率。

(2)求加固后的含水量w'。

$$w'=\frac{e'S_r}{d_s} \tag{8-7}$$

对饱和土，

$$w'=\frac{e'}{d_s} \tag{8-8}$$

式中，S_r为土的饱和度；d_s为土粒的相对密度。

(3)求加固后桩周土承载力。由加固后桩间土的平均含水量w'、孔隙比e'或换算成的液性指数等物理指标查有关表格求得$f'_{s,k}$。

2. 先求脱水量

具体步骤如下。

(1)计算桩间土的脱水量。

1)由生石灰的吸水当量和膨胀率计算。

$$\Delta w=\left(\frac{1+w_0}{\gamma}\right)\times m\times[h\gamma_c+n'_p(1+\varepsilon_v)S'_r\gamma_w] \tag{8-9}$$

式中，Δw为桩周土的脱水量，$\Delta w=w_0-w'$；w_0为天然地基含水量；w'为加固后地基的平均含水量；γ为天然地基的重度，kN/m^3；m为石灰桩的置换率；γ_w为水的重度，取$10kN/m^3$；γ_c为生石灰桩的充填重度，一般为$13kN/m^3$；h为生石灰桩的化学吸水当量，一般取0.28；n'_p为消化后生石灰桩的孔隙率，一般取65%；ε_v为生石灰桩的膨胀率，一般取80%；S'_r为消化后生石灰桩的饱和度，一般取85%。

该公式适用于一般黏性土，但考虑到土的含水量受大气降水、补给条件等诸多因素的影响，该方法计算出的结果往往较粗糙。

2)由不同压力下的生石灰吸水率计算。

$$\Delta w=\frac{m\gamma_r p w_1}{\gamma}(1+w_0) \tag{8-10}$$

式中，γ_r为生石灰桩桩体材料的重度，kN/m^3；p为桩体材料中石灰的质量分数，%；w_1为一定压力下石灰的吸水率，根据不同配比由室内试验确定。

式(8－10)适用于沿海地区的淤泥和淤泥质土。

(2)由公式(8－10)求出脱水量 Δw 后，桩周土孔隙比的降低量可由下式算出。

$$\Delta e=\frac{d_s \cdot \Delta w}{S_r} \tag{8-11}$$

对饱和土，

$$\Delta e=d_s \cdot \Delta w \tag{8-12}$$

则

$$e'=e_0-\Delta e$$

(3)求加固后桩周土承载力，方法同求孔隙比。

3. 经验公式

也可采用下式计算桩间土承载力

$$f_{s,k}=[\frac{(k-1)d}{A-A_p}+1]\mu f_{ak} \tag{8-13}$$

式中，k 为桩间土的加强系数，一般为1.4～1.6，天然地基土强度高或为粉土时取小值，反之取大值；d 为石灰桩设计桩径；A 为被加固土面积；A_p 为石灰桩胀发后的面积；μ 为成桩挤压系数，排土成孔时，$\mu=1$，挤土成孔时，$\mu=1.1$～1.3(可挤密土取高值，饱和软土取1)；f_{ak} 为天然地基土的承载力特征值。

六、沉降计算

地基的沉降由加固区变形量和下卧天然地基土的变形两部分组成，具体计算可参照复合地基的有关内容进行。

第三节　石灰桩的施工

一、材料

石灰桩的材料以生石灰为主。MgO 含量小于或等于5%的生石灰称为钙质生石灰，大于5%则称镁质生石灰。钙质生石灰水化反应能力大，反应速度快。

石灰桩要求选用新鲜的生石灰块，过烧的和欠烧的生石灰都不应使用。要求有效 CaO 含量不低于70%，粒径不应大于70mm，含粉量不得超过总质量的15%，其中夹石不大于5%。

掺合料应保持适当的含水量。使用粉煤灰或炉渣时，含水量宜保持在30%左右。

二、成桩工艺

石灰桩成桩工艺分管内成桩和管外成桩两种工艺。一般多采用管内成桩。

(一)管内成桩工艺

管内成桩是指用人工或机械成孔后，再填料夯实、封顶，自上而下成孔、自下而上填夯成桩。它包括人工挖孔成桩、冲击法成桩、螺旋钻进法成桩、沉管法成桩、爆扩法成桩等施工方法。

1. 人工挖孔成桩

一般多采用人工洛阳铲成孔，成桩直径300mm左右，桩长可达4～6m。成桩后分段灌入生石灰或生石灰与粉煤灰(火山灰)的掺合料,一般每次填料深度不宜大于400mm,然后分段人工夯实,最上面一段用黏土封顶并夯实。

人工挖孔成桩法适用于一般黏性土、淤泥质土和淤泥。

2. **冲击法成桩**

这种方法是应用冲击钻机将一定质量的钻头,以0.5～2m的高度周期地冲击土层,每次冲击之后,钻头在钢丝绳带动下回转一定的角度,从而形成一个规整的圆形断面钻孔。成孔后再分段填料、夯实,最后封顶成桩。冲击法成孔的孔径大,孔深不受机械高度的限制,同一套设备既可成孔,又可填夯。

国内常用的钢丝绳冲击钻机的主要技术性能参数见表8-4。

表8-4 国内常用钢丝绳冲击钻机性能表

技术参数 \ 型号		CZ-20	CZ-22	CZ-30
钻孔直径/mm	泥浆护壁	600	750	1 000
	套管钻进	500	550	800
钻孔深度/m		120	200	250
钻具最大质量/t		1.0	1.30	2.5
钻具冲程/mm		450～1 000	350～1 000	500～1 000
钻具冲击次数/min^{-1}		40;45;50	40;45;50	40; 45;50
起重能力/kN	钻具卷筒	14.7	19.6	29.4
	抽筒卷筒	9.8	12.7	19.6
钢丝绳平均卷速/(m/s)	钻具卷筒	0.52～0.65	1.28～1.47	1.24～1.56
	抽筒卷筒	0.92～1.27	1.26～1.56	1.38～1.74
桅杆	高度/m	12	13.5	16
	起重力/kN	49	117.6	245
电动机功率	电动机功率/kW	20	30	40
	柴油机功率/马力*	30	40	60
钻机质量/t		6.27	8.2	13.67

注:*1马力=736W。

图8-4为CZ-22型冲击钻机外貌图,图8-5为带副刃十字形冲击钻头。

3. **螺旋钻进法成桩**

螺旋钻进法是一种干式回转钻进方法,其特点是用螺旋钻杆不断地将土屑输送到地表,不使用冲洗液，符合石灰桩的施工要求，钻进效率很高。

根据使用设备的不同，螺旋钻进法又分为长螺旋钻进法和套管螺旋钻进法。

(1)长螺旋钻进法。长螺旋钻进法是使用长螺旋钻机成孔，然后填料夯实，最后封顶即成桩。这种方法可以深孔钻进，最深可达 15～20m，但在孔壁不能自立的土中无法应用。

国内螺旋钻机主要技术参数见表 8-5。

(2)套管式螺旋钻进法。在套管中加螺旋钻进，适用于不稳定易坍塌的地层。石灰桩直径有 ϕ200mm、ϕ300mm、ϕ350mm、ϕ400mm 不等，长度最深可达 35m。

套管式螺旋钻进法成桩工艺如图 8-6 所示。套管式螺旋钻进法施工机械布置如图 8-7 所示。

施工时配套使用的机械见表 8-6。

4. 沉管法成桩

沉管法包括振动沉管法和锤击沉管法，沉管法成孔的孔壁光滑规整，挤密效果和施工技术都较容易控制和掌握，成孔最大深度受桩架高度的限制，一般不超过 8m。

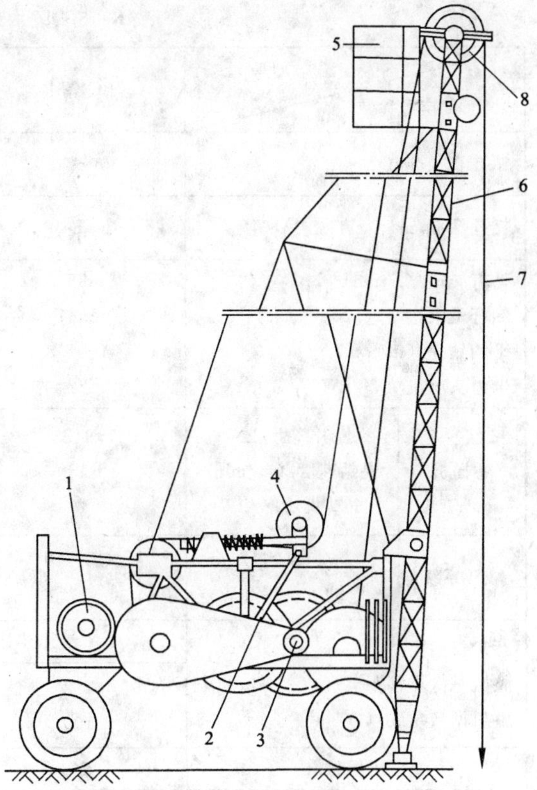

图 8-4 CZ-22 型冲击钻机

1—电动机；2—冲连杆；3—主轴；4—压轮；5—钻具天车；6—桅杆；7—钢丝绳；8—抽筒天车

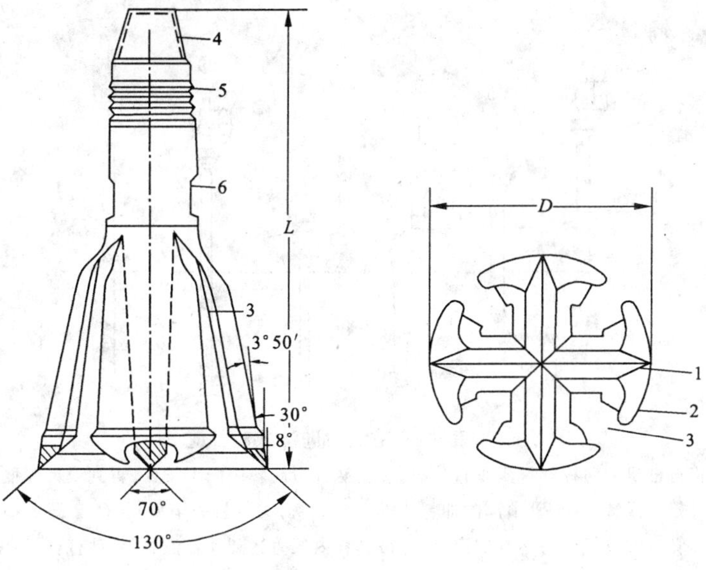

图 8-5 带副刃十字形冲击钻头

1—主刃；2—副刃；3—水槽；4—锥形丝扣；5—环形槽；6—扳手卡槽

表 8-5 国内螺旋钻机技术性能表

技术参数 \ 型号		BQZ-Ⅱ	LZ-10	LZ-400	LZ-600
钻孔直径/mm		300～400	300～400	400	600
钻孔深度/m		8	10	12	16
钻杆转速/(r/min)		85	98	75、110	40、55、75
钻杆最大扭矩/(kN·m)		2.47	2.63		
平均钻速/(m/min)		1～1.5	1.2		
电力头电机功率/kW		22	30	30	55
卷扬机	提升能力/kN	9.8	19.6		
	提钻速度/(m/min)	13			
	电动机功率/kW	10	11.4		
液压系统	液压泵型号	CB-40	CB-46		
	电动机功率/kW	17	13		
行走机构类型		液压步履与半回转机构		履带式	
整机一次步移距离/m		1.2	1.5		
整机回转角度/(°)		100	135		
钻机质量/t		10	12		
钻机外廓尺寸 长 mm×宽 mm×高 mm	工作状态	7 900×4 100×12 390	7 930×4 460×13 400		
	拖运状态	12 100×2 600×3 636	13 050×2 600×3 780		

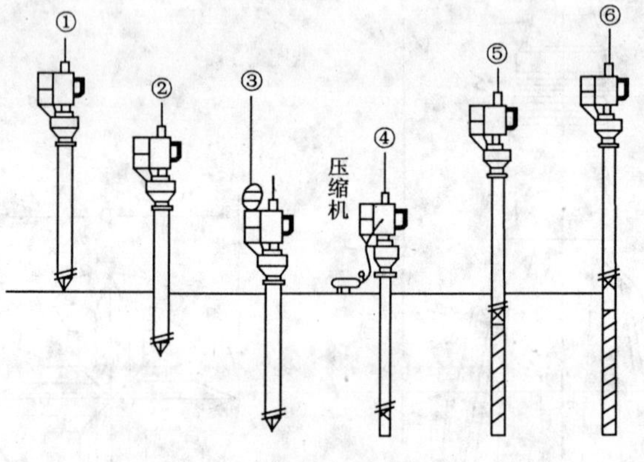

图 8-6 套管式螺旋钻进法成桩工艺图

①打桩机就位，将打桩机导向杆调整到垂直状态；②使套管边旋转边向下贯入，直到设计深度；③套管下到设计深度后，钻杆停止回转，从套管顶部的加料斗投入生石灰；④投料完毕后，关闭套筒上端的气密阀，送入压缩空气，使套管内的空气压力达到规定值；⑤待套管内压力达到规定值后，启动打桩机，使套管边反向回转边向上提升。同时调整套管内的空气压力；⑥拔出套管后，对桩顶进行处理

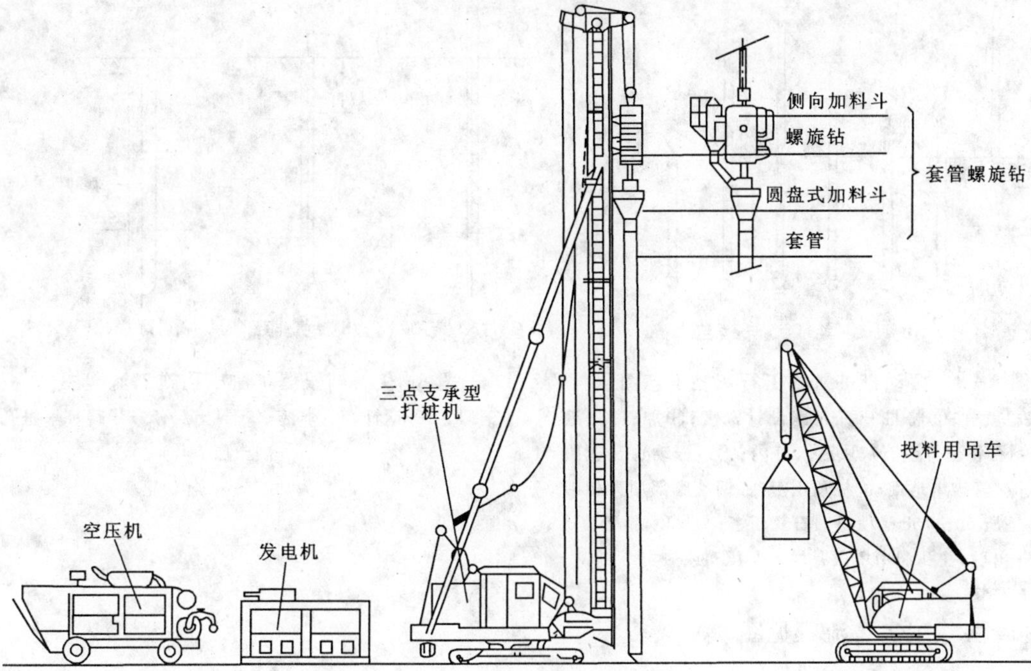

图 8-7 施工机械布置图

表 8-6 套管式螺旋钻进法配套使用机械

名称	能力	规格	数量/台	质量/t	用途
打桩机	起吊能力 220～800kN	三点支承履带式	1	40～100	打生石灰桩
吊车	起吊能力 150～250kN	履带式或汽车式	1	18～33	投料
空压机 700kPa	7～10m^3/min		1	3	向套筒内加压
发电机	125kW		1	4	动力
铲斗装载机	0.8m^3		1	7	回填、平整场地

振动打桩机施工石灰桩的工艺见图 8-8。

5. **爆扩法成桩**

爆扩法不需要打桩机械，工艺简便。它分为两种施工方法。

(1)药眼法。将直径 15～30mm 的钢钎打入土中，拔出钢钎后土中形成小孔眼(药眼)，再往药眼内直接装填炸药和 1～2 个电雷管，引爆后即成桩孔。此法适用于含水量不超过 22％ 的土层，工艺流程见图 8-9。

(2)药管法。用洛阳铲或扁锥头钢铲在土中挖 60～80mm 直径，深度为设计深度的孔洞，然后往孔内放入炸药管和 1～2 个电雷管，引爆后即成桩孔，此法适用于含水量较大的土层。

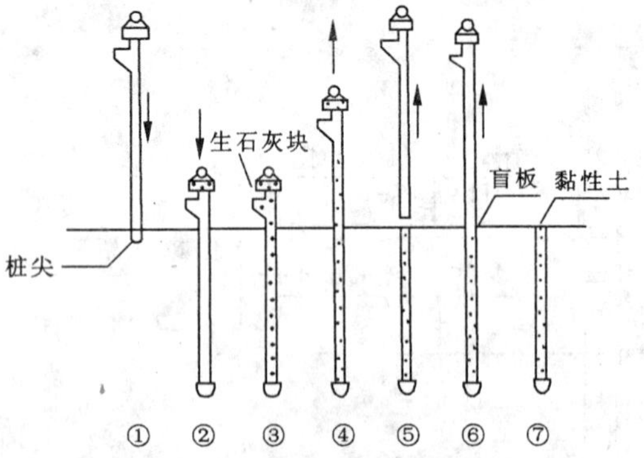

图 8-8 振动打桩机施工石灰桩工艺图

①打桩机就位；②将桩管沉入到设计深度；③加料，先灌50kg砂，再将新鲜生石灰块灌入管内；④边振动边往上拔桩管；⑤桩管拔出地面；⑥桩顶压密，将钢管底部用盲板封住后往下压 50～70cm，使桩顶石灰压密；⑦封顶，钢管拔出后，往孔洞中填入黏性土并压实或夯实

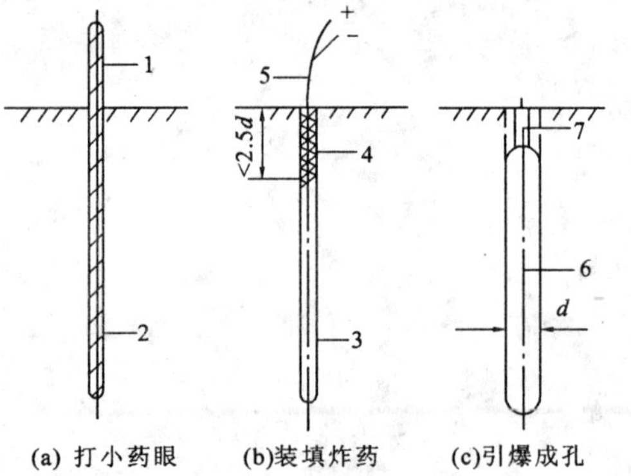

图 8-9 药眼爆扩法成孔施工流程图

1—药眼；2—钢钎；3—炸药；4—封土层；5—导线；6—桩孔；7—削土层

药管法施工工艺流程见图 8-10。

(二)管外成桩工艺

管外成桩法施工先将石灰料铺放在待加固的地面上，待石灰料吸水膨胀使地基土固结后再用打桩机将桩管打下，成一段孔，拔出管填一段料后再成一段孔，然后拔出桩管，桩管外已形成较硬的石灰桩壁，桩间土已基本固结，管外桩身由上而下逐段形成，然后再在管内填料夯实，形成管内的桩身，其施工工艺流程见图 8-11。

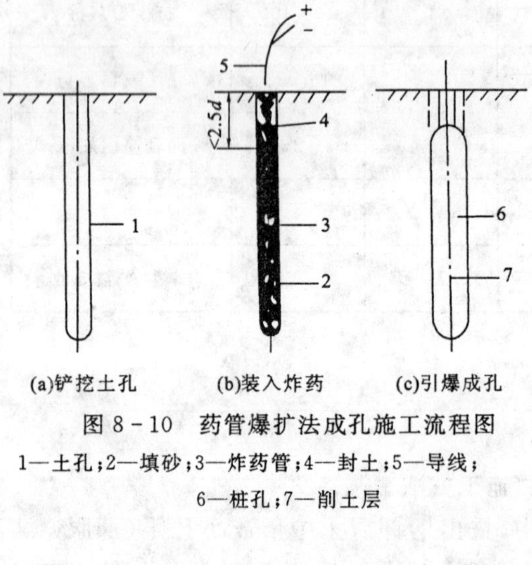

图 8-10 药管爆扩法成孔施工流程图

1—土孔；2—填砂；3—炸药管；4—封土；5—导线；6—桩孔；7—削土层

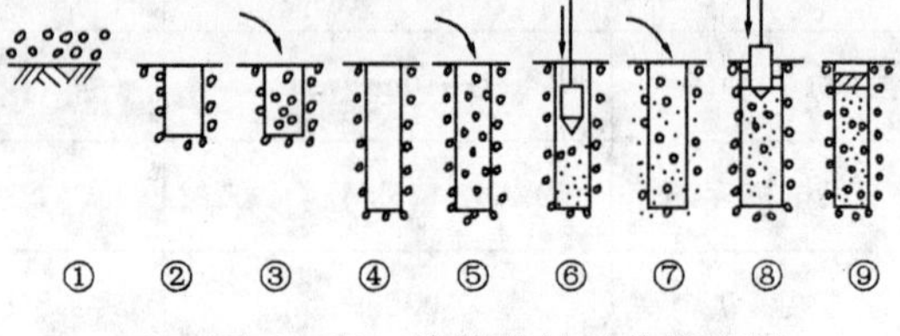

图 8-11 管外成桩工艺流程图

①堆放石灰料；②成一段孔；③在桩孔内填入石灰料；④桩管打入一定深度，成下一段孔；⑤拔出桩管后灌入石灰料；⑥将桩孔内填料夯实，成下一段桩；⑦再往孔内填料；⑧将上段孔填料夯实，成上段桩身；⑨黏土封顶

三、施工要点

(1)施工前应进行成桩试验和材料配合比实验，以验证成桩工艺的可行性，确定合理的成

桩参数，并了解施工过程中可能发生的问题和制定相应的对策。

(2)注意防止施工中地表水和邻近水源渗透浸入石灰桩身。

(3)打桩顺序应按“先外排后内排，先周边后中间”的原则，对单排桩应采用“先两端后中间”的施工方式，并按每隔1～2孔的施工顺序进行，不允许由一边向另一边平行推移。

施工次序可参见图8-12。

当施工场地周围有建筑物、管线设施、岸坡等时，施工次序应避免对周围环境有不利影响。桩位偏差不宜大于0.5d。

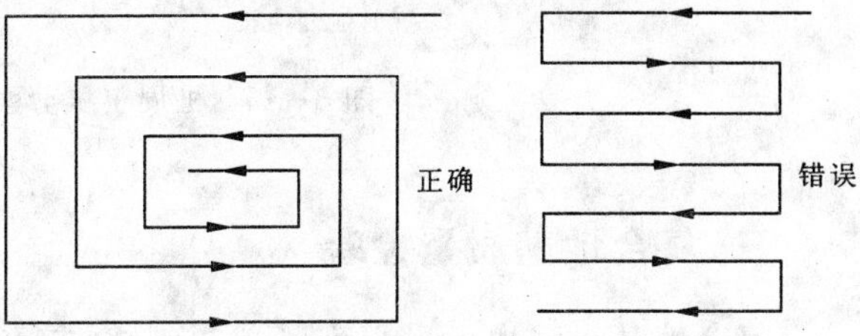

图8-12　石灰桩施工次序图

(4)对填料和桩身密实应注意：①控制填料量，一定要按每米计量，不能按桩计量而取平均值。填料量宜为桩孔体积的1.5～2.0倍，桩距大时取高值；②当有掺合材料时，应按设计配合比与生石灰拌匀；③填料前应消除桩孔内的杂物和积水。在软土中施工宜在孔中先灌入50cm厚的砂；④采用夯击时，夯锤直径应比孔径小90～120mm，锤重应大于100kg，锤底面静压力不宜小于20kPa。采用分段夯填，每段高度50～100cm，由成桩试验确定。

(5)石灰桩填夯后必须立即用黏土或素混凝土等材料压实封顶，以增加上覆压力，防止地表水流入桩身和防止石灰桩因水化过分激烈而引起桩孔喷料(放炮)现象。

封顶长度一般取1.0m左右，对直径500mm的桩可取1.5m。

(6)浇筑基础应在石灰桩达到一定强度后进行。一般为一个月。

(7)注意安全，防止石灰桩喷料伤人。

第四节　质量检验

石灰桩施工检测宜在施工7～10d后进行；竣工验收宜在施工28d后进行。

一、桩身质量检验

(1)挖桩检验与桩身取样试验。直接测定桩径、桩的外形、桩身材料分布情况及桩身密实度等，还可直接测定桩身强度。

(2)采用静力触探、轻便触探、标贯试验等测定桩身质量。检测部位为桩中心。

(3)载荷试验，有条件时可采用与桩身直径相同的静载荷试验。

桩身质量的检验应采用随机抽样检查，抽样检查组数不小于总桩数的1%，每两点为一组。

二、桩间土检验

一般采用静力触探、标贯试验、轻便触探、旁压试验等原位测试手段，软土中也可用十字板试验，同时钻孔取样进行室内土工试验，测定加固前后的各项指标变化。但值得注意的是，桩间土的加固程度与距桩身的距离有关，见图8-13。检测部位为桩间土中心。

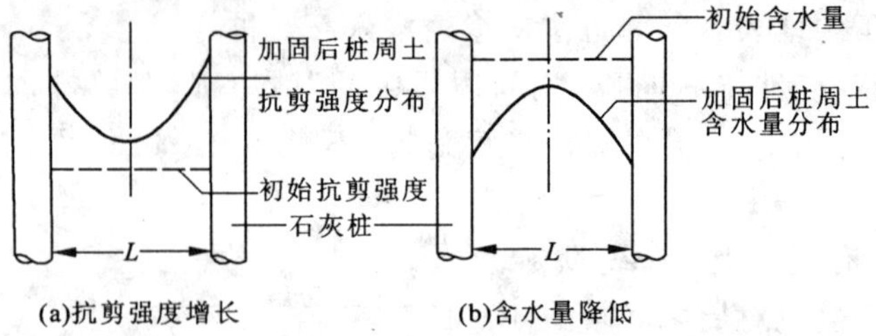

图 8-13　桩周土抗剪强度和含水量变化规律

三、复合地基质量检验

复合地基承载力可采用现场单桩或多桩复合地基载荷试验。一般采用单桩复合地基试验，即承压板面积等于单桩承担的加固面积，载荷试验数量宜为地基处理面积每 200m² 左右布置一个点，且每一个单体工程不应少于 3 点。

第九章　碎石桩

第一节　概　述

碎石桩是指用振动、冲击或水冲等方法在软弱地基中成孔后，再将碎石挤入土中形成大直径的由碎石所构成的密实桩体。按其制桩工艺分为振冲(湿法)碎石桩和干法碎石桩两大类。采用振动水冲法施工的碎石桩称为振冲碎石桩或湿法碎石桩，采用各种无水冲工艺(如干振、振挤等)施工的碎石桩称为干法碎石桩。各类碎石桩的主要特性见表 9-1。

表 9-1　各类碎石桩主要特性表

<table>
<tr><th colspan="2">名称</th><th>设备与工艺</th><th>制桩工效</th><th>桩长/m</th><th>桩径/m</th><th>挤密能力</th><th>环境影响</th></tr>
<tr><td colspan="2">振冲碎石桩</td><td>专用振冲器水平振动加水冲造孔，分层振密填料</td><td>较快</td><td>20～25</td><td>0.6～1.2</td><td>强</td><td>泥浆污染</td></tr>
<tr><td rowspan="2">干法碎石桩</td><td>干振碎石桩</td><td>专用振动成孔器水平振动造孔，分层振实填料</td><td>较快</td><td>≤6</td><td>0.4～0.7</td><td>强</td><td rowspan="2">无泥浆污染</td></tr>
<tr><td>振挤碎石桩</td><td>振动沉管法造孔，分层振实填料</td><td>较快</td><td>19～28</td><td>0.4～0.6</td><td>中等</td></tr>
</table>

在复合地基的各类桩体中，碎石桩与砂桩同属散体材料桩，加固机理相似，并随被加固土质不同而有差别。对砂土、粉土和碎石土具有置换和挤密作用；对黏性土和填土，以置换作用为主，兼有不同程度的挤密和促进排水固结的作用。

碎石桩在工程中主要应用于以下几方面：①软弱地基加固；②堤坝边坡加固；③消除可液化土的液化性；④消除湿陷性黄土的湿陷性。

第二节　振冲碎石桩

振冲法是以起重机吊起振冲器，启动潜水电动机后，带动偏心块，使振冲器产生高频振动，同时开动水泵，使高压水通过喷嘴喷射高压水流，在边振边冲的联合作用下，将振冲器沉入到设计深度形成桩孔，再向桩孔逐段填入碎石并逐段振密，从而在地基中形成一根大直径的密实桩柱体并和原地基土组成复合地基，使承载力提高，沉降减少。

在砂性土中，振冲起挤密作用，故称为振冲挤密；在黏性土中，振冲主要起置换作用，故称振冲置换。

振冲法适用于处理砂土、粉土、黏性土、填土以及软土，但对不排水抗剪强度小于 20kPa

的软土使用要慎重，应通过现场试验确定其适用性。

一、振冲碎石桩设计

1. 加固范围

加固范围应根据建筑物的重要性和场地条件确定，应大于基底面积。当用于多层建筑或高层建筑时，宜在基础外缘加宽 1～2 排桩；对砂土、粉土等可液化地基，基础外缘扩大宽度不应小于基底下可液化土层厚度的 1/2。

2. 桩位布置

一般采用正方形或正三角形布置。对大面积满堂处理，宜采用正三角形布置；对条形基础，设计时宜先考虑单排桩，若不能满足要求时，可布 2 排或 3 排桩。布桩时对多排桩宜采用正方形布置，也可布置成矩形或等腰三角形；对柱基宜用正方形布置，也可布置成矩形或等腰三角形，单柱柱基内布桩最好不少于 3 根。

3. 桩距

桩的间距一方面要保证复合地基承载力达到设计要求；另一方面又要避免桩距过小出现“串桩”，影响正常施工。30kW 振冲器布桩间距可取 1.3～2.0m，55kW 振冲器布桩间距可取 1.4～2.5m，75kW 振冲器布桩间距可取 1.5～3.0m。荷载大或对黏性土宜取小值；反之，宜取大值。对于桩端没达到相对硬层的短桩，应取小值。

4. 桩长

桩的深度一般应达到强度较高的下卧土层。当相对硬层的埋藏深度不大时，桩长应按相对硬层埋藏深度确定；当相对硬层的埋藏深度较大时，应按建筑物地基的变形允许值确定。桩长不宜短于 4m。在可液化地基中，当可液化土层不厚时，桩体应穿透整个可液化层；当可液化层较厚时，应按抗震处理深度确定。

5. 桩径

碎石桩直径取决于地基土质情况和成桩设备等因素。采用 30kW 振冲器成桩时，桩径一般为 0.7～1.0m；采用 75kW 振冲器成桩时，桩径一般为 0.8～1.2m。

6. 复合地基承载力

复合地基承载力特征值应按现场复合地基载荷试验确定，也可用单桩和桩间土的载荷试验，即按下式确定

$$f_{sp,k}=mf_{p,k}+(1-m)f_{s,k} \tag{9-1}$$

式中，$f_{sp,k}$ 为复合地基的承载力特征值，kPa；$f_{p,k}$ 为桩体的承载力特征值，kPa；$f_{s,k}$ 为桩间土的承载力特征值，kPa；m 为面积置换率。

对小型工程的黏性土地基如无现场载荷试验资料，也可按下面公式进行估算。

$$f_{sp,k}=[1+m(n-1)]f_{s,k} \tag{9-2}$$

式中，n 为桩土应力比，无实测资料时可取 2～4，原土强度低取大值，原土强度高取小值。

7. 碎石桩桩体承载力

一般在实际工程中，碎石桩桩体的承载力是通过载荷试验直接测定的。如无实测资料，也可采用计算法和经验法确定。

(1)计算法。参照第六章表 6-1 中的有关公式进行估算。由于各计算公式都有不同的假定条件,与实际情况有较大差别,因此计算法确定的承载力不一定准确,在使用时要根据当地的工程经验来确定碎石桩的承载力。

(2)经验法。对中小型工程可根据天然地基土的土质条件、施工工艺特点并按同类土质中的工程实例来确定碎石桩的承载力。

根据国内工程实践,对于由振冲法施工形成的质量良好的碎石桩的承载力特征值,可参考表 9-2 和表 9-3 选用。

表 9-2　不同土质碎石桩承载力特征值的经验值　(单位:kPa)

30kW 振冲器			75kW 振冲器		
软黏土	一般黏性土	可加密粉质黏土	软黏土	一般黏土	可加密粉质黏土
300～400	400～500	500～700	400～500	500～600	600～900

表 9-3　碎石桩承载力与密实度参考表

密实度	$N_{63.5}$	φ_p	E_p/100kPa	$f_{p,k}$/100kPa
很松散	<4	<30°	<35	<1.2
松　散	4～7	30°～33°	35～60	1.2～2.0
中等密实	7～10	33°～38°	60～90	2.0～3.0
密　实	10～17	38°～45°	90～150	3.0～5.0
很密实	>17	>45°	>150	5.0

注:$N_{63.5}$为重型圆锥动力触探锤击数。

8. **复合地基沉降**

碎石桩的沉降包括复合地基加固区沉降和加固区下卧层的沉降,按下面公式确定。

$$s_{sp}=\psi_{sp}\cdot\sum_{i=1}^{n_0}\frac{p_0}{E_{spi}}(z_i\overline{a}_i-z_{i-1}\overline{a}_{i-1})+\psi_s\sum_{i=n_0+1}^{N}\frac{p_0}{E_{si}}(z_i\overline{a}_i-z_{i-1}\overline{a}_{i-1})\tag{9-3}$$

式中,s_{sp}为复合地基最终沉降量,mm;ψ_{sp}为复合地基沉降计算经验系数,根据地区沉降观测资料及经验确定,无统计数据时可取 $\psi_{sp}=1.0$;ψ_s 为地基沉降计算经验系数,根据地区沉降观测资料及经验确定,也可查规范中有关表格确定;p_0 为对应于荷载效应:准永久组合时的基底附加压力,kPa;n 为地基沉降计算深度范围内所划分的土层数,其中 $1\sim n_0$ 位于复合土层内,$n_0+1\sim N$ 位于下卧层内;z_i、z_{i-1} 分别为基础底面至第 i 层土、第 $i-1$ 层土底面距离,m;$\overline{a}_i$、$\overline{a}_{i-1}$ 分别为基础底面计算点至第 i 层土、第 $i-1$ 层土底面范围内平均附加应力系数,可按规范附表查用;E_{si}为下卧层第 i 层土的压缩模量,MPa;E_{spi}为第 i 层复合土层的压缩模量,MPa,可按下式计算:$E_{sp}=[1+m(n-1)]E_s$;E_s 为复合土层内桩间土的压缩模量,MPa,宜按当地经验取值,如无经验时,可取天然地基压缩模量;n 为桩土应力比,无实测资料时,对黏性土可取 2～4,对粉土可取 1.5～3,原土强度低取大值,反之取小值;m 为置换率。

在进行具体设计时可遵循以下步骤。

(1)确定桩间土和桩体的承载力特征值。桩间土承载力特征值可由现场原位试验或室内试验确定。

(2)计算置换率。

1)由式(9-1)计算置换率 m。

$$m=\frac{f_{sp,k}-f_{s,k}}{f_{p,k}-f_{s,k}}$$

2)由式(9-2)计算置换率 m。

$$m=\frac{f_{sp,k}-f_{s,k}}{(n-1)f_{s,k}}$$

但采用上式计算时,应满足 $$f_{p,k}\geqslant nf_{s,k} \tag{9-4}$$

式中,n 为桩土应力比,对黏性土一般取 2～4,对砂土、粉土取 1.5～3。

(3)由振冲试验确定桩径。如无试验资料也可根据振冲器类型、土质条件及当地工程经验确定桩径。

(4)由桩径、置换率确定桩距。

正方形布置 $$l=0.886\cdot\frac{d}{\sqrt{m}} \tag{9-5}$$

正三角形布置 $$l=0.952\cdot\frac{d}{\sqrt{m}} \tag{9-6}$$

式中,l 为桩距,m;d 为桩径,m。

(5)确定桩长。

(6)计算单桩所需填料量 q。

$$q=\beta\frac{\pi}{4}d^2H$$

式中,q 为单桩填料量(虚方),m^3;β 为修正系数,一般取 $\beta=1.2\sim1.4$;H 为桩长,m。

(7)沉降计算。进行沉降计算时,若沉降量不能满足设计要求,可增加桩长或加大置换率或采取其他措施。

二、振冲碎石桩施工

(一)施工前准备工作

(1)现场勘察了解场地的地形及周围环境。了解现场有无障碍物存在,电源、水源能不能满足施工要求,有无排污的通道及施工机具的进出是否方便等。

(2)了解场地的地质条件和地下水的情况,包括土层的分布情况及地基土的物理力学性质、地下水位及动态等。

(3)对中大型工程或重要工程,应进行振冲试验,根据试验情况确定各项施工参数。

(4)编写施工组织设计,合理布置现场,明确施工顺序、施工方法、计算所需的机具数量及所需耗用的水、电和填料等。

(二)桩身材料

碎石或卵石可选用自然级配,含泥量不宜超过 5%。常用的填料粒径为:30kW 振冲器 20～80mm,55kW 振冲器 30～100mm,75kW 振冲器 40～150mm。

作为桩体材料,碎石比卵石好,碎石之间咬合力比卵石大,形成的碎石桩强度高,而卵石作为填料下料容易。

(三)施工机具

振冲法施工的主要机具有振冲器、起吊机械、水泵、泥浆泵、填料机械、电控系统等。振冲法施工配套机械如图 9-1 所示。

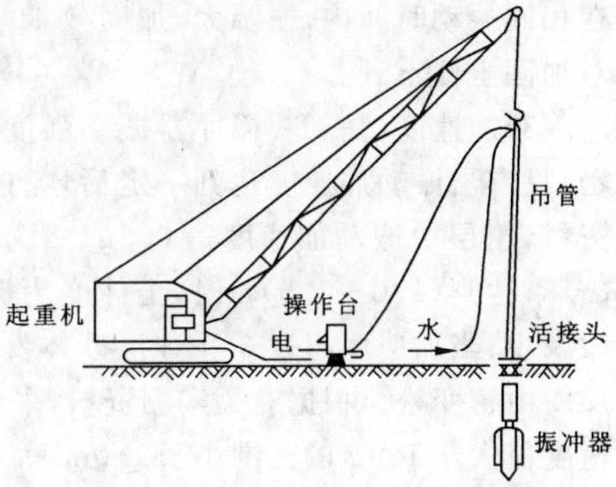

图 9-1　振冲法施工配套机械

1. **振冲器**

振冲器是一种利用自激振动，配合水力冲击进行作业的机具。国内常用振冲器主要技术参数见表 9-4。

(1)振冲器结构。图 9-2 为振冲器结构示意图，振冲器主要包括四大部分。

1)电动机：由于振冲器常在地下水位以下作业，一般采用潜水电动机。电动机转动时，通过弹性联轴器带动振动机体中的中空轴。

2)振动器：振动器中的中空轴上装有链连接的偏心块，中空轴转动带动偏心块产生水平向振动。振动器两侧设有翼板以减小振动的扭力矩。

3)通水管：国内 30kW 和 55kW 振冲器通水管穿过潜水电动机转轴及振动器偏心轴，75kW 振冲器水道通过电动机和振动器侧壁到达下端。

4)减振器及导管：振冲器与上部悬挂导管之间装有减振接头，以减少振动能量向上传递。导管是用来起吊振冲器和保护电缆、水管的。

表 9-4　国内振冲器主要技术参数

类别		型号			
		ZCQ-13	ZCQ-30	ZCQ-55	BL-75
潜水电动机	功率/kW	13	30	55	75
	转数/(r/min)	1 450	1 450	1 450	1 450
振动机体	偏心距/cm	5.2	5.7	7.0	7.2
	激振力/kN	35	90	200	160
	振幅/mm	4.2	5.0	6.0	3.5
	加速度 g/(9.8m/s^2)	4.3	12	14	10
振动器外径/mm		274	351	450	427
全长/mm		1 600	1 935	2 500	3 000
总质量/kg		780	940	1 600	2 050

(2)振动参数。振动器的振动参数包括振动频率、振幅和加速度。

1)振动频率：当振动器的振动频率接近土的自振频率时，产生共振现象，使土达到最佳加密效果。砂土与松散填土的自振频率一般为 1 040～1 200 次/min，目前国内振冲器的振动频率为 1 450 次/min，两者比较接近，因此加固效果较好。

2)振幅：振冲器的振幅在一定范围内对土体产生挤压。一般在相同振动时间内，振幅大，加固效果好。但振幅过大或过小，均对加固土体不利。

3)加速度：是反映振冲器振动强度的主要指标。对于振冲挤密，只有当振动加速度达到一定后才有挤密效果。根据有关研究资料，土层中振动加速度达 0.5g(重力加速度)时，砂土结构开始破坏；达到(1.0～1.5)g 时，土体变为流体状态，加密的可能性大大减小；当加速度超过 3.0g 时，砂体发生剪胀，此时不但不变密，反而由密变松。根据有关实测资料，采用 30kW 振冲器施工时，加速度值大于 1.0g 的范围小于 1.0m，等于 0.5g 的范围小于 2.0m。

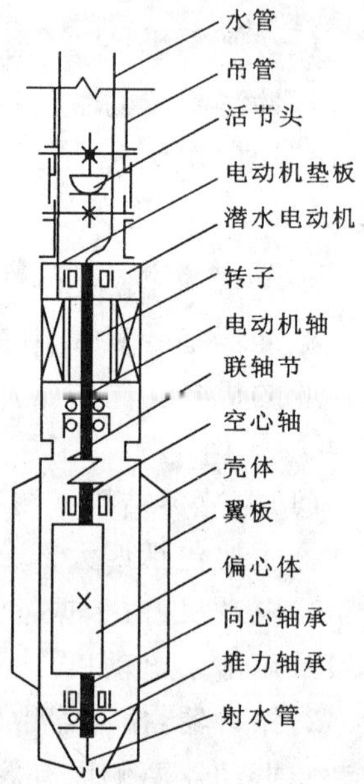

图 9-2 振冲器构造示意图

2. 起吊机械

起吊机械一般采用履带吊、汽车吊、自行井架式专用吊机或抗扭胶管式专用汽车。在实际工程中也有采用扒杆、打桩机等。起吊机械的起吊能力，30kW 振冲器应大于 5t，75kW 振冲器应大于 10t。起吊高度应满足施工要求。

自行井架式专用吊机的特点是移动方便、施工安全、效率高，最大加固深度可达 15m，其结构简图见图 9-3。

抗扭胶管式专用汽车可在较低矮的场地施工，机动性强，最大加固深度视胶管长度而定，一般不小于 12m。其结构见图 9-4。

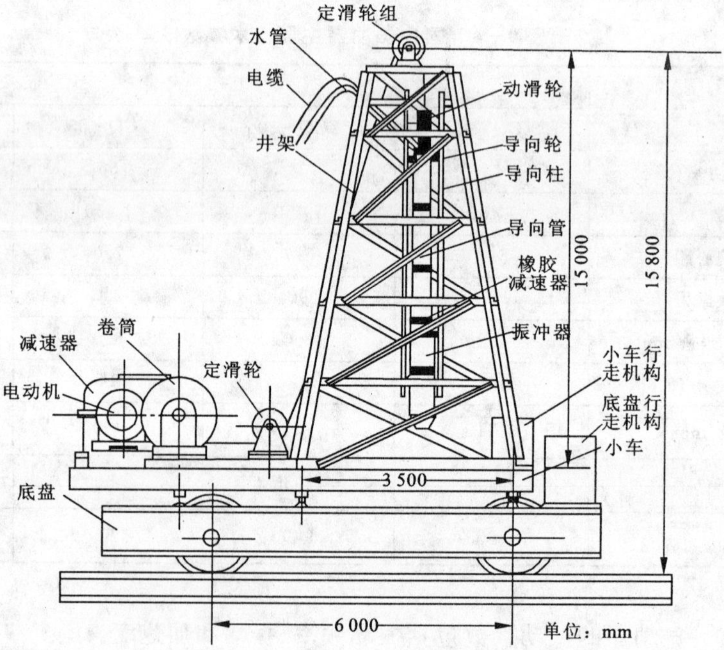

图 9-3 自行井架式专用吊机

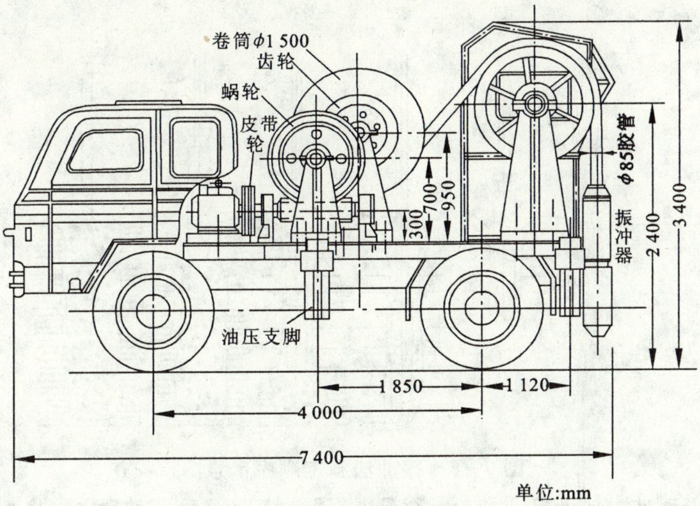

图 9-4　抗扭胶管式专用汽车

3. 水泵

在加固施工过程中,要有足够的一定压力的水通过橡皮管引入振冲器的中心水管。水压可用 200～600kPa,水量可用 200～400L/min,将振冲器徐徐沉入土中,造孔速度宜为 0.5～2.0m/min,直至达到设计深度。

4. 填料机械

填料机械可用装载机或手推车。30kW 振冲器应配 0.5m³ 以上装载机,75kW 振冲器应配 1.0m³ 以上装载机。如用手推车,应根据填料情况确定手推车数量。

5. 电控系统

应设置三相电源和单相电源的线路和配电箱。三相电源主要是供振冲器使用,其电压需保证在 380V,变化范围在±20V 之间,否则会影响施工质量,甚至损坏振冲器的潜水电动机。

6. 泥浆泵

应根据排浆量和排浆距离选用合适的泥浆泵。

(四)施工顺序

施工顺序一般采用“先中间后周边”或“一边推向一边”的顺序进行。在软黏土地基中施工时,要考虑减少对地基土的扰动,宜用间隔跳打的方式。在既有建筑物邻近施工时,必须遵循图 9-5 所示的顺序,或者用功率较小的振冲器施工靠近建筑物的桩。

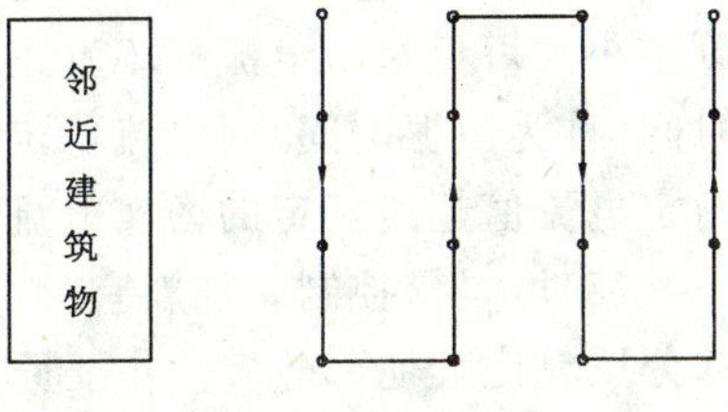

图 9-5　既有建筑物邻近施工顺序

(五)施工工艺

振冲碎石桩施工过程如图 9-6 所示。

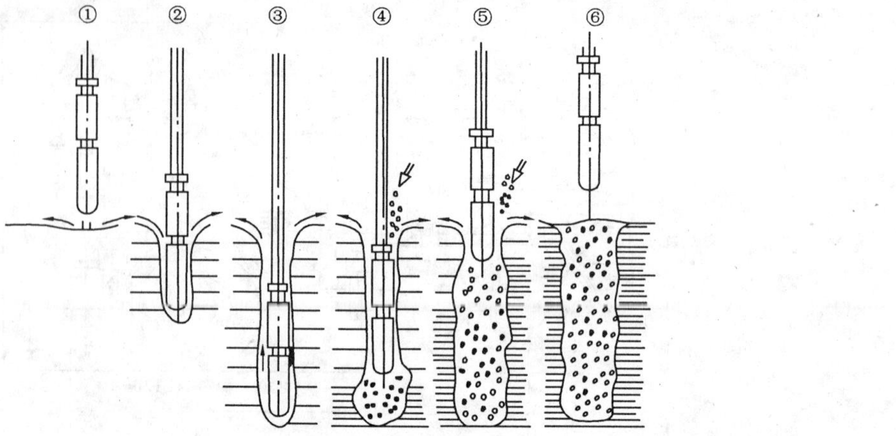

图 9-6 振冲法施工顺序示意图

①就位：施工机具就位，振冲器对准桩位，开动水泵，待振冲器下端水口出水后，起动振冲器，检查水压、电压和振冲器的空载电流是否正常。②成孔：启动起吊机械，使振冲器以 0.5～2m/min 的速度下沉。成孔过程中应使振冲器保持铅直状态。当下沉过程中电流值超过额定电流值时，必须减速或者暂停下沉，或者向上提振冲器，待电流下降后继续下沉。在成孔过程中要记录电流值、成孔速度和返水情况，当孔口不返水时，应加大水量。当振冲器达到设计处理深度以下 0.3～0.5m 时，开始往上提，直到孔口。③清孔：成孔后孔内泥浆相对密度较大，填料在孔内的下降速度将减慢，甚至造成淤塞，因此成孔后要留一定时间（一般 1～2min）进行清孔。重复步骤②1～2 次，使孔内泥浆变稀。④填料：清孔后，将振冲器提出孔口，即可开始填料。填料方式一般有两种：一种是把振冲器提出孔口往孔内加料，然后再放入振冲器振密。每次往孔内倒入的石料不宜大于 50cm，分段填料分段振密，直到制桩结束。另一种是振冲器不提出孔口，只是往上提一些，使振冲器离开原来振密过的地方，然后往下倒料，再放下振冲器进行振密。⑤振密加固：利用振冲器将填入桩孔的石料不断挤入侧壁土层，同时使桩身填料密实。无论哪种填料方式都应保证振密自孔底开始，以每段 30～50cm 长度逐段自下而上直至孔口。⑥成桩：振密加固到孔口时桩体形成。先关闭振动器，再关闭水泵

(六)施工要点

(1)水压和水量的控制。施工过程中，水量要充足，也不宜过多，以防塌孔。水压应视土质强度而定。一般土的强度，水压宜取小值，土的强度高可取大值；成孔时，水压和水量要尽可能大，但接近加固深度 1m 处应减低，以免扰动底层土；填料振密时，水压水量宜取小值。

(2)密实电流和留振时间的控制。密实电流限定值应根据现场制桩试验确定，对常用的 30kW 振冲器，密实电流一般为 50～55A。在成桩时不能把振冲器刚接触填料的一瞬间的电流值作为密实电流。瞬时电流有时可高达 100A 以上，但只要把振冲器停住不下降，电流值即刻变小。可见瞬时电流并不真正反映填料的密实程度。只有让振冲器在固定深度上振动一定时间（称为留振时间）而电流稳定在某一数值，这一稳定电流才能代表填料的密实程度。要求稳定电流值超过规定的密实电流值。对黏性土地基留振时间一般为 10～20s。

(3)填料量控制。加料宜“少吃多餐”，即要勤加料，每批不宜加得太多。制桩时，一般孔底部分填料比其他部分多。主要原因有三个：①开始加的料有一部分被黏在孔壁上；②成孔过程水压与水量控制不当，造成超深，从而使孔底填料量增多；③孔底有局部软弱土层，造成填料超过正常用量。

(4)在强度很低的软土地基中施工，要采用“先护壁，后制桩”的施工方法。即开孔时，先将振冲器沉到第一层软弱层，然后加料振挤，把这些填料挤到软弱土中，保护住这段孔壁，接着再

用同样的方法处理下面的软弱层，直到加固深度。

(5)桩顶部约1m范围内，由于该处地基土的上覆压力小，施工时桩体的密实度很难达到要求。应将顶部的松散桩体挖除，或用碾压等方法使之密实，随后铺一层300～500mm的碎石垫层，并压实。

(6)不加填料振冲加密宜在初步设计阶段进行现场工艺试验，确定不加填料振密的可能性、孔距、振密电流值、振冲水压力、振后砂层的物理力学指标等。用30kW振冲器振密深度不宜超过7m，75kW振冲器不宜超过15m。

不加填料振冲加密宜采用大功率振冲器，为了避免造孔中塌砂将振冲器抱住，造孔速度宜为8～10m/min，到达设计深度后将射水量减至最小，留振至密实电流达到规定值时，上提0.5m，逐段振密直至孔口，一般每米振密时间约1min。

三、质量检验

振冲碎石桩施工结束后，应间隔一段时间进行质量检验。对黏性土地基，间隔时间可取3～4周；对粉土地基可取2～3周；对砂土地基可取1～2周。

检验碎石桩承载力可用单桩载荷试验。试验用圆形压板的直径与桩的直径相等，检验数量为桩数的0.5%，但总数不得少于3根。

对砂土或粉土地基中的碎石桩，还可用标贯试验、静力触探等对桩间土进行处理前后的对比试验。

复合地基载荷试验数量不应少于总桩数的0.5%，且每个单体工程不应少于3点。

对不加填料振冲加密处理的砂土地基，竣工验收时，承载力检验应采用标准贯入、动力触探、载荷试验或其他合适的试验方法。检验点应选择在有代表性或地基土质较差的地段，并位于振冲点围成的单元形心处及振冲点中心处。检验数量可为振冲点数量的1%，总数不应少于5点。

第三节 干法碎石桩

干法碎石桩在加固机理和设计计算方面与振冲碎石桩基本相同，两者的区别主要在使用的机具和施工工艺等方面。本节将着重介绍干法碎石桩的施工技术。

一、干振碎石桩

干振碎石桩加固技术是对振冲碎石桩的一种改进，它可克服施工过程中及其后的一段时间内桩间土含水量增加，导致的强度降低及施工过程中大量排泥浆而污染环境的缺点。有研究表明：干振碎石桩以挤密加固为主，挤密效果与土的含水量关系密切，当含水量接近塑限时效果最好，若小于10%或大于24%时效果很差。单桩的挤密有效影响半径(干密度提高5%，孔隙比降低10%的区域)为0.8m，“显著影响半径”(干密度提高10%，孔隙比降低20%的区域)为0.6m。有效桩长为6～9倍桩径。

复合地基承载力对杂填土提高1.3～2.5倍，对黏性土提高0.9～1.5倍。

干振碎石桩的主要设备是干法振动成孔器，如图9-7所示。其直径为280～330mm，全长7.3m，有效长度6m，质量约2.2t。由动力、传动和振动三部分组成。动力采用40～45kW

的电动机，传动部分包括联轴器、传动轴、万向节等，振动部分由偏心块、配重体等组成。振动头的工作频率为 24.5Hz，产生的激振力约 100～130kN。

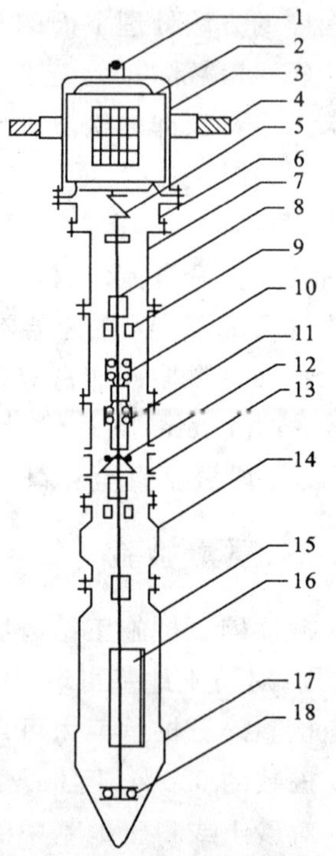

图 9-7 干法振冲成孔器

1—吊点滑轮；2—电动机；3—电动机罩；4—反扭臂；5—联轴器；6—电动机座；7—套管；8—传动轴；9、10、11—滚珠轴承；12—万向节；13—减振器；14—配重体；15—振动壳；16—振子；17—分动头；18—止推轴承

1. 适用条件

干振碎石桩适用于加固松散的非饱和黏性土（含水量 $w<25\%$）、素填土、杂填土和二级以上非自重湿陷性黄土，加固深度 6m 左右，不适宜加固砂土和孔隙比 $e<0.85$ 的饱和黏性土。

2. 施工工艺

干振碎石桩施工流程如图 9-8 所示。

首先用振动成孔器成孔，将桩孔中的土挤入周围土体，提起振孔器，向孔内倒入约 1m 厚的碎石，再用振孔器进行捣实，要求达到密实电流并留振 10～15s，然后提起振孔器。如此分段填料振实，直到形成碎石桩。

二、振挤碎石桩

振挤碎石桩通常是采用定型的振动沉管打桩机，既可施工碎石桩，又可施工砂桩。桩管常用直径为 273mm、325mm 和 377mm。桩头可用活瓣桩头、预制混凝土桩头等。

制桩工艺与振动挤密砂桩相似，包括打桩机就位、沉管成孔、分层填料振密和成桩四个施工过程，见图 9-9。

制桩工艺中分层填料振密对桩身质量影响最大。一般填料高度为 1.5～3.0m。振密方式一般采用边拔管边振动、留振和反插（不带活瓣桩尖）相结合或改用封闭平底桩头压振，必要时增加复打次数。

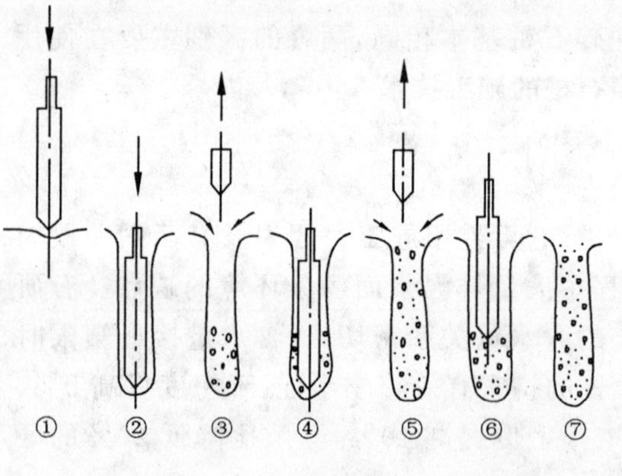

图 9-8 干振碎石桩施工流程

①振孔器就位；②振动挤土成孔；③上提振孔器填料；④振捣；⑤再提振捣器，填料；⑥再振捣；⑦形成碎石桩

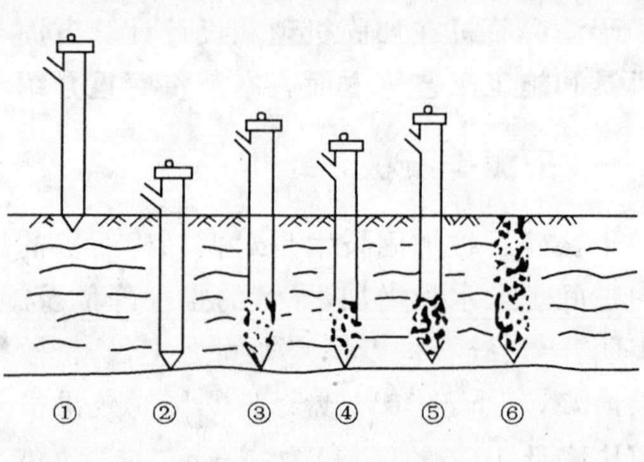

图 9-9 振挤碎石桩制桩工艺

①打桩机就位；②沉管成孔；③拔管—填料—振密；④反插；⑤平底桩头压振；⑥成桩

第十章　CFG 桩(水泥粉煤灰碎石桩)

第一节　概　述

CFG 桩是水泥粉煤灰碎石桩(Cement Flyash Gravel Pile)的简称，由碎石、石屑、粉煤灰掺适量水泥加水拌和，用振动沉管打桩机或其他成桩机具制成的一种具有一定黏结强度的桩。桩体主体材料为碎石，石屑为中等粒径骨料，可改善级配，粉煤灰具有细骨料和低标号水泥作用。通过调整水泥掺量与配合比，桩体强度可在 C5～C20 之间变化，一般为 C5～C10。

CFG 桩是在碎石桩的基础上发展起来的，属复合地基刚性桩。而碎石桩是散体材料桩，这类桩因自身无黏结强度，要依靠周围土体的约束力来承受上部荷载。实测资料表明，碎石桩主要受力区在 4 倍桩径范围内，沿桩长方向的轴向和侧向应力迅速衰减，因此增加桩长对提高复合地基承载力作用不大。碎石桩的桩土应力比一般为 1.5～4.0，要提高碎石桩复合地基承载力，只有提高置换率，而置换率又与桩径和桩距有关，置换率太高，将给施工带来很多困难。

CFG 桩由于自身具有一定的黏结性，故可在全长范围内受力，能充分发挥桩周摩阻力和端承力，桩土应力比高，一般为 10～40。复合地基承载力的提高幅度较大，并有沉降小、稳定快的特点。

CFG 桩可用于加固填土，饱和及非饱和黏性土，松散的砂土、粉土等。对塑性指数高的饱和软黏土使用要慎重。

第二节　加固机理

CFG 桩复合地基的加固机理包括置换作用和挤密作用，其中以置换作用为主。当 CFG 桩用于挤密效果好的土层时，既有置换作用，又有挤密作用；当用于挤密效果差的土层时，只有置换作用。CFG 桩与碎石桩的差别之一在于 CFG 桩可全长受力，当地基土质好，荷载又不大时，可将桩设计短一些；当地基土质差，荷载又不大时，可将桩设计长一些；如果地基土很软，而荷载又大时，用柔性桩很难满足设计要求，而 CFG 桩可通过应力集中现象来实现。

CFG 桩复合地基桩土应力比大，而且具有很大的可调性，在软土中可高达 100 左右。CFG 复合地基中由桩承担的荷载一般为 40%～75%，提高承载力的幅度可达 4 倍或更高。

第三节　褥垫作用

CFG 桩复合地基的褥垫由碎石、级配砂石、粗砂等散体材料组成。由褥垫连接复合地基和基础，见图 10－1。褥垫在复合地基中有如下几种作用。

1. **保证桩、土共同承担荷载**

在桩基中，当承台承受竖向荷载时，对摩擦桩，承台产生沉降，使桩间土发挥一定的承载能力，且变形越大，桩距越大，作用越明显，但与桩间土承载能力相比，所占比例很小；对端承桩，承台沉降变形一般很小，桩间土承载能力很难发挥。

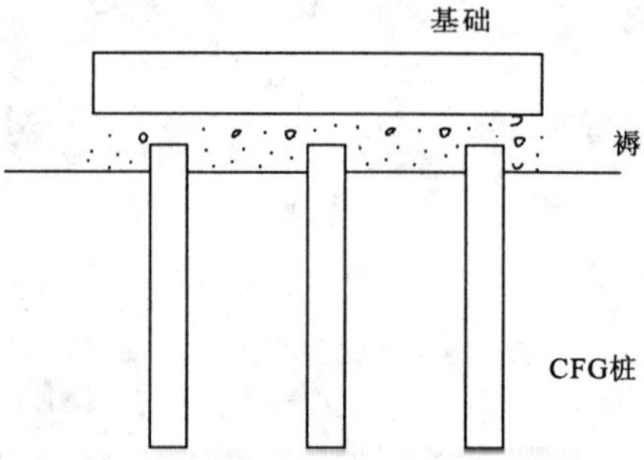

图 10－1　CFG 桩复合地基结构

CFG 复合地基的设计原则是充分利用桩间土的垂直和水平承载能力。由于 CFG 桩复合地基的置换率一般不大于 10%，其余不小于 90%的基底面积为桩间土，总荷载扣除桩间土承担的荷载后就是 CFG 桩应承担的荷载。显然，遵循这一设计原则，可大量减少桩的数量，再加上 CFG 桩不消耗钢筋，桩体利用工业废料和石屑作为掺和料，水泥用量少，可大大降低工程造价。

2. **减少基础底面的应力集中**

根据实测的桩土应力比 n（图 10－2）与褥垫层厚度 ΔH 的变化曲线，当褥垫层厚度很小时，桩对基础底面产生应力集中。但当褥垫层厚度大于 10cm 时，应力集中明显降低（桩土应力比约为 6）；当褥垫层厚度为 30cm 时，桩土应力比降为 1.23。

3. **褥垫层厚度可调整桩土荷载分担比**

由有关试验测得的结果见表 10－1，当荷载一定时，褥垫层越厚土承担的荷载越多；褥垫层厚度一定时，荷载越大，桩承担的荷载所占比例越大。

荷载水平较高时，褥垫层厚在 10～30cm 间变化，对桩的分担比影响并不大。

4. **褥垫层厚度可以调整桩、土水平荷载分担比**

有关试验表明，褥垫层厚度越大，桩顶水平位移越小，当褥垫层厚度不小于 10cm 时，桩体不会发生水平折断。

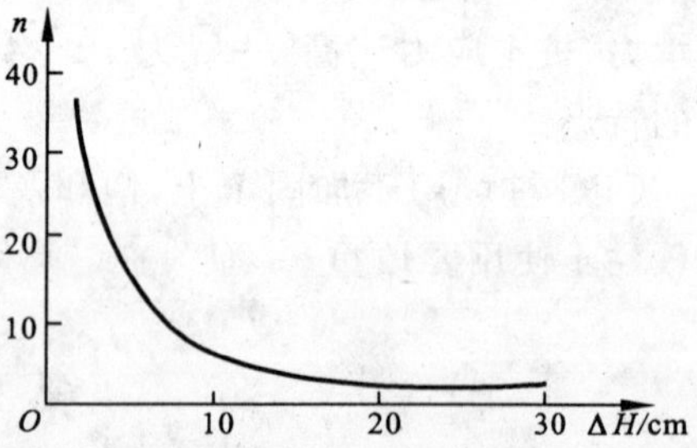

图 10－2　桩土应力比与褥垫层厚度的关系

表 10－1　桩承担荷载的百分比

荷载/kPa	$P_{桩}/P_{总}$/%			备注
	H=2cm	H=10cm	H=30cm	
20	65	27	14	桩长 2.25m，桩径 16cm，载荷板 1.05m×1.65m
60	72	32	26	
100	75	39	38	

注：H 为褥垫层厚度。

综上所述，褥垫是 CFG 桩复合地基的一个重要组成部分，其厚度直接影响到桩土应力比和荷载分担比。因此，必须确定一个合理的厚度。褥垫层厚度太小，桩对基础产生应力集中，需要考虑桩对基础的冲切，必然造成基础厚度增加，当基础承受水平荷载时，可能造成桩体断裂。而且，厚度过小，不能充分发挥桩间土承载力，导致桩数或桩长增加。

褥垫层厚度过大，导致桩土应力比接近于 1，桩承担的荷载太少，复合地基承载力提高不大。由试验研究和工程实践经验，褥垫层厚度一般取 10～30cm 较合适。

第四节　CFG 桩复合地基设计

CFG 桩处理软弱地基的设计原则是充分发挥桩间土和桩体的承载力，从而达到提高地基承载力和减少变形的目的。对松散砂土地基可考虑施工过程产生的挤密作用，对挤密效果差的地基可不考虑其挤密效果。

一、设计内容

CFG 桩复合地基的设计内容包括桩径、桩距、桩长、承载力计算、变形计算和褥垫层厚度。

1. 桩径 d

一般桩径为 350～600mm，由施工设备的桩管决定。CFG 桩常采用振动沉管法施工。

2. 桩距 l_p

桩距的大小取决于设计要求的地基承载力、布桩型式、土质与施工机具等，但还要考虑到施工的可行性，新打桩对已打的桩是否会产生不良影响。表 10－2 为桩距选用参考值。

表 10－2　桩距选用参考值

布桩型式 \ 土性	挤密性好的土，如砂土、粉土、松散填土等	可挤密性土，如粉质黏土、非饱和黏性土等	不可挤密性土，如饱和黏土、淤泥质土等
单、双排布桩的条形基础	$(3\sim5)d$	$(3.5\sim5)d$	$(4\sim5)d$
含 9 桩以下的独立基础	$(3\sim6)d$	$(3.5\sim6)d$	$(4\sim6)d$
满堂布桩	$(4\sim6)d$	$(4\sim6)d$	$(4\sim7)d$

注：①对挤密性好的土，桩距可取较小值；对挤密性差的土，可取较大值。
②对单、双排布桩的条形基础和面积不大的独立基础等，桩距可取较小值；对满堂布桩的筏基、箱基及多排布桩的条形基础、设备基础等，桩距应适当放大。
③对地下水位高、地下水丰富的场地，桩距应取较大值。

3. 地基承载力

CFG 桩复合地基承载力可按下式确定

$$f_{sp,k}=m\frac{R_a}{A_p}+\beta(1-m)f_{s,k} \tag{10-1}$$

或

$$f_{sp,k}=[1+m(n-1)]\beta f_{s,k} \tag{10-2}$$

式中，$f_{sp,k}$为复合地基承载力特征值，kPa；m 为面积置换率；n 为桩土应力比；A_p 为桩体的断面积；$f_{s,k}$为天然地基承载力特征值，kPa；β 为桩间土强度折减系数，无经验时 β 可取 0.75～0.95；R_a 为单桩承载力特征值，kN。

4. 单桩承载力

CFG 桩单桩承载力可按以下方式确定。

1)由单桩静载试验确定：

$$R_a = R_u / k \tag{10-3}$$

式中，R_u 为静载试验极限承载力；k 为安全系数，取 $k=2$。

2)计算确定，按下式估算：

$$R_a = u_p \sum_{i=1}^{n} q_{si} l_i + q_p A_p \tag{10-4}$$

式中，u_p 为桩周长，m；q_{si} 为第 i 层土侧阻力特征值，kPa；q_p 为端阻力特征值，kPa；l_i 为第 i 层土的厚度。

5. 变形计算

CFG 复合地基变形 S 包括三部分，即加固土体的压缩变形 S_1、下卧层变形 S_2、褥垫层变形 S_3。由于 S_3 很小，一般忽略不计，则

$$S = S_1 + S_2$$

S_1、S_2 的计算可参考碎石桩复合地基的变形计算。

6. 褥垫层厚度

褥垫层厚度一般取 15～30cm 为宜。

二、设计步骤

在进行具体设计时可遵循以下步骤。

(1)根据地基土性质、施工设备、布桩方式等条件初步确定桩径和桩距，由桩径和桩距可求出置换率。

(2)由要求达到的复合地基承载力确定桩长。

1)由式(10-2)求出桩土应力比。

$$n = \frac{f_{sp,k} - \beta f_{s,k}}{\beta m f_{s,k}} + 1 \tag{10-5}$$

2)确定单桩承受的荷载。

桩顶应力 $$\sigma_p = n\beta f_{s,k} \tag{10-6}$$

单桩承受的荷载 $$p = n\beta f_{s,k} A_p \tag{10-7}$$

3)由式(10-4)估算桩长。

对均质土 $$l = \frac{kp - q_p A_p}{u_p \cdot \sum q_{si}} \tag{10-8}$$

如果有单桩静载试验资料，可直接由式(10-4)估算桩长。

(3)桩身强度设计。桩身强度可按下式估算

$$f_{cu} \geqslant 3\frac{R_a}{A_p}$$

式中，f_{cu}为桩体混合料试块(边长 150cm 立方体)标准养护 28d 立方体抗压强度平均值，kPa。

CFG 桩设计的抗压强度应不小于 R_{28}。

(4)配料设计。由桩身设计的抗压强度,根据室内试验及以往工程经验确定配比。

(5)确定褥垫层厚度。由要求达到的桩土应力比和桩土分担荷载参照有关试验资料和工程经验确定一个合理厚度。

第五节 CFG桩复合地基施工

一、振动沉管法施工工艺

为证实工艺的可靠性及取得有关的技术参数,施工前应进行试桩。

1. 混合料要求

一般水泥采用PO32.5MPa普通水泥,碎石粒径20～50mm,石屑粒径2.5～10mm,混合料密度2.1～2.2t/m³。混合料要严格按设计配合比配备,搅拌时间不少于2min,碎石和石屑含杂质不超过5%,坍落度宜为30～50mm。

2. 施工顺序

打桩顺序有连打法、间隔跳打法,最好由现场试验来确定施工顺序。

连打法易造成邻桩被挤碎或缩颈,在黏性土中易造成地面隆起;跳打法一般不易造成邻桩被挤扁、缩颈或隆起现象,但土层较硬时,在已打桩中间补打新桩,可能造成已打桩被震裂或震断。

在软土中,桩距较大时可采用隔桩跳打,但施工新桩时与已打桩间隔不少于7d;在饱和的松散粉土中,如桩距较小,不宜采用隔桩跳打;满堂布桩时,应遵循由"中间向四周"或"一边向一边"的原则。

3. 保护桩长

保护桩长是指成桩时预留一定长度的桩长,基础施工时再将其剔掉。保护桩长越长,施工质量越易控制,但浪费越多。当设计桩顶标高离地面不大于1.5m时,可取50～70cm,并用黏土封住空孔,桩顶标高离地面距离较大时,可取70～100cm,并封顶直到地表。

4. 施工工艺

(1)沉管。

1)桩机就位,桩管保持垂直,垂直度偏差不大于1%;

2)若采用预制钢筋砼桩尖,需埋入地表以下300mm左右;

3)开始沉管,为避免对邻桩影响,沉管时间应尽量短;

4)记录激振电流变化情况,一般可1m记录一次。

(2)投料。沉管过程中可进行空中投料。沉管至设计标高后须尽快投料,直到管内混合料与钢管投料口平齐。若投料量不够,应在拔管过程中空中投料,以保证成桩桩顶标高满足设计要求。

(3)拔管。

1)拔管前,应在原位留振约10s再振动拔管。

2)控制拔管速度,一般为1.2～1.5m/min较合适。拔管过快易造成局部缩颈或断桩;拔管太慢、振动时间过长,会使桩顶浮浆增厚,易使混合料离析。

对淤泥质土，拔管速度可适当放慢，拔管过程中也不宜反插留振。

3)桩管拔出地面后，应用粒状材料或黏土封顶。

4)开槽及桩头处理。CFG桩施工完成后7d即可开槽，若基坑深度不大于1.5m，可采用人工开挖，当基坑深度大于1.5m时，可考虑人工和机械联合开挖，并通过试开挖确定预留人工开挖深度。一般人工开挖预留厚度不宜小于700mm，以避免对桩间土和桩产生不良影响。

(4)褥垫铺设。褥垫层厚度由设计设定，虚铺厚度按下式控制

$$h=\Delta H/\lambda \qquad (10-9)$$

式中，h 为褥垫层虚铺厚度；ΔH 为褥垫层设计厚度；λ 为压实系数，一般取0.87～0.9。

褥垫层宽度要比基础宽度大，其宽出的部分不宜小于褥垫层的厚度。

(5)施工监测。

1)施工过程中，随时测量地面是否发生隆起，因为地面隆起常与断桩有关；

2)施工过程中，应观测已打桩桩顶标高的变化，特别要注意桩距最小的桩；

3)对桩顶上升量较大的桩或怀疑质量有问题的桩应开挖查看。

二、长螺旋钻孔管内泵压混合料法施工工艺

长螺旋钻孔管内泵压混合料灌注成桩工艺，适用于黏性土、粉土、砂土以及对噪声或泥浆污染要求严格的场地。该工艺由长螺旋钻机、混凝土泵和强制式搅拌机组成，见图10-3。

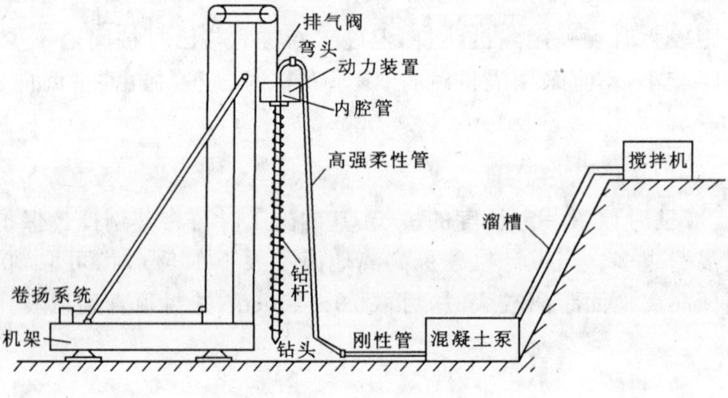

图10-3 设备组成示意图

1. 长螺旋钻机的主要部件

(1)钻头。钻头设计有单向阀门，成孔时钻头具有一般螺旋钻头的钻进功能，钻进过程中单向阀门封闭，水和土不能进入钻杆内，钻至预定标高提钻时，钻头阀门打开，钻杆内的混合料顺利通过钻头上的阀门流出。

钻头合理的叶片角度和设置靶齿，可增进钻头的吃土能力，提高钻进速度。另外，钻头单向阀门的形式和密封性对混合料的排出和孔底混合料的质量影响很大。

(2)弯头。弯头是连接钻杆与高强柔性管的重要部件。当泵送混合料时，弯头的曲率半径与钻杆的连接形式对混合料的正常输送起着重要的作用。若弯头具有较长的水平段，施工时混合料在弯头水平段逐渐沉积，导致弯头断面减小并发生堵管现象。若弯头与钻杆垂直连接，

也容易发生混合料堵塞现象。图 10－4 为不合理的弯头与芯管连接示意图,图 10－5 为合理的弯头与芯管连接示意图。

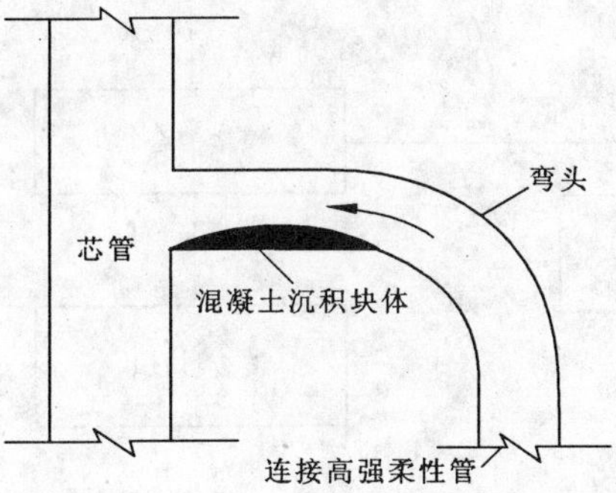

图 10－4　不合理的弯头与芯管连接示意图

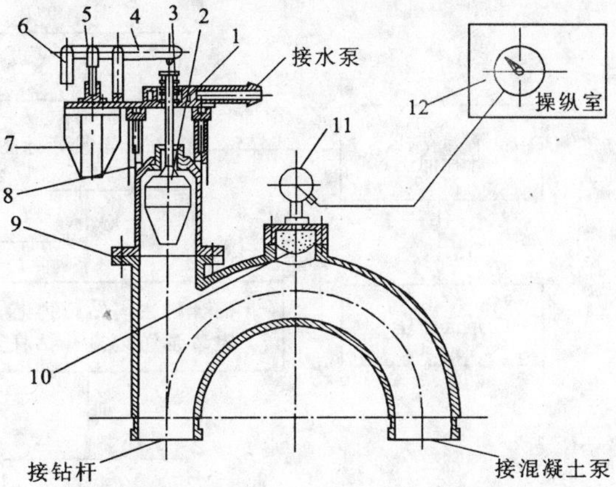

图 10－5　合理的弯头与芯管连接示意图

1—底座;2—浮子;3—弹簧;4—杠杆;5—顶杆;6—平衡块;7—电磁阀;8—阀座;9—弯夹;10—膜片;11—压力表;12—压力显示器

(3)排气阀。施工过程中,钻杆进料时排气阀处于常开状态,将钻杆内的空气排出,否则将造成桩身不完整。混合料充满钻杆芯管时,将排气阀的浮子顶起,浮子将排气孔封闭,此时混凝土泵的压力可通过混合料传至钻头处,使提钻过程中混合料在压力下流出钻头形成桩体。图 10－6 为排气阀示意图。

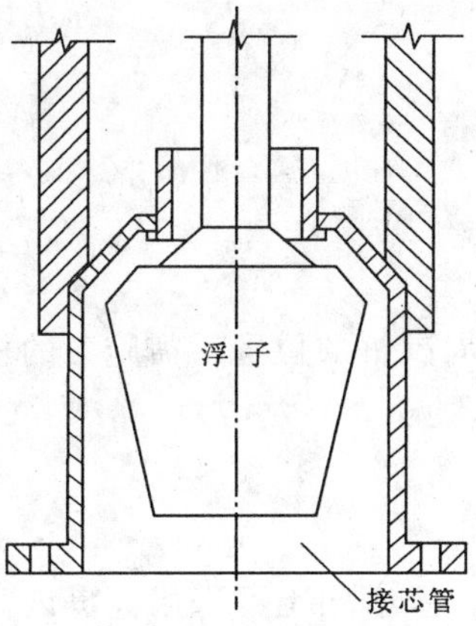

图 10－6　排气阀示意图

2. 施工工艺

长螺旋钻孔管内泵压混合料法施工工艺流程见图 10－7。

(1)钻机就位。钻机就位后,应使钻杆垂直对准桩位中心,确保 CFG 桩垂直度允许偏差不大于 1%。每根桩施工前应进行桩位对中及垂直度检查。

(2)钻进成孔。钻孔开始时,关闭钻头阀门,向下移动钻杆至钻头触地时,启动马达钻进,先慢后快,同时检查钻孔的偏差并及时纠正。在成孔过程中发现钻杆摇晃或难钻时,应放慢进尺,防止桩孔偏斜、位移和钻具损坏。根据钻机塔身上的进尺标记,成孔到达设计标高时,停止钻进。

(3)混合料搅拌。混合料必须按照配合比进行配制,每盘料搅拌时间按照普通混凝土的搅拌时间进行控制。混合料坍落度宜为 160～200mm。

(4)灌注及拔管。钻孔至设计标高后,停止钻进,开始泵送混合料,每根桩的投料量应不小于设计灌注量。钻杆芯管充满混合料后开始拔管,拔管速度宜控制在 2～3m/min,混合料泵送量应与拔管速度相配合,保证连续拔管。施工桩顶高程宜高出设计高程 30～50cm,灌注成桩完成后,桩顶盖土封顶进行养护。成桩过程宜连续进行,应避免因后台供料慢而导致停机待料。

(5)移机。灌注达到控制标高后进行下一根桩的施工。下一根桩施工时,还应根据轴线或

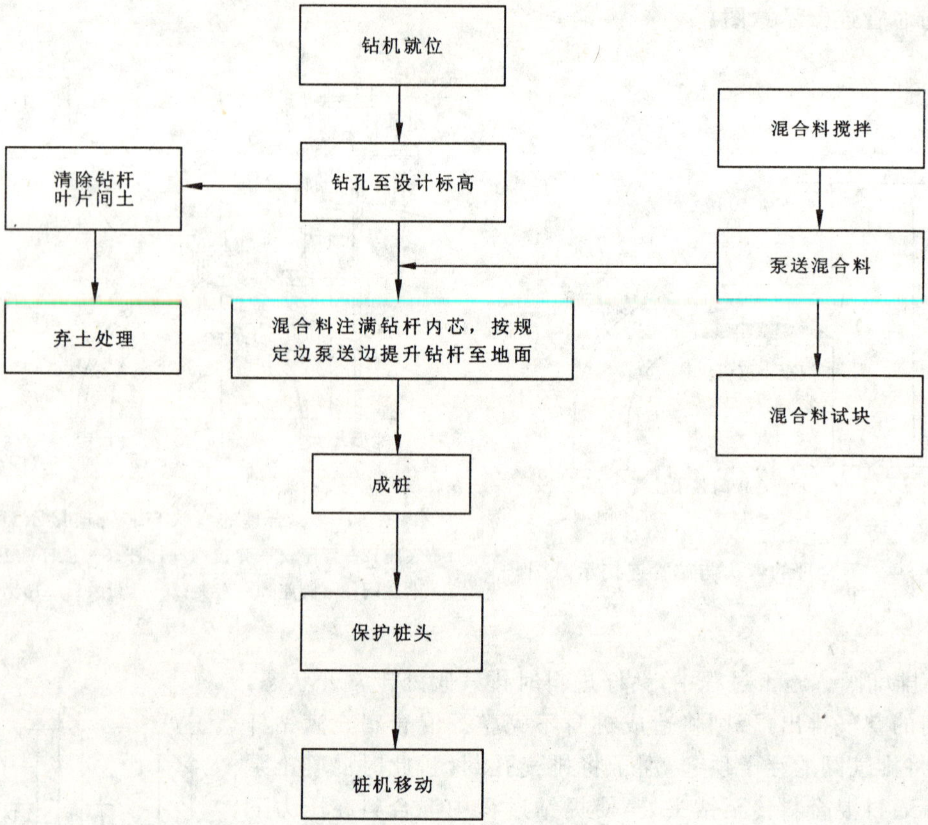

图 10－7　施工工艺流程图

周围桩的位置对需施工的桩位进行复核，保证桩位准确。

第六节　质量检验

桩间土可采用标贯试验、静力触探、轻便触探等手段进行加固前后土的物理力学性能试验。

竣工验收时，承载力应采用复合地基载荷试验。试验数量宜为总桩数的 0.5%～1%，且每个单体工程的试验数量不应少于 3 点。且应抽取不少于总桩数的 10%的桩进行低应变动力试验，检测桩身的完整性。

第十一章　排水固结法

第一节　概　述

排水固结法是在建筑物建造前，对天然地基或对已设置竖向排水体的地基加载预压，使土体固结沉降基本完成或完成大部分，从而提高地基土强度的一种地基加固方法。

排水固结系统由排水系统和加压系统两部分共同组成，见图 11－1。

- 排水固结
  - 排水系统
    - 竖向排水体
      - 普通砂井
      - 袋装砂井
      - 塑料排水带
    - 水平排水体——砂垫层
  - 加压系统
    - 堆载法
    - 真空法
    - 降水法
    - 电渗法

图 11－1　排水固结系统

排水系统由竖向排水体和水平排水体构成，主要作用是改变地基的排水边界条件，缩短排水距离和增加孔隙水排出的途径。当软土层靠近地表和较薄或土的渗透性好且施工周期较长时，可仅在地面铺设一定厚度的砂垫层而不设竖向排水通道，使土中的孔隙水在荷载作用下向上排至砂垫层而产生固结沉降。若软土层较厚时，为加快排水固结，应在地基中设置砂井等竖向排水体，与水平砂垫层一起构成排水系统。

加压系统是指对地基施加的荷载。

排水系统与加压系统总是联合使用的。如果只设置排水系统，不施加固结压力，土中的孔隙水没有压差，不会自然向外排出，强度也提不高。如果只施加固结压力，不设置排水体，孔隙水很难排出来，地基土的固结沉降需要较长的时间。

目前，实际工程中应用较多的排水固结法有砂井（塑料排水板）加载预压和砂井（塑料排水板）真空预压。

排水固结法一般适用于饱和软黏土、吹填土、松散粉土、新近沉积土、有机质土及泥炭土地基。应用范围包括路堤、仓库、罐体、飞机跑道及轻型建筑物等。

第二节　排水固结的原理

饱和软黏土地基在荷载作用下，孔隙水在压差作用下，由排水通道缓慢排出，使孔隙体积减少，地基发生固结沉降，同时，土中有效应力增加，地基土强度逐渐增大。这一原理可由图 11-2 来说明。当土样的固结压力为 σ'_0 时，其孔隙比为 e_0，在 $e-\sigma'_c$ 坐标上对应于 a 点，当压力增加 $\Delta\sigma'$，其孔隙比减少 Δe，对应于曲线上 c 点，曲线 abc 称为压缩曲线。同时，在 $\tau-\sigma'_c$ 坐标中，抗剪强度成比例增长，由 a 点提高到 c 点。如果卸除固结压力 $\Delta\sigma'$，土样发生膨胀，由 c 点回到 f 点，曲线 cef 为卸荷曲线。若对土样再施加 $\Delta\sigma'$ 的压力，土样发生再压缩，由 f 点沿虚线变化到 c' 点，其抗剪强度也相应由 f 点沿虚线变化到 c' 点，曲线 fgc' 称为再压缩曲线。

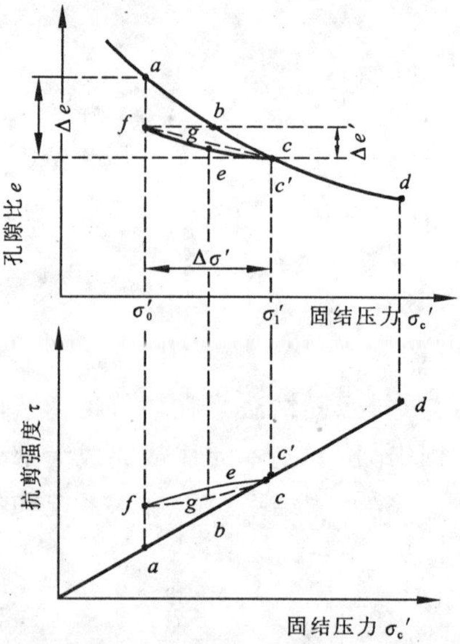

图 11-2 排水固结法原理图

从两条压缩曲线 abc 和 fgc' 可看出，施加同样的压力，孔隙比的变化量却不一样，土样在被再压缩时的孔隙比减小值 $\Delta e'$ 比初压缩时的孔隙比减小值 Δe 要小得多。

排水固结法就是运用上述原理来对软土地基进行处理。在建造物建造前，预先对地基施加荷载，使地基完成大部分沉降，抗剪强度也得到提高，卸荷后，再建造建筑物时，在建筑物荷载作用下产生的沉降将大大减少。

排水固结法的关键在于排出孔隙水，使孔隙减少及有效应力增加，从而产生沉降固结。根据固结理论，黏性土固结所需时间为 $t=\dfrac{T_V H^2}{C_V}$（式中，t 为固结时间，T_V 为时间因数，C_V 为固结系数，H 为排水距离）。固结时间与排水距离的平方成正比，缩短排水距离可大大缩短固结时间。在地基中设置砂垫层及砂井等（图 11-3）的目的就是为了增加排水途径，缩短排水距离，从而加快软弱土层的排水固结。

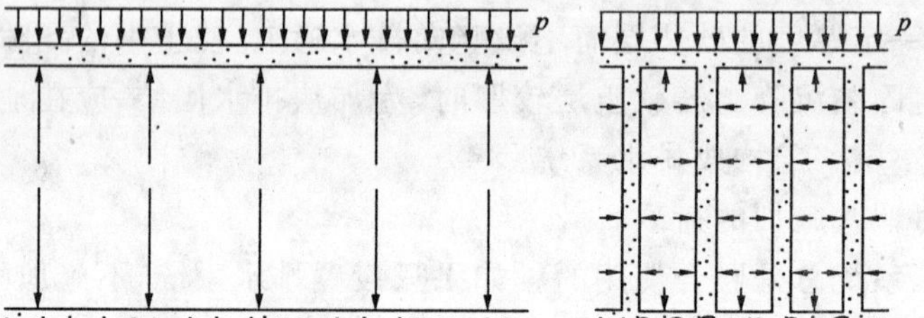

(a)竖向排水情况　(b)砂井地基排水情况

图 11-3 地基土排水原理

排水固结法的加荷方式既可采用上述的直接堆载法，也可采用真空抽吸、预压，降低地下水位及电渗法。

真空预压法是将不透气的薄膜铺设在需要加固的软土地基表面的砂垫层上，通过土体中设置的竖向排水体及埋设于砂垫层中的滤水管道，将薄膜下土体中的水、气抽出，从而在土体与砂垫层及砂井等竖向排水体之间形成压差，发生渗流，使土中孔隙水压力不断降低，有效应力不断增加，促使土体固结沉降。

降低地下水位法是利用井点抽水降低地下水位以增加土的有效应力，从而达到加速固结的目的。

降水法最适用于砂性土和软黏土层中存在砂或粉土的情况。

电渗法是在土中插入金属电极并通以直流电，使土中水分由阳极流向阴极。如将阳极积聚的水排除，土体中孔隙水就会减少，有效应力增大，致使地基土沉降固结。

第三节　排水固结法设计计算

一、设计前应取得的资料

(1)进行场地勘察，查明土层在水平和竖直方向的分布和变化、透水层的位置及水源补给条件、地下水深度等。

(2)进行室内土工实验，确定土的固结系数、孔隙比和固结压力关系、三轴试验抗剪强度等。

(3)进行原位十字板剪切试验，确定各土层十字板抗剪强度。

二、加载预压法设计

加载预压法的设计应包括以下内容：①选择竖向排水体，确定其尺寸、间距、排列方式和深度；②确定预压荷载的大小、范围、速率和预压时间；③计算地基的固结度、强度增长；④进行稳定性和变形计算。

(一)预压荷载计算

预压荷载的大小应根据设计要求确定，通常取建筑物的基底压力值，对于沉降要求严格的建筑，应采用超载预压法，即预压荷载大于建筑物的基底压力值。

1. 加载预压的计算步骤

由于软黏土地基抗剪强度低，不能快速加载，必须分级施加，待上一级荷载作用下地基强度可承受下一级荷载时，才能施加下一级荷载。在进行具体计算时，可先拟定一个初步加载计划，然后校核这一加荷计划下地基的稳定性和沉降。

(1)利用天然地基土的抗剪强度，计算第一级允许施加的荷载 p_1。一般可采用以下几个公式估算。

1)斯开普顿极限荷载半经验公式：

$$p_1=\frac{1}{k}\cdot 5C_u(1+0.2B/A)(1+0.2d/B)+\gamma d \tag{11-1}$$

式中，k 为安全系数，取 1.1～1.5；C_u 为天然地基土的不排水抗剪强度，kPa；d 为基础埋置深度，m；A、B 分别为基础的长边和短边，m；γ 为基底标高以上土的重度，kN/m^3。

2)对饱和软黏土，可采用下式：

$$p_1=\frac{5.14C_u}{k}+\gamma d \tag{11-2}$$

3)对长条形填土，可采用 Fellenius 公式：

$$p_1=5.52C_u/k \tag{11-3}$$

(2)计算第一级荷载作用下地基强度增长值(在 p_1 作用下，经过一段时间预压，地基强度将提高)：

$$\tau_{f1}=\eta(\tau_{f0}+\Delta\tau_{fc}) \tag{11-4}$$

式中，τ_{f1} 为 p_1 作用下，经过一段时间，地基中某点的抗剪强度；τ_{f0} 为地基土的天然抗剪强度，由十字板剪切试验测定；$\Delta\tau_{fc}$ 为该点由于固结而增大的强度，通常取固结度为 70%；η 为土体由于剪切蠕动而引起强度衰减的折减系数，可取 0.75～0.90，剪切力大，取低值，反之，取高值。

(3)计算 p_1 作用下达到设计要求的固结度所需的时间。达到某一固结度所需要的时间可根据固结度与时间的关系求得(见本节有关部分)，时间求出来后，就可确定第二级荷载开始施加的时间。

(4)根据第一级荷载作用下得到的地基强度，计算第二级所能施加的荷载 p_2。

p_2 可近似按下式估算。

$$p_2=\frac{5.52\tau_{f1}}{k} \tag{11-5}$$

再求出 p_2 作用下，地基固结度达 70%时的强度及所需的时间，然后计算第三级荷载的开始施加时间及荷载大小，依次计算出各级荷载的开始施加时间及荷载大小。

(5)以上步骤就形成一个初步加荷计划。应对每一级荷载下地基的稳定性进行验算，若不满足稳定性要求，应调整加荷计划。

(6)计算预压荷载作用下地基的最终沉降量和预压期间的沉降量，这样就可确定预压荷载的卸除时间。经预压后所剩余的沉降量，应在建筑物的允许沉降量范围内。

2. 超载预压

超载预压的超载量应根据预定时间内要求消除的变形量通过计算确定，并宜使预压荷载下受压土层各点的有效竖向压力等于或大于建筑物荷载引起的相应点的压力。

采用超载预压可缩短预压时间(图 11-4)，在建筑物荷载作用下地基不会产生主固结变形，而且可减少次固结变形。超载大小应使地基主固结度满足下式

$$\bar{u}_R=\frac{S_f}{S_{s+f}} \tag{11-6}$$

式中，S_f为地基土在设计永久荷载作用下主固结最终沉降量；S_{s+f}为地基土在永久荷载和超载作用下主固结最终沉降量。

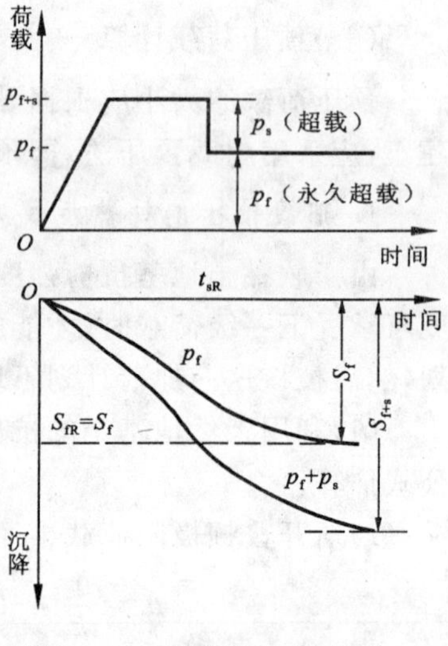

图 11-4　超载预压原理图

对于双面排水黏土层，在超载作用下，即使地基固结度达到 $\bar{u}_R$，但由于黏土渗透性不好，地基土中还存在孔隙水压力，卸荷后，在建筑物作用下，还将继续固结沉降。因此，为消除超载卸荷后继续发生固结沉降，应使超载维持到土层中间固结度满足下式要求

$$u_{(1/2)}=\frac{p_f}{p_f+p_s} \tag{11-7}$$

式中，$u_{(1/2)}$为土层中间固结度；p_f 为设计永久荷载；p_s 为超载。

对于有机质黏土、泥炭土等，次固结沉降较大，采用超载法有助于消除次固结沉降，这时固

结度应满足下式

$$\bar{u}_R=\frac{(S_f+S_s)}{S_{s+f}} \tag{11-8}$$

式中，S_s 为有机质土次固结沉降量，mm，计算见本节有关部分。

一般超载量 p_s 为设计荷载的 10%～20%。

3. **加载范围**

加载范围不应小于建筑物基础外缘所包围的范围。

(二)砂井排水固结的设计计算

常用的砂井有普通砂井、袋装砂井和塑料排水板，三者都属于竖向排水体，加固机理相同，都采用普通砂井的设计方法。

1. **砂井设计**

砂井设计内容包括砂井的直径、间距、深度、排列方式及砂料的选择等。

(1)砂井的直径及间距。砂井直径及间距应根据地基土的固结特性、预定时间所要求达到的固结度以及施工影响等因素综合考虑。根据砂井理论，对不考虑井阻和涂抹作用的理想情况，采用“细而密”的布置方式，效果较好。但是直径越小，施工越容易出现质量问题，井阻影响越明显；间距越小，砂井施工对土结构的扰动越大。根据工程实践，常用的普通砂井直径为 30～50cm，袋装砂井为 7～12cm。塑料排水板已标准化，一般相当于直径 6～7cm。

砂井直径与间距的关系，可由井径比来反映，井径比按下式确定

$$n=d_e/d_w \tag{11-9}$$

式中，n 为井径比；d_e 为砂井有效排水范围等效圆直径，mm；d_w 为砂井直径，mm。

普通砂井井径比，一般取 6～8，袋装砂井或塑料排水带井径比，一般取 15～22。

(2)砂井深度。砂井的深度，应根据压缩土层的厚度以及建筑物对地基的稳定性和变形要求确定。但砂井过深，深层土的固结效果较差。砂井深度一般按下列原则确定：

1)压缩层不厚时，砂井应贯穿压缩土层；

2)当压缩土层较厚但间有砂层或砂透镜体时，砂井应尽量打到砂层或透镜体；

3)对无砂层或砂透镜体的深厚压缩层，应根据地基稳定性及建筑物在地基中产生的附加应力与自重应力之比确定(一般为 0.1～0.2)；

4)对以地基抗滑稳定性控制的工程，砂井深度应超过最危险滑动面 2m。

(3)砂井排列。砂井平面排列方式多采用正方形和正三角形。当砂井排列为正方形时，砂井的有效排水范围为正方形；当砂井排列为正三角形时，有效排水范围为正六边形(图 11-5)。在有效排水范围内的水是通过砂井排出的，在进行实际计算时，每个砂井的有效影响范围化作一个等体积的等效圆柱体，等效圆柱体的直径 d_e 与砂井间距 S 的关系如下。

正方形排列时，　$$d_e=1.13S \tag{11-10}$$

正三角形排列时，　$$d_e=1.05S \tag{11-11}$$

(4)砂井布置范围及砂垫层。砂井布置范围一般比建筑物基础外缘扩大 2～4m 或更大，并在砂顶面铺设砂垫层，以形成一个连续的有一定厚度的砂垫层，厚度不应小于 50cm；水下施工时，可取 0.8～1.0m。砂垫层过厚施工困难，太薄易渗入黏土颗粒而产生堵塞。

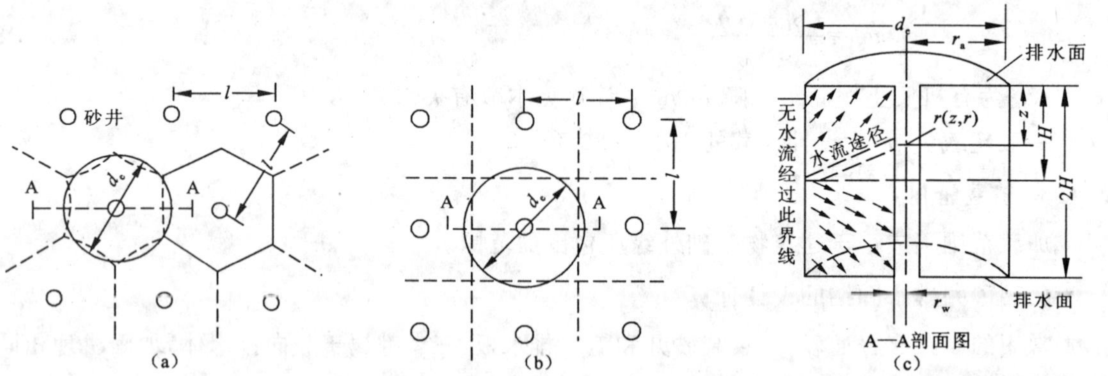

图 11-5　砂井平面布置及有效影响圆柱体剖面

2. **砂井地基固结度计算**

砂井地基的固结度计算一般先假设荷载是瞬间施加的，然后根据实际情况进行修正。

(1)瞬时加荷条件下砂井地基固结度的计算。当软土地基中没有设置排水砂井时，孔隙水只能竖向渗透，属一维固结问题。当地基中设置砂井后，土中水向最近的排水面流动[图 11-5(c)]，发生径向和竖向渗流，属三维固结轴对称问题。如以圆柱坐标表示，设任意点(r,z)处的孔隙水压力为U时，固结微分方程为

$$\frac{\mathrm{d}U}{\mathrm{d}t}=C_{\mathrm{V}}\left(\frac{\mathrm{d}^2U}{\mathrm{d}r^2}+\frac{1}{r}\frac{\mathrm{d}U}{\mathrm{d}r}+\frac{\mathrm{d}^2U}{\mathrm{d}z^2}\right) \tag{11-12}$$

当水平向渗透系数K_{h}和竖向渗透系数K_{V}不等时，上式应改为

$$\frac{\mathrm{d}U}{\mathrm{d}t}=C_{\mathrm{V}}\left[\frac{\mathrm{d}^2U}{\mathrm{d}z^2}+C_{\mathrm{h}}\left(\frac{\mathrm{d}^2U}{\mathrm{d}r^2}+\frac{1}{r}\frac{\mathrm{d}U}{\mathrm{d}r}\right)\right] \tag{11-13}$$

式中，t为时间；C_{V}为竖向固结系数，$C_{\mathrm{V}}=\dfrac{K_{\mathrm{V}}(1+e)}{a\gamma_{\mathrm{w}}}$；$C_{\mathrm{h}}$为径向固结系数，$C_{\mathrm{h}}=\dfrac{K_{\mathrm{h}}(1+e)}{a\gamma_{\mathrm{w}}}$；$K_{\mathrm{V}}$、$K_{\mathrm{h}}$为竖向、水平向渗透系数；$a$为土的压缩系数；$e$为土的初始孔隙比；$\gamma_{\mathrm{w}}$为水的重度。

砂井固结理论中作了如下假设：

1)每个砂井的有效影响范围为一圆柱体；

2)砂井地基表面受连续均布荷载下，地基中的附加应力分布不随深度而变化，故地基土只产生竖向压密变形；

3)荷载是一次施加上去的，加荷开始时外荷载由孔隙水压力负担；

4)在整个压密过程中，地基土的渗透系数保持不变；

5)井壁土面受砂井施工所引起的涂抹作用(可使渗透性发生变化)的影响不计。

式(11-13)可分解为两个微分方程，即

$$\frac{\mathrm{d}U_{\mathrm{z}}}{\mathrm{d}t}=C_{\mathrm{V}}\frac{\mathrm{d}^2U_{\mathrm{z}}}{\mathrm{d}z^2} \tag{11-14}$$

$$\frac{\mathrm{d}U_{\mathrm{r}}}{\mathrm{d}t}=C_{\mathrm{h}}\left(\frac{\mathrm{d}^2U_{\mathrm{r}}}{\mathrm{d}r^2}+\frac{1}{r}\frac{\mathrm{d}U_{\mathrm{r}}}{\mathrm{d}r}\right) \tag{11-15}$$

根据边界条件求解两式即可得出竖向和径向排水平均固结度。

①竖向排水平均固结度。对于土层为双面排水条件或土层中的附加压力为均布时，某一时间竖向固结度的计算公式为

$$\overline{U}_z = 1 - \frac{8}{\pi^2}\sum_{m=1,3,\cdots}^{\infty}\frac{1}{m^2}e^{-m^2\pi^2 T_V/4} \tag{11-16}$$

$$T_V = C_V t/H^2 \tag{11-17}$$

式中，$\overline{U}_z$ 为竖向排水平均固结度，%；m 为正奇数（1，3，5，…）；T_V 为竖向时间因数；H 为土层的竖向排水距离，cm，双面排水时，H 为土层厚度的一半，单面排水时，H 为土层厚度；t 为固结时间，s，如荷载是逐渐施加的，则从加荷历时的一半起算。

当 $\overline{U}_z > 30\%$ 时，可简化为

$$\overline{U}_z = 1 - \frac{8}{\pi^2}e^{-\frac{\pi^2 \cdot T_V}{4}} \tag{11-18}$$

为了计算方便，根据不同边界条件绘出 $\overline{U}_z - T_V$ 关系曲线，见图 11-6、图 11-7 和表 11-1。

具体计算时求出 T_V，再根据边界条件查图 11-7 或图 11-8 或表 11-1 即可求得 $\overline{U}_z$。

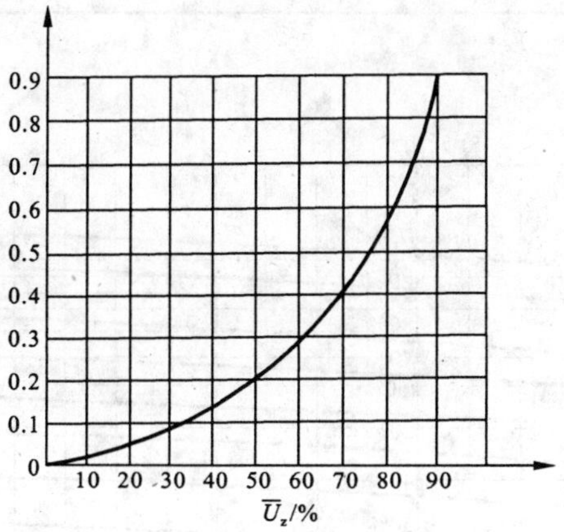

图 11-6　双面排水或附加应力为矩形的单面排水 $\overline{U}_z - T_V$ 曲线

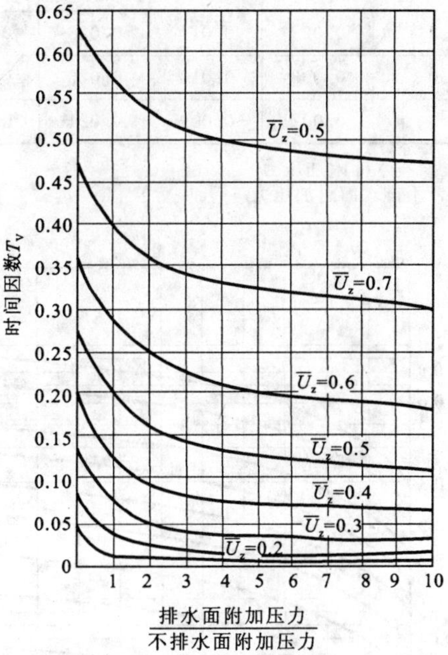

图 11-7　各种边界条件下 $\overline{U}_z - T_V$ 曲线

②径向排水固结度计算。由 Barron 导得的解为

$$\overline{U}_r = 1 - e^{-\frac{8}{F}T_h} \tag{11-19}$$

式中，$\overline{U}_r$ 为径向排水平均固结度，%；T_h 为径向排水固结度的时间因素；F 为与井径比 n 有关的系数，$F = \frac{n^2}{n^2-1}\ln(n) - \frac{3n^2-1}{4n^2}$。

表 11-1 $\overline{U}_z$ 和 T_V 关系表

$\overline{U}_z$ / T_V / σ	0.1	0.2	0.3	0.4	0.5	0.6	0.7	0.8	0.9
0	0.049	0.100	0.154	0.217	0.290	0.380	0.500	0.660	0.950
0.2	0.027	0.073	0.126	0.186	0.260	0.350	0.460	0.630	0.920
0.4	0.016	0.056	0.106	0.164	0.240	0.330	0.440	0.600	0.900
0.6	0.012	0.042	0.092	0.148	0.220	0.310	0.420	0.580	0.880
0.8	0.010	0.036	0.079	0.134	0.200	0.290	0.410	0.570	0.860
1.0	0.008	0.031	0.071	0.126	0.200	0.290	0.400	0.560	0.850
1.5	0.006	0.024	0.058	0.107	0.170	0.260	0.380	0.540	0.830
2.0	0.005	0.019	0.050	0.095	0.160	0.240	0.360	0.520	0.810
3.0	0.004	0.016	0.041	0.082	0.140	0.220	0.340	0.500	0.790
4.0	0.004	0.014	0.040	0.080	0.130	0.210	0.330	0.490	0.780
5.0	0.003	0.013	0.034	0.069	0.120	0.200	0.320	0.480	0.770
7.0	0.003	0.012	0.030	0.065	0.120	0.190	0.310	0.470	0.760
10.0	0.003	0.011	0.028	0.060	0.110	0.180	0.300	0.460	0.750
20.0	0.003	0.010	0.026	0.060	0.110	0.170	0.290	0.450	0.740
∞	0.002	0.009	0.024	0.048	0.090	0.160	0.280	0.440	0.730

注：$\sigma=\dfrac{\text{排水面附加压力}}{\text{不排水面附加压力}}$

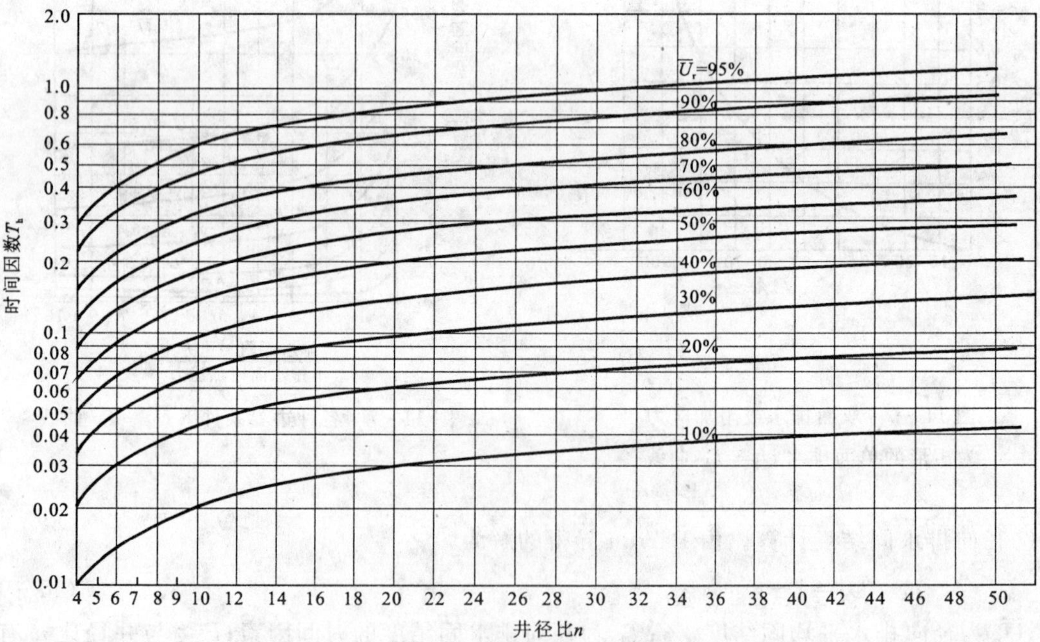

图 11-8 径向固结度 $\overline{U}_r$ 与时间因素 T_h 及井径比 n 的关系

由式(11-19)绘制的曲线见图 11-6。

在进行计算时，由径向固结系数 C_h、固结时间 t、砂井间距 l、砂井直径和砂井排列方式，求出井径比 n 和时间因素 T_h，然后查图 11-8 就可得到 $\overline{U}_r$。

③总固结度 $\overline{U}_{rz}$。砂井地基总的平均固结度是由竖向排水和径向排水引起的，总的平均固结度按下式计算

$$\overline{U}_{rz}=1-(1-\overline{U}_z)(1-\overline{U}_r) \tag{11-20}$$

把 $\overline{U}_z$ 和 $\overline{U}_r$ 的表达式代入得

$$\overline{U}_{rz}=1-\frac{8}{\pi^2}e^{-\beta t} \tag{11-21}$$

$$\beta=\frac{8C_k}{Fd_e^2}+\frac{\pi^2 C_V}{4H^2} \tag{11-22}$$

也可表示为

$$t=\frac{1}{\beta}\ln\frac{8}{\pi^2(1-\overline{U}_{rz})} \tag{11-23}$$

(2)砂井地基固结度计算修正。

1)砂井未打穿软土层时固结度的计算。在实际工程中，当软土层很厚时，砂井常常未打穿整个受压层，如图 11-9 所示。在这种情况下，砂井部分的固结度不能代表整个受压层的固结度。这时，可分别计算砂井部分地基的固结度 $\overline{U}_{rz}$ 和砂井以下受压层部分的固结度 $\overline{U}_z$，然后按下式计算整个受压层的平均固结度，即

$$\overline{U}=Q\overline{U}_{rz}+(1-Q)\overline{U}_z \tag{11-24}$$

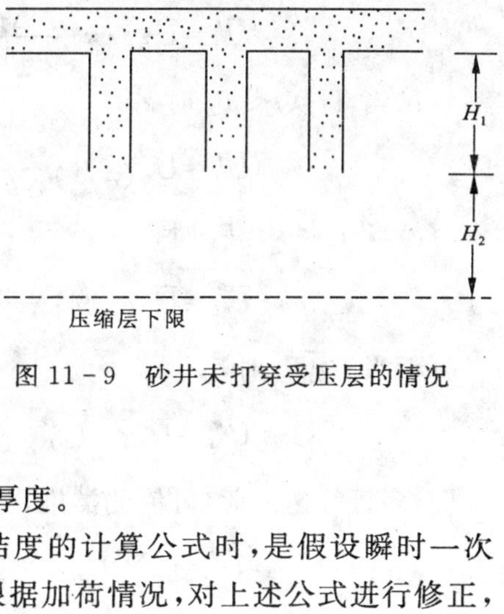

图 11-9　砂井未打穿受压层的情况

式中，$\overline{U}_{rz}$ 为砂井部分土层的平均固结度；$\overline{U}_z$ 为砂井以下部分土层的平均固结度，把砂井底面看作排水面；Q 为砂井深度与整个受压层厚度的比值，即 $Q=\frac{H_1}{H_1+H_2}$；H_1、H_2 分别为砂井深度和砂井以下受压层范围内土层的厚度。

2)逐渐加荷条件下地基固结度计算。以上在推导固结度的计算公式时，是假设瞬时一次加载，但实际上荷载一般是逐渐分级加上去的。因此，要根据加荷情况，对上述公式进行修正，修正方法有改进的太沙基法和改进的高木俊介法。

①改进的太沙基法。对于分级加荷的情况，太沙基的修正方法作了以下假定：

Ⅰ. 每一级荷载增量 Δp_i 所引起的固结过程是单独进行的，与上一级荷载增量所引起的固结度无关；

Ⅱ. 总固结度等于各级荷载增量作用下固结度的叠加；

Ⅲ. 每一级荷载增量 Δp_i 是在加荷起止时间的中点一次瞬时加足的；

Ⅳ. 在每级荷载 Δp_i 加荷起止时间 t_{n-1} 和 t_n 以内任意时间 t 时的固结状态与 t 时刻所对应的荷载增量瞬间作用下经过时间 $\frac{t-t_{n-1}}{2}$ 的固结状态相同，时间 t 大于 t_n 时的固结状态与荷载 Δp_n 在加荷期间 (t_n-t_{n-1}) 的中点瞬时施加的情况一样；

Ⅴ. 对本级荷载而言的固结度，还得按占总荷载的比例进行修正。

对二级等速加载，各不同时刻的固结度计算过程见图 11-10。

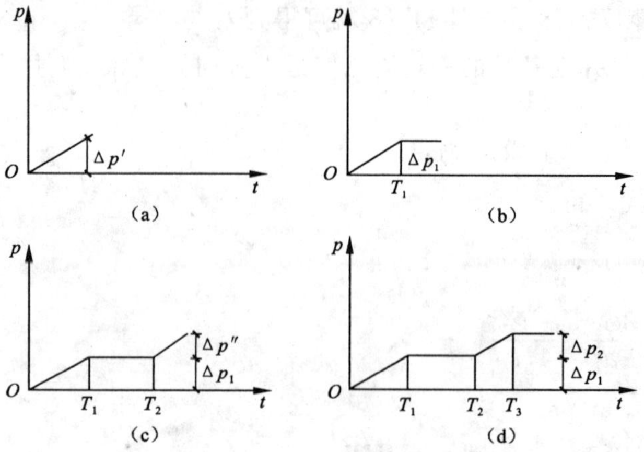

图 11-10 二级等速加载过程

(a)当 $t<T_1$ 时，

$$\overline{U}'_t=\overline{U}_{rz\left(\frac{t}{2}\right)}\frac{\Delta p'}{\Delta p_1+\Delta p_2}$$

(b)当 $T_1<t<T_2$ 时，

$$\overline{U}'_t=\overline{U}_{rz\left(t-\frac{T_1}{2}\right)}\frac{\Delta p_1}{\Delta p_1+\Delta p_2}$$

(c)当 $T_2<t<T_3$ 时，

$$\overline{U}'_t=\overline{U}_{rz\left(t-\frac{T_1}{2}\right)}\frac{\Delta p_1}{\Delta p_1+\Delta p_2}+\overline{U}_{rz\left(\frac{t-T_2}{2}\right)}\frac{\Delta p''}{\Delta p_1+\Delta p_2}$$

(d)当 $t>T_3$ 时，

$$\overline{U}'_t=\overline{U}_{rz\left(t-\frac{T_1}{2}\right)}\frac{\Delta p_1}{\Delta p_1+\Delta p_2}+\overline{U}_{rz\left(t-\frac{T_2+T_3}{2}\right)}\frac{\Delta p_2}{\Delta p_1+\Delta p_2}$$

对多级等速加荷，可依此类推，并归纳如下

$$\overline{U}'_t=\sum_1^n\overline{U}_{rz\left(t-\frac{T_{n-1}+T_n}{2}\right)}\cdot\frac{\Delta p_n}{\sum\Delta p} \tag{11-25}$$

式中，$\overline{U}'_t$ 为多级等速加荷平均固结度修正值，%；T_{n-1}、T_n 分别为每级等速加荷的起点和终点(第一级荷载起始时间从 0 算起)；Δp_n 为第 n 级荷载增量，kPa；$\sum\Delta p$ 为各级荷载的累积值，kPa。

②改进的高木俊介法。这种方法的特点是不必先算出瞬时加荷条件下的固结度，再根据加荷条件修正，而是两者合并并直接计算出修正后的平均固结度。

改进的高木俊介法表示式如下。

$$\overline{U}'_t=\sum_1^n\frac{q'_n}{\sum\Delta p}\left[(T_n-T_{n-1})-\frac{\alpha}{\beta}e^{-\beta t}(e^{-\beta T_n}-e^{-\beta T_{n-1}})\right] \tag{11-26}$$

式中，$\overline{U}'_t$为 t 时多级等速加荷修正后的平均固结度，%；q'_n为第 n 级荷载的平均加荷速率，kPa/d；α、β 为参数，按表 11-2 选用。

表 11-2　α、β 值表

排水固结条件 / 参数	竖向排水固结 ($U_z>30\%$)	向内径向排水固结	竖向和径向排水固结（砂井贯穿受压土层）	砂井未贯穿受压土层的固结
α	$\frac{8}{\pi^2}$	1	$\frac{8}{\pi^2}$	$\frac{8}{\pi^2}Q$
β	$\frac{\pi^2 C_V}{4H^2}$	$\frac{8C_k}{Fd_e^2}$	$\frac{8C_k}{Fd_e^2}+\frac{\pi^2 C_V}{4H^2}$	$\frac{8C_k}{Fd_e^2}$

3. **影响砂井固结度的因素**

对长径比（长度与直径比）大、砂料渗透系数较小的袋装砂井或塑料排水带，砂井中的砂料对渗流有阻力，会产生水头损失，所以应考虑井阻作用。当采用挤土方式施工时，会对周围土产生扰动，井管上下拔动还会对井壁产生涂抹作用，降低土的径向渗透性。当考虑井阻、涂抹和扰动影响时，应对砂井地基的平均固结度进行折减，一般对按式（11-26）计算的固结度取折减系数 0.80～0.95。对砂井长度和间距较大、土层中无透水夹层、砂料渗透系数较小等情况，取小值，否则取大值。

三、真空预压法设计

真空预压法的设计内容包括：竖向排水体的设计，要求达到的膜下真空度和土层的固结度，预压区面积和分块大小，地基变形计算，真空预压后地基土强度的增长计算等。

（一）竖向排水体设计

一般采用袋装砂井和塑料排水带。竖向排水体将负压由砂垫层传到土体中，将土体中的水抽至砂垫后排出。竖向排水体的尺寸、排列方式、间距和深度等参照“砂井设计”确定。

（二）真空度及平均固结

真空预压的膜下真空度应保持在约 80kPa（650mmHg）以上，压缩土层的平均固结度应大于 80％。

（三）预压面积及分块大小

真空预压的总面积不得小于基础外缘所包围的面积，一般边缘应超出建筑物基础外缘 2～3m；另外，每块预压的面积应尽可能大，根据加固要求彼此间可搭接或有一定间距。

（四）地基变形计算

根据土层的固结度计算出有效应力，然后从室内固结试验得到的 $e-p$（e 为孔隙比，p 为固结压力）关系曲线查出相应的孔隙比利用分层总和法进行计算。

真空预压后地基强度的增长计算参照“地基土强度增长计算”的有关公式。

四、地基土强度增长计算

在预压荷载作用下，地基土产生排水固结，抗剪强度逐渐增长。但荷载的施加必须与地基土抗剪强度的增长相适应，若加荷过大过急，则地基土得不到充分固结，一旦地基土承受的荷载超过其抗剪强度，就可能导致地基破坏。

地基中某一时刻土的抗剪强度可用下式表示

$$\tau_{ft}=\tau_{f0}+\Delta\tau_{fc}-\Delta\tau_{fs} \tag{11-27}$$

式中，τ_{ft}为地基土某一时刻的抗剪强度，kPa；τ_{f0}为天然地基抗剪强度，kPa，由十字板剪切试验确定；$\Delta\tau_{fc}$为该点由固结而增长的抗剪强度，kPa；$\Delta\tau_{fs}$为由于剪切蠕变而引起的抗剪强度衰减量，kPa。

目前常用的预估抗剪强度增长的方法有：有效应力法和有效固结压力法。

(一)有效应力法

由于 $\Delta\tau_{fs}$难以推算，故将式(11-27)改写为

$$\tau_{ft}=\eta(\tau_{f0}+\Delta\tau_{fc}) \tag{11-28}$$

式中，η 为综合折减系数，根据有些地区的实测反算结果，可取 0.75～0.90，剪应力大，取低值，反之，取高值。

强度增长值的估算可采用下式

$$\Delta\tau_{fc}=KU_t\Delta\sigma_1 \tag{11-29}$$

式中，K 为有效内摩擦角的函数，$K=\dfrac{\sin\varphi'\cos\varphi'}{1+\sin\varphi'}$；$U_t$ 为地基中某点固结度，可用平均固结度代替；$\Delta\sigma_1$ 为荷载引起的地基中某点的最大主应力增量；φ'为土的有效内摩擦角，由三轴固结不排水试验确定，一般为 24°～30°。

故地基土某点强度可表示为

$$\tau_{ft}=\eta(\tau_{f0}+KU_t\Delta\sigma_1) \tag{11-30}$$

(二)有效固结压力法

有效固结压力法采用只模拟压力作用下的排水固结过程，不模拟剪力作用下的孔隙水压力变化(附加压缩)，这对于预计地基抗剪强度以及对荷载面积相对于土层厚度比较大的预压工程，应用此式来预估强度增长是合理的，并且它可以直接用十字板剪切试验结果来检验计算值的准确性。

对于正常固结饱和软黏土，其抗剪强度为

$$\tau_f=\sigma'_c\tan\varphi_{cu} \tag{11-31}$$

式中，σ'_c为有效固结压力，kPa；φ_{cu}为由固结不排水剪切试验测定的内摩擦角，(°)。

因此，由于固结而增长的强度可表示为

$$\Delta\tau_f=\Delta\sigma'_c\tan\varphi_{cu}=\Delta\sigma_z U_t\tan\varphi_{cu} \tag{11-32}$$

式中，$\Delta\tau_f$ 为由固结而增长的强度，kPa；$\Delta\sigma_z$ 为预压荷载引起的该点的附加竖向应力，kPa。

五、沉降计算

预压荷载作用下地基最终沉降量 S_f 由三部分组成：瞬时沉降 S_d、固结沉降 S_c 和次固结沉降 S_s，即

$$S_f=S_d+S_c+S_s \tag{11-33}$$

瞬时沉降是指荷载施加后立即发生的沉降量，由剪切变形引起。对于软黏土，这部分沉降较大。当软土很厚，荷载为均匀分布时，S_d 可按下式估算

$$S_d=c_d pb\left(\frac{1-\upsilon^2}{E}\right) \tag{11-34}$$

式中，p 为均布荷载；b 为荷载面积的直径或宽度；c_d 为考虑荷载面积形状和沉降计算点位置

的系数，见表 11-3；E、υ 分别为土的弹性模量和泊松比，υ 可取 0.5，E 可取$(250\sim500)(\sigma_1-\sigma_3)_f$，$(\sigma_1-\sigma_3)_f$ 为不排水压缩试验中试样破坏时的主应力差。

表 11-3　半无限弹性体表面各种均布荷载面积上的 c_d 值

形状	中心点	角点或边点	短边中点	长边中点	平均
圆形	1.0	0.64	0.64	0.64	0.35
圆形(刚性)	0.79	0.79	0.79	0.79	0.79
方形	1.12	0.56	0.76	0.76	0.95
方形(刚性)	0.99	0.99	0.99	0.99	0.99
矩形					
长宽比					
1.5	1.36	0.67	0.89	0.97	1.15
2	1.52	0.76	0.98	1.12	1.30
3	1.78	0.88	1.11	1.35	1.52
5	2.10	1.05	1.27	1.68	1.83
10	2.53	1.26	1.49	2.12	2.25
100	4.00	2.00	2.20	3.60	3.70
1 000	5.47	2.75	2.94	5.03	5.15
10 000	6.90	3.50	3.70	6.50	6.60

固结沉降是地基的排水固结引起的沉降，也是地基沉降中最主要的部分，可由分层总和法计算。

次固结沉降是由土骨架在持续荷载作用下，发生蠕变而引起的，一般泥炭土、有机质土或高塑性黏土层较大，其他土可忽略。

目前，比较常用的最终沉降量计算方法有经验计算法和三点推算法两种。

1. 经验计算法

由于具体计算时 S_d 与 S_c 不易区分，且 E 和 υ 不好确定，因此一般采用下式计算

$$S_f=\xi S_c=\xi\sum_{i=1}^{n}\frac{e_{0i}-e_{1i}}{1+e_{0i}}\cdot h_i \tag{11-35}$$

式中，ξ 为经验系数，对正常固结或轻度超固结黏性土，ξ 可取 1.1～1.4，荷载较大、地基土较弱时，取较大值，否则取小值；e_{0i} 为第 i 层中点土自重压力所对应的孔隙比，由室内固结试验得到的 $e-p$ 曲线查得；e_{1i} 为第 i 层中点土的自重压力和附加压力之和所对应的孔隙比，由 $e-p$ 曲线查得；h_i 为第 i 层土层厚度，m。

对于多级加荷任一时刻地基沉降量可用下式计算

$$S_t=S_d+\overline{U}_tS_c=(\xi-1)\frac{p_t}{\sum\Delta p}+\overline{U}_tS_c \tag{11-36}$$

式中，S_t 为 t 时刻地基的沉降量；$\overline{U}_t$ 为 t 时刻地基的平均固结度；p_t 为 t 时刻的累计荷载；$\sum\Delta p$ 为总的累计荷载。

2. 三点推算法

这一方法是根据现场实测沉降曲线进行推算。

由固结度的定义

$$\overline{U}_t=\frac{S_{ct}}{S_c}=\frac{S_t-S_d}{S_f-S_d}$$

再由 $\overline{U}_t=1-\alpha\cdot e^{-\beta t}$

可得 $S_t=(S_f-S_d)(1-\alpha e^{-\beta t})+S_d$ (11-37)

从实测沉降曲线(即 $S-t$ 曲线)上任选三点:(S_1,t_1)、(S_2,t_2)、(S_3,t_3),并使 $t_2-t_1=t_3-t_2$(图 11-11),则得

$$S_1=S_f(1-\alpha e^{-\beta t_1})+S_d 1-\alpha e^{-\beta t_1} \quad [11-38(a)]$$

$$S_2=S_f(1-\alpha e^{-\beta t_2})+S_d 1-\alpha e^{-\beta t_2} \quad [11-38(b)]$$

$$S_3=S_f(1-\alpha e^{-\beta t_3})+S_d 1-\alpha e^{-\beta t_3} \quad [11-38(c)]$$

三式联立求解,得

$$S_f=\frac{S_3(S_2-S_1)-S_2(S_3-S_2)}{(S_2-S_1)-(S_3-S_2)} \quad (11-39)$$

$$S_d=\frac{S_t-S_f(1-\alpha e^{-\beta t})}{\alpha e^{-\beta t}} \quad (11-40)$$

上式各时间是按修正的 O' 点算起,对于两级等速加荷,O' 点按下式确定

$$\overline{OO'}=\frac{\Delta p_1(T_1/2)+\Delta p_2[(T_2+T_3)/2]}{\Delta p_1+\Delta p_2} \quad (11-41)$$

六、稳定分析

进行稳定分析可解决以下问题:

(1)地基在天然状态下的最大堆载;

(2)在各级预压荷载作用下的稳定性;

(3)最大许可预压堆载;

(4)理想的堆载计划。

(一)地基强度随深度增加时的稳定分析方法

1. 确定强度变化规律

软土地区硬壳层下各土层的强度随深度而变化(图 11-12),一般有如下关系

$$\tau_f=\tau_0+\lambda z \quad (11-42)$$

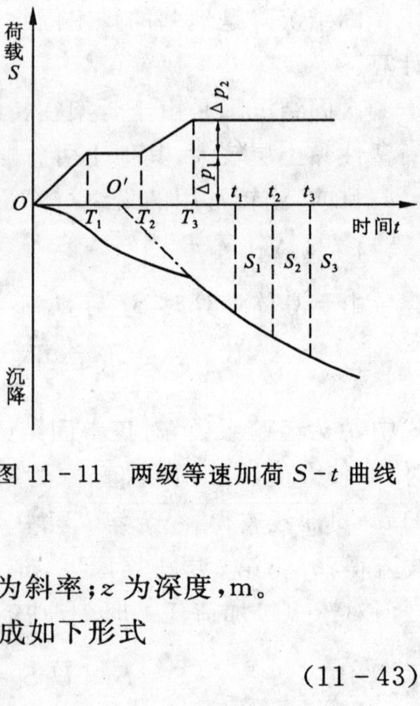

图 11-11 两级等速加荷 S-t 曲线

式中,τ_f 为天然地基中某点的抗剪强度,kPa,一般由十字板剪切试验确定;τ_0 为地基强度增长线在地面上的截距,kPa;λ 为斜率;z 为深度,m。

由十字板剪切试验取得的资料,用最小二乘法计算,整理成如下形式

$$\tau_f=\tau'_0+\lambda' z \quad (11-43)$$

式中,τ'_0 为截距,kPa;λ' 为斜率。

2. 稳定分析

对软土地基上的一个堤坝断面，假设 ABD 为滑动面，见图 11-13，则抗滑稳定安全系数为

$$K_h=\frac{M_{抗}}{M_{滑}} \tag{11-44}$$

滑动力矩为

$$M_{滑}=\sum_{i=1}^{n}W_i d_i \tag{11-45}$$

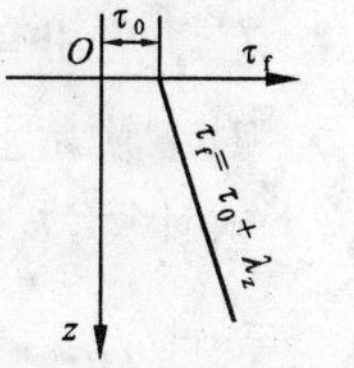

图 11-12　地基土强度随深度的变化曲线

式中，W_i 为堤坝部分分条质量；d_i 为分条的质心到滑动圆心的距离；n 为条数。

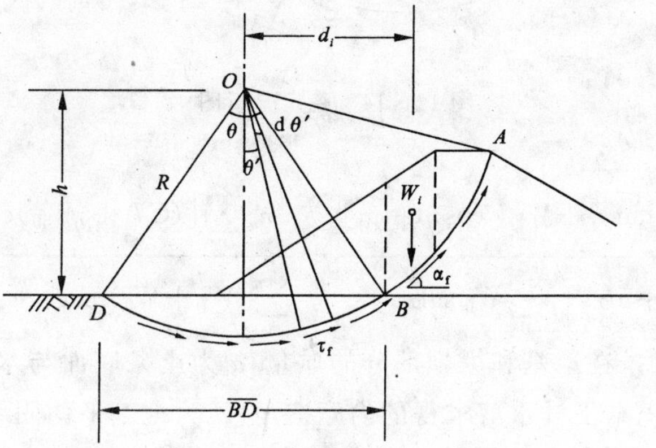

图 11-13　强度随深度增加时稳定分析图

由于地基部分的土重作用线通过圆心，因此滑动力矩为 0。

抗剪力矩

$$M_{抗}=(M_{抗})_{\widehat{BD}}+(M_{抗})_{\widehat{AB}}$$

$$(M_{抗})_{\widehat{BD}}=2\int_0^{\theta/2}\tau_f R^2\,d\theta'$$

将式(11-43)代入，得

$$(M_{抗})_{\widehat{BD}}=2\int_0^{\theta/2}[\tau_0+\lambda'(R\cos\theta'-h)R^2\,d\theta']=R^2[(\tau_0-\lambda'h)\theta+\lambda'\overline{BD}]$$

$$(M_{抗})_{\widehat{AB}}=\eta_m R\sum_A^B[C_u l_i+\eta W_i\cos\alpha_i\tan\varphi_u] \tag{11-46}$$

式中，η_m 为坝体抗滑力矩折减系数，可取 0.6～0.8；η 为强度指标折减系数，可取 0.5；C_u、φ_u 分别为坝体土体固结不排水剪强度指标。

最后可得

$$K_h=\frac{\eta_m R\sum_A^B[C_u l_i+\eta W_i\cos\alpha_i\tan\varphi_u]+R^2[(\tau_0-\lambda'h)\theta+\lambda'\overline{BD}]}{\sum_{i=1}^{n}W_i d_i} \tag{11-47}$$

选取不同的滑动面进行计算，要求最小安全系数 $K_{h\,min} \geqslant 1.2 \sim 1.5$。

(二)应用有效固结压力强度指标的稳定分析方法

对于软黏土上的堤坝断面(图 11－14)，采用条分法进行稳定分析，抗滑稳定安全系数可按下式计算。

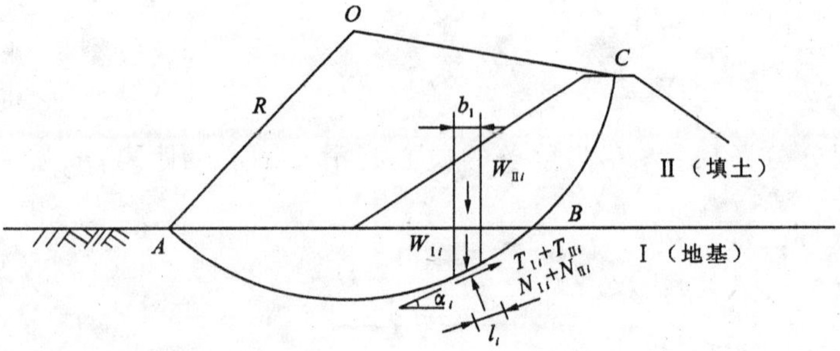

图 11－14 稳定分析图

$$K_h = \frac{\sum_A^B [C_u l_i + W_{\mathrm{I}i}\cos\alpha_i \tan\varphi_u + W_{\mathrm{II}i}\overline{U}\cos\alpha_i \tan\varphi_{cu}]}{\sum_A^B (W_{\mathrm{I}} + W_{\mathrm{II}})_i \sin\alpha_i + \sum_B^C W_{\mathrm{II}i}\sin\alpha_i} + \frac{\eta_m \sum_B^C [(C_u l_i + \eta W_{\mathrm{II}i})\cos\alpha_i \tan\varphi_u]}{\sum_A^B (W_{\mathrm{I}} + W_{\mathrm{II}})_i \sin\alpha_i + \sum_B^C W_{\mathrm{II}i}\sin\alpha_i} \quad (11-48)$$

式中，W_{I}、W_{II} 分别为土条在地基和堤坝部分的质量；α_i 为土条底面与水平面夹角；C_u、φ_u 为不排水剪强度指标；φ_{cu} 为固结不排水剪求得的内摩擦角；$\overline{U}$ 为地基平均固结度。

由式(11－48)还可推算维持地基稳定的各级荷载：

(1)令 $\overline{U}=0$，根据设计要求的安全度 K_h，由式(11－48)推算第一级荷载。

(2)第一级加荷结束后，地基强度提高，将 $W_{\mathrm{II}i}\overline{U}\cos\alpha_i\tan\varphi_{cu}$ 一项计算进去，再令 $\overline{U}=0$，由 K_h 推算第二级荷载。

(3)依此类推，就可确定一个加荷计划。

第四节 排水固结的施工

排水固结的施工包括三个部分：铺设水平垫层、设置竖向排水体和施加荷载。

一、水平排水垫层的施工

铺设水平排水垫层的目的：①连通排水体，把土体中渗出的水迅速排出，同时防止土颗粒堵塞排水通道；②对软黏土地基起持力层的作用。

1. 垫层材料

砂垫层的砂料宜用中粗砂，渗透系数不低于 1×10^{-3} cm/s，含泥量小于 5%，无杂质，无有机质；砂料中可混有少量粒径小于 50mm 的石粒，一般不宜用粉砂或细砂；砂垫层的干密度应大于 $1.5\mathrm{t/m^3}$。

2. **水平排水系统设置**

在水平垫层预压区应设置与砂垫层相连的盲沟，盲沟可平行布置（图 11－15），并与集水井连通，通过水泵把水排出。盲沟中可采用粒径 30～50mm 的碎石或砾石，盲沟的尺寸与其布置型式和数量有关。设计时可采用达西定律计算排水量，即

$$q=kAi/5 \tag{11-49}$$

式中，q 为盲沟单位时间排水量，对饱和土等于其负担面积单位时间土体的体积压缩量，cm^3/s；i 为水力梯度，一般为 0.01～0.05；k 为材料渗透系数，cm/s；A 为盲沟断面面积，cm^2。

若砂粒来源较困难，也可采用网状布置的砂沟代替整片砂垫层（图 11－16），并与集水井连通。砂沟的宽度为 2～3 倍砂井直径，一般深度为 40～60cm。

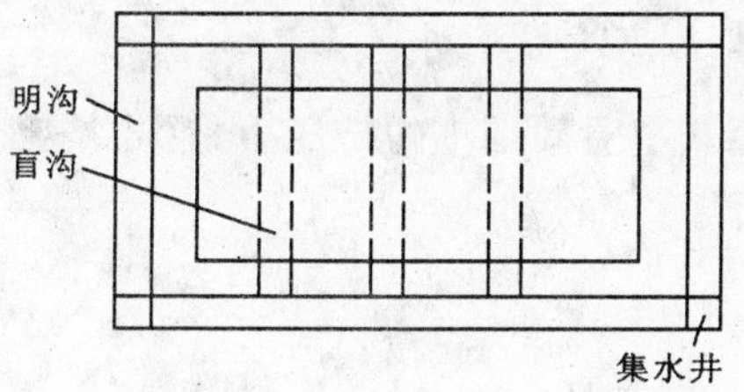

图 11－15　水平排水系统设置

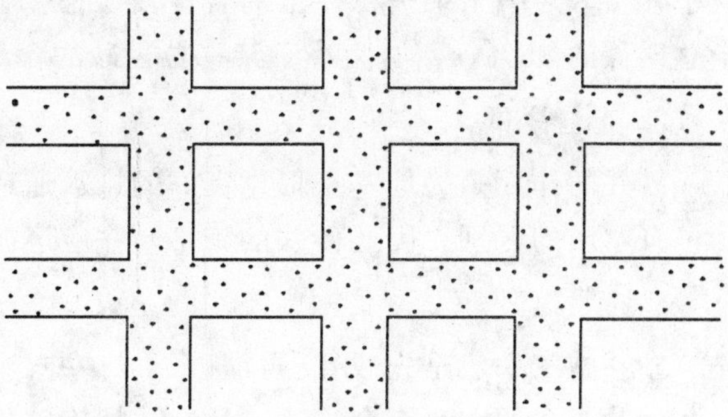
图 11－16　砂沟排水构造

为便于排水，有时水平垫层可从中心地段往四周留一定坡度。

3. **垫层厚度**

排水垫层的厚度，一方面要求保证从土中渗出的水能及时排出，另一方面能满足施工设备施工时的承载要求。

一般情况下垫层厚度可取 30～50cm。对新填不久的或无硬壳层的软黏土，应根据具体土质条件和砂井施工机械的性能，采用厚的或混合料排水垫层。

水下施工时，由于砂垫层的质量和铺砂厚度不易掌握，一般可取 0.8～1.0m。

4. **垫层施工**

水平砂垫层的施工方法应根据地基土表面的承载情况进行选择。当地基土表层有硬壳层，可承受一般机械运行时，可用机械铺砂，采用机械分堆摊铺法或顺序推进摊铺法。当地基较软不能承受机械运行时，可选用人力车或轻型皮带输送机由外向里或从一边向另一边铺设，或采用铺设荆笆或其他透水性好，具有足够抗拉强度的编织物、土工聚合物等，也可使用水力吹填法，形成砂垫层以改善软土的持力条件。

5. **施工要点**

(1)垫层平面尺寸和厚度符合设计要求。厚度误差不超过 10%，每 $100m^2$ 挖坑检验；

(2)与竖向排水体连接好，不允许混入杂物、黏土、淤泥等，以防堵塞排水通道；

(3)避免对地基土产生扰动；

(4)对真空预压垫层,其面层 4cm 厚度范围内不得有带棱角的硬物。

二、竖向排水体的施工

(一)砂井施工

1. 砂井材料

砂井的砂料应采用中粗砂,其渗透系数宜大于 1×10^{-2}cm/s。砂料应干净,不含草根等杂物,含泥量不超过 3%。

砂粒的级配要求满足下式,以保证其具有一定的反滤作用。

$$4d_{15(土)}\leqslant d_{15(砂)}\leqslant 4d_{85(土)} \tag{11-50}$$

式中,$d_{15(土)}$为小于某一粒径土的含量占土总质量的 15%;$d_{85(土)}$为小于某一粒径土的含量占土总质量的 85%;$d_{15(砂)}$为小于某一粒径砂的含量占砂总质量的 15%。

2. 施工顺序

砂井的作用是为地基土提供良好的排水通道,要求尽量减小对周围土的挤压力,这与挤密砂桩有本质的区别。因此砂井的施工顺序应遵循"先中间后周边"的原则。

3. 施工工艺

砂井施工一般是先成孔,再灌砂形成砂井。

砂井成孔的方法有套管法、射水法、螺旋钻成孔法和爆破法,其中以套管法和射水法应用较广泛。

(1)套管法。套管法是将带有活瓣桩尖或套有混凝土端靴的套管沉入到土层预定深度后,再灌砂、拔管形成砂井。根据沉管工艺的不同,又分为静压沉管法、锤击沉管法、锤击静压联合沉管法和振动沉管法。

振动沉管法是国内常用的施工方法,利用低频振动锤将带有活瓣桩尖的桩管沉入土中到设计深度后,上提 50~100cm,再灌砂,然后边拔边振,最后在土中形成砂井。

在施工过程中,由于砂粒总是含有一定的水分,使砂粒间存在一定的毛细黏聚力,这种黏聚力与管壁的摩擦力共同作用,使砂容易形成拱状结构,从而在提管时易把砂料带上来,造成砂井缩颈或夹泥,甚至大量的砂在土压力作用下顶托回冒。为保证灌砂量及砂井的连续性,最简单的方法是往管内灌水,一方面可消除毛细黏聚力,另一方面由于水的润滑作用可大大降低砂与管壁的摩擦阻力。具体作法是:沉管到设计深度;向管内灌水,直到桩管充满水为止;灌砂;拔管。上拔过程中要保证两点:①边振边拔;②水面高出砂面,砂面高出自然地面。

(2)射水法。射水法是利用射水管射出的高速水流的冲击及环刀的机械切削作用,破坏土体,形成具有一定直径和深度的砂井孔,然后灌砂形成砂井。

1)主要机具设备。

①高压水泵:可根据地基土的性质及砂井直径选择。对于软土地区可选择压力为 1MPa、流量为 25~40m^3/h 的水泵。若压力达不到要求,可采取水泵串联的方式。

②冲管:如图 11-17 所示。由冲套(一般为 Φ300~700mm 的无缝钢管)、中心管(可使用普通钻杆)、喷嘴及环刀(或三角形翼片)等部分组成。环刀可拆卸更换,其直径取决于砂井直径,一般比砂井直径小 20mm。

③卷扬机：要求起落灵活，操作方便。提升能力约为冲管质量的2倍。

另外，还有钻架，由钻架将冲管吊起，在冲管上端接有水接头，用耐压胶管与高压水泵相连。

2)施工工艺。

①施工机具就位，在预定孔位上，先挖一个小坑，深约200～300mm，并埋设护筒，以防止井口泥土塌落。

②将冲管吊到小坑上，保持垂直并对准小坑中心。

③开动水泵开始冲水，同时操纵卷扬机，使冲管上下冲切，冲程约300～500mm，冲切频率可取15次/min。在高压水及环刀作用下，土粒与水形成泥浆，溢出地面并从排水沟流走。冲管在自重作用下不断下沉，直至设计深度。

④到达设计深度后，将冲管提离孔底0.5～1.0m，清孔2～3min。

⑤提出冲管，向孔内灌砂，形成砂井。

3)施工要点。

①施工过程中要控制好冲孔水压力和时间。

②砂井的灌砂量按砂在中密状态的干密度计算，并保证灌砂率不小于95%。

③做好清孔工作。孔内泥浆会降低砂料的渗透性，对排水固结不利。

④做好泥浆排放工作，避免影响水平排水垫层的排水性能。

⑤若地基中存在土质很软的淤泥，难以保证砂井的直径和连续性，使用要慎重。

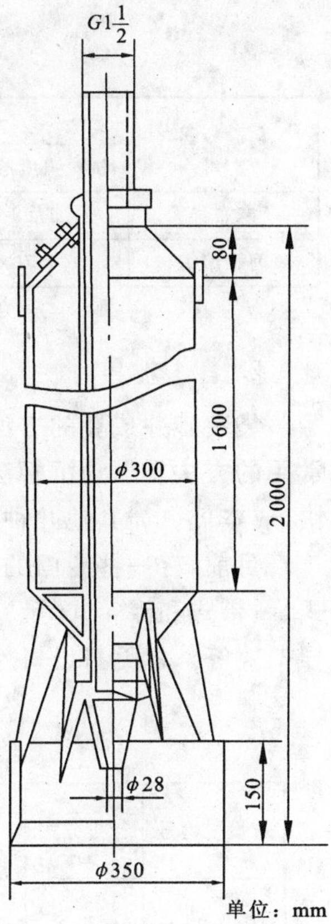

图11-17　某工程使用的冲管构造图

⑥灌砂完毕后，在井口上多倒半车砂，使之高出自然地面，以保证井口有良好的透水性。

4. 砂井施工的质量要求

(1)保持砂井连续和密实，并且不出现颈缩现象。

(2)尽量减少对周围土的扰动。

(3)砂井的长度、直径和间距应满足设计要求。

(4)砂井位置的允许偏差为该井的直径，垂直度的允许偏差为1.5%。

(二)袋装砂井施工

袋装砂井用具有一定伸缩性和抗拉强度很高的编织袋装满砂子，放入桩孔中形成竖向排水体。与普通砂井相比，它基本上解决了大直径砂井所存在的问题，能保证砂井的连续性，打设设备轻型化，用砂量大大减少，工效高，造价较低。国内袋装砂井的直径一般为7～10cm，间距为1.5～2.0m，井径比为15～20。

1. 砂袋材料要求

袋装砂井的编织袋应具有良好的透水性，袋内砂不易漏失，袋子材料应有足够的抗拉强度，能承受袋内砂自重及弯曲产生的拉力，要有一定的抗老化性能和耐环境水腐蚀的性能。

国内常用的编织袋有麻布袋和聚丙烯编织袋，其力学性能见表 11-4。

表 11-4 砂袋材料力学性能

材料名称	抗拉试验		弯曲 180°试验			渗透性/(cm/s)
	抗拉强度/MPa	伸长率/%	伸长率/%	破坏情况	弯心直径/cm	
麻布袋	1.92	5.5	4	完整	7.5	
聚丙烯编织袋	1.70	25	23	完整	7.5	>0.01

2. **施工机具**

袋装砂井成孔的方法有锤击打入法、射水法、静力压入法、钻孔法和振动沉管法等。目前常用的方法是振动沉管法，由这种方法施工的袋装砂井较密实，不易断桩，排水效果较好，速度快，成本低。而其他几种施工方法技术难度较大，工艺复杂，砂料不易密实，速度也慢。

目前，有一些专门的振动沉管法打设机械，其行走方式有：走管移动式、轨道滚动式、步履式、履带式和浮箱式等。使用较普遍的打设设备有轨道门架式、履带臂架式、步履臂架式、吊机导架式等。常见打设机性能见表 11-5。图 11-18 为施工机械外形图。

表 11-5 打设机性能表

打设机型号	行走方式	套管驱动方式	整机质量/t	整机外形尺寸/(m×m×m)	接地压力/kPa	打设深度/m	打设效率
RC-110	履带式	链条静压式	12.99		10.98	10.5	
SM-1500A（底盘型号）（日本）	浮箱式、履带式	振动式	81.6		29 31.4	20	60～80 根/台班
QDS22	轨道式	振动式	12	（长×宽×高）8×6.35×26	15	22	1 500m/台班
IJB-16	步履式	振动式	15	（长×宽×高）7.6×5.3×15	50	10	1 000m/台班
SSD-20	履带式	振动式	34	（长×宽×高）12×12.75×26.6	10	20	1 500m/台班
ZM-19	轨道式	振动式	18	（长×宽×高）9×8×23	23	20	1 000m/台班

3. **施工工艺**

(1)袋装砂井法施工程序。

施工程序为：放线测量→机具定位→设置桩尖（桩靴）→沉管成孔→投送砂袋→拔管成桩。

(2)施工方法。

1)灌砂：灌砂有两种方式：①先投后灌法。沉管到设计深度后，把已灌了一节（约 0.5～

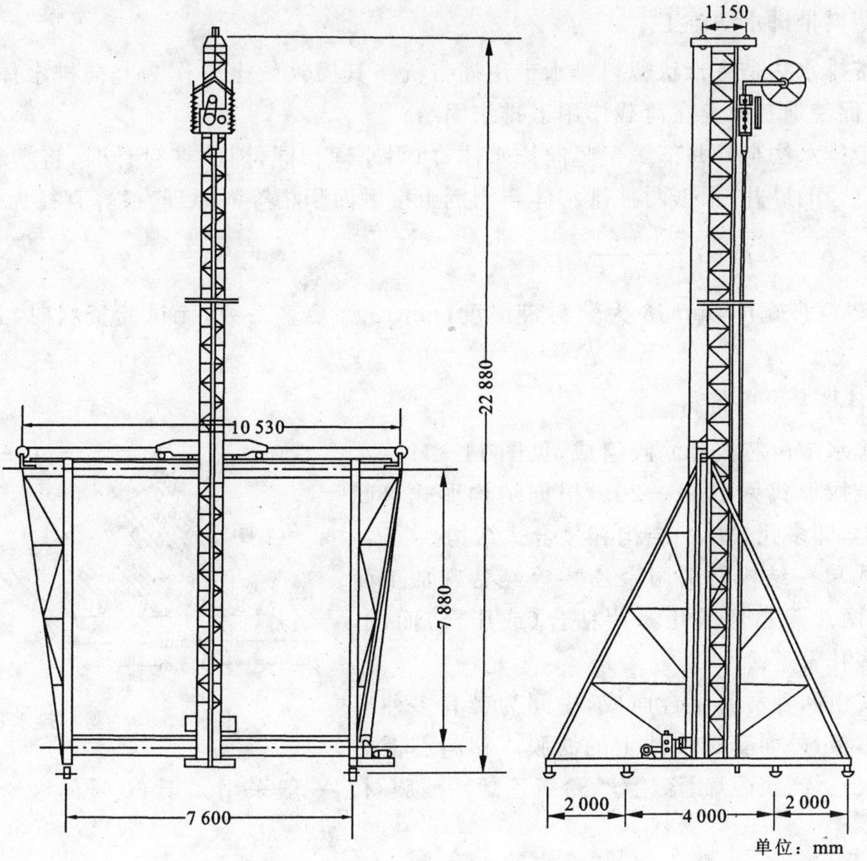

图 11－18　ZM－19 门架式打设机

1.0m)砂的砂袋缓慢地投送到沉管内直至管底，然后用漏斗灌砂(或振动灌砂)；②先灌后投法。在施工现场用漏斗往砂袋灌砂，边灌边抖，使之密实，直至灌满。

2)沉管：先将沉管压入土中 10～20cm[以防桩尖(靴)封闭不严而进土]后，开动振动锤，使桩管下沉，直至设计深度。

3)吊送砂袋与拔管成桩：用提升机具将灌好的砂袋起吊，送入桩管直至孔底。然后，缓慢地起拔桩管，砂袋留在地基中成桩。

4. **施工要点**

(1)灌入砂袋的砂宜用干砂，并灌制密实，袋口应扎紧；

(2)砂袋长度应比砂井深度长 50cm，使其放入井孔后能露出地面，以便埋入排水砂垫层中；

(3)拔管后，砂袋的上提长度不宜超过 50cm；

(4)为减少砂袋与管壁的摩擦，可往管内灌水；

(5)砂袋入口处的导管应设凹弧形的滚筒；

(6)袋装砂井施工时所用桩管内径应比砂井直径大 1.0～1.5cm，以减少施工过程中对地基土的扰动；

(7)袋装砂井施工时，平面井距偏差不大于井径，垂直度偏差宜小于 5%。

(三)塑料带排水法施工

塑料带排水法是将带状塑料排水带用插带机将其插入软土中作为竖向排水体,通过改善排水条件,促使地基软土在荷载作用下排水固结。

塑料带排水法与砂井都属于竖向排水体,加固原理相同,因此在设计时,将塑料排水带换算成相当直径的砂井,根据两种排水体与周围土接触面积相等的原理,换算直径为

$$D_r=\alpha\frac{2(b+\delta)}{\pi} \tag{11-51}$$

式中,b 为塑料带宽度,mm;δ 为塑料带厚度,mm;α 为换算系数,无试验资料时,α 取 0.75~1.00。

1. 塑料排水带的结构

塑料排水带由芯板和滤膜组成,见图 11-19。常见的断面结构形式见图 11-20。根据结构形式可归纳为两大类,即多孔式单一结构和复合式结构。

多孔式单一结构材料用聚乙烯等经特殊加工而成,表层为两片聚乙烯微孔薄片粘合(或压合)而成,中间具有多孔管道。

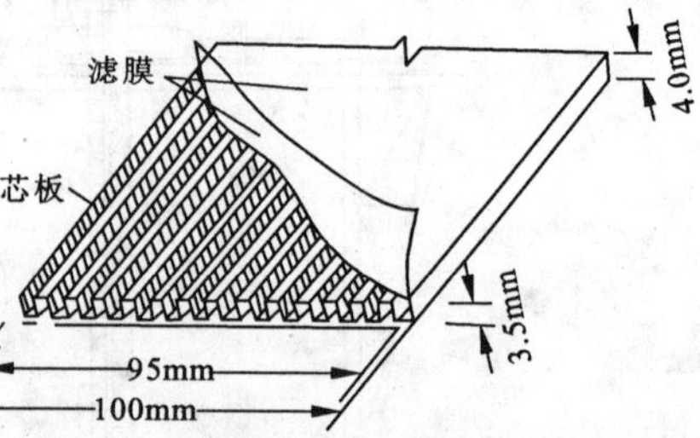

图 11-19 塑料排水带

复合式由两种材料组合而成,中间为带有多种通水孔道的芯板,外面套透水挡土的滤膜。塑料芯板的材料多为聚乙烯、聚丙烯、涤纶丝、聚氯乙烯。滤膜材料一般采用大于 60 号的涤纶纤维,含胶量大于 35%。

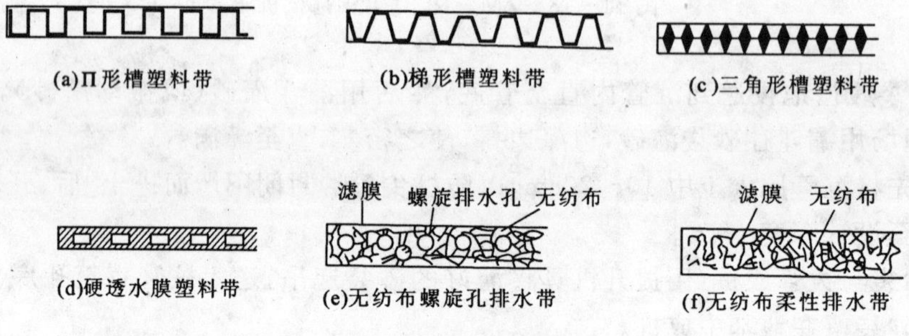

图 11-20 塑料排水带断面构造

2. 塑料排水带的性能

在土中设置塑料排水带后,在荷载作用下,土层中的渗透水通过滤膜渗入芯板沟槽内,并通过沟槽从排水垫层中排出。根据这一结构形式,要求滤膜的透水性好,与土接触后其渗透系数不低于中粗砂,排水沟槽保证排水通畅,受到土压力后过水断面不减小,耐酸,耐碱。

具体要求:①滤膜的渗透系数不小于 5×10^{-4} cm/s,纵向通水量不小于 15~40cm^3/s;②芯板的抗拉强度≥10~15N/mm,滤膜的抗拉强度,干态时不小于 1.5~3.0N/mm,湿态时不小于 1.0~2.5N/mm,整个排水带反复对折 5 次不断裂。

各种塑料排水带性能见表 11-6。

表 11-6　常见塑料排水带性能表

项目	指标		SPB-1	SPB-2	SPD-2	SPD-3	SVD1	SVD2
芯板	单位长度质量/(g/m)		90～100	100～110	100～120	110～120	83.4	85.4
	厚度/mm		>3.5	>4.0	>4.0	>4.0	7.4	7.5
	宽度/mm		100±2	100±2	100±2	100±2	99.8	99.8
	纵向通水量/(cm^3/s)		15	25	25	40	30.2	40.1
	抗拉强度/(N/cm)		>100	>130	>130	>150	145	210
	延伸率/%		<10	<10	10	10	10	51
滤膜	渗透系数/(cm/s)		5×10^{-4}	5×10^{-4}	5×10^{-4}	$>5\times10^{-4}$	3.13×10^{-4}	
	抗拉强度/(N/cm)	湿态	>15	>30	>25	>30	46.4	80
		干态	>10	>20	>20	>20	22.6	74
	隔土性/μm		<75	<75	<75	<15		

3. **塑料排水带施工**

(1)施工机械。由于塑料排水带打设机械是在软土上作业,因此要求:①具有较低的接地压力和较高的稳定性;②插带速度快,对地基土扰动小;③移位迅速,对位容易等。

打设机械一般由行走装置和工作装置组成。

行走装置有履带式、轨道式、滚动式、步履式、履带浮箱式等,其中以履带式和轨道式最为常用。

工作装置包括导架、套管、驱动装置和电器控制装置等。

常见的打设机性能见表 11-5。图 11-21 为 IJB-16 型步履式插板机。

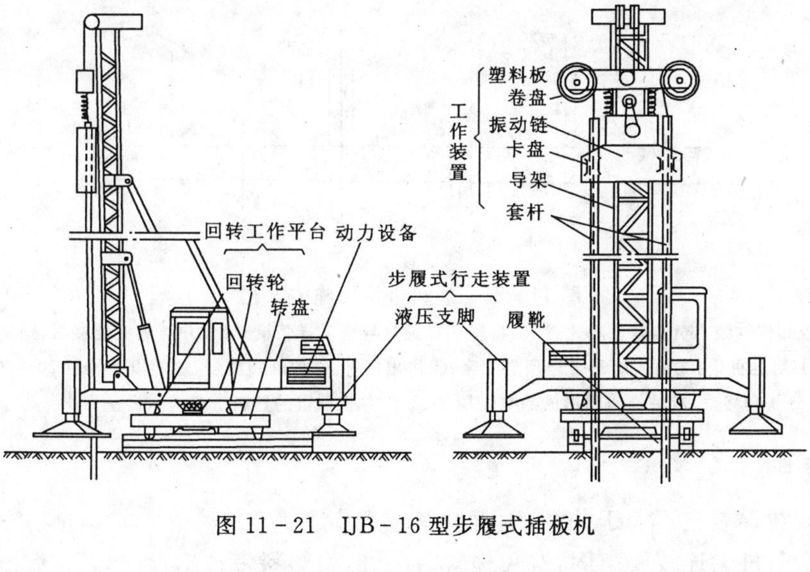

图 11-21　IJB-16 型步履式插板机

(2)导管靴与桩尖。打设塑料带的导管靴有圆形和矩形两种。桩尖因导管靴断面不同而异，其作用是在施工过程中防止淤泥进入管内，防止回带及锚定塑料带等。

常见的桩尖形式见图 11－22～图 11－24。

图 11－25 为与图 11－23 和图 11－24 配合使用的导管靴。

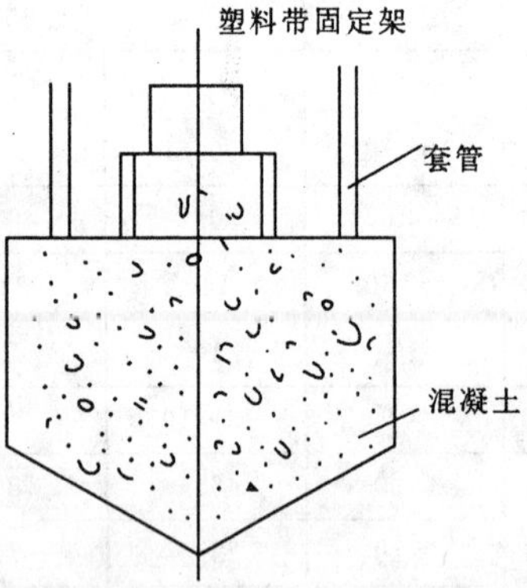

图 11－22 混凝土圆形桩尖

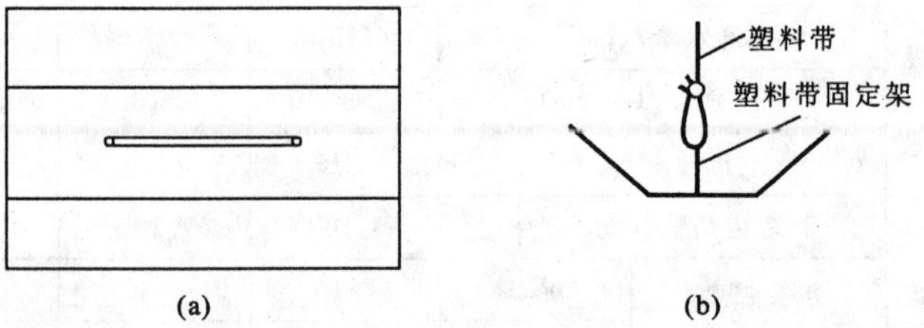

图 11－23 倒梯形桩尖示意图

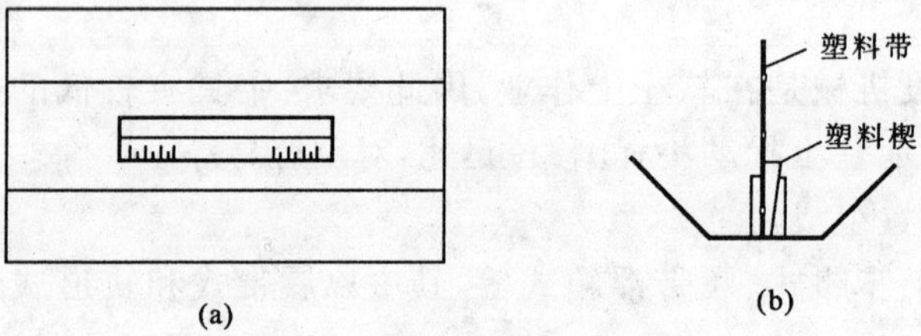

图 11－24 楔形固定桩尖示意图

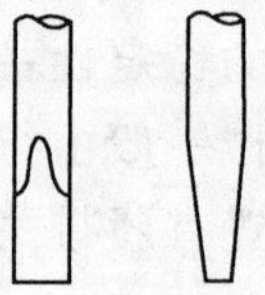

图 11－25 导管靴示意图

(3)施工工艺。塑料带排水施工工艺流程见图 11－26。

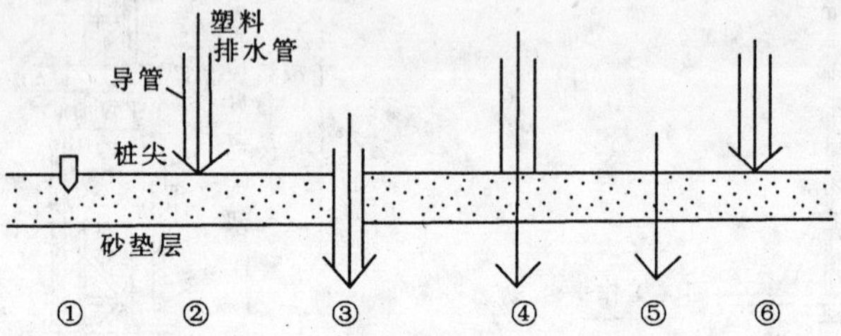

图 11－26 塑料带排水施工工艺

①用经纬仪放线，定位，打设小木桩；②将塑料带通过导管从导管靴穿出，并与桩尖连接后，贴紧导管靴，并对准桩位；③插入塑料带至预定深度；④拔出插管；⑤剪断塑料带，地面以上预留 20～30cm；⑥移位，对桩位四周形成的空隙用砂回填，并将预留的塑料带叠埋入砂垫层中

4. **施工要点**

(1)点位放线误差应不大于井径，垂直度偏差宜小于 1.5%；

(2)塑料带与桩尖连接要牢固，避免提管时脱开，将塑料带拔出；

(3)防止出现滤膜破损、断裂或扭结等现象；

(4)桩尖平端与导管靴配合要适当，避免错缝，防止淤泥在打设过程中进入导管；

(5)打设机上设有进尺标志，严格控制塑料带打设深度，如塑料带拔起 2m 以上者应补打；

(6)塑料带连接方法采用滤膜内平搭接法，即剥开滤膜，使芯板顺槽搭好，搭接长度不小于20cm，然后包好滤膜，用钉板机钉牢。

三、预压荷载的施工

预压荷载的施工一般分三类：①利用建筑物自重加压；②施加外部荷载（堆载预压施工）；③减小地基土的孔隙水（真空预压的施工）。

(一)利用建筑物自重加压

利用建筑物自重加压就是在未经预压的天然软土地基上直接建造建筑物。此法适用于以地基的稳定性为控制条件，能适应较大变形的建筑物，如路堤、土坝、贮矿场、油罐、水池等。这一方法经济有效，但要注意加荷速率与地基土强度的适应性，在每级荷载作用下，待地基土强度提高后，才建造下一级建筑物，分阶段依次进行。

(二)堆载预压

1. 施工工艺

堆载预压的材料一般以石砂、砂、砖等不污染环境的散体材料为主。其施工工艺流程见图11－27。

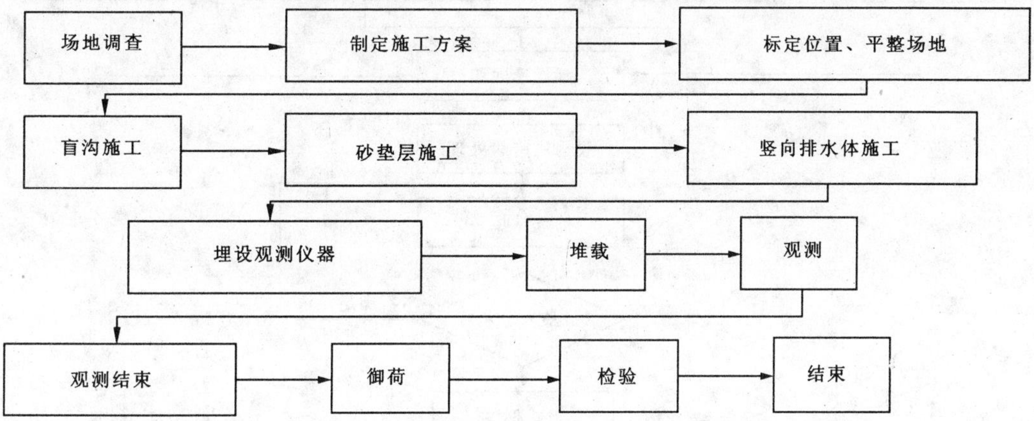

图 11－27　堆载预压施工工艺流程图

2. 施工要点

(1)堆载面积要足够，预压堆载顶面面积应大于建筑物的面积；

(2)严格控制加荷速率，保证在各级荷载作用下地基的稳定性；

(3)对打入式砂井地基，应待被扰动的地基土强度恢复后再加载，不可急于求成；

(4)堆载施工时，分级加荷的堆载高度偏差不应大于本级荷载折算堆载高度的±5%，最终堆载高度不应小于设计总荷载的折算高度。

3. 施工控制

一般通过沉降、边桩位移及孔隙水压力等观测资料进行控制。沉降控制每天不超过10～15mm，边桩位移每天不超过4～6mm。孔隙水压力控制可把观测资料整理成$p-u$曲线，当曲线斜率陡增时，认为该点已发生剪切破坏；或由u/p值控制，要求$u/p \leqslant 0.5$。

(三)真空预压施工

1. 施工工艺

真空预压施工工艺流程见图11-28。

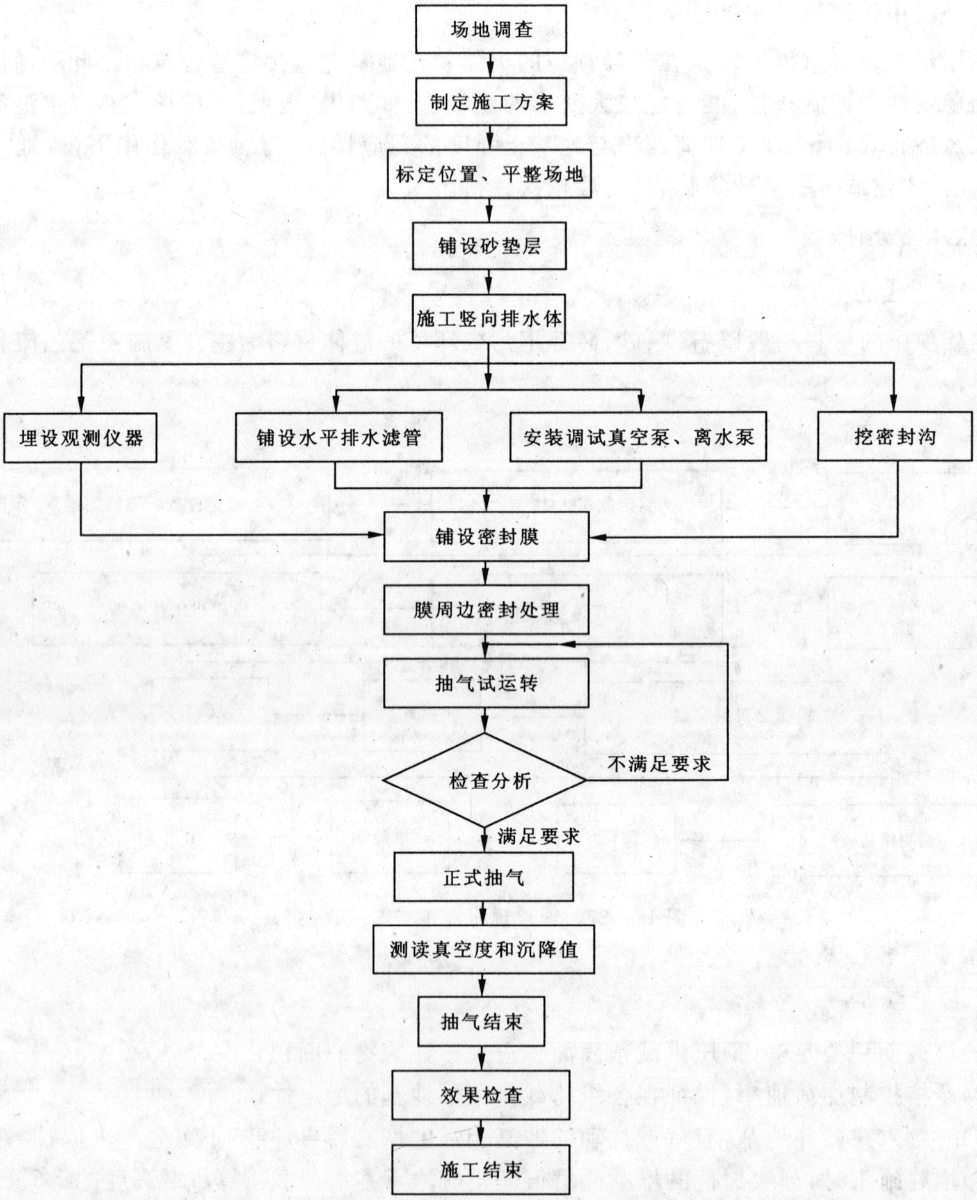

图11-28 真空预压施工工艺流程图

2. 施工设备

施工设备包括真空泵和一套膜内、外管路。

(1)真空泵。可采用普通真空泵或射流真空泵，一般以射流真空泵应用较多。射流真空泵由射流箱及离心泵组成，见图 11-29。离心泵一般选用 3BA-9 型。要求射流真空泵空载时的真空度不小于 96kPa，膜下的真空度达到 80kPa。真空泵的设置应根据预压面积大小、真空泵效率大小由工程经验确定，一般一台高质量的真空泵在施工初期可负担 1 000～1 200m² 的加固面积，后期可负担 1 500～2 000m² 的加固面积。

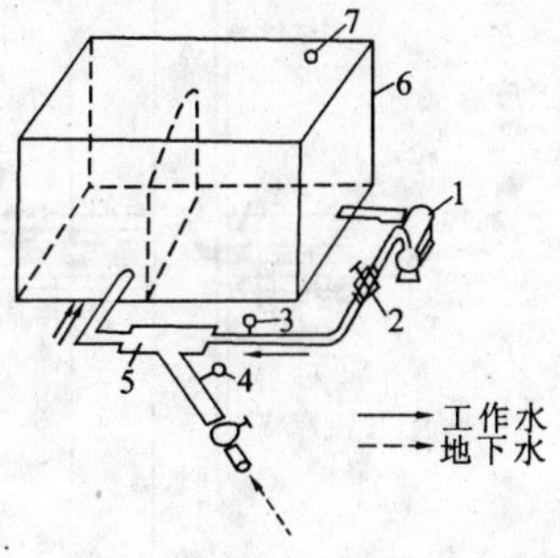

图 11-29 射流真空泵工作原理图

1—水泵；2—阀门；3—压力表；4—真空表；5—射流泵；6—水箱；7—溢流管

(2)膜外管路。膜外管路由止回阀、截止阀和管路组成，与射流装置相连。过水断面应能满足排水量要求，且能承受 100kPa 的径向压力而不产生变形破坏。

(3)膜内管路。膜内管路是指水平排水滤管，一般常用直径为 ϕ60～70mm 的铁管或硬质塑料管。滤水管一般加工成 5m 一根，滤水部分钻有 ϕ8～10mm 的滤水孔，孔距 5cm，三角形排列，见图 11-30。滤水管外绕 ϕ3mm 铅丝，圈距 5cm，外包一层尼龙窗纱布，再包滤水材料构成滤水层。

滤水管在平面上一般布置成条形或鱼刺形，见图 11-31。

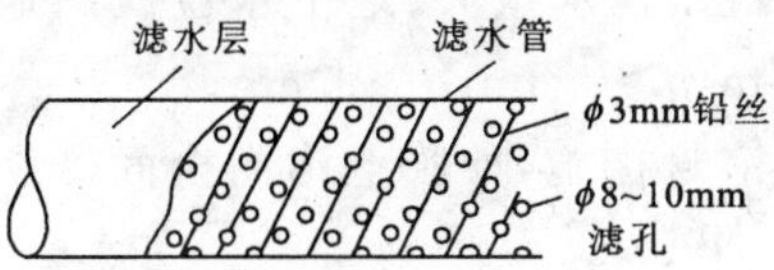

图 11-30 滤水管结构图

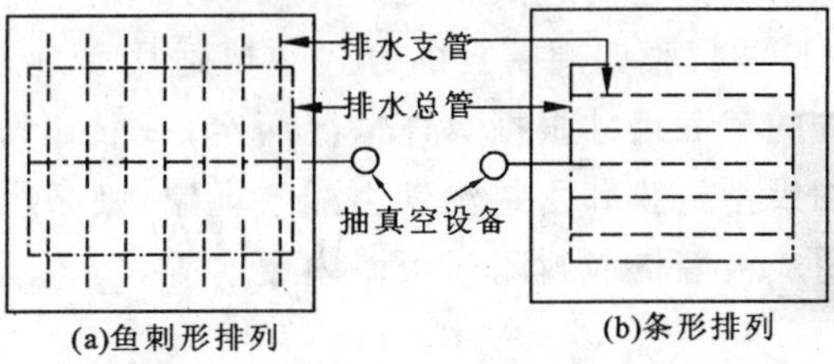

图 11-31 滤水管的平面布置图

滤水管的排距一般为 6～10m，最外层滤水管距场地边的距离为 2～5m。滤水管之间的连接采用软管，以适应场地沉降。

滤水管埋设在水平排水砂垫层的中部，其上覆 10～20cm 砂垫层，防止滤管上尖利物体刺破密封膜。

(4)膜内、外管路的连接。膜外管与膜内水平排水滤管的连接见图 11-32。

3. 密封系统

密封系统由密封膜、密封沟和辅助密封措施组成。

(1)密封膜。密封膜一般选用聚乙烯或聚氯乙烯薄膜，其性能见表 11-7。

为保证整个预压过程中的密封性，塑料膜一般宜铺 3 层。

(2)密封方式。在预压过程中既要保证密封膜的密封性，又要把握好膜四周的密封。对膜四周的密封要注意两点：一是膜与软土的接触有足够的长度，以保证有足够长的渗透路径；二是膜周边密封处应有一定的压力，保证膜与软土接触紧密。

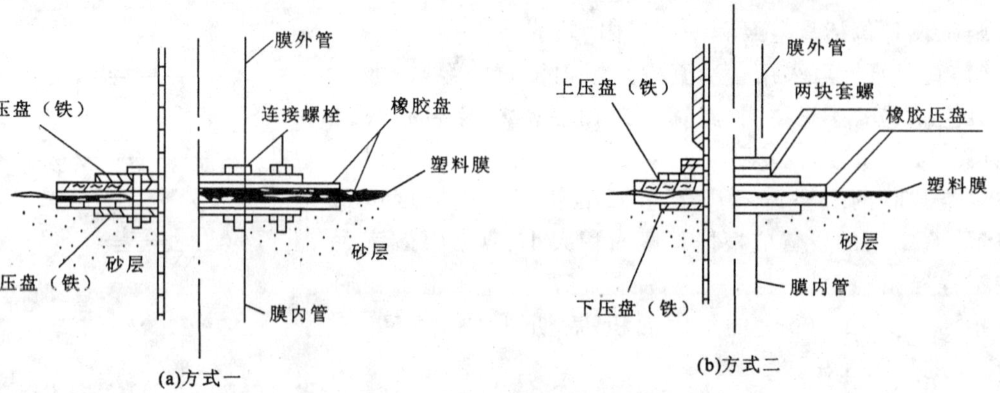

图 11-32　膜内、外管连接方式(出膜装置)

表 11-7　塑料密封膜性能表

抗拉强度/MPa		伸长率/%		直角断裂强度/MPa	厚度/mm	微孔/个
纵向	横向	断裂	低温			
≥18.5	≥16.5	≥220	20～45	≥4.0	0.12±0.02	≤10

膜四周的密封方式常见的有两种:一是采用挖沟折铺膜,见图 11-33;二是常用平铺膜,见图 11-34,膜四周密封的方式主要适用于地基土颗粒细密、含水量大、地下水位浅的地区。密封沟的截面尺寸根据具体情况而定,一般 a 为 1.3～1.5m,b>0.8m,d>0.8m。

如果密封膜和密封沟发生漏气现象,则必须采取辅助密封措施,如膜上沟内全面覆水,采用封闭式板墙桩或封闭式板墙内覆水等。

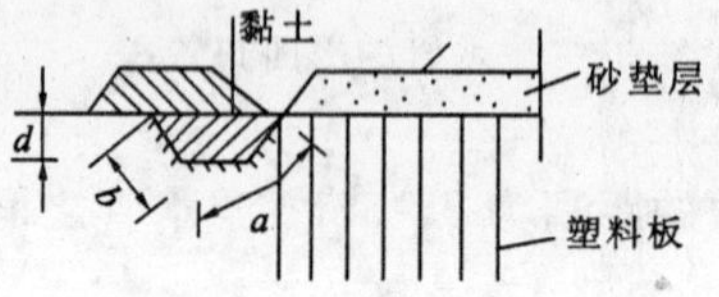

图 11-33　密封沟示意图

a—密封膜与密封沟内坡密封性好的黏土接触长度;
b—密封沟的密封长度;d—密封沟深度

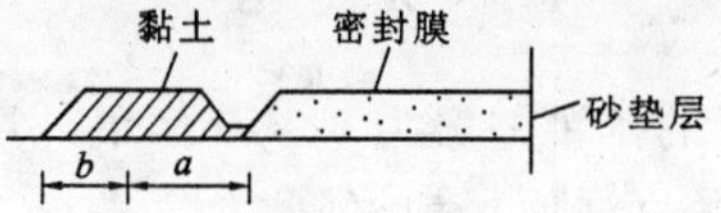

图 11-34　平铺膜示意图

a—密封膜与密封沟内坡密封性好的黏土接触长度;
b—密封沟的密封长度

4. **施工要点**

(1)射流箱内应注满水并保持低温,真空泵空载下真空度应超过 96kPa,抽气阶段膜内真空度应大于 80kPa;

(2)冬季抽气时,应避免长时间停泵,否则易发生管冻结堵塞现象;

(3)气温高时,加工完毕的密封膜应堆放在阴凉通风处,堆放时给塑料膜之间适当撒放滑石粉,堆放时间不宜过长,以防相互黏结;

(4)两个预压区的间隔不宜过大,应根据工程要求和土质决定,一般以 2～6m 较好,应避免两预压区的分界线横过建筑物；

(5)如果密封沟或两侧有碎石或砂层等渗透性好的夹层存在，应将该夹层挖除干净，回填40cm厚的软黏土；

(6)铺设滤水管时，滤水管之间要连接牢固，避免抽气后杂物进入射流装置；

(7)停止预压后，地基土固结度应大于80%。预压沉降的稳定标准为连续5d，实测沉降速率不大于2mm/d。

第五节　施工观测及质量检验

施工过程中需要进行观测的项目有：孔隙水压力、沉降、边桩水平位移、真空度等。需要检验的内容主要是地基土的物理力学性能指标。

一、地基土的物理力学性能指标检验

(1)对以抗滑稳定性为控制的工程，应在预压区内选择代表性地点预留孔位。在加载的不同阶段进行不同深度的十字板抗剪强度试验和取土样进行室内土工实验，以验算地基的抗滑稳定性，并检验地基的处理效果。

(2)预压后的地基应进行十字板抗剪强度试验及室内土工试验等，以检验处理效果。

二、孔隙水压力观测

1. 观测仪器

目前常用的有双管式孔隙水压力计和钢弦式孔隙水压力计，分别见图11-35和图11-36。

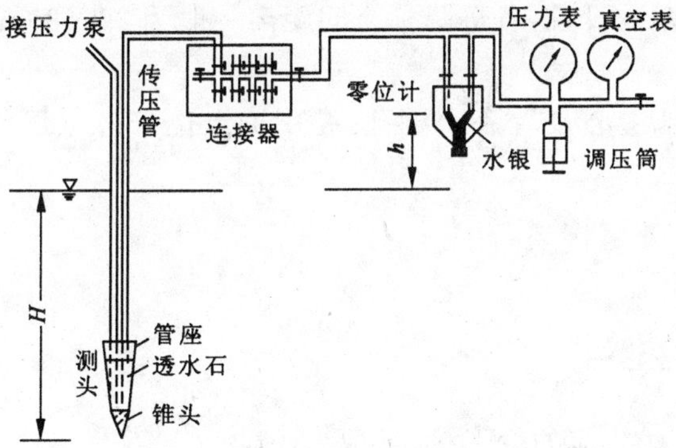

图11-35　双管式孔隙水压力计

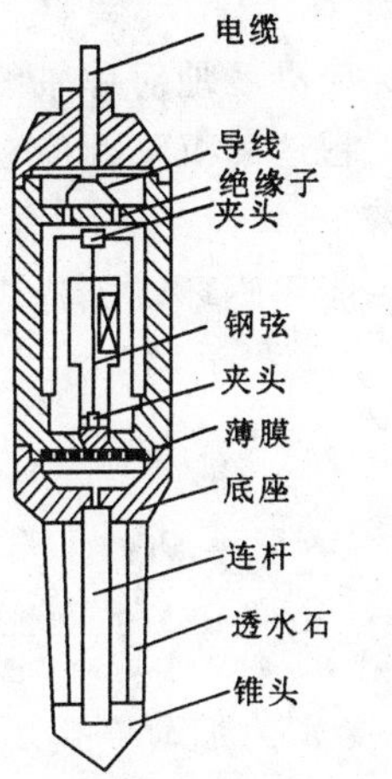

图11-36　钢弦式孔隙水压力计

2. 观测点布置

对堆载预压工程，一般布置在场地中央、堆载坡顶部处及堆载坡脚处不同深度。对真空预压工程只需在场内设几个测孔。测孔中垂直测点布置距离为1～2m，不同土层也应设置测点，

测孔深度应大于待加固地基深度。

3. 资料应用

(1)计算固结度。

$$u=\frac{\sigma'}{\sigma_0}=1-\frac{u_t}{\sigma_0} \tag{11-52}$$

式中，σ_0 为加荷后该点孔隙压力累计增加值，kPa；σ' 为加荷后该点孔隙压力累计消散值，kPa；u_t 为 t 时实测超孔隙水压力，kPa。

(2)用 u/p 值控制加荷速率。根据工程经验，加荷过快，会造成孔隙水压力上升，导致地基失稳。因此，为了控制加荷速率，须将 u/p 值控制在一定范围内，即

$$u/p\leqslant 0.5$$

式中，u 为实测孔隙水压力值，kPa；p 为与 u 相对应的荷载值，kPa。

(3)用 $u-p$ 曲线控制加荷速率。把加荷过程中不同荷载 p 作用下的孔隙水压力整理成 $u-p$ 曲线，见图 11-37。对应于转折点的荷载为 p_y，一般 p_y 和极限荷载 p_f 存在下列关系

$$\frac{p_y}{p_f}=1.6$$

即在 $u-p$ 曲线中，出现转折点时，极限荷载为该点荷载的 1.6 倍。

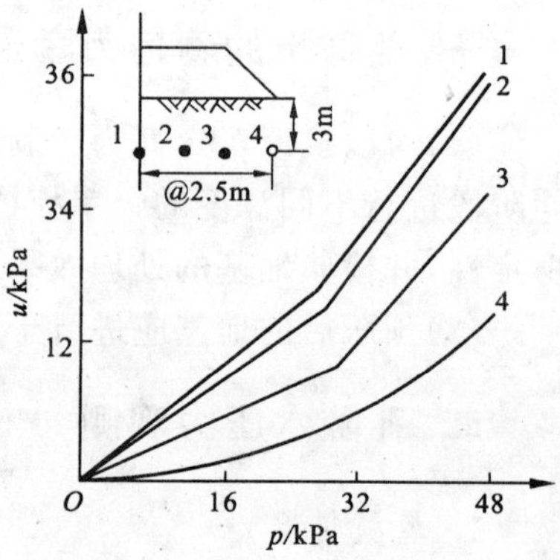

图 11-37 $p-u$ 关系曲线

三、沉降观测

1. 观测点布置

地面沉降标应沿场地对称轴线、场地中心、坡顶、坡脚和场外 10m 范围内设置。

真空预压工程地面沉降标应在场内有规律地设置，各沉降标之间距离一般为 20～30m，边界内外适当加密。

深层沉降一般用磁环或沉降观测仪在场地中心设置一个测孔，孔中测点位于各土层的顶部。

2. 资料应用

(1)推算最终变形量 S_f。

$$S_f=\frac{S_3(S_2-S_1)-S_2(S_3-S_2)}{(S_2-S_1)-(S_3-S_2)} \tag{11-53}$$

式中，S_1、S_2、S_3 分别为加荷停止后时间 t_1、t_2、t_3 相应的变形量，并取 $t_2-t_1=t_3-t_2$。

(2)求任意时间的固结度。

$$\beta=\frac{1}{t_2-t_1}\ln\left(\frac{S_2-S_1}{S_3-S_2}\right) \tag{11-54}$$

由 β 就可推算任意时间 t 时的固结度。

(3)控制加荷速率。在堆载中心处，地面沉降观测点的地面沉降速率应控制在 10～15mm/d 以内。

四、边桩水平位移观测

施工过程中，如果加荷过快，荷载接近地基当时的极限承载力，地基土会发生较大的侧向位移。因此，在加荷过程中，严格控制坡脚边桩水平位移，是控制加荷速率的重要手段之一。

地表水平位移标一般用木桩制成，布置在预压场地的对称轴线上的不同距离处；深层水平位移由测斜仪确定，测孔中测头距离为 1～2m。

为防止地基土发生破坏，水平位移的控制原则为：预压场地周边外 1.0m 左右的边桩位移不超过 4～6mm/d。

第十二章　强夯法

强夯法又称为动力固结法或动力压密法。这种方法是将 100～400kN 的重锤(最重达 2 000kN),以 6～40m 的落距落下给地基以冲击和振动,从而达到提高土的强度,降低其压缩性,改善土的振动液化条件,消除湿陷性黄土的湿陷性等目的。

强夯法由法国 Menard 技术公司于 1969 年首创,当时,仅用于加固砂土和碎石土地基,但随着施工方法的改进,其应用范围已扩展到细粒土地基。大量的工程实践证明,强夯法适用于处理碎石土、砂土、低饱和度的粉土与黏性土、湿陷性黄土、杂填土和素填土等地基。对高饱和度的粉土与黏性土地基,尤其是淤泥与淤泥质土,处理效果较差,使用要慎重。若在夯坑内回填块石、碎石或其他粗颗粒材料进行强夯置换时,应根据现场试验确定其适用性。

由于强夯法施工方法简单、快速经济,目前被广泛应用于工业与民用建筑、仓库、油罐、贮仓、公路和铁路路基、飞机场跑道及码头等工程。

第一节　强夯加固机理

强夯法虽然在工程中得到广泛应用,但由于其加固机理比较复杂,至今还没有一套成熟的理论和设计计算方法。根据工程实践和试验研究成果,对不同的土质条件和施工工艺,其加固机理有所不同。目前,强夯法加固机理概括起来有三个方面,即动力固结、动力夯实和动力置换。

一、动力固结

Menard 根据饱和土经强夯后瞬时沉降数十厘米这一事实,对传统的固结理论提出不同看法,认为饱和土是可压缩的,并提出了一个新的动力固结模型。图 12－1 为静力固结理论与动力固结理论的模型对比图,表 12－1 为两种模型对比表。

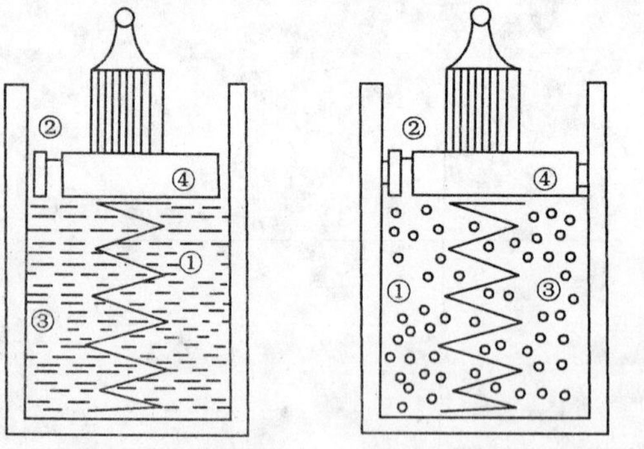

(a)太沙基的静力固结模型　(b)Menard的动力固结模型

图 12－1　静力固结理论与动力固结理论的模型比较

注:图中数字对应表 12－1 中数字。

表 12－1　两种模型对比表

静力固结模型	动力固结模型
①不可压缩的液体; ②固结时液体排出的孔径不变; ③弹簧刚度为常数; ④无摩擦活塞	①含有少量气泡的可压缩液体; ②固结时液体排出的孔径是变化的; ③弹簧刚度为常数; ④有摩擦活塞

动力固结理论可概括为以下几方面。

(一)饱和土的压缩性

传统的固结理论认为孔隙水的排出是饱和细颗粒土出现沉降的前提条件。但在进行强夯施工时,在瞬时荷载作用下,孔隙水不能迅速排出,显然这就无法解释强夯时立即发生沉降这一现象。

Menard认为,由于土中有机物的分解,第四纪土中大多数都含有微气泡形式出现的气体,其含气量大约在1%～4%,强夯时,气体压缩、孔隙水压力增大,随后气体有所膨胀,孔隙水排出,液相、气相体积减小,即饱和土具有可压缩性。根据试验,每夯击一遍,气体体积可减少40%。

强夯时,含气孔隙水不能立即消散而具有滞后现象,气相体积不能立即膨胀,这一现象由动力固结模型中活塞与筒体间存在摩擦来模拟。

(二)局部液化

强夯时,土体被压缩,夯击能越大,沉降越大,孔隙水压力也不断增加,当孔隙水压力达到上覆土压力时,土体产生液化,这时土中吸附水变为自由水,土的强度下降到最小值(图12-2),即土体的压缩模量是可变的,在动力固结模型中以可变弹簧刚度来模拟。

在图12-2中,与液化压力相对应的能量为“饱和能”,一旦达到“饱和能”,再继续施加能量,不仅毫无效果,还起重塑破坏作用。

(三)渗透性变化

在强夯的冲击能量作用下,当土中的超孔隙水压力大于土颗粒间的侧向压力时,土颗粒间会出现裂隙并形成树枝状排水通道,使土的渗透性变好,孔隙水能顺利排出。图12-3为土的渗透系数与液化度关系曲线。

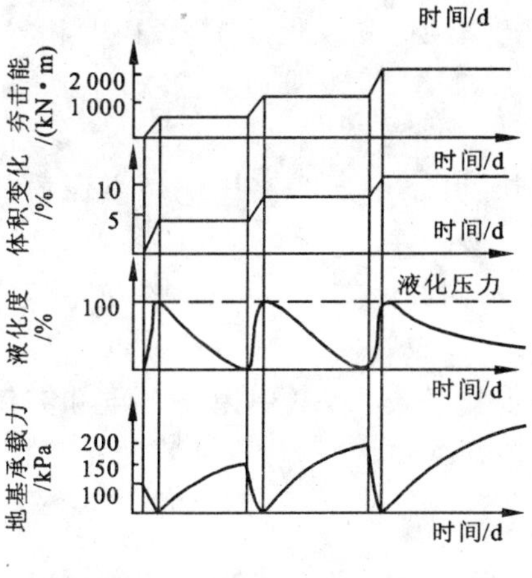

图12-2　夯击一遍各参数的变化情况

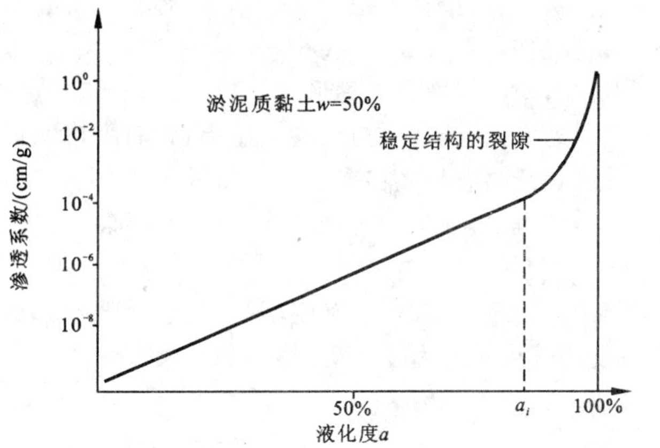

图12-3　土的渗透系数与液化度关系曲线

当液化度小于临界液化度 a_i 时,渗透系数成比例增长;当液化度超过 a_i 时,渗透系数骤增,夯坑周围出现冒气冒水现象。随着孔隙水压力消散,土颗粒重新组合,此时土中液体又恢复到正常状态。

夯击前后土的渗透性的变化,可用一个孔径可变的排水孔进行模拟。

(四)触变恢复

土体在夯击能量作用下,结构被破坏,当出现液化时,抗剪强度几乎为零,但随着时间的推移,土的结构逐渐恢复,强度逐渐增长,这一过程称为触变恢复,也称为时效。

饱和土随强夯过程强度的变化见图 12-4。

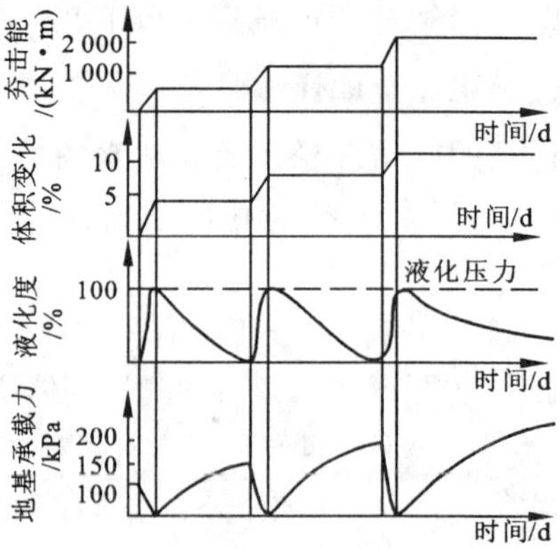

图 12-4 强夯三遍土的强度增长过程

地基土强度增长规律与土体中孔隙水压力有关。由图 12-4,液化度为 100%时,土的强度降到零;但随着孔隙水的消散,土的强度逐渐增长,存在一个触变恢复阶段,这一阶段能持续几个月时间。据实测资料,夯击 6 个月后所测得的强度比一个月所测得的强度增长 20%~30%,而变形模量增长 30%~80%。

二、动力夯实

强夯加固多孔隙颗粒、非饱和土是基于动力夯实的机理。夯锤夯击地面的冲击能量是以振动波的形式在地基中传播,其中对地基加固起作用的主要是纵波和横波。纵波使土体受拉、压作用,使孔隙水压力增加,导致土骨架解体;横波使解体的土颗粒处于更密实的状态。因此,土体在冲击能量作用下,被挤密压实,强度提高,压缩性降低。

根据工程实践,非饱和土夯击一遍后,夯坑可达 0.6~1.0m 深,坑底形成一层厚度为夯坑直径 1.0~1.5 倍的硬壳层,承载力可提高 2~3 倍。

三、动力置换

动力置换是指在冲击能量作用下,强行将砂、碎石等挤填到饱和软土层中,置换饱和软土,形成密实的砂、石层或桩柱。

目前,动力置换有三种形式。

(1)动力置换砂柱:当地基表层为适当厚度的砂覆盖层,其下卧层为高压缩性淤泥质软土时,采用较低的夯击能将表层砂夯挤入软土层中,形成一根根砂柱。

(2)动力置换碎石桩:先在软土表面堆铺一层碎石料,利用夯锤夯击成孔,向夯坑中填料后再夯击,直至夯实成桩。

(3)动力置换挤淤:在厚度不是很大的淤泥质软土层上抛填石块,利用抛石自重和夯锤冲击力使块石沉到持力硬土层,将大部分淤泥挤走,少量留在石缝中,利用块石之间的相互接触,提高地基的承载能力。

第二节 强夯法设计计算

一、强夯参数选择

(一)有效加固深度

强夯法的有效加固深度是指起夯面以下,经强夯加固后,土的物理力学指标已达到或超过设计值的深度。根据不同的地层和加固目的，有效加固深度的判别标准和检验方法也不相同。对软土地基，主要是提高地基承载力和减少沉降量；对饱和砂土和粉土，主要是消除液化趋势；对黄土及新近堆积黄土，主要是消除湿陷性，提高承载力。对不同的土质条件和不同的工程，应采用不同的标准。

强夯法的有效加固深度应根据现场试夯或当地经验确定，在缺少资料或经验时可按表12－2预估。

表12－2　强夯法的有效加固深度

单击夯击能/(kN·m)	碎石土、砂土系/m	粉土、黏性土、湿陷性黄土等/m
1 000	5.0～6.0	4.0～5.0
2 000	6.0～7.0	5.0～6.0
3 000	7.0～8.0	6.0～7.0
4 000	8.0～9.0	7.0～8.0
5 000	8.0～9.5	8.0～8.5
6 000	9.5～10.0	8.5～9.0
8 000	10.0～10.5	9.0～9.5

另外，也可按修正后的Menard公式进行预估。

$$H=a\sqrt{\frac{Mh}{10}} \tag{12-1}$$

式中，H为加固深度，m；M为锤重，kN；h为落距，m；a为小于1的修正系数，变动范围为0.35～0.8，饱和软土取0.45～0.5，一般黏性土取0.5，砂性土取0.7，填土取0.6～0.8，黄土取0.35～0.5。

(二)夯击能

夯击能包括单击夯击能、单位夯击能和最佳夯击能。

1. 单击夯击能

单击夯击能为夯锤重M与落距h的乘积。单击夯击能越大，加固效果越好。单击夯击能一般根据加固土层的厚度、土质情况和施工条件等确定。

2. 单位夯击能

整个加固场地的总夯击能量(即锤重×落距×总夯击次数)除以加固面积称为单位夯击能。强夯的单位夯击能，应根据地基土类别、结构类型、荷载大小和要求处理的深度等综合考虑并通过试夯确定。一般对于粗粒土取1 000～3 000kN·m/m²，细颗粒土取1 500～4 000 kN·m/m²。在缺乏试验资料的条件下，可参照表12－3选取。

表 12-3 单位夯击能参考表

土层	有效影响深度/m	单位夯击能/(J/m^2)
软土	5～6	2 000～2 500
	8～10	3 300～3 800
液化砂土	5～6	1 700～2 200
	8～10	2 700～3 200
黄土	5～6	2 200～2 700
	8～10	3 500～4 200

3. **最佳夯击能(及最佳夯击数)**

由动力固结理论，使地基中产生的孔隙水压力达到土的覆盖压力时的夯击能称为最佳夯击能。当单击夯击能一定时，与最佳夯击能相对应的夯击次数称为最佳夯击数。

最佳夯击能(及最佳夯击数)的确定可采用以下方式。

(1)由孔隙水压力确定。对于黏性土地基，由于孔隙水压力的消散慢，当夯击能逐渐增大时，孔隙水压力可以叠加，因此可根据有效影响深度孔隙水压力的叠加值来确定最佳夯击能。对砂性土地基，由于孔隙水压力的增长与消散很快，孔隙水压力不能叠加。当孔隙水压力增量随夯击次数的增加而趋于稳定时，可认为该砂土所能接受的能量达到饱和状态，这时所对应的能量(夯击次数)为最佳夯击能(夯击次数)，因此，可根据最大孔隙水压力增量与夯击次数的关系曲线来确定最佳夯击数，见图 12-5。

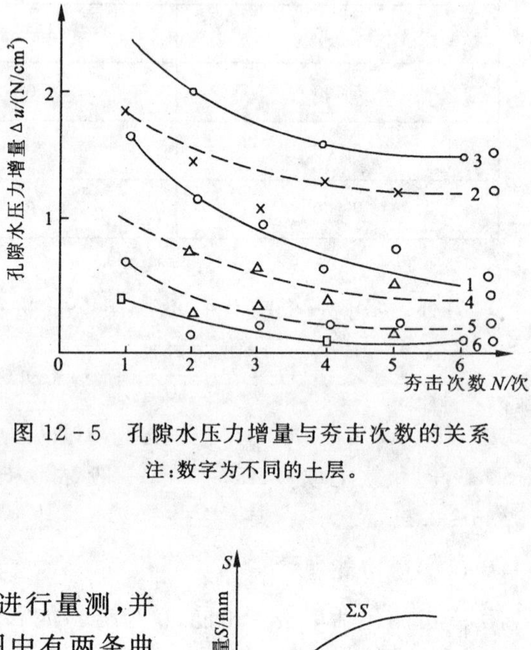

图 12-5 孔隙水压力增量与夯击次数的关系

注：数字为不同的土层。

(2)由夯沉量与夯击次数关系曲线确定。确定原则为：夯坑的压缩量最大，而夯坑的隆起最小。

在试夯过程中对每一夯点的每一击的夯沉量进行量测，并绘出夯沉量与夯击次数关系曲线，见图 12-6。图中有两条曲线，一条为每击夯沉量曲线，另一条是累计夯沉量曲线。

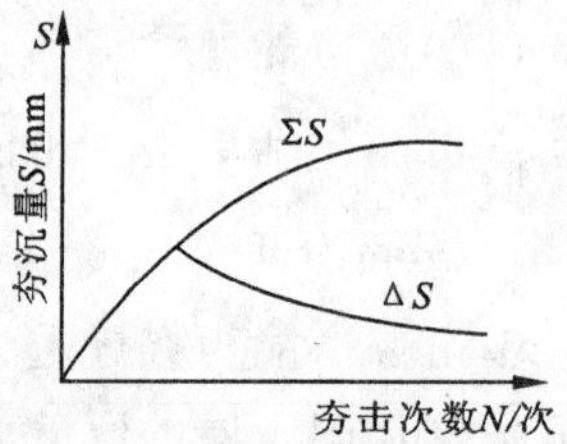

图 12-6 夯沉量与夯击次数关系曲线

$\sum S$—累积夯沉量；ΔS—每击夯沉量

当 $\Delta S-N$ 曲线趋于稳定，接近常数，且同时满足以下条件时，可取相应夯击次数为最佳夯击数。

①最后两击的平均夯沉量不大于下列数值：当单击夯击能小于 4 000kN · m 时为 50mm，当单击夯击能为 4 000～6 000 kN · m 时为 100mm，当单击夯击能大于 6 000kN · m 时为 200mm；

②夯坑周围地面不应发生过大的隆起；

③不因夯坑过深而发生起锤困难。

当地面隆起过大时，应适当减少夯击次数。一般实践工程中夯击次数多在4～15之间。

(三)夯击点布置及间距

1. 夯击点布置

夯击点的平面位置可根据建筑结构类型进行布置。对于某些基础面积较大的建筑物或构筑物，可按等边三角形或正方形布置；对于办公楼、住宅建筑等，可根据承重墙位置布置夯点，一般可采用等腰三角形布置；对于工业厂房可按柱网布置夯击点。

2. 夯击点间距

夯点的间距一般根据地基土的性质和加固深度确定。第一遍夯击点间距可取夯锤直径的2.5～3.5倍，对处理深度较深或单击夯击能较大的工程，第一遍夯击点间距应适当增大。第二遍夯击点位于第一遍夯击点之间。如图12-7所示。以后各遍夯击点间距可与第一遍相同，也可适当减小。

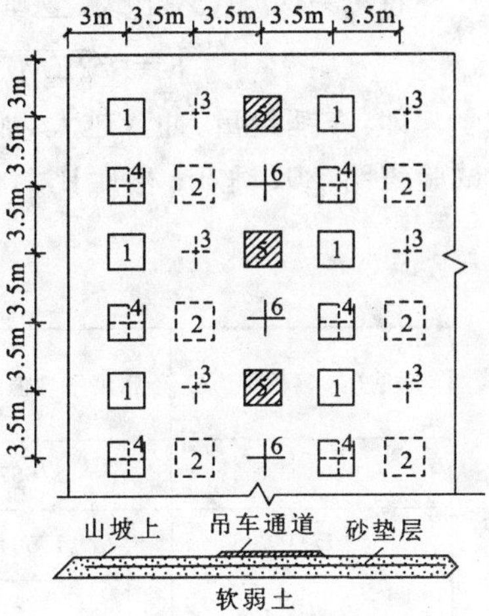

图12-7　夯点布置图

3. 夯击点布置范围

考虑到基础的应力扩散作用，夯击点范围应大于建筑物基础范围，具体放大范围可根据建筑结构类型和重要性等因素确定。对于一般建筑物，每边超出基础外缘的宽度宜为设计加固深度的1/2～2/3，且不应小于3m。

(四)夯击遍数

夯击遍数是指将整个强夯场地中同一编号的夯击点，夯完后算作一遍(图12-7)。夯击遍数应根据地基土的性质确定，可采用点夯2～3遍，最后以低能量满夯两遍，锤印搭接。渗透性弱的细颗粒土，必要时可适当增加遍数。

(五)间歇时间

间歇时间是指两遍夯击之间的时间间隔。间歇时间取决于土中孔隙水压力的消散时间。对砂性土，孔隙水压力的消散时间只有3～4min，故可连续作业；对于细颗粒土，当缺少实测资料时，可根据地基土的渗透性确定；对排水条件差的饱和粉土和黏性土地基，一般不少于3～4周。

二、施工方案的制定

1. 应取得的资料

(1)场地地层分布、土层的均匀性及承载能力；

(2)土的物理力学性质、地下水类型及埋藏条件；

(3)场地周围建筑物的情况，离场地的距离以及场地内各种地下管线的位置及标高。

2. 拟定初步施工方案

(1)根据加固目的、土质情况及建筑物的变形要求，确定处理深度。由处理深度根据表12-4或用下式估算单击夯击能，即

$$E=Mh=\left(\frac{H}{a}\right)^2\cdot 10 \tag{12-2}$$

(2)夯锤与落距的选择。

1)锤重与落距。对于某一单击夯击能，夯锤在接触土体瞬间冲量的大小是影响土体压缩变形的关键因素，冲量越大，加固效果越好。

自由落体冲量公式为

$$F=m\sqrt{2gh} \tag{12-3}$$

式中，F 为夯锤着地时的冲量；g 为重力加速度；m 为夯锤质量；h 为落距。

将 $E=Mh$ 代入上式，整理得

$$F=\sqrt{2EM/g} \tag{12-4}$$

即：夯锤越重，冲量越大，加固效果越好。根据有关单位在湿陷性黄土地基上进行的对比试验表明，20t 锤 5m 落距比 10t 锤 10m 落距加固效果要好，见表 12-4。

表 12-4 重锤低落距与轻锤高落距加固效果对比表

(锤重/t)×(落距/m)	干密度平均值/(g/cm^3)	孔隙比平均值/%	压缩模量 E_{s1-2} 平均值/MPa	湿陷系数
20×5	1.657	66.8	13.38	0.003 2
10×10	1.584	72.0	12.3	0.004 1
改善幅度/%	4.6	7.2	8.8	22

但锤越重，对起吊设备要求越高，一般国内常用的夯锤有 8t、10t、12t、16t、20t、25t 六种，落距为 8～20m。因此，在起吊设备能力范围内可选质量大的锤。

2)夯锤的选择。夯锤的材料可采用铸钢，也可采用钢板壳内填混凝土。

夯锤的形状有方柱体和圆台状等，常用的锤体结构见图 12-8。根据实践，一般锥底锤、球底锤的加固效果较好，适用于加固较深层土体，而平底锤适用于浅层及表层地基加固。为了减少起锤时的吸力及夯锤着地时的瞬时气垫上托力，夯锤应对称设置上下贯通的排气孔，孔径可取 250～300mm。

夯锤的底面积对加固效果也有直接的影响，对同样的锤重，当锤底面积太小时，静压力就大，夯锤对地基土的作用以冲切力为主；若锤底面积过大，静压力就太小，达不到加固效果。锤底面积应按土的性质确定，一般锤底静压力可取 25～40kPa，对饱和细颗粒土宜取较小值。对砂土，锤底面积一般为 2～4m^2，对黏性土一般为 3～4m^2，淤泥质土可取 4～6m^2。

(3)初步确定夯击点间距、布置方式及夯击次数、夯击遍数等。

(4)根据初步确定的强夯参数，提出一组或几组试验方案，并根据实际情况，确定机具类型和数量。

3. 试夯

(1)在施工场地选取一个或几个地质条件有代表性的试验区，平面尺寸不小于 20m×20m。

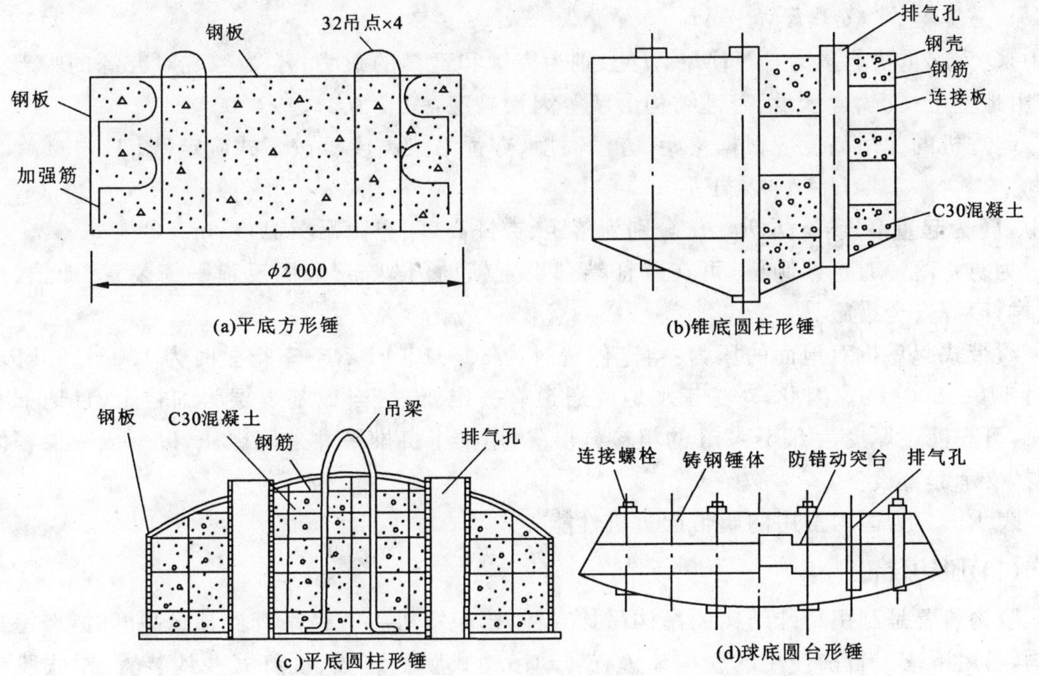

单位：mm

图 12－8　夯锤形状

(2)在试验区内进行详细的原位测试，采取原状土样测定有关数据。

(3)根据拟定的一组或几组试验方案进行现场试夯施工。

(4)施工中应做好现场测试和记录。测试内容包括：夯点沉降观测(以测出每个夯点的每一击夯沉量及总夯沉量)、夯坑周围隆起、振动影响范围、饱和软黏土孔隙水压力的增长和消散情况等。

(5)夯击结束后1～4周进行试夯效果检验，并与试夯前的数据进行对比。

(6)检验试夯前后的测试资料，分析试夯效果是否符合要求。如果不符合要求，应补夯或调整强夯参数后再进行试验。如果符合要求，则由夯沉量与夯击数关系曲线确定最佳夯击数，并正式确定强夯施工所采用的其他技术参数。

第三节　强夯法施工

一、施工设备

强夯法施工的主要设备包括：夯锤、起重机和脱钩装置等。

(一)起重机

强夯采用的起重机一般为履带式起重机，目前国内常用的起重机的起重能力为15～50t。为提高起重能力，一般采用滑轮组起吊夯锤。

起重机的起重力应根据夯锤重力、夯坑对夯锤的吸着力及索具重力等决定，且应满足下式

$$Q \geqslant KM_1 + M_2 \tag{12-5}$$

式中，Q 为起重机起重力，kN；M_1、M_2 分别为夯锤和索具的重力；K 为夯坑对夯锤的吸着力系数，由地基土情况、含水量、夯锤结构形状等因素确定，一般为 1.5～4.0。

起重机的起吊高度应根据落距、夯锤高度、夯锤吊梁高度等按下式确定(图 12-9)：

$$H = h + h_1 + h_2 \tag{12-6}$$

式中，H 为起重高度，m；h、h_1、h_2 分别为落距、夯锤高度、夯锤吊梁高度，m。

为防止落锤时机架倾覆，可在臂杆端部设置辅助门架，或采用反弹平衡装置(地锚、反力架、桅杆)等安全措施。

履带式起重机对地面的压力：空车停置时为 80～100kPa，空车行驶时为 100～190kPa，起重时 170～300kPa。因此，对施工场地的通道有一定要求：当地基表层为细粒土，且地下水位高时，可先铺设厚度为 0.5～2m 的粗粒料垫层，用推土机推平并来回碾压，以形成一层稍硬的表层，支承起重设备。

表 12-5 为国内常用的履带起重机性能表。

(二)脱钩装置

脱钩装置是利用特殊结构的吊钩吊挂夯锤，当起重机将夯锤吊升到预定高度时，夯锤自动脱钩，自由下落。目前使用的脱钩装置有转动吊钩式脱钩装置、杠杆式脱钩装置、钳式脱钩装置、蟹爪式脱钩装置，其中转动吊钩式脱钩装置应用较广，其装置见图 12-9，工作原理见图 12-10。

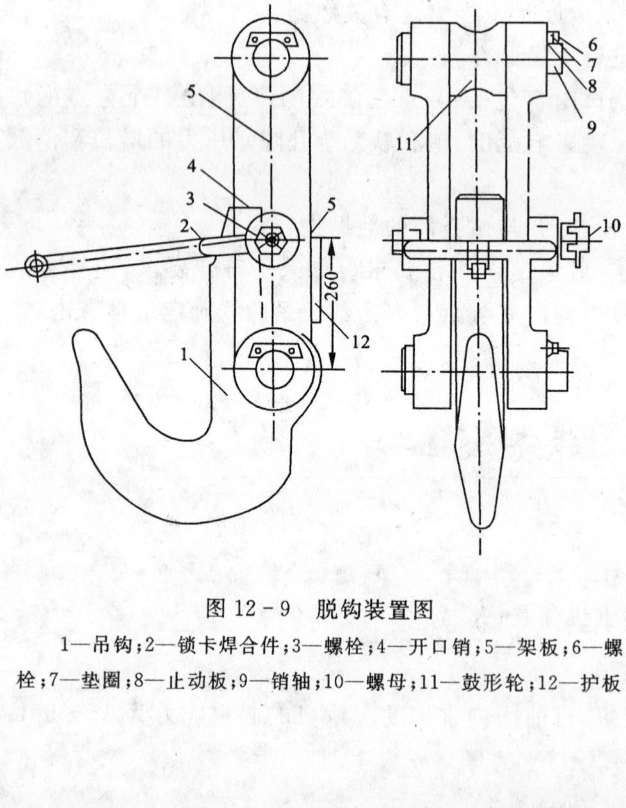

图 12-9 脱钩装置图

1—吊钩；2—锁卡焊合件；3—螺栓；4—开口销；5—架板；6—螺栓；7—垫圈；8—止动板；9—销轴；10—螺母；11—鼓形轮；12—护板

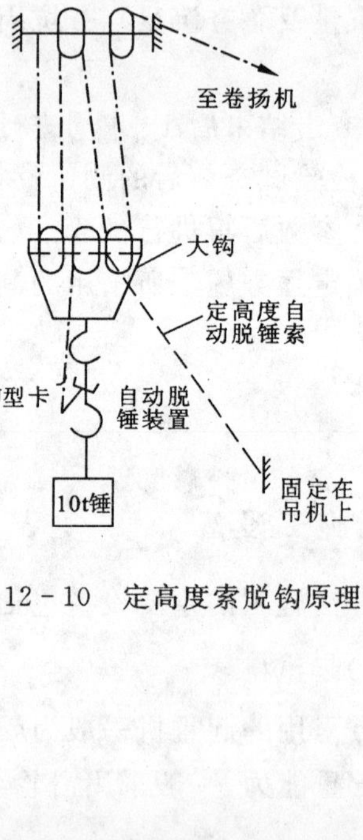

图 12-10 定高度索脱钩原理图

表 12-5 履带起重机性能表

型号	基本臂			最长主臂		
	臂长/m	最大起升高度/m	最大起重力/幅度 /(t/m)	臂长/m	最大起升高度/m	最大起重力/幅度 /(t/m)
QU151	13	11.0	15/4.5	23	19.0	8/6.5
QU25	13	11.6	25/4.0	30	28.0	8.3/7.54
QU32	10	8.7	32/3.5	28	26.1	8.6/8
QU50	10	8.5	50/3.8	40	37.8	9/11
W200A	15	12.0	50/4.5	30	26.5	20/8
KH125-3	10		35/3.6	40		
KH180-3	13		50/3.7	52		
KH500	16		100/5.3	70		
KH700-2	18		150/5	81		
CC600	6			72		
CC1000	12			78		
CC2000	12			90		

型号	臂长/m	最大起升高度/m	最大起重力/幅度 /(t/m)	动力传动形式	最高行驶速度/(km/h)	最大爬坡能力/%	行驶状态质量/t	发动机功率/kW
QU151	30	32.3	3/10.21	机械	1.5	34	40	110
QU25	28+4.2	29.3	3/11.5	机械	1.5	34	47.9	110
QU32	40+6.2	41.0	3/14.5	机械	1.5	36	48	110
QU50	40	36.0	8/10	机械	1.258	30	63	110
W200A				机械	0.4	29	75、77、79	176
KH125-3				液压	1.6	37	35.9	110
KH180-3				液压	1.5	37	46.9	110
KH500				液压	1.2	29	99	184
KH700-2				液压	1.0	29	145	184
CC600				液压	1.5		130	196
CC1000				液压	1.4		188	235
CC2000				液压	1.4		272	235

提升夯锤时，将吊钩挂在夯锤提梁下，合上锁卡焊合件，将拉绳的一端固定在起重机上，以拉绳的长短来控制夯锤的落距。当夯锤提升到预定高度时，张紧的拉绳将锁卡焊合件拉转一个角度，在夯锤重力作用下，吊钩绕轴转动，夯锤滑出吊钩，自由下落，夯击地基。

强夯法施工还要用到一些辅助机械，如推土机、静力光面压路机、蛙式打夯机等。

二、施工工艺

(1)试夯后清理并平整施工场地，进行场地测量放线，埋设水准点标桩和各夯点标桩；

(2)标出第一遍夯点位置,并测量场地高程;

(3)起重机就位,使夯锤对准夯点位置;

(4)测量夯前锤顶高程;

(5)将夯锤起吊到预定高度,待夯锤脱钩自由下落后,放下吊钩,测量锤顶高程,若发现因坑底倾斜而造成夯锤歪斜时,应及时将坑底整平;

(6)重复步骤(5),按设计规定的夯击次数及控制标准,完成一个夯点的夯击;

(7)重复步骤(3)~(6),完成第一遍全部夯点的夯击;

(8)用推土机将夯坑填平,并测量场地标高;

(9)停歇规定时间要待孔隙水压力消散后,按上述步骤逐次完成全部夯击遍数,最后用低能量满夯,将场地表层松土夯实,并测量夯后场地标高。

三、施工要点

(1)强夯施工时所产生的振动,对邻近建筑物或设备产生有害影响时,应采取防振措施。强夯振动的主要影响范围一般为10~15m,在此范围内应采取防振措施,如设置防振沟,沟底宽一般大于50cm,沟深应大于邻近建筑物基础底面标高。

(2)应按规定的起锤高度、锤击数的控制指标施工,也可采用试夯后确定的沉降量进行控制。

(3)地基土中含水量对强夯加固效果有直接影响,一般当土体的含水量越接近塑限时,强夯效果越好,若表土过干应采取加水等相应措施,适当增加含水量。若地基土含水量过多,可能会形成橡皮土,应通过铺设砂垫层或采用人工降低地下水位等措施进行处理。

(4)夯锤上部排气孔如遇堵塞,应立即疏通。

(5)强夯时会有石块、土块等飞击,应注意安全。

(6)雨季施工,夯击坑内或夯击过的场地有积水时,必须及时排除。

第四节　质量检验

强夯地基的质量检验包括施工过程中的质量监测及夯后地基的质量检验。

施工过程的质量监测包括:地面及深层变形监测、孔隙水压力、侧向挤压力监测及振动加速度监测。对监测所得的各项数据和施工记录应认真检查,若不符合设计要求时应补夯或采取其他措施。

强夯施工结束后的地基质量检验应间隔一定时间,待地基强度逐步恢复和提高后再进行。对碎石土和砂土地基可取1~2周,对低饱和度的粉土和黏性土地基可取2~4周。

质量检验方法应根据土性选用原位测试和室内土工实验,对于一般工程应采用两种或两种以上的方法进行检验,如静力触探、十字板剪切试验、标准贯入试验等。对重要工程应增加检验项目,也可做现场大压板载荷试验。

质量检验的数量,应根据场地复杂程度和建筑物的重要性确定。对于简单场地上的一般建筑物,每个建筑物地基的检验点不应少于3处;对于复杂场地或重要建筑物地基应增加检验点数。检验深度应不小于设计处理的深度。

第十三章　深层搅拌法

第一节　概　述

深层搅拌法是利用水泥、石灰等材料作为固化剂的主剂，通过特制的深层搅拌机械在地基深部就地将软土和固化剂强制拌和，使软土硬结形成加固体，从而提高地基的强度和增大变形模量。加固体与天然地基形成复合地基，共同承担建筑物的荷载。

深层搅拌法按固化剂材料种类及形态的不同可分为不同的种类，见表 13－1。

表 13－1　深层搅拌法分类

分类依据	类别	主要特点
固化剂材料种类	水泥土深层搅拌法	喷射水泥浆或雾状粉体
	石灰粉体深层搅拌法（石灰柱法）	喷射雾状石灰粉体
固化剂材料形态	浆液喷射深层搅拌法（湿法）	喷射水泥浆
	粉体喷射深层搅拌法（干法）	喷射雾状石灰粉体或水泥粉体、石灰水泥混合粉体

（1）深层搅拌法适用于加固软弱地基，它所形成的固结体可提高软土地基的承载力，减少沉降量，还可用来提高边坡的稳定性，一般应用于以下方面：

1）作为建筑物或构筑物的地基；

2）进行大面积地基加固，防止码头岸壁的滑动，深基坑开挖挡土，抗隆起；

3）加固道路、桥涵；

4）作为地下防渗墙，阻止地下水渗透。

（2）其主要特点如下：

1）基本不存在挤土效应，对周围地基的扰动小；

2）可根据不同的土质和工程设计的要求，合理选择固化剂及配方，应用较灵活；

3）施工无振动，无噪音，污染小，可在市区和建筑物密集地带施工；

4）土体经加固后，重度基本不变，软弱下卧层不至产生较大附加沉降；

5）结构形式灵活多样，可根据工程需要，选用块状、柱状、壁状、格栅状等。

第二节 水泥土深层搅拌法

一、适用条件

目前国内水泥土深层搅拌法主要用于加固淤泥、淤泥质土、粉土、饱和黄土、素填土、黏性土以及无流动地下水和松散砂土等地基。当地基土的天然含水量小于30%(黄土含水量小于25%)、含水量大于70%或地下水的pH值小于4时不宜采用干法。当用于处理泥炭土、有机质土、$I_p>25$的黏土和地下水具有侵蚀性时,应通过试验确定其适用性。加固深度一般在18m以内。

二、加固机理

水泥与土拌和后要产生一系列的物理化学反应。这些物理化学反应与混凝土的硬化机理不同,混凝土的硬化主要是在粗填充料中进行水解和水化作用,凝结速度较快;而在水泥土中,水泥掺量少,且水泥的水解和水化反应是在土中进行的,所以硬化速度缓慢而且复杂,加固土的强度增长也较缓慢。目前一般认为,水泥加固软土主要产生下列反应。

(一)水泥的水解和水化反应

普通硅酸盐水泥主要是由氧化钙、二氧化硅、三氧化二铝、三氧化二铁及三氧化硫组成,由这些不同的矿物分别组成了不同的水泥矿物:硅酸二钙、硅酸三钙、铝酸三钙、铁铝酸四钙、硫酸钙等。用水泥加固软土时,水泥颗粒表面的矿物很快与软土中的水发生反应,生成氢氧化钙、含水硅酸钙、含水铝酸钙及含水铁酸钙等化合物。各自的反应过程如下。

(1)硅酸三钙($3CaO \cdot SiO_2$):在水泥中含量最高(约占总量的50%),是决定强度的主要因素。

$$2(3CaO \cdot SiO_2)+6H_2O \rightarrow 3CaO \cdot SiO_2 \cdot 3H_2O+3Ca(OH)_2$$

(2)硅酸二钙($2CaO \cdot SiO_2$):在水泥中的含量较高(占25%左右),它主要产生后期强度。

$$2(2CaO \cdot SiO_2)+4H_2O \rightarrow 2CaO \cdot 2SiO_2 \cdot 3H_2O+Ca(OH)_2$$

(3)铝酸三钙($3CaO \cdot Al_2O_3$):占水泥总量的10%,水化速度最快,促进早凝。

$$3CaO \cdot Al_2O_3+6H_2O \rightarrow 3CaO \cdot Al_2O_3 \cdot 3H_2O$$

(4)铁铝酸四钙($4CaO \cdot Al_2O_3 \cdot Fe_2O_3$):占水泥总量的10%左右,能促进早期强度。

$$4CaO \cdot Al_2O_3 \cdot Fe_2O_3+2Ca(OH)_2+10H_2O \rightarrow 3CaO \cdot Al_2O_3 \cdot 6H_2O+3CaO \cdot Fe_2O_3 \cdot 6H_2O$$

由上述反应生成的氢氧化钙、含水硅酸钙迅速溶于水中,使水泥颗粒表面重新暴露出来,再与水发生反应,使周围的水溶液逐渐达到饱和。溶液达到饱和后,水分子虽然继续深入颗粒内部,但新生成物不能溶解,只能以细分散状态的胶体析出,悬浮于溶液,形成凝胶体。

(5)硫酸钙($CaSO_4$):含量3%左右,其反应式为

$$3CaSO_4+3CaO \cdot Al_2O_3+32H_2O \rightarrow 3CaO \cdot Al_2O_3 \cdot CaSO_4 \cdot 32H_2O$$

所生成的化合物称为"水泥杆菌",这种反应较迅速,能把大量自由水以结晶水的形式固定下来,使土中自由水的减少量约为水泥杆菌生成质量的46%。但硫酸钙掺量不能过多,否则水泥杆菌针状结晶会使水泥发生膨胀而遭到破坏。

(二)黏土颗粒与水泥水化物的作用

1. 离子交换和团粒化作用

黏土颗粒表面带负电荷,要吸附阳离子,形成胶体分散体系,表现出胶体的特征。黏土中的二氧化硅遇水后形成硅酸胶体微粒,其表面带有钾离子或钠离子与水泥水化生成的氢氧化钙中的Ca^{2+}进行当量离子交换,使土颗粒分散度降低,产生聚结,形成较大的团粒,提高了土体强度。

水泥水化后生成的凝胶粒子的比表面积比水泥颗粒的比表面积约大1 000倍,具有很大的表面能,吸附性很强,能使团粒进一步结合起来,形成水泥土的团粒结构,进一步提高水泥土的强度。

2. 硬凝反应

随着水泥水化反应的进行,溶液中析出大量的钙离子(Ca^{2+}),当Ca^{2+}的数量超过离子交换的需要量后,在碱性环境中,组成黏土矿物的二氧化硅与三氧化铝的一部分或大部分与Ca^{2+}产生化学反应,并逐渐生成不溶于水的稳定的铝酸钙、硅酸钙及钙黄长石的结晶水化物。这些化合物在水中和空气中逐渐硬化,提高了水泥强度,且其结构比较致密,水分不易侵入,从而使水泥土具有足够的水稳定性。

(三)碳酸化作用

水泥水化物中游离的氢氧化钙能吸收水中和空气中的二氧化碳,发生碳酸化反应,生成不溶于水的碳酸钙,其反应如下。

$$Ca(OH)_2 + CO_2 = CaCO_3 \downarrow + HO_3$$

这种反应也能增加水泥土的强度,但增长较慢,幅度也较小。

三、水泥土的物理、力学性质

1. 水泥土的物理性质

(1)含水量。水泥土在硬凝过程中,使部分自由水以结晶水的形式固定下来,所以水泥土的含水量低于原土样的含水量,且随水泥掺入比(a_w)的增加而减小,见表13-2。

表13-2　水泥土的物理性质

项目 / a_w(10%)	重度/(kN/m³)	含水量/%	相对密度	孔隙比	备注
0	16.63	61.4	2.706	1.63	原状土样
5	16.80	51.4	2.708	1.44	
10	17.10	47.6	2.712	1.34	
15	17.10	46.3	2.736	1.34	
20	17.30	44.4	2.768	1.31	
25	17.40	42.3	2.781	1.27	

注:水灰比0.43,425号普通硅酸盐水泥,石膏掺量2%。

(2)重度。掺入软土中的水泥浆重度与软土重度相近，所以水泥土的重度与天然软土的重度相差不大，见表 13－2。当 a_w＝25％时，重度仅增加 4.5％，所以采用水泥土搅拌法加固厚层软土地基时，加固部分对下卧层不至产生过大的附加荷载，也不会产生较大的附加沉降。

(3)相对密度。水泥的相对密度为 3.1，比一般软土的相对密度(2.65～2.75)要大，故水泥土的相对密度比软土的相对密度稍大，见表 13－2。

(4)渗透系数。水泥土的渗透系数与水泥掺入比和龄期有关。水泥掺入比越大，龄期越大，渗透系数越小，一般可达 10^{-5}～10^{-8}cm/s。

2. 水泥土的力学性能

(1)水泥土的破坏特性。三轴不排水剪切试验表明，水泥土的破坏不仅与水泥土掺入比 a_w 有关，而且与水泥土围压有关，见图 13－1 和图 13－2。

试验研究表明，水泥土破坏有三种形式，见图 13－3。

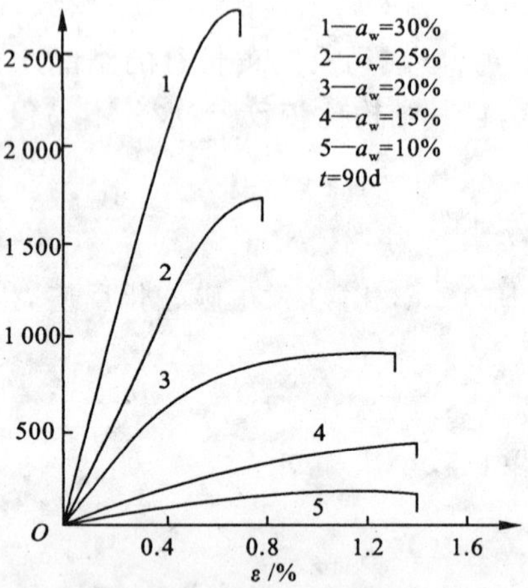

图 13－1 水泥土无侧限抗压强度试验应力应变关系

（淤泥质黏土，龄期 90d）

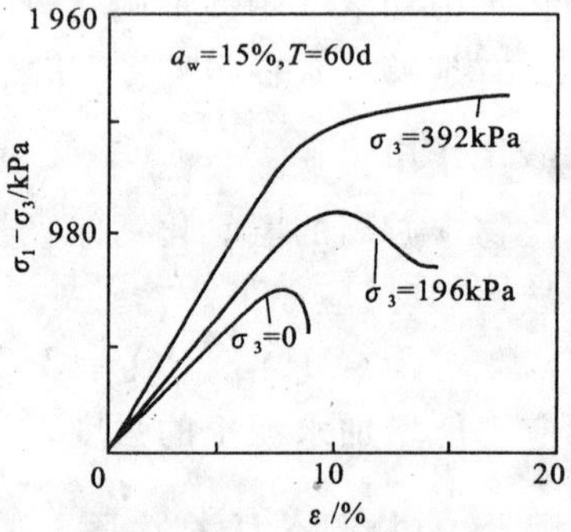

图 13－2 水泥土应力应变关系

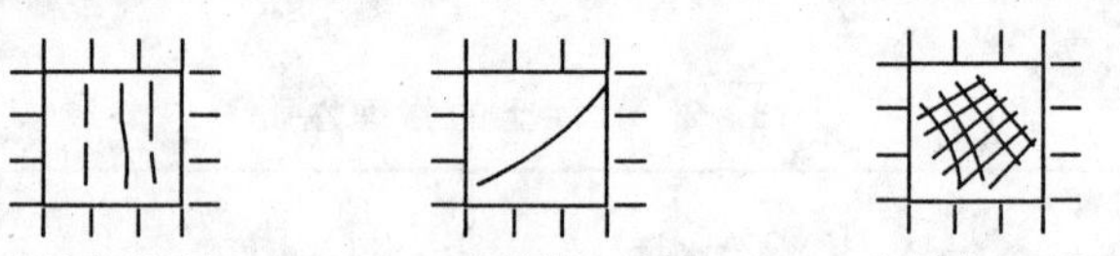

(a)脆性张裂破坏 (b)脆性剪切破坏 (c)塑性剪切破坏

图 13－3 三轴压缩试验水泥土破坏形式

图 13－3(a)中裂隙沿轴向发展，土体脆性张裂破坏；图 13－3(c)中裂隙沿两个方向大量出现，形成塑性流动区，土体发生塑性破坏；图 13－3(b)介于上述两种情况之间，土体发生脆性剪切破坏。第一种破坏形式对应水泥掺入比高、围压小的情况，如图 13－1 中的曲线 1、2，图 13－2 中的曲线 3；第三种破坏形式对应水泥掺入比低或围压高的情况，如图 13－1 的曲线 4、5 和图 13－2 中的曲线 1；第二种破坏形式介于两者之间，如图 13－1 中的曲线 3 和图 13－2 中的曲线 2。

(2)无侧限抗压强度及其影响因素。水泥土的无侧限抗压强度一般在0.3～4MPa之间。由图13-1可见,无侧限抗压强度较高的水泥土(1.5～2.0MPa)表现为脆性破坏,而对无侧限抗压强度较低的水泥土则表现为塑性破坏。

影响水泥土无侧限抗压强度的因素很多,主要有下面几个。

1)水泥掺入比 a_w。水泥掺入比 a_w 是指掺入土中的水泥质量与被加固软土的湿质量的比值的百分数。水泥土的强度随掺入比的增加呈增大的趋势,见图13-4。掺入比应根据土质情况和设计要求来选择,当 a_w<5%时,由于水泥与土的反应很弱,水泥土固化程度低,因此,在实际工程中,水泥掺入比不宜小于7%。

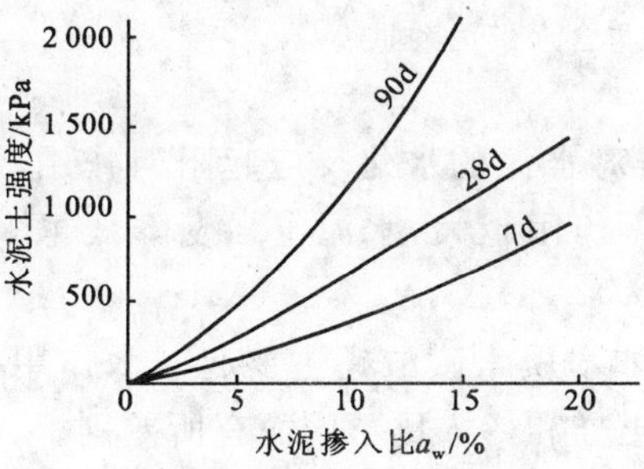

图13-4　水泥掺入比与强度的关系

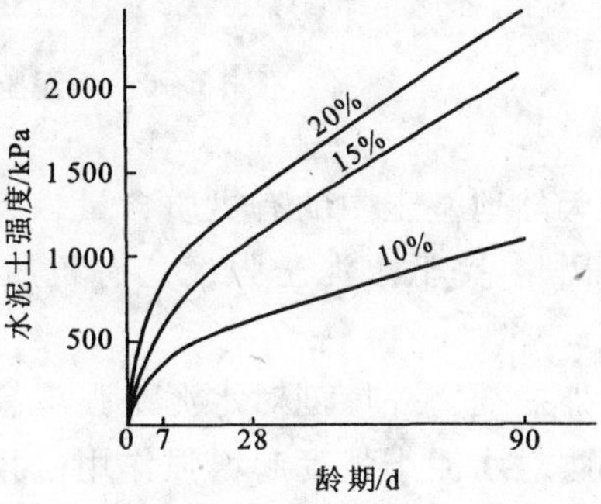

图13-5　水泥土强度与龄期的关系

2)龄期。水泥土强度随龄期的增长呈增大趋势,一般龄期超过28d后仍有明显增长,龄期超过3个月后,水泥土强度增长才减慢,见图13-5。

在实际工程中,对承重搅拌桩取90d龄期试块的无侧限抗压强度作为加固土强度标准值。对用于支护目的的搅拌桩取28d龄期试块强度作为设计依据。

由无侧限抗压强度试验,在其他条件相同时,不同龄期的水泥土无侧限抗压强度间大致呈线性关系,这些关系如下:

$$f_{cu7}=(0.30\sim0.50)f_{cu90} \tag{13-1}$$

$$f_{cu28}=(0.60\sim0.75)f_{cu90} \tag{13-2}$$

$$f_{cu7}=(0.47\sim0.63)f_{cu28} \tag{13-3}$$

$$f_{cu14}=(0.62\sim0.80)f_{cu28} \tag{13-4}$$

$$f_{cu60}=(1.15\sim1.46)f_{cu28} \tag{13-5}$$

$$f_{cu90}=(2.37\sim3.73)f_{cu7} \tag{13-6}$$

$$f_{cu90}=(1.73\sim2.82)f_{cu14} \tag{13-7}$$

式中,f_{cu7}、f_{cu14}、f_{cu28}、f_{cu60}、f_{cu90} 分别为7d、14d、28d、60d和90d龄期的无侧限抗压强度。

3)水泥强度等级。水泥土的强度随水泥强度等级的提高而增加,水泥强度等级提高10级,水泥土强度约增大20%～30%。达到相同强度时,水泥强度等级提高10级,掺入比可降低2%～3%。

4)含水量。当水泥掺入比小于20%时,一般水泥土无侧限抗压强度随土中含水量降低而增大,当土的含水量为50%～85%,一般土样含水量每降低10%,强度增加30%。但当水泥掺入比较大时(a_w>20%),含水量与无侧限抗压强度曲线存在一个峰值,见图13-6。

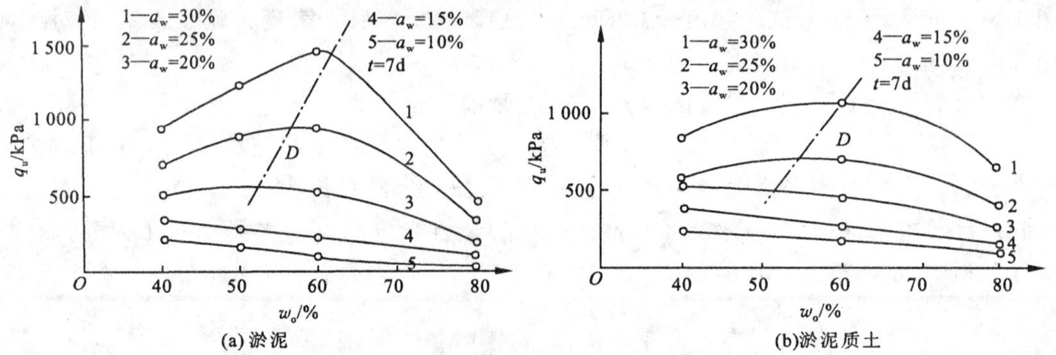

图 13-6 水泥土无侧限抗压强度与含水量关系曲线

5)天然地基土中的有机质含量。天然土中有机质对水泥的水化反应起阻碍作用,影响水泥土的固化,降低水泥土强度。有机质含量越多,阻碍作用越大,水泥土强度降低越多,见图13-7。

6)外掺剂。外掺剂对水泥土强度有不同的影响,如木质素磺酸钙主要起减水作用,石膏、三乙醇胺对水泥土强度起增强作用,而增强的效果因土样和掺入比不同而有所差别。

一般早强剂选用三乙醇胺、氯化钙、碳酸钠或水玻璃等,掺入量分别取水泥质量的0.05%、0.2%、0.5%、2%;减水剂可选用木质素磺酸钙,一般掺入量宜取水泥质量的0.2%;石膏兼有缓凝和早强双重作用,加入少量石膏,有利于提高强度,减少水泥用量。当石膏掺量为3%时,养护28d的强度与不掺石膏相比可大幅度提高,见表13-3。

在水泥中掺入适量粉煤灰,也可使水泥土强度有所增强,见表13-4。

7)搅拌的均匀程度。施工时搅拌的均匀程度对水泥土强度的影响很大。当达到一定的搅拌时间时,强度增长缓慢。见图13-8。

图 13-7 有机质含量与水泥强度关系曲线

Ⅰ—有机质含量为1.3%的软土;Ⅱ—有机质含量为10.1%的软土

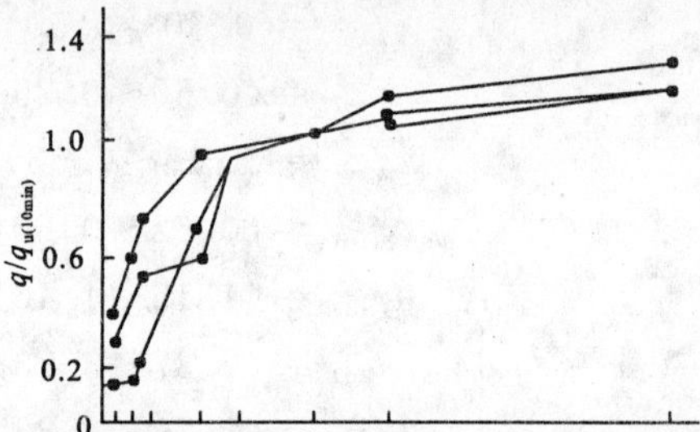

图 13-8 搅拌时间与强度的关系

在相同搅拌时间的条件下,土的物理力学指标中含水量、塑性指数、液性指数对水泥土的均匀性影响很大。塑性指数越大,土的黏性越大,越难搅均匀;而含水量和液性指数过低,又易产生抱土现象,影响搅拌效果。

表 13-3　石膏掺入比与水泥土强度关系

龄期/d \ 强度值/MPa \ 石膏掺量/%	0	1	2	3
0	0.04	0.052	0.056	0.061
7	0.613	1.02	1.25	1.51
28	1.08	1.40	1.90	2.14

表 13-4　粉煤灰对水泥土强度的影响

试件编号	水泥掺入比 a_w/%	粉煤灰掺入量（占水泥质量的百分数）/%	水泥土强度/kPa
1	10	0	1 827
		100	2 036
2	10	0	2 823
		100	3 086
3	12	0	2 613
		100	2 893

(3)抗拉强度 σ_t。水泥土的抗拉强度随无侧限抗压强度的增加而提高，当水泥土的抗压强度 f_{cu}＝500～4 000kPa 时，抗拉强度 σ_t＝(0.15～0.25)f_{cu}。

(4)抗剪强度。水泥土的无侧限抗压强度越高，其抗剪强度也相应提高。当 f_{cu}＝500～4 000kPa 时，黏聚力 c 约为(0.2～0.3)f_{cu}，内摩擦角在 20°～30°之间变化。

(5)变形模量、压缩系数和压缩模量。水泥土的变形模量为垂直应力达到 50％无侧限抗压强度时，水泥土的应力与应变比值用 E_{50} 表示。当 f_{cu}＝300～4 000kPa 时，E_{50}＝40～600MPa，一般约为(120～150)f_{cu}，见表 13-5。

表 13-5　水泥土的变形模量

试件编号	抗压强度 f_{cu}	破坏时应变 ε_r/%	变形模量 E_{50}/MPa	E_{50}/f_{cu}
1	0.274	0.80	37	135
2	1.00	1.15	63.4	131
3	0.524	0.95	74.8	142
4	1.093	0.90	165.7	151
5	1.554	1.00	191.8	123
6	1.651	0.90	223.5	135
7	2.008	1.15	285.7	142
8	2.393	1.20	330.6	121
9	2.513	1.20	330.6	131
10	3.036	0.90	474.3	156
11	3.45	1.00	420.7	121
12	3.518	0.80	541.2	153

水泥土的压缩系数为(2.0～3.5)×10^{-2}(MPa)$^{-1}$,其相应的压缩模量 E_s=60～100MPa。

3. 水泥土抗冻性能

当自然温度不低于－15℃时,冰冻对水泥土结构的损害很微小。在负温条件下,水泥与黏土间的反应减弱,水泥土的强度增长缓慢,但升温后强度可继续增长且接近标准值。因此,只要地温不低于－10℃,就可进行深层搅拌法冬季施工。

四、水泥土搅拌法地基加固设计

(一)设计前应取得的资料

(1)工程地质资料:查明填土层的厚度和组成,软土层的分布范围和厚度以及各土层的物理、力学性能。

(2)土质分析资料:了解土的主要成分及有机质含量,判断水泥加固地基土的效果。

(3)水质资料:对拟加固场地地下水的 pH 值、硫酸盐含量、侵蚀性二氧化碳等进行分析,以判断对水泥的侵蚀性。

(二)水泥土的室内配比试验

在设计前必须进行室内配比试验,根据现场地基土的性质,选择合适的固化剂及外掺剂制备水泥土,进行强度试验,为设计提供必要的参数。

1. 试验目的

了解水泥掺入量、水灰比、水泥的品种及外掺剂掺量对水泥土强度的影响,为设计计算及施工工艺控制提供可靠的参数。

2. 土样制备

在拟加固现场的不同区域采集土样,土样一般有原状和风干两种。

(1)原状土样:把在现场钻取或挖取的原状土密封在双层塑料袋内,并在 24h 内制成试块。

(2)风干土样:将现场采取的土样进行风干、碾碎并通过 2～5mm 的筛子,形成的粉状土料。

3. 固化剂的选择

(1)水泥品种:选用不同品种、不同强度等级的水泥(一般为 32.5 级、42.5 级)。水泥出厂日期不应超过 3 个月,并应在试验前重新测定其标号。

(2)水泥掺入比:a_w 可根据要求选用 7%、10%、12%、14%、15%、18%、20%等;也可按水泥掺量选用,水泥掺量 $a=\frac{\text{掺入的水泥质量}}{\text{被加固土的体积}}$(kg/m³),一般 a=180～250kg/m³。

4. 外掺剂的选择

可在水泥土中加入木质素磺酸钙、石膏、三乙醇胺、氯化钠、氯化钙及粉煤灰等,通过试验确定经济合理的加量。

5. 试验设备与规程

目前,一般仍按土工、混凝土及砂浆试验仪器和规程进行试验。

6. 试件的制作和养护

由配方分别称量土、水泥、外掺剂和水。用搅拌铲人工拌和均匀，然后在 70.7mm×70.7mm×70.7mm 或 50mm×50mm×50mm 的试模内装入一半试料，击振试模 50 下，紧接着填入其余试料再击 50 下，最后将试块表面刮平盖上塑料布，以防水分过量蒸发。

试样成型后，根据水泥土强度决定拆模时间，一般为 1～2d。拆模后，将试样装入塑料袋内，封闭后置入水中，进行标准水中养护。

(三)水泥土搅拌桩的野外试验

1. 试验目的

(1)根据室内配比结果求得的最佳配方进行现场试验；

(2)在相同的水泥掺入比情况下，由现场试验得到的结果，推出室内试块与现场桩身强度之间的关系；

(3)确定施工工艺参数，如泵送时间，搅拌机提升速度，复搅次数、深度等。对喷液施工，还要确定水泥浆的水灰比；

(4)比较不同桩长与不同桩身强度时的单桩承载力；

(5)确定水泥土搅拌桩复合地基承载力。

2. 试验方法

(1)在桩身不同部位采取现场试样，在实验室内分割成与室内试块同样尺寸的试样。在相同龄期时，比较室内外试样强度之间的关系；

(2)进行单桩与复合地基承载力试验；

(3)进行复合地基承载力试验时，可在载荷板下埋设土压力盒，以了解复合地基的反力分布及桩土应力分配情况。

3. 试验结果

(1)正常情况下，现场水泥土强度与室内水泥土试块强度的关系为

$$f_{cu,f}=(0.2\sim0.5)f_{cu,k} \tag{13-8}$$

式中，$f_{cu,f}$为现场水泥土无侧限抗压强度；$f_{cu,k}$为室内水泥土无侧限抗压强度。

(2)单桩和复合地基承载力特征值可根据载荷试验取 $P-S$ 曲线中 S/b 或 $S/d=0.006$ 所对应的荷载。b 为压板宽度，d 为压板直径，S 为沉降量。

(3)根据承载力数值结合工程要求，初步确定合理的施工工艺参数。

(四)水泥土搅拌桩的地基加固设计计算

水泥土搅拌桩的地基加固设计内容包括布桩型式、单桩竖向承载力及复合地基承载力标准值的确定、下卧层验算及沉降变形验算等。

1. 布桩型式

布桩型式应根据地基土性质及上部建筑对变形的要求进行选择，可采用柱状、壁状、格栅状、块状等不同型式，见图 13-9。

(1)柱状加固型式。这种加固型式适用于处理局部饱和软黏土夹层和表层与桩端土质较好的建筑物地基。一般工业厂房的独立柱基础、设备基础、构筑物基础、多层住宅条形基础下的地基加固以及用来防治滑坡的抗滑桩等常采用这种加固型式。

(2)壁状和格栅状加固型式。在深厚软土层或土层分布很不均匀的场地，对于上部建筑长高比大、刚度小、易产生不均匀沉降的长条状住宅楼，采用壁状与格栅状加固型式可以减少产生不均匀沉降的可能性。这种型式也常用作基坑开挖的围护结构及用来防止边坡塌方和岸壁滑动。

(3)块状加固型式。这种形式适用于上部结构单位面积荷载大、不均匀沉降控制严格的构筑物地基。在软土地区开挖深基坑时，为防止基坑隆起或增大坑底土的被动土压力及对基坑进行封底隔渗处理等也常采用块状加固型式。

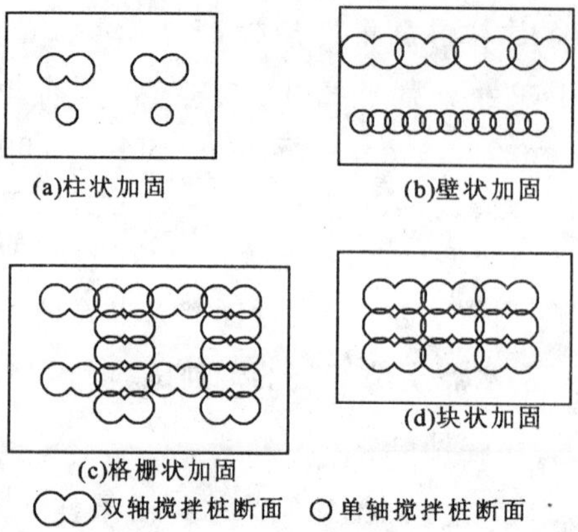

图 13-9 深层搅拌加固的布桩型式

2. 单桩竖向承载力特征值的设计计算

水泥土搅拌桩的单桩竖向承载力取决于桩身强度和地基土的情况，一般应使土对桩的支承力与桩身强度所确定的承载力相近，并使后者略大于前者最为经济。水泥土搅拌桩单桩竖向承载力特征值应通过现场单桩载荷试验确定，如无试验资料，也可按下面两式计算，并取其中较小值。

$$R_a = \eta f_{cu,k} A_p \tag{13-9}$$

$$R_a = u_p \sum_{i=1}^{n} q_{si} l_i + \alpha A_p q_p \tag{13-10}$$

式中，R_a 为单桩竖向承载力特征值；$f_{cu,k}$ 为与搅拌桩身加固土配比相同的室内加固土试块的无侧限抗压强度平均值；η 为强度折减系数，干法可取 0.20～0.30，湿法可取 0.25～0.33；q_{si} 为桩周土的侧阻力特征值，对淤泥可取 4～7kPa，对淤泥质土可取 6～12kPa，对软塑状黏性土可取 10～15kPa，可塑状黏性土可取 12～18kPa；u_p 为桩周长；A_p 为桩的截面积；l_i 为桩长范围内第 i 层土的厚度，m；q_p 为桩端天然地基土的承载力特征值；α 为桩端天然地基土的承载力折减系数，可取 0.4～0.6。

水泥土搅拌桩在进行单桩设计时，主要是确定桩长和选择水泥掺入比。根据工程具体条件的不同，可采用下面三种计算方式。

(1)当土质条件和施工条件等限制搅拌桩加固深度时，可先确定桩长。由桩长按式(13-10)算出承载力特征值 R_a，再将 R_a 代入式(13-9)求出水泥土的无侧限抗压强度 $f_{cu,k}$，然后根据 $f_{cu,k}$ 并参照室内配合比试验资料，选择合适的水泥掺入比。

(2)当搅拌桩的加固深度不受限制时，可根据室内配合比试验资料选定水泥掺入比，并得出水泥土无侧限抗压强度 $f_{cu,k}$，然后根据 $f_{cu,k}$ 按式(13-9)计算承载力特征值 R_a，最后根据 R_a 按式(13-10)计算桩长。

(3)根据上部结构对单桩承载力的要求，由式(13-9)求得 $f_{cu,k}$，然后根据室内试验资料得出相应的水泥掺入比；同时，将要求的承载力特征值 R_a 代入式(13-10)求出桩长。

3. 水泥土搅拌桩复合地基的设计计算

搅拌桩复合地基承载力特征值应通过现场复合地基载荷试验确定，如无试验资料，也可按

下式计算

$$f_{sp,k}=(mR_a/A_p)+\beta(1-m)f_{s,k} \tag{13-11}$$

式中，$f_{sp,k}$为复合地基的承载力特征值；m为面积置换率；A_p为桩的截面积；$f_{sp,k}$为桩间天然土承载力特征值；β为桩间土承载力折减系数，当桩端土未经修正的承载力特征值大于桩周土的承载力特征值的平均值时，可取 0.1～0.4，差值大，取低值；小于等于桩周土的承载力特征值的平均值时，可取 0.5～0.9。

根据设计要求的复合地基承载力 $f_{sp,k}$，式(13-11)可确定面积置换率 m 和桩数 n，即

$$m=\frac{f_{sp,k}-\beta f_{s,k}}{(R_a/A_p)-\beta f_{s,k}} \tag{13-12}$$

$$n=\frac{mA}{A_p} \tag{13-13}$$

式中，A为地基加固的面积，m^2。

对于大面积新填土，由于重新固结会产生负摩阻力，对刚性桩来说，这是不可忽视的。但水泥土桩能与桩间土同时下沉，不至于在水泥土桩侧壁产生较大负摩阻力，所以，设计时既不考虑负摩阻力，也不考虑桩周围填土层所提供的摩阻力。

4. **下卧层强度验算**

当搅拌桩加固区以下存在软弱下卧层时，应对软弱下卧层按下式进行强度验算

$$p_z+p_{cz}\leqslant f_a \tag{13-14}$$

式中，p_{cz}为软弱下卧层顶面处土的自重应力；f_a为软弱下卧层顶面处经深度修正后地基承载力特征值；p_z为软弱下卧层顶面处的附加应力设计值，可以用双层地基中附加应力分布理论或数值分析方法计算，但为简化起见，一般将搅拌桩与桩间土视为一复合土体，用应力扩散法按下面公式进行计算。

对条形基础
$$p_z=\frac{bp_1}{b+2z\tan\theta} \tag{13-15}$$

对矩形基础
$$p_z=\frac{blp_1}{(b+2z\tan\theta)(l+2z\tan\theta)} \tag{13-16}$$

式中，b为矩形基础和条形基础底边的宽度；l为矩形基础底边的长度；p_1为基础底面处附加应力值，可取 $p_1=f_{sp,k}$；z为基础底面至软弱下卧层顶面的距离；θ为应力扩散角，可按表 13-6 采用。

对搅拌桩置换率较大(一般大于 20%)，而且不是单行排列时，由于每根搅拌桩不能充分发挥作用，可将搅拌桩群与桩周土视为一假想的实体基础 见图 13-10。考虑假想实体基础侧面与土的摩阻力，验算假想实体基础底面的承载力，要求满足下式

$$f'=\frac{f_{sp,k}A+G-\overline{q}_sA_s-f_{s,k}(A-A_1)}{A_1}<f_a \tag{13-17}$$

式中，f'为假想实体基础底面压力，kPa；A为地基加固总面积，m^2；A_1、A_s分别为假想实体基础底面积和侧面积，m^2；G为假想实体基础自重力，kN；$\overline{q}_s$为假想基础边缘土的平均摩阻力标准值，kPa；$f_{s,k}$为假想实体基础边缘土的承载力，kPa；f_a为假想实体基础底面处经修正后的地

基土承载力，kPa。

表 13－6 地基压力扩散角 θ

E_{s1}/E_{s2}	z/b	
	0.25	0.50
3	6°	23°
5	10°	25°
10	20°	30°

注：①E_{s1}为上层土压缩模量，E_{s2}为下层土压缩模量。

②当 $z<0.25b$ 时，一般取 $\theta=0°$，必要时，宜由试验确定；

当 $z>0.5b$ 时，θ 值不变。

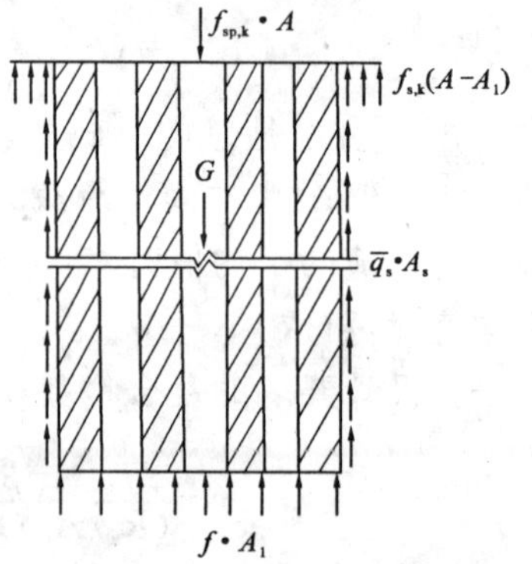

图 13－10 搅拌桩下卧层强度验算

5. **沉降变形验算**

对沉降要求较高的建(构)筑物，除进行强度验算外，还应对地基进行沉降变形验算。水泥土搅拌桩复合地基变形 S 的计算，包括搅拌桩群体的压缩变形 S_1 和桩端下未加固土层压缩变形 S_2 之和，即

$$S=S_1+S_2 \tag{13-18}$$

其中，

$$S_1=(p+p_0)l/(2E_0) \tag{13-19}$$

$$p=\frac{f_{sp,k}A+G-f_{s,k}(A-A_1)}{A_1} \tag{13-20}$$

$$p_0=f'-\gamma_p l \tag{13-21}$$

$$E_0=mE_p+(1-m)E_s \tag{13-22}$$

式中，p 为桩群顶面的平均压力，kPa；p_0 为桩群底面土的附加应力，kPa；E_0 为桩群体的变形模量，kPa；E_p 为水泥土搅拌桩的变形模量，可取（100～120）f_{cu}；E_s 为桩间土的变形模量，kPa；l 为水泥土搅拌桩桩长，m；γ_p 为桩群底面以上土的加权平均重度，kN/m^3。

桩群体的压缩变形 S_1 也可根据上部荷载、桩长、桩身强度等按经验取 10～30mm。

桩端以下未处理土层的压缩变形值可按分层总和法计算。

五、水泥土深层搅拌法施工

(一)浆液喷射深层搅拌法

1. **施工设备**

水泥浆液喷射深层搅拌法的施工设备包括深层搅拌机和配套设备。

(1)深层搅拌机。深层搅拌机的类型根据搅拌轴的数量分为单轴和多轴深层搅拌机。国内常用的深层搅拌机见图 13－11 与图 13－12，其技术参数见表 13－7。

深层搅拌机的喷浆方式有叶片喷浆和中心管喷浆两种方式。单轴搅拌机一般采用叶片喷浆方式，水泥浆由中空轴进入搅拌头叶片，再由叶片上若干个小孔沿着旋转方向喷出，见图 13－13。这种喷浆方式能喷浆到孔底且水泥土与土体混合均匀，但因喷浆口小，易被浆液堵塞，

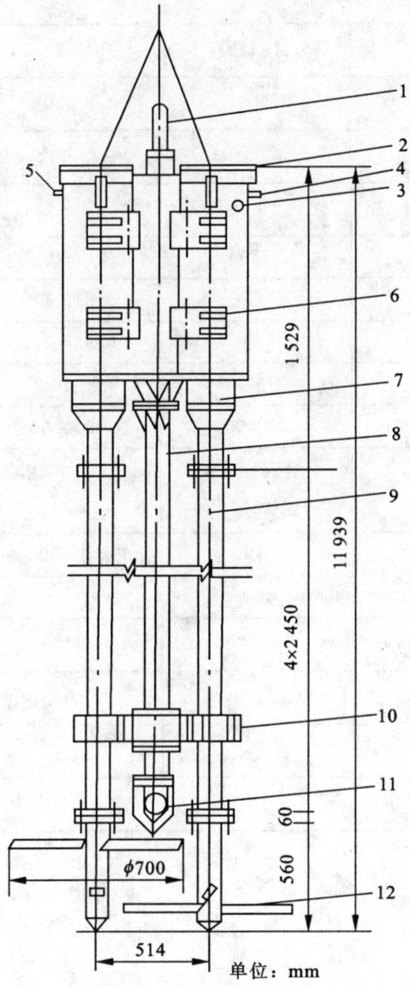

图 13-11　SJB-1 型深层双轴搅拌机

1—输浆管；2—外壳；3—出水口；4—进水口；5—电动机；6—导向滑块；7—减速器；8—搅拌轴；9—中心管；10—横向系板；11—球形阀；12—搅拌头

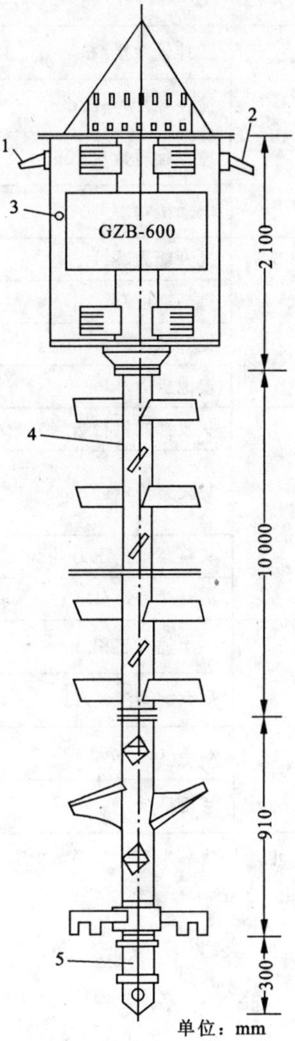

图 13-12　GZB-600 型深层单轴搅拌机

1—电缆接头；2—进浆口；3—电动机；4—搅拌轴；5—搅拌头

且只能用纯水泥浆而不能采用其他固化剂。

双轴搅拌机一般采用中心管喷浆方式，水泥浆从两轴搅拌轴间的输浆部分输出，输浆部分由中心管和穿在中心管内部的输浆管以及单向球阀组成，中心管通过横向系板与搅拌轴连成整体。中心输浆方式可适用多种固化剂，除水泥浆外，还可用水泥砂浆等。

(2)配套设备。水泥浆喷射深层搅拌机械的配套设备包括起吊设备、固化剂制备系统及电器控制装置等，见图 13-14 和图 13-15。

表 13－7　深层搅拌机械技术参数表

水泥深层搅拌机类型		SJB－1	GZB－600	DJB－14D
深层搅拌机	搅拌轴数量/根	2(ϕ129)	1(ϕ129)	1
	搅拌叶片外径/mm	700～800	600	500
	搅拌轴转数/(r/min)	46	50	60
	电动机功率/kW	2×30	2×30	1×22
起吊设备	提升能力/kN	>100	150	50
	提升高度/m	>14	14	19.5
	提升速度/(m/min)	0.2～1.0	0.6～1.0	0.95～1.20
	接地压力/kPa	60	60	40
固化剂制备系统	灰浆拌制机台数×容量(台×L)	2×200	2×500	2×200
	灰浆泵量/(L/min)	HB6－3 50	AP－15－B 281	UBJ－2 33
	灰浆泵工作压力/kPa	1 500	1 400	1 500
	集料斗容量/L	400	180	
技术指标	一次加固面积/m^2	0.71～0.88	0.283	0.20
	最大加固深度/m	15.0	10～15	19.0
	效率/(m/台班)	40～50	60	100
	总质量/t	4.5(不包括吊车)	12	4

注：如 SJB－1 电动机功率为 2×40kW，加固深度为 15～20m。

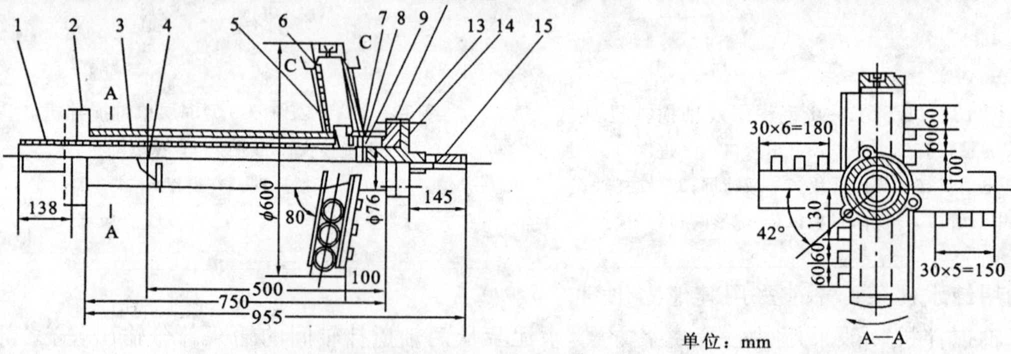

图 13－13　叶片喷浆搅拌头

1—输浆管；2—上法兰；3—搅拌轴；4—搅拌叶片；5—喷浆叶片；6—输送管；7—堵头；8—搅拌轴(同 3)；9—胶垫；10—螺栓；11—螺母；12—垫圈；13—下法兰；14—上法兰；15—螺旋锥头

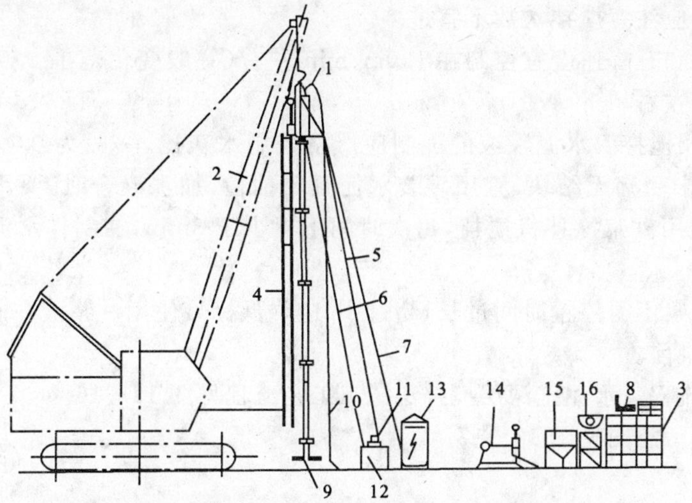

图 13-14 SJB-1 型深层搅拌机配套设备

1—深层搅拌机；2—起重机；3—工作平台；4—导向架；5—进水管；6—回水管；7—电缆；8—磅秤；9—搅拌头；10—输浆压力胶管；11—冷却泵；12—贮水池；13—电器控制柜；14—灰浆泵；15—集料斗；16—灰浆拌制机

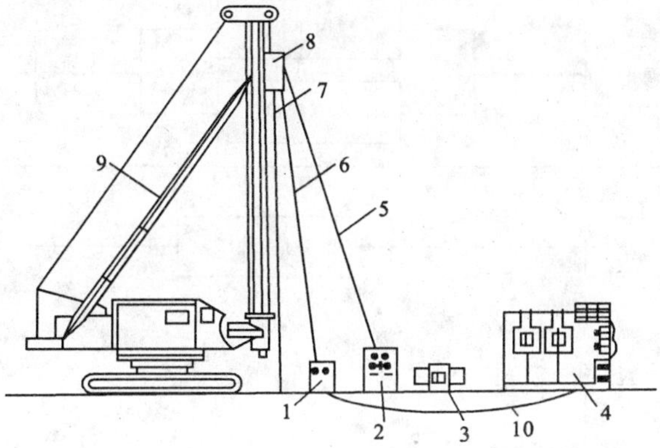

图 13-15 GZB-600 型搅拌机配套设备

1—流量计；2—控制柜；3—低压变压器；4—PM2-15 泵送装置；5—电缆；6—输浆胶管；7—搅拌轴；8—搅拌机；9—打桩机；10—电缆

2. **施工工艺**

(1)工艺参数确定。目前，国产的深层搅拌机械大都采用定量泵输送水泥浆，而深层搅拌机又是转速恒定的，因此灌入地基中的水泥量完全取决于深层搅拌机的提升速度和复搅次数。

对于搅拌桩，随着深度增加，桩身轴向应力呈衰减变化，桩承载力发挥度越来越小，因此，从理论上讲，合理的水泥掺入量应是沿桩身逐渐减小，即采用变掺量设计以使桩长范围内承载力达到相同的发挥度，避免在较大荷载作用下桩身上部因强度不足而产生浅层破坏现象。从施工工艺上，可采用变参数施工，即在桩身上部 1/2～2/3 桩长范围内水泥掺入量比下段部位增加1倍，上部采用2～4次喷浆，下部采用1～2次喷浆。对于上部不易搅拌均匀部位可不喷浆加搅1～2次，但应注意搅拌次数不宜过多。

搅拌机的钻进和升降速度宜控制在1.0m/min左右（一般变化范围0.6～1.2m/min），转速保持在60r/min左右。

(2)浆液配制及搅拌。水泥浆液的配制应严格控制水灰比，一般为0.45～0.50。水泥必须是新近出厂的，未受潮无结块，宜用袋装水泥且要抽检，加水混合时，要用专用的定量水容器。水泥浆液必须用砂浆搅拌机搅拌，每次时间不得少于3min，在制作水泥浆液时可按要求加入外掺剂。

制备好的水泥浆不得停置时间过长，超过2h应降低标号使用。浆液在砂浆搅拌机中要不断地搅拌，直到送浆前。

(3)施工工艺流程。水泥土深层搅拌法施工工艺流程见图13-16。

施工工序流程示意图见图13-17。

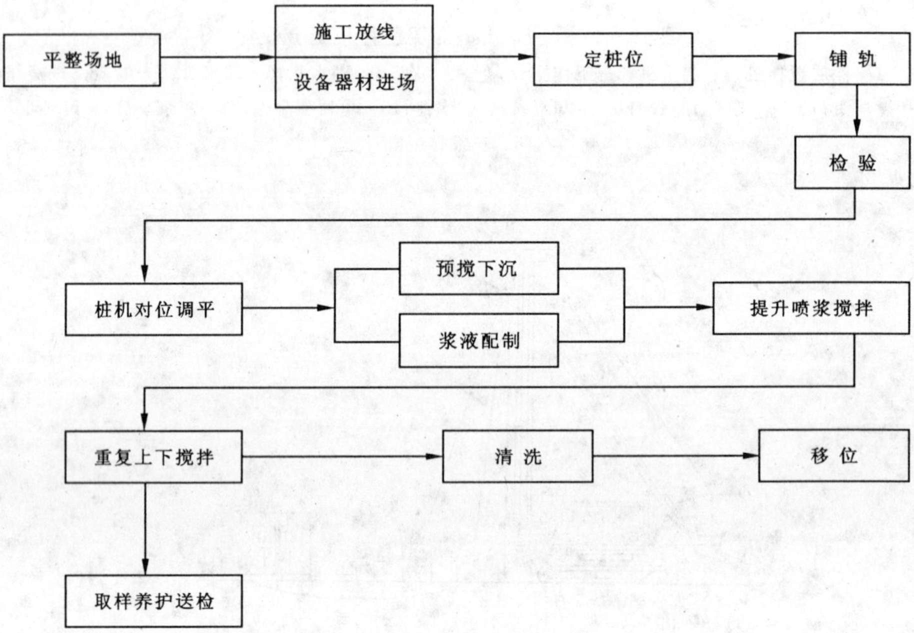

图13-16 深层搅拌法施工工艺流程图

①设备安装：铺设走管与桩机平台，然后装塔架，再装导向架及搅拌轴、输浆管。电器系统必须装接地装置，供浆系统应在离搅拌机50m范围内。

②桩机定位：用起重机或塔架悬吊深层搅拌机到达指定桩位，桩位对中误差不大于50mm，搅拌轴和导向架的垂直度偏差不得超过1%。

③预搅下沉：待搅拌机的冷却水循环正常后，启动深层搅拌机的电动机，放松起重机钢丝绳，使搅拌机沿导向架搅拌切土下沉。一般情况下不宜冲水，当遇到较硬土层下沉太慢时（超过30min/m），可适当冲水下沉。

④提升喷浆搅拌：搅拌机下沉到设计深度后，开动灰浆泵，待估计浆液从喷嘴喷出后，搅拌

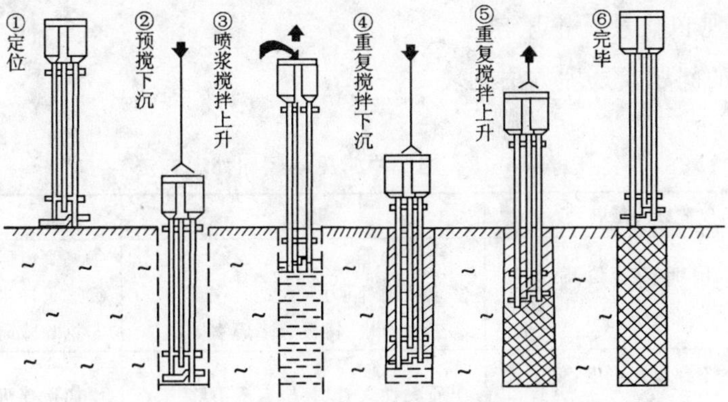

图 13-17 水泥土搅拌法施工工序流程示意图

头自桩底反转，边喷浆边旋转，同时按设计要求的提升速度匀速提升搅拌机。

⑤重复上下搅拌：当搅拌机提升到设计加固深度的顶面标高时，喷浆量应达到设计要求。为使水泥浆与土拌和均匀，可按设计要求复搅若干次。

⑥清洗：向贮浆桶中注入适量清水，开启灰浆泵，清洗全部管路中残存的水泥浆，直到基本干净。

⑦移动：施工下一根桩。

3. **施工要点**

(1)施工前应平整场地，清除桩位处地上、地下一切障碍物(包括大块石、树根和生活垃圾等)。场地低洼时应回填黏土料，不得回填杂填土。基础底面以上宜预留 500mm 厚的土层，搅拌桩施工到地面。在开挖基坑时应将上部质量较差桩段挖去。

(2)水泥浆从砂浆搅拌机倒入贮浆桶前，须要过滤，将水泥块等杂物滤掉。贮浆桶容量应适中，要保证有一定余量，不会因浆液不足而造成断桩，还要防止浆液在贮浆桶内沉淀离析。

(3)施工前应标定灰浆泵输浆量、灰浆经输浆管到达搅拌机喷浆口的时间和起吊设备提升速度等参数。宜用流量泵控制输浆速度，一般为 30L/min，喷口压力保持在 0.4～0.6MPa，并应使搅拌提升速度与输浆速度同步。

(4)应有专人记录搅拌机每米下沉或提升时间，深度记录误差不得大于 50mm，时间记录误差不得大于 5s，施工中发现的问题及处理情况均应注明。

(5)为保证桩端施工质量，当浆液达到出浆口后，应在底部喷浆 30s，使浆液完全到达桩端。

(6)在成桩过程中，由于电压过低或其他原因造成停机，使成桩工艺中断时，为防止断桩，当搅拌机重新启动时，均应将搅拌机下沉 0.5m(如采用下沉搅拌送浆时应提升 0.5m)再继续制桩。停机超过 3h，为防止浆液硬结堵管，应拆卸输浆管彻底清洗管路。

(7)设计要求搭接成壁状时，应连续施工相邻桩。施工间隔时间不超过 24h，且搭接长度应大于 100mm。

(8)搅拌机提升变搅必须反转，否则正转提升易将土带起造成空洞。

(9)每台班取水泥土试块一组(三块)，试块应取第二次复搅提升时从搅拌轴外壁返出的水泥土，取样位置在桩位图上标出，填好试块记录。

4. 施工中常见的问题及处理方法

施工中常见的问题及处理方法见表13-8。

表13-8 施工中常见问题和处理方法

序号	常见问题	原因	处理方法
1	预搅下沉困难，电流值高，电动机跳闸	①电压偏低； ②土质硬、阻力太大； ③遇大石块、树根等障碍物	①调高电压； ②适量冲水下沉； ③挖除障碍物
2	搅拌机达不到预定深度，但电流不变	土质黏性大，搅拌机自重不够	增加搅拌机自重或加压
3	喷浆未到设计桩顶面（或桩底端）标高，贮浆桶中浆液已排空	①投料不准确； ②灰浆泵磨损漏浆； ③灰浆泵输浆量偏大	①重新标定投料量； ②检修灰浆泵； ③重新标定输浆量
4	喷浆到设计标高，贮浆桶中剩浆液过多	①拌浆加水过多； ②输浆管路部分阻塞	①重新标定加水量； ②清洗输浆管路
5	桩身发生倾斜	①搅拌轴弯曲； ②塔架承受冲击荷载时摇晃； ③遇到石块后侧面挤过	①换刚性好、笔直的搅拌轴； ②塔架主腿底应用球形铰链连接； ③挖出浅部石块
6	断桩	①喷浆间歇中断； ②连接法兰松动漏浆； ③硬软土层换层处连接较弱	①保持连续供浆并遵守操作规程； ②法兰连接处要拧紧螺帽； ③换层处增加水泥浆量
7	偏桩（桩位偏离设计位置）	①桩机就位不准； ②遇大石块后于深部发生横向位移	①严格控制偏差； ②挖出浅部石块； ③若偏差过大，应补桩施工
8	空心桩（桩中间部位无水泥）	①黏性土糊钻； ②搅拌叶片有纤维缠绕及土附着	①将搅拌头用水或润滑浆液浸湿； ②及时清除纤维再搅拌
9	某一段桩身没有固结	①水泥标号低或水泥变质； ②水灰比太大； ③搅拌不均匀； ④使用了加水稀释后的凝稠水泥浆	①使用高标号新鲜水泥； ②调整水灰比并加适量外掺剂； ③增加搅拌次数； ④因故凝稠的水泥浆不准使用
10	桩身断面上，一部分是固化剂团块，另一部分是无固化剂的土	①搅拌次数不够； ②遇到硬土	①增加预搅次数； ②适量冲水湿润

（二）粉体喷射深层搅拌法

粉体喷射深层搅拌法是利用喷粉机，使压缩空气携带粉体固化材料，经过高压软管和搅拌轴送到搅拌叶片背后面的喷嘴喷出，喷入旋转叶片背后产生的空隙中，并与土黏附在一起，在不断搅拌的作用下，固化材料与地基土均匀混合，而将固化材料分离后的空气传递到搅拌轴的周围，上升到地面释放掉。

与浆液喷射深层搅拌法相比，粉体喷射深层搅拌法具有如下特点。

(1)粉体固化材料可吸收软土地基中更多的水分，对加固含水量高的软土、极软土及泥炭土地基效果更显著。图 13－18 为两种方法加固软黏土的对比。

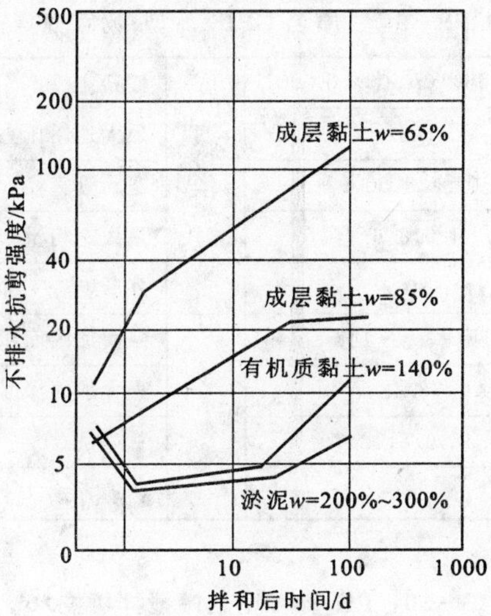

图 13－18　浆喷与粉喷加固软黏土各参数的关系

(2)粉体比浆液更易于与原土充分搅拌混合，有利于提高加固土体的强度。

(3)粉体喷射搅拌钻头在提升搅拌时能对加固体产生挤压作用，也有利于提高加固土体的强度。

(4)与浆喷搅拌相比，消耗的固化材料要少，且无地面拱起现象。

1. **施工设备**

粉体喷射搅拌法施工设备由喷粉桩机、粉体发送器、空气压缩机、搅拌钻头等组成，见图 13－19。

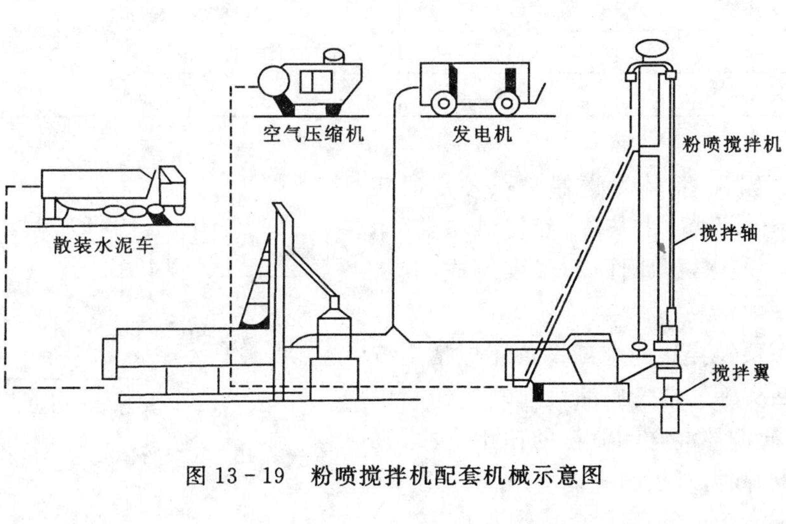

图 13－19　粉喷搅拌机配套机械示意图

(1)粉喷桩机。国内常用的粉喷桩机由电动机、钻架、卷扬机、液压泵、转盘、主动钻杆、变速箱等部件组成,其技术参数见表 13－9 和表 13－10。

表 13－9 GPP－5 型(原名 GPF－5 型)粉喷搅拌机技术参数

粉喷搅拌机	搅拌轴规格/mm	108×108×(7 500+5 500)	YP－1 型粉体喷射机	储料量/kg	2 000
	搅拌翼外径/mm	500		最大送粉压力/MPa	0.5
	搅拌轴转速/(r/min)	正(反)28,50,92		送粉管直径/mm	50
	扭矩/(kN·m)	4.9,8.6		最大送粉量/(kg/min)	100
	电动机功率/kW	30		外形规格/(m×m×m)	2.7×1.82×2.46
起吊设备	井架结构高度/m	门型－3 级－14m	技术参数	一次加固面积/m^2	0.196
	提升力/kN	78.4		最大加固深度/m	12.5
	提升速度/(m/min)	0.48,0.8,1.47		总质量/t	9.2
	接地压力/kPa	34		移动方式	液压步履

表 13－10 PH－5A 型粉喷搅拌机技术参数

粉喷搅拌机	成桩直径/mm	500	粉体喷射机	型号	YP－1
	搅拌轴转速/(r/min)	27,48,5		功率/kW	2.6
	扭矩/(kN·m)	8.6,5.2,2.9		容量/m^3	1.3
	电动机功率/kW	41	技术参数	最大加固深度/m	14.5
	钻杆规格/mm	114×114		移动方式	液压步履
提升设备	井架结构高度/m	门型－3 级－16.86m		纵向单步行程/m	1.2
	提升力/kN	78.4		横向单步行程/m	0.5
	提升速度/(m/min)	0.57,0.97,1.7		总质量/t	8.5
	接地压力/kPa	≤40			
空气压缩机	型号	XK0.6～0.1			
	工作压力/MPa	0.7			
	排量/(m^3/min)	116			
	电动机功率/kW	13			

(2)粉体发送器。粉体发送器是一种定时定量发送粉体材料的设备,由灰罐、旋转供料器、电子计量系统、水气分离器、阀门和仪表组成,其工作原理见图 13－20。

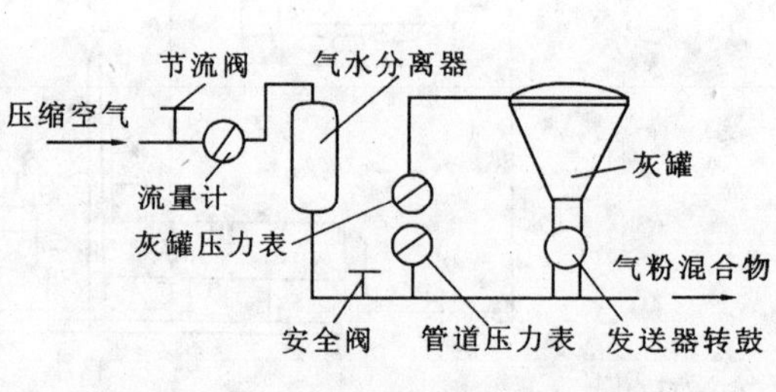

图 13－20 粉体发送器的工作原理

粉体喷射深层搅拌法的施工设备还包括空气压缩机和搅拌钻头等。空气压缩机起输送粉料的作用,搅拌钻头起搅拌混合和喷粉的作用,要求钻头在反向旋转提升时,对加固土体有压密作用。

2. **施工工艺**

(1)工艺参数。粉体喷射深层搅拌法施工的工艺参数主要包括提升速度、单位时间喷粉量和喷粉压力等，一般应根据试桩结果，确定各土层和各平面区域内搅拌轴提升速度和喷灰量等，如果缺少试桩资料也可按下面公式进行计算。

1)提升速度 v。

$$v=\frac{h\sum z}{t}\omega \tag{13-23}$$

式中，v 为搅拌轴提升速度，m/min，搅拌钻头每旋转一周，提升高度不得超过 16mm；h 为搅拌钻头叶片垂直投影高度，m；$\sum z$ 为钻头叶片总数，个；ω 为搅拌轴转速，r/min；t 为土体中任一质点被钻头搅拌次数，一般取 40～50。

2)喷灰量 q。

$$q=\frac{\pi}{4}D^2\rho a_{w}v \tag{13-24}$$

式中，q 为单位时间的喷灰量，kg/min；ρ 为地基土的密度，t/m^3；a_w 为掺入比；D 为搅拌钻头直径，m。

喷粉压力一般控制在 0.25～0.4MPa 之间，为保证正常送粉，要求喷粉时灰罐内的气压比管道内的气压高 0.02～0.05MPa。

(2)施工工艺。粉体喷射施工工艺流程见图 13-21，施工工艺示意图见图 13-22。

1)施工前应准确测放轴线和桩位，并用竹签或钢筋标定。

2)桩机对位，误差不应大于 50mm。调节钻机支腿油缸，使导向架和搅拌轴垂直度偏差不超过 1%。

3)关闭粉喷机灰路阀门，打开气路阀门。

4)开动钻机，启动空压机并缓慢打开气路调压阀，对钻机供气。钻机逐渐加速，正转预搅下沉。当钻至接近设计深度时，应用低速慢钻，钻机原位转动 1～2min。

5)提升喷粉搅拌。当确认粉料已喷到孔底时，一般以 0.5m/min 左右的速度反转提升；当提升到设计停灰标高后，应慢速原地搅拌 1～2min。

6)重复搅拌。为保证粉体材料与地基土搅拌均匀，可采用复喷及复搅措施。

7)当提升喷粉距地面 0.5m 时，应立即停止喷粉，利用管道内余灰量喷入土中，以防止粉尘污染环境，同时要求在孔口加设喷粉防护装置。

8)原位转动 1～2min 后，将钻头提离地面约 0.2m 减压放气，打开灰罐上盖，检查罐内灰余量。

9)钻机移位对孔，施工下一根桩。

3. **施工要点**

(1)施工场地要求平整，并挖除含砖、瓦等杂物的表面杂填土，回填素土。清除地下障碍，对无法清除的障碍应探明其准确位置。

(2)桩体喷粉要求一气呵成，不得中断。应按理论计算量往灰罐投料，投一次料，打一根桩，确保成桩质量。喷粉深度应在钻杆上标线控制。

(3)喷粉施工时，为避免钻机移动和管路过长，施工次序宜先中轴后边轴，先里排后外排，钻机移动最长距离不超过 50m。

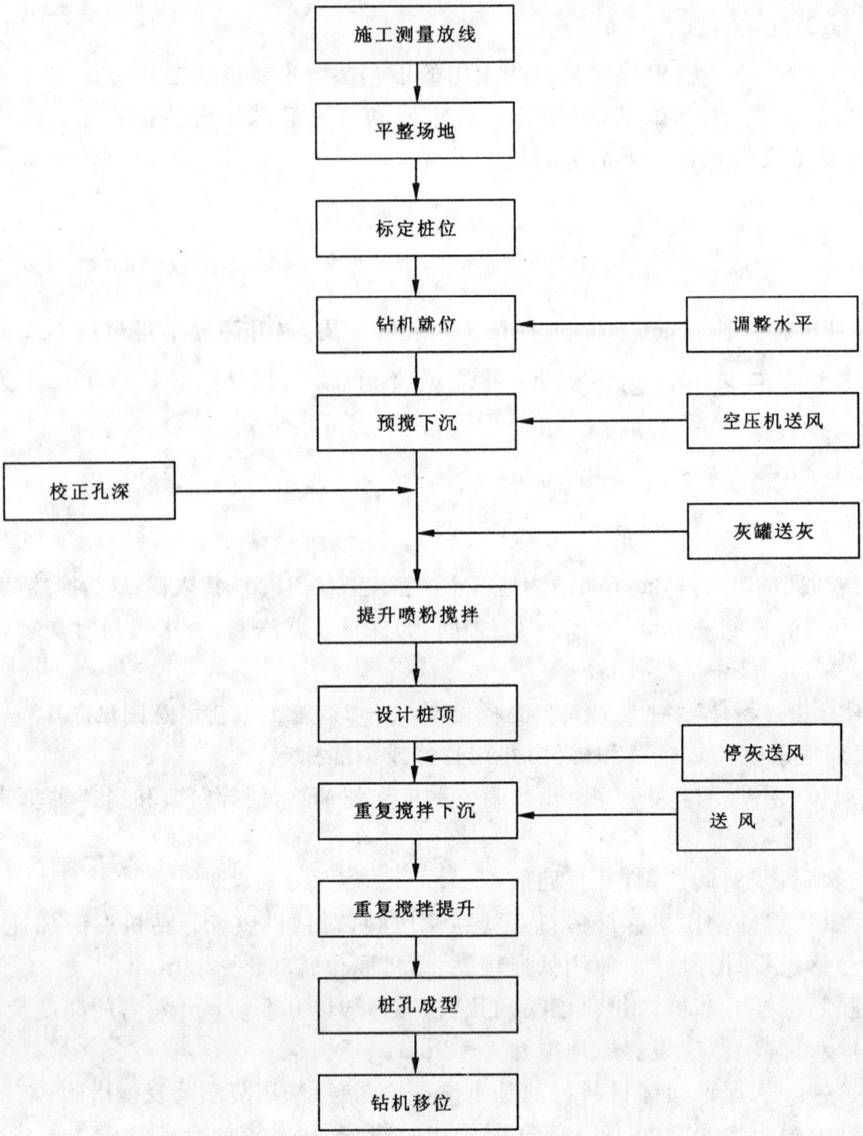

图 13-21　粉体喷射深层搅拌法施工工艺流程图

(4)施工过程中应经常测量电压,检查钻具、流量计、水气分离器、送粉阀门、空压机和胶管灰路工作情况。

(5)施工过程中要注意防止因管内水泥结块造成堵管,遇堵管时宜拆洗管路或向上提升再打,第二次复打时要保证至少有 1.0m 以上的重叠,以防止发生断桩。

(6)设计要求搭接的桩体,须连续施工,一般相邻桩的施工间隔时间不超过 8h。

(7)送灰过程中如出现压力突然下降、灰罐加不上压力等现象,应停止提升,原地搅拌,及时查明原因。若由于灰罐内水泥粉体已喷完或容器、管道漏气所致,重新加灰复打,并保证 1.0m 以上的重叠。

(8)控制好单位桩长喷粉量,每米实际喷粉量与设计要求的喷粉量误差不超过 5kg。

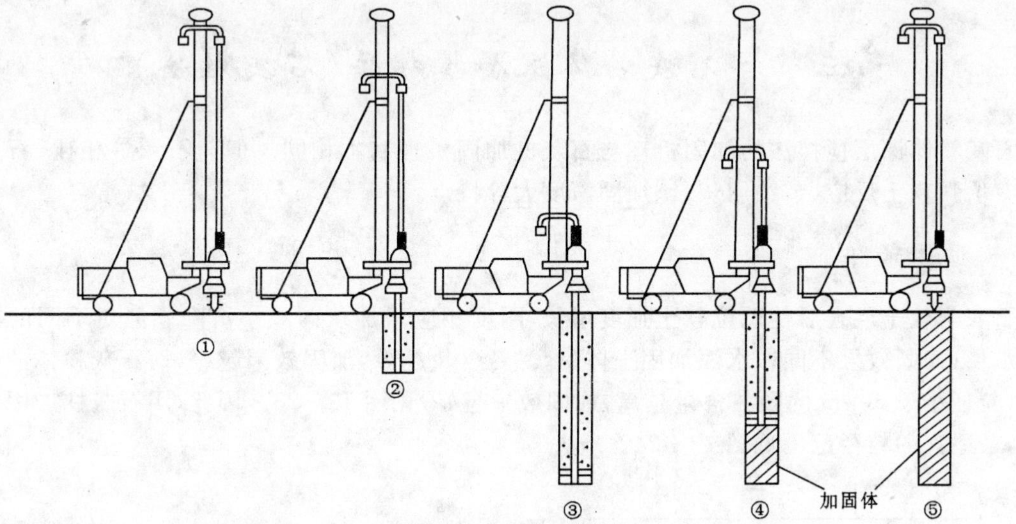

图 13-22　施工工艺示意图

①钻机就位；②预搅下沉；③到达设计孔深；④提升搅拌喷射；⑤桩孔成型

4. 粉喷桩施工常见问题及处理方法

粉喷桩施工常见问题及处理方法见表 13-11。

表 13-11　粉喷桩施工常见问题及处理方法

序号	常见问题	产生原因	处理方法
1	卡钻	①通过含水率低的黏土层或硬土层； ②局部遇到障碍物	①停止钻进或慢速钻进； ②提升钻具，改进钻头
2	喷粉不畅或堵塞	①气路连接部分密封不严或气源不足； ②水泥吸潮结块； ③喷口黏结粉泥后变小，粉料中混有杂物、大颗粒	①将气路连接紧密，更换阀门密封圈，保证供气充足气压稳定； ②防止水泥受潮，并过筛； ③迅速操作喷粉阀门，反复开关，但严禁敲击灰罐体
3	桩体疏松	①土层含水率太低； ②遇松散杂填土，造成粉体流失	①搅拌时可适当注水或改用喷浆法成桩； ②增加喷搅次数
4	夹层断桩	①水泥潮湿或有异物堵管； ②管路漏气或供气不足； ③喷粉孔磨损，或被黏土堵塞； ④提升速度太快，先提钻后喷粉； ⑤粉灰喷完或中断后未察觉，仍在搅拌成桩	①注意防潮，使用防潮包装水泥； ②粉灰严格过筛，称量并在施工过程中经常检查气压； ③堵塞时，应将钻头提出清理并在原位复喷； ④控制喷粉与提升速度，应先喷 1～2 次，再提升搅拌
5	空心桩	土层含水量太低	对含水量太低（<20%）的土层改用喷浆搅拌法施工，或搅拌时适当加水
6	桩体强度不均	①钻杆提升速度不均； ②喷粉管轻微堵塞，造成气压不稳，灰流量不均匀； ③遇黏土搅不开或局部松软土漏灰	①控制提升速度，使之均匀； ②防止管路堵塞，并及时清除； ③低速钻进搅拌

第三节　石灰粉体深层搅拌法(石灰柱法)

石灰粉体深层搅拌法的加固机理与石灰桩加固机理基本相同。但与石灰桩相比,石灰柱法具有增强灰土反应、节约用灰量、加固深度大等特点。

一、适用条件

石灰与软土混合后使原位软土强度增长,刚度相应增加从而减小沉降。但对不同的土质及含水量,加固效果不同。水泥加固土体时,黏粒含量越少,加固效果越好,而石灰粉体加固土体时,粒径小于 60μm 的颗粒含量越高,加固效果越好,见图 13-23。因此,用石灰柱加固软弱地基,最适宜的粒径范围见图 13-24。

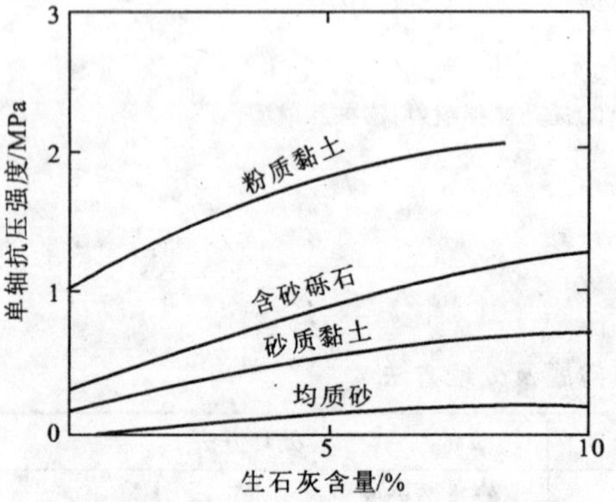

图 13-23　生石灰处理不同土时的单轴抗压强度

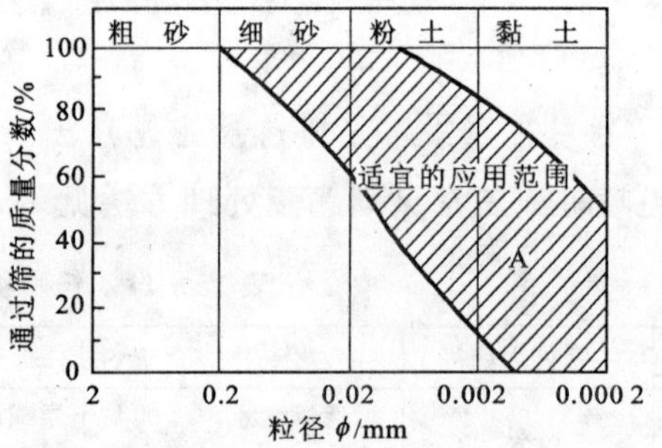

图 13-24　生石灰适宜加固的土粒径范围

对于不同的含水量,加固效果也有较大差别,见图 13-25。当土中含水量为 40%～60%时,加固效果较好。

另外,用生石灰作固化剂,凝硬反应时间很长,加固土的强度与压缩模量随龄期明显增长,见图 13-25 与表 13-12。

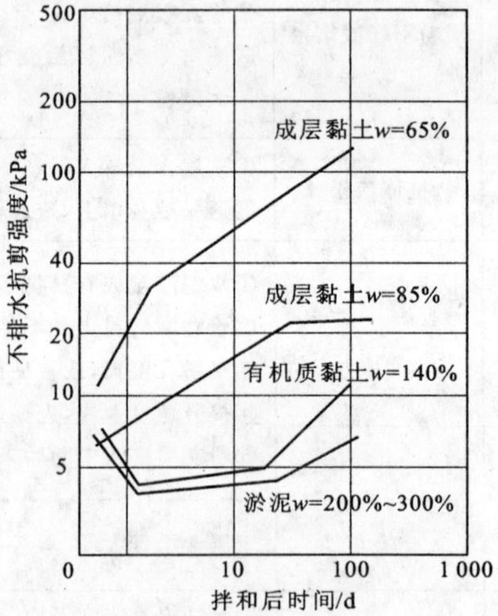

图 13-25　强度与含水量关系

二、设计计算

粉体喷射搅拌法设计计算方法与浆液喷射搅拌法设计计算方法相同。但考虑到桩土协调变形,会产生应力集中现象,以及在荷载作用下,复合地基中的群桩会因承载力不够而发生“刺入”破坏,因此,对桩身强度及承载力不很高的桩体应验算桩土应力和群桩承载力。

表 13-12　石灰土样室内试验性能参数对比表

参数	天然地基	7d 龄期	28d 龄期	90d 龄期
$\mu/(\mathrm{MPa})^{-1}$	0.6	0.07	0.07	0.05
E/MPa	3.2	27.4	27.4	37.7
f_{cu}/kPa	27	454	785	1 309
c/kPa	8	101	178	330
φ	7°45′	41°59′	28°56′	35°45′

注：土样为广东云浮硫铁矿淤泥质粉质黏土。

1. **桩土应力验算**

桩土应力比应满足下式

$$\sigma_p = \sigma_0 \mu_p \leqslant f_{p,k} \tag{13-25}$$

$$\sigma_s = \sigma_0 \mu_s \leqslant f_{s,k} \tag{13-26}$$

式中，σ_p 为搅拌桩承担的压应力，kPa；σ_0 为基底平均压应力，kPa；σ_s 为桩间土承担的压应力，kPa；μ_p 为应力集中系数，$\mu_p = n/[1+m(n-1)]$；μ_s 为应力降低系数，$\mu_s = 1/[1+m(n-1)]$；$f_{p,k}$ 为桩体承载力，kPa；$f_{s,k}$ 为桩间土承载力，kPa；n 为桩土应力比，一般取 3～5；m 为面积置换率。

2. **群桩承载力验算**

$$Q_u = 2C_u L(b+H) + (6\sim9)C_u bH \tag{13-27}$$

式中，Q_u 为桩群总承载力，kN；C_u 为土的不排水抗剪强度，kPa；L 为桩群高度，m；H 为桩群长度，m；b 为桩群宽度，m；6～9 为系数，当基础 $H>b$ 时取 6，对正方形基础取 9。

要求满足

$$Q_u > P \tag{13-28}$$

式中，P 为建筑物总荷载。

三、施工

石灰粉体喷射搅拌法施工工艺与水泥喷射搅拌法施工工艺基本相同，只有固化材料的区别。

(1)粉体材料。石灰应磨细，粒径小于 0.5mm，纯净无杂质，CaO 和 MgO 的总含量不小于 85%，其中 CaO 含量不宜低于 80%，石灰的流性指数不低于 70%。

(2)生石灰对人体腐蚀性大，施工过程中要做好防护工作。

第四节　质量检验

根据工程重要性及复杂程度可选择以下方法进行质量检验。

(1)成桩 7d 后，采用浅部开挖桩头[深度宜超过停浆(灰)面以下 0.5m]，目测检查搅拌的均匀性，量测成桩直径。检查量为总桩数的 0.5%。

(2)成桩 3d 内，可用轻型动触探(N_{10})检查每米桩身的均匀性。检验数量为施工总桩数的 1%，且不少于 3 根。

(3)竣工验收时，承载力检验应采用复合地基载荷试验和单桩载荷试验。并宜在成桩 28d 后进行。检验数量为总桩数的 0.5%～1%，且每项单体工程不应少于 3 点。

经触探和载荷试验检验后，对桩身质量有怀疑时，应在成桩 28d 后，用双管单动取样器钻取芯样作抗压强度检验，检验数量为总桩数的 0.5%，且不少于 3 根。

(4)对相邻搭接要求严格的工程，应在成桩 15d 后，选取数根进行开挖，检查搭接情况。

第十四章　高压喷射注浆法

第一节　概　述

一、高压喷射注浆法的种类

高压喷射注浆法是把注浆管放入(或钻入)预定深度后,通过地面的高压设备使装置在注浆管上的喷嘴喷出20～40MPa的高压射流冲击切割地基土体,与此同时,注入浆液使之与冲下的土强制混合,待凝结后,在土中形成具有一定强度的固结体,以达到加固改良土体的目的。

高压喷射注浆法可按喷射流移动方式、注浆管类型分为不同的种类,见表14-1。

表14-1　高压喷射注浆法分类表

分类依据	类　型	主　要　特　点
喷射流的移动方式	旋转喷射(旋喷)	喷嘴在喷射时,边提升边旋转,固结体呈圆柱状,见图14-1(a)
	定向喷射(定喷)	喷嘴在喷射时,只提升不旋转,固结体呈板壁状,见图14-1(b)
	摆动喷射(摆喷)	喷嘴在喷射时,边提升,边以一定角度正反转动(称为摆动),见图14-1(c)
注浆管类型	单(重)管	使用单层(根)注浆管喷射浆液(压力20MPa左右),见图14-2
	双(重)管	使用双层(根)注浆管喷射浆液,气体同轴射流(浆液压力20MPa左右,气体压力0.7MPa左右),见图14-3
	三(重)管	使用三重(根)注浆管,一个喷嘴喷射水,气体同轴射流切割土体,另一个喷嘴喷入浆液(水压20MPa,气压0.7MPa,浆压2～5MPa),见图14-4

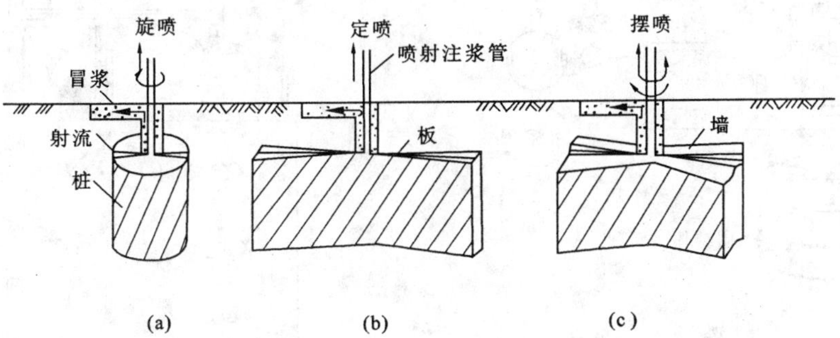

图14-1　注浆管移动方式示意图

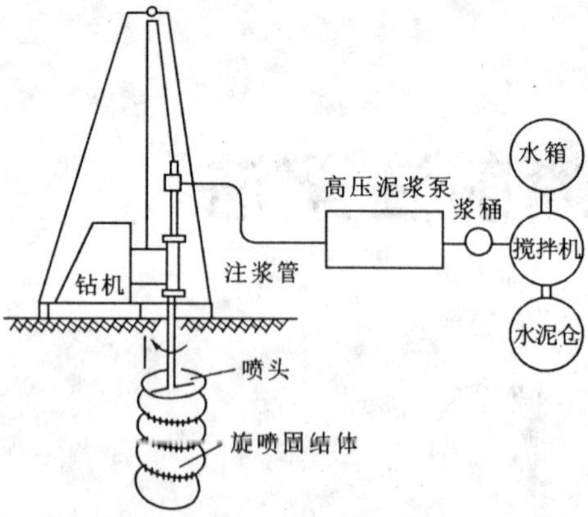

图 14-2 单重管旋喷注浆示意图

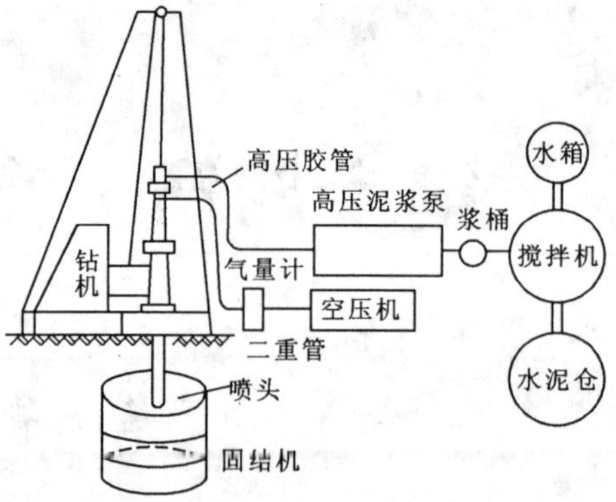

图 14-3 双重管旋喷注浆示意图

二、高压喷射注浆法的适用条件

(一)土质条件

高压喷射注浆法适用于处理淤泥、淤泥质土、黏性土、黄土、砂土、人工填土和碎石土等地基。但当土中含有较多的大粒径块石、坚硬黏性土、大量植物茎或含有过多的有机质时,处理效果较差,有时可能不如静压注浆,故应根据现场试验结果确定其适用性。

当地层有地下水径流、永久冻土层和无填充物的岩溶地段,不宜采用。

(二)应用范围

(1)已有建筑物和新建建筑的地基处理,提高地基强度,减少或整治建筑物的沉降和不均匀沉降,见图 14-5;

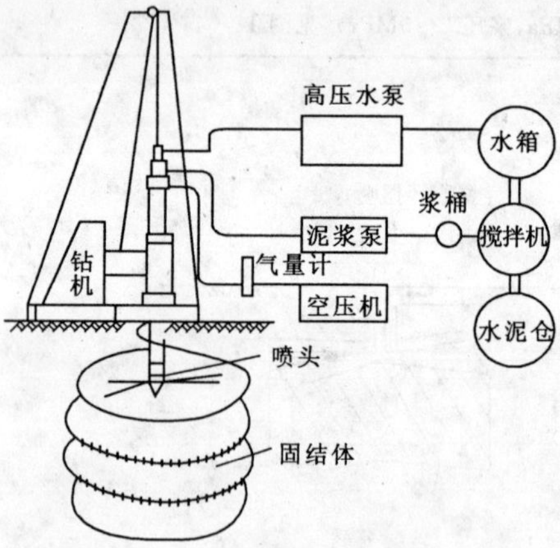

图 14-4 三重管旋喷注浆示意图

图 14-5 基础加固

(2)深基坑侧壁挡土或挡水以保护邻近建筑物及保护地下工程建设，见图 14－6 和图 14－7；

(3)基坑底部加固、防止管涌与隆起，见图 14－8；

(4)坝体的加固及防水帷幕，见图 14－9；

(5)边坡加固及隧道顶部加固，见图 14－10。

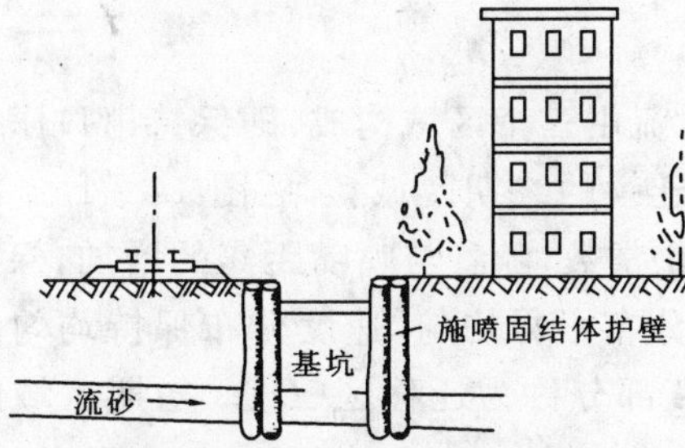

图 14－6　保护邻近建筑物

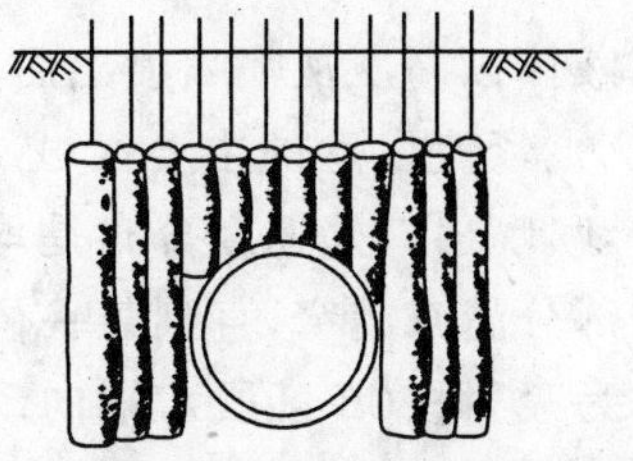

图 14－7　地下管道或涵洞护拱

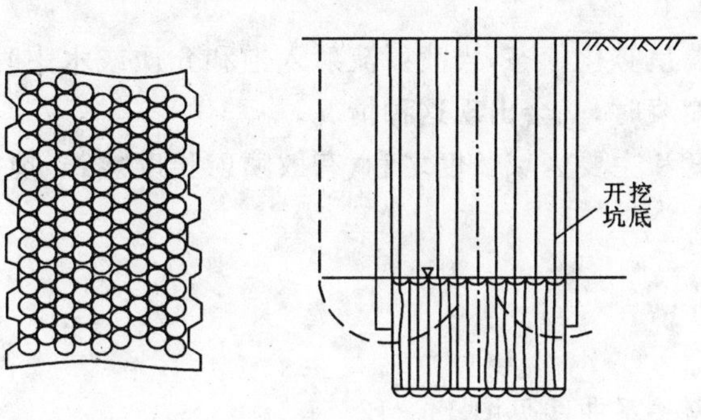

图 14－8　防止基坑底部隆起

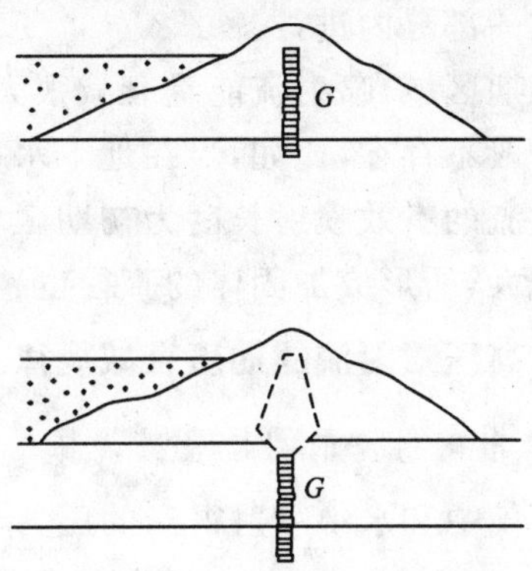

图 14－9　坝基防渗

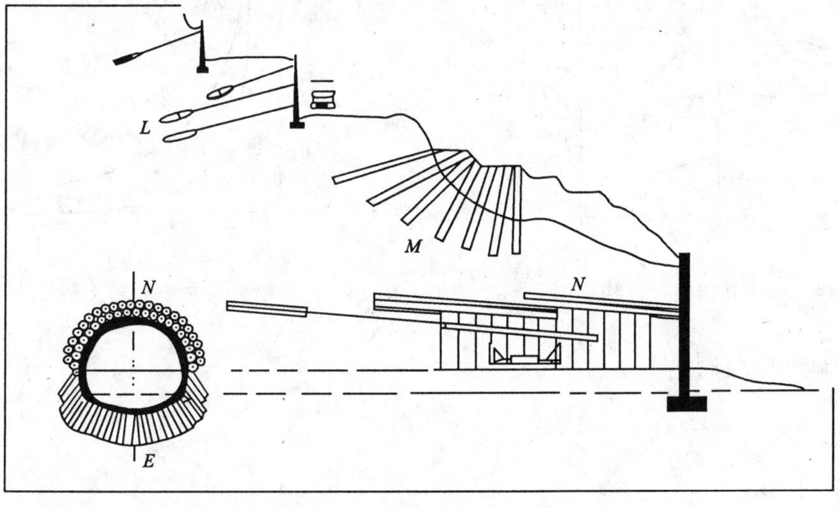

图 14－10　边坡加固及隧道顶部加固

第二节 高压喷射注浆法加固机理

一、喷射流的有关性质

(一)单相喷射流的构造

单相液体以高压从喷嘴喷出后,所形成的高压喷射流由三个区域构成,即保持出口压力的初期区域 A、紊流发达的主要区域 B 和喷射流变得不连续的终期区域 C,见图 14-11。在初期区域中,喷嘴出口处速度分布是均匀的,轴向动压是个常数,随着与喷嘴距离的增加,保持均匀分布的部分越来越窄,直到某一位置,断面上的流速分布不再均匀,速度分布保持均匀的这一部分称为喷射核(E 区段),轴向动压有所减小的过渡部分称为迁移区(D)。初期区域的长度是喷射流的一个重要参数,可据此判断破坏土体和搅拌效果。

在主要区域,轴向动压陡然减弱,喷射流扩散宽度与距离的平方根成正比,喷射流的混合搅拌在这一部分内进行。

在终期区域,喷射流能量衰减很大,末端呈雾化状态,当喷射流射入饱和介质或水中时,这一区域一般不存在,比如,当在地下水位下喷浆时,就会出现这种情况。

喷射流的有效喷射长度为初期区域长度和主要区域长度之和,有效喷射长度愈长,搅拌土的范围愈大,所形成加固体的直径也越大。

(二)高压喷射流的动压衰减规律

1. 单相喷射流的动压衰减规律

在空气中和水中喷射得到的压力与距离关系曲线见图 14-12。

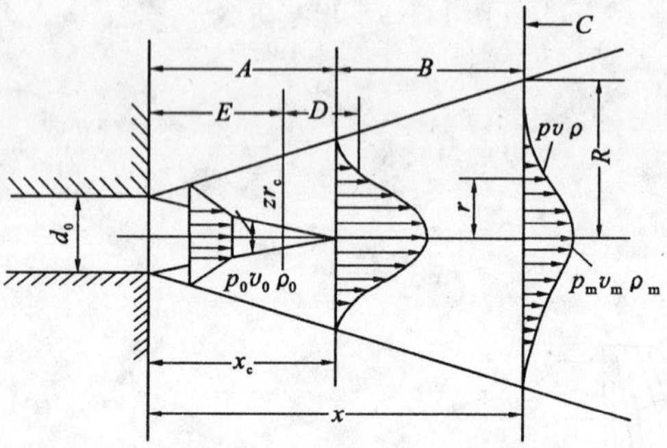

图 14-11 高压喷射流构造图

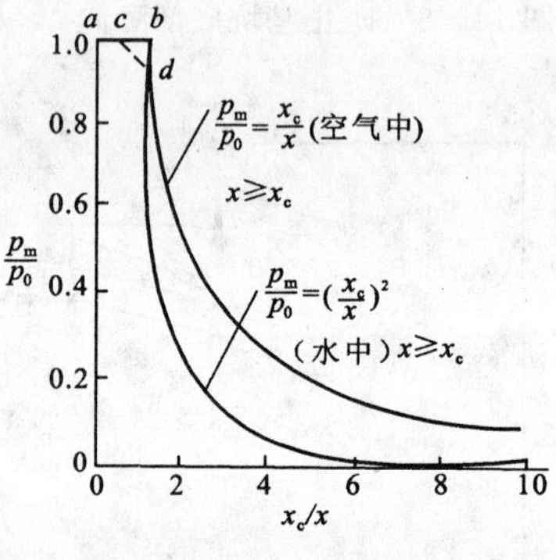

图 14-12 喷射流在中心轴上的压力衰减曲线图

在空气中喷射水时,

$$\frac{p_m}{p_0}=\frac{x_c}{x} \tag{14-1}$$

在水中喷射水时,

$$\frac{p_m}{p_0}=\left(\frac{x_c}{x}\right)^2 \tag{14-2}$$

式中，x_c 为初期区域的长度，mm，在空中：$x_c=(75\sim100)d_0$，在水中：$x_c=(6\sim6.5)d_0$；d_0 为喷嘴直径，mm；x 为喷射流离喷嘴出口处的距离，m；p_0 为喷嘴出口压力，MPa；p_m 为喷射流中心轴上离喷嘴 x 距离处的压力，MPa。

当压力 10～40MPa 的喷射流在介质中喷射时，动压的衰减规律可由下面经验公式表示，即

$$p_m=kd_0p_0/x^n \tag{14-3}$$

式中，k、n 为系数(适用于 $x=50\sim300d_0$)。

2. 空气帷幕对水(浆)射流动压衰减的影响

单相射流喷射入周围介质后，与周围介质进行动量交换，使动压迅速衰减，其衰减程度与周围介质有关。单相射流在水中喷射时，其衰减程度比在空气中喷射时要快很多，见图 14－13。如果采用双相同轴射流在水中喷射，即在水(浆)射流外围环绕空气射流，空气帷幕将减缓水(浆)射流的衰减，使有效喷射长度增加，见图 14－13。

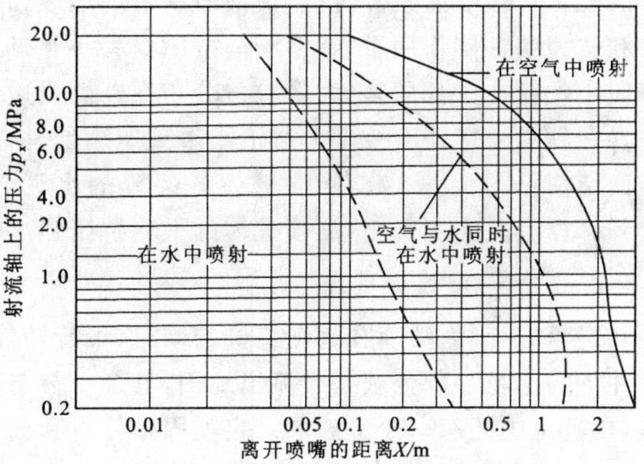

图 14－13　射流轴上压力的衰减规律

在土中喷射时，水(浆)高压射流在空气帷幕保护下，喷射破坏条件得到改善，阻力大大减小，动压衰减变缓，因而增大了高压射流的破坏能力，所形成的加固体的直径(长度)也相应增大。

当空气射流的速度等于或略大于水(浆)射流的速度且喷射量在一定范围增大时，效果更好。

二、高压喷射注浆法加固地基机理

(一)高压喷射流对土体的破坏作用

高压射流破坏土体的作用是多方面的，包括射流动压、射流脉动负荷、水锤冲击力、空穴现象、水契效应、挤压力及气流液流搅动等因素，其中以喷射动压作用为主，由动量定理，喷射流在空气中喷射时，其破坏力为

$$F=\rho Qv_m \tag{14-4}$$

式中，F 为破坏力，N；ρ 为喷射介质的密度，kg/m^3；Q 为流量，m^3/s，$Q=v_mA$；v_m 为喷射流的平均速度，m/s；A 为喷嘴断面积，m^2。

上式亦可表示为

$$F=\rho Av_m^2 \tag{14-5}$$

由上式知，当喷射流介质密度和喷嘴断面积一定时，要取得更大的破坏力，就要增加平均流速，也就要增加喷射压力，一般要求高压泵的工作压力在 20MPa 以上，使喷射流有足够的能量冲击破坏土体。但单纯依靠增大喷射压力来提高喷射切割效果，在能量上浪费很大，不是获得较大桩径的最好办法。由式(14－4)可知，决定喷射切割效果的因素是冲量而不是速度。因

此，应综合考虑各主要规程参数（喷嘴直径、压力、喷浆量和提升速度），以获得最好的效果。

在喷射过程中，有效射流长度内的土体结构被破坏至喷射流的终期区域，能量衰减很大，不能冲击切割土体，但能对有效射流边界的土产生挤压力，有挤密效果，并使部分浆液进入土粒之间的空隙中，使固结体与四周土联结紧密。

（二）高压喷射流的成桩（壁）机理

1. 旋喷成桩机理

旋喷时，高压射流边旋转边缓慢上升，对周围土体进行切削破坏，被切削下来的一部分细小的土颗粒被喷射浆液置换，被液流携带到地表（称为冒浆），其余的土颗粒在喷射动压、离心力和重力的共同作用下，在横断面按质量大小重新排列，形成一种新型的水泥—土网络结构，一般小颗粒在中部居多，大颗粒多分布在外侧或边缘部分，四周未被切削下来的土体被挤密压缩。在砂类土中还有一部分浆液渗透到压缩层外，形成渗透层。旋喷施工形成的固结体的横断面结构见图 14－14。旋喷桩体各部分的水泥含量和强度不同，一般水泥含量为 30％～50％。据有关实测资料，旋喷桩体的平均抗压强度为 0.8 倍半径处的强度。

2. 定（摆）喷成壁机理

定喷施工时，喷嘴在逐渐提升的同时，不旋转或按某一角度摆动，在土体中冲出一条沟槽。被冲下的土粒一部分被携带流出地面，其余土粒与浆液搅拌混合，最后形成一个板（墙）状固结体，在砂土中还有一个渗透层。定喷固结体横断面结构见图 14－15。

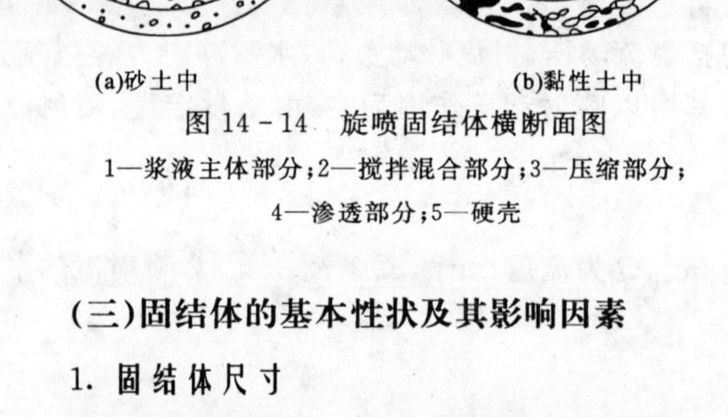

图 14－14 旋喷固结体横断面图

1—浆液主体部分；2—搅拌混合部分；3—压缩部分；4—渗透部分；5—硬壳

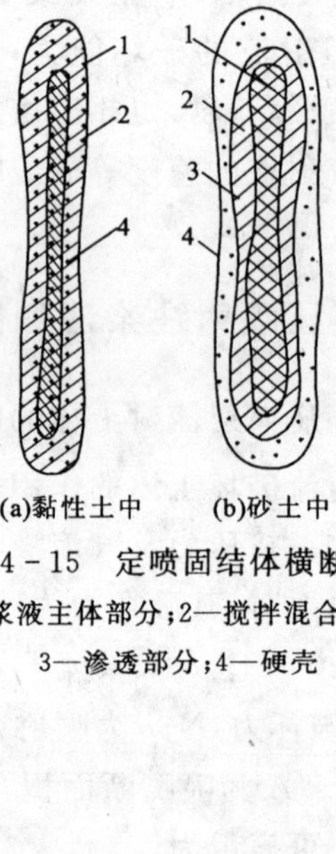

图 14－15 定喷固结体横断面图

1—浆液主体部分；2—搅拌混合部分；3—渗透部分；4—硬壳

（三）固结体的基本性状及其影响因素

1. 固结体尺寸

固结体的直径或加固长度与下列因素有关：①土的类别及其密实程度；②喷射方式；③喷射技术参数（包括喷射压力与流量、喷嘴直径与个数、注浆管的提升与旋转速度）；④喷嘴出口处的地层静水压力。

（1）喷射方式的影响。采用不同的注浆管，所形成的加固体的尺寸有较大差别。根据国内外有关试验资料，在其他条件基本相同的情况下，二重管旋喷所形成的加固体直径是单重管的

1.3～1.5 倍，三重管旋喷所形成的加固体直径是单重管的 1.5～2.0 倍。由有关试验资料，在黏性土中复喷一次直径可增大 38%，在砂性土中可增大 50%。

(2)土层性质的影响。当压力和提升速度不变时，一般土层中黏土含量越高，加固体尺寸越小，并且土层密实度越高所形成的加固体尺寸越小。根据国内外施工经验，加固体尺寸可参考表 14-2。

表 14-2　旋喷加固体直径参考值　(单位：m)

土质		单重管法	二重管法	三重管法
黏性土	$0<N<5$	0.5～0.8	0.8～1.2	1.2～1.8
	$6<N<10$	0.4～0.7	0.7～1.1	1.0～1.6
	$11<N<20$	0.3～0.5	0.6～0.9	0.7～1.2
砂土	$0<N<10$	0.6～1.0	1.0～1.4	1.5～2.0
	$11<N<20$	0.5～0.9	0.9～1.3	1.2～1.8
	$21<N<30$	0.4～0.8	0.8～1.2	0.9～1.5

注：①N 值为标准贯入击数；②定喷及摆喷的加固尺寸为旋喷直径的 1.0～1.5 倍。

当土层中大于 2mm 的土粒在土层中的比例大于 50%，加固体尺寸将明显减小。当土层中含有大的漂石、卵砾石和其他大的障碍物，处理效果较差，类似于静压注浆。

(3)喷嘴直径的影响。由有关试验得出的结果，在某一土层中使用同一喷嘴时，喷射距离随喷嘴直径成比例增加，见图 14-16，所形成的板厚见表 14-3。

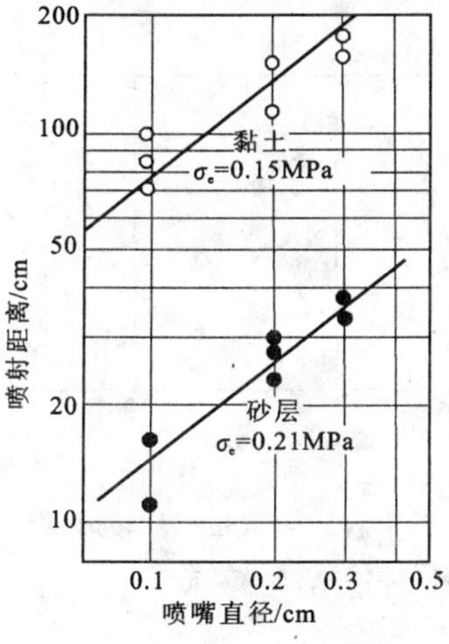

图 14-16　喷射距离与喷嘴直径的关系

表 14-3　喷嘴直径与定喷板厚关系表

喷嘴直径/mm	定喷板厚/cm		
	黏土	砂土	砂砾
2	4～7	6～9	10～15
3	6～9	8～12	12～20

由于喷嘴直径越大，喷射流量越大，在相同压力下，喷射流所携带的能量越大，因此所形成的加固体尺寸越大。

(4)喷射压力。当其他条件相同时，喷射压力越大，喷射流的动量越大，破坏力越强，所形成的固结体尺寸就越大，见表 14-4。

表 14－4 喷射压力对固结体尺寸的影响

喷射压力/MPa	水量/(L/min)	加固体尺寸/cm		
		旋喷	摆喷	定喷
15～20	90～120	30～90	50～150	75～230
20～30	75～100	60～120	100～205	150～300
30～40	75～100	90～150	150～250	220～370

国内采用的喷射压力一般为 20～40MPa，其中以 20MPa 使用最普遍。国外使用的压力一般为 40～60MPa。

(5)注浆管提升速度与旋转速度的影响。

1)提升速度的影响。对于某一土层，通过改变提升速度可得到不同尺寸的加固体。若设旋喷管的提升速度是 v(cm/min)，加固体平均直径是 $\overline{d}$，那么，每分钟被处理的土量 Q_e(L/min)可表示为

$$Q_e=\frac{10}{4}\pi\overline{d}^2 v=2.5\pi\overline{d}^2 v$$

对于特定的土层，Q_e 可近似视为常数，那么上式可转换为

$$v=k\cdot\frac{1}{\overline{d}^2} \tag{14-6}$$

式中，k 为常数。

由(14－6)式可见，提升速度越慢，加固体尺寸越大。由有关试验得出的提升速度与旋喷加固体直径之间的关系如图 14－17 所示，与式(14－6)中的规律基本相符。

2)注浆管旋转速度的影响。根据柴崎光弘在砂土和黏性土中进行的三重管旋喷试验，旋喷固结体与注浆管旋转速度之间存在一个最佳值，见图 14－18。旋喷试验采用的喷射参数见表 14－5。

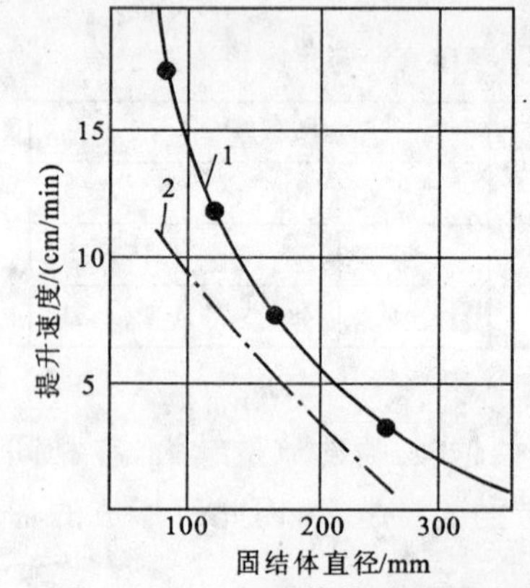

图 14－17 三重管旋喷时提升速度与固结体直径的关系

1—中密砂层，喷射压力为 20MPa；2—松散黏土、粉土，喷射压力为 40MPa

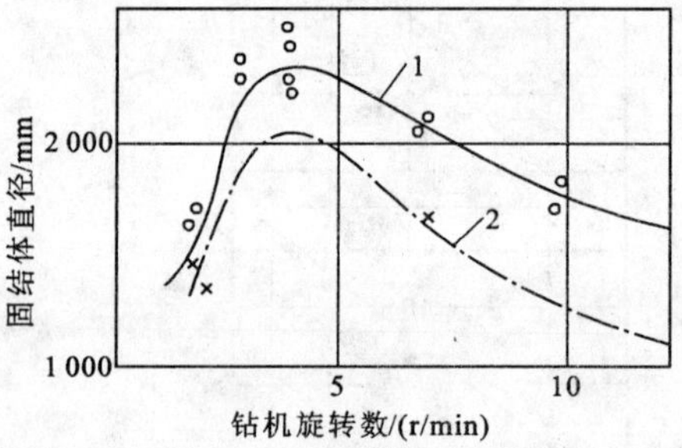

图 14－18 三重管旋喷试验的旋转速度与固结体直径的关系

1—$N=10$ 的砂土；2—$N=3$ 的黏土

因此，旋转速度和提升速度要进行合理配合，才能取得较好的喷射效果。根据国内外试验研究结果及工程经验，一般每转一圈提升0.75～1.25cm效果较好。表14-6为意大利某公司在粉土类黄土地基中进行单重管旋喷试验得到的结果。

表14-5　试验喷射参数

喷射参数	数值
水喷射压力/MPa	40
水喷射泵量/(L/min)	70
气压/MPa	0.7
气量/(m^3/min)	3
水泥浆压力/MPa	3.5
水泥浆量/(L/min)	200
提升速度/(cm/min)	4

(6)地层静水压力的影响。喷嘴出口处地层静水压力越大，喷嘴入口与出口的压差越减小，喷射速度减小，有效喷射距离缩短，喷射效果减弱，见图14-19。

在施工过程中，随着喷射深度的增加，静水压力增大，喷射距离减小，喷射直径将随之减小，容易形成上粗下细的形状。根据图14-19，当静水压力由0.02MPa(相当2m水柱)增大到0.2MPa(相当于20m水柱)时，喷射距离减小35%～40%。

表14-6　单重管喷射试验结果

序号＼参数	压力/MPa	旋转速度/(r/min)	提升速度/(cm/min)	提升速度/旋转速度	平均直径/cm
1	50	20	19	0.95	45～55
2		20	25	1.25	40～45
3		20	38	1.90	35～40
4	30	20	15	0.75	40～45
5		20	20	1	35～40
6		20	30	1.5	30～35
7	50	12	25	2.08	40～45
8		20	25	1.25	70～75

因此，在高压喷射注浆施工过程中，应采取相应措施，如在下部增大喷射压力或增大喷射流量，来防止出现上粗下细的现象。

2. **固结体形状**

固结体的形状可通过调整喷射参数来控制，可喷成均匀圆柱状、非均匀圆柱状、圆盘状、板墙状及扇形状等，见图14-20。

由于喷射流脉动及提升速度不均匀，固结体表面一般较粗糙。三重管旋喷因受气流影响，在粉质黏土中外表很粗糙。

在均质土中，旋喷形成的固结体比较匀称，而在非均质土中或有裂隙的土中，旋喷

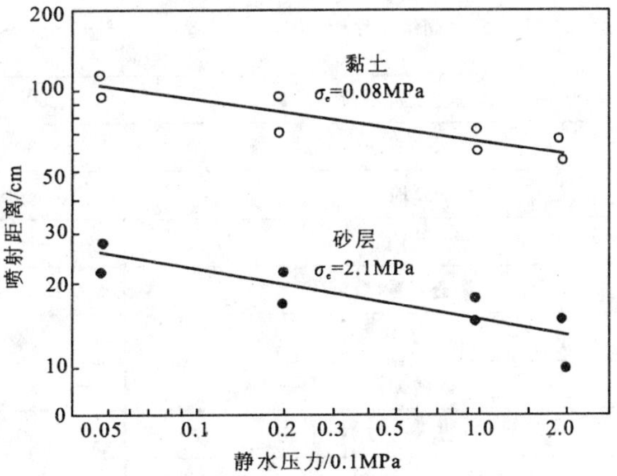

图14-19　地层静水压力与喷射距离的关系

(a)均匀圆柱状 (b)圆盘状 (c)异形圆柱状 (d)扇状 (e)板墙状

图 14-20 固结体的基本形状示意图

形成的固结体不均匀,甚至在固结体旁长出翼片。

3. **固结体重度**

高压喷射注浆法所形成的固结体的重度随土质不同而略有差别,在黏性土中所形成的固结体的重度比原状土约轻 10%,在砂土中所形成的固结体的重度约重 10%。

4. **固结体的渗透系数**

旋喷固结体中含有气泡,形成一定的孔隙,但这些孔隙并不连通,且固结体的外围有一层致密的硬壳,使固结体具有较好的防渗性能,使渗透系数可小于 1×10^{-6} cm/s。

5. **固结体强度**

固结体强度主要取决于原地土质、浆材和填充率,在黏性土中一般可达 1~5MPa,在砂土中可达 4~10MPa,其抗拉强度一般为抗压强度的 1/5~1/10。

由于固结体外侧土颗粒直径大,数量多,浆液成分也多,因此在固结体横截面上外侧强度比中心强度高。

6. **单桩承载力**

由于固结体外表粗糙,且固结体本身的抗压强度高,因此,旋喷桩的承载力较高,且固结体直径越大,承载力越高。

固结体的承载力及其他性能见表 14-7。

表 14-7 高压喷射注浆固结体的承载力及其他性能表

固结体性能		高压喷射注浆法类别		
		单重管法	二重管法	三重管法
单桩垂直极限荷载/kN		500~600	1 000~1 200	2 000
单桩水平极限荷载/kN		30~40		
原地土质		砂土	黏性土	其他土
干重度/(kN/m^3)		16~20	14~15	黄土 13~15
渗透系数/(cm/s)		$10^{-5}\sim10^{-6}$	$10^{-6}\sim10^{-7}$	砂砾 $10^{-6}\sim10^{-7}$
黏聚力/MPa		0.4~0.5	0.7~1.0	
内摩擦角/(°)		30~40	20~30	
标准贯入击数 N 值/击		30~50	20~30	
弹性波速/(km/s)	P波	2~3	1.5~2.0	
	S波	1.0~1.5	0.8~1.0	

第三节　高压喷射注浆法设计计算

一、地基加固工程旋喷桩设计计算

(一)设计前应取得的资料

1. 工程地质条件

基岩形态、深度和物理力学特性，各土层土的种类、颗粒组成，土的物理力学性质、标准贯入击数，土中有机质及腐植质含量等。

2. 水文地质条件

地下水埋深，各土层的渗透系数及水质成分，附近地沟、暗河的分布及连通情况等。

3. 周围环境条件

包括地形、地貌、施工场地的空间大小、地下管道及其他埋设物状态、材料和机具运输道路、水电线路等。

在进行设计前，应进行的试验项目见表 14-8。

4. 室内配方及现场喷射试验资料

取现场各层土样，在室内按不同的含水量及配合比制作试块进行试验，由试验结果选取合理的浆液配方。

对于较重要的工程，还要在现场进行试喷，查明固结体的直径和强度，验证这一方法对地层的适应性及可靠性，并由试喷结果为合理选择喷射技术参数提供依据。

表 14-8　高压喷射注浆土质与水质试验项目表

土工试验项目 / 工程重要性 / 土类		物理性质											力学性质			化学分析			
		天然重度 γ	土粒相对密度 d_s	孔隙比 e	饱和度 s_r	土的颗粒分析	天然含水量 w	液限 w_l	塑限 w_p	渗透系数 K	压缩系数 α	标准贯入试验	无侧限抗压强度	黏聚力	内摩擦角	酸碱度	土中水溶盐含量	有机质含量	碳酸盐含量
砂土	重要	√	√	√	√	√	√			√		√		√	√	√	√	√	√
	一般	√		√		√						√				√	√		√
黏性土	重要	√	√	√	√	√	√	√	√	√	√	√	√	√	√	√	√	√	√
	一般	√		√	√	√		√	√			√	√			√	√		√
黄土	重要	√	√	√	√	√	√	√	√	√	√	√	√	√	√	√	√	√	√
	一般	√		√		√		√	√			√	√			√			√

注：①√为必做试验项目；

②黄土须考虑渗透系数的各向异性。

(二)固结体尺寸设定

固结体尺寸可根据现场土质条件、喷射方式参照表 14-2 或由当地工程经验进行估计。对于大型或重要的工程应通过现场喷射试验后开挖或钻孔采样进行确定。

(三)固结体强度设定

对于大型或重要工程,应根据现场喷射试验后采样测试结果来确定固结体的强度。

对于一般工程,若无试验资料可结合当地工程经验,参照表 14-9 初步设定。

(四)单桩竖向承载力

旋喷桩的单桩竖向承载力应由现场载荷试验确定,若无试验资料也可按下列两式计算,并取其中较小值。

$$R_a = \eta f_{cu} A_p \tag{14-7}$$

$$R_a = u_p \sum_{i=1}^{n} l_i q_{si} + A_p q_p \tag{14-8}$$

表 14-9 固结体抗压强度参考值表

土质	固结体抗压强度/MPa		
	单重管法	二重管法	三重管法
砂土	3～7	4～10	5～15
黏性土	1.5～5	1.5～5	1～5

注:浆液为水泥浆。

式中,R_a 为单桩竖向承载力标准值,kN;f_{cu} 为桩身试块(边长为 70.7mm 的立方体)的无侧限抗压强度平均值,取 28d 强度,kPa;η 为强度折减系数,可取 0.33;n 为桩长范围内所划分的土层数;l_i 为桩周第 i 层土的厚度,m;q_{si} 为桩周第 i 层土的侧阻力特征值,kPa,可按《建筑地基基础设计规范》(GB50007—2002)取值;q_p 为桩端天然地基土的承载力特征值,kPa,参照《建筑地基基础设计规范》(GB50007—2002)的有关规定确定。

(五)旋喷桩复合地基承载力

旋喷桩复合地基承载力标准值应通过现场复合地基载荷试验确定。若无试验条件,也可按下式计算且结合当地情况与其土质相似工程的经验确定。

$$f_{sp,k} = \frac{1}{A_e}[R_a + \beta f_{s,k}(A_e - A_p)] \tag{14-9}$$

式中,$f_{sp,k}$ 为复合地基承载力特征值,MPa;A_e 为一根桩承担的处理面积,m^2;A_p 为桩的平均截面积,m^2;$f_{s,k}$ 为桩间天然地基土承载力特征值,MPa;β 为桩间天然地基土承载力折减系数,可根据试验确定,在无试验资料时,可取 0～0.5;R_a 为单桩竖向承载力特征值,kN。

(六)复合地基变形计算

旋喷桩复合地基的变形包括桩长范围内复合土层变形及下卧层地基变形两部分,计算方法可参照第九章第二节。

其中复合土层的压缩模量可按下式确定

$$E_{sp} = \frac{E_s(A_e - A_p) + E_p A_p}{A_e} \tag{14-10}$$

式中,E_{sp} 为旋喷桩复合土层的压缩模量,MPa;E_s 为桩间土的压缩模量,MPa,可用天然地基土的压缩模量代替;E_p 为桩体的压缩模量,MPa。

E_p 的确定方法可采用测定混凝土割线模量的方法,其具体做法是:制作边长为 100mm 的立方体试块,由室内压缩试验得出试块的应力应变($\sigma-\varepsilon$)曲线,见图 14-21,图中 σ_a 为破坏强度。在图中取 $\sigma_h = 0.4\sigma_a$,作 ε 轴平行线交曲线于一点 O',连 OO',OO'与 ε 轴夹角为 α,则

$$E_p = \tan\alpha$$

(七)孔距及布置

旋喷桩的孔距应根据工程需要经计算确定，一般情况可取 $L=(2\sim3)d$（d 为旋喷桩设计直径）。

布孔方式可采用正方形、矩形或三角形，或根据具体情况采用其他的布孔方式。

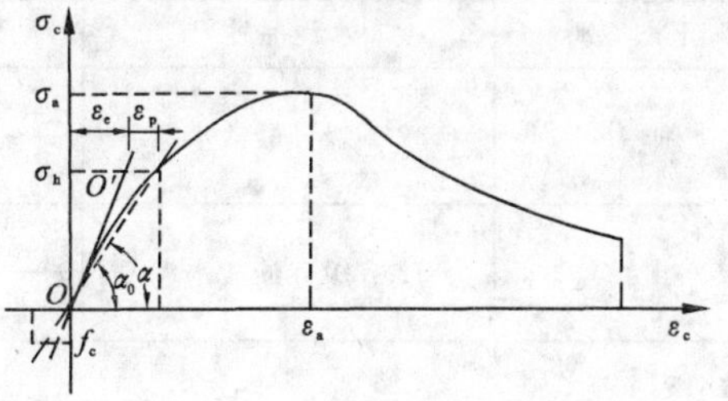

图 14－21　固结体试块应力应变曲线

(八)喷射注浆材料与配方

1. 对浆液材料的要求

(1)有良好的可喷性。浆液的可喷性差容易导致喷嘴及管道堵塞，同时易磨损高压泵。试验证明，水泥浆水灰比越大，可喷性越好，但水灰比过大又会影响浆液的稳定性。一般采用1∶1～1.5∶1 的水灰比，并掺入少量外加剂。浆液可喷性的评定可采用流动度或黏度等指标。

(2)有足够的稳定性。水泥浆液的稳定性是指浆液在初凝前析水率小，水泥的沉降速度慢，分散性好及浆液混合后经高压喷射不改变其物理化学性质。为提高浆液稳定性可采用掺入外加剂、减小水泥粒度及不断搅拌等方法。

(3)气泡少。浆液中含有太多气泡会使固结体硬化后产生许多气孔，从而降低固结体强度及其抗渗性能。因此，在选用外掺剂时必须使用非加气型的外掺剂，如 NNO 等。

(4)有良好的力学性能及耐久性。

(5)结石率高。

2. 常用的水泥浆液的类型

(1)普通型。适用于无特殊要求的一般工程。一般采用 32.5 级或 42.5 级普通硅酸盐水泥，不加外掺剂，水灰比一般为 1∶1～1.5∶1。

(2)速凝早强型。适用于地下水丰富或要求早期承重的工程，常用的早强剂有氯化钙、水玻璃和三乙醇胺等，掺入量为水泥用量的 2%～4%。

(3)高强型。适用于固结体的平均抗压强度在 20MPa 以上的工程。可采取以下措施：①选用高强度水泥（不低于 42.5 级）；②在 32.5 级普通硅酸盐水泥中添加高效能的扩散剂（如 NNO、三乙醇胺、亚硝酸钠、硅酸钠等）和无机盐。

(4)填充剂型。适用于早期强度要求不高的工程。常用的填充剂为粉煤灰、矿渣等。在水泥浆中加入填充剂可大大地降低工程造价，其特点是早期强度较低，而后期强度增长率高，水化热低。

(5)抗冻型。适用于防止土体冻胀的工程。一般使用的抗冻剂有：沸石粉（加量为水泥的 10%～20%），NNO（加量为 0.5%），三乙醇胺和亚硝酸钠（加量分别为 0.05%和 1%）。最好用普通水泥，也可用高标号矿渣水泥，不宜用火山灰质水泥。

(6)抗渗型。适用于堵水防渗工程。应采用普通水泥，而不宜用矿渣水泥，如无抗冻要求也可用火山灰质水泥。常用水玻璃作为抗渗外加剂，加量为 2%～4%，模数要求为 2.4～3.4，浓度要求为 30～45°Be′（波美度）。水玻璃对固结体渗透系数的影响见表 14－10。

对以防渗为目的的工程也可在水泥浆中加入 10%～50%的膨润土，使固结体有一定可塑性，并有较好的防渗性。

表 14-10 水玻璃对固结体渗透系数的影响表

土样类别	水泥品种	水泥含量/%	水玻璃含量/%	渗透系数/(cm/s)
细 砂	32.5级硅酸盐水泥	40	0	2.3×10^{-6}
		40	2	8.5×10^{-8}
粗 砂	32.5级硅酸盐水泥	40	0	1.4×10^{-6}
		40	2	2.1×10^{-8}

注：龄期28d。

(7)抗蚀型。适用于地下水中有大量硫酸盐的工程。采用抗硫酸盐水泥和矿渣大坝水泥。

3. 浆液配方

(1)水灰比。浆液水灰比随喷射方式不同而有差别。对单重管法、二重管法应取1∶1～1.5∶1；对三重管法水灰比宜取1∶1或更小。

(2)外加剂加量。国内常用的外加剂配方见表14-11。

表 14-11 国内常用的外加剂配方表

序号	外加剂成分及加量/%	浆液特性	序号	外加剂成分及加量/%	浆液特性
1	氯化钙 2～4	促凝，早强，可喷性好	8	粉煤灰 25	调节强度，节约水泥
2	铝酸钠 2	促凝，强度增长慢，稠度大	9	粉煤灰 25，氯化钙 2	促凝，节约水泥
3	水玻璃 2	初凝快，终凝时间长，成本低	10	粉煤灰 25，硫酸钠 1，三乙醇胺 0.03	促凝，早强，节约水泥
4	三乙醇胺 0.03～0.05，食盐 1	早强	11	粉煤灰 25，硫酸钠 1，三乙醇胺 0.03	早强，抗冻性好
5	三乙醇胺 0.03～0.05，食盐 1，氯化钙 2～3	促凝，早强，可喷性好	12	矿渣 25	增高强度，节约水泥
6	氯化钙（或水玻璃）2，NNO 0.5	促凝，早强，强度高，浆液稳定性好	13	矿渣 25，氯化钙 2	促凝，早强，节约水泥
7	食盐 1，亚硝酸钠 0.5，三乙醇胺 0.03～0.05	防腐蚀，早强，后期强度高			

(九)浆液量计算

浆液量的计算有两种方法，即体积法和喷量法。取两者中较大者作为设计喷浆量。

1. 体积法

$$Q=\frac{\pi}{4}D^2k_1h_1(1+\beta)+\frac{\pi}{4}d_0^2k_2h_2 \tag{14-11}$$

式中，Q为需用浆量，m^3；D为旋喷体直径，m；d_0为注浆管直径，m；k_1为填充率，取0.75～0.9；h_1为旋喷长度，m；k_2为未旋喷范围土的填充率，取0.5～0.75；h_2为未旋喷长度，m；β为损失系数，取 0.1～0.2。

2. 喷量法

由单位时间喷射的浆液量及喷射持续时间，计算出浆量，计算公式为

$$Q=\frac{H}{v}q(1+\beta) \tag{14-12}$$

式中，Q 为浆量，m^3；v 为提升速度，m/min；H 为喷射长度，m；q 为单位时间喷浆量，m^3/min；β 为损失系数，一般取 0.1～0.2。

浆液量求出后，根据设计的水灰比，就可由以下两式确定水泥和水的用量。

$$M_c=Q\frac{d_c\rho_w}{d_c\rho_w a+1} \tag{14-13}$$

$$M_w=M_c a \tag{14-14}$$

式中，M_c 为水泥用量，t；d_c 为水泥的相对密度，对普通水泥 $d_c=3.05\sim3.20$，计算时可取 $d_c=3.0$；ρ_w 为水的密度，取 $\rho_w=1t/m^3$；a 为水灰比；M_w 为水的用量，t。

二、防渗止水帷幕设计

(一)防渗止水帷幕的型式

1. 柱列型

旋喷桩彼此搭接，形成一道有一定厚度的墙体，不仅可用来防渗，还可挡土。如图 14-22 所示。

2. 柱墙型

在两旋喷桩间进行定喷或摆喷，形成防渗止水帷幕，见图 14-23。

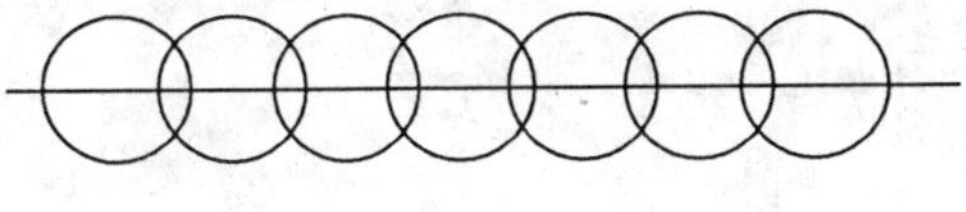

图 14-22　柱列型防渗止水帷幕

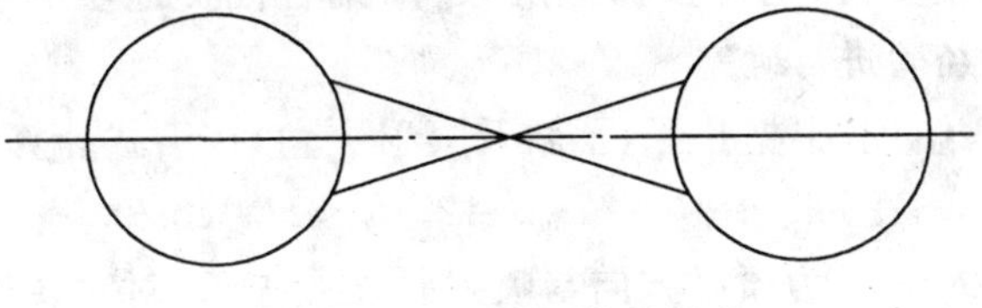

图 14-23　柱墙型防渗帷幕

3. 定喷防渗帷幕

常见的定喷墙型式见图 14-24。

4. 摆喷防渗帷幕

常用的摆喷防渗帷幕型式见图 14-25。

5. 复合型防渗帷幕

在基坑支护工程中，常采用灌注桩与高压喷射注浆相结合的复合支护结构。灌注桩起挡土作用，承担基坑侧壁的大部分土压力。在相邻灌注桩之间进行旋喷或摆喷，其主要作用是防渗止水，同时分担部分侧压力。由这一结构

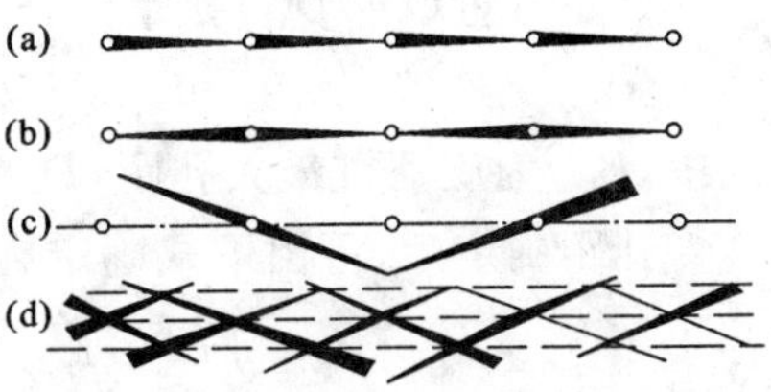

图 14-24　定喷帷幕的型式

(a)单喷嘴单墙首尾连接；(b)双喷嘴单墙前后对接；(c)双喷嘴单墙折线连接；(d)双喷嘴双墙折线连接

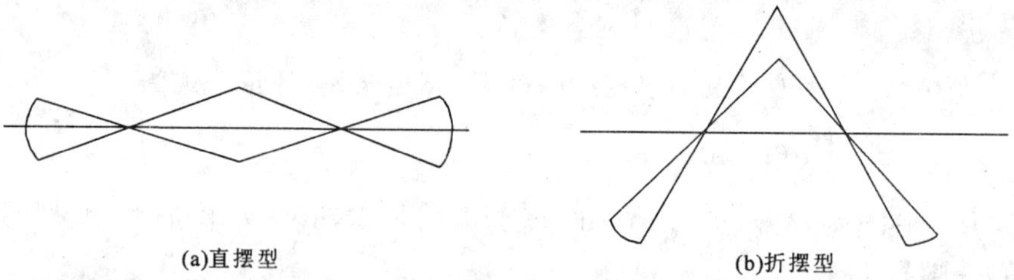

图 14-25　摆喷防渗帷幕型式

形成的防渗帷幕，防水性能好，施工速度快，并且支护结构占用场地小。

在实际工程中常见的复合型防渗帷幕见图 14-26～图 14-28。

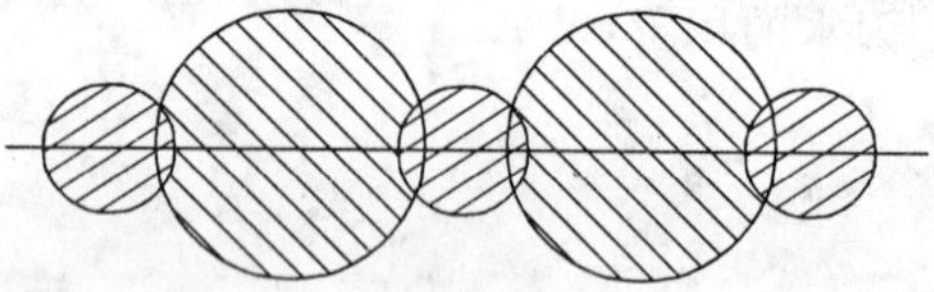

图 14-26　灌注桩-旋喷复合结构

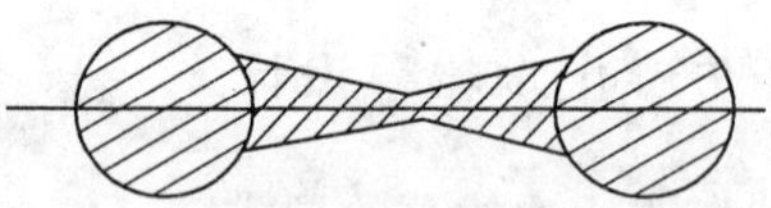

图 14-27　灌注桩-摆(定)喷墙复合结构

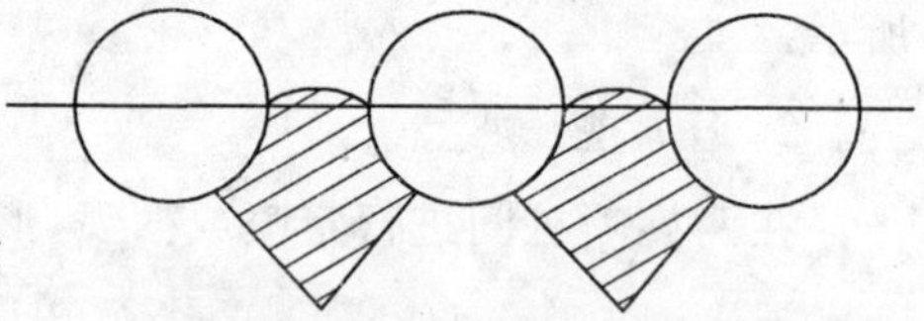

图 14-28　灌注桩-摆喷复合结构

(二)防渗止水帷幕设计

1. 高压喷射注浆孔孔距计算

(1)定(摆)喷防渗帷幕孔距计算。

1)根据试喷结果确定喷射墙板的有效长度，若无试验资料，也可根据地层条件，结合同类地层的实际施工经验进行确定。

2)根据孔深、孔斜及喷射夹角，按下式计算地面的最大孔距(图 14-29)。

$$L_{max}=2(L_0-H\lambda)\cos\theta \tag{14-15}$$

式中，θ 为喷射方向与喷射孔连线夹角，对直线连接取 $\theta=0$；L_{max} 为地面喷射孔最大孔距；L_0 为喷射板墙的有效长度；λ 为钻孔垂直度偏差；H 为钻孔设计深度。

(2)旋喷桩防渗帷幕孔距计算。

1)单排桩(柱列型)孔距计算(图 14-30)。

$$L_{max}=D-2H\lambda \tag{14-16}$$

式中，L_{max} 为旋喷桩最大孔距；D 为旋喷桩设计直径；H 为设计孔深；λ 为垂直度偏差。

孔距确定后，可由下式确定旋喷桩的交圈厚度

$$e=\sqrt{D^2-L^2} \tag{14-17}$$

式中，e 为旋喷桩的交圈厚度。

2)多排桩孔距计算。

多排桩防渗帷幕一般按等边三角形布置，其孔距一般取 $L=0.866D$，排距一般取 $s=0.75D$，见图 14-31。

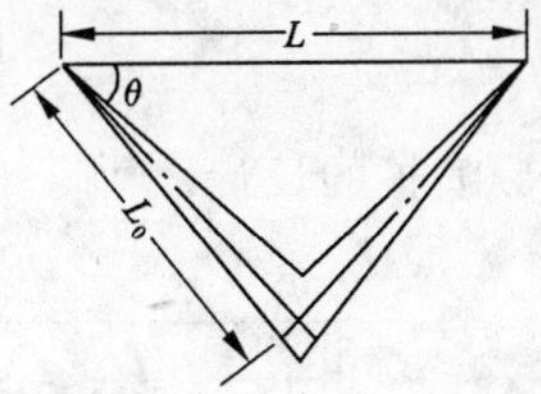

图 14-29　定(摆)喷防渗帷幕孔距计算

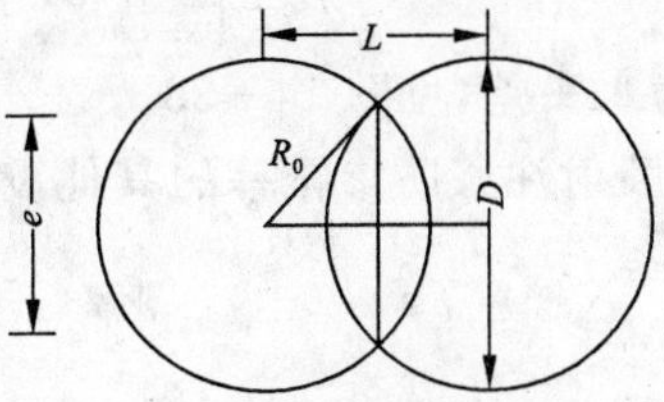

图 14-30　旋喷桩防渗帷幕孔距计算

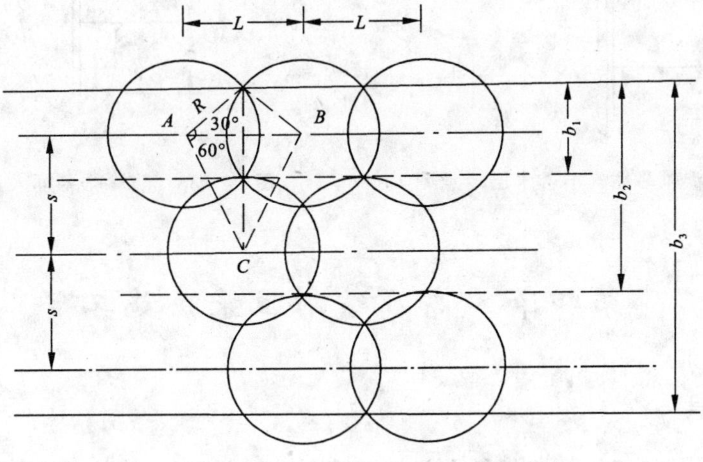

图 14-31　多排桩布置

2. 插入深度确定

(1)防渗帷幕插入不透水层。在深基础工程中，如果开挖面以下存在不透水层，防渗帷幕应尽量插入不透水层，其插入深度应保证基坑底部土体不发生管涌破坏。

防渗帷幕插入深度的计算可采用以下两个公式。

$$D \geqslant \frac{\gamma_w}{\gamma'}(h_C - h_B) \tag{14-18}$$

式中，D 为防渗帷幕插入深度，见图 14-32；γ_w、γ' 分别为水重度和坑底土的浮重度；h_C、h_B 分别为 C 点和 B 点的水头压力。

$$D = \frac{\Delta h - Bi_C}{2i_C} \tag{14-19}$$

式中，D 为防渗帷幕插入深度；Δh 为作用水头；B 为帷幕厚度；i_C 为接触面允许水力梯度，取 5～6。

(2)防渗帷幕在透水层中。若防渗帷幕坐落在透水层中，当支护结构前后存在较大水头差时，很容易出现管涌现象。此时，一方面可采取降水措施，以降低水压力差，另一方面可通过增加防渗帷幕的插入深度，减少水力梯度来防止发生管涌现象。防渗帷幕的插入深度可按下式计算。

$$D \geqslant \frac{\gamma_w}{\gamma'}h' \tag{14-20}$$

或　　$$D \geqslant \frac{1+e}{d_s-1}h' \tag{14-21}$$

式中，h'为水头差，见图 14-33。

高压喷射注浆防渗帷幕的其他设计内容同地基加固工程旋喷桩的设计。

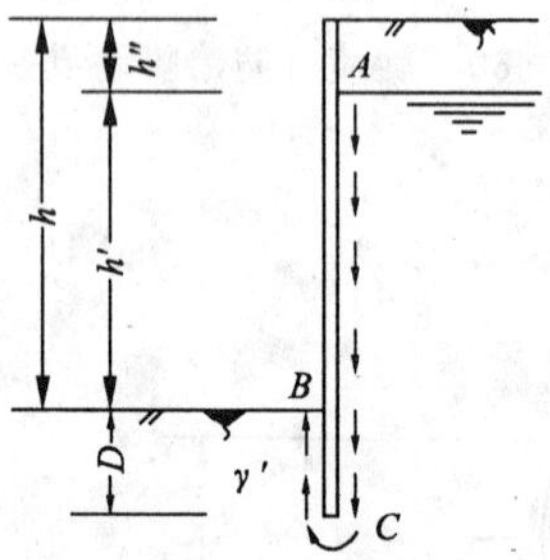

图 14-32　防渗帷幕插入不透水层示意图

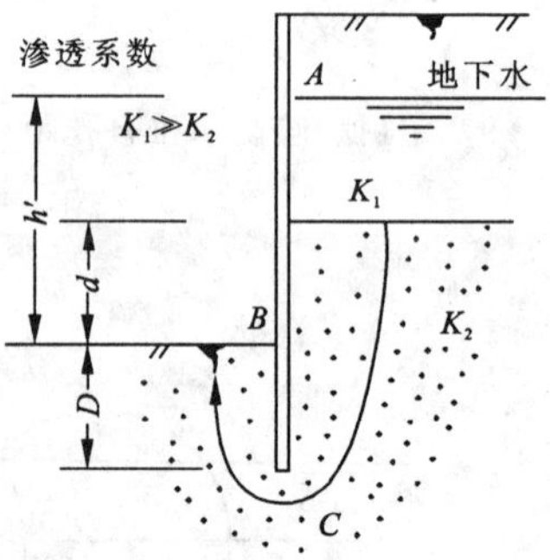

图 14-33　防渗帷幕插入透水层示意图

第四节　高压喷射注浆法施工

一、施工机具

高压喷射注浆的施工机具包括钻孔机械和喷射注浆设备两大类。对不同的喷射方式，所使用的施工机具的类型和数量不同。目前国内用于高压喷射注浆的施工机具见表 14-12，其布置见图 14-34 和图 14-35。

表 14-12　国内高压喷射注浆常用施工设备表

设备名称	常见型号	主要性能	注浆管类型		
			单重管	二重管	三重管
钻　机	XY-1，XY-2，XY-2P，XJ-100，SH-30，76 型震动钻	见表 14-14	√	√	√
高压泥浆泵	SNC-H300 型注浆车，Y-2 型液压泵	泵量 80～230 L/min，泵压 20～30MPa，见表 14-16	√	√	
高压水泵	3×B，3W-6B，3W-7B	泵量 80～250 L/min，泵压 20～40MPa，见表 14-17			√
泥浆泵	BW-150，BW-200，BW-250	泵量 90～150L/min，泵压 2～7MPa，见表 14-20			√
空压机	YV-3/8，ZWY-6/7，BH6/7，LGY20-10/7	风量 3～10m³/min，风压 0-7～0-8MPa		√	√
浆液搅拌机	NJ-600	容量 0.8～2m³	√	√	√
高压胶管		ϕ19～ϕ22mm，见表 14-26	√	√	√

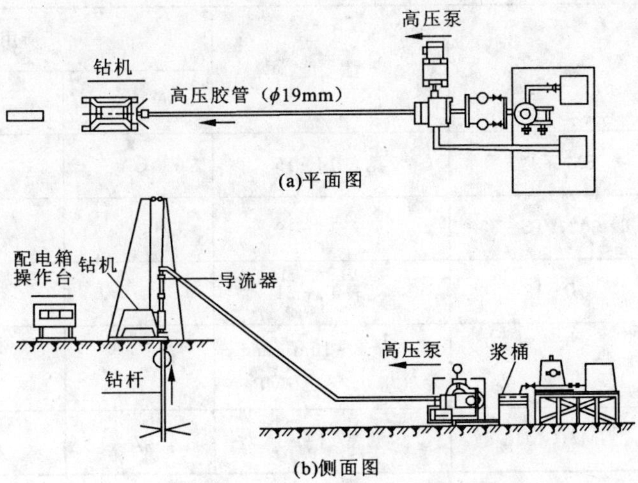

图 14 - 34　单重管法施工机具布置示意图

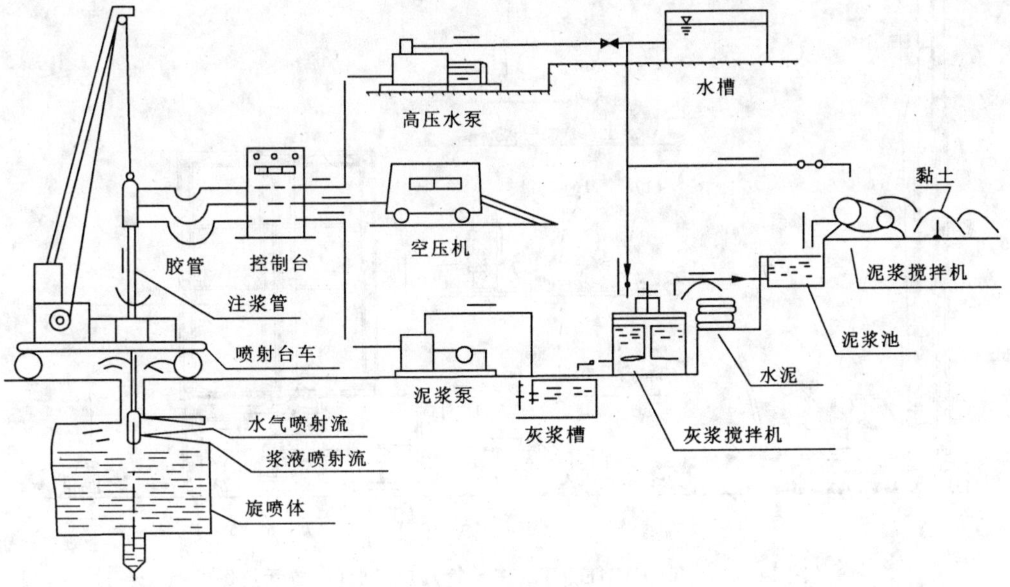

图 14 - 35　三重管法施工机具布置示意图

国外一些公司生产的多功能钻机不仅可以施工锚杆、微型桩，还可进行高压喷射施工。表 14 - 13 为意大利 TREVIJET 高喷技术施工机具表，其布置见图 14 - 36。

(一)钻机

高压喷射注浆工艺要求所用的钻机除具有一般钻机的功能外，还能带动注浆管以 10～20r/min 慢速转动和以 5～25cm/min 慢速提升。若钻机不具备上述两种功能，则施工时应配备旋喷机与钻机配合使用，或只用钻机成孔，下入注浆管后用人工旋转注浆管，卷扬机提升注浆管。

表 14 - 13 TREVIJET 高喷技术施工机具表

设备名称		型 号	性 能	所用注浆管		
				单重管	二重管	三重管
钻 机		SM 系列	见表 14 - 15	√	√	√
注浆设备	高压泵	5T - 302,4TS - 350	见表 14 - 19	√	√	√
	低压泵	GP - 12	见表 14 - 21			√
空压机			供气量 8～10m³/min, 气压 0.7～1.7MPa		√	√
搅拌设备		GM7,GM12	见表 14 - 23	√	√	√

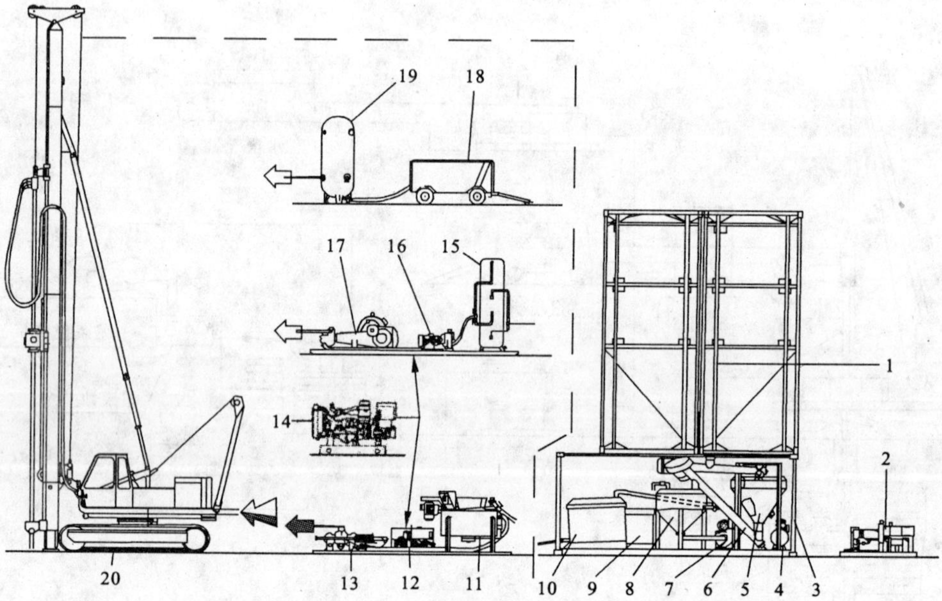

图 14 - 36 TREVIJET T2(三重管)施工机具布置示意图

1—筒仓;2—发电机组;3—底桶;4—空压机;5—自动称重装置;6—螺旋传送机;7—气动系统;8—混合器;9—控制板;10—带搅拌机的贮存装置;11—搅拌机;12—动力系统;13—注浆泵;14—发电机组;15—过滤器;16—抽水泵;17—高压水泵;18—压缩机;19—贮气罐;20—高压喷射设备

表 14 - 14 是专门为高压喷射注浆施工而设计的振动钻机技术性能。这类钻机适用于标贯击数 N 值小于 40 的淤泥土层、黏性土层、砂类土层和砂砾层。

表 14 - 15 为土力公司 SM 系列钻机技术性能。

(二)高压泵

国内常用的高压泥浆泵和高压水泵的技术性能见表 14 - 16、表 14 - 17、表 14 - 18。

表 14－14　振动钻机技术性能表

技术性能	70 型改进型钻机	76 型钻机
激振力/kN	14	约 24
振动频率/Hz	23.3	18
钻杆转速/(r/min)	23	约 20
电动机功率/kW	5.5	10
提升速度/(cm/min)	20(旋喷时)	14.4～720(6 级)
提升电动机功率/kW	8.5	7.5
钻进能力/m	25	25～33
钻机质量/t	0.6	1.5
适用注浆管类型	单重管	单重管或二重管

表 14－15　SOILMEC－SM 系列钻机技术性能表

技术性能		SM505	SM405	SM400	SM305	SM105	SM103
质量/t		17	15	10.5	9	1.9	3.5
柴油机功率/kW		117/131	100/130	77/103	59/78		42/51
电动机功率/kW						25	45
底盘接地压力/kPa		90	48	60	75		50
最大钻孔直径/mm		405	305	305	305	200	
桅杆	标准长度/m	8.7	9.1	8.9	5、9、4、9、3、1	2.7	2.1
桅杆	行程/m	4.00	4.00	4.00	1.14～3.91	1.65	1.33
桅杆	冲量/kN	60	50	35.8	60	20	30
桅杆	起重力/kN	120	109.9	79.4	60	20	61.8
桅杆	最大给进速度/(m/min)	2～8	9.9	4.5	5		
回转	最大转速/(r/min)	0～700	0～560	0～463	0～350	0～65/130	0～248/359
回转	最大扭矩/(kN·m)	20	14.86	11.90	11	2.2/2.4	7.19/9.15
卷扬机	拉力(一层)/kN	35.5	35.5	35.5	30.0		8.0
卷扬机	速度(三层)/(cm/min)	0～80	0～85	0～68	0～75		0～120
旋喷注浆	回转速度/(r/min)	3～560	3～560	3～463	5～50		
旋喷注浆	提升速度/(cm/min)	1～140	5～300	5～450	2.5～120		

表 14-16 SNC-H300 型水泥浆车中高压泥浆泵的技术性能表

工作状态	发动机变速箱挡位	曲轴转速/(r/min)	缸套直径为 100mm 时		缸套直径为 115mm 时	
			排量/(m^3/min)	压力/MPa	排量/(m^3/min)	压力/MPa
排量最大时	Ⅴ	117	0.762	6.1	1.04	4.5
压力最大时	Ⅱ	26	0.154	30.0	0.23	20.1
活塞行程/mm		250	外形尺寸:2 380mm×945mm×1 895mm			
蜗杆传动速度比		1∶20.5	泵体和传动机构总重:2.775t			

表 14-17 3W-6B 及 3W-7B 高压水泵技术性能表

技术性能 \ 型号	3W-6B-1	3W-6B-2	3W-6B-3	3W-6B-4	3W-7B-4	3W-7B-5
泵压/MPa	40	32	25	20	25	20
泵量/(L/min)	60	75	100	120	60	75
柱塞直径/mm	25	28	32	35	25	28
柱塞行程/mm	120				100	
往复次数/(次/min)	380				470	
电动机型号	JO_2-91-4				JO_2-82-4	
电动机功率/kW	55				40	
进口管直径/mm	100				89	
出口管直径/mm	32				44	
外形尺寸	3 040mm×1 530mm×1 130mm				2 680mm×1 360mm×1 130mm	
泵重/kg	2 300				1 900	

表 14-18 3XB 小机座三柱塞泵技术性能表

曲轴转数为 400r/min 时						曲轴转数为 500r/min 时				
泵量/(L/min)	额定泵压/MPa				柱塞直径/mm	额定泵压/MPa				泵量/(L/min)
40	50				22	40	55			50
50	40	55			25	32	45	60	75	63
63	32	45			28	25	35	50	65	80
75	30	40	50		30	22	30	40	55	90
80	25	35	45	55	32	20	25	35	50	100
100	20	30	40	50	35	16	20	30	40	125
130	16	20	30	40	40	12.5	16	25	30	160
160	12.5	16	25	30	45	10	12.5	20	25	200
200	10	12.5	20	25	50	8	10	16	20	250
电动机型号	JO_2-8-24	JO_2-91-4	JO_2-92-4	JO_2-93-4		JO_2-82-4	JO_2-91-4	JO_2-92-4	JO_2-93-4	
功率/kW	40	55	75	100		40	55	75	100	

TREVIJET 高喷技术所用的高压泵技术性能见表 14－19。

表 14－19　TREVIJET 高喷技术所用高压泵技术性能表

技术性能	4TS－170	4TS－250	4TS－350	5T－302	5T－450
发动机安装功率/kW	125	183.8	257.3	257.3	330.8
最大间歇性压力/MPa	100	100	100	90	90
最大排量/(L/min)	380	380	380	1 173	1 173

(三)泥浆泵

国内常用的泥浆泵的技术性能见表 14－20。

TREVIJET 高喷技术所用的低压注浆泵技术性能见表 14－21。

(四)空压机

国内常用的空压机的技术性能见表 14－22。

表 14－20　国内常用的泥浆泵的技术性能表

型　号	泵压/MPa	泵量/(L/min)	驱动功率/kW	质量/kg
BW－150	1.8～7	150～32	7.4	516
BW－200	5～8	200～102	23.5	520
BW－250	2.5～7	250～35	15.4	500

表 14－21　TREVIJET 高喷技术所用低压注浆泵技术性能表

型　号	最大压力/MPa	最大排量/(L/min)
GP－12	20	120

表 14－22　国内常用的空压机的技术性能表

类　型	型　号	冷却方式	排气量/(m³/min)	排气压力/MPa	动力机型号	功率/kW	质量/t
移动往复式	YV－3/8	风	3	0.8	JO_2－72－6	22	1.84
	YV－6/7	风	6	0.7	JO_2－82－4	40	1.8
	YV－6/8	风	6	0.8	JO_2－82－6	40	2.15
	ZWY－6/7	风	6	0.7	4135C－1 柴油机	58.8	2.5
	W－9/7	风	9	0.7	6135K 柴油机	88.3	3.5
	YV－9/7	风	9.2	0.7	6135C－1 柴油机	88.3	2.8
螺杆	LGY20－10/7	风	10	0.7	6135C－1 柴油机	88.3	3.0
滑片式	BH－6/7(移)	喷油内冷	6	0.7	4135AK－2 柴油机	58.8	3.2
	BH－6/7(移)		12	0.7	6135K－3 柴油机	88.3	约 3

(五)浆液搅拌机

目前国内高压喷射注浆施工用的浆液搅拌机大多是自制的,或由生产厂家根据注浆泵的排量配套供给。国产 WJG-80 型搅拌机可连续搅浆,排量 80～100L/min,需自配高压泵、空压机等。

TREVIJET 高喷技术所用的搅拌设备为 GM 系列搅拌机,这些搅拌设备装有用来生产水泥浆液的自动和手动控制系统。其主要组成部分包括:电子称重装置,带有配水系统的搅拌机,带有搅拌器的贮存装置、气动系统和电器系统等。GM7 和 GM12 的技术性能见表 14-23。

表 14-23 GM7 和 GM12 的技术性能表

技术性能	GM7	GM12
电子称重装置的称重能力/t	2	5
搅拌机容量/m^3	1	1.5
动力/kW	18	23.5
压缩空气供量/(L/min)	492	492
气压/MPa	0.8	0.8
供浆量/(m^3/h)	7	12

(六)注浆管总成

1. 单层注浆管总成

包括单层注浆管、单管导流器和单管喷头。

单层注浆管一般用外径 50mm 或 42mm 的地质钻杆。每根长 1～3.5m,其连接螺纹处要采取密封措施。TY-101 型单管导流器的结构如图 14-37 所示。单管喷头的结构如图 14-38 所示。

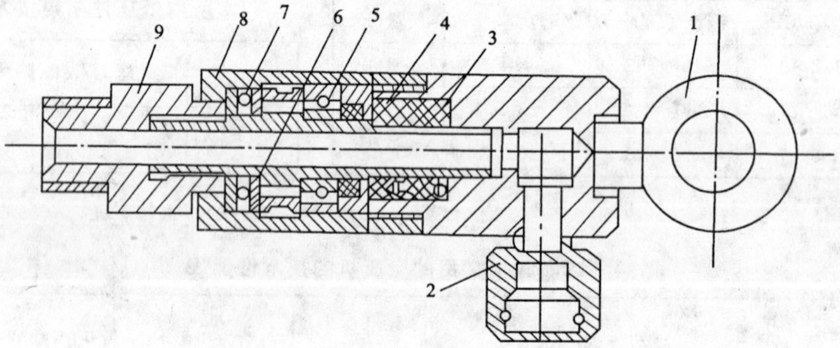

图 14-37 TY-101 型单管导流器的结构

1—提升环;2—卡口接头;3—上壳;4—密封圈;5—向心球轴承;6—推力球轴承;7—下壳;8—毡封;9—活接头

平头型单管喷头底端镶有硬质合金,可以钻进碎石土或较硬夹层。圆锥型单管喷头底端没有硬质合金,适用于黏性土或砂类土。

2. 二重注浆管总成

包括二重管导流器、二重注浆管和二重管喷头。TY-201 型二重管导流器的结构如图 14-39 所示。

TY-201 型二重注浆管的结构如图 14-40 所示。外管规格:42mm×5mm,内管规格:18mm×2mm。

TY-201 型二重管喷头的结构如图 14-41 所示。其侧面有浆、气同轴喷嘴,其环状间隙

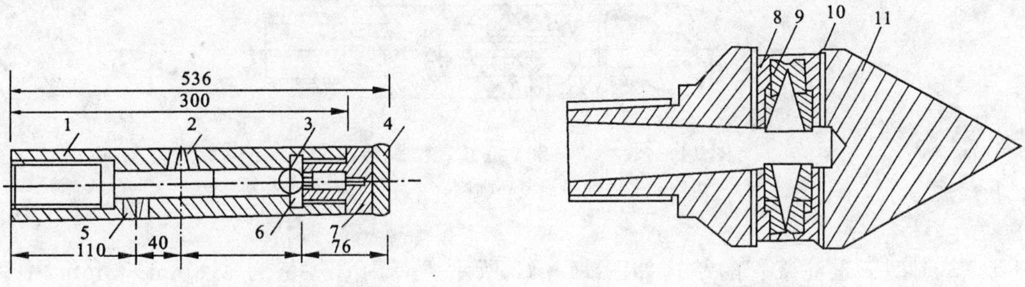

(a)平头型　　单位：mm　　(B)圆锥型

图 14－38　单管喷头结构图

1—喷嘴杆；2—喷嘴；3—钢球；4—硬质合金；5—喷嘴；6—球座；7—钻头；8—喷嘴套；9—喷嘴；10—喷嘴接头；11—钻尖

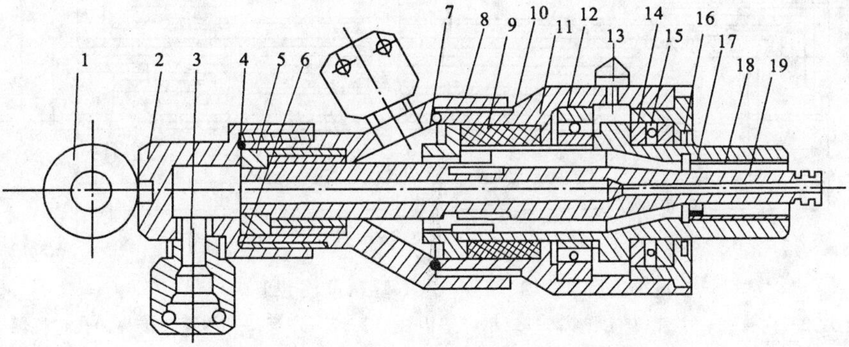

图 14－39　TY－201 型二重管导流器结构图

1—吊环；2—上壳；3—接头插座；4—O 形密封圈；5—上压盖；6—V 形密封圈；7—O 形密封圈；8—中壳；9、10—Y 形密封圈；11——下壳；12—向心轴承；13—黄油嘴；14—推力轴承；15—下盖；16—毡油封；17—定位环；18—外管；19—内管

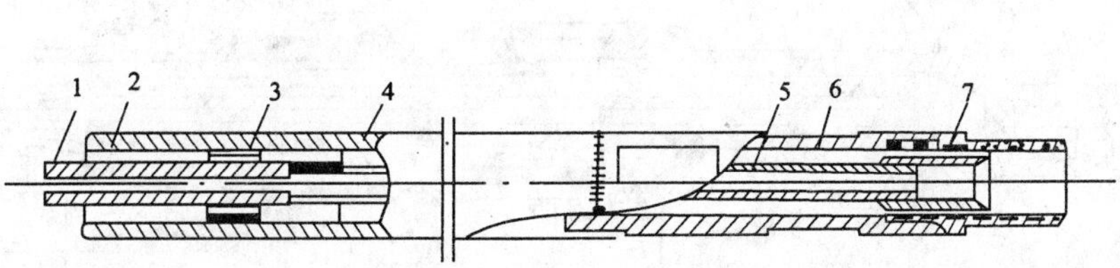

图 14－40　TY－201 型二重注浆管结构图

1—O 形橡胶圈；2—外管母接头；3—定位圈；4—42 地质钻杆；5—内管；6—卡口管；7—外管公接头

为 1～2mm。

3．三重注浆管总成

包括三重注浆管、三重管导流器和三重管喷头。

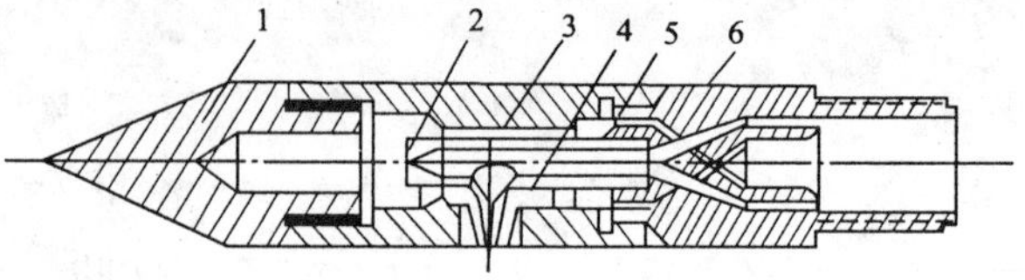

图 14-41 TY-201 型二重喷头结构图

1—管尖；2—内管；3—内喷头；4—外喷嘴；5—外管；6—外管公接头

TY-301 型三重注浆管的结构如图 14-42 所示。其内管规格为 ϕ18mm×3mm，中管为 ϕ40mm×2mm，外管为 ϕ75mm×4mm。内管输送高压水，内—中管环隙输送压缩空气，外—中管环隙输送浆液。在外管表面对称地通长焊接两条 30mm×4mm 扁钢。TY-301 型三重管导流器的结构如图 14-43 所示。三重管喷头的结构如图 14-44 所示。

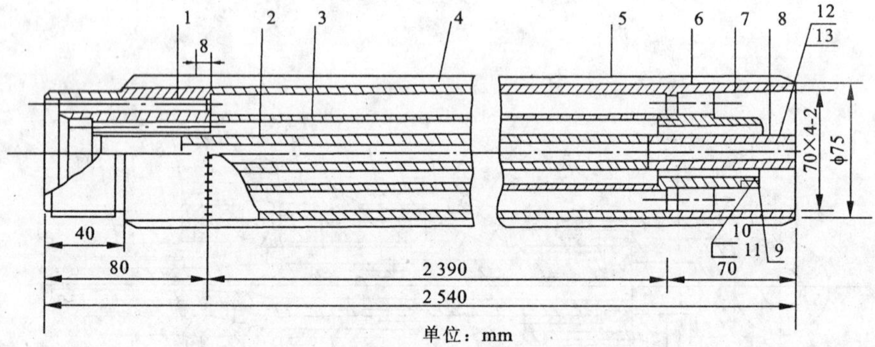

图 14-42 TY-301 型三重注浆管

1—内母接头；2—内管；3—中管；4—外管；5—扁钢；6—内公接头；7—外管；8—内管公接头；9—定位器；10—挡圈；11、13—O 形密封圈；12—挡圈

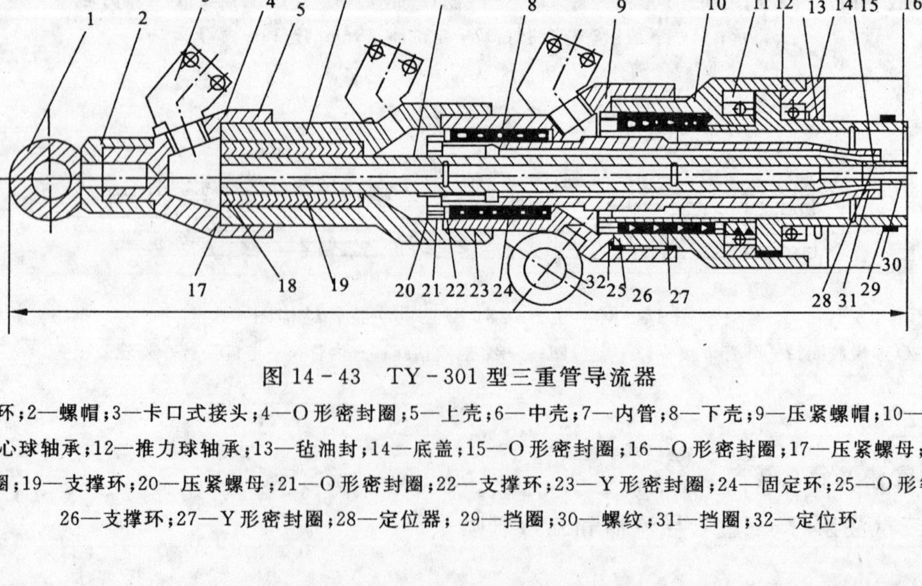

图 14-43 TY-301 型三重管导流器

1—吊环；2—螺帽；3—卡口式接头；4—O 形密封圈；5—上壳；6—中壳；7—内管；8—下壳；9—压紧螺帽；10—底壳；11—向心球轴承；12—推力球轴承；13—毡油封；14—底盖；15—O 形密封圈；16—O 形密封圈；17—压紧螺母；18—V 形密封圈；19—支撑环；20—压紧螺母；21—O 形密封圈；22—支撑环；23—Y 形密封圈；24—固定环；25—O 形密封圈；26—支撑环；27—Y 形密封圈；28—定位器；29—挡圈；30—螺纹；31—挡圈；32—定位环

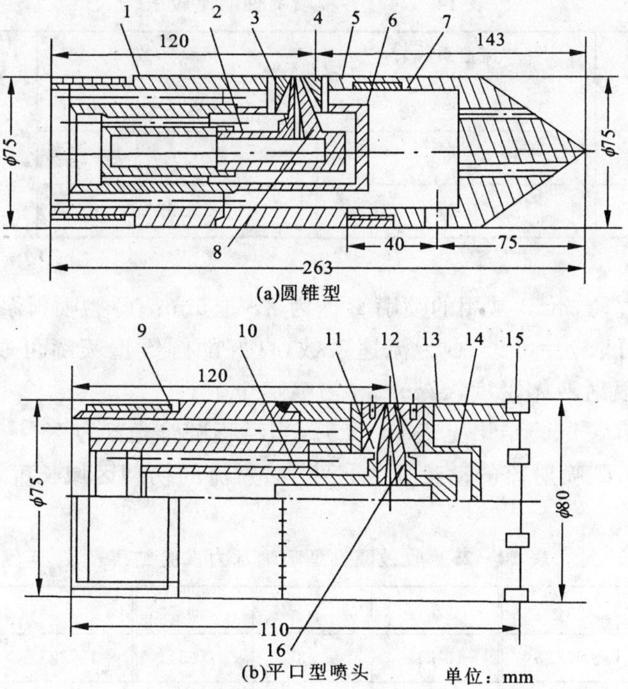

(a)圆锥型

(b)平口型喷头

图 14-44　三重管喷头

1—内母接头；2—内管总成；3—内管喷嘴；4—中管喷嘴；5—外管；6—中管总成；7—尖锥钻头；8—内喷嘴座；9—内母接头；10—内管总成；11—内管喷嘴；12—中管喷嘴；13—外管；14—中管总成；15—硬质合金；16—O 形圈

4. **喷嘴**

(1)喷嘴形状。喷嘴是直接影响射流质量的主要因素之一。射流喷嘴通常有圆柱型、收敛圆锥型和流线型三种(图 14-45)。由试验结果表明，流线型喷嘴的射流特性最好，但这种喷嘴加工困难，故很少采用，而收敛圆锥型喷嘴的射流系数与流线型喷嘴很接近，见表 14-24，而加工又较容易，因此在实际工作中使用较多。

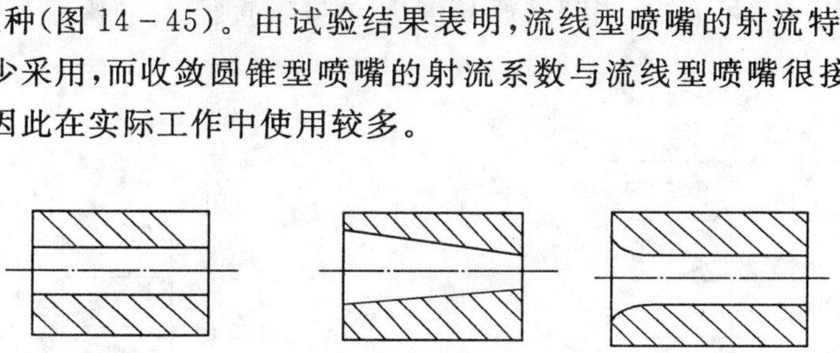

(a)圆柱型　(b)收敛圆锥型　(c)流线型

图 14-45　喷嘴形状图

(2)喷嘴结构。喷嘴的结构参数主要包括喷嘴的内圆锥角 θ 和喷嘴出口直径 d_0。

1)喷嘴出口直径 d_0。在喷射压力、喷射泵量和喷嘴个数已经确定的情况下，d_0 可由下式求出。

$$d_0=0.69\sqrt{\frac{Q}{n\mu\varphi\sqrt{p/\rho}}} \tag{14-22}$$

表 14-24 各种喷嘴性能比较表

喷嘴类型	流速系数	流量系数	备 注
圆柱型	0.828	0.828	喷嘴出口直径 6mm
收敛圆锥型($\theta=13°$)	0.960	0.947	
流线型	0.97	0.97	

式中，d_0为喷嘴出口直径，mm，常用的喷嘴直径为 2～3.5mm；Q为喷射泵量，L/min；μ为流量系数，对圆锥型喷嘴可取$\mu=0.95$；φ为流速系数，良好的圆锥型喷嘴可取$\varphi=0.97$；p为喷嘴入口压力，MPa；ρ为喷射液体密度，g/cm^3；n为喷嘴个数。

2)内圆锥角θ。有关试验结果见表 14-25。当喷嘴圆锥角θ为 13°～14°时，喷射流的流量损失和速度损失最小，则喷射流的动量损失最小，喷射流的初期区域长度最大，见图 14-46。

表 14-25 收敛圆锥型喷嘴水力试验结果表

θ	μ	φ	θ	μ	φ	θ	μ	φ
0°	0.829	0.829	10°21′	0.938	0.951	19°28′	0.924	0.970
3°10′	0.895	0.894	12°04′	0.942	0.955	23°00′	0.914	0.974
5°26′	0.924	0.919	13°24′	0.946	0.963	40°20′	0.870	0.980
7°52′	0.930	0.932	14°38′	0.941	0.966	48°50′	0.847	0.984

注：喷嘴直径$d_0=15$mm，压力为 3m 水头，圆锥段长 40mm。

在实际应用中，根据射流特性好同时又易加工的原则，喷嘴内孔的几何形状一般由圆锥段和圆柱段构成，并将进口端加工成喇叭形，见图 14-47。圆柱段的长度对喷射流的初期区域长度有影响，由图 14-48 可看出，当圆柱段长度L与喷嘴直径d_0的比值为 4 时，初期区域长度最大。

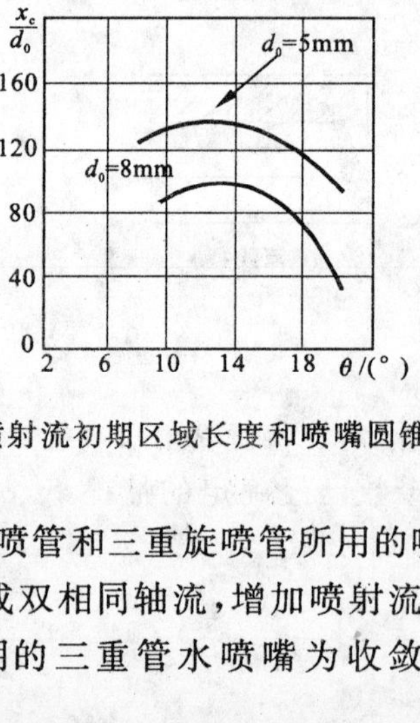

图 14-46 喷射流初期区域长度和喷嘴圆锥角的关系

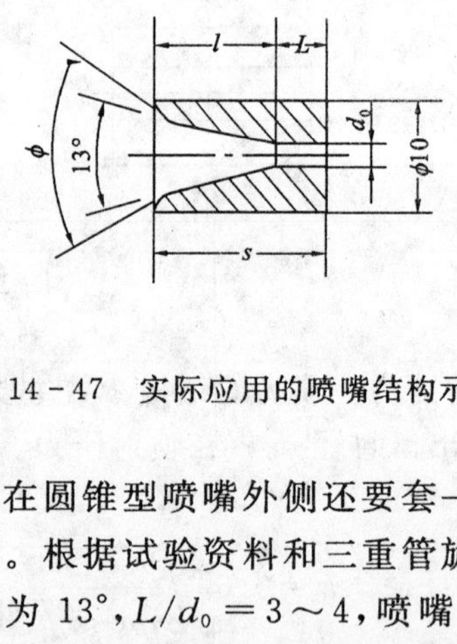

图 14-47 实际应用的喷嘴结构示意图

二重旋喷管和三重旋喷管所用的喷嘴结构较复杂，在圆锥型喷嘴外侧还要套一个环状气流喷嘴，形成双相同轴流，增加喷射流破坏土体的能力。根据试验资料和三重管旋喷工艺特点，目前使用的三重管水喷嘴为收敛圆锥型，圆锥角为 13°，$L/d_0=3\sim4$，喷嘴直径d_0为

1.5mm,2.0mm,2.5mm,3.0mm,3.2mm,3.5mm,3.8mm,圆锥段长 $l=15-L$,其具体结构见图 14-49,气水同轴的环状间隙一般调至 1～2mm。

(3)喷嘴材质及加工要求。喷射水时,可用 45 号钢并进行热处理使其硬度达 HRC45 以上;喷射水泥浆时,磨耗大,要求具有较好的耐磨性,宜用硬合金钢(YG8)制造。

喷嘴内表面的光洁度要求较高,如果光洁度不够,喷射流的局部水头损失较大,且喷出后射流表面层产生旋转涡流,使射流过早离散雾化。一般要求喷嘴内表面粗糙度不低于 1.0。

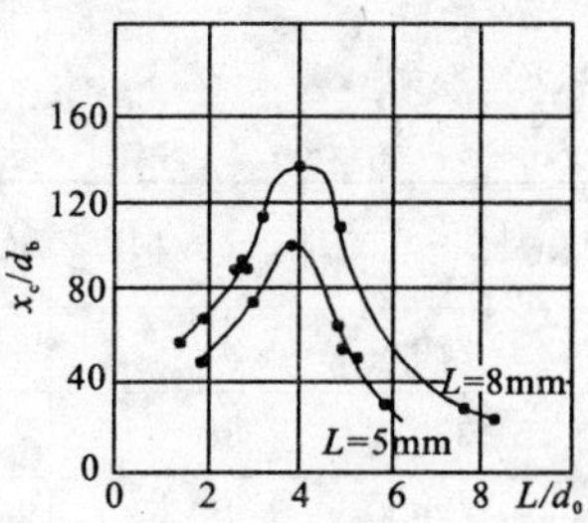

图 14-48　喷射流初期区域与喷嘴直线长度的关系

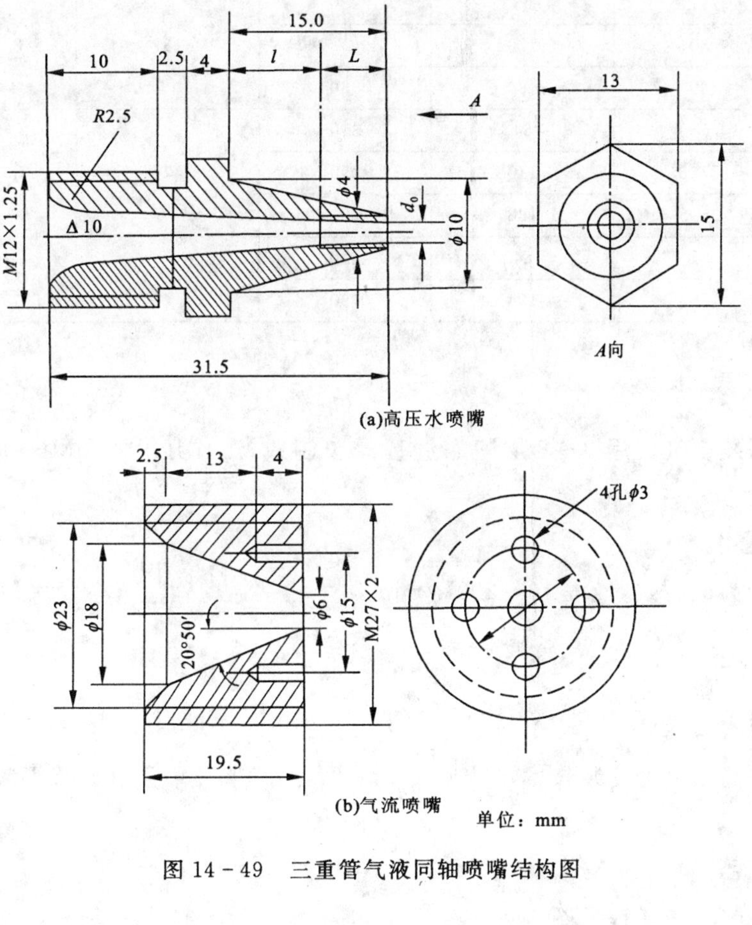

图 14-49　三重管气液同轴喷嘴结构图

(七)其他器具

1. 高压胶管

用于输送高压水、浆液等。一般采用钢丝缠绕液压胶管,其工作压力不低于喷射泵压,其内径可查表 14-26 或根据下式计算

$$d \geqslant 4.6\sqrt{Q/v} \tag{14-23}$$

式中，d 为高压胶管内径，mm；Q 为流量，L/min；v 为适宜的流速，m/s，可取 4～6m/s。

表 14－26　钢丝缠绕高压胶管的技术规格表

胶管型号	工作压力/MPa	最低爆破压力/MPa	最小弯曲半径/mm	允许流量/(L/min)	内径/mm	外径/mm
B16×2S－210	21	84	225	72	16	28
B16×4S－380	38	152	265			32
B16×6S－480	48	192	310			33.5
B19×2S－180	18	72	265	102	19	31.5
B19×4S－345	34.5	138	310			35
B19×6S－430	43	172	330			38.5
B22×2S－170	17	68	280	137	22	34.5
B22×4S－300	30	120				39
B22×6S－400	40	160	360			41.5
B25×2S－160	16	64	310	177	25	37.5
B25×4S－275	27.5	110	350			41
B25×6S－345	34.5	138	400			44.5
B32×4S－210	21	84	420	A290	32	50
B32×6S－260	26	104	490			53.8

2. 压气胶管

用于输送压缩空气。用 3～8 层帆布缠裹浸胶制成，工作压力 1.0MPa 以上，内径 16～32mm。

3. 液体流量计

液体流量计为电磁式，量程 10～200L/min。

二、施工工艺

(一)喷射技术参数

国内常用的高压喷射注浆技术参数见表 14－27，国外高压喷射注浆典型施工参数见表 14－28。

(二)施工工艺

高压喷射注浆工艺流程见图 14－50。

1. 钻机就位

钻机安放在设计的孔位上。钻孔的位置与设计位置的偏差不得大于 50mm，钻杆轴线应垂直对准钻孔中心。

表 14-27　国内常用的高压喷射注浆技术参数表

技术参数		单重管法	二重管法	三重管法
水	压力/MPa	—	—	20～30
	流量/(L/min)	—	—	80～120
	喷嘴孔径/mm	—	—	2～3.5
	喷嘴个数/个	—	—	1～2
空气	压力/MPa	—	0.7	0.7
	流量/(m^3/min)	—	1～2	1～2
	喷嘴环隙/mm	—	1～2	1～2
浆液	压力/MPa	20	20	0.5～3
	流量/(L/min)	80～120	80～120	70～150
	喷嘴孔径/mm	2～3	2～3	8～14
	喷嘴个数/个	2	1～2	1～2
注浆管	提升速度/(cm/min)	20～25	10～20	5～15
	旋转速度/(r/min)	约 20	10～20	10
	外径/mm	42.50	42、50、75	75、90

表 14-28　国外高喷技术典型施工参数表

技术参数＼喷射类型	单重管法	二重管法	三重管法
注浆泵压力/MPa	40～45	40～45	2～6
供浆量/(L/min)	80～150	120～180	70～100
高压水泵压力/MPa	—	—	40～60
供水量/(L/min)	—	—	80～120
压缩空气压力/MPa	—	0.7～1.7	0.7～1.7
供气量/(m^3/min)	—	8～10	8～10
提升速度/(cm/min)	20～30	16～25	4～7
转速/(r/min)	10～30	7～15	4～10

注：表中数据为意大利 TERVIJET 高喷技术的 T_1、T_1/S 和 T_2 工法施工参数。

2. 钻孔

钻孔的目的是为了把注浆管置入到预定深度。钻孔方法可根据地层条件、加固深度和机具设备等确定。对单管法常使用 76 型或 70 型旋转振动钻机，深度可达 30m 以上，适用于标贯击数小于 40 的砂土和黏性土层。当遇到比较坚硬的地层时，宜用地质钻机成孔。一般在二重管与三重管施工中都采用地质钻机成孔。

3. 下注浆管

成孔后，即可下入注浆管到预定深度。若使用 76 型或 70 型振动钻机，下注浆管与钻孔两

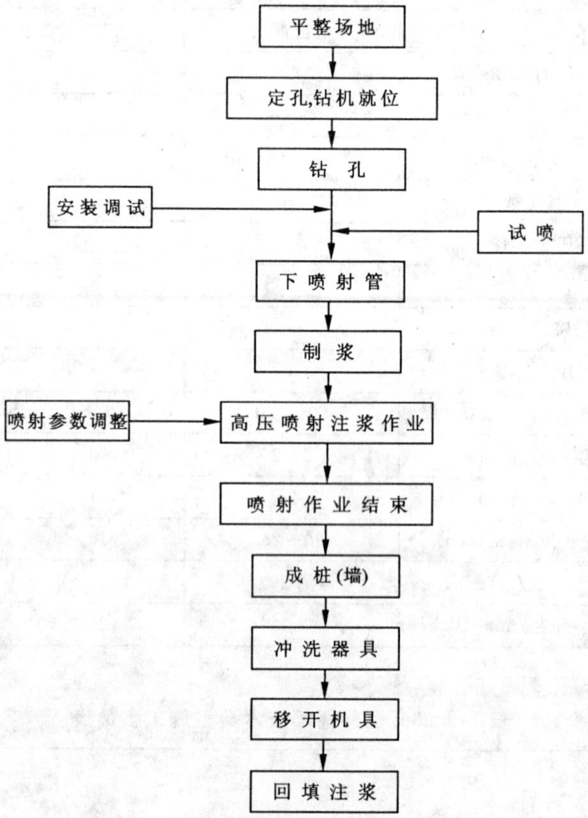

图 14-50　高压喷射注浆工艺流程图

道工序合二为一,钻孔与下注浆管同时完成。若使用地质钻机,则必须将钻杆拔出,再换上注浆管。在下管过程中,为防止泥砂堵塞喷嘴,可边射水,边下管,但水压力一般不高于 1MPa,以防射塌孔壁。

4. 喷射注浆作业

注浆管贯入到预定深度后,即可自下而上进行喷射作业。施工过程中,必须时刻注意检查浆液初凝时间、注浆流量、风量、压力、旋转提升速度等参数是否符合设计要求,并随时做好记录。

当注浆管不能一次提升完成而需分数次卸管时,卸管后喷射的搭接长度不得小于 100mm,以保证固结体的整体性。

5. 冲洗器具

喷射作业完成后将注浆泵的吸水管移到水箱内,在地面上喷射,以便把泥浆泵、注浆管和软管内的浆液全部排除,以防止残存的水泥浆将管路堵塞。

6. 回填注浆

喷射注浆完成后,由于浆液的析水作用,一般固结体均有不同程度的收缩,使固结体顶部出现一个凹穴,容易造成加固地基与建筑基础结合不紧密或脱空现象。为防止出现这种现象,可采取回灌冒浆或用水灰比为 0.6 的水泥浆补灌。

三、施工要点

(1)喷射注浆前要检查高压设备和管路系统。设备的压力和排量必须满足设计要求,使用高压泵时,应对安全阀进行测定,其运行必须可靠。管路系统的密封圈必须良好,各通道和喷嘴内不得有杂物。

(2)下注浆管时,要预防风、水喷嘴被泥砂堵塞,可在插管前用一层薄塑料膜包扎好。

(3)喷射注浆时要注意设备开动顺序。对三重管,应先空载启动空压机,待运转正常后,再空载启动高压泵,然后同时向孔内送风和水,使风量和泵压逐渐升高到规定值。风、水畅通后,若为旋喷即可旋转注浆管,并开动注浆泵,先向孔内送清水,待泵压泵量正常后,即可将注浆泵的吸水管移至储浆桶开始注浆。待估计水泥浆的前峰已流出喷头后,才可开始提升注浆管,自下而上喷射注浆。

(4)喷射注浆过程中需拆卸注浆管时,应先停止提升和回转,同时停止送浆,然后逐渐减少风量和水量,最后停机。拆卸完毕继续喷射注浆时,开机顺序遵守第(3)条规定。

(5)喷射注浆完毕后,即可停风、停水,继续用注浆泵注浆,待水泥浆从孔口返出后,即可停止送浆,然后将注浆泵的吸水管移至清水箱,抽吸定量清水将注浆泵和注浆管路中的水泥浆顶出,然后停泵。

(6)所用水泥浆、水灰比要按设计规定,不得随意更改。要保证水泥质量,水泥应过筛,其细度应在标准筛(4 900 孔/m^2)上的筛余量不大于 15%。禁止使用受潮或过期的水泥,在喷射注浆过程中应防止水泥浆沉淀。

(7)为避免固结体尺寸上大下小或增大固结体尺寸,可采用提高喷射压力、泵量或降低回转与提升速度等措施,也可采用复喷工艺:第一次喷射时,不注水泥浆液;初喷完毕后,将注浆管边送水边下降到初喷开始的深度,再抽送水泥浆,自上而下复喷。

(8)应处理好冒浆,及时清除沉淀的泥渣,在砂层用单管或双重管喷射时,可利用冒浆补灌已施工的桩孔,但在黏土层、淤泥层中喷射或用三重管喷射时,因冒浆中掺入黏土和清水,故不宜用冒浆回灌。

(9)喷射注浆过程中,应注意观察冒浆情况,以便及时了解土层情况、喷射效果和喷射参数是否合理。采用单重管或二重管喷射注浆时,冒浆量小于注浆量 20%为正常现象;超过 20%或完全不冒浆时,应查明原因并采取相应措施。若地层中有较大空隙,引起不冒浆,可在浆液中掺入适量速凝剂或增大注浆量;若冒浆过大,可减少注浆量或加快提升和回转速度,也可缩小喷嘴直径,提高喷射压力。采用三重管喷射注浆时,冒浆量应大于高压水的喷射量,但其超过量应小于注浆量的 20%。

(10)旋喷桩相邻两桩的施工间隔应大于 48h。

四、常见故障及处理措施

1. 不冒浆或断续冒浆

(1)若是土质松软造成,可适当复喷。

(2)附近有空洞、通道,则应不提升注浆管继续注浆直至冒浆为止或拔出注浆管待浆液凝固后重新注浆。

2. 大量冒浆压力稍有下降

注浆管可能被击穿或有孔洞，应拔出注浆管进行检查。

3. 压力骤然上升

喷嘴或管路被堵塞，可采取以下措施。

(1)在高压泵和注浆泵的吸水管进口和泥浆储备箱中设置过滤网，并经常清理。高压水泵的滤网筛孔规格以1mm左右为宜，注浆泵和水泥储备箱的滤网规格以2mm左右为宜。

(2)认真检查风、水、浆的通道；在下注浆管前用薄塑料包裹好风、水喷嘴；遵守设备开动顺序，避免高压水和风的通道在压力较低的情况下，被泵送的水泥浆侵入造成堵塞。

(3)注意注浆泵的维护保养，保证注浆过程不发生故障，避免水泥浆在管道内沉淀。

(4)喷射过程中水泥供不应求时，应将注浆管提起一段距离，抽送清水将管道中的水泥浆顶出喷头后再停泵。

(5)喷射结束后，做好各系统的清洗工作。

4. 流量不变而压力突然下降或排量达不到要求

可能存在泄漏现象，可采取以下措施。

(1)检查阀、活塞缸套等零件，磨损大的及时更换。

(2)检查吸水管道是否畅通，是否漏气，避免吸入空气。

(3)检查安全阀、高压管路，清除泄漏。

(4)检查活塞每分钟的往复次数是否达到要求，消除转动系统中的打滑现象。

(5)检查喷嘴是否符合要求，更换过度磨损的喷嘴。

第五节　质量检验

高压喷射注浆处理地基的强度较低，且强度增长较慢，检验时间应待喷射注浆完成后4周进行，以避免固结体强度不高，因检验而受到破坏，影响检验的可靠性。

检验点的数量为施工注浆孔数的1%，并不少于3点。不合格者应进行补喷。

一、检验点的布置

(1)建筑物荷载大的部位；

(2)防渗帷幕中心线上；

(3)施工中出现异常情况的部位；

(4)地质情况复杂，可能对高压喷射注浆质量产生影响的部位。

二、检测方法

质量检测方法应根据机具设备条件，结合具体情况选用。选用方法有如下几种。

(1)开挖检查。

(2)室内试验。包括设计过程制作试件，进行物理力学性能试验和施工后开挖取样试验。

(3)钻孔检查。包括：①钻孔取样观察，并做成试件进行物理力学性能试验；②渗透试验，包括钻孔压力注水渗透试验和钻孔抽水渗透试验(图14-51与图14-52)；③标准贯入试验。

一般距注浆孔中心 0.15～0.20m，每隔一定深度作一个。

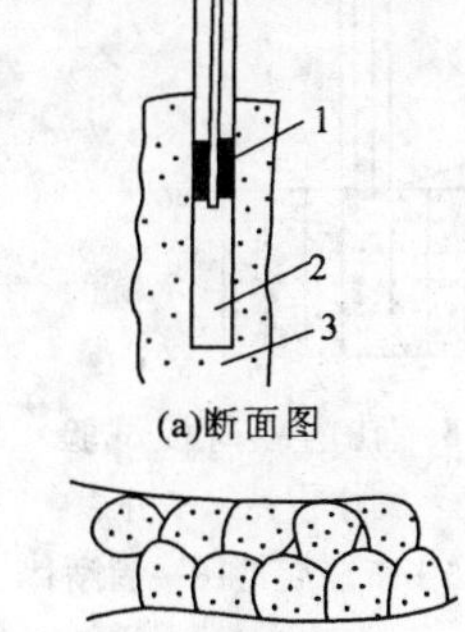

图 14－51　钻孔压力注水渗透试验

1—塞子；2—钻孔；3—旋喷固结体防渗墙

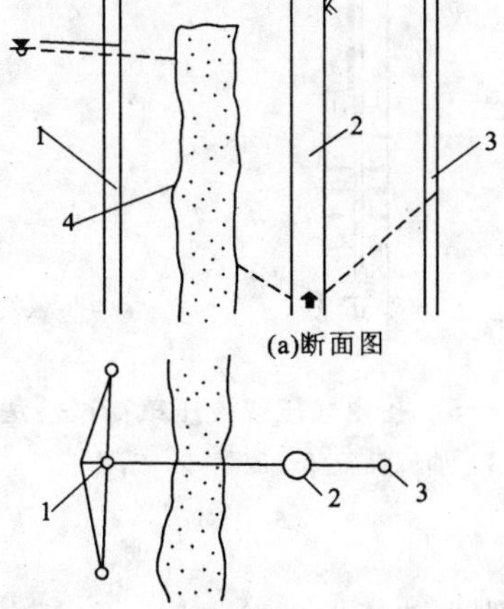

图 14－52　钻孔抽水渗透试验

1—观察孔；2—扬水孔；3—观察孔；4—防渗墙

(4)载荷试验。包括平板载荷试验和孔内载荷试验。

1)平板静载荷试验：分垂直方向和水平方向推力载荷试验两种，见图 14－53 和图 14－54。

垂直载荷试验时，需在顶部 0.5～1.0m 范围内，浇筑 0.2～0.3m 厚的钢筋混凝土桩帽；水平推力载荷试验时，需在固结体加载受力部位，浇筑 0.2～0.3m 厚的钢筋混凝土加载荷面。竣工验收时，承载力检验应采用复合地基载荷试验和单桩载荷试验，比例 0.5%～1%，且单体工程不少于 3 点。

2)孔内载荷试验：分为两种。①气压或液压膨胀法。在钻孔中，用气压或液压使胶囊膨胀，从膨胀量可知横向荷重和位移关系，求得变形系数和地层反力系数。见图 14－55。②载荷板法。如图 14－56 所示，载荷通过 ϕ108mm 地质套管传给承压底盘，从其变形和载荷的关系求得承载力和沉降量。

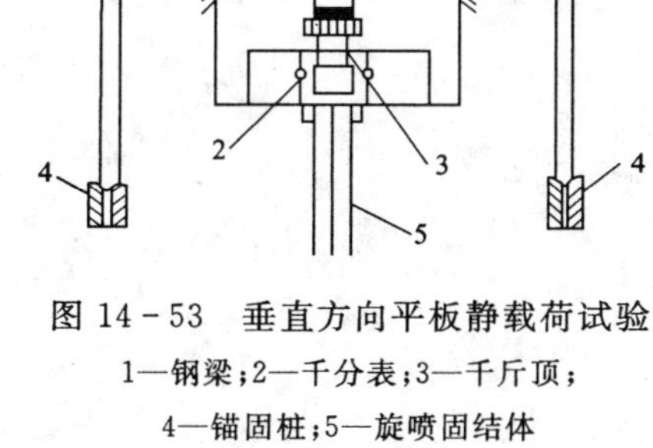

图 14－53　垂直方向平板静载荷试验

1—钢梁；2—千分表；3—千斤顶；
4—锚固桩；5—旋喷固结体

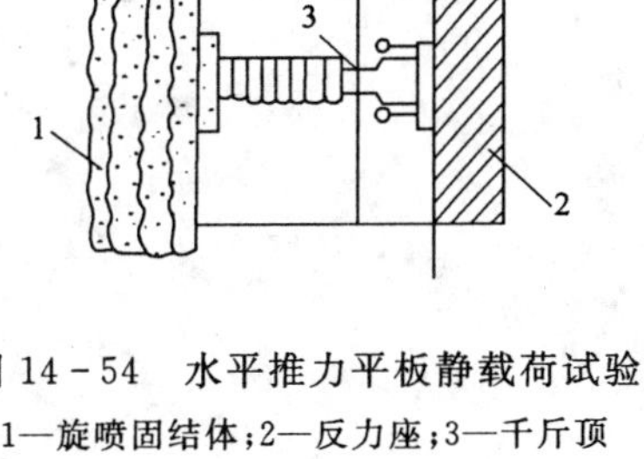

图 14－54　水平推力平板静载荷试验

1—旋喷固结体；2—反力座；3—千斤顶

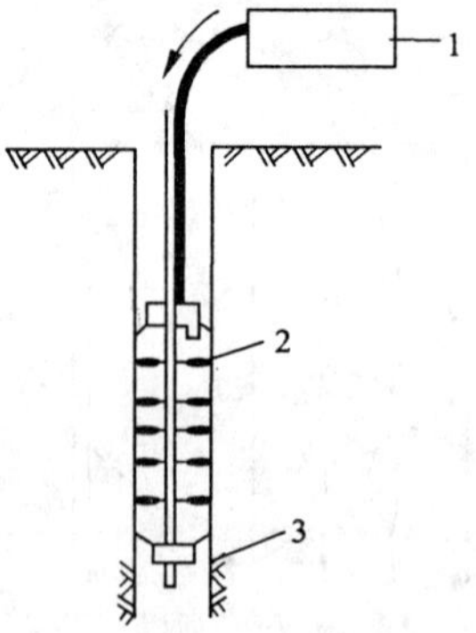

图 14－55　孔内气压或液压载荷试验法

1—加压设备；2—胶囊；3—钻孔

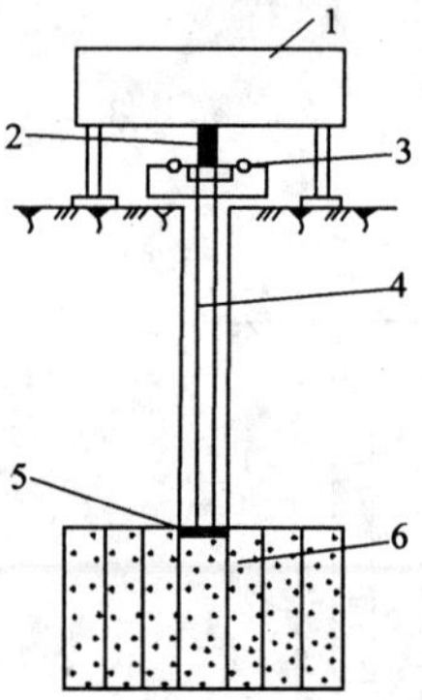

图 14－56　孔内载荷板试验

1—重物；2—千斤顶；3—千分表；4—传力杆；5—承压底盘；6—固结体

(5)其他非破坏性试验方法。包括电阻率法、同位素法和弹性波法等。

第十五章　灌　浆

第一节　概　述

灌浆法是指利用气压、液压或电化学原理，将具有流动性和胶结性能的浆液注入各种介质的裂隙、孔隙，形成结构致密、强度高、防渗性能和化学稳定性好的固结体，以改善灌浆对象的物理力学性质。

一、灌浆的分类

灌浆按浆液材料可分为粒状浆材和化学浆材，或无机浆材和有机浆材。

按灌浆原理可分为渗透灌浆、压密灌浆、劈裂灌浆和电化学灌浆。在实际灌浆中，灌浆体往往是以多种运动方式作用于土体，所谓渗透灌浆、压密灌浆或劈裂灌浆是指在灌浆过程中，浆液或以渗透形式为主，或以压密形式为主，或以劈裂形式为主的灌浆类型。按灌浆目的可分为防渗灌浆和加固灌浆。

二、应用范围

灌浆法在我国许多行业中都得到广泛应用，取得了较好的效果。其应用范围主要有如下几个方面。

(1)建筑地基加固。通过改善地基土的力学性质，对地基进行加固或纠偏处理。

(2)对钻孔灌注桩进行桩侧或桩底压浆，亦称为钻孔灌注桩后压浆技术。通过对桩侧或桩底压浆，既可消除孔底沉渣及桩周泥皮对桩承载力的影响，又可提高桩的承载力。

(3)坝基工程防渗和加固。切断渗流及提高坝体整体性和抗滑稳定性。

(4)基坑支护和边坡治理。提高支护结构后土体的强度，减少基坑的渗水量，防止邻近建筑物沉降及维护边坡稳定。

(5)锚杆(索)灌浆。将拉杆与土体胶结，形成锚固体。

(6)地铁工程的灌浆加固。防止地面沉降过大，限制地下水的流动及制止土体位移。

第二节　浆液材料

灌浆工程中所用的浆液由主剂、溶剂及各种外加剂混合而成。通常所指的浆液材料是指浆液中的主剂。浆液材料的分类方法很多：按浆液所处状态，可分为真溶液、悬浮液和乳化液；按工艺性质，可分为单浆液和双浆液；按主剂性质，可分为无机系和有机系，见图 15 - 1。

- 浆液材料
  - 无机系
    - 水泥类
      - 单液水泥浆
      - 水泥水玻璃浆
      - 粉煤灰水泥浆
    - 水泥黏土类
    - 黏土类
    - 水玻璃类
  - 有机系
    - 木质素类
    - 丙烯酰胺类
    - 聚氨酯类
    - 环氧树脂类
    - 其他

图 15-1　浆液材料按主剂性质分类

在传统的渗透灌浆中，有机系浆材具有黏度低、胶凝时间可精确控制、应用范围广等优点，但由于存在一定的毒性，易污染环境且费用较高，因此，在实际工程中，浆液材料以水泥类和无毒的水玻璃类为主。只有在使用水泥浆难以达到预期效果、条件特殊的情况下，才采用有机系浆液材料，作为补充灌浆。

一、水泥类浆材

(一)单液水泥浆

以水泥浆为主，添加一定量的外加剂，并采用单液工艺进行灌浆的浆液称为单液水泥浆。这种浆液是一种悬浮液，凝固后结石强度高，渗透性小，无毒性，不污染环境且来源广，价格低廉，在灌浆工程中应用最广泛。在地下水无侵蚀性条件下，一般都采用普通硅酸盐水泥。

1. 浆液的性能指标

(1)相对密度。相对密度反映浆液中水泥的含量。通过浆液的相对密度可判断水灰比的大小。相对密度 d_c 与水灰比 a 之间有关系式 $d_c = 1 + \frac{2}{1+3a}$，两者间为反函数关系。测定方法可采用泥浆比重秤或比重计进行测定。

(2)黏度。黏度是度量流体黏滞性大小的指标。浆液黏度的大小直接影响到浆液的扩散半径及压力、流量等参数的确定。施工现场常用野外漏斗黏度计进行测量，其外形尺寸见图 15-2。测量时，往漏斗中注入 700mL 浆液，测量从管子中流出 500mL 浆液的时间即为浆液的漏斗黏度。测量前，仪器用清水校正，水的黏度为 15s，允许误差±1.0s。浆液的黏度与水灰比间为反函数关系，水灰比越大，流动性越好，黏度越小。

(3)凝结时间。水泥类浆液的凝结过程分为初凝和终凝两个阶段。选择初凝时间时，既要考虑扩散距离的要求，又要考虑地下水流动的影响。为了取得良好的灌浆效果，凝结时间要求能够调节和控制。浆液的初凝和终凝时间可采用圆锥稠度仪来测定。

(4)析水率。浆液凝结后析出的水量与浆液体积之比称为析水率，其表达式为

$$a = \frac{V_w}{V} \times 100\%$$

式中，a 为浆液析水率；V_w 为从浆液中析出的水量，L；V 为浆液体积，L。

浆液的析水将使结石率降低，在灌浆固结体中形成空隙，影响加固效果。

(5)结石强度。结石强度是指按规定配合比制成的浆液在试模中养护后所测得的各龄期的抗压强度和抗折强度。影响结石强度的因素主要有：浆液水灰比、水泥品种、外掺剂等，其中以水灰比影响最大。水灰比越大，结石强度越低。灌浆目的不同，对浆液结石性能有不同的要求。防渗灌浆要求浆液结石密实，防渗和耐久性好；加固灌浆要求结石的抗压和抗折强度高。加固灌浆工程中，一般采用水灰比为0.5：1～2：1。对防渗灌浆工程，水灰比一般较大，为稳定浆液，一般加入少许膨润土。

(6)渗透性。浆液结石的渗透性主要与水灰比配比及龄期有关。单液水泥浆结石的渗透性很小，一般可达$10^{-7}\sim10^{-10}$cm/s 。

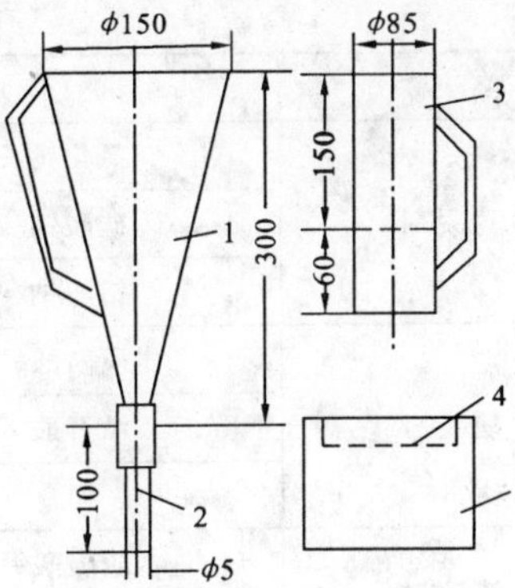

单位：mm

图15-2 野外漏斗黏度计

1—漏斗；2—管子；3—量杯；4—筛网；5—泥浆杯

2. 浆液的性能调节与配制

(1)浆液的性能调节。由水泥和水组成，不掺外加剂的浆液称为纯水泥浆。有关试验结果的纯水泥浆性能见表15-1。

表15-1 纯水泥浆性能表

水灰比	黏度/10^{-3}Pa·s	密度/(t/m^3)	凝结时间		结石率/%	抗压强度/MPa			
			初凝	终凝		3d	7d	14d	28d
0.5	139	1.86	7h41min	12h36min	99	4.1	6.5	15.3	22.0
	11.3	33	1.62	10h47min	20h30min	97	2.4	2.6	5.5
	8.9	18	1.49	14h52min	24h27min	85	2.0	2.4	2.4
	2.2	17	1.37	16h52min	34h47min	67	2.0	2.3	1.8
	2.8	16	1.30	17h7min	48h15min	56	1.7	2.6	2.1

注：①采用普通硅酸盐水泥；

②测定数据均为平均值。

纯水泥浆的早期强度一般较低，凝结时间较长，析水性大，稳定性差，且随着水灰比的增大，表现得越突出。在实际工程中，为了调节浆液的性能，往往根据灌浆目的和地下水具体条件的不同掺入各种外加剂，见表15-2。

(2)浆液的配制。由设计的水灰比，按以下公式可分别计算出水泥用量、水用量及水泥浆液的密度。

1)水泥用量、水用量计算公式。

$$M_c = \frac{d_c \rho_w V}{1 + a d_c} \quad 或 \quad M_c = \frac{3V}{1 + 3a} \tag{15-1}$$

$$M_w = a M_c \tag{15-2}$$

式中，M_c为水泥用量，t；M_w为水用量，t；d_c为水泥的相对密度，普通水泥$d_c=3.05\sim3.20$，计算时可取$d_c=3.0$；ρ_w为水的密度，t/m^3，$\rho_w=1t/m^3$；V为欲配制的水泥浆液体积，m^3；a为水灰比。

表 15-2　水泥浆的外加剂及掺量

名　称	试　剂	掺量占水泥质量分数/%	说　明
速凝剂	氯化钙	1～2	加速凝结和硬化
	硅酸钠	0.5～3	加速凝结
	铝酸钠		
缓凝剂	木质磺酸钙	0.2～0.5	亦增加流动性
	酒石酸	0.1～0.5	
	糖	0.1～0.5	
流动剂	木质磺酸钙	0.2～0.3	
	去垢剂	0.05	产生空气
加气剂	松香树脂	0.1～0.2	产生约 10%的空气
膨胀剂	铝粉	0.05～0.02	约膨胀 15%
	饱和盐水	30～60	约膨胀 1%
防析水剂	纤维素	0.2～0.3	
	硫酸	约 20	产生空气

2)水泥浆液的密度 ρ。

$$\rho=\frac{d_c\rho_w(1+a)}{1+ad_c} \tag{15-3}$$

或

$$\rho=\frac{3(1+a)}{1+3a} \tag{15-4}$$

现场配料时，也可参照表 15-3。

表 15-3　水泥浆液现场配料表

水灰比	无外加剂			有外加剂*					
	水泥加量/kg	水的加量/L	配成浆液量/m^3	$CaCl_2$ 加 3%		水玻璃加 4.5%		加三乙醇胺与 NaCl 混合液	
				50%的浓度/L	加水量/L	40°Be′/L	加水量/L	混合液/L	加水量/L
0.5	1 200	600	1.000	75.0	525	37.5	563	30	570
0.6	1 100	660	1.026	67.5	593	30.0	630	28	632
0.75	950	713	1.029	60.0	653	30.0	682	24	688
1.0	750	750	1.000	45.0	705	22.5	727	19	731
1.25	650	813	1.029	37.5	774	22.5	790	16	796
1.50	550	825	1.028	30.0	795	15.0	810	14	811
2.0	450	900	1.050	30.0	870	15.0	885	11	889

注：* 为水的加量和配成浆液量与无外加剂相同。

(二)水泥水玻璃浆

水泥水玻璃浆是以水泥和水玻璃为主剂，必要时加入速凝剂或缓凝剂所形成的复合注浆材料。

1. **浆液的性能**

水泥水玻璃浆的性能主要包括凝胶时间和抗压强度。

(1)凝胶时间。凝胶时间受水泥品种、水灰比、水玻璃浓度、水泥与水玻璃体积比及温度的影响。其相互关系见图 15-3 至图 15-6。

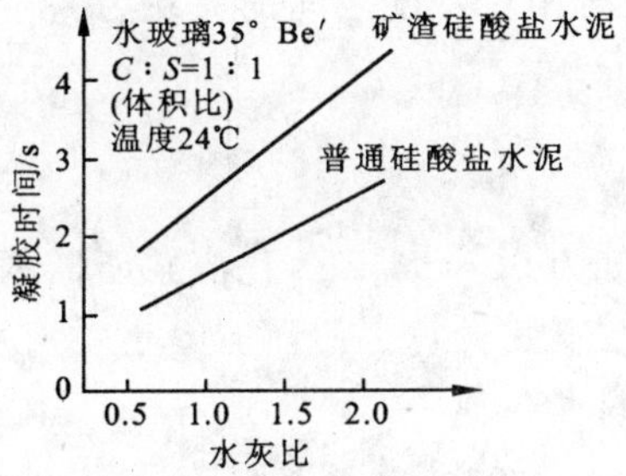

图 15-3　水泥品种及水灰比对凝胶时间的影响

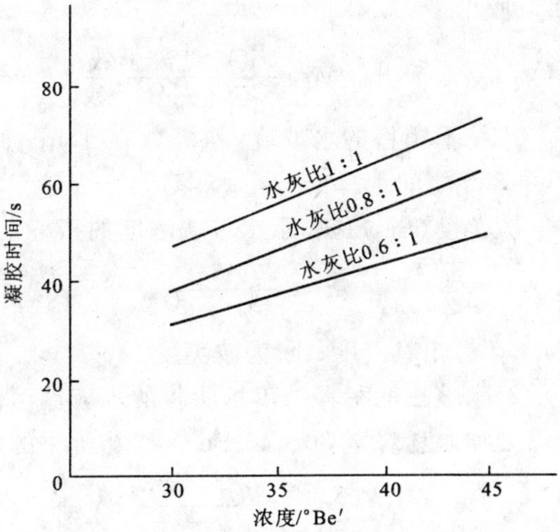

图 15-4　水玻璃浓度对凝胶时间的影响

$C:S=1:0.6$(体积比);温度 23°C;普通硅酸盐水泥

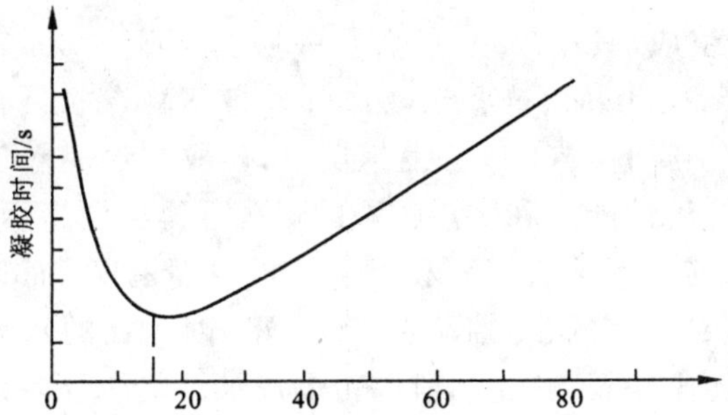

图 15-5　水玻璃与水泥浆体积比(S/C)对凝胶时间的影响

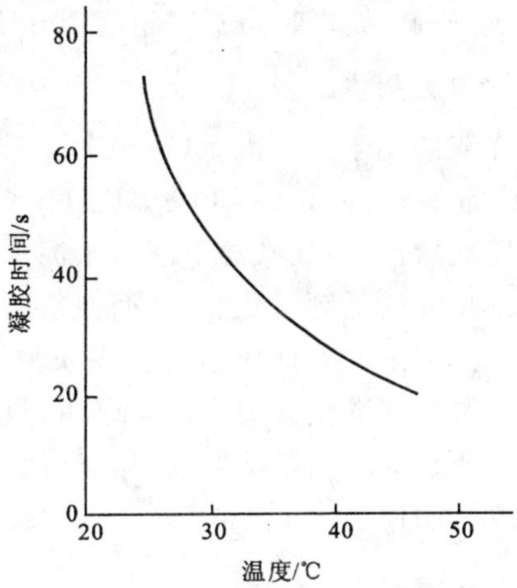

图 15-6　温度对凝胶时间的影响

水灰比 0.75∶1,水玻璃 30°Be′,$C:S=1:1$(体积比);普通硅酸盐水泥

(2)抗压强度。水泥水玻璃浆液结石体的强度一般为 10～20MPa,且早期强度较高,14d 以后强度变化不显著。抗压强度随水灰比、水玻璃浓度的增大而降低;水玻璃与水泥浆体积比(S/C)对抗压强度的影响存在最佳值,一般以 $S/C=0.6\sim0.8$ 时较高。

2. 浆液配制

配制水泥水玻璃浆液时，应分别配制水泥浆和稀释水玻璃。

(1)水玻璃的稀释。

1)水玻璃的有关性能参数。表达水玻璃的化学和物理性质的参数是模数(M)和波美度(Be')。模数(M)是表示其所含二氧化硅(SiO_2)的克分子数与氧化钠(Na_2O)的克分子数的比值。即

$$M=\frac{SiO_2\ 克分子数}{Na_2O\ 克分子数} \tag{15-5}$$

市场上销售的水玻璃，其模数在 1.5～3.5 之间，而灌浆所用的水玻璃浆液的模数宜在 2.4～3.0 之间选择。

波美度(Be')是表示水玻璃浓度的指标。波美度与相对密度之间的关系为

$$d=\frac{145}{145-Be'} \tag{15-6}$$

式中，d 为相对密度；Be'为波美度。

2)水玻璃的稀释。市场所售的水玻璃溶液的浓度为 50～56°Be′，比灌浆所需的浓度大，因此需要加水稀释至 30～45°Be′。稀释所用的加水量按下式计算。

$$V_{水}=\frac{d_{原}-d_{配}}{d_{配}-d_{水}}\cdot V_{原} \tag{15-7}$$

式中：$V_{水}$ 为稀释用水量，L；$d_{原}$ 为水玻璃稀释前的相对密度；$d_{配}$ 为水玻璃稀释后的相对密度；$d_{水}$ 为水的相对密度，取 1；$V_{原}$ 为稀释前水玻璃溶液的体积，L。

(2)使用缓凝剂时，应注意配制顺序，一般应先将缓凝剂溶入水中后加水泥搅拌，搅拌时间不宜少于 5min，放置时间不宜超过 30min。

(三)粉煤灰水泥浆

粉煤灰的化学成分由 SiO_2、Al_2O_3 和 Fe_2O_3 组成，其中 SiO_2 的含量一般为 45%～60%，Al_2O_3 含量一般为 20%～30%，Fe_2O_3 含量为 5%～10%。这些矿物成分本身不具有或只有极低的胶凝特性，但在常温下能与水泥水化析出的部分 $Ca(OH)_2$ 发生反应，生成与水泥水化产物基本相同的低钙水化物，从而使浆液结石的抗溶蚀能力和防渗帷幕的耐久性得到提高，并可减少水泥用量和降低成本。粉煤灰的活性主要与 SiO_2、Al_2O_3 和 Fe_2O_3 的含量有关，而其烧失量主要与含碳量有关。试验表明，只要粉煤灰中的含碳量控制在 8%以下，对水泥的水化硬化就无明显的不利影响。粉煤灰类似于粉土，比水泥要粗一些，所以粉煤灰水泥浆液一般只灌孔隙较大的地层。

二、水泥黏土类浆材

水泥黏土类浆液以水泥和黏土为主剂，必要时加入外加剂来调整性能。该类浆液兼有黏土浆与水泥浆的优点，成本低，流动性好，稳定性高，抗渗能力强。

1. 浆液性能

水泥黏土浆的性能取决于浆液中水泥、黏土和水的加量，一般规律如下。

(1)黏土加量不变时，随浆液水灰比增大，黏度减小，凝胶时间延长，见表 15-4。

(2)浆液水灰比相同时，黏土加量越多，黏度越大，凝胶时间越长，结石率越高，浆液稳定性

表 15－4 水泥黏土浆液有关性能表

水灰比	黏土用量	黏度/s	密度/(t/m³)	凝胶时间		结石率/%	抗压强度			
				初凝	终凝		3d	9d	14d	28d
0.5∶1	5	滴流	1.84	2h2min	5h52min	99	11.85	—	33.2	13.6
0.75∶1	5	40	1.65	7h50min	13h1min	93	4.05	6.96	7.94	7.89
1.5∶1	5	19	1.52	8h30min	14h30min	87	2.41	5.17	4.28	8.12
2∶1	5	16.5	1.37	11h5min	23h50min	66	1.29	3.45	3.24	7.30
0.5∶1	5	15.8	1.28	13h53min	51h52min	57	1.25	2.58	2.58	7.85
0.75∶1	10	不流动	—	2h24min	5h29min	100	—	—	20.3	—
1∶1	10	65	1.68	5h15min	9h38min	99	2.93	6.96	5.12	—
1.5∶1	10	21	1.56	7h24min	14h10min	91	1.68	4.55	2.88	—
2∶1	10	17	1.43	8h12min	20h25min	79	1.56	2.79	3.30	—
0.5∶1	10	16	1.32	9h16min	30h24min	58	1.25	1.58	2.52	—
0.5∶1	15	—	—	—	—	—	—	—	—	—
0.75∶1	15	71	1.70	4h35min	8h50min	99	1.40	2.40	2.95	—
1∶1	15	23	1.62	6h20min	14h13min	95	1.30	1.56	2.18	—
1.5∶1	15	19	1.51	7h45min	24h5min	80	0.85	0.97	1.40	—
2∶1	15	16	1.34	9h50min	29h16min	60	0.73	1.13	2.24	—

注:采用 425 号普通硅酸盐水泥,采用峰峰黏土配成 50%浓度黏土浆使用。

越好,但强度降低,见表 15－4。

(3)浆液的性能可用外加剂进行调整,表 15－5 为水玻璃掺量对其性能的影响。

表 15－5 水玻璃掺量对其性能的影响表

水灰比	黏土质量/水泥质量	水玻璃质量/水泥质量/%	凝胶时间		抗压强度/MPa		
			初凝	终凝	3d	7d	14d
1∶1	50	10	6h30min	26h40min	0.31	0.71	0.85
1∶1	50	15	4h6min	11h52min	0.86	1.47	1.70
1∶1	50	20	3h18min	6h36min	1.55	1.94	2.19
1∶1	50	25	2h55min	5h	1.77	1.97	2.64
1∶1	50	30	1h43min	3h42min	2.04	3.12	3.76

2. **浆液配制**

(1)水泥、黏土及水的用量计算。

根据设计的配比可按下式计算出水泥用量 M_c、黏土用量 M_e 和水用量 M_w。设配比为 $M_c : M_e : M_w = n_c : n_e : n_w$,则

$$M_c = \frac{n_c \rho_w V}{\dfrac{n_c}{d_c} + \dfrac{n_e}{d_e} + n_w} \tag{15-8}$$

$$M_e = \frac{n_e \rho_w V}{\dfrac{n_c}{d_c} + \dfrac{n_e}{d_e} + n_w} \tag{15-9}$$

$$M_w = \frac{n_w \rho_w V}{\frac{n_c}{d_c} + \frac{n_e}{d_e} + n_w} \tag{15-10}$$

式中，M_c、M_w 分别为浆液中水泥、黏土和水的用量，t；n_c、n_e、n_w 分别为浆液中水泥、黏土和水的份数；d_c、d_e 分别为水泥和黏土相对密度，取 $d_c = 3.0$，$d_e = 2.7$；V 为浆液体积，m^3；ρ_w 为水的密度，$\rho_w = 1t/m^3$。

(2)浆液密度计算。浆液密度可由下式计算

$$\rho = \frac{n_c + n_e + n_w}{\frac{n_c}{d_c} + \frac{n_e}{d_e} + n_w} \tag{15-11}$$

三、黏土类浆材

黏土类浆液是以黏土为主剂，外加一定量的固化剂而形成的浆液。该类浆材成本低，来源广，稳定性和可灌性好，应用范围较广。

四、水玻璃类浆材

水玻璃类浆液以水玻璃为主剂，另外加入胶凝剂配制而成。利用水玻璃作为灌浆主剂的地基加固法又称为硅化灌浆或硅化法。该类浆液无毒、价廉、可灌性好，胶凝时间可控性好，占目前使用的化学浆液的90%以上。

胶凝剂的品种很多，可分为盐、酸和有机物等几类，有些胶凝剂与水玻璃的反应速度很快，如氯化钙、磷酸和硫酸铝等，它们和水玻璃必须在不同的灌浆管或不同的时间内分别灌注，故称为双液注浆法；另一些胶凝剂如盐酸、碳酸氢钠和铝酸钠等与水玻璃的反应速度较慢，胶凝剂可与水玻璃混合灌注，称为单液注浆法。常用的几种胶凝剂制成浆液的主要性能见表15-6。

表15-6 常用的几种胶凝剂制成浆液的主要性能表

性能要求＼浆液		水玻璃-氯化钙浆液	水玻璃-铝酸钠浆液	水玻璃-硅氟酸浆液	水玻璃-乙二醛浆液
水玻璃	模量	2.5～3.0	2.3～3.4	2.4～3.4	3.2
	浓度(°Be′)	43～45	40	30～40	42
胶凝剂规格要求		浓度30～32°Be′	浓度28%～30%，含Al为160～190g/L	浓度28%～30%	乙二醛浓度35%，醋酸浓度90%
水玻璃与胶凝剂用量(体积比)		1.0∶1.1	1.0∶1.0	1.0∶(0.1～0.4)	水玻璃1.0，乙二醛0.1～0.2，醋酸0～0.02
黏度/10^{-3}Pa·s		100	5～10		2～4
胶凝时间		瞬时	数分～数十分	数秒～数十分	数秒～数十秒
抗压强度/MPa		<3.0		<1.0	<2.0
注入方式		双液	单液	双液	
用途		地基加固	堵水或地基加固		
备注		注浆效果受操作因素影响较大	改变水玻璃模数、浓度、铝酸钠含量和温度可调节胶凝时间	双液等体积注入，硅氟酸部分加水补充	

五、木质素类浆材

木质素类浆液由纸浆废液与相应的胶凝固化剂和促进剂组成。目前有铬木质素和硫木质素两类。该类浆液具有黏度低、胶凝时间调节范围大、可灌性好、防渗能力强等特点。固化剂一般采用重铬酸钠，促进剂有三氯化铁、硫酸铝、硫酸铜、氯化铜等。

木质素类浆液典型应用配方及性能见表 15-7。

表 15-7　纸浆废液、三氯化铁、重铬酸钠浆液配方及主要性能表

浆液组成		作　用	浓度/%	配方（体积比）	性　能	
					胶凝时间	抗压强度/MPa
甲液	纸浆废液	主　剂	20～40	1.0	几分钟至几十分钟	0.4～1.0
乙液	重铬酸钠	固化剂	100	0.1～0.5		
	三氯化铁	促进剂	100	0.1～0.5		

注：两液等体积注入，重铬酸钠用量不足部分加水；三氯化铁增大会影响强度。

六、丙烯酰胺类浆材

丙烯酰胺类又称“丙凝”，由主剂丙烯酰胺、引发剂、促进剂、阻聚剂等组成。是目前所有灌浆材料中可灌性最好的浆材，其黏度仅为 1.19×10^{-3}Pa·s，与水很接近，能渗入到黏径仅为 0.01mm 或渗透系数仅为 1×10^{-4}cm/s 的地层。

浆液的黏度在凝结前保持不变。浆液的凝结是瞬时完成的，凝结后的几分钟内就能达到极限强度。胶凝时间可通过调节引发剂、促进剂和阻聚剂的用量来控制，可精确地控制在几秒钟到几小时内。胶凝时间随着引发剂或促进剂用量的增加而缩短，随阻聚剂用量的增加而延长。该类浆液凝固后，凝胶本身基本不透水，渗透系数可达 10^{-9}cm/s，且耐久性和稳定性较好，但强度较低，现场实测得到的固结体强度为 0.5～0.7MPa，故一般只适用于防渗工程。其主要缺点为有一定毒性。丙烯酰胺类浆液常用配方见表 15-8。

表 15-8　丙烯酰胺类浆液常用配方表

浆材名称		作　用	常用质量分数/%
甲　液	丙烯酰胺	主　剂	9.5
	$N-N'$甲基双丙烯酰胺	交联剂	0.5
	β-二甲氨基丙腈	促进剂	0.1～0.4
	或三乙醇胺	促进剂	0.1～0.4
	或硫酸亚铁	促进剂	0～0.01
	铁氰化钾	阻聚剂	0～0.01
乙　液		引发剂	0.5

注：表中所列化学材料部分，占全部浆液的 10%，还有其余 90%的水量未列入表内。

七、聚氨酯类浆材

聚氨酯类是以多异氰酸酯和聚醚等为主剂，再加入增塑剂、稀释剂、催化剂、表面活性剂等外加剂配制而成。浆液遇水反应时发泡膨胀，进行二次渗透。这种浆液黏度较低，可灌性好，结石强度高，抗渗性好，耐久性好，具有防渗和加固功能。

浆液制备可分为“一步法”和“二步法”两种方式。“一步法”是指在灌浆时，将主剂的组分和外加剂直接一次混合成浆液。“二步法”又称预聚法，是把主剂先合成为聚氨酯的低聚物(预聚体)，然后把预聚体和外加剂按需要配成浆液。较有效的三种配方及性能指标见表 15-9。

表 15-9　聚氨酯浆液的配方及性能指标表

配方						性能指标				
预聚体类型	材料质量分数/%					游离[NCO]含量/%	相对密度	黏度/Pa·s	固结体	
	预聚体	二丁酯(增塑剂)	丙酮(稀释剂)	硅油(表面活性剂)	三乙醇胺(催化剂)				抗压强度/MPa	弹性模量/MPa
PT-10	100	10～30	10～30	0.5～0.75	0.5～2	21.2	1.12	2×10^{-2}	16	455
TT-1/TM-1	100	10	10	0.5～0.75	—	18.1	1.14	1.6×10^{-1}	10	287
TT-1/TP-2	100	10	10	0.5～0.75	—	18.3	1.15	1.7×10^{-1}	10	296

八、环氧树脂类浆材

环氧树脂浆液由环氧树脂和固化剂组成。按工程需要可加入稀释剂、增塑剂和其他外加剂。环氧树脂浆液具有黏结力强、结石强度高、室温下固化及化学稳定性好等特点。其缺点主要是黏度偏大，固化时间长。表 15-10 为常用的环氧树脂浆液配方表。

表 15-10　常用的环氧树脂浆液配方表

作用	主剂	固化剂	稀释剂		增塑剂	促进剂		抗压强度/MPa	黏结强度/MPa
材料名称	环氧树脂6010号	乙二胺	丙酮	糖醛	聚酰胺树脂651号	苯酚	DHP-30	47～55	1.8～2.1
配方(质量比)	100	15.3	25～55	25～55	10	20			

第三节　灌浆理论

一、渗透灌浆

渗透灌浆是指在压力作用下使浆液充填土的孔隙和岩石的裂隙，排挤出孔隙中存在的自由水和气体，而基本上不改变原状土的结构和体积，所用灌浆压力相对较小。这类灌浆一般只适用于中砂以上的砂性土和有裂隙的岩石。代表性的渗透灌浆理论有：球形扩散理论、柱形扩散理论和袖套管法理论。

(一)球形扩散理论

Maag(1938)的简化计算模式(图 15-7)假定是:①被灌砂土为均质的和各向同性的;②浆液为牛顿体;③浆液从注浆管底端注入地基土内;④浆液在地层中呈球状扩散。

根据达西定律

$$Q = k_g iAt = 4\pi r^2 k_g(-\mathrm{d}h/\mathrm{d}r)$$

$$\mathrm{d}h = \frac{-Q\beta}{4\pi r^2 akt}\cdot \mathrm{d}r$$

积分后,得

$$h = \frac{Q\beta}{4\pi kt}\cdot\frac{1}{r}+c$$

当 $r=r_0$ 时,$h=H$;$r=r_1$ 时,$h=h_0$,代入上式,得

$$H-h_0 = \frac{Q\beta}{4\pi kt}\left(\frac{1}{r_0}-\frac{1}{r_1}\right)$$

已知:$Q=4\pi r_1^3 n/3$,$h_1=H-h_0$,代入上式,得

$$h_1=\frac{r_1^3\beta\left(\frac{1}{r_0}-\frac{1}{r_1}\right)n}{3kt}$$

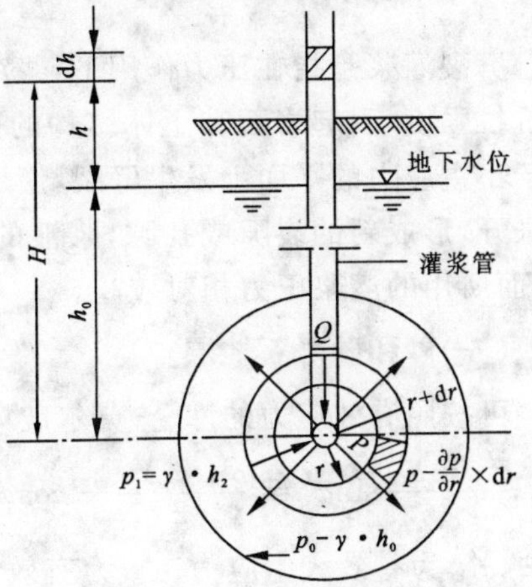

图 15-7　注浆管底端注浆球形扩散

由于 r_1 比 r_0 大得多,故考虑 $\frac{1}{r_0}-\frac{1}{r_1}\approx\frac{1}{r_0}$,则

$$h_1=\frac{r_1^3\beta n}{3ktr_0}$$

$$\therefore t=\frac{r_1^3\beta n}{3kh_1 r_0} \tag{15-12}$$

或

$$r_1=\sqrt[3]{\frac{3kh_1 r_0}{\beta n}} \tag{15-13}$$

式中,k 为砂土的渗透系数,cm/s;Q 为注浆量,$\mathrm{cm^3}$;k_g 为浆液在地层中的渗透系数,cm/s,$k_g=k/\beta$;β 为浆液黏度对水的黏度比;A 为渗透面积,$\mathrm{cm^2}$;r、r_1 为浆液的扩散半径,cm;h、h_1 为灌浆压力,厘米水头;h_0 为注浆点以上的地下水头,水头厘米;H 为地下水压力和灌浆压力之和,cm;r_0 为灌浆管半径,cm;t 为灌浆时间,s;n 为砂土的孔隙率。

(二)柱状扩散理论

图 15-8 为浆液柱状扩散理论的模型。当牛顿流体为柱状扩散时,有

$$t=\frac{n\beta r_1^2\ln\frac{r_1}{r_0}}{2kh_1} \tag{15-14}$$

$$r_1=\sqrt{\frac{2kh_1 t}{n\beta\ln\frac{r_1}{r_0}}} \tag{15-15}$$

(三)袖套管法理论

假定浆液在砂砾石中作紊流运动,则其扩散半径 r_1 为

$$r_1 = 2\sqrt{\frac{t}{n}\sqrt{\frac{k\upsilon h_1 r_0}{d_e}}} \tag{15-16}$$

式中，d_e 为被灌土体的有效粒径；υ 为浆液的运动黏滞系数；其余符号同前。

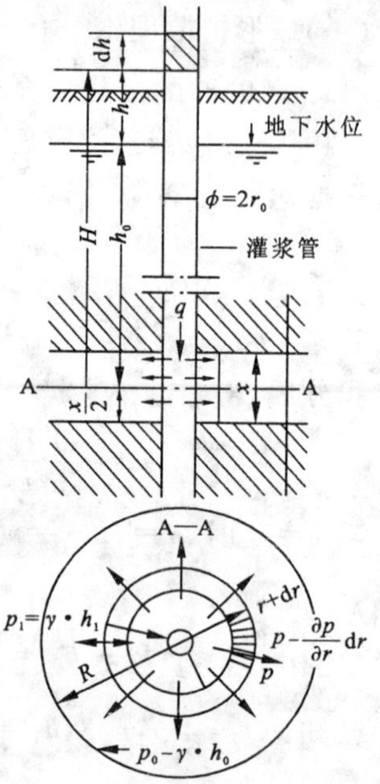

图 15-8　浆液柱状扩散

二、劈裂灌浆

劈裂灌浆是指在压力作用下，浆液克服地层的初始应力和抗拉强度，引起岩石和土体结构的破坏和扰动，使其沿垂直于小主应力的平面上发生劈裂，使地层中原有的裂隙或孔隙张开，形成新的裂隙或孔隙，浆液的可灌性和扩散距离增大，而所用的灌浆压力相对较高。

(一)砂和砂砾石地层

可按照有效应力的库仑-莫尔破坏标准进行计算。

$$\frac{\sigma'_1+\sigma'_3}{2}\sin\varphi' = \frac{\sigma'_1-\sigma'_3}{2} - \cos\varphi' \cdot c' \tag{15-17}$$

式中，σ'_1 为有效大主应力；σ'_3 为有效小主应力；φ' 为有效内摩擦角；c' 为有效黏聚力。

由于灌浆压力的作用，使砂砾石土的有效应力减小。当灌浆压力 p_e 达到下式时，就会导致地层的破坏，即

$$p_e = \frac{(\gamma h-\gamma_w h_w)(1+K)}{2} - \frac{(\gamma h-\gamma_w h_w)(1-K)}{2\sin\varphi'} + c'\cot\varphi' \tag{15-18}$$

式中，γ 为砂或砂砾石的重度；γ_w 为水的重度；h 为灌浆段深度；h_w 为地下水位高度；K 为主应力比。

图 15-9 为上述公式所代表的破坏机理，从图中可见，随着孔隙水压力的增加，有效应力就逐渐减小而至与破坏包线相切，此时表明砂砾土已开始劈裂。

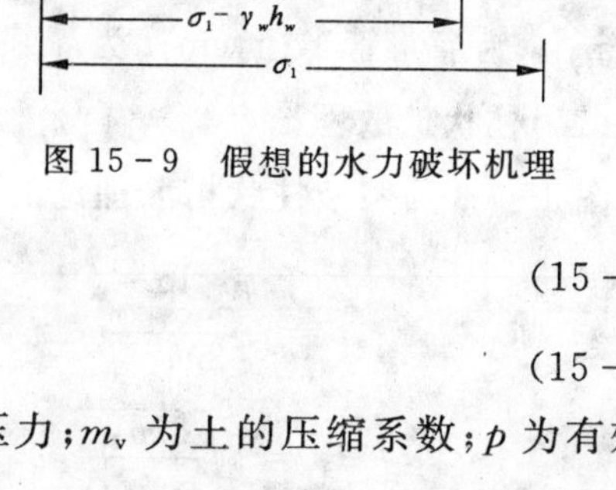

图 15-9　假想的水力破坏机理

(二)黏性土地层

在黏性土地层中，水力劈裂将引起土体固结及挤出等现象。在只有固结作用的条件时，可用下式计算注入浆液的体积 V 及单位土体所需的浆液量 Q。

$$V = \int_0^a (p_0-u)m_v 4\pi r^2 \mathrm{d}r \tag{15-19}$$

$$Q = pm_v \tag{15-20}$$

式中，a 为浆液的扩散半径；p_0 为灌浆压力；u 为孔隙水压力；m_v 为土的压缩系数；p 为有效灌浆力。

当存在多种劈裂现象的条件时，可用下式确定土层被固结的程度 C，即

$$C = \frac{(1-V)(n_0-n_1)}{(1-n_0)} \times 100\% \tag{15-21}$$

式中，V 为灌入土中的水泥结石总体积所占比率；n_0 为土的天然孔隙率；n_1 为灌浆后土的孔隙率。

三、压密灌浆

压密灌浆是指通过钻孔在土中灌入极浓的浆液，在注浆点使土体压密，在注浆管端部附近形成“浆泡”，如图 15-10 所示。

当浆泡的直径较小时，灌浆压力基本上沿钻孔的径向扩展。随着浆泡尺寸的逐渐增大，便产生较大的上抬力而使地面抬动。

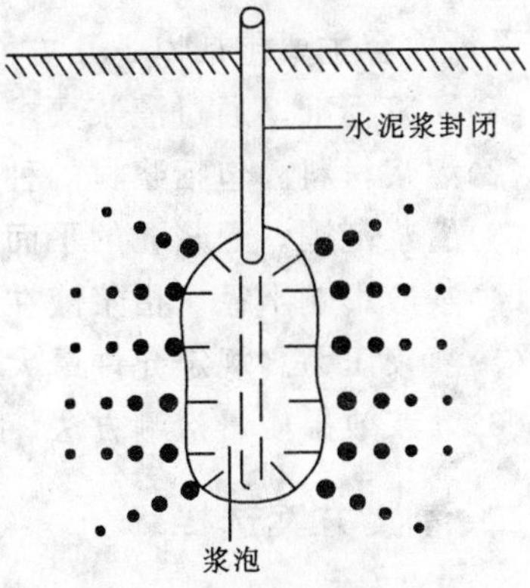

图 15-10 压密灌浆原理示意图

经研究证明，向外扩张的浆泡将在土体中引起复杂的径向和切向应力体系。紧靠浆泡处的土体将遭受严重破坏和剪切，并形成塑性变形区，在此区内土体的密度可能因扰动而减小；离浆泡较远的土则基本上发生弹性变形，因而土的密度有明显的增加。

浆泡的形状一般为球形或圆柱形。在均匀土中的浆泡形状相对规则，而在非均质土中则很不规则。浆泡的最后尺寸取决于很多因素，如土的密度、湿度、力学性质、地表约束条件、灌浆压力和注浆速率等。有时浆泡的横截面直径可达 1m 或更大。实践证明，离浆泡界面 0.3～2.0m 内的土体都能受到明显的加密。

压密灌浆常用于中砂地基，黏土地基中若有适宜的排水条件也可采用。如遇排水困难而可能在土体中引起高孔隙水压力时，这就必须采用很低的注浆速率。压密灌浆可用于非饱和的土体，以调整不均匀沉降进行托换技术。

四、电动化学灌浆

如地基土的渗透系数 $k<10^{-4}$ cm/s，只靠一般静压力难以使浆液注入土的孔隙，此时需用电渗的作用使浆液进入土中。

电动化学灌浆是指在施工时将带孔的注浆管作为阳极，用滤水管作为阴极，将溶液由阳极压入土中，并通以直流电（两电极间电压梯度一般采用 0.3～1.0V/cm），在电渗作用下，孔隙水由阳极流向阴极，促使通电区域中土的含水量降低，并形成渗浆通路，化学浆液也随之流入土的孔隙中，并在土中硬结。因而电动化学灌浆是在电渗排水和灌浆法的基础上发展起来的一种加固方法。但由于电渗排水作用，可能会引起邻近既有建筑物基础的附加下沉，这一情况应予慎重注意。

第四节 灌浆设计与计算

1. 设计程序

进行灌浆设计时，应遵循以下程序。

(1)了解地质条件。查明场地的工程地质条件和水文地质条件。

(2)方案选择。根据地质条件、工程的性质及灌浆目的，初步选定灌浆方案。

(3)灌浆试验。包括室内试验和现场灌浆试验。寻求最佳灌注方法和最优灌浆参数。

(4)设计和计算。确定各项灌浆参数和技术措施。

(5)调整和修改设计。在施工过程中,根据所出现的具体情况,对原设计进行必要的调整和修改。

2. 设计内容

设计内容主要包括以下几方面。

(1)灌浆标准。通过灌浆要求达到的效果和质量指标。

(2)灌浆材料。包括浆材的种类、配方及制备工艺。

(3)灌浆范围。灌浆孔的平面图(孔距、排距、孔数、排数)及灌浆深度。

(4)浆液影响半径。指浆液在设计压力下所能达到的有效扩散距离。

(5)灌浆压力。规定允许最大灌浆压力。

(6)灌浆效果质量检测方法、手段及设备,评价结论。

二、灌浆方案选择

灌浆方案应根据地层条件、灌浆目的和工程性质等进行综合考虑,一般主要考虑灌浆材料和灌浆方法的选择。

灌浆材料的选择(表 15-11)一般应遵循以下原则。

表 15-11 不同灌浆对象所适用的灌浆方法和灌浆材料参考表

编号	灌浆对象	适用的灌浆原理	适用的灌浆方法	常用灌浆材料	
				防渗灌浆	加固灌浆
1	卵砾石	渗入性灌浆	套阀管法最好,也可用自上而下分段钻灌法	黏土水泥浆或粉煤灰水泥浆	水泥浆或硅粉水泥浆
2	砂及粉细砂	渗入性或劈裂灌浆		酸性水玻璃、丙凝、单宁水泥系浆材	酸性水玻璃、单宁水泥浆或硅粉水泥浆
3	黏性土	渗入性灌浆、压密灌浆		水泥黏土浆或粉煤灰水泥浆	水泥浆、硅粉水泥浆、水玻璃水泥浆
4	岩层	渗入性或劈裂灌浆	小口径孔口封闭自上而下分段钻灌法	水泥浆或粉煤灰水泥浆	水泥浆或硅粉水泥浆
5	断层破碎带	渗入性或劈裂灌浆		水泥浆或先灌水泥浆后灌化学浆	水泥浆或先灌水泥浆后灌改性环氧树脂或聚丙酯
6	混凝土内微裂缝	渗入性灌浆		改性环氧树脂或聚氨酯浆材	改性环氧树脂浆材
7	动水封堵	采用水泥水玻璃等快凝材料,必要时在浆液中掺入砂等粗料,在流速特大的情况下,尚可采取特殊措施,例如在水中预填石块或级配砂石后再灌浆			

(1)对加固灌浆,一般宜采用以水泥为基本材料的水泥浆、水泥水玻璃浆液或采用环氧树脂、聚氨酯等。

(2)对防渗灌浆,可用黏土水泥浆、黏土水玻璃浆、水泥粉煤灰混合物、丙凝以及以无机试剂为固化剂的水玻璃浆液等。

(3)对孔隙较大的砂砾层或裂隙性岩层，一般用渗入性灌浆，在砂层中灌粒状浆液宜用劈裂灌浆，在黏土层中用劈裂灌浆或电动硅化法。矫正不均匀沉降时只用压密灌浆法。

三、灌浆标准

(一)防渗灌浆的标准

在砂或砂砾石层中，比较重要的工程，一般要求把地基渗透系数降至 $10^{-4}\sim10^{-5}$ cm/s 以下；对临时性工程或允许出现较大渗漏量而不致发生渗透破坏的地层，也可采用 10^{-3} cm/s。

(二)固结灌浆的标准

由于灌浆目的不同，不同的工程只能根据自己的特点规定强度和变形要求，并通过现场灌浆试验确定相应的浆材配比及工艺。

四、浆液的扩散半径

由于地层条件往往复杂多变，浆液的扩散半径一般通过现场试验来确定。现场灌浆试验常采用三角形或矩形布孔，见图 15-11。灌浆实验结束后，可通过钻孔压水或注水，求灌浆 β_0 体的渗透系数或钻孔取样，检查孔隙充浆情况来评价浆液的扩散半径。

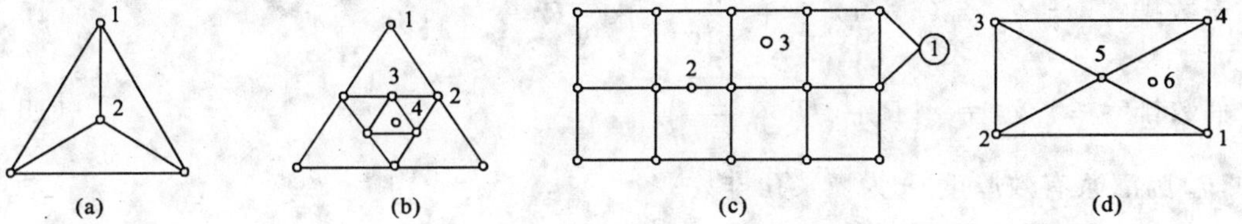

图 15-11　灌浆试验

(a)1—灌浆孔；2—检查孔；(b)1—Ⅰ序孔；2—Ⅱ序孔；3—Ⅲ序孔；4—检查孔；(c)1—灌浆孔；2—试井；3—检查孔；(d)1—4：第Ⅰ次序孔；5—第Ⅱ次序孔；6—检查孔

在初步估算扩散半径时，可参照表 15-12。

表 15-12　浆液扩散半径计算方法表

地　层	公　式		符　号
砂　层	1	$R=\sqrt[3]{\frac{3kh_1r_0t}{\beta n}}$	R 为浆液扩散半径，cm；k 为地层渗透系数，cm/s；h 为以厘米水柱表示的灌浆压力，用 Pa 表示时，为 100Pa；r 为灌浆管半径，cm；t 为灌浆延续时间，s；β、β_0 分别为浆液相对黏度和有效充填系数；n 为砂土孔隙率，$n=0.3\sim0.4$；c 为单位长孔段内灌入的浆量，kg；ρ 为浆液密度，kg/cm³
砂砾石层	2	$R=\sqrt{\frac{t}{n}\cdot\sqrt{\frac{kr_0h_1r}{d_0}}}$	
	3	$R=5.65\sqrt{\frac{c}{\beta_0 n\rho}}$	
砾石层	4	$R=1.54\sqrt{\frac{kh_1rt}{\beta\beta_0 n}}$	
均质裂隙岩石	5	$R=\sqrt{\frac{2kt\sqrt{h_1r}}{\beta n}}$	

五、孔位布置

灌浆孔位的布置是根据浆液的扩散半径，在保证固结体彼此搭接的条件下，使钻孔和灌浆总费用最低。

（一）单排孔的布置

假定浆液扩散半径 R 已知，浆液呈圆柱状扩散，灌浆有效厚度为 b，孔距为 L，见图 15－12，则

$$b = 2\sqrt{R^2 - L^2/4}$$

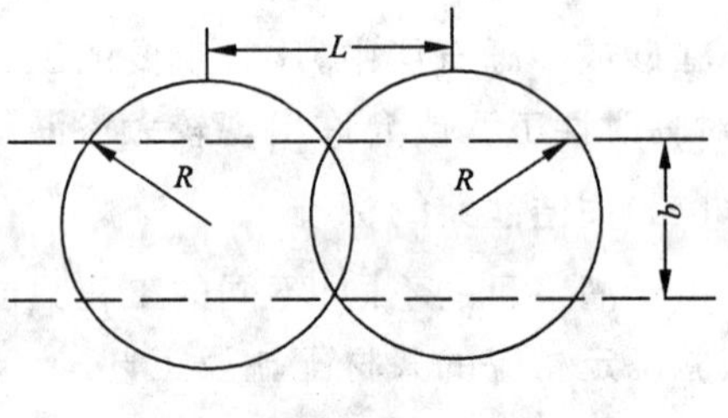

图 15－12　单排孔布置

为达到同样的厚度 b，可同时加大或减小 R 和 L 值，L 值增大，可减小钻孔数量，节省钻孔费用，但同时加大 R 值，将延长灌浆时间，增大灌浆费用。据有关资料，当孔距为扩散半径的$\sqrt{2}$倍时，灌浆帷幕的连续性和密实性才能得到保证。固结灌浆的孔距一般取 0.8～1.5m。

（二）多排孔布置

若单排孔厚度不能满足要求时，可布置成多排孔，其有效厚度 b_m 可用下式计算。

奇数排 $$b_m = (n-1)\left[R + \left(\frac{n+1}{n-1}\right)\cdot\sqrt{R^2 - \frac{L^2}{4}}\right] \tag{15-22}$$

偶数排 $$b_m = n\left(R + \sqrt{R^2 - \frac{L^2}{4}}\right) \tag{15-23}$$

式中，b_m 为灌浆有效厚度；n 为灌浆孔排数。

最优排距 S，可由下式计算

$$S = R + b/2 \tag{15-24}$$

式中，S 为灌浆孔排距。

六、灌浆压力

灌浆压力是指不会使地面产生变化和邻近建筑物受到影响的条件下可能采用的最大压力。渗入性灌浆以不破坏地层的天然结构为控制原则，存在一个灌浆允许压力。在此压力下，地层不会发生变形和抬动。灌浆时实际采用的压力应根据实际情况确定，达到设计的扩散半径即可。一般情况下，当吸浆量小时，可采用较快速率的升压法，尽快达到规定的灌浆压力；当吸浆量较大时，则可缓慢地升高灌浆压力。

灌浆过程中，灌浆压力的控制通常可分为一次升压法和分级升压法两种方式。当地质条件允许时，可优先采用一次升压法，在灌浆开始时，将压力尽快地升高到规定的压力，但应注意对吸浆量有一定限制。若在规定的压力下，吸浆量超过了限制值，则需采用分级升压法，就是以吸浆量为主要控制条件，将压力分为 2～3 级，逐级升高到规定的压力。压力施加方法为：先使用最低一级的压力进行灌浆，当吸浆量减少到一定限度（称为下限）例如 30L/min，则将压力升高一级，此时吸浆量将会增加；当吸浆量又减少到 30L/min 时，再将压力升高一级，直到规定的压力。

灌浆压力值受很多因素的影响，与地层土的密度、强度和初始应力、钻孔深度、位置及灌浆

次序等有关，应通过现场试验来确定。进行现场试验时，一般是逐步提高压力，得到注浆量与注浆压力关系曲线，该曲线的拐点所对应的压力即为允许灌浆压力。有些工程以试验所得的允许压力的80%为灌浆压力。

当缺乏试验资料或进行现场试验前预定一个压力时，也可按经验数值或理论公式预估一个压力值，然后根据试验或工程实际来调整。

1. 地面无超载的情况下按下式计算

$$P_e = P_0 + mH \tag{15-25}$$

式中，P_e 为允许灌浆压力，kPa；P_0 为地面段允许灌浆压力，kPa，查表15-13可得；m 为灌浆段每加深1m允许增加的压力值，kPa/m，查表15-13可得；H 为灌浆段深度，m。

2. 地面有超载时，有

$$P_L = P_e + K\gamma h \tag{15-26}$$

式中，P_L 为有超载时的允许灌浆压力，kPa；K 为系数，一般取 $K=1\sim3$；γ 为超载的重度，kN/m^3；h 为超载的厚度，m。

表15-13　P_0 和 m 选定表

分类	岩　性	P_0/kPa	m_1/(kPa/m)		m_2		
			灌浆方法		灌浆次序		
			自上而下	自下而上	Ⅰ	Ⅱ	Ⅲ
Ⅰ	裂隙很少、面细、结构致密	15～300	200	100～120	1	1～1.25	1～1.5
Ⅱ	略受风化的裂隙岩石，无大裂隙，但其中有层理的沉积岩	5～150	100	50～60	1	1～1.25	1～1.5
Ⅲ	严重风化裂隙岩石，有水平或接近水平层理的沉积岩	25～50	50	25～30	1	1～1.25	1～1.5
Ⅳ	砂砾层		80	60	1	1.25	1.5

注：$m = m_1 \times m_2$。

3. 砂砾层灌浆时，按以下两式之一计算

$$P = m_2(0.75T + m_1\lambda H) \tag{15-27}$$

或

$$P = K\gamma_1 T + m\lambda H \tag{15-28}$$

式中，T 为地基覆盖层厚度；λ 为与地基土层性质有关的系数，一般情况 $\lambda=0.5\sim1.5$，结构松散，渗透性强的地层取下限，反之取上限；γ_1 为覆盖层的重度，kN/m^3。

压密灌浆的灌浆压力应控制在最大允许压力下并根据浆液的稠度控制在1～7MPa范围内，坍落度较小时，可取高压；对于水泥-水玻璃双液快凝浆液，注浆压力应小于1MPa。

劈裂灌浆很难依靠控制压力来控制劈裂。灌浆时，将给定数量的浆液强行挤入土体，并记录压力的变化，以判断劈裂灌浆的进行情况。

七、灌浆量

浆液占据的体积为地层孔隙或裂隙的体积，但在实际灌浆过程中，浆液不可能完全充满全

部，所以在计算灌浆量时，应乘上一个折减系数，并考虑浆液的损耗。灌浆量计算公式为

$$Q = KVn \times 1\,000 \times (1+\beta) \tag{15-29}$$

式中，Q 为浆液总用量，L；V 为灌浆加固区的总体积，m^3；n 为土的孔隙率；K 为孔隙充填系数，应通过现场试验确定。在无试验资料时，可按表 15－14 取值；β 为浆液损耗系数，可在 5%～15%之间取值。

表 15－14　孔隙充填系数取值参考表

软土、黏性土、细砂	中砂、粗砂	砾砂	湿陷性黄土
0.3～0.5	0.5～0.7	0.7～1.0	0.5～0.8

第五节　灌浆施工

一、灌浆施工方法分类

(一)按注浆管设置方法分类

1. 钻孔法

该方法适用地层较广，可根据具体地层条件调整工艺参数，保证孔壁稳定。具有对地基土扰动小和可使用填塞器等优点。

2. 打、压入法

在注浆管顶端安装柱塞，将注浆管或有效注浆管用打桩机、电动落锤或液压式压桩机打入地层。用水玻璃加固地基土进行灌浆时常用这种方法。

3. 喷注法

在比较均质的砂层或注浆管打入困难的地方可采用该方法。此法对地基扰动较大。

(二)按浆液混合方式分类

1. 一种溶液一个系统方式

将所有注浆材料混合放进同一箱子中，再进行注浆，这种方式适用于凝胶时间较长的情况。

2. 两种溶液一个系统方式

将 A 溶液和 B 溶液预先分别装在各自准备的不同箱子中，分别用泵输送到注浆管的头部使两种溶液混合。也可使 A 溶液和 B 溶液在送往泵中前混合，再用一台泵灌注。

3. 两种溶液两个系统方式

将 A 溶液和 B 溶液分别放在不同的箱子中，用不同的泵输送，在注浆管(并列管、双层管)顶端流出的瞬间，两种溶液混合注浆。这种方式适用于凝胶时间是瞬间的情况。

(三)按注浆方法分类

1. 钻杆注浆法

钻杆注浆法是把注浆用的钻杆,钻进到设计深度后,将注浆材料通过钻杆内管送入地层中的一种方法。注浆材料在进入钻孔前,先将A、B两液混合,随着化学反应的进行,黏度逐渐升高,并在地基内胶结。

该方法容易操作,施工费用较低,但浆液易沿钻杆和钻孔的间隙往地表喷浆。

2. 单管注浆法

单管注浆法是把过滤管(花管)置入钻孔中,并以砂充填,管与地层的间隙(从地表到注浆位置)用填充物封闭,使浆液不溢出地表。注浆时,一般从上往下依次进行。每注完一段,用水将管内的砂冲洗出来后,重复上述操作。

3. 双层管双栓塞注浆法

该法是沿着注浆管轴将注浆限定在一定范围内的一种方法。注浆时,在注浆管中有两处设有两个栓塞,使注浆材料从栓塞中间向管外渗出。目前,有代表性的方法主要是Manchette套阀管法。

4. 双层管钻杆注浆法

双层管钻杆注浆法是将A、B两液分别送到钻杆的端头,浆液在端头所安装的喷枪里或从喷枪中喷出之后就混合而注入地基。

这种方法的注浆设备及其施工原理与钻杆注浆法基本相同,不同的是双层管钻杆法的钻杆在注浆时为旋转注浆,同时在端头增加了喷枪。注浆顺序等也与钻杆法注浆相同,但段长较短,注浆密实。

二、注浆次序

灌浆施工应遵循的主要原则是将灌浆孔有序地逐渐加密,使浆液限制在灌注范围以内。

施工次序有两种方法,即逐渐加密法则和分段灌浆法则。

1. 逐渐加密法则

逐渐加密法则是指按计划好的灌浆孔网格布置图分序逐渐加密灌浆的法则。

灌浆孔可根据需要分为若干序,对于帷幕灌浆,第Ⅰ序的孔距应等于最终孔距的 $2n$ 倍(n 为加密次数)。

帷幕灌浆通常有单排孔、双排孔或三排孔。双排孔时,若地层内有地下水活动或在水头压力情况下,宜先灌下游排。如三排孔,则先灌下游排,再灌上游排,最后灌中游排。单排孔施工次序见图15-13。

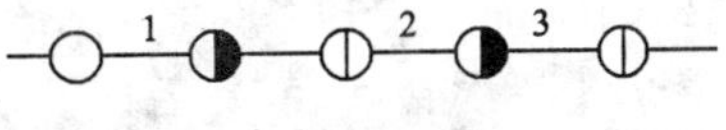

图15-13 单排孔施工次序图

1—第Ⅰ次序孔;2—第Ⅱ次序孔;3—第Ⅲ次序孔

固结灌浆常布置呈梅花形和方格形。梅花形布孔的施工工序为:首先灌奇数排的奇数孔,再灌奇数排的偶数孔,第Ⅲ次序为偶数排的奇数孔,第Ⅳ次序为偶数排的偶数孔。见图15-14。这样安排,第Ⅲ次序孔就已为第Ⅰ、Ⅱ次序孔所包围,而在灌第Ⅳ次孔时,其四周不仅都为已灌孔,而且包围得更紧密了,更有利于第Ⅳ次序孔的挤密压实,并可用它来检查灌浆质量和灌浆效果。这种布孔型式的缺点是,若需补加钻孔时,则无合适的位置布孔。

方格形布孔最理想的施工次序为首先灌奇数排的奇数孔，再灌偶数排的偶数孔，第Ⅲ次序为奇数排的偶数孔，第Ⅳ次序为偶数排的奇数孔。见图 15-15。这样安排具有如前所述相同的优点，自第Ⅱ次序孔起，每一次序孔即为前次序孔所包围。这种布孔形式的优点在于依照设计布孔完成灌浆任务后，若发现哪一地段尚未达到预期的要求时，可以在该地段四个灌浆孔的中心再补加一个次序的灌浆孔，如仍不合格，还可补加，直至达到要求时止。

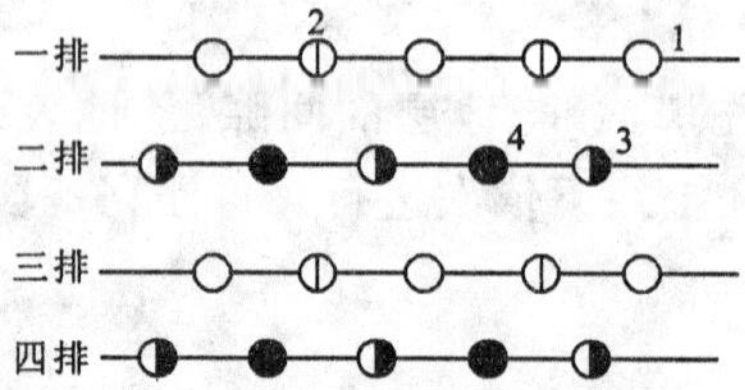

图 15-14　梅花形和六角形布孔施工次序图

1—第Ⅰ次序孔，奇数排的奇数孔；2—第Ⅱ次序孔，奇数排的偶数孔；3—第Ⅲ次序孔，偶数排的奇数孔；4—第Ⅳ次序孔，偶数排的偶数孔

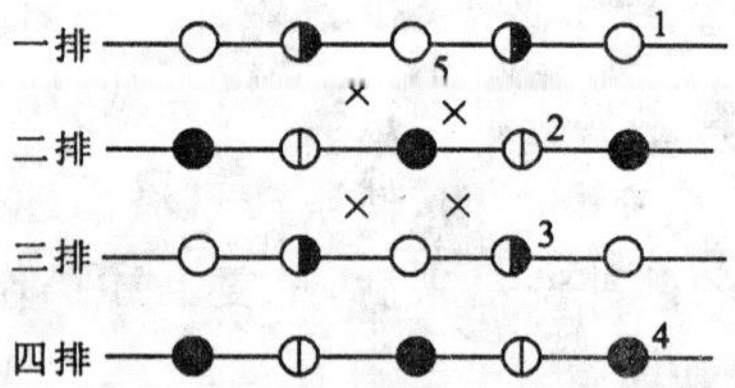

图 15-15　方格形布孔施工次序图

1—第Ⅰ次序孔，奇数排的奇数孔；2—第Ⅱ次序孔，偶数排的偶数孔；3—第Ⅲ次序孔，奇数排的偶数孔；4—第Ⅳ次序孔，偶数排的奇数孔；5—补加钻孔的位置

2. 分段灌浆法

岩石基础中的帷幕灌浆孔，一般都比较深，在一般地质条件下，帷幕灌浆孔段大都控制在5～6m。岩石坚硬完整、渗透性小的地区，段长可略长些，但不宜超过 8m。在岩石破碎、裂隙发育、渗漏量大的地区，段长应适当缩短至 3～4m。

固结灌浆孔，在深度小于 6m 时，可一次灌注，深度大于 6m 时，也应分段灌浆。

岩层中的分段灌浆法主要有四种。

(1)自上而下分段灌浆法，见图 15-16(a)。

从孔口开始，钻一段灌一段，止浆塞置于受灌段的顶端。

其主要优点是对地层的适应能力强；其次是由于上部已经过灌浆，耐压能力得到提高，以下各段可采用较高的灌浆压力。其缺点是钻孔工作和灌浆工作交叉进行、相互干扰、影响工效。

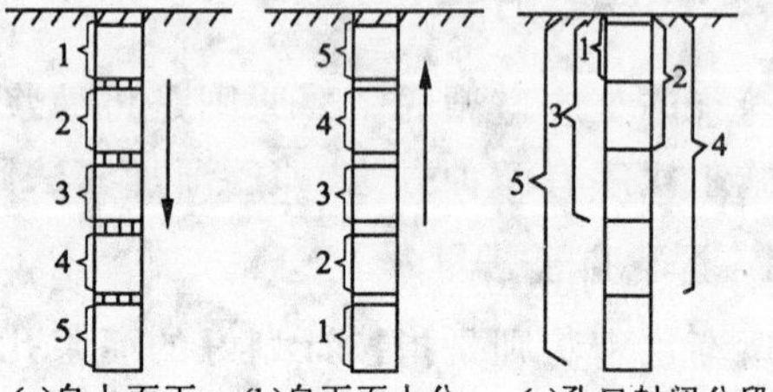

(a)自上而下分段灌浆　(b)自下而上分段灌浆　(c)孔口封闭分段全断面灌浆

图 15-16　分段灌浆方法

(2)自下而上分段灌浆法，见图 15-16(b)。

灌浆孔一次钻到底，然后由孔底向上分段灌浆。灌浆时止浆塞放在受灌段顶。其优点是钻孔和灌浆可分开进行，互不干扰，工效高。缺点是在裂隙发育的地层中，容易造成串浆；对岩石质量不好的地层，孔壁容易坍塌掉块。

(3)综合分段灌浆法。

该法是将自上而下与自下而上两种方法结合起来的一种施工方法，适合于在深的帷幕孔中进行灌浆时采用。它将钻孔全深分成几个灌浆段，从全孔的灌浆看，表现为自上而下；从每个综合段看，又表现为自下而上灌。

(4)孔口封闭分段全断面灌浆法,见图 15-16(c)。

自上而下钻一段灌浆,灌浆时,止浆塞均安置于孔口,全孔充浆,除对最下面一段新的灌浆段灌浆外,已灌过的上部各段也同时受到重复灌浆。其优点是省去了在灌浆孔内安放止浆塞的工序,而把止浆塞固定放在孔口。施工简单,施工进度快,对已灌各段可重复灌浆。其缺点是由于止浆塞距离孔口自由临空面过近,灌浆压力的提高受到一定限制,且容易冒浆。

三、灌浆施工设备

灌浆施工设备主要包括以下内容。

(1)钻机。钻机选择应考虑施工灌浆孔的工程地质条件、最大灌浆深度、现场环境及施工方法等因素。可选用一般的地质勘察钻机。

(2)灌浆泵。

(3)浆液搅拌机。目前常用的搅拌机有立式与卧式两种。立式搅拌机适用于浆液供给强度不大的工程。卧式搅拌机中最常用的有 $2m^3$ 和 $4m^3$ 两种规格。

(4)专用器具。包括止浆塞、孔口封闭器和输浆管材等。

1)止浆塞。目前常见的几种止浆塞见图 15-17 和图 15-18。

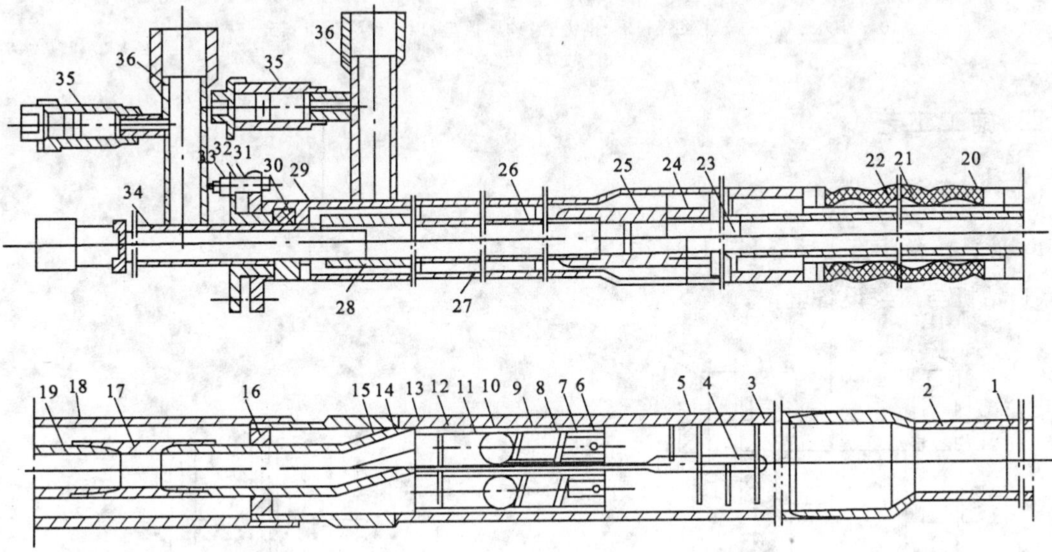

图 15-17　孔内双管止浆塞

1—尾管;2—变径接头;3—混合器;4—混合片芯;5—混合片;6—弹簧座;7—销钉;8—弹簧;9—球罩;10—37mm 钢球;11—球座;12—隔板;13—连接板;14—立体接头;15—弯管;16—支撑铁块;17—57mm 接头;18—托盘管;19—内管;20—铁丝圈;21—芯管;22—胶塞;23—下挡接头;24—下挡;25—上挡;26—内管;27—外管接头;28—内管接头;29—孔口外三通;30—盘根;31—螺钉;32—压盖;33—垫圈;34—孔口内三通;35—压力表缓冲器;36—活接头

2)孔口封闭器。采用全孔一次灌浆或用无塞孔口封闭式分段灌浆时,孔口设置封闭器可以防止浆液从孔口返出。封闭器的结构见图 15-19,胶球尺寸可根据注浆管外径选定。

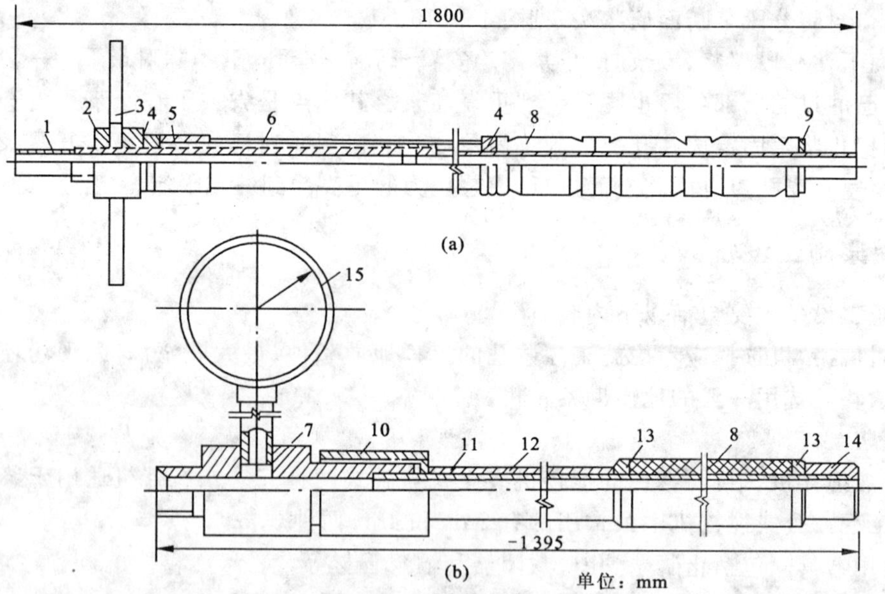

图 15-18 小型双管止浆塞

1—丝杆；2—圆形螺母；3—手柄；4—垫圈；5—接头；6—外管；7—管接头；8—胶塞；9—托盘；10—推力螺母；11—注浆管；12—推力管；13—挡盘；14—顶头螺母；15—刻度盘

四、施工工艺

(一)单管注浆

1. 单管注浆法施工步骤(图 15-20)

(1)钻机与灌浆设备就位；

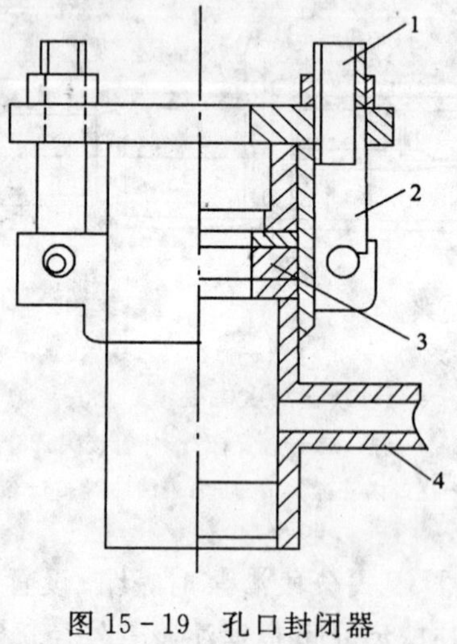

图 15-19 孔口封闭器

1—螺帽；2—螺杆；3—胶球；4—回浆管

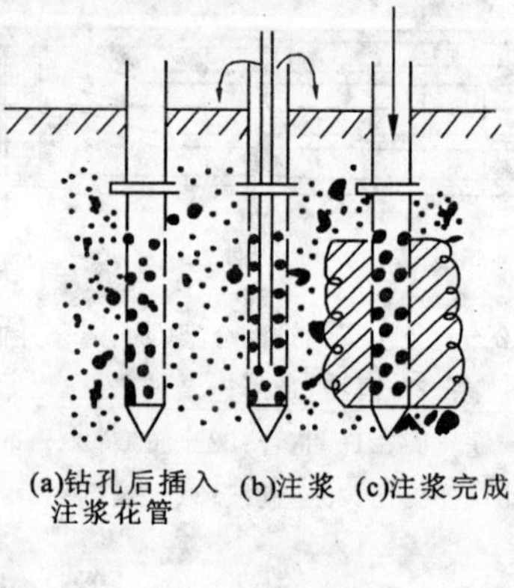

图 15-20 单管灌浆法

(2)钻孔；

(3)插入注浆花管进行注浆；

(4)注浆完毕后，用清水冲洗花管中的残留浆液。

2. **施工要点**

(1)注浆孔的孔径一般为70～110mm，垂直偏差应小于1%，注浆孔有设计角度时应预先调节钻杆角度。

(2)注浆的流量一般为7～10L/s，对充填型灌浆，流量可适当加快，但也不宜大于20L/s。

(3)注浆用水应是可饮用的河水、井水及其他清洁水，不宜采用pH值小于4的酸性水和工业废水。

(4)浆体必须经过高速搅拌机搅拌均匀后，才能开始压注，并应在注浆过程中不停顿地缓慢搅拌，浆体在泵送前应经过筛网过滤。

(二)Manchette套阀管法

Manchette管是一种只能向管外出浆，不能向管内返浆的单向闭合装置。见图15-21。灌浆时，压力将小孔外的塞孔套冲开，浆液进入地层，如外部压力大于管内压力，孔塞套自动闭合，将小孔封闭。灌浆管顶端为一双阻塞的灌浆嘴，其顶端有一ϕ6mm的小孔被一个活动ϕ8mm的钢球盖住。中间为根据不同需要制成的长度、孔形不同的花管，其两端为止浆塞。止浆塞由几个相对的橡皮碗组成。在浆液的压力下，喇叭口张开，紧紧压住套阀花管的内壁，阻止浆液的流失。止浆塞灌浆嘴的中心对准出浆口单向阀门，形成一密闭间，止浆塞一般能承受2MPa的压力。在下管时，钻孔内的水把顶端的钢球顶开，以减少下管时的浮力。灌浆时，浆液将球顶紧并从花管中喷出，冲向喇叭口，紧压两端橡皮碗。因此浆液只能从套阀花管的小孔中喷出，冲出塞孔套进入地层。

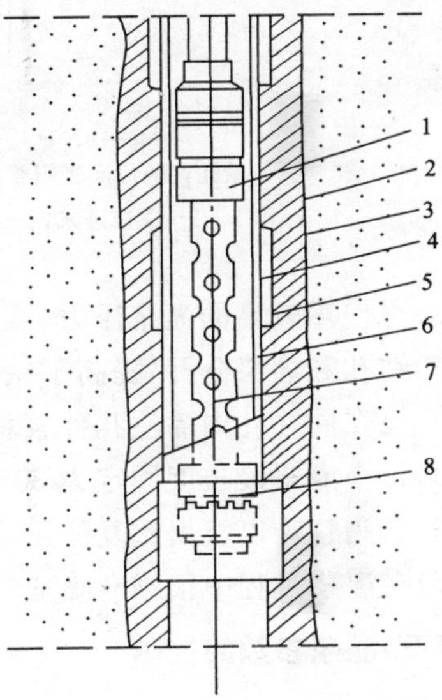

图15-21　Manchette管的结构

1—止浆塞；2—钻孔壁；3—套壳料；4—出浆孔；5—塞孔套；6—钢管；7—Manchette管；8—止浆塞

在套阀花管与地基间，可用优质膨润土浆和水泥浆固壁，它具有防止串浆、冒浆并能避免地层中细小颗粒进入套阀花管的作用。为防止固壁料在进浆部位形成硬壳，而阻止浆液穿透，在其具有一定强度(一般为5～7d)后，就应进行灌浆。

Manchette套阀管法施工步骤(图15-22)大致如下。

(1)钻孔。一次钻完全孔，并用泥浆或套管护壁。

(2)放入花管。为使套壳料的厚度均匀，应设法使花管位于钻孔中心。

(3)浇注套壳料。在花管与钻孔孔壁之间的空间，用黏土水泥混合填料加以封填。

(4)灌浆。待套壳料具有一定强度后，在花管内放入带双塞的灌浆管进行灌浆。

Manchette管套阀法有如下特点。

1)可根据需要灌注任何一个灌浆段，还可重复灌浆；

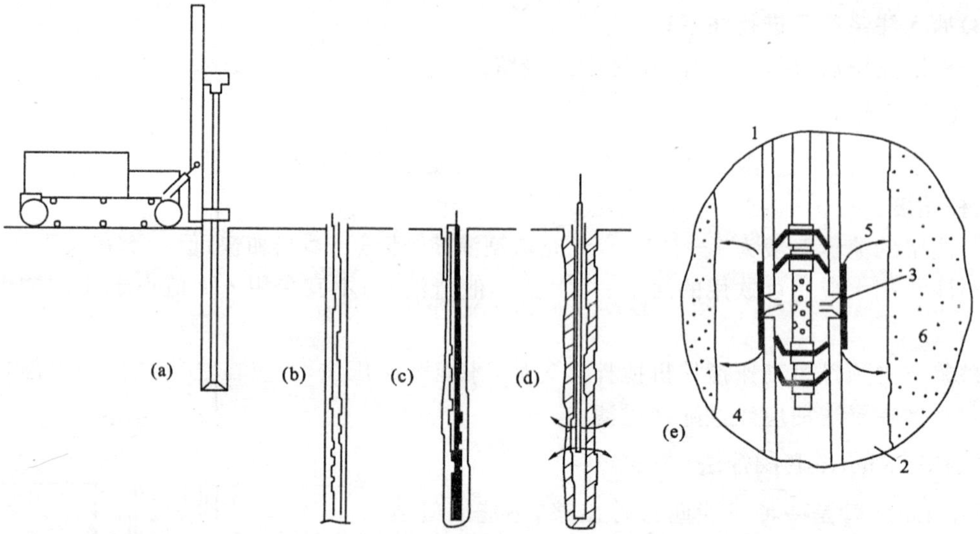

图 15-22 施工工艺流程图

(a)钻孔;(b)插入套阀管;(c)用封隔器灌入套壳料置换泥浆;(d)灌浆;(e)构造示意;
1—浆液进入;2—套壳料;3—橡皮套阀;4—套壳料;5—浆液;6—土层

2)可使用较高的灌浆压力,灌浆时冒浆和串浆的可能性小;

3)钻孔和灌浆分开,提高了钻孔设备的利用率;

4)可在同一孔内灌注几种浆材;

5)每个灌浆段长度固定为33~50cm,不能根据地层情况调整灌浆长度;

6)套阀管难以拔出重复使用;

7)在灌浆过程中很难准确地测定压力-流量曲线,并判定地层情况。

(三)灌浆参数的控制

1. 灌浆压力的控制

当地层透水性不大、裂隙不太发育、岩性较完整时,采用一次升压法。当岩层透水性强、单位吸浆量和规定灌浆压力难以很快达到时,采用分级升压法。

由灌浆压力与地层单位吸浆量的关系调整灌浆压力。一般当单位吸浆量超过上限时,将压力降低一级,单位吸浆量达到下限时,再将压力升至原来一级继续灌浆。

压力可分两级,也可分为三级,每级压力值应根据具体地层条件选定。三级升压常按0.4,0.7,1.0或0.5,0.8,1.0倍的次序升压。吸浆量的上下限,一般对帷幕灌浆上限可定为60~80L/min,下限为30~40L/min。

2. 浆液浓度的控制

浆液浓度的调换方法如下。

(1)按限量变换方法改变浆液浓度,开始用最稀一级浓度的浆液,每级浆液灌入一定数量后,若单位吸浆量减少不多(20%~30%,或持续数小时),就应升一级继续灌注。每级累计灌入量应根据地层情况而定,原则上应使最佳水灰比的浆液多灌入地层一些。表15-15为主要用于帷幕灌浆的水泥浆液浓度分级情况表。

表 15－15 水泥浆液浓度分级情况表

浓度等级序号	第一种浓度等级			第二种浓度等级		
	水灰比	水泥含量/(kg/L)	相邻比级水泥增量/(kg/L)	水灰比	水泥含量/(kg/L)	相邻比级水泥增量/(kg/L)
Ⅰ	10∶1	0.097		10∶1	0.097	
Ⅱ	5∶1	0.19	0.093	8∶1	0.12	0.023
Ⅲ	3∶1	0.30	0.11	6∶1	0.16	0.04
Ⅳ	2∶1	0.43	0.13	5∶1	0.19	0.03
Ⅴ	1.5∶1	0.55	0.12	4∶1	0.23	0.04
Ⅵ	1∶1	0.75	0.20	3∶1	0.30	0.07
Ⅶ	0.8∶1	0.89	0.14	2∶1	0.43	0.13
Ⅷ	0.6∶1	1.10	0.21	1∶1	0.75	0.32
Ⅸ	0.5∶1	1.20	0.10	0.8∶1	0.89	0.14
Ⅹ				0.6∶1	1.10	0.21

注：①细小缝隙可用第二种浓度等级；

②固结灌浆配比也有两种，即水灰比为 8，3，2，1.5，1.0，0.8 和 8，5，2，1（或 8，4，2，1）。

（2）以一定时间内同一级浓度浆液的灌入量作为变换浓度的标准，其值见表 15－16。

表 15－16 浆液浓度变换标准表

原浆液水灰比	以稀浆开始浓浆结束灌浆		以浓浆开始稀浆结束灌浆	
	改变前的吸浆量/(L/20min)	改变后的浆液水灰比	改变前的吸浆量/(L/20min)	改变后的浆液水灰比
10∶1	＞800	8∶1	＞800	8∶1
8∶1	＞700	6∶1	＞800	6∶1
6∶1	＞600	4∶1	＞750	4∶1
4∶1	＞500	2∶1	＞650	2∶1
2∶1	＞400	1∶1	＞550	1∶1
1∶1	直至结束		＞500	不变
1∶1			＜400	4∶1
4∶1			＜200	8∶1 或 10∶1
8∶1			直至结束	

（3）当吸浆量大于 30L/min 时，可越级变换浓度，直到结束。一般根据地层情况确定水泥浆开灌水灰比。

3. **终灌标准**

终灌标准随工程的具体情况而异，一般有以下几种。

（1）达到该段指标灌浆量。

（2）灌浆压力对累积的灌浆量的对数坐标（或假定灌浆率为常数时的对时间的对数坐标）

出现灌浆压力突然停止增加，地面发生轻微隆起时。

(3)在规定灌浆压力下，若灌浆段单位吸浆量小于 0.2～0.4L/(min·m)，延续 30～60min 即可。

(4)在规定灌浆压力下，单位吸浆量小于 0.002L/(min·m)时，延续 30min 即可。

(5)在规定灌浆压力下，固结灌浆孔段的吸浆量小于 0.4～0.6L/min，再延续 30min 即可。

第六节 质量检验

对注浆效果的检查，应根据设计提出的注浆要求进行，可采用以下方法。

(1)统计计算浆量，对注浆效果进行判断。

(2)静力触探测试加固前后土体强度指标的变化，以确定加固效果。

(3)抽水试验测定加固土的渗透系数。

(4)钻孔弹性波试验测定加固土体的动弹性模量和剪切模量。

(5)标准贯入试验测定加固土体的力学性能。

(6)室内试验。对比加固前后土的物理力学性质，判定加固效果。

第三篇

桩基础

第十六章　概　述

当采用天然地基或地基处理措施不能满足建筑物对地基承载力和变形的要求时，就需要考虑采用桩基础。桩基础是一种应用十分广泛的深基础型式，它由桩和与桩顶联结的承台共同组成，简称桩基。其中，桩是设置于岩土中的柱型受力构件，它的横截面尺寸比长度小得多。上部结构的荷载传到承台之后再通过桩基础将荷载传递到较深的土层，如图 16－1 所示。

第一节　桩的发展与特点

桩的应用具有非常悠久的历史。考古研究表明，约 7000 年前（新石器时代）浙江河姆渡（图 16－2）湖上居民已具备制桩和打桩的成套工具。1981 年 1 月美国肯塔基大学的考古学家在太平洋东南沿岸智利的蒙特维尔德附近的杉树林内发现了一座支承于木桩上的木屋，经用放射性碳 14 测定，知其距今已有 12 000 至 14 000 年的历史。我国在秦汉时期已经能够应用木桩修桥，如渭桥、古灞桥（图 16－3）等。在国外，英国也保存有一些罗马时代修建的木桩基础的桥和建筑。

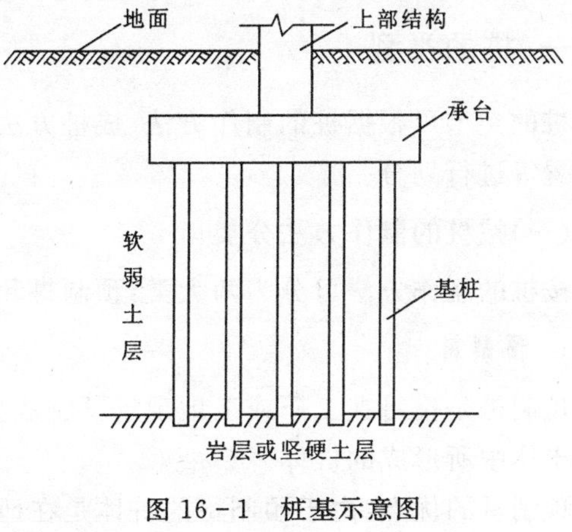

图 16－1　桩基示意图

图 16－2　河姆渡遗址挖掘现场

图 16－3　隋唐古灞桥遗址

随着人类在材料和动力等方面的进步，19 世纪 20 年代出现了铸铁板桩和钢桩。20 世纪初，随着钢筋混凝土预制构件的问世，陆续出现了预制钢筋混凝土桩。

我国在 20 世纪 50 年代就开始使用预制钢筋混凝土桩甚至预应力钢筋混凝土桩；1963 年，河南首次在安阳宿桥成功使用了钻孔灌注桩基础；20 世纪 90 年代以后，随着大量高层、超高层建筑以及大跨度桥梁的兴建，出现了多种形式的成桩工艺，如扩孔桩、支盘桩、树根桩等等。

桩基础的特点：

1)相对于浅基础，桩基础将荷载传至硬土层或深层土体(较大范围土体)，承载能力高，稳定性好，沉降量小并且比较均匀；

2)能承受竖向和水平两个方向的荷载，可用于抗风、抗震、抗浮和基坑支护等；

3)抗震性能较好，深层土不易液化，浅层土液化后，有桩支撑，有助于上部结构的稳定；

4)能广泛适用于各类地基和各种复杂的地层，如可以穿越溶洞、暗河等；

5)在深水的河道、海洋中，可避免或减少水下工程，简化施工设备和技术要求，加快施工速度并改善施工条件；

6)桩基础适合机械化施工，预制桩还能进行标准化设计。

第二节　桩的类型与适用条件

一、桩的类型

桩的类型可根据桩的制作方法、成桩方法对土层的影响、桩的受力特性、桩体材料、承台底面位置等进行划分。

(一)按桩的制作方法分类

按桩的制作方法可分为两大类：预制桩和灌注桩。

1. 预制桩

预制桩是指将在工厂或工地现场预制成型的桩段采用锤击、振动或静压等施工方法沉入地基土体中所形成的桩体。

预制桩的优点：由于预制桩的桩体是在地面预制的，施工较方便，质量易保证，现场整洁，施工工效高。

预制桩的缺点：施工过程中，若遇到较厚的硬夹层时，沉桩比较困难，需要采取一些辅助沉桩措施，如射水、预钻孔等；由于存在挤土效应，较容易导致周边建筑物、道路和管线等受到破坏或使相邻已就位的桩上浮；对于锤击法或振动法沉桩，还会产生较大的噪声污染，且配筋由运输、打桩控制，配筋率较大，长度受限，现场接桩、截桩较难。

常用的预制桩有钢筋混凝土桩、预应力钢筋混凝土桩等。

普通预制混凝土桩的截面形状有方形和圆形两种。除具有预制桩的一般优点外，预制钢筋混凝土桩的耐腐蚀性好，不受地下水位和土质条件的限制。桩较长时，需要进行接桩，接桩的方法有预埋钢件焊接、法兰连接以及采用硫磺胶泥锚接等。

预应力钢筋混凝土桩是在制桩时对桩身的纵筋施加预拉应力，从而使混凝土受压。预应力钢筋混凝土桩的抗弯能力和锤击时的抗张力均得到了提高，因此改善了抗裂性能，节省了钢材。除此之外，预应力钢筋混凝土桩还具有单桩承载力较高、设计选用范围广、单位承载力造价低等优点。最常见的预应力钢筋混凝土桩为预应力管桩，一般采用离心法成型并以高压蒸气养护法生产。其混凝土强度等级一般不小于C40。预应力管桩按品种分为预应力混凝土管桩(PC)和预应力高强混凝土管桩(PHC)两种。管桩按抗裂弯矩的大小还分为A型、AB型、B

型和C型。

2. 灌注桩

灌注桩是在桩位处采用挖、钻、冲、沉管等方法成孔后，在孔内放置钢筋笼，再灌注混凝土所制成的桩。

该类桩由于桩身含钢量较低，造价相对较低。施工时，可根据工程地质及水文地质条件选择不同的成桩工艺。采用钻、挖等方式成孔的灌注桩，不存在挤土效应，且无振动、无锤击噪音污染，但其工艺较复杂，施工难度较大，影响施工质量的因素较多，对泥浆护壁成孔的灌注桩还存在泥浆污染问题。

目前，灌注桩成桩方式很多，常见的有：人工挖孔灌注桩、螺旋钻孔灌注桩、泥浆护壁成孔灌注桩、冲击成孔灌注桩、沉管灌注桩等。各种灌注桩的适用范围参见表16-1。

表16-1 各种成孔方法的适用范围表

<table>
<tr><th colspan="2">成孔方法</th><th>桩径/mm</th><th>桩长/m</th><th>适 用 范 围</th></tr>
<tr><td rowspan="4">泥浆护壁成孔</td><td>冲抓</td><td rowspan="3">≥800</td><td>≤30</td><td rowspan="3">碎石土、砂类土、粉土、黏性土及风化岩。当进入中等风化和微风化岩层时，冲击成孔的速度比回转钻快</td></tr>
<tr><td>冲击</td><td>≤50</td></tr>
<tr><td>回转钻</td><td>≤80</td></tr>
<tr><td>潜水钻</td><td>500～800</td><td>≤50</td><td>黏性土、淤泥、淤泥质土及砂类土</td></tr>
<tr><td rowspan="3">干作业成孔</td><td>螺旋钻</td><td>300～800</td><td>≤28</td><td>地下水位以上的黏性土、粉土、砂类土及人工填土</td></tr>
<tr><td>钻孔扩底</td><td>600～1 200</td><td>≤30</td><td>地下水位以上坚硬、硬塑的黏性土及中密以上砂类土</td></tr>
<tr><td>机动洛阳铲</td><td>300～500</td><td>≤20</td><td>地下水位以上的黏性土、粉土、黄土及人工填土</td></tr>
<tr><td rowspan="2">沉管成孔</td><td>锤击</td><td>350～500</td><td>≤30</td><td>硬塑的黏性土、粉土及砂类土</td></tr>
<tr><td>振动</td><td>400～500</td><td>≤25</td><td>可塑硬黏土、中细砂</td></tr>
<tr><td colspan="2">人工挖孔</td><td>≥800</td><td>≤30</td><td>黏性土、粉土、黄土及人工填土</td></tr>
</table>

(二)按桩的受力特性分类

桩基在竖向荷载作用下，根据桩周土和桩端土与桩作用的特点，即承载过程中，桩侧阻力与桩端阻力分别占总承载力的比例，可将桩分为摩擦型和端承型桩两类。

1. 端承型桩

桩顶荷载全部或主要由桩端土反力承担，桩侧阻力相对较小的桩称为端承型桩。根据端阻力分担的比例，又可将端承型桩分为端承桩和摩擦端承桩。

端承桩：在承载能力极限状态下，桩顶竖向荷载由桩端阻力承受，桩侧阻力小到可忽略不计。如桩的长径比(l/d)较小(一般小于10)，桩身穿越软弱土层，桩端设置在密实砂层、碎石类土层、微风化岩层中的桩。

摩擦端承桩：在承载能力极限状态下，桩顶竖向荷载主要由桩端阻力承受。

2. 摩擦型桩

桩顶荷载全部或大部分由桩侧土的阻力来承担的桩。根据桩侧阻力分担荷载的比例，摩擦型桩又可分为摩擦桩和端承摩擦桩。

摩擦桩：在承载能力极限状态下，桩顶竖向荷载由桩侧阻力承受，桩端阻力小到可忽略不计。例如深厚的软弱土层中的桩，桩端无较硬持力层，且桩的长径比(l/d)很大，传递到桩端的荷载很小。

端承摩擦桩：在承载能力极限状态下，桩顶竖向荷载主要由桩侧阻力承受的桩。

(三)按桩的设置效应分类

不同的成桩方法对土的扰动、挤压作用是不一样的，这种扰动将使土的天然结构、应力状态及性质等发生很大的变化，从而影响桩的承载性能，这种影响称为桩的挤土效应。通常按挤土效应的大小将桩分为三类。

1. **挤土桩**

成桩过程中，桩位处的土被挤入到桩周土中并压密，从而产生明显挤土效应的桩。主要包括沉管灌注桩、沉管夯(挤)扩灌注桩、打入(静压)预制桩、闭口预应力混凝土空心桩和闭口钢管桩。

2. **部分挤土桩**

成桩过程中，桩位处的土被部分挤开，但土的原始结构和工程性质的变化不是很明显，具有一定挤土效应的桩。主要包括长螺旋压灌灌注桩、冲孔灌注桩、钻孔挤扩灌注桩、搅拌劲芯桩、预钻孔打入(静压)预制桩、打入(静压)式敞口钢管桩、敞口预应力混凝土空心桩和 H 型钢桩。

3. **非挤土桩**

成桩过程对桩周围的土无挤压作用，即不存在挤土效应的桩。主要包括干作业法钻(挖)孔灌注桩、泥浆护壁法钻(挖)孔灌注桩、套管泥浆护壁法钻(挖)孔灌注桩。

(四)按桩的材料分类

一般分为木桩、钢桩和混凝土桩。

木桩：水位以上耐久性差，强度低；地下水位以下具有很好的耐久性，适合于地下水位以下地层。

钢桩：强度高，易加工，断面灵活可变，冲击韧性好，接头易于处理，运输方便，施工质量稳定，但造价较高。主要用于海洋平台及陆上重要工程，如宝钢高炉、金茂大厦。

混凝土桩：配筋率低，取材方便，价格便宜，耐久性好，适于各种地层，桩长和桩径变化范围大，应用最广。

(五)按桩承台的位置分类

桩基础按承台位置可以分为高承台桩基和低承台桩基，如图 16-4 所示。

1. **高承台桩基**

承台位于地面以上，承台底部不直接承受土的抗力的桩基称为高承台桩基。主要应用于桥梁、码头等构筑物桩基。

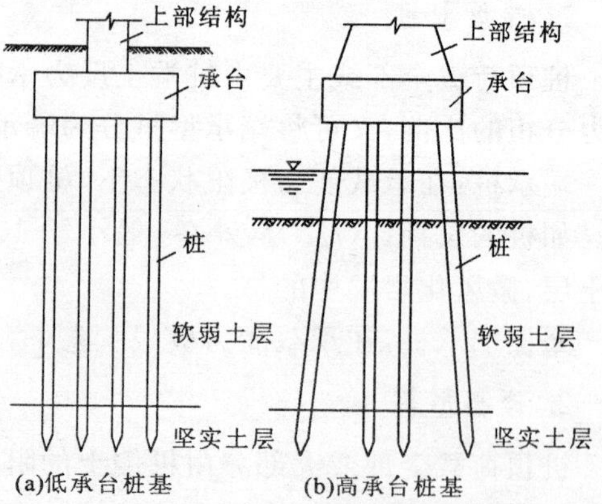

图 16-4　不同桩承台位置的桩基础

2. 低承台桩基

承台位于地面以下，埋入土中，承台底部直接承受土的抗力的桩基称为低承台桩基。主要应用于工业与民用建筑。

二、桩的适用条件

建筑物是否采用桩基，应由建筑场地的地质条件，上部结构对地基承载力、沉降和稳定性的要求，以及经济性等因素来确定。一般以下情况可采用桩基础：

1)建(构)筑物荷载较大，场地表层土较软弱，或者上部结构荷载分布不均匀；

2)建筑物内外的地面有大面积堆载，将使软弱地基产生过大的变形，或基础有不均匀沉降；

3)高层建筑和高耸结构承受较大竖向荷载和水平荷载，且对侧向位移有特殊要求；

4)地下水位较高或者构筑物位于水中，采用其他基础型式施工较困难；

5)有大吨位吊车的重型厂房和露天吊车的柱下基础，需要将很大的集中荷载传递给地基或者存在动荷载；

6)建筑物对沉降有严格要求，如重要的、有纪念性的大型建筑或放置精密仪表的建筑；

7)地表土层较厚，不宜作为地基的持力层，或者地基局部有暗沟、深坑、古河道等；

8)地震区建筑场地地基土存在可能液化的土层；

9)湿陷性黄土和膨胀土地区，地基土的湿陷量或膨胀量较大或者有季节性冻土的地区；

10)滨海、滨河、滨湖等地区修建(构)筑物；

11)用于挡土支护结构。

第十七章　桩基的设计理论与内容

第一节　桩基的方案选择和设计等级

桩基设计方案的选择主要应考虑以下条件。

1)地质条件。桩基础应尽可能避免设置于断层、滑坡体、挤压破碎带、溶洞、溶沟以及黄土陷穴和暗洞等不良地基中，以保证结构稳定可靠。详细了解建筑场地的工程地质和水文地质条件，包括地层分布特征和土性、地下水赋存状态与水质等，为选择桩型、成桩工艺、桩端持力层及抗浮设计等提供重要依据。

2)建筑物上部结构类型、使用功能与荷载特征。建筑物使用功能的特殊性和重要性是决定桩基设计等级的依据之一。荷载大小与分布是确定桩型、桩的几何参数与布桩所应考虑的主要因素。

对于重要的建筑物和对不均匀沉降敏感的建筑物，要选择成桩质量稳定性好的桩型。验算桩基沉降时也需要考虑结构的类型及其允许的沉降。

对于荷载大的高重建筑物，首先要考虑选择单桩承载力足够大的桩型，在有限的平面范围内合理布置桩距、桩数。如在有坚硬持力层的地区优先选用大直径桩，深厚软土层地区优先选用长摩擦桩等。

对于地震设防区或受其他动荷载的桩基，要考虑选用既能满足竖向承载力又有利于提高横向承载力的桩型，还应考虑动荷载可能对桩基的影响。

3)施工技术条件与环境条件。桩型与成桩工艺的选择，除综合考虑地质条件和单桩承载力要求外，还应因地制宜，尽量考虑现有的成桩设备与技术条件以及成桩过程产生的噪声、振动、泥浆、挤土效应等对环境的影响，力求达到技术先进、经济合理、质量可靠和保护环境的目标。

4)选定适用的设计方法和可靠的设计参数。岩土工程的各种参数进行准确测试较为困难，离散性较大，往往参数对结果的影响比模型对结果的影响更大，因此，选择适当的计算模型以及合理选取计算参数都十分重要。

根据建筑规模、功能特征、对差异变形的适应性、场地地基和建筑物体型的复杂性以及桩基损坏造成建筑物的破坏后果(危及人身安全、造成经济损失、产生社会影响)的严重性，桩基设计应根据《建筑桩基技术规范》(JGJ94—2008)有关规定确定其相应的安全等级，如表 17 - 1 所示。

表 17-1　建筑桩基设计等级表

设计等级	建筑类型
甲级	(1)重要的建筑； (2)30 层以上或高度超过 100m 的高层建筑； (3)体型复杂且层数相差超过 10 层的高低层(含纯地下室)连体建筑； (4)20 层以上框架—核心筒结构及其他对差异沉降有特殊要求的建筑； (5)场地和地基条件复杂的七层以上的一般建筑物及坡地、岸边建筑； (6)对相邻既有工程影响较大的建筑
乙级	除甲级、丙级以外的建筑
丙级	场地和地基条件简单、荷载分布均匀的七层及七层以下的一般建筑

第二节　桩基的设计理论和设计内容

一、桩基的设计理论

桩基础的设计应考虑下列两类极限状态：①承载能力极限状态：桩基达到最大承载能力或整体失稳或发生不适于继续承载的变形；②正常使用极限状态：桩基达到建筑物正常使用所规定的变形限值或达到耐久性要求的某项限值。

桩基的设计计算理论主要有两种类型：基于允许应力理论的定值设计法和以概率理论为基础的极限状态设计法。

定值设计法将荷载和抗力看作不变的值，由安全系数来量度桩基的可靠度，这与实际情况有一定差异。实际上，荷载、承载力、变形等的实测值都不是定值，是具有变异性和不确定性的随机变量。因此，定值法设计存在一定的缺陷：①设计对象的可靠度实际上并不明确；②在采用相同安全系数的条件下，不同地质条件、不同设计参数的桩基的可靠度是不同的。基于此，《建筑桩基技术规范》(JGJ94—94)就采用了以概率理论为基础的极限状态设计法。

虽然极限状态设计方法相对于传统设计方法是一种更为先进的设计理念，但在土木工程领域，可靠度设计方法还存在不少的问题，而岩土工程相对于上部结构在材料本构关系、受力复杂程度等方面更加复杂，不适宜采用可靠度设计方法。《建筑桩基技术规范》(JGJ94—94)采用了分项系数的概念，其本质是区分单桩侧阻、端阻发挥的不同步性，给出侧阻、端阻在相同安全度下的设计模式，但侧阻、端阻是随荷载水平、地质条件、施工情况等变化的，要达到这一目的很困难。因此，《建筑桩基技术规范》(JGJ94—94)的概率极限状态设计模式属于不完整的可靠性分析。考虑桩基的特点以及目前的研究水平，在《建筑桩基技术规范》(JGJ94—2008)中仍然采用定值设计法。

二、桩基设计的内容

桩基的设计内容主要包括：桩型的选择以及方案对比、桩基结构型式的选择、桩基几何参数(桩距、桩长及桩径)的选定、单桩(轴向及横向)承载力的确定、桩基础地基应力计算、桩顶传递荷载结构型式的选定、地基变形分析、桩身与桩帽结构设计、地基梁及承台的配筋与构造设计、桩位平面布置设计、群桩效应分析、桩顶同时承受弯矩、垂直荷载和水平推力时的桩身强度验算、设计对施工所提出的要求的考虑以及关于环境对桩的侵蚀、腐蚀与磨损作用及与其相应的防护措施的考虑等。

第十八章　桩与土的相互作用

桩基工作性能的核心为桩与土的相互作用。桩与土的相互作用机理非常复杂，受影响的因素也很多。本章主要介绍轴向荷载下桩与土的相互作用。

第一节　轴向荷载下单桩与土的相互作用

桩的作用就是将荷载从上部结构传递到地基土中去。地基土对桩的支承由两部分组成：桩端阻力和桩侧阻力。桩侧阻力和桩端阻力的发挥过程就是桩向土传递荷载的过程。

竖向荷载施加于桩顶时，桩身的上部首先受到压缩而发生相对于土的向下位移，于是桩周土在桩侧界面上产生向上的摩阻力；荷载沿桩身向下传递的过程就是不断克服这种摩阻力并通过它向土中扩散的过程。设桩身轴力为 N，桩身轴力是桩顶荷载 Q 与深度 Z 的函数，$N=f(Q、Z)$。

桩身轴力 N 沿着深度而逐渐减小；在桩端处 N 则与桩底土反力 Q_p 相平衡，同时桩端持力层在桩底土反力 Q_p 作用下产生压缩，使桩身下沉，桩与桩间土的相对位移又使摩阻力进一步发挥。随着桩顶荷载 Q 的逐级增加，对于每级荷载，上述过程反复进行，直至变形稳定为止，于是荷载传递过程结束。

由于桩身压缩量的累积，上部桩身的位移总是大于下部，因此上部的摩阻力总是先于下部发挥出来；桩侧摩阻力达到极限之后就保持不变；随着荷载的增加，下部桩侧摩阻力被逐渐调动出来，直至整个桩身的摩阻力全部达到极限，继续增加的荷载就完全由桩端持力层承受；当桩底荷载达到桩端持力层的极限承载力时，桩便发生急剧的、不停滞的下沉而破坏。

由上述过程可以看出，不同的荷载阶段，桩侧摩阻力和桩端阻力的分担比例是不断变化的，单桩的轴向力与桩侧摩阻力、桩身位移的关系如图 18－1 所示。图中，$N_{(z)}$ 为桩身 z 处的轴力，q_s 为桩侧摩阻力，s_1 为桩端位移，s_0 为桩顶位移，s_s 为桩身压缩量。

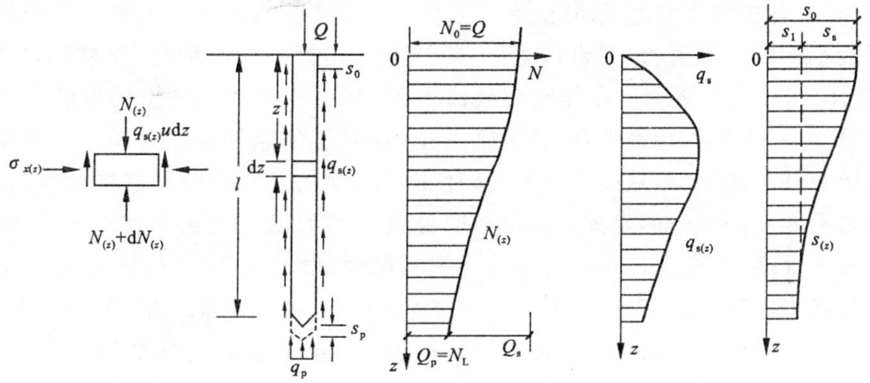

图 18－1　单桩的轴向力与桩侧摩阻力、桩身位移的关系

桩身受荷向下位移时，桩土间的摩阻力带动桩周土产生位移，相应地在桩周环形土体中产生剪应变和剪应力。该剪应力一环一环沿径向向外扩散，如图 18-2 所示。在桩与土的接触界面，存在黏结、摩擦、挤压等复杂效应，在阻力达到一定的程度以后，桩与土之间还会发生相对滑移。大量试验表明，桩侧阻力的大小除了与桩径大小、土层性质以及深度有较大的关系外，还与施工工艺有关。不同的成桩工艺使桩周土体中应力、应变场发生不同的变化，这种变化又与土的类别、性质，特别是土的灵敏度、密实度、饱和度密切相关。非密实砂土在挤土桩的成桩过程中使桩周土得到挤密，导致侧阻力提高。饱和黏性土中的挤土桩，成桩过程会使桩侧土受到挤压，产生超静孔压，导致桩侧阻力产生显著的时间效应。由此可见，桩土间相互作用是非常复杂的。

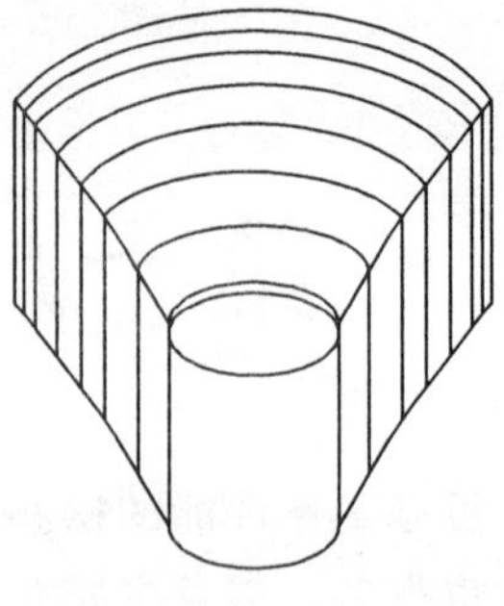
图 18-2　桩侧土变形图

第二节　轴向荷载下群桩与土的相互作用

群桩基础为承台、桩群和土形成的一个相互作用、共同工作的体系。对于群桩基础，作用于承台上的荷载实际上是由桩和地基土共同承担。根据群桩承载特性的差别，群桩可以分为端承型群桩和摩擦型群桩两种。

对端承型群桩，由于持力层坚硬，压缩性低，桩的贯入变形小，桩侧摩阻力不易发挥，大部分上部荷载通过桩身直接传到桩端土层，桩侧阻力分担的荷载比率较小，桩侧阻力的相互影响以及传递到桩端的应力重叠效应较弱。因此，这类群桩的承载性状跟单桩的性状相近，见图 18-3。由于桩的变形小，桩间土基本不承载，群桩的承载力基本等于各单桩的承载力之和，群桩的沉降量也与单桩的沉降量基本相同。

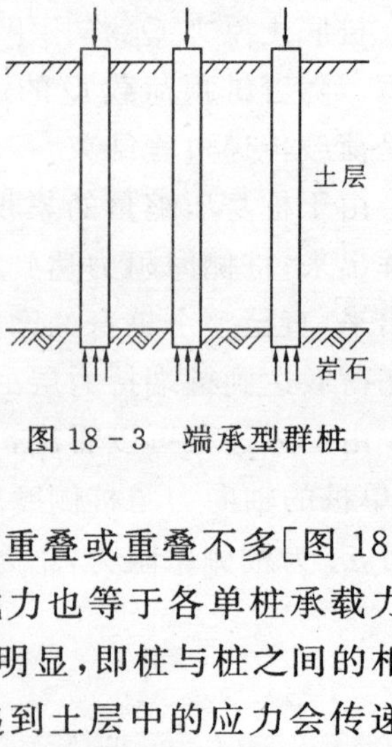

图 18-3　端承型群桩

摩擦型群桩主要是通过每根桩侧面的摩阻力将上部荷载传递到桩周及桩端土层中去。对桩距较大(通常认为 $s>6d$，其中，s 为桩距，d 为桩径)的情况，桩端平面处各桩传来的压力互不重叠或重叠不多[图 18-4(a)]，这时群桩中各桩的工作情况仍和单桩工作类似，群桩的承载力也等于各单桩承载力之和。对桩距较小的摩擦型群桩(通常认为 $s<6d$)，其群桩效应较为明显，即桩与桩之间的相互作用较强，如图 18-4(b)所示。在竖向荷载作用下，某一根桩传递到土层中的应力会传递到邻近的桩上，影响邻近桩的承载性状，且桩距越小，这种影响越明显。同样邻近桩传递到土中的荷载也会影响其他的桩，导致应力重叠，这种相互影响的过程导致了群桩效应，使群桩中各基桩的侧阻力不能得到充分的发挥。群桩效应导致桩端处的压力比单桩增大很多，群桩的沉降也要比单桩大很多，群桩在地基中的影响范围和深度，要远大于单桩，见图 18-5，特别是当桩尖下面有软弱土层时，会使群桩产生过大沉降甚至整体剪切破坏。由此可见，群桩基础的桩－土相互作用十分复杂，它与桩距、土性、桩径、桩长、桩型、布置等均有关系。

实际上，群桩通常都是有承台的，是否考虑承台底面桩间土分担的荷载是桩基设计中的一个重要问题。研究表明，承台底承担荷载的比例随桩群的几何特性而有较大幅度的变化。对

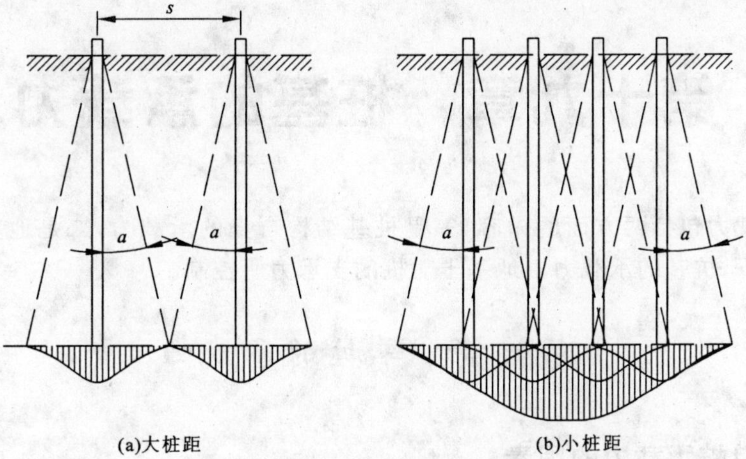

图 18-4　摩擦型群桩桩端平面上的压力分布

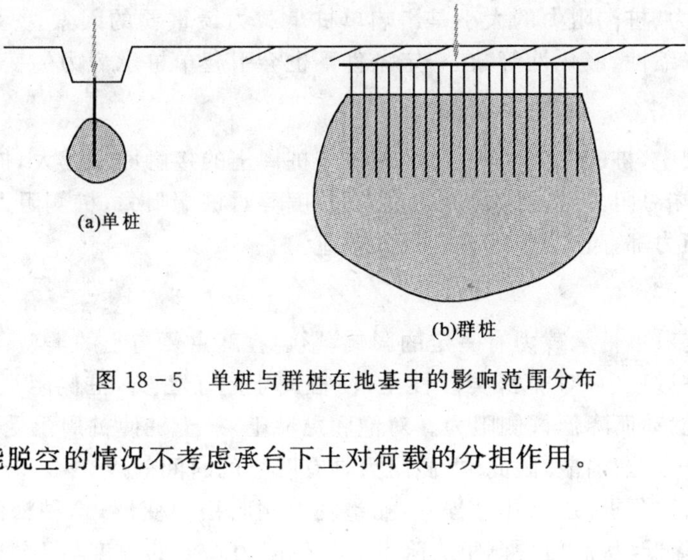

图 18-5　单桩与群桩在地基中的影响范围分布

地基土与承台可能脱空的情况不考虑承台下土对荷载的分担作用。

第十九章　桩基的承载力

桩基的承载力包括两方面的内容，一是桩基结构自身的承载力，二是地基土对桩的支承力。一般情况下，桩基的承载力由地基土对桩的支承力所控制。

第一节　单桩的承载力

一、影响单桩承载力的因素

1. 桩周土的工程性质

桩身设置于岩土之中，桩顶所承受的荷载最终将通过桩侧、桩端荷载的传递扩散到地基土中，因此桩侧摩阻力、桩端阻力的大小是影响单桩承载力最重要的因素。另外，桩周土的其他性质，如湿陷性、胀缩性、液化性等，在一定条件下也会引起单桩承载力的变化。

2. 桩的几何特性

在一定的土层中，桩的总侧面积越大，即桩与桩周土的接触面积越大，桩侧总阻力就越大；桩端面积越大，桩端总阻力也越大。桩的直径、长度等对桩端阻力、桩侧阻力有较大的影响，即桩端阻力和桩侧阻力都存在深度效应和尺寸效应。

3. 成桩效应

桩的施工工艺对单桩承载力有一定的影响，影响程度主要与土的类型、性质相关。

挤土桩在成桩过程中，对非密实砂性土，使桩周土趋于密实，桩侧阻力提高，而对密实砂土，则有可能受到扰动而降低桩侧阻力。对饱和黏性土，挤土桩使桩周土受到挤压而产生超孔隙水压力，随后孔压逐渐消散，因此，桩侧阻力具有明显的时间效应。

非挤土桩（挖、钻孔桩）在成孔过程中，孔壁发生侧向松弛变形，这种松弛效应导致土体强度减弱，桩侧压力降低，从而使桩侧阻力降低。桩侧阻力降低的程度与土性、有无护壁、孔径等有关。通常情况下，砂性土的松弛效应更明显、侧阻力降低较多；护壁则对松弛效应有一定的抑制作用；孔径越大，松弛效应越明显。

4. 桩基本身的强度及施工质量

桩基结构自身的承载力是决定桩基承载力的因素之一，故桩基本身的强度以及施工质量对其承载力有所影响。

5. 成桩后其他技术措施

随着工程实践的发展，一些加固技术，如桩端、桩侧后压浆技术能改善桩的荷载传递性状，大幅提高桩的极限承载力。

二、单桩承载力的确定

确定单桩承载力常用的方法包括单桩静载试验法、原位测试法和经验法等。

(一)单桩静载试验法

单桩静载试验是一种传统试验方法,也是最为可靠的确定基桩承载力的方法。它不仅可以确定桩的极限承载力,而且可以通过埋设各类测试元件获得桩基荷载传递规律、桩侧和桩端阻力大小、荷载-位移关系等。但由于代价较高,一般进行试验的桩数有限。有关静载测试的详细内容见本书第二十四章。

(二)原位测试法

原位测试方法包括静力触探法、标准贯入试验和旁压试验等。其中最常用的为静力触探法。

根据《建筑桩基技术规范》(JGJ94—2008)推荐的方法,可按以下两种情况计算。

(1)当由单桥探头静力触探资料确定混凝土预制桩单桩竖向极限承载力标准值时,如无当地经验,可按下式计算。

$$Q_{uk}=Q_{sk}+Q_{pk}=\alpha p_{sk}A_p+u\sum q_{sik}l_i \tag{19-1}$$

式中,Q_{sk}、Q_{pk}分别为总极限侧阻力标准值和总极限端阻力标准值,kN;u为桩周长,m;q_{sik}为用静力触探估算的桩周第i层土的极限侧阻力标准值,kPa;l_i为桩段长度,m;α为桩端阻力修正系数,按表19-1取值;p_{sk}为桩端附近的触探比贯入阻力标准值,kPa;A_p为桩端面积,m^2。

其中,q_{sik}值应结合土工试验资料,依据土的类别、埋藏深度、排列次序,按图19-1折线取值,直线A(线段gh)适用于地表下6m范围内的土层;折线B(线段$Oabc$)适用于粉土及砂土土层以上(或无粉土及砂土土层地区)的黏性土;折线C(线段$Odef$)适用于粉土及砂土土层以下的黏性土;折线D(线段Oef)适用于粉土、粉砂、细砂及中砂。

当桩端穿越粉土、粉砂、细砂及中砂层底面时,折线D估算的q_{sik}值需乘以表19-2中系数η_s值。

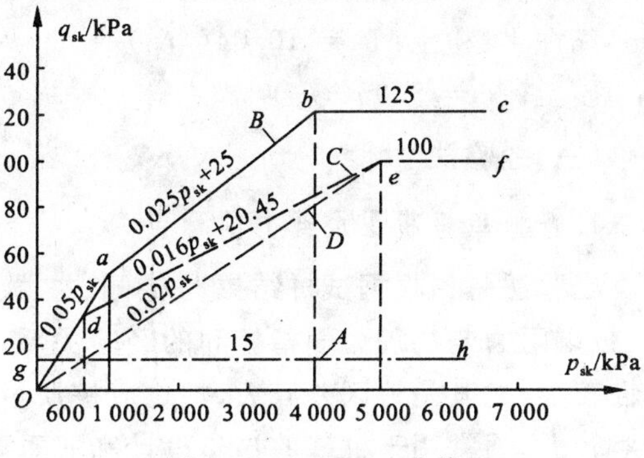

图19-1　$q_{sk}-p_{sk}$曲线

表19-1　桩端阻力修正系数α值表

桩长/m	$l<15$	$15\leqslant l\leqslant 30$	$30<l\leqslant 60$
α	0.75	0.75~0.90	0.90

注:桩长$15\leqslant l\leqslant 30$m,$\alpha$值按$l$值直线内插,$l$为桩长(不包括桩尖高度)。

表19-2　系数η_s值表

p_{sk}/p_{s1}	≤5	7.5	≥10
η_s	1.00	0.50	0.33

注:①p_{sk}为桩端穿越的中密或密实砂土、粉土的比贯入阻力平均值;p_{s1}为砂土、粉土的下卧软土层的比贯入阻力平均值;

②采用的单桥探头,圆锥底面积为$15cm^2$,底部带7cm高的滑套,锥角为60°。

p_{sk}可按下式计算

当 $p_{sk1} \leqslant p_{sk2}$时，　　$p_{sk} = \frac{1}{2}(p_{sk1} + \beta p_{sk2})$

当 $p_{sk1} > p_{sk2}$时，　　$p_{sk} = p_{sk2}$

式中，p_{sk1}为桩端全截面以上 8 倍桩径范围内的比贯入阻力平均值；p_{sk2}为桩端全截面以下 4 倍桩径范围内的比贯入阻力平均值，如桩端持力层为密实的砂土层，其比贯入阻力平均值 p_s 超过 20MPa 时，则需乘以表 19－3 中的系数 C 予以折减后，再计算 p_{sk2} 及 p_{sk1} 值；β 为折减系数，按表 19－4 取值。

表 19－3　系数 C 表

p_s/MPa	20～30	35	＞40
系数 C	5/6	2/3	1/2

表 19－4　折减系数 β 表

p_{sk1}/p_{sk2}	≤5	7.5	12.5	＞15
β	1	5/6	2/3	1/2

注：表 19－3、表 19－4 可内插取值。

（2）当根据双桥探头静力触探资料确定混凝土预制桩单桩竖向极限承载力标准值时，对于黏性土、粉土和砂土，如无当地经验时，可按下式计算

$$Q_{uk} = Q_{sk} + Q_{pk} = u\sum l_i\beta_i f_{si} + \alpha\, q_c A_p$$

式中，f_{si}为第 i 层土的探头平均侧阻力，kPa；q_c 为桩端平面上、下探头阻力，取桩端平面以上 $4d$（d 为桩的直径或边长）范围内按土层厚度的探头阻力加权平均值，kPa，然后再和桩端平面以下 $1d$ 范围内的探头阻力进行平均；α 为桩端阻力修正系数，对于黏性土、粉土取 2/3，饱和砂土取 1/2；β_i 为第 i 层土桩侧阻力综合修正系数，按下式计算。

黏性土、粉土：$\beta_i = 10.04(f_{si})^{-0.55}$

砂土：$\beta_i = 5.05(f_{si})^{-0.45}$

（三）经验法

1. 普通单桩极限承载力的确定

经验法是指根据试桩结果与桩侧、桩端土层的物理力学指标进行统计分析，建立桩侧阻力、桩端阻力与物理力学指标间的经验关系，再利用这种关系预估单桩承载力。由于岩土的变异性较大，尤其是地区差异大，加之成桩质量有一定的变异性，因此，经验法的可靠性较静载法相对较低，通常用于桩基的初步设计和非重要工程的设计。

根据《建筑桩基技术规范》（JGJ94—2008），由经验法确定单桩极限承载力标准值，宜按下式计算

$$Q_{uk} = Q_{sk} + Q_{pk} = u\sum q_{sik} l_i + q_{pk} A_p \qquad (19-2)$$

式中，q_{sik}为桩侧第 i 层土的极限侧阻力标准值，如无当地经验值时，可按表 19－5 取值；q_{pk}为极限端阻力标准值，如无当地经验值时，可按表 19－6 取值。

2. 大直径桩单桩极限承载力的确定

对于大直径桩，其侧阻力和端阻力均存在一定的尺寸效应，故桩基规范建议采用下式计算

$$Q_{uk} = Q_{sk} + Q_{pk} = u\sum \Psi_{si} q_{sik} l_i + \Psi_p q_{pk} A_p \qquad (19-3)$$

式中，q_{sik}为桩侧第 i 层土的极限侧阻力标准值，如无当地经验值时，可按表 19－5 取值，对于扩

底桩变截面以上 $2d$ 长度范围内不计侧阻力；q_{pk} 为桩径为 800mm 的极限端阻力标准值，对于干作业挖空（清底干净）可采用深层载荷板试验确定，当不能进行深层载荷板试验时，可按表 19－7 取值；Ψ_{si}、Ψ_p 分别为大直径桩侧阻、端阻尺寸效应系数，按表 19－8 确定；u 为桩周长，当人工挖孔桩桩周护壁为振捣密实的混凝土时，桩身周长可按护壁外直径计算。

表 19－5 桩的极限侧阻力标准值 q_{sik} 表

（单位：kPa）

土的名称	土的状态		混凝土预制桩	泥浆护壁钻（冲）孔桩	干作业钻孔桩
填土			22～30	20～28	20～28
淤泥			14～20	12～18	12～18
淤泥质土			22～30	20～28	20～28
黏性土	流塑	$I_L>1$	24～40	21～38	21～38
	软塑	$0.75<I_L\leqslant 1$	40～55	38～53	38～53
	可塑	$0.50<I_L\leqslant 0.75$	55～70	53～68	53～66
	硬可塑	$0.25<I_L\leqslant 0.50$	70～86	68～84	66～82
	硬塑	$0<I_L\leqslant 0.25$	86～98	84～96	82～94
	坚硬	$I_L\leqslant 0$	98～105	96～102	94～104
红黏土	$0.7<a_w\leqslant 1$		13～32	12～30	12～30
	$0.5<a_w\leqslant 0.7$		32～74	30～70	30～70
粉土	稍密	$e>0.9$	26～46	24～42	24～42
	中密	$0.75\leqslant e\leqslant 0.9$	46～66	42～62	42～62
	密实	$e<0.75$	66～88	62～82	62～82
粉细砂	稍密	$10<N\leqslant 15$	24～48	22～46	22～46
	中密	$15<N\leqslant 30$	48～66	46～64	46～64
	密实	$N>30$	66～88	64～86	64～86
中砂	中密	$15<N\leqslant 30$	54～74	53～72	53～72
	密实	$N>30$	74～95	72～94	72～94
粗砂	中密	$15<N\leqslant 30$	74～95	74～95	76～98
	密实	$N>30$	95～116	95～116	98～120
砾砂	稍密	$5<N_{63.5}\leqslant 15$	70～110	50～90	60～100
	中密（密实）	$N_{63.5}>15$	116～138	116～130	112～130
圆砾、角砾	中密、密实	$N_{63.5}>10$	160～200	135～150	135～150
碎石、卵石	中密、密实	$N_{63.5}>10$	200～300	140～170	150～170
全风化软质岩		$30<N\leqslant 50$	100～120	80～100	80～100
全风化硬质岩		$30<N\leqslant 50$	140～160	120～140	120～150
强风化软质岩		$N_{63.5}>10$	160～240	140～200	140～220
强风化硬质岩		$N_{63.5}>10$	220～300	160～240	160～260

注：①对于尚未完成自重固结的填土和以生活垃圾为主的杂填土，不计算其侧阻力。

②a_w 为含水比，$a_w=w/w_L$，w 为土的天然含水量，w_L 为土的液限。

③N 为标准贯入击数；$N_{63.5}$ 为重型圆锥动力触探击数。

④全风化、强风化软质岩和全风化、强风化硬质岩系指其母岩分别为 $f_{rk}\leqslant 15$MPa、$f_{rk}>30$MPa 的岩石。

表 19－6　桩的极限端阻力标准值 q_{pk} 表

（单位：kPa）

土名称	土的状态	桩型	混凝土预制桩桩长 l/m				泥浆护壁钻(冲)孔桩桩长 l/m				干作业钻孔桩桩长 l/m		
			$l\leqslant 9$	$9<l\leqslant 16$	$16<l\leqslant 30$	$l>30$	$5\leqslant l<10$	$10\leqslant l<15$	$15\leqslant l<30$	$30\leqslant l$	$5\leqslant l<10$	$10\leqslant l<15$	$15\leqslant l$
黏性土	软塑	$0.75<I_L\leqslant 1$	210～850	650～1 400	1 200～1 800	1 300～1 900	150～250	250～300	300～450	300～450	200～400	400～700	700～950
	可塑	$0.50<I_L\leqslant 0.75$	850～1 700	1 400～2 200	1 900～2 800	2 300～3 600	350～450	450～600	600～750	750～800	500～700	800～1 100	1 000～1 600
	硬可塑	$0.25<I_L\leqslant 0.50$	1 500～2 300	2 300～3 300	2 700～3 600	3 600～4 400	800～900	900～1 000	1 000～1 200	1 200～1 400	850～1 100	1 500～1 700	1 700～1 900
	硬塑	$0<I_L\leqslant 0.25$	2 500～3 800	3 800～5 500	5 500～6 000	6 000～6 800	1 100～1 200	1 200～1 400	1 400～1 600	1 600～1 800	1 600～1 800	2 200～2 400	2 600～2 800
粉土	中密	$0.75\leqslant e\leqslant 0.9$	950～1 700	1 400～2 100	1 900～2 700	2 500～3 400	300～500	500～650	650～750	750～850	800～1 200	1 200～1 400	1 400～1 600
	密实	$e<0.75$	1 500～2 600	2 100～3 000	2 700～3 600	3 600～4 400	650～900	750～950	900～1 100	1 100～1 200	1 200～1 700	1 400～1 900	1 600～2 100
粉砂	稍密	$10<N\leqslant 15$	1 000～1 600	1 500～2 300	1 900～2 700	2 100～3 000	350～500	450～600	600～700	650～750	500～950	1 300～1 600	1 500～1 700
	中密、密实	$N>15$	1 400～2 200	2 100～3 000	3 000～4 500	3 800～5 500	600～750	750～900	900～1 100	1 100～1 200	900～1 000	1 700～1 900	1 700～1 900
细砂	中密、密实	$N>15$	2 500～4 000	3 600～5 000	4 400～6 000	5 300～7 000	650～850	900～1 200	1 200～1 500	1 500～1 800	1 200～1 600	2 000～2 400	2 400～2 700
中砂			4 000～6 000	5 500～7 000	6 500～8 000	7 500～9 000	850～1 050	1 100～1 500	1 500～1 900	1 900～2 100	1 800～2 400	2 800～3 800	3 600～4 400
粗砂			5 700～7 500	7 500～8 500	8 500～10 000	9 500～11 000	1 500～1 800	2 100～2 400	2 400～2 600	2 600～2 800	2 900～3 600	4 000～4 600	4 600～5 200
砾砂	中密、密实	$N>15$	6 000～9 500		9 000～10 500		1 400～2 000		2 000～3 200		3 500～5 000		
角砾、圆砾		$N_{63.5}>10$	7 000～10 000		9 500～11 500		1 800～2 200		2 200～3 600		4 000～5 500		
碎石、卵石		$N_{63.5}>10$	8 000～11 000		10 500～13 000		2 000～3 000		3 000～4 000		4 500～6 500		
全风化软质岩		$30<N\leqslant 50$	4 000～6 000				1 000～1 600				1 200～2 000		
全风化硬质岩		$30<N\leqslant 50$	5 000～8 000				1 200～2 000				1 400～2 400		
强风化软质岩		$N_{63.5}>10$	6 000～9 000				1 400～2 200				1 600～2 600		
强风化硬质岩		$N_{63.5}>10$	7 000～11 000				1 800～2 800				2 000～3 000		

注：①砂土和碎石类土中桩的极限端阻力取值，宜综合考虑土的密实度，桩端进入持力层的深径比 h_b/d，土愈密实，h_b/d 愈大，取值愈高。

②预制桩的岩石极限端阻力指桩端支承于中、微风化基岩表面或进入强风化岩、软质岩一定深度条件下极限端阻力。

③全风化、强风化软质岩和全风化、强风化硬质岩指其母岩分别为 $f_{rk}\leqslant 15$MPa、$f_{rk}>30$MPa 的岩石。

表 19-7　干作业挖孔桩(清底干净,$D=800mm$)极限端阻力标准值 q_{pk} 表　(单位:kPa)

土名称		状态		
黏性土		$0.25<I_L\leqslant0.75$	$0<I_L\leqslant0.25$	$I_L\leqslant0$
		800～1 800	1 800～2 400	2 400～3 000
粉土			$0.75\leqslant e\leqslant0.9$	$e<0.75$
			1 000～1 500	1 500～2 000
砂土、碎石类土		稍密	中密	密实
	粉砂	500～700	800～1 100	1 200～2 000
	细砂	700～1 100	1 200～1 800	2 000～2 500
	中砂	1 000～2 000	2 200～3 200	3 500～5 000
	粗砂	1 200～2 200	2 500～3 500	4 000～5 500
	砾砂	1 400～2 400	2 600～4 000	5 000～7 000
	圆砾、角砾	1 600～3 000	3 200～5 000	6 000～9 000
	卵石、碎石	2 000～3 000	3 300～5 000	7 000～11 000

注:①当桩进入持力层的深度 h_b 分别为 $h_b\leqslant D$、$D<h_b\leqslant4D$、$h_b>4D$ 时,q_{pk} 可相应取低、中、高值。

②砂土密实度可根据标贯击数判定,$N\leqslant10$ 为松散,$10<N\leqslant15$ 为稍密,$15<N\leqslant30$ 为中密,$N>30$ 为密实。

③当桩的长径比 $l/d\leqslant8$ 时,q_{pk} 宜取较低值。

④当对沉降要求不严时,q_{pk} 可取高值。

3. 嵌岩桩单桩极限承载力的确定

桩端置于完整、较完整基岩的嵌岩桩单桩竖向极限承载力,由桩周土总极限侧阻力和嵌岩段总极限阻力组成。当根据岩石单轴抗压强度确定单桩竖向极限承载力标准值时,可按下列公式计算

表 19-8　大直径灌注桩侧阻尺寸效应系数 Ψ_{si}、端阻尺寸效应系数 Ψ_p 表

土类型	黏性土、粉土	砂土、碎石类土
Ψ_{si}	$(0.8/d)^{1/5}$	$(0.8/d)^{1/3}$
Ψ_p	$(0.8/D)^{1/5}$	$(0.8/D)^{1/3}$

$$Q_{uk}=Q_{sk}+Q_{rk}$$

$$Q_{sk}=u\sum q_{sik}l_i$$

$$Q_{rk}=\zeta_r f_{rk}A_p$$

式中,Q_{sk}、Q_{rk} 分别为土的总极限侧阻力、嵌岩段总极限阻力;q_{sik} 为桩周第 i 层土的极限侧阻力,无当地经验时,可根据成桩工艺按表 19-5 取值;f_{rk} 为岩石饱和单轴抗压强度标准值,黏土岩取天然湿度单轴抗压强度标准值;ζ_r 为嵌岩段侧阻和端阻综合系数,与嵌岩深径比 h_r/d、岩石软硬程度和成桩工艺有关,可按表 19-9 采用;表中数值适用于泥浆护壁成桩,对于干作业成桩(清底干净)和泥浆护壁成桩后注浆,ζ_r 应取表列数值的 1.2 倍。

表 19-9　嵌岩段侧阻和端阻综合系数 ζ_r 表

嵌岩深径比 h_r/d	0	0.5	1.0	2.0	3.0	4.0	5.0	6.0	7.0	8.0
极软岩、软岩	0.60	0.80	0.95	1.18	1.35	1.48	1.57	1.63	1.66	1.70
较硬岩、坚硬岩	0.45	0.65	0.81	0.90	1.00	1.04				

注:①极软岩、软岩指 $f_{rk}\leqslant15MPa$,较硬岩、坚硬岩指 $f_{rk}>30MPa$,介于二者之间可内插取值。

②h_r 为桩身嵌岩深度,当岩面倾斜时,以坡下方嵌岩深度为准;当 h_r/d 为非表列值时,ζ_r 可内插取值。

4. 单桩竖向承载力特征值的确定

确定单桩极限承载力标准值 Q_{uk} 后，再按下式计算单桩竖向承载力特征值

$$R_a = \frac{1}{K}Q_{uk}$$

式中，R_a 为单桩竖向承载力特征值；K 为安全系数，取 $K=2$。

第二节　桩基承载力的确定

一、基桩与复合基桩

群桩在竖向荷载作用下，由于承台、桩、土之间相互影响和共同作用，工作性状趋于复杂，桩群中任一根桩即基桩或复合基桩的工作性状都不同于孤立的单桩。在确定桩基承载力时，将桩基础中的单桩称为基桩；将单桩及其对应面积的承台底地基土组成的承载体称为复合基桩。

二、普通桩基承载力的确定

根据《建筑桩基技术规范》(JGJ94—2008)中介绍的方法，分两种情况计算桩基的承载力。

(1)对于端承型桩基、桩数少于4根的摩擦型桩基，和由于地层土性、使用条件等因素不宜考虑承台效应时，基桩竖向承载力的特征值取单桩竖向承载力特征值，$R=R_{cr}$。

(2)对于符合下列条件之一的摩擦型桩基，宜考虑承台效应确定其复合基桩的竖向承载力特征值：

1)上部结构整体刚度较好，体型简单的建(构)筑物；

2)对差异沉降适应性较强的排架结构和柔性构筑物；

3)按变刚度调平原则设计的桩基础刚度相对弱化区；

4)软土地基的减沉复合疏桩基础。

具体计算方法如下。

当不考虑地震作用时，

$$R = R_a + \eta_c f_{ak} A_c \tag{19-4}$$

当考虑地震作用时，

$$R = R_a + \frac{\zeta_a}{1.25}\eta_c f_{ak} A_c \tag{19-5}$$

式中，η_c 为承台效应系数，可按表19-10取值，当计算桩为非正方形排列时，$S_a=\sqrt{A/n}$，A 为承台计算域面积，n 为桩数。当承台底为可液化土、湿陷性土、高灵敏度软土、欠固结土、新填土时，成桩引起超孔隙水压力和土体隆起时，不考虑承台效应，取 $\eta_c=0$；f_{ak} 为承台下1/2承台宽度且不超过5m深度范围内地基承载力特征值的厚度加权平均值；A_c 为计算基桩所对应的承台底净面积；$A_c=(A-nA_{ps})/n$，A_{ps} 为桩身截面面积，A 为承台计算域面积。对于柱下独立基础，A 为承台面积；对于桩筏基础，A 为柱、墙筏板的1/2跨距和悬臂边2.5倍筏板厚度所围成的面积；按集中布置于单片墙下的桩筏基础，取墙两边各1/2跨距围成的面积，按条基计算 η_c；ζ_a 为地基抗震承载力调整系数，按现行《建筑抗震设计规范》(GB50011—

2001)采用。

表 19－10　承台效应系数 η_c 表

B_c/l \ S_a/d	3	4	5	6	>6
≤0.4	0.06～0.08	0.14～0.17	0.22～0.26	0.32～0.38	0.50～0.80
0.4～0.8	0.08～0.10	0.17～0.20	0.26～0.30	0.38～0.44	
>0.8	0.10～0.12	0.20～0.22	0.30～0.34	0.44～0.50	
单排桩条形承台	0.15～0.18	0.25～0.30	0.38～0.45	0.50～0.60	

注：①表中 S_a/d 为桩中心距与桩径之比；B_c/l 为承台宽度与桩长之比。当计算基桩为非正方形排列时，$S_a=\sqrt{A/n}$，A 为承台计算域面积，n 为总桩数。

②对于桩布置于墙下的箱、筏承台，η_c 可按单排桩条基取值。

③对于单排桩条形承台，当承台宽度小于 1.5d 时，η_c 按非条形承台取值。

④对于采用后注浆灌注桩的承台，η_c 宜取低值。

⑤对于饱和黏性土中的挤土桩基、软土地基上的桩基承台，η_c 宜取低值的 0.8 倍。

第二十章　桩基的沉降

在竖向荷载作用下，桩基础的沉降变形是桩、承台、地基土之间相互影响的结果，由于地基土的复杂性以及成桩工艺、桩型及布桩方式的多样性，桩基沉降是一个比较复杂的问题，目前已有很多有关桩基础沉降计算的方法，但都有各自的适用范围和局限性。

桩基的沉降计算包括单桩沉降计算和群桩沉降计算两个内容。

第一节　单桩的沉降

单桩受到桩顶荷载作用后，其沉降主要由桩身压缩、桩侧阻力传递到桩端下土体压缩产生的桩端沉降、桩端荷载引起桩端下土体压缩所产生的桩端沉降几部分组成。

目前，单桩沉降分析方法主要有：荷载传递法、弹性理论法、剪切变形法、有限元法以及其他一些简化方法。本书介绍荷载传递法、剪切变形法和规范方法。

一、荷载传递法

荷载传递法也称传递函数法，由 Seed 等最先提出。其基本概念就是把桩划分为许多的弹性单元，每一单元与土体之间用非线性弹簧联系（图 20－1），以模拟桩-土界面间的荷载传递关系。桩端阻力也同样以非线性弹簧来模拟。这些非线性弹簧的应力应变关系表示桩侧阻力 τ（桩端阻力 σ）与剪切位移（桩端沉降）s 之间的关系，这些关系即为传递函数。

如图 20－1 所示。由桩体任一单元体的静力平衡条件，有

$$\frac{\mathrm{d}Q(z)}{\mathrm{d}z}=-U\tau(z) \qquad (20-1)$$

式中，U 为桩截面周长，m。

桩单元体产生的弹性压缩为

$$\mathrm{d}s=-\frac{Q(z)\mathrm{d}z}{E_{\mathrm{p}}A_{\mathrm{p}}} \qquad (20-2)$$

式中，A_{p} 为桩的截面积，m^2；E_{p} 为桩的弹性模量，MPa。

联立式(20－1)和式(20－2)，可以得到

$$\frac{\mathrm{d}^2 s}{\mathrm{d}z^2}=\frac{U}{E_{\mathrm{p}}A_{\mathrm{p}}}\tau(z) \qquad (20-3)$$

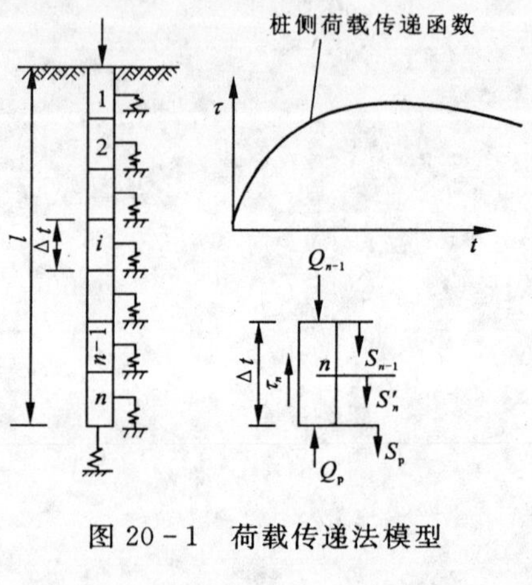

图 20－1　荷载传递法模型

式(20－3)即为传递函数法的基本微分方程。求解该方程可解得桩顶荷载与沉降关系曲线、桩身荷载沿桩身的分布曲线和桩侧摩阻力沿桩身的分布曲线。根据微分方程求解途径的不同，荷载传递法可分为位移协调法和解析法等。

二、剪切变形法

剪切变形法的桩身荷载传递模型如图 20－2 所示。

剪切变形法的基本假定为：

1)桩土间不产生相对位移；

2)桩侧土体上下层之间没有相互作用；

3)忽略桩端阻力，即假定桩的沉降主要是由桩侧荷载传递而引起的。

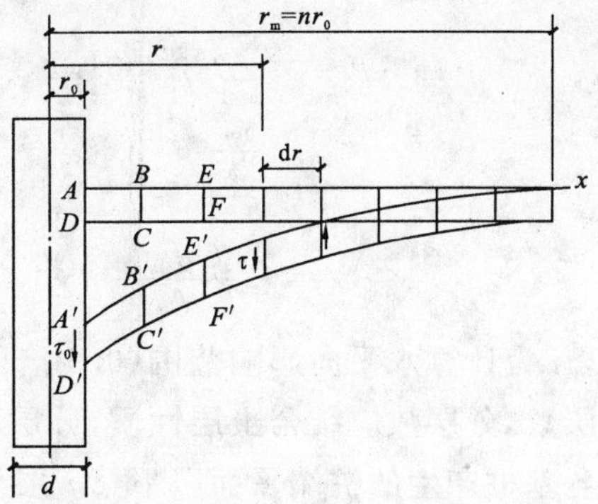

图 20－2　剪切变形法的桩身荷载传递模型

在图 20－2 中，分析沿桩侧的环行土单元 $ABCD$，当桩发生沉降 s 后，土单元也随之沉降，并发生剪切变形到 $A'B'C'D'$ 位置，并将剪应力传递给邻近单元 $B'C'F'E'$，这个传递过程连续地沿径向向外传递，传递到 x 点(距离桩中心轴 r_m 处)，在 x 点处剪应变已很小，可忽略不计。假设所发生的剪应变为弹性性质，即剪应力与剪应变成正比关系。

在距桩轴 r 处土单元的竖向位移为 s，水平位移很小，可忽略不计，则土单元的剪应变 $\gamma=\dfrac{\mathrm{d}s}{\mathrm{d}r}$，其剪应力 τ 为

$$\tau = G_s \frac{\mathrm{d}s}{\mathrm{d}r} \tag{20-4}$$

式中，G_s 为土的剪切模量。

如土单元长度为 a，桩侧阻力为 q_s，桩半径为 r_0，则根据平衡条件，有

$$2\pi r_0 a\, q_s = 2\pi r a \tau \tag{20-5}$$

即

$$\tau = \frac{r_0}{r} q_s \tag{20-6}$$

由式(20－4)与式(20－6)有

$$\mathrm{d}s = \frac{\tau}{G_s}\mathrm{d}r = \frac{\tau_0 r_0}{G_s}\frac{\mathrm{d}r}{r} \tag{20-7}$$

将式(20－7)积分，可得桩侧沉降计算公式为

$$S_s = \frac{\tau_0 r_0}{G_s}\int_{r_0}^{r_m}\frac{\mathrm{d}r}{r} = \frac{\tau_0 r_0}{G_s}\ln\frac{r_m}{r_0} \tag{20-8}$$

其中，r_m 的取值有多种，通常认为 Randolph 的结论即 $r_m=2.5L\rho(1-\nu_s)$ 比较合理。

三、《建筑桩基技术规范》(JGJ94—2008)方法

《建筑桩基技术规范》(JGJ94—2008)根据产生沉降的不同原因，采用不同的应力计算方法，桩产生的附加应力用考虑桩径影响的 Mindlin 解，承台底压力引起的附加应力用 Boussinesq 解，取二者叠加，按单向压缩分层总和法计算该点的沉降量；当承台底土不具备分担荷载条件时，按 $\sigma_{zci}=0$ 计算。沉降量计入桩身压缩量 s_e。

单桩最终沉降量计算公式如下

$$s = \psi\sum_{i=1}^{n}\frac{\sigma_{zi}+\sigma_{zci}}{E_{si}}\Delta z_i + s_e \tag{20-9}$$

$$\sigma_{zi} = \sum_{j=1}^{m} \frac{Q_j}{l_j^2}[\alpha_j I_{p,ij} + (1-\alpha_j) I_{s,ij}] \tag{20-10}$$

$$\sigma_{zci} = \sum_{k=1}^{u} \alpha_{ki} \cdot p_{ck} \tag{20-11}$$

$$s_e = \xi_e \frac{Q_j l_j}{E_c A_{ps}} \tag{20-12}$$

式中，m 为计算水平向影响范围(0.6 倍桩长)内的基桩数；n 为沉降计算深度范围内土层的计算分层数，分层数应结合土层性质，分层厚度不应超过计算深度的 0.3 倍；σ_{zi} 为计算点影响范围内各基桩产生的桩端平面以下第 i 层土 1/2 厚度处附加应力之和；σ_{zci} 为承台压力对沉降计算点桩端平面以下第 i 计算土层 1/2 厚度处产生的应力，将承台划分为 u 个矩形，按角点法确定后叠加；Δz_i 为第 i 计算土层厚度，m；E_{si} 为第 i 计算土层压缩模量，MPa，采用土的自重应力至土的自重应力加附加应力作用时的压缩模量；Q_j 为第 j 桩在荷载效应准永久组合作用下，桩顶的附加荷载，kN，当地下室埋深超过 5m 时，取荷载效应准永久组合作用下的总荷载为考虑回弹再压缩的等代附加荷载；l_j 为第 j 桩桩长，m；A_{ps} 为桩身截面面积，m^2；α_j 为第 j 桩总桩端阻力与桩顶荷载之比，近似取极限总端阻力与单桩极限承载力之比；$I_{p,ij}$，$I_{s,ij}$ 分别为第 j 桩的桩端阻力和桩侧阻力对计算轴线第 i 计算土层 1/2 厚度处的应力影响系数，按规范相关表格取值；E_c 为桩身混凝土的弹性模量，MPa；p_{ck} 为第 k 块承台底均布压力，kPa，$p_{ck} = \eta_{ck} \cdot f_{ak}$，其中 η_{ck} 为第 k 块承台底板的承台效应系数，按表 19－10 确定；f_{ak} 为承台底地基承载力特征值；α_{ki} 为第 k 块承台底角点处，桩端平面以下第 i 计算土层 1/2 厚度处的附加应力系数；s_e 为计算桩身的压缩量，mm；ξ_e 为桩身压缩系数，端承型桩，取 $\xi_e = 1.0$，摩擦型桩，当 $l/d \leqslant 30$ 时，取 $\xi_e = 2/3$，当 $l/d \geqslant 50$ 时，取 $\xi_e = 1/2$，介于两者之间可线性插值；ψ 为沉降计算经验系数，当无当地经验时，可取 1.0。

单桩最终沉降量的计算深度，可按应力比法确定如下

$$\sigma_z + \sigma_{zc} = 0.2\sigma_c \tag{20-13}$$

式中，σ_z、σ_{zc} 为计算深度 z_n 处的附加应力，kPa；σ_c 为土的自重应力，kPa。

第二节 群桩的沉降

群桩沉降及其性状同单桩有明显不同，它涉及到众多因素，包括群桩几何尺寸(如桩间距、桩长、桩数、桩基础宽度与桩长的比值等)，成桩工艺，土的类别与性质，土层剖面的变化，荷载的大小，荷载的持续时间以及承台设置方式等。

一般情况下，群桩比单桩沉降大得多；群桩中各桩荷载相同时，群桩沉降随桩数增加而增加；桩间距愈大，群桩沉降愈小。

《建筑桩基技术规范》(JGJ94—2008)采用等效作用分层总和法进行计算。该方法采用群桩的 Mindlin 位移解与实体深基础的 Boussinesq 解的比值来修正实体深基础的基底附加应力，然后按分层总和法计算群桩沉降，该方法适用于桩距小于和等于 $6d$ 的群桩基础。

等效作用分层总和法假定群桩基础为一假想的实体基础(图 20－3)，不考虑桩基础的侧面应力扩散作用。将承台底面的长与宽看作实体基础的长和宽，即实体基础的基底边长取承台底面边长(A_c、B_c)；而且作用在实体基础桩端面等效作用面上的附加应力近似取为承台底

的平均附加应力；等效作用面以下的应力分布采用各向同性均质直线的变形理论，桩基最终沉降量可用角点法按下式计算

$$s=\psi\psi_e s'=\psi\psi_e\sum_{j=1}^{m}p_{0j}\sum_{i=1}^{n}\frac{z_{ij}\bar{\alpha}_{ij}-z_{(i-1)j}\bar{\alpha}_{(i-1)j}}{E_{si}} \qquad (20-14)$$

式中，s 为桩基最终沉降量，mm；s' 为按分层总和法计算出的桩基沉降量，mm；ψ 为桩基沉降计算经验系数，当无当地可靠经验，可按表 20－1 取值，对于采用后注浆施工工艺的灌注桩，桩基沉降计算经验系数应乘以 0.8 折减系数，饱和土中采用预制桩(不含复打、复压、引孔沉桩)时，应根据桩距、土质、成桩速率和顺序等因素，乘以 1.3～1.8 挤土效应系数；ψ_e 为桩基等效沉降系数，$\psi_e=C_0+\dfrac{n_b-1}{C_1(n_b-1)+C_2}$，其中，$n_b$ 为矩形布桩时的短边布桩数，当布桩不规则时，$n_b=\sqrt{n\cdot B_c/L_c}$，$n_b>1$，当 $n_b=1$ 时，按式(20-9)计算；L_c、B_c、n 分别为矩形承台长、宽及总桩数；C_0、C_1、C_2 是根据群桩的 S_a/d、l/d 及 L_c/B_c 值确定的参数值，规范中有专门表格查阅；m 为角点法计算点对应的矩形荷载分块数；p_{0j} 为角点法计算点对应的第 j 块矩形底面长期效应组合的附加压力，kPa；n 为桩基沉降计算深度范围内所划分的土层数；E_{si} 为等效作用地面以下第 i 层土的压缩模量，MPa，用地基土在自重压力至自重压力加附加压力作用下的压缩模量；z_{ij}、$z_{(i-1)j}$ 为桩端平面第 j 块荷载至第 i 层土、第 $i-1$ 层土底面的距离，m；$\bar{\alpha}_{ij}$、$\bar{\alpha}_{(i-1)j}$ 为桩端平面第 j 块荷载计算点至第 i 层土、第 $i-1$ 层土底面深度范围内的平均附加应力系数，可以查相关表格得到。

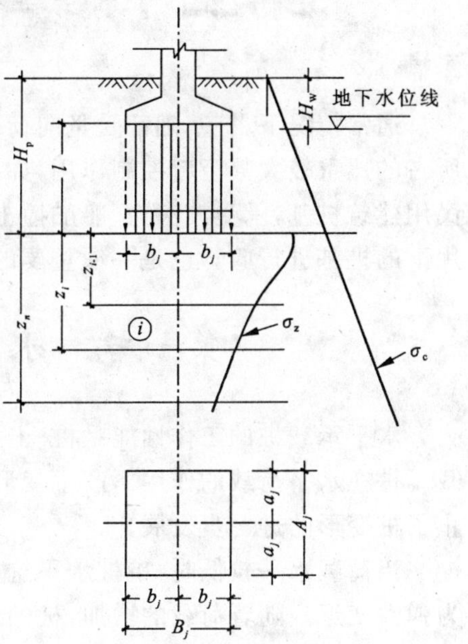

图 20－3　桩基沉降计算模式

计算时，按应力比法确定地基沉降计算深度，即 z_n 处附加应力 σ_z 与土的自重应力 σ_c 应符合下式要求

$$\sigma_z=0.2\sigma_c \qquad (20-15)$$

$$\sigma_z=\sum_{j=1}^{m}\alpha'_j p_{0j} \qquad (20-16)$$

式中，α'_j 为附加应力系数，按角点法划分的矩形长宽比及深宽比查附加应力系数表求得。

对于桩距大于 $6d$ 的群桩基础或单排桩和疏桩复合桩基的沉降采用与单桩沉降相同的计算方法。

表 20－1　桩基沉降计算经验系数 ψ 表

$\bar{E}_s$/MPa	≤10	15	20	35	≥50
ψ	1.2	0.9	0.65	0.50	0.40

注：①$\bar{E}_s$ 为沉降计算深度范围内压缩模量的当量值，可按下式计算：$\bar{E}_s=\sum A_i/\sum\dfrac{A_i}{E_{si}}$，式中 A_i 为第 i 层土附加压力系数沿土层厚度的积分值，可近似按分块面积计算。

②ψ 可根据 $\bar{E}_s$ 内插取值。

第二十一章　桩基水平承载力

通常情况下,桩基础都受竖向荷载、水平荷载以及力矩的共同作用,在有些情况下,水平力所占的比重较大甚至起控制作用,如挡土桩,承受吊车荷载、风荷载等较大水平荷载的工业与民用建筑桩基,承受波浪力、船舶撞击力以及汽车制动力等的桥梁桩基础。因此,对水平力作用下的桩基进行验算也是一项重要的工作。

第一节　水平荷载下单桩的承载性状

水平承载桩的工作性能是桩-土相互作用的结果,主要是通过桩周土的抗力来承担水平荷载。桩在水平荷载的作用下产生变形,使桩周土发生相应的变形而产生抗力,而这一抗力又阻止了桩变形的进一步发展。

当荷载水平较低时,单桩水平抗力主要由靠近地面的桩周土提供,而且土的变形主要表现为弹性变形。随着荷载的增加,桩的水平变形增大,地表土逐渐屈服呈塑性状态,从而使水平荷载向更深的土层传递,当变形增大到桩所不能允许的程度,即出现桩身破坏或桩周土失稳现象,则单桩水平承载力达到极限。

桩土体系的这一相互作用性状与桩土相对刚度密切相关,一般根据桩土相对刚度可将水平受荷桩分为两类:刚性桩和柔性桩。

刚性桩:当桩径较大、桩的入土深度较小及土质较差时,桩的抗弯刚度大大超过地基刚度。在水平力的作用下,桩身如刚体一样围绕桩轴上某点转动。此时可将桩视为刚性桩,其水平承载力一般由桩侧土的强度控制。

柔性桩:当桩径较小、桩的入土深度较大及地基较密实时,桩犹如竖放在地基中的弹性地基梁一般,在水平荷载及桩周土的共同作用下,桩的变形呈波状曲线,并沿着桩长向深处逐渐变小。此时可将桩视为柔性桩,其水平承载力由桩身材料的抗弯强度和侧向土抗力控制。

桩土相对刚度的直接物理意义是反映桩的刚性特征与土的刚性特征之间的相对关系。对于水平地基系数沿深度为常数的地基,桩的相对刚度系数 T 为

$$T=\sqrt[4]{\frac{4EI}{k_{h}B}} \tag{21-1}$$

对水平地基系数随深度线性增加的地基,桩的相对刚度系数 T 为

$$T=\sqrt[5]{\frac{EI}{mb_{0}}} \tag{21-2}$$

式中,k_h 为沿深度不变的水平地基反力系数,kN/m³;m 为桩侧土水平抗力系数随深度增加的比例系数,kN/m⁴;E 为桩的弹性模量,kN/m²;I 为桩的惯性矩,m⁴;B 为桩受力面宽度或桩径,m;b_0 为考虑桩周土空间受力的计算宽度,m。

一般将桩长 $L<4.0T$ 的桩视为刚性桩,将桩长 $L\geqslant4.0T$ 的桩视为柔性桩。

第二节　单桩在水平荷载作用下的内力分析

单桩在水平荷载作用下的分析方法主要有弹性地基反力法、弹性理论法、极限平衡法、有限元法等，其中弹性地基反力法应用最广泛。弹性地基反力法是计算弹性长桩最常用的方法，该方法假定土为弹性体，用梁的弯曲理论来求桩的水平抗力。本节仅对该方法进行介绍。

弹性长桩在水平力的作用下可视为线弹性地基上一个下端嵌固的竖向的梁，其水平承载力的大小主要是由桩身材料的抗弯强度所控制，而不是由地基土的抗力所控制。

弹性地基反力法假定竖直桩全部埋入土中，在断面主平面内，地表面桩顶处作用垂直桩轴线的水平力 H_0 和外力矩 M_0。如图 21-1 所示。

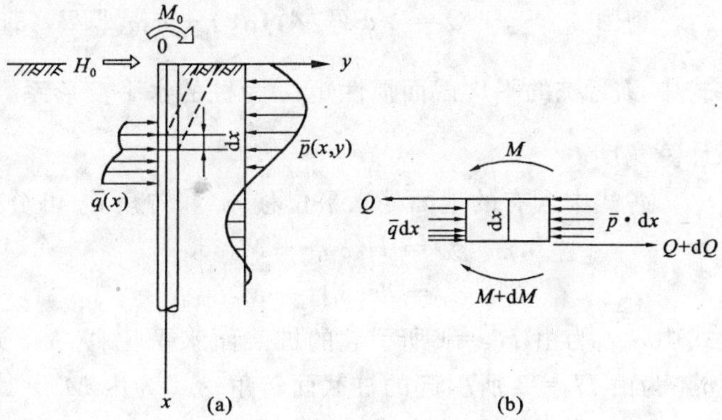

图 21-1　弹性地基反力法受力图

通过分析，可导得弯曲微分方程为

$$\left.\begin{aligned} EI\frac{d^4y}{dx^4}+Bp(x,y)=0 \\ p(x,y)=k(x)y^n \end{aligned}\right\} \qquad (21-3)$$

式中，$p(x,y)$为单位面积上的桩侧土抗力，kPa；y 为水平变位，mm；x 为地面以下的深度，m；B 为桩的宽度或桩径，m。

根据 n 和 k 的取值不同，弹性地基反力法又分为很多类，如图 21-2 所示。其中，应用最为广泛的是 m 法。

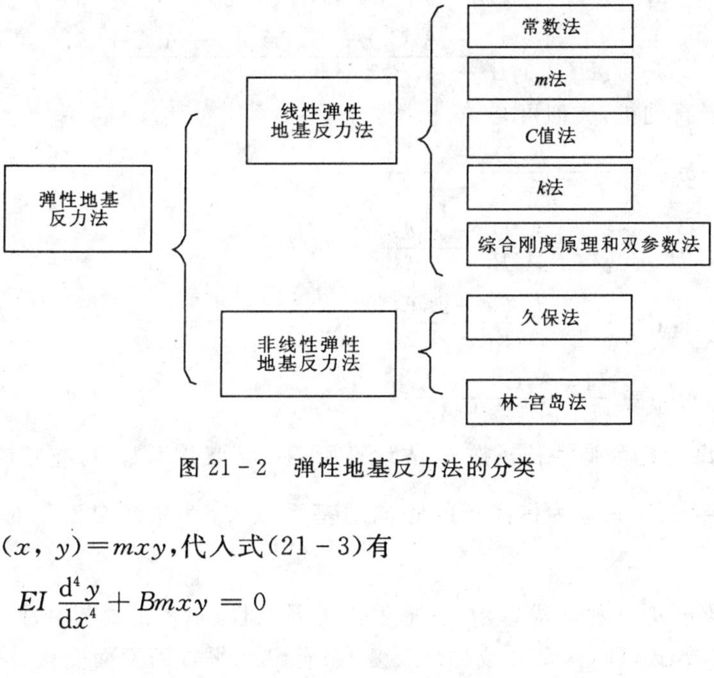

图 21-2　弹性地基反力法的分类

在 m 法中，$p(x,y)=mxy$，代入式(21-3)有

$$EI\frac{d^4y}{dx^4}+Bmxy=0 \qquad (21-4)$$

若已知

$$[y]_{x=0}=y_0,\left[\frac{\mathrm{d}y}{\mathrm{d}x}\right]_{x=0}=\varphi_0,\left[EI\frac{\mathrm{d}^2y}{\mathrm{d}x^2}\right]_{x=0}=M_0,\left[EI\frac{\mathrm{d}^3y}{\mathrm{d}x^3}\right]_{x=0}=Q_0$$

对式(21-4)求解，可得

位移 $$y=y_0A_1(\alpha x)+\frac{\varphi_0}{\alpha}B_1(\alpha x)+\frac{M_0}{\alpha^2EI}C_1(\alpha x)+\frac{Q_0}{\alpha^3EI}D_1(\alpha x) \tag{21-5}$$

转角 $$\varphi=\alpha y_0A_2(\alpha x)+\varphi_0B_2(\alpha x)+\frac{M_0}{\alpha EI}C_2(\alpha x)+\frac{Q_0}{\alpha^2EI}D_2(\alpha x) \tag{21-6}$$

弯矩 $$M=\alpha^2EIy_0A_3(\alpha x)+\varphi_0\alpha EIB_3(\alpha x)+M_0C_3(\alpha x)+\frac{Q_0}{\alpha}D_3(\alpha x) \tag{21-7}$$

剪力 $$Q=\alpha^3EIy_0A_4(\alpha x)+\varphi_0\alpha^2EIB_3(\alpha x)+M_0\alpha C_3(\alpha x)+Q_0D_3(\alpha x) \tag{21-8}$$

式中，I 为桩的平均截面惯性矩；α 为桩的水平变形系数，$\alpha=\dfrac{1}{T}=\sqrt[5]{\dfrac{mb_0}{EI}}$；$b_0$ 为桩侧土抗力的计算宽度。

各式中含有的地面处水平位移 y_0 和转角 φ_0 可分别由下两式求得

$$y_0=H_0\delta_{\mathrm{HH}}+M_0\delta_{\mathrm{HM}} \tag{21-9}$$

$$\varphi_0=H_0\delta_{\mathrm{MH}}+M_0\delta_{\mathrm{MM}} \tag{21-10}$$

式中，δ_{HH}为由 $H_0=1$ 所引起的桩截面水平位移；δ_{HM}为由 $M_0=1$ 所引起的桩截面水平位移；δ_{MH}为由 $H_0=1$ 所引起的桩截面转角；δ_{MM}为由 $M_0=1$ 所引起的桩截面转角。

对于顶端自由，当桩底支承于非岩石类土或基岩上时，可得到上述系数

$$\delta_{\mathrm{HH}}=\frac{1}{\alpha^3EI}\frac{(B_3D_4-B_4D_3)+K_{\mathrm{h}}(B_2D_4-B_4D_2)}{(A_3B_4-A_4B_3)+K_{\mathrm{h}}(A_2B_4-A_4B_2)} \tag{21-11}$$

$$\delta_{\mathrm{MH}}=\frac{1}{\alpha^2EI}\frac{(A_3D_4-A_4D_3)+K_{\mathrm{h}}(A_2D_4-A_4D_2)}{(A_3B_4-A_4B_3)+K_{\mathrm{h}}(A_2B_4-A_4B_2)} \tag{21-12}$$

$$\delta_{\mathrm{HM}}=\frac{1}{\alpha^2EI}\frac{(B_3C_4-B_4C_3)+K_{\mathrm{h}}(B_2C_4-B_4C_2)}{(A_3B_4-A_4B_3)+K_{\mathrm{h}}(A_2B_4-A_4B_2)} \tag{21-13}$$

$$\delta_{\mathrm{MM}}=\frac{1}{\alpha EI}\frac{(A_3C_4-A_4C_3)+K_{\mathrm{h}}(A_2C_4-A_4C_2)}{(A_3B_4-A_4B_3)+K_{\mathrm{h}}(A_2B_4-A_4B_2)} \tag{21-14}$$

对于嵌固于岩石的桩，类似可得

$$\delta_{\mathrm{HH}}=\frac{1}{\alpha^3EI}\frac{B_2D_1-B_1D_2}{A_2B_1-A_1B_2} \tag{21-15}$$

$$\delta_{\mathrm{MH}}=\frac{1}{\alpha^2EI}\frac{A_2D_1-A_1D_2}{A_2B_1-A_1B_2} \tag{21-16}$$

$$\delta_{\mathrm{HM}}=\frac{1}{\alpha^2EI}\frac{B_2C_1-B_1C_2}{A_2B_1-A_1B_2} \tag{21-17}$$

$$\delta_{\mathrm{MM}}=\frac{1}{\alpha EI}\frac{A_2C_1-A_1C_2}{A_2B_1-A_1B_2} \tag{21-18}$$

式中，各 A、B、C、D 分别为弹性长桩按 m 法计算所用的无量纲系数，可查相应的表格得到；K_{h} 为刚度系数，$K_{\mathrm{h}}=\dfrac{C_0I_0}{\alpha EI}$；$C_0$ 为桩底土的竖向地基系数；I_0 为桩底全面积对截面质心的惯性矩。

地基反力系数 m 是一种计算参数，它随着土类及其性质、桩的材料和刚度、桩的水平位移值大小和荷载作用方式（静力、动力或循环反复）及荷载水平等因素而变化。我国目前对 m 值

的取值各部门规范有不同的规定，均是根据试验资料得出。

第三节　水平荷载下桩基承载力的确定

（一）水平荷载下单桩承载力的确定

单桩的水平承载力不仅取决于桩侧土质条件，还受到桩的材料强度、截面刚度、入土深度、桩侧土质条件与桩端的约束条件等诸多因素的影响。在确定桩的水平承载力时，必须考虑桩土体系的变形条件。所以，确定桩的水平承载力要比确定轴向承载力复杂得多。

根据《建筑桩基技术规范》(JGJ94—2008)，单桩的水平承载力特征值可按以下方式确定。

(1)对于受水平荷载较大的设计等级为甲级、乙级的建筑桩基，单桩水平承载力特征值应通过单桩水平静载试验确定，试验方法可按现行《建筑基桩检测技术规范》(JGJ106—2003)执行。

(2)对于钢筋混凝土预制桩、钢桩、桩身正截面配筋率不小于0.65%的灌注桩，可根据静载试验结果取地面处水平位移为10mm(对于水平位移敏感的建筑物取水平位移6mm)所对应的荷载的75%为单桩水平承载力特征值。

(3)对于桩身配筋率小于0.65%的灌注桩，可取单桩水平静载试验的临界荷载的75%为单桩水平承载力特征值。

(4)当缺少单桩水平静载试验资料时，可按下式估算桩身配筋率小于0.65%的灌注单桩水平承载力特征值

$$R_{ha} = \frac{0.75\alpha\gamma_m f_t W_0}{\nu_m}(1.25 + 22\rho_g)\left(1 \pm \frac{\zeta_N N}{\gamma_m f_t A_n}\right) \tag{21-19}$$

式中，±号根据竖向力性质确定，压力取“+”，拉力取“−”；R_{ha}为单桩水平承载力特征值，kN；γ_m为桩截面模型塑性系数，圆形截面$\gamma_m=2$，矩形截面$\gamma_m=1.75$；f_t为桩身混凝土抗拉强度设计值，MPa；W_0为桩身换算截面受拉边缘的截面模量，m^3，对圆形截面，$W_0=\frac{\pi d}{32}[d^2+2(\alpha_E-1)\rho_g d_0^2]$，对方形截面，$W_0=\frac{b}{6}[b^2+2(\alpha_E-1)\rho_g b_0^2]$；$d_0$为扣除保护层的桩直径，m；$b$为方形截面边长，m；$b_0$为扣除保护层的桩截面宽度，m；$\alpha_E$为钢筋弹性模量与混凝土弹性模量的比值；$\nu_m$为桩身最大弯矩系数，按表21-2取值，单桩基础和单排桩基纵向轴线与水平力方向相垂直的情况，按桩顶铰接考虑；ρ_g为桩身配筋率；A_n为桩身换算截面积，m^2，圆形截面$A_n=\frac{\pi d^2}{4}[1+(\alpha_E-1)\rho_g]$，方形截面$A_n=b^2[1+(\alpha_E-1)\rho_g]$；$\zeta_N$为桩顶竖向力影响系数，竖向压力取0.5，竖向拉力取1.0；N为在荷载效应标准组合下桩顶的竖向力，kN。

(5)当桩的水平承载力由水平位移控制，且缺少单桩水平静载试验资料时，可按下式估算预制桩、钢桩及桩身配筋率不小于0.65%的灌注桩单桩水平承载力特征值。

$$R_{ha} = \frac{\alpha^3 EI}{\nu_x} x_{0a}$$

式中，EI为桩身抗弯刚度，对于钢筋混凝土桩，$EI=0.85E_c I_0$；I_0为桩身换算截面惯性矩，对圆形截面，$I_0=W_0 d_0/2$，对矩形截面，$I_0=W_0 b_0/2$；x_{0a}为桩顶允许水平位移；ν_x为桩顶水平位移系数，按表21-1取值。

表 21-1 桩顶(身)最大弯矩系数 ν_m 和桩顶水平位移系数 ν_x

桩顶约束情况	桩的换算埋深(αh)	ν_m	ν_x
铰接、自由	4.0	0.768	2.441
	3.5	0.750	2.502
	3.0	0.703	2.727
	2.8	0.675	2.905
	2.6	0.639	3.163
	2.4	0.601	3.526
固　结	4.0	0.926	0.940
	3.5	0.934	0.970
	3.0	0.967	1.028
	2.8	0.990	1.055
	2.6	1.018	1.097
	2.4	1.045	1.095

注:①铰接(自由)的 ν_m 系桩身的最大弯矩系数,固结的 ν_m 系桩顶的最大弯矩系数。

②当 $\alpha h>4$ 时,取 $\alpha h=4.0$。

(二)水平荷载下群桩承载力的确定

群桩在水平力作用下的承载性状受到桩距、桩数、桩在地面以下的深度、桩顶嵌固的影响、受荷方式、排桩中各桩受力的不均匀性等多方面因素的影响。群桩基础(不含水平力垂直于单排桩基纵向轴线和力矩较大的情况)的基桩水平承载特征值应考虑由承台、桩群、土相互作用产生的群桩效应,可按下面公式计算。

(1)考虑地震作用且 $s_a/d\leqslant6$ 时,

$$\eta_h=\eta_i\eta_r+\eta_l \tag{21-20}$$

$$\eta_i=\frac{\left(\frac{s_a}{d}\right)^{0.015n_2+0.45}}{0.15n_1+0.10n_2+1.9} \tag{21-21}$$

$$\eta_l=\frac{mx_{0a}B'_ch_c^2}{2n_1n_2R_{ha}} \tag{21-22}$$

$$x_{0a}=\frac{R_{ha}\upsilon_s}{\alpha^3EI} \tag{21-23}$$

(2)其他情况时,

$$\eta_h=\eta_i\eta_r+\eta_f+\eta_b \tag{21-24}$$

$$\eta_b=\frac{\mu P_c}{n_1n_2R_h} \tag{21-25}$$

式中,η_h 为群桩效应综合系数;η_l 为桩的相互影响效应系数;η_r 为桩顶约束效应系数(桩顶嵌入承台长度 50~100mm 时),按表 21-2 取值;η_f 为承台侧向土抗力效应系数(承台侧面回填土为松散状态时,取 $\eta_f=0$);η_b 为承台底摩阻效应系数;s_a/d 为沿水平荷载方向的距径比;n_1、n_2 分别为沿水平荷载方向与垂直水平荷载方向每排桩中的桩数;m 为承台侧面土水平抗力系数的比例系数，当无试验资料时，可按表 21－3 取值；x_{0a} 为桩顶（承台）的水平位移允许值，当以位移控制时，可取 $x_{0a}=10mm$（对水平位移敏感的结构物取 $x_{0a}=6mm$），当以桩身强度控制（低配筋率灌注桩）时，可近似按式（21－23）确定；B'_c 为承台受侧向土抗力一边的计算宽度，$B'_c=B_c+1$，m，B_c 为承台宽度；h_c 为承台高度，m；μ 为承台底与基土间的摩擦系数，可按表 21－4 取值；P_c 为承台底地基土分担的竖向总荷载标准值，$P_c=\eta_c f_{ak}(A-nA_{ps})$，其中，$A$ 为承台总面积，m^2；A_{ps} 为桩身截面面积，m^2。

表 21－2　桩顶约束效应系数 η_r

换算深度 αh	2.4	2.6	2.8	3.0	3.5	≥4.0
位移控制	2.58	2.34	2.20	2.13	2.07	2.05
强度控制	1.44	1.57	1.71	1.82	2.00	2.07

表 21－3　地基土水平抗力系数的比例系数 m 值

序号	地基土类别	预制桩、钢桩		灌注桩	
		m/(MN/m⁴)	相应单桩在地面处水平位移/mm	m/(MN/m⁴)	相应单桩在地面处水平位移/mm
1	淤泥：淤泥质土；饱和湿陷性黄土	2～4.5	10	2.5～6	6～12
2	流塑（$I_L>1$）、软塑（$0.75<I_L\leqslant1$）状黏性土，$e>0.9$ 粉土；松散粉细砂，松散、稍密填土	4.5～6.0	10	6～14	4～8
3	可塑（$0.25<I_L\leqslant0.75$）状黏性土，湿陷性黄土，$e=0.75\sim0.9$ 粉土，中密填土，稍密细砂	6.0～10	10	14～35	3～6
4	硬塑（$0<I_L\leqslant0.25$）、坚硬（$I_L\leqslant0$）状黏性土、湿陷性黄土，$e<0.75$ 粉土，中密的中粗砂，密实老填土	10～22	10	35～100	2～5
5	中密、密实的砂砾，碎石类土			100～300	1.5～3

注：①当桩顶水平位移大于表列数值或灌注桩配筋率较高（≥0.65%）时，m 值应适当降低；当预制桩的水平向位移小于 10mm 时，m 值可适当提高。

②当水平荷载为长期或经常出现的荷载时，应将表列数值乘以 0.4 降低采用。

③当地基为可液化土层时，应将表列数值乘以土层液化折减系数 ψ_L。

表 21－4　承台底与基土间摩擦系数 μ 值

土的类别		摩擦系数 μ 值
黏性土	可塑	0.25～0.30
	硬塑	0.30～0.35
	坚硬	0.35～0.45
粉土	密实	0.30～0.40
中砂、粗砂、砾砂		0.40～0.50
碎石土		0.40～0.60
软岩、软质岩		0.40～0.60
表面粗糙的较硬岩、坚硬岩		0.65～0.75

第二十二章 桩基础的设计

桩基础的设计一般可按下列步骤进行。

1)收集设计资料。进行调查研究、场地勘察,收集相关资料。

2)确定持力层。根据收集的资料,综合有关地质勘察情况、建筑物荷载、使用要求、上部结构条件等,确定桩基础持力层。

3)选择桩材,确定桩型、桩的断面形状及外形尺寸和构造,初步确定承台埋深。

4)确定单桩承载力特征值。

5)确定桩的数量并布桩,从而初步确定承台类型及尺寸。

6)验算单桩荷载,包括竖向荷载及水平荷载等。

7)验算群桩承载力,必要时验算桩基础的变形,桩基础承载力验算包括竖向和水平承载力,对有软弱下卧层的桩基,尚需验算软弱下卧层承载力。桩基础变形包括竖向沉降及水平位移等。

8)桩身内力分析及桩身结构设计等。

9)承台的抗弯、抗剪、抗冲切及抗裂等强度计算及结构设计等。

10)绘制桩基础结构施工图。

第一节 桩型、桩截面尺寸的选择与桩的布置

一、收集设计资料

资料的收集包括三个方面,即建筑物本身的资料,岩土工程勘察资料,场地、环境及施工技术条件等有关资料。

建筑物本身的资料包括建筑物类型,规模,使用要求,平面布置,结构类型,荷载,基础竖向、水平向承载力及位移要求,建筑安全等级,抗震设防烈度和建筑抗震类别等。

岩土工程勘察资料是进行桩基设计的重要依据,主要包括:岩土埋藏条件及物理力学性质,持力层及软弱下卧层的埋藏深度、厚度等情况,地下水的埋藏深度、变化情况,场地是否有不良地质作用及其危害程度,桩基设计参数的推荐值等。

场地、环境及施工技术条件资料也在较大程度上影响成桩工艺及桩型的选择,主要包括:建筑场地周围的平面布置,空中和地下设施管线分布,相邻建筑物基础的类型、埋深与安全等级,水、电和有关建筑材料的供应条件,周围环境对振动、噪声、地基水平位移等的敏感性及污水、泥浆的排放条件,废土的处理条件,成桩设备条件以及设备进出场地运输条件等。

二、桩型的选择

桩型与工艺的选择应根据建筑结构类型、荷载性质、桩的使用功能、穿越土层、桩端持力

层、地下水位、施工设备、施工环境、施工经验、制桩材料供应条件等，选择安全适用、经济合理的桩型和成桩工艺。通常，同一建筑物应尽可能采用相同类型的桩。

具体考虑的因素有以下几个方面。

1. 建筑物的性质和荷载

对于重要的建筑物和对不均匀沉降敏感的建筑物，要选择成桩质量稳定性好的桩型。对于荷载大的高、重建筑物，要选择单桩承载力较大的桩型，在有限平面范围内合理布置桩距、桩数。对于地震设防区或受其他动荷载的桩基，要考虑选用既能满足竖向承载力，又有利于提高横向承载力的桩型，还应考虑动荷载可能对桩基的影响。

2. 工程地质、水文地质条件

对坚实持力层，当埋深较浅时，应优先采用端承桩，包括扩底桩；当埋深较深时，则应根据单桩承载力的要求，选择恰当的长径比。持力层的土性也是桩型选择的重要依据，如对于松的砂性土，采用挤土桩更为有利，但挤土沉管灌注桩用于淤泥和淤泥质土层时，应局限于多层住宅桩基；当存在粉、细砂夹层时，采用预制桩应该慎重。

地下水位与地下水补给条件，是选择桩基施工方法时必须考虑的因素。对人工挖孔桩等，在成孔过程中是否会产生管涌、砂涌等现象；对挤土桩，在低渗透性的饱和软土中是否会引起挤土效应等都应予周密考虑。

3. 施工环境

挤土桩在施工过程中会引起挤土效应，可能导致周围建筑物的损坏。锤击预制桩由于振动和噪声等原因，不太适合在市区采用。采用泥浆护壁成孔工艺时，应具备泥浆制备、循环、沉淀的场地条件及排污条件。成桩设备进出场地和成孔过程所需要的空间尺寸在选择成桩方法时也必须予以考虑。

4. 技术经济等条件

各种类型的桩需要相应的施工设备和技术，因此选择成桩方法时因考虑施工技术条件的可行性，尽量利用现有条件。不同类型的桩在材料、人力、设备、能源等方面的消耗不同，应综合核算各项经济指标，选择较优的方案。

三、确定桩长

桩长的确定包括持力层的选择和进入持力层的深度两个方面。

选择持力层需要考虑的主要因素包括荷载条件、地质条件和施工工艺条件等。通常桩端持力层应选择承载力高、压缩性低的土层，同时还要考虑，如成桩过程中的中间层的穿透问题以及易液化或涌砂的土层、坚硬厚实的地下障碍物、较大的嵌岩深度等给施工带来的技术难题。

确定桩端进入持力层的深度需要考虑端阻的深度效应和持力层的稳定性。桩端全断面进入持力层的深度，对黏性土、粉土不宜小于 $2d$；砂类土不宜小于 $1.5d$；碎石类土不宜小于 $1d$。当存在软弱下卧层时，桩端以下硬持力层厚度不宜小于 $3d$；对于嵌入倾斜的完整和较完整岩的全断面深度不宜小于 $0.4d$ 且不小于 0.5m，倾斜度大于 30%的中风化岩，宜根据倾斜度及岩石完整性适当加大嵌岩深度；对于嵌入平整、完整的坚硬岩和较硬岩的深度不宜小于 $0.2d$ 且不小于 0.2m。

四、桩的布置

布桩是否合理，对桩的受力及承载力的充分发挥、减少沉降尤其是减少不均匀沉降具有重要的影响。

布桩的主要原则是：布桩要紧凑，尽量使桩基础的各桩受力比较均匀，增加群桩基础的抗弯能力。

桩的布置主要包括确定桩的中心距及桩的合理排列。排列基桩时，宜使桩群承载力合力点与竖向永久荷载合力作用点重合，并使基桩受水平力和力矩较大方向有较大抗弯截面模量。

基桩最小中心距的确定主要考虑两个因素：第一，有效发挥桩的承载力；第二，成桩工艺的影响。桩的中心距（桩距）过大，会增加承台的面积，增加造价；反之，桩距过小，给桩基的施工造成困难，如果是摩擦桩，还会出现应力重叠，使得桩的承载力不能得到充分发挥。所以，应根据土的类别、成桩工艺等确定最小中心距。通常应满足表 22-1 的要求，对大面积群桩，尤其是挤土桩，还应将表内数值适当增加。若采取可靠的减小挤土效应措施，可根据经验适当减少。

表 22-1　桩的最小中心距表

土类与成桩工艺		桩数不小于 3 排且桩数不小于 9 根的摩擦型桩基	其他情况
非挤土灌注桩		3.0d	3.0d
部分挤土桩		3.5d	3.0d
挤土桩	非饱和土	4.0d	3.5d
	饱和黏性土	4.5d	4.0d
钻、挖孔扩底桩		2D 或 D+2.0m（当 D>2m）	1.5D 或 D+1.5m（当 D>2m）
沉管夯扩、钻孔挤扩	非饱和	2.2D 且 4.0d	2.0D 且 3.5d
	饱和黏性土	2.5D 且 4.5d	2.2D 且 4.0d

注：①d 为圆桩直径或方桩边长，D 为扩大端设计直径。

②当纵横向桩距不相等时，其最小中心距应满足"其他情况"一栏的规定。

③当为端承型桩时，非挤土灌注桩的"其他情况"一栏可减小至 2.5d。

根据桩基础的形式及荷载要求，桩的平面布置成方形、三角形、梅花形等，对条形基础下的桩基，可采用单排或双排布置方式，如图 22-1 所示。

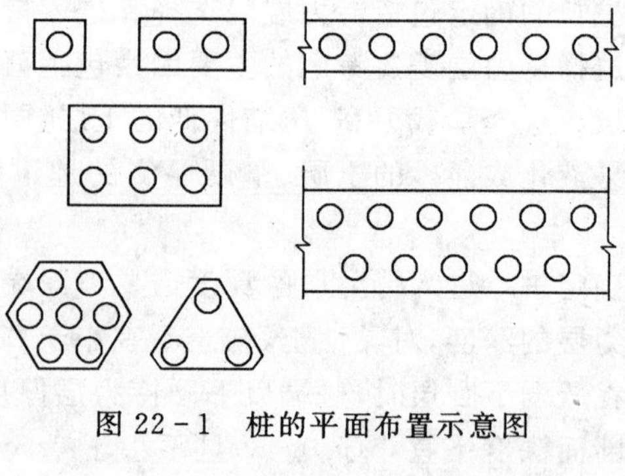

图 22-1　桩的平面布置示意图

第二节　桩基础的计算

一、桩基承载力及沉降验算

1. 竖向承载力的验算

根据《建筑桩基技术规范》(JGJ94—2008)，桩基竖向承载力应满足以下规定。

(1)对于荷载效应标准组合，轴心竖向力作用下，

$$N_k \leqslant R \tag{22-1}$$

偏心竖向力作用下除满足上式外，尚应满足下式要求

$$N_{k\,max} \leqslant 1.2R \tag{22-2}$$

(2)地震作用效应和荷载效应标准组合，轴心竖向力作用下，

$$N_{Ek} \leqslant 1.25R \tag{22-3}$$

偏心竖向力作用下除满足上式外，尚应满足下式要求

$$N_{Ek\,max} \leqslant 1.5R \tag{22-4}$$

式中，N_k 为在荷载效应标准组合轴心力竖向作用下，基桩或复合基桩的平均竖向力，kN；$N_{k\,max}$ 为在荷载效应标准组合偏心竖向力作用下，桩顶最大竖向力，kN；N_{Ek} 为在地震作用效应和荷载效应标准组合下，基桩或复合基桩的平均竖向力，kN；$N_{Ek\,max}$ 为在地震作用效应和荷载效应标准组合下，基桩或复合基桩的最大竖向力，kN；R 为基桩或复合基桩竖向承载力特征值，kN。

2. 沉降验算

反映桩基沉降变形的指标主要有沉降量、沉降差、整体倾斜和局部倾斜。由于土层厚度与性质不均匀、荷载差异、体型复杂、相互影响等因素引起的地基沉降变形对于砌体承重结构应由局部倾斜控制；对于多层或高层建筑和高耸结构应由整体倾斜值控制；当结构为框架、框架-剪力墙、框架-核心筒结构时，尚应控制柱(墙)之间的差异沉降。根据《建筑桩基技术规范》(JGJ94—2008)，桩基沉降变形的允许值按表 22-2 采用。

3. 水平承载力验算

受水平荷载的一般建筑物和水平荷载较小的高大建筑物单桩基础和群桩中的基桩应满足

$$H_{ik} \leqslant R_h \tag{22-5}$$

式中，H_{ik} 为在荷载效应标准组合下，作用于基桩 i 桩顶处的水平力；R_h 为单桩基础或群桩中基桩的水平承载力特征值。

第三节　桩身结构设计

一、结构计算

桩基作为建(构)筑物的支承结构，其自身的结构强度必须满足成桩施工和使用阶段的要求，即满足桩基结构自身的极限承载力要求。因此，桩身应进行承载力和裂缝控制的计算。计算时应考虑桩身材料强度、成桩工艺、吊运与沉桩、约束条件、环境类别等多种因素。

表 22-2 建筑桩基沉降变形允许值表

变 形 特 征		允许值
砌体承重结构基础的局部倾斜		0.002
各类建筑相邻柱(墙)基的沉降差		
(1)框架、框架-剪力墙、框架-核心筒结构		$0.002l_0$
(2)砌体填充的边排柱		$0.000\,7l_0$
(3)当基础不均匀沉降时不产生附加应力的结构		$0.005l_0$
单层排架结构(柱距为 6m)桩基的沉降量/mm		120
桥式吊车轨道的倾斜(按不调整轨道考虑)		
纵向		0.004
横向		0.003
多层和高层建筑的整体倾斜	$H_g \leqslant 24$	0.004
	$24 < H_g \leqslant 60$	0.003
	$60 < H_g \leqslant 100$	0.002 5
	$H_g > 100$	0.002
高耸结构桩基的整体倾斜	$H_g \leqslant 20$	0.008
	$20 < H_g \leqslant 50$	0.006
	$50 < H_g \leqslant 100$	0.005
	$100 < H_g \leqslant 150$	0.004
	$150 < H_g \leqslant 200$	0.003
	$200 < H_g \leqslant 250$	0.002
高耸结构基础的沉降量/mm	$H_g \leqslant 100$	350
	$100 < H_g \leqslant 200$	250
	$200 < H_g \leqslant 250$	150
体型简单的剪力墙结构高层建筑桩基最大沉降量/mm		200

注：l_0 为相邻柱(墙)之间的距离，H_g 为自室外地面算起的建筑物高度。

1. 受压桩

当桩顶以下 $5d$ 范围的桩身螺旋式箍筋间距不大于 100mm，混凝土轴心受压桩的正截面受压承载力应满足

$$N \leqslant \psi_c f_c A_{ps} + 0.9 f'_y A'_s \tag{22-6}$$

当不符合上述要求时，应满足

$$N \leqslant \psi_c f_c A_{ps} \tag{22-7}$$

式中，N 为荷载效应基本组合下的桩顶轴向压力设计值；ψ_c 为基桩成桩工艺系数，对混凝土预制桩、预应力混凝土空心桩取 0.85，干作业非挤土灌注桩取 0.90，泥浆护壁和套管护壁非挤土灌注桩、部分挤土灌注桩、挤土灌注桩取 0.7～0.8，软土地区挤土灌注桩取 0.6；f_c 为混凝土轴心抗压强度设计值；f'_y 为纵向主筋抗压强度设计值；A'_s 为纵向主筋截面积。

计算桩身轴心抗压强度时，一般不考虑桩身压屈的影响，一般取稳定系数 $\varphi=1.0$。对于

高承台基桩、桩身穿越可液化土或不排水抗剪强度小于 10kPa 的软弱土层的基桩，应考虑压屈影响，即将式(22-6)、式(22-7)计算所得的桩身正截面受压承载力乘以 φ 折减。其稳定系数 φ 可根据桩身压屈计算长度 l_c 和桩的设计直径 d 确定。桩身压屈计算长度可根据桩顶的约束情况、桩身露出地面的自由长度 l_0、桩的入土长度 h、桩侧和桩底的土质条件确定。桩的稳定系数可按表 22-3 确定。

表 22-3　桩身稳定系数 φ 表

l_c/d	≤7	8.5	10.5	12	14	15.5	17	19	21	22.5	24
l_c/b	≤8	10	12	14	16	18	20	22	24	26	28
φ	1.00	0.98	0.95	0.92	0.87	0.81	0.75	0.70	0.65	0.60	0.56
l_c/d	26	28	29.5	31	33	34.5	36.5	38	40	41.5	43
l_c/b	30	32	34	36	38	40	42	44	46	48	50
φ	0.52	0.48	0.44	0.40	0.36	0.32	0.29	0.26	0.23	0.21	0.19

注：b 为矩形桩短边尺寸，d 为桩直径。

2. 抗拔桩

钢筋混凝土轴心抗拔桩的正截面受拉承载力应符合下列规定

$$N \leqslant f_y A_s + f_{py} A_{py} \tag{22-8}$$

式中，N 为荷载效应基本组合下桩顶轴向拉力设计值，kN；f_y、f_{py} 分别为普通钢筋、预应力钢筋的抗拉强度设计值，MPa；A_s、A_{py} 分别为普通钢筋、预应力钢筋的截面面积，mm^2。

抗拔桩的裂缝控制计算应符合下列规定。

(1)对于严格要求不出现裂缝的一级裂缝控制等级预应力混凝土基桩，在荷载效应标准组合下，混凝土不应产生拉应力，即符合下式要求

$$\sigma_{ck} - \sigma_{pc} \leqslant 0 \tag{22-9}$$

(2)对于一般要求不出现裂缝的二级裂缝控制等级预应力混凝土基桩，在荷载效应标准组合下的拉应力，不应大于混凝土轴心受拉强度标准值，即符合下面两式的要求。

在荷载效应标准组合下，

$$\sigma_{ck} - \sigma_{pc} \leqslant f_{tk} \tag{22-10}$$

在荷载效应准永久组合下，

$$\sigma_{cq} - \sigma_{pc} \leqslant 0 \tag{22-11}$$

(3)对于允许出现裂缝的三级裂缝控制等级基桩，按荷载效应标准组合计算的最大裂缝宽度应符合下列规定

$$w_{max} \leqslant w_{lim} \tag{22-12}$$

式中，σ_{ck}、σ_{cq} 分别为荷载效应标准组合、准永久组合下正截面法向应力，MPa；σ_{pc} 为扣除全部应力损失后，桩身混凝土的预应力，MPa；f_{tk} 为混凝土轴心抗拉强度标准值，MPa；w_{max} 为按荷载效应标准组合计算的最大裂缝宽度，mm；w_{lim} 为最大裂缝宽度限值，mm，按表 22-4 取用。

表 22-4 桩身的裂缝控制等级及最大裂缝宽度限值表

<table>
<tr><td colspan="2" rowspan="2">环境类别</td><td colspan="2">钢筋混凝土桩</td><td>预应力混凝土桩</td></tr>
<tr><td>裂缝控制等级</td><td>w_{lim}/mm</td><td>裂缝控制等级</td></tr>
<tr><td rowspan="2">二</td><td>a</td><td>三</td><td>0.2(0.3)</td><td>二</td></tr>
<tr><td>b</td><td>三</td><td>0.2</td><td>二</td></tr>
<tr><td colspan="2">三</td><td>三</td><td>0.2</td><td>一</td></tr>
</table>

注：①对于水、土为强腐蚀性时，裂缝控制等级应提高一级；

②对于二 a 类环境中，长年位于地下水位以下的差桩，其最大裂缝宽度限值可采用括弧中的数值；

③预应力管桩抗拔时，桩身裂缝控制等级应为一级。

3. **预制桩**

本节主要介绍预制桩在吊运以及成桩过程中的桩身结构验算问题。

预制桩吊运时，单吊点和双吊点的设置应按吊点（或支点）跨间正弯矩与吊点处的负弯矩相等的原则进行布置。考虑预制桩吊运时可能受到冲击和振动的影响，计算吊运弯矩和吊运拉力时，可将桩身重力乘以 1.5 的动力系数。

施工时，最大锤击压应力和最大锤击拉应力应该分别不超过混凝土的轴心抗压强度设计值和轴心抗拉强度设计值。

对于裂缝控制等级为一级、二级的混凝土预制桩、预应力混凝土管桩，可按下列规定验算桩身的锤击压应力和锤击拉应力。

最大锤击压应力 σ_p 可按下式计算

$$\sigma_p = \frac{\alpha\sqrt{2e\gamma_p H}}{\left[1+\frac{A_c}{A_H}\sqrt{\frac{E_c\gamma_c}{E_H\gamma_H}}\right]\left[1+\frac{A}{A_c}\sqrt{\frac{E\gamma_p}{E_c\gamma_c}}\right]} \tag{22-13}$$

式中，σ_p 为桩的最大锤击压应力，kPa；α 为锤型系数，自由落锤为 1.0，柴油锤取 1.4；e 为锤击效率系数，自由落锤为 0.6，柴油锤取 0.8；A_H、A_c、A 分别为锤、桩垫、桩的实际断面面积，m^2；E_H、E_c、E 分别为锤、桩垫、桩的纵向弹性模量，MPa；γ_H、γ_c、γ_p 分别为锤、桩垫、桩的重度，kN/m^3；H 为锤落距，m。

当桩需穿越软土层或桩存在变截面时，可按表 22-5 确定桩身的最大锤击拉应力。

表 22-5 最大锤击拉应力 σ_c 建议值

<table>
<tr><td>应力类别</td><td>桩　类</td><td>σ_c 建议值/kPa</td><td>出现部位</td></tr>
<tr><td rowspan="2">桩轴向拉应力值</td><td>预应力混凝土管桩</td><td>$(0.33\sim0.5)\sigma_p$</td><td rowspan="2">①桩刚穿越软土层时；
②距桩尖$(0.5\sim0.7)l$处</td></tr>
<tr><td>混凝土及预应力混凝土桩</td><td>$(0.25\sim0.33)\sigma_p$</td></tr>
<tr><td rowspan="2">桩截面环向拉应力或侧向拉应力</td><td>预应力混凝土管桩</td><td>$0.25\sigma_p$</td><td rowspan="2">最大锤击压应力相反的截面</td></tr>
<tr><td>混凝土及预应力混凝土桩（侧向）</td><td>$(0.22\sim0.25)\sigma_p$</td></tr>
</table>

另外，除了满足上述规定之外，桩身尚应符合国家标准《混凝土结构设计规范》(GB50010—2002)、《钢结构设计规范》(GB50017—2003)和《建筑抗震设计规范》(GB50011—2001)的相关规定。

二、构造要求

根据成桩方法并考虑材料性质，工程中常用的桩型有灌注桩、混凝土预制桩、预应力混凝土空心桩、钢桩几种，以下主要讨论三种类型桩的桩身构造要求。

1. 灌注桩

灌注桩的桩身混凝土等级不得低于C25，混凝土预制桩尖不得低于C30；灌注桩主筋的混凝土保护层厚度，不应小于35mm；水下灌注混凝土，不得小于50mm。

当桩径为300～2 000mm时，正截面配筋率可取0.65%～0.2%（小桩径取高值，大桩径取低值），对受荷载特别大的桩、抗拔桩和嵌岩端承桩应根据计算确定配筋率。

灌注桩的主筋不应小于6ϕ10，对于受水平荷载的桩，主筋不应小于8ϕ12。纵向主筋应沿桩身周边均匀布置，其净距不应小于60mm。

对端承型和位于坡地岸边的基桩应沿桩身通长配筋；对于桩径大于600mm的摩擦型桩，配筋长度不应小于2/3桩长；受水平荷载时，配筋长度不宜小于$4.0/\alpha$；对受地震作用的桩、受负摩阻的桩以及抗拔桩等配筋还要符合规范相应的要求。

箍筋应采用直径不小于6mm，间距200～300mm的螺旋式箍筋，对受水平荷载较大的桩基、承受水平地震作用的桩基以及考虑主筋作用计算桩身受压承载力时，桩顶$5d$范围内箍筋应加密，间距不应大于100mm；液化土层范围内箍筋应加密。当钢筋笼长度超过4m时，应每隔2m左右设一道直径不小于12～18mm的焊接加劲箍筋。

2. 混凝土预制桩

混凝土预制桩的截面边长不应小于200mm，预应力混凝土预制桩的截面边长不宜小于350mm。

预制桩的混凝土等级不宜低于C30，预应力混凝土实心桩的混凝土等级不应低于C40，预制桩纵向钢筋的混凝土保护层厚度不宜小于30mm。

预制桩的桩身配筋应按吊运、打桩以及桩在使用中的受力条件计算确定，锤击法沉桩时，预制桩的最小配筋率不宜小于0.8%。静压法沉桩时，最小配筋率不宜小于0.6%，主筋直径不宜小于ϕ14mm，打入桩桩顶4～$5d$长度范围内箍筋应加密，并设置钢筋网片。

预制桩的分节长度应根据施工条件及运输条件确定，每根桩的接头数量不宜超过3个。

3. 钢桩

钢桩的截面形式有管型、H型等。钢桩的分段长度不宜超过12～15m。

钢桩需要特别注意的是其防腐，可采用外表面涂防腐层，增加腐蚀余量及阴极保护等措施。当钢管桩内壁同外界隔绝时，可不考虑内壁防腐。

三、承台结构计算

1. 承台计算

承台的厚度通常由抗剪切和抗冲切所控制，因此设计时应先进行抗剪切和抗冲切计算，确定其厚度后，再进行抗弯验算。

（1）抗剪切计算。如图22-2所示，承台斜截面受剪承载力可按下式计算。

$$V \leqslant \beta_{hs}\alpha f_t b_0 h_0 \qquad (22-14)$$

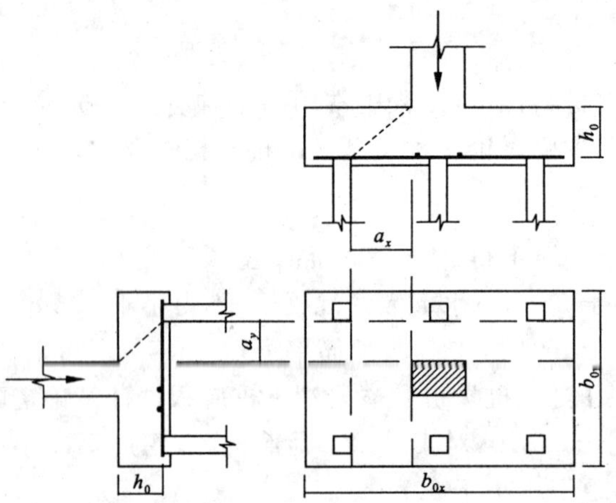

图 22-2　承台斜截面受剪计算示意图

$$\alpha = \frac{1.75}{\lambda + 1} \tag{22-15}$$

$$\beta_{hs} = \left(\frac{800}{h_0}\right)^{1/4} \tag{22-16}$$

式中，V 为不计承台及其上土自重，在荷载效应基本组合下，斜截面的最大剪应力设计值；f_t 为混凝土轴心抗拉强度设计值；b_0 为承台计算截面处的计算宽度；h_0 为承台计算截面处的有效高度；α 为承台剪切系数，按式(22-15)确定；λ 为计算截面的剪跨比，$\lambda_x = a_x/h_0$，$\lambda_y = a_y/h_0$，此处，a_x、a_y 为柱边(墙边)或承台变阶处至 y、x 方向计算一排桩的桩边的水平距离，当 $\lambda < 0.25$ 时，取 $\lambda = 0.25$，当 $\lambda > 3$ 时，取 $\lambda = 3$；β_{hs} 为受剪切承载力截面高度影响系数，当 $h_0 < 800\text{mm}$ 时，取 $h_0 = 800\text{mm}$，当 $h_0 > 2\,000\text{mm}$ 时，取 $h_0 = 2\,000\text{mm}$；其间按线性内插法取值。

对于柱下阶梯形[图 22-3(a)]、锥形的独立承台[图 22-3(b)]，应按下列规定分别对柱的纵横两个方向的斜截面进行受剪承载力计算。

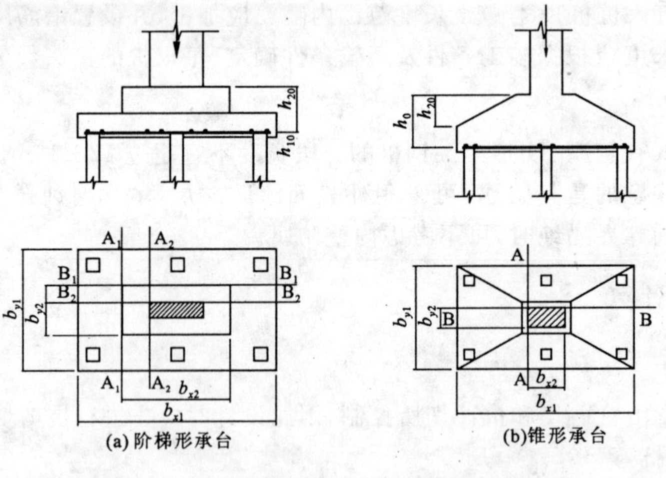

图 22-3　阶梯形、锥形承台斜截面计算示意图

对于阶梯形承台应分别在变阶处(A_1—A_1、B_1—B_1)及柱边处(A_2—A_2、B_2—B_2)进行斜截面受剪承载力计算。

计算变阶处截面 A_1—A_1、B_1—B_1 的斜截面受剪承载力时,其截面有效高度均为 h_{01},截面计算宽度分别为 b_{y1} 和 b_{x1}。

计算柱边截面 A_2—A_2、B_2—B_2 的斜截面受剪承载力时,其截面有效高度均为 $h_{01}+h_{02}$,截面计算宽度分别为

对 A_2—A_2，$$b_{y0}=\frac{b_{y1}h_{01}+b_{y2}h_{02}}{h_{01}+h_{02}} \tag{22-17}$$

对 B_2—B_2，$$b2_{x0}=\frac{b_{x1}h_{01}+b_{x2}h_{02}}{h_{01}+h_{02}} \tag{22-18}$$

对于锥形承台,应对 A—A 及 B—B 两个截面进行受剪承载力计算,截面有效高度均为 h_0,截面的计算宽度分别如下。

对 A—A，$$b_{y0}=\left[1-0.5\frac{h_1}{h_0}\left(1-\frac{b_{y2}}{b_{y1}}\right)\right]b_{y1} \tag{22-19}$$

对 B—B，$$b_{x0}=\left[1-0.5\frac{h_1}{h_0}\left(1-\frac{b_{x2}}{b_{x1}}\right)\right]b_{x1} \tag{22-20}$$

(2)抗冲切计算。冲切破坏锥体应采用自柱(墙)或承台变阶处至相应桩顶边缘连线所构成的锥体,锥体斜面与承台底面之夹角不应小于45°,如图 22-4 所示。

对锥形承台,冲切破坏锥体的取法与等厚度的承台相同。对阶形承台,尚应考虑承台变阶处至相应桩顶边缘连线所构成的冲切破坏锥体。

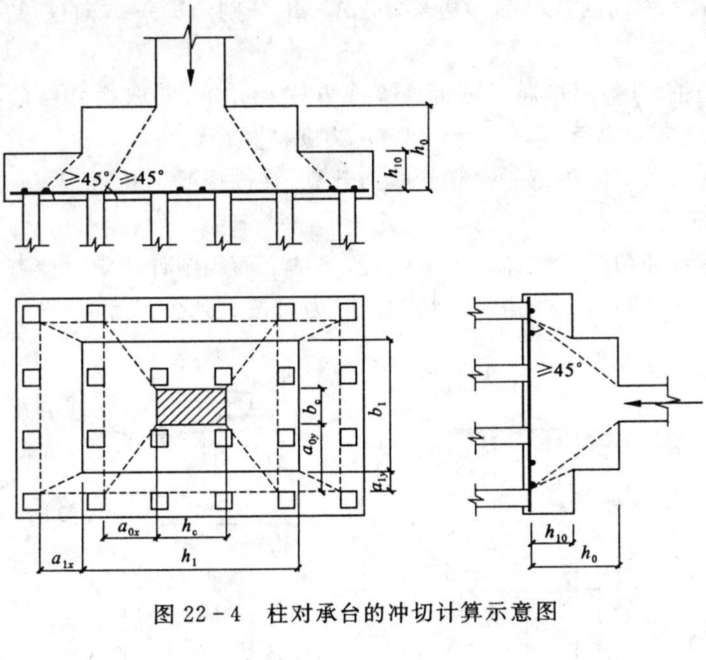

图 22-4　柱对承台的冲切计算示意图

1)受柱(墙)冲切承载力可按下列公式计算。

$$F_1\leqslant\beta_{hp}\beta_0 f_t u_m h_0 \tag{22-21}$$

$$F_1\leqslant F-\sum Q_i \tag{22-22}$$

$$\beta_0 = \frac{0.84}{\lambda + 0.2} \tag{22-23}$$

式中，F_l 为不计承台及其上土重，在荷载效应基本组合下作用于冲切破坏锥体上的冲切力设计值；f_t 为承台混凝土抗拉强度设计值；β_{hp} 为承台受冲切承载力截面高度影响系数，当 $h \leqslant 800$mm 时，β_{hp} 取 1.0，$h \geqslant 2\,000$mm 时，β_{hp} 取 0.9，其间按线性内插法取值；u_m 为承台冲切破坏锥体一半有效高度处的周长；h_0 为承台冲切破坏锥体的有效高度；β_0 为柱（墙）冲切系数；λ 为冲跨比，$\lambda = a_0/h_0$，a_0 为柱（墙）边或承台变阶处到桩边水平距离（当 $\lambda < 0.25$ 时，取 $\lambda = 0.25$，当 $\lambda > 1.0$ 时，取 $\lambda = 1.0$）；F 为不计承台及其上土重，在荷载效应基本组合作用下柱（墙）底的竖向荷载设计值；$\sum Q_i$ 为不计承台及其上土重，在荷载效应基本组合下冲切破坏锥体内各基桩或复合基桩的反力设计值之和。

由于承台型式以及布桩型式的多种多样，针对具体的形式有不同的具体受冲切承载力表达式。

2）对于柱下矩形独立承台受柱冲切的承载力可按下式计算。

$$F_l \leqslant 2[\beta_{0x}(b_c + a_{0y}) + \beta_{0y}(h_c + a_{0x})]\beta_{hp} f_t h_0 \tag{22-24}$$

式中，β_{0x}、β_{0y} 由式（22-23）求得，$\lambda_{0x} = a_{0x}/h_0$，$\lambda_{0y} = a_{0y}/h_0$，$\lambda_{0x}$、$\lambda_{0y}$ 均应满足 0.25～1.0 的要求；h_c、b_c 分别为 x、y 方向的柱截面的边长，m；a_{0x}、a_{0y} 分别为 x、y 方向柱边离最近桩边的水平距离，m。

3）对于柱下矩形独立阶形承台受上阶冲切的承载力可按下面公式计算。

$$F_l \leqslant 2[\beta_{1x}(b_1 + a_{1y}) + \beta_{1y}(h_1 + a_{1x})]\beta_{hp} f_t h_{10} \tag{22-25}$$

式中，β_{1x}、β_{1y} 由式（22-23）求得，$\lambda_{1x} = a_{1x}/h_{10}$，$\lambda_{1y} = a_{1y}/h_{10}$，$\lambda_{1x}$、$\lambda_{1y}$ 均应满足 0.25～1.0 的要求；h_1、b_1 分别为 x、y 方向的柱截面的边长，m；a_{1x}、a_{1y} 分别为 x、y 方向柱边离最近桩边的水平距离，m。

对于圆柱及圆桩，计算时应将其截面换算成方柱及方桩，即取换算柱截面边长 $b_c = 0.8d_c$（d_c 为圆柱直径），换算桩截面边长 $b_p = 0.8d$（d 为圆桩直径）。

对于柱下两桩承台不需进行受冲切承载力计算，宜按深受弯构件（$l_0/h < 5.0$，$l_0 = 1.15l_n$，l_n 为两桩净距）计算受弯、受剪承载力。

4）对位于柱（墙）冲切破坏锥体以外的基桩，可按下面规定计算承台受基桩冲切的承载力。

①四桩以上（含四桩）承台受角桩冲切的承载力可按下列公式计算（图 22-5）。

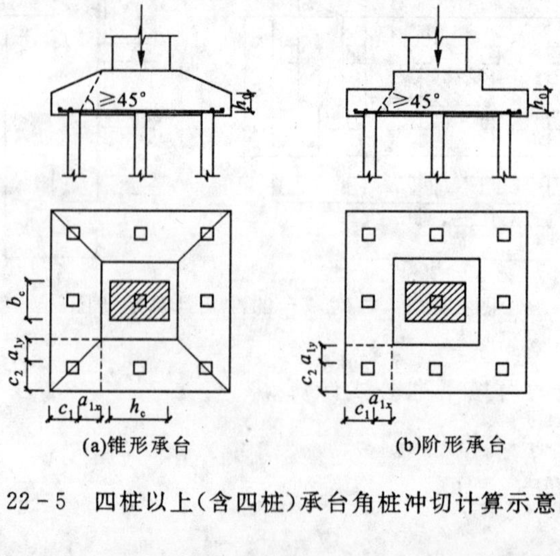

图 22-5　四桩以上（含四桩）承台角桩冲切计算示意图

$$M_1 = \frac{N_{\max}}{3}\left(s_a - \frac{0.75}{\sqrt{4-\alpha^2}}c_1\right) \tag{22-38}$$

$$M_2 = \frac{N_{\max}}{3}\left(\alpha s_a - \frac{0.75}{\sqrt{4-\alpha^2}}c_2\right) \tag{22-39}$$

式中，M_1、M_2 分别为通过承台形心与两腰和底边正交截面的弯矩设计值；s_a 为长向桩中心距；α 为短向桩中心距与长向桩中心距之比，当 $\alpha<0.5$ 时，应按变截面的二桩承台设计；c_1、c_2 分别为垂直于、平行于承台底边的柱截面边长。

2. 承台构造

桩基承台的构造，除了要满足承载力（如抗冲切、抗剪切、抗弯）和上部结构需要外，还应满足以下要求。

(1)承台基本尺寸要求。独立柱下桩基承台的最小宽度不应小于 500mm，边桩中心至承台边缘的距离不应小于桩的直径或边长，且桩的外边缘至承台边缘的距离不应小于 150mm。对于条形承台梁，桩的外边缘至承台边缘的距离不应小于 75mm，承台的最小厚度不应小于 300mm。高层建筑平板式和梁板式筏形承台的最小厚度不应小于 400mm。

(2)承台钢筋配置要求。柱下独立桩基承台纵向受力钢筋应通常配置，如图 22-8 所示。对四桩以上（含四桩）承台宜按双向均匀布置，对三桩的三角形承台应按三向板均匀布置，且最里面的三根钢筋围成的三角形应在柱截面范围内，如图 22-8(b)所示，纵向钢筋锚固长度自边桩内侧（当为圆桩时，应将其直径乘以 0.8 转化为方桩）算起，不小于 $35d_g$（d_g 为钢筋直径）；当不满足时应将纵向钢筋向上弯折，此时水平段的长度不应小于 $25d_g$，弯折长度不应小于 $10d_g$。承台纵向受力钢筋直径不应小于 12mm。间距不应大于 200mm。柱下独立桩基承台的最小配筋率不应小于 0.15%。

柱下独立两桩承台，应按现行《混凝土结构设计规范》(GB50010—2002)中的深受弯构件配置纵向受拉钢筋、水平及竖向分布钢筋。

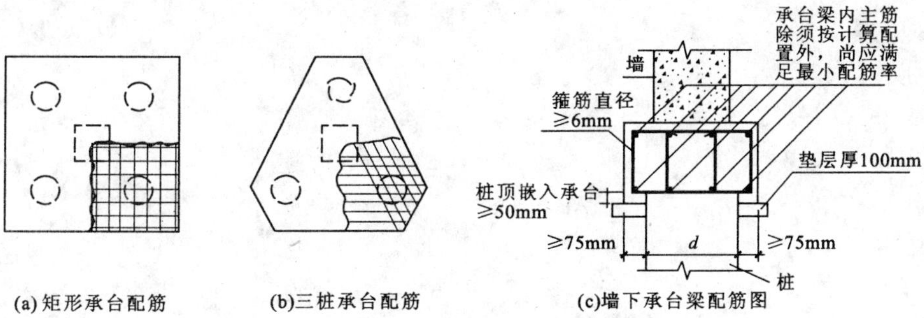

图 22-8　承台配筋示意图

条形承台梁的纵向主筋直径不应小于 12mm，架立筋直径不应小于 10mm，箍筋直径不应小于 6mm，且要符合混凝土结构最小配筋率的要求。

筏形承台板或箱形承台板在计算中，当仅考虑局部弯矩作用时，考虑到整体弯曲的影响，在纵横两个方向的下层钢筋配筋率不宜小于 0.15%，上层钢筋应按计算配筋率全部连通。当筏板的厚度大于 2 000mm 时，宜在板厚中间部位设置直径不小于 12mm、间距不大于 300mm

的双向钢筋网。

承台底面钢筋的混凝土保护层厚度，当有混凝土垫层时，不应小于50mm，无垫层时，不应小于70mm，并不小于桩头嵌入承台内的长度。

(3)桩与承台的连接构造。桩嵌入承台内的长度对中等直径桩不宜小于50mm，对大直径桩不宜小于100mm；混凝土桩桩顶纵向主筋应锚入承台内，其锚入长度不宜小于35倍纵向主筋的直径。对于大直径灌注桩，当采用一柱一桩时，可设置承台或将桩与柱直接连接。

(4)柱与承台的连接构造。对于一柱一桩基础，柱与桩直接连接时，柱纵向主筋锚入桩身内长度不应小于35倍纵向主筋直径；对于多桩承台，柱纵向主筋应锚入承台不小于35倍纵向主筋直径，当承台高度不满足锚固要求时，竖向锚固长度不应小于20倍纵向主筋直径，并向柱轴线方向弯折；当有抗震设防要求时，对于一、二级抗震等级，锚固长度应乘以1.15，对于三级抗震等级，应乘以1.05。

(5)柱与承台的构造。一柱一桩时，应在桩顶两个主轴方向上设置联系梁，当桩与桩的截面直径之比大于2时，可不设置联系梁。两桩桩基的承台，应在其短向设置联系梁。对有抗震设防要求的柱下桩基承台，宜沿两个主轴方向设置联系梁。联系梁顶面宜与承台顶面位于同一标高。联系梁的宽度不宜小于250mm，其高度可取承台中心距的1/10～1/15，且不宜小于400mm。联系梁配筋应按计算确定，梁上下部配筋不宜小于2根直径12mm钢筋，位于同一轴线上的联系梁纵筋应通长配置。

第二十三章　特殊条件下的桩基

第一节　软弱下卧层的计算

对于如图 23－1 所示的存在软弱下卧层（承载力低于桩端持力层 1/3）的群桩基础，可按下式验算其承载力。

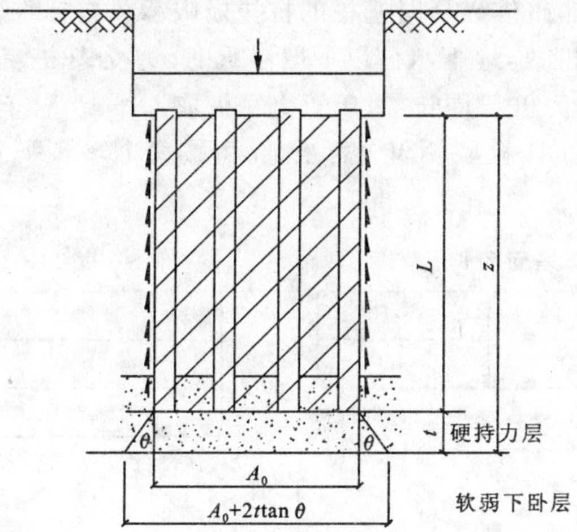

图 23－1　软弱下卧层承载力验算

$$\sigma_z + \gamma_m z \leqslant f_{az} \tag{23-1}$$

其中，

$$\sigma_z = \frac{(F_k + G_k) - 2(A_0 + B_0)\sum q_{sik} l_i}{(A_0 + 2t\tan\theta)(B_0 + 2t\tan\theta)} \tag{23-2}$$

式中，σ_z 为作用于软弱下卧层顶面的附加应力，kPa；γ_m 为软弱层顶面以上各土层重度（地下水位以下取浮重度）的厚度加权平均值，kN/m^3；t 为硬持力层厚度，m；f_{az} 为软弱下卧层经深度修正的地基承载力特征值，kPa，深度修正系数取 1.0；A_0、B_0 分别为桩群外缘矩形面积的长、短边长，m；q_{sik} 为桩周第 i 层土的极限侧阻力标准值，kPa，无当地经验时，可根据成桩工艺按表 19－5 取值；θ 为桩端持力层压力扩散角，(°)，按表 23－1 取值。

表 23－1　桩端硬持力层压力扩散角 θ

E_{s1}/E_{s2}	$t=0.25B_0$	$t\geqslant 0.50B_0$
1	4°	12°
3	6°	23°
5	10°	25°
10	20°	30°

注：①E_{s1}、E_{s2} 为硬持力层、软弱下卧层的压缩模量。

②当 $t < 0.25B_0$ 时，θ 降低取值，介于 $0.25B_0$ 和 $0.50B_0$ 之间，可内插取值。

第二节　抗拔桩基承载力验算

承受拔力的桩基，应同时验算群桩基础呈整体破坏和呈非整体破坏时基桩的抗拔承载力。验算按下列公式进行。

$$N_k \leqslant T_{gk}/2 + G_{gp} \tag{23-3}$$

$$N_k \leqslant T_{uk}/2 + G_p \tag{23-4}$$

$$T_{gk} = \frac{1}{n} U_l \sum \lambda_i q_{sik} l_i \tag{23-5}$$

$$T_{uk} = \sum \lambda_i q_{sik} u_i l_i \tag{23-6}$$

式中，N_k 为按荷载效应标准组合计算的基桩拔力；T_{gk} 为群桩呈整体破坏时基桩的抗拔极限承载力标准值；T_{uk} 为群桩呈非整体破坏时基桩的抗拔极限承载力标准值；G_{gp} 为群桩基础所包围体积的桩土总自重除以总桩数，地下水位以下取浮重度；G_p 为基桩自重，地下水位以下取浮重度；U_l 为群桩外围周长；u_i 为桩身周长，对于等直径桩取 $u=\pi d$，对于扩底桩按表 23－2 取值；q_{sik} 为桩侧表面第 i 层土的抗压极限侧阻力标准值，可按表 19－5 取值；λ_i 为抗拔系数，可按表 23－3 取值。

表 23－2　扩底桩破坏表面周长 u_i

自桩底起算的长度 l_i	$\leqslant(4\sim10)d$	$>(4\sim10)d$
u_i	πD	πd

注：l_i 对于软土取低值，对于卵石、砾石取高值；l_i 取值按内摩擦角增大而增加。D 为桩端扩底设计直径。

表 23－3　抗拔系数 λ_i

土类	λ 值
砂土	0.50～0.70
黏性土、粉土	0.70～0.80

注：桩长 l 与桩径 d 之比小于 20 时，λ_i 取小值。

第三节　负摩阻力计算

当桩周土层产生的沉降超过基桩的沉降时，土对桩产生向下作用的摩阻力，称为负摩阻力。在同一根桩上由负摩阻力过渡到正摩阻力，摩阻力为零的断面称为中性点。图 23－2 为

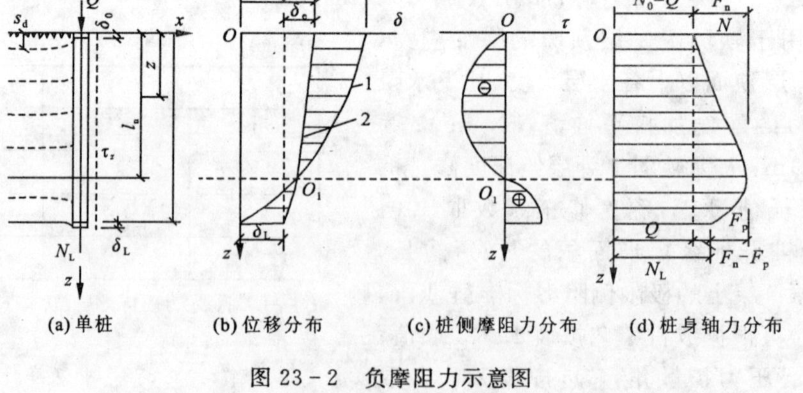

图 23－2　负摩阻力示意图

1—土的沉降曲线；2—桩的沉降曲线

负摩阻力示意图，中性点以上桩的位移小于桩侧土的位移，中性点以下桩的位移大于桩侧土的位移，中性点处桩的位移等于桩侧土的位移；中性点以上轴力随深度递增，在中性点处轴力达到最大，中性点以下轴力随深度递减。

1. 负摩阻力产生的原因

负摩阻力产生的原因主要有以下几种。

(1)桩穿越较厚松散填土、自重湿陷性黄土、欠固结土、液化土层进入相对较硬土层时；

(2)桩周存在软弱土层，邻近桩侧地面承受局部较大的长期荷载，或地面大面积堆载(包括填土)时；

(3)由于降低地下水位，使桩周土有效应力增大，并产生显著压缩沉降时；

(4)地面因打桩时引起孔隙水压力剧增而隆起，其后孔水压消散而固结下沉。

2. 负摩阻力的计算

桩侧负摩阻力及其引起的下拉荷载，当无实测资料时可参照以下方法确定。

(1)单桩负摩阻力计算。中性点以上单桩桩周第 i 层土负摩阻力标准值，可按下列公式计算。

$$q_{si}^{n} = \xi_{ni}\sigma'_i \tag{23-7}$$

当填土、自重湿陷性黄土湿陷、欠固结土层产生固结和地下水位降低时，

$$\sigma'_i = \sigma'_{\gamma i}$$

当地面分布大面积荷载时，

$$\sigma'_i = p + \sigma'_{\gamma i}$$

$$\sigma'_{\gamma i} = \sum_{m=1}^{i-1}\gamma_m \Delta z_m + \frac{1}{2}\gamma_i \Delta z_i \tag{23-8}$$

式中，q_{si}^{n} 为第 i 层土桩侧负摩阻力标准值，kPa；当按式(23-7)计算值大于正摩阻力标准值时，取正摩阻力标准值进行设计；ξ_{ni} 为桩周第 i 层土负摩阻力系数，可按表 23-4 取值；$\sigma'_{\gamma i}$ 为由土自重引起的桩周第 i 层土平均竖向有效应力，kPa；桩群外围桩自地面算起，桩群内部桩自承台底算起；σ'_i 为桩周第 i 层土平均竖向有效应力，kPa；γ_i、γ_m 分别为第 i 计算土层和其上第 m 土层的重度，地下水位以下取浮重度，kN/m³；Δz_i、Δz_m 分别为第 i 层土、第 m 层土的厚度，m；p 为地面均布荷载，kPa。

(2)群桩负摩阻力计算。考虑群桩效应的基桩下拉荷载可按下式计算。

$$Q_g^n = \eta_n \cdot u \sum_{i=1}^{n} q_{si}^{n} l_i \tag{23-9}$$

$$\eta_n = s_{ax} \cdot s_{ay} \Big/ \left[\pi d\left(\frac{q_s^n}{\gamma_m} + \frac{d}{4}\right)\right] \tag{23-10}$$

式中，n 为中性点以上土层数；l_i 为中性点以上第 i 土层的厚度；η_n 为负摩阻力群桩效应系数；s_{ax}、s_{ay} 分别为纵横向桩的中心距；q_s^n 为中性点以上桩周土层厚度加权平均负摩阻力标准值；γ_m 为中性点以上桩周土层厚度加权平均重度(地下水位以下取浮重度)。

表 23-4 负摩阻力系数 ξ_n

土类	ξ_n
饱和软土	0.15～0.25
黏性土、粉土	0.25～0.40
砂土	0.35～0.50
自重湿陷性黄土	0.20～0.35

注：①在同一类土中，对于挤土桩，取表中较大值，对于非挤土桩，取表中较小值。
②填土按其组成取表中同类土的较大值。

对于单桩基础或按式(23－10)计算的群桩效应系数 $\eta_n>1$ 时，取 $\eta_n=1$。

3. 中性点深度计算

中性点深度 l_n 应按桩周土层沉降与桩沉降相等的条件计算确定，也可参照表 23－5 确定。

表 23－5 中性点深度 l_n

持力层性质	黏性土、粉土	中密以上砂土	砾石、卵石	基岩
中性点深度比 l_n/l_0	0.5～0.6	0.7～0.8	0.9	1.0

注：①l_n、l_0 分别为自桩顶算起的中性点深度和桩周软弱土层下限深度。

②桩穿过自重湿陷性黄土层时，l_n 可按表列值增大 10%（持力层为基岩除外）。

③当桩周土层固结与桩基固结沉降同时完成时，取 $l_n=0$。

④当桩周土层计算沉降量小于 20mm 时，l_n 应按表列值乘以 0.4～0.8 折减。

第四节 冻土地区桩基

多年冻土地区的桩基础设计原则宜保持地基土处于冻结状态的方案设计。

单桩的竖向承载力宜通过现场静载荷试验确定。在同一条件下的试桩数量不应小于总桩数的 1%，并不少于 2 根，安全等级为一级的建筑物不应少于 3 根。

在初步设计时，可按下列公式估算单桩竖向承载力

$$R=q_{tp}\cdot A_p+U_p\left(\sum_{i=1}^{n}f_{ci}l_i+\sum_{j=1}^{m}q_{sj}l_j\right) \tag{23-11}$$

式中，q_{tp}为桩端多年冻土层的承载力设计值，无经验时可参考《冻土地区建筑地基基础设计规范》(JGJ118－98)；A_p 为桩身截面积；U_p 为桩身周长；f_{ci}为第 i 层多年冻土桩周冻结强度设计值，无实测资料时也可参照《冻土地区建筑地基基础设计规范》(JGJ118－98)；q_{sj}为第 j 层桩周土摩擦力的设计值，可按表 19－5 取值，冻结-融化层土为强冻胀或特强冻胀土，在融化时对桩基产生负摩擦力，可参照《建筑桩基技术规范》(JGJ94—2008)取值，或直接用－10kPa；l_i、l_j 为按土层划分的各段桩长；n 为多年冻土层分层数；m 为季节融化土层分层数。

第五节 湿陷性黄土地区桩基

湿陷性黄土的最主要的特性是受水浸湿后，在土的自重压力或自重压力与附加压力共同作用下，产生大量而急剧的沉陷，给构筑物带来不同程度的危害，使结构物大幅度沉降、开裂、倾斜，严重影响其安全和使用。

因此，在湿陷性黄土区采用桩基础时，应穿透湿陷性黄土层。即对非自重湿陷性黄土场地，桩端应支承在压缩性较低的非湿陷性土层中；对自重湿陷性黄土场地，桩端应支承在可靠的持力层中。

湿陷性黄土场地的单桩允许承载力，宜按现场浸水静载荷试验并结合地区经验确定。

湿陷性黄土场地桩基设计需要考虑的问题有如下几个。

1. 桩型的选定

通常在湿陷性黄土地区，多选用端承桩，即将桩穿透湿陷性黄土层，使上部结构的荷载通过桩尖传到下面坚实的非湿陷性黄土层上去。

2. 对负摩擦力的考虑

自重湿陷性黄土场地的单桩承载力的确定，除不计湿陷性土层范围内的桩周正摩擦力外，尚应扣除桩侧的负摩擦力。正、负摩擦力的数值，宜通过现场试验确定。桩侧负摩擦力的计算深度，应自桩的承台底面算起，至其下非湿陷性的土层顶面为止。

3. 湿陷性黄土地区的桩基设计流程及原则

(1)对于建筑场地的黄土地基首先判明其是否具有湿陷性，再区别其为自重湿陷性黄土还是非自重湿陷性黄土。注意选用合理的含水状态下的承载力标准值，并预测地基液化的可能性以及可能的沉陷量。

(2)根据建筑物的重要性，必要时适当配合进行室内模型试验和现场试验。

(3)针对黄土的特点，可在工程设计中采取一些工程措施，如对地基进行预处理，防水与排水以及采取结构措施(加强建筑物的整体性和空间刚度，选择适宜的结构和桩型，加强砌体和构件的刚度以及预留沉降净空等)，以改善建筑物对不均匀沉降的适应性。

(4)注意控制沉降尤其是不均匀沉降，还应注意，由于黄土的沉陷，承台底面与土之间可能脱空，从而导致桩在承台底面以下一段范围内发生水平断裂。

(5)单桩负摩阻的考虑方法有三种：一是将负摩擦力作为负的承载力；二是将负摩擦力作为一种不利因素，以原有的安全储备补偿；三是将负摩阻力作为附加荷载。通常第三种方法应用较广，表达式为

$$Q_a + R_n \leqslant \frac{1}{K}(R_{pu} + R_{su}) \tag{23-12}$$

式中，Q_a为单桩竖向承载力设计值，kN；R_n 为负摩擦力引起之下拽荷载，kN；R_{pu}、R_{su}分别为桩端极限阻力及负摩阻力作用区段以外的极限正摩阻力，kPa；K 为安全系数。

第六节 膨胀土地区的桩基

对膨胀土地区的桩基，其桩端应埋入非膨胀土层或伸入大气影响急剧层以下的土层中，其伸入长度应满足下列要求。

(1)按膨胀变形计算时，

$$l_a \geqslant \frac{\upsilon_e - Q_1}{U_p[f_s]} \tag{23-13}$$

(2)按收缩变形计算时，

$$l_a \geqslant \frac{Q_1 - A_p[f_p]}{U_p[f_s]} \tag{23-14}$$

式中，l_a 为桩锚固在非膨胀土层内长度，m；υ_e 为在大气影响急剧层内桩侧土的胀切力，kN，由现场浸水试桩试验确定，试桩数不少于 3 根，取其最大值；$[f_s]$为桩侧与土的允许摩擦力，kPa；$[f_p]$为桩端单位面积的允许承载力，kPa。

(3)按胀缩变形计算时，计算长度取式(23－13)和式(23－14)两式中的大值。

(4)作用在桩顶上的垂直荷载可按下式计算

$$Q_1 = Q_2 + G_0 \tag{23-15}$$

式中，Q_1 为作用于桩顶的竖向荷载；Q_2 为作用于桩基承台顶面上的竖向荷载；G_0 为承台和土的自重。

除了要满足上述要求之外，当桩身承受胀切力时，还应验算桩身抗拉强度，并采取通长配筋，最小配筋率应按受拉构件配置；桩承台梁下应留有空隙，其值应大于土层浸水后的最大膨胀量，且不小于 100mm；承台梁两侧应采取措施，防止空隙堵塞；进行桩的胀切力浸水试验，浸水深度与试桩长度应取大气影响急剧层的深度，桩端脱空 100mm。

第二十四章　桩基静载试验

桩的静载试验方法主要有两种，即常规静载试验方法和桩基自平衡试验方法。

第一节　常规静载试验

常规静载试验主要包括单桩竖向抗压静载试验、单桩竖向抗拔静载试验和单桩水平静载试验。

一、竖向抗压静载试验

单桩竖向抗压静载试验，是采用接近于竖向抗压桩实际工作条件的试验方法。通过在桩顶施加荷载，让桩顶产生沉降。得到单桩桩顶荷载-位移曲线，还可以获得每级荷载下桩顶沉降随时间的变化曲线，在桩身中埋设测量元件时，还可以得出桩侧各土层的极限摩阻力和端阻力。

常规竖向静载试验按加载方式又分为堆载法和锚桩法。如图 24－1 所示。

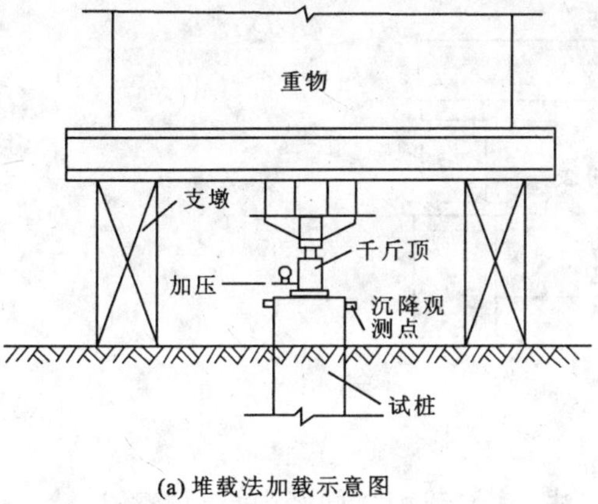

(a) 堆载法加载示意图

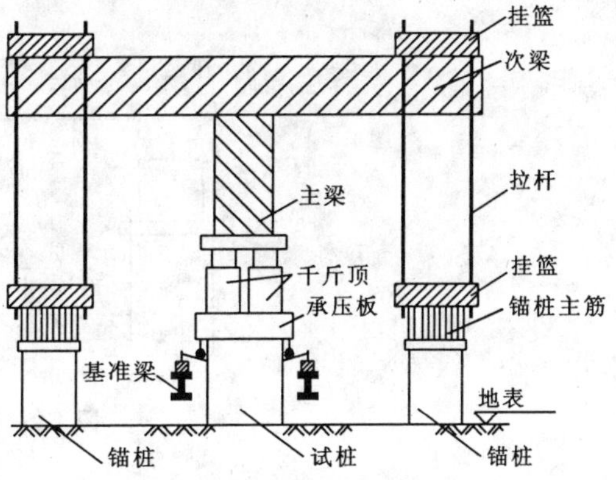

(b) 锚桩法加载示意图

图 24－1　静力法试桩加载装置示意图

(1)为了保证试验能真实地反映实际工作状况，试桩必须满足如下几点要求。

1)试桩的成桩工艺和质量控制标准应与工程桩一致；

2)预制桩桩顶如出现破损，其顶部应外加封闭箍后浇捣高强细石混凝土予以加强；

3)灌注桩试桩顶部应凿除浮浆，在顶部配置加密钢筋网 2～3 层，或以薄钢板护筒做成加强箍与桩顶混凝土浇成整体，桩顶用高标号砂浆抹平；

4)为安装沉降测点和仪表，试桩顶部露出试验坑地面高度不宜小于 60cm；

5)试桩间歇时间，从预制桩打入和灌注桩成桩到开始试验的时间间隔，在满足桩身强度达到设计要求的前提下，还应满足土的扰动恢复的时间要求；

6)试桩间歇期间，其周围 30m 范围内不宜产生地下水孔隙压力增大的干扰。

试桩加卸载应分级进行，一般采用慢速维持荷载法，逐级等量加载和卸载。每一级荷载达到相对稳定后，再加下一级荷载，直至破坏，然后卸载。

(2)对于竖向极限承载力的确定，可以参照下列原则或标准进行。

1)根据沉降随荷载变化的特征确定：对于荷载位移($Q-s$)曲线为陡变型，取其发生明显陡变的起始点对应的荷载值；

2)根据沉降随时间变化的特征确定：取 $s-\lg t$ 曲线尾部出现明显向下弯曲的前一级荷载值；

3)对于缓变型 $Q-s$ 曲线，一般可取 $s=40\sim60$mm 对应的荷载，而对于桩长较长的基桩，宜考虑桩身弹性压缩，一般可取沉降 $s=(2QL/3E_cA_p)+20$mm(Q 为桩顶荷载，L 为桩长，E_c 为桩身混凝土弹性模量，A_p 为桩截面面积)所对应的荷载或取 $s=60\sim80$mm 对应的荷载，对于直径大于或等于 800mm 的桩，可取 $s=0.05D$(D 为桩端直径)对应的荷载值。

二、竖向抗拔静载试验

有些建筑物在水平力或者基础底面浮力的作用下，会导致部分或者全部桩基受到上拔力。抗拔静载试验仍然是检验其抗拔效果的最有效的途径。抗拔静载试验装置示意图如图 24-2 所示。

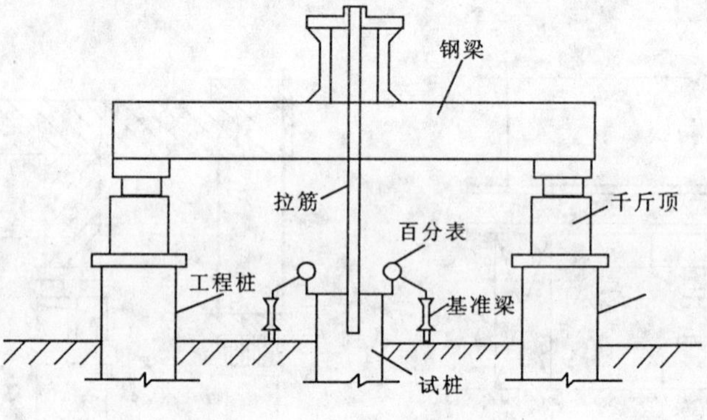

图 24-2 抗拔试验装置

竖向抗拔静载试验加载一般也采用慢速维持荷载法，其加载级数同竖向抗压静载试验。

确定单桩竖向抗拔承载力可以按以下原则：对于陡变型 $U-\delta$ 曲线，取陡升起始点荷载为极限承载力；对于缓变型 $U-\delta$ 曲线，根据上拔量和 $\delta-\lg t$ 曲线变化综合判定，一般取 $\delta-\lg t$ 曲线斜率明显变陡或曲线尾部明显弯曲的前一级荷载值；当在某级荷载下抗拔钢筋断裂时，取其前一级荷载值。

三、单桩水平静载试验

(1)单桩水平静载试验主要用于桩顶自由的单桩，可以达到以下目的：

1)检验和确定单桩的水平承载能力；

2)确定试桩在各级荷载下的弯矩分布规律；

3)确定弹性地基系数；

4)推求实际地基反力系数。

单桩水平静载试验装置如图 24-3 所示。

单桩水平静载试验一般采用单向多循环加载法，通常每级荷载增量取预计最大试验荷载的 1/10。

(2)单桩水平极限荷载一般可按下列方法综合确定：

1)取 H(水平力)-t(时间)-Y_0(位移)曲线出现陡降点的前一级荷载作为水平极限荷载 H_u；

2)取 $H-\Delta Y_0/\Delta H$ 曲线或 $\lg H-\lg Y_0$ 曲线上第二拐点对应的水平荷载值；

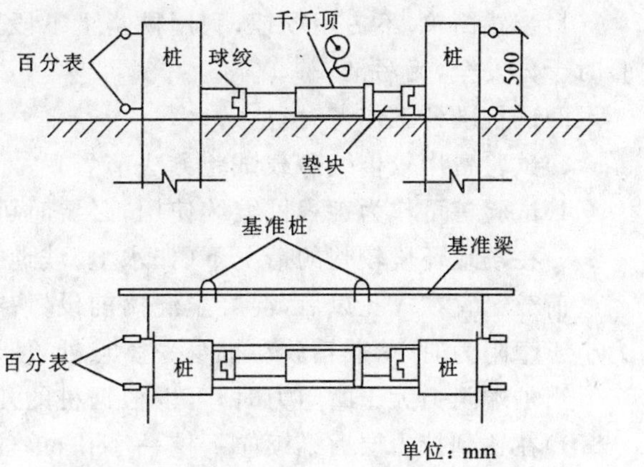

图 24-3　单桩水平静载荷试验装置

3)取慢速维持荷载法时的 $Y_0-\lg t$ 曲线尾部出现明显弯曲的前一级水平荷载值；

4)取桩身折断或钢筋应力达到流限的前一级荷载为极限荷载。

第二节　桩基自平衡试验

传统的桩基静载试验一般采用油压千斤顶加载，千斤顶的反力装置有压重平台反力装置、锚桩承载梁反力装置和锚桩压重联合反力装置，采用这些装置往往需要耗费大量的人力、物力、财力和时间。

1984 年，美国西北大学教授 Osterberg 研制成功了桩端加载试验方法(即国内所说的自平衡测试法)。该方法通过预埋在桩身中或桩端的压力盒，用油泵向压力盒加压，利用桩身上下两段自身的平衡进行钻孔桩静载试验。该方法近年来在美国、欧洲、日本、东南亚等国或地区得到了广泛的应用。

我国从 1996 年起，在江苏、河南、云南等地开始使用该方法，并制定了地方规程，取得了较好的工程效益和经济效益。

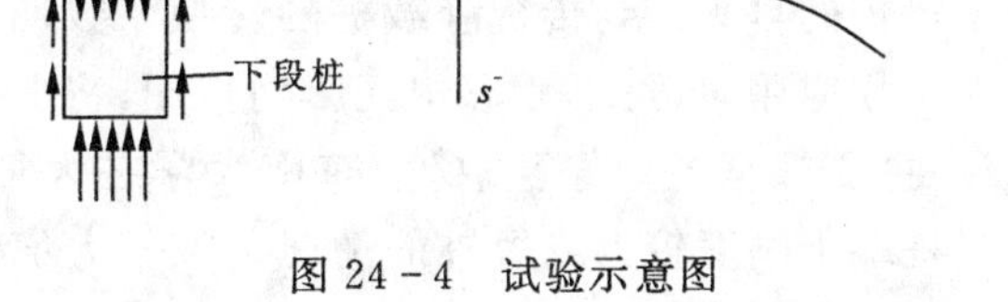

图 24-4　试验示意图

自平衡测试方法的测试装置示意图如图 24-4 所示。其主要是在桩身中装置一种经特别设计的可用于加载的荷载箱，它与钢筋笼连接而安置于桩身中，试验时，从地面通过油泵等加压装置向荷载箱内加压，荷载箱上下底板分别向两端发生位移，从而调动桩周土的摩阻力及端阻力，直至破坏。测试时，可以分别得到向上、向下两条荷载-位移曲线，若在桩身埋设应变计等，还可以测出桩周土层的摩阻力和桩端土端阻力。将桩侧阻力和桩端阻力通过一定的变换关系叠加可以得到单桩荷载-位移曲线。

桩基自平衡测试法相对常规静载试验具有较明显的优点，具体有：

1)装置简单,不占用场地,利用桩身上下段互为反力,不需巨大的堆载平台以及堆载物,试验时十分安全,无污染;

2)试桩准备工作省时省力;

3)试验费用较传统静载试验方法节省;

4)试验桩可作为工程桩继续使用,必要时可利用压浆管对桩底进行压力灌浆;

5)在场地环境较差的情况下(如水上、坡地、基坑底等)更具有优势。

荷载箱宜在成孔以后,混凝土浇捣前设置。其位置应根据地质报告进行估算。当桩端阻力小于摩阻力时,荷载箱放在桩身平衡点处,使上下段桩的承载力相等以维持加载。

当桩端阻力大于摩阻力时,可以根据桩的几何特征以及地质情况采取以下措施:

1)在达到持力层后继续向下挖一小孔,单独测试小孔的端阻力和摩阻力,供设计参考;

2)在允许的条件下,适当增加桩长以增大上段桩的摩阻力;

3)在桩顶配置一定的配重;

4)加载至摩阻力充分发挥,测端部单位阻力,然后换算求得实际桩端阻力。

由于自平衡测试的 $Q-s$ 曲线有两条,与工作状态的 $Q-s$ 性状不同,因此,有必要将自平衡测试得到的 $Q-s$ 曲线向传统 $Q-s$ 曲线进行转换。这里简要介绍一下经验近似转换方法。

转换的原则:向上向下位移同步,即通过位移进行叠加荷载的方法。如图 24-5 所示,单桩传统的承载力 P 可表示为

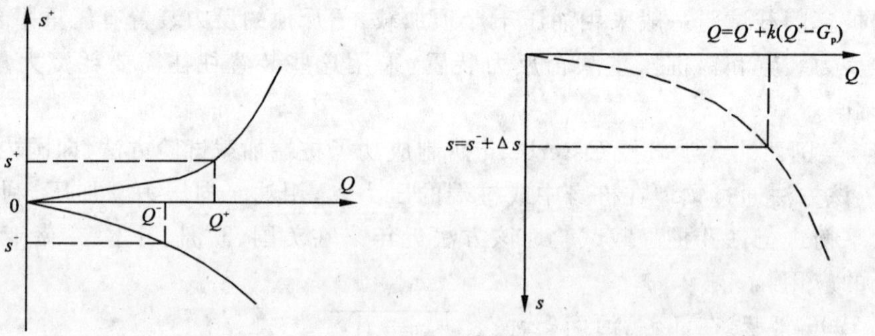

(a) 自平衡Q-s曲线 (b) 转换Q-s曲线

图 24-5 Q-s 曲线转换

$$P = K^+ P^+ + K^- P^- \tag{24-1}$$

式中,P^+、P^- 分别为自平衡的上段桩摩阻力(已扣除上段桩自重)和下段桩阻力;K^+、K^- 分别为上下段桩的自平衡到传统静载桩的转换系数。

在工程应用时,可不考虑相互影响作用,将上下段桩分别考虑。

K^+ 主要根据各地经验取值,东南大学在大量与静载试验对比的基础上,建议 K^+ 取 1~1.6,当桩端土刚度较大或短桩的情况下取较大值。

自平衡测试中,每施加一级荷载,上下段桩的位移值不同,但与传统静载试验结果是一一对应关系。根据向上与向下位移相等的原则[$s=s^-+\Delta s=s^++\Delta s$,$\Delta s=PL_s/(EA)$,$L_s$ 为荷载箱以上桩长],由式(24-1)的结果进行叠加,可得到传统荷载-位移曲线的一系列点,从而得到等效的桩顶荷载-位移曲线。

第四篇

基坑支护工程

第二十五章　土压力计算

第一节　概　述

土压力的计算比较复杂，影响因素很多。土压力大小与分布除了与土的性质有关外，还与挡土结构的位移方向、位移量、土体与结构物的相互作用及挡土结构的类型有关。

挡土结构按刚度及位移方式不同可分为刚性挡土结构（墙）与柔性挡土结构（墙）。

（一）刚性挡土结构（墙）

一般指由砖、石、混凝土或水泥土等形成的断面较大的挡土墙，这类挡土结构刚度大，在侧向压力作用下仅能发生整体移动或平移，结构物的挠曲可忽略。对于这种类型的挡土墙，其墙背受到的土压力呈三角形分布，见图25-1。

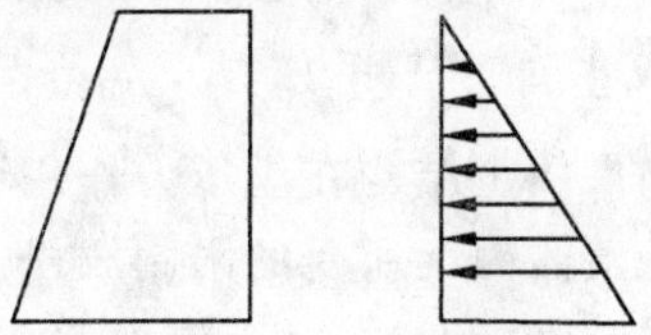
(a)挡土墙　(b)墙背土压力分布

图25-1　刚性挡土结构所承受的土压力分布

（二）柔性挡土结构（墙）

当挡土结构在土压力作用下发生挠曲变形时，结构的变形将影响土压力的大小和分布，这种类型的挡土结构称为柔性挡土结构。

太沙基曾作过以下一些实验：

①挡土结构上端固定，下端向外移动，其土压力分布为抛物线形，见图25-2(a)；

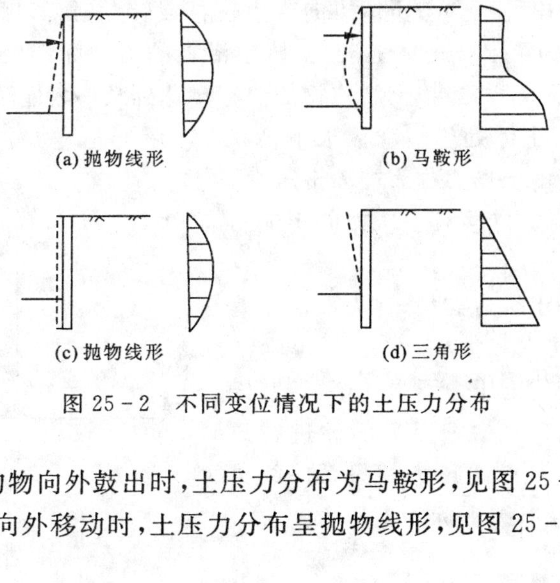
(a)抛物线形　(b)马鞍形

(c)抛物线形　(d)三角形

图25-2　不同变位情况下的土压力分布

②上下端固定，结构物向外鼓出时，土压力分布为马鞍形，见图25-2(b)；

③挡土结构物平行向外移动时，土压力分布呈抛物线形，见图25-2(c)；

④结构物绕下端向外倾斜时，土压力分布为三角形，见图 25－2(d)。

由于挡土结构物上土压力的大小与分布受很多因素的影响，故计算土压力的方法有很多种，应根据实际工程情况选用，但目前在实际工程中以朗金理论和库仑理论应用最广。

第二节　作用在挡土结构上的三种土压力

根据挡土结构物的位移情况和其后土体所处的应力状态，可将土压力分为静止土压力 E_0、主动土压力 E_a 和被动土压力 E_p。

1. 静止土压力 E_0

如果挡土结构物在土压力作用下，不产生任何方向的位移或转动，保持原有的位置不动[图 25－3(a)]，那么此时挡土结构物所受的土压力称为静止土压力 E_0。

2. 主动土压力 E_a

如果挡土结构在土压力作用下产生离开土体方向的移动或转动[图 25－3(b)]，挡土结构物背后土体因为所受的限制放松而有下滑的趋势。为了阻止土体下滑，土体内潜在的滑动面上的剪应力 τ 增加，从而使作用在挡土结构上的土压力减小。当挡土结构的移动或转动达到某一数值时，滑动面的剪应力 τ 达到抗剪强度 τ_f，使挡土结构背后土体处于主动极限平衡状态，这时作用到挡土结构物上的土压力称为主动土压力 E_a。

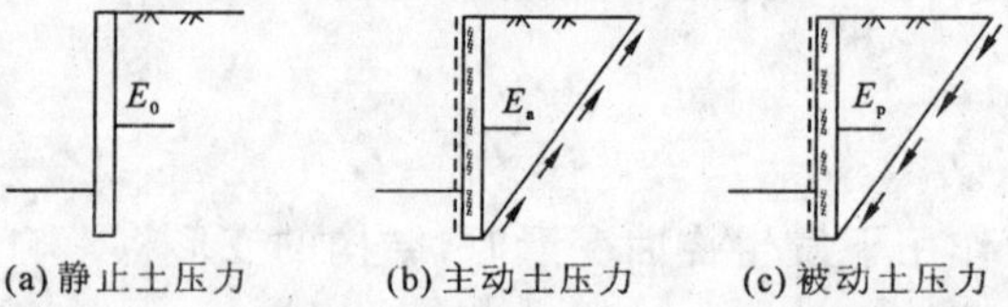

图 25－3　作用在挡土结构物上的三种土压力

3. 被动土压力 E_p

当挡土结构在外力作用下，向着土体方向产生位移或转动时，其后土体受到挤压，有上滑的趋势[图 25－3(c)]。为了阻止土体上滑，土体中潜在的滑动面产生反向的剪应力，使作用在挡土结构物上的土压力增大，当挡土结构物的位移量达到某一数值时，土体滑动面的剪应力等于土的抗剪强度，墙后土体处于被动极限平衡状态，这时挡土结构所承受的土压力称为被动土压力。

综上所述，挡土结构物位移对土压力的影响可概括为以下两点。

(1)挡土结构所受的土压力类型，首先取决于是否发生位移以及位移的方向和大小。

(2)挡土结构物所受的土压力不是一个常数，随着位移量的变化而变化。对中密以上的砂进行试验，挡土结构物的位移量 δ 与土压力的关系曲线见图 25－4。图中横坐标为 δ，纵坐标为土压力。"+"

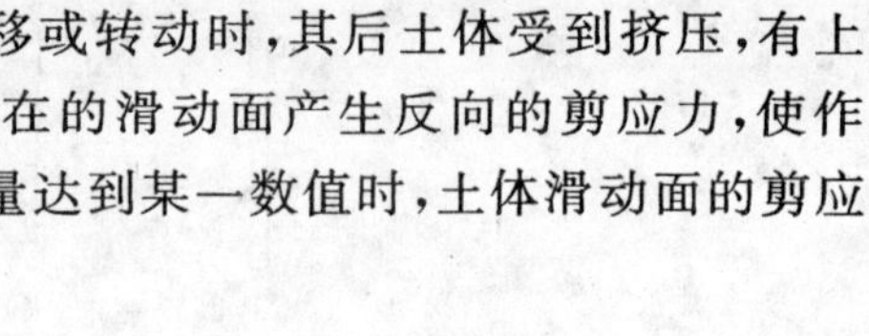

图 25－4　挡土结构位移与土压力关系曲线

表示向着大体方向挤压土体，“—”表示背离土体方向。

由图 25-4 可知：

①位移量 $\delta=0$，土压力为静止土压力 E_0；

②挤压土体时，位移量增大，土压力增大，当 $\delta=\Delta\delta_p$ 时，E 不再增大，此时所对应的土压力为被动土压力；

③挡土结构背离土体方向移动时，土压力减小，当 $\delta=\Delta\delta_a$ 时，土压力不再减小，这时土压力为主动土压力。根据太沙基的试验，$\Delta\delta_a/H$（H 为挡土结构高度）大约为 0.1%～0.8%，$\Delta\delta_p/H$ 大约为 1%～5%。即产生主动土压力所需位移量很小，而产生被动土压力所需位移量约为 $10\Delta\delta_a$，在很多情况下不允许出现这么大的位移。

第三节　土压力计算理论

(一)静止土压力

计算静止土压力一般采用下式

$$e_0=\gamma z k_0 \tag{25-1}$$

式中，e_0 为静止土压力，kPa；γ 为挡土结构物背后土的重度，kN/m^3；z 为计算土压力点的深度，m；k_0 为静止土压力系数，k_0 与土的性质有关，对正常固结土，一般坚硬土可取 0.2～0.4，硬可塑黏性土、粉土、砂土取 0.4～0.5，可软塑黏性土取 0.5～0.6，流塑黏性土取 0.75～0.8。

对正常固结土，k_0 也可按下式计算

$$k_0=1-\sin\varphi' \tag{25-2}$$

式中，φ'为土的有效内摩擦角，由实验确定。当无试验条件时，也可根据 $N_{63.5}$ 来计算。

坦哈姆公式：

$$\varphi'=\sqrt{12N}+20 \tag{25-3}$$

适用于颗粒级配良好的土。

大崎公式：

$$\varphi'=\sqrt{20N}+15 \tag{25-4}$$

(二)朗金土压力理论

朗金土压力理论假定：挡土墙背竖直、光滑，填土面水平。由这一假定，墙后土体中任一单元体所受的两个主应力分别为自重应力 σ_{cz} 和侧向压力 σ_{cx}。

1. 主动土压力

若挡土结构没有位移，墙后土体处于弹性平衡状态。在土中任一深度 z 处，土中单元体所受主应力 σ_1、σ_3 分别为自重应力和侧向土压力。由 σ_1、σ_3 作莫尔圆显然不会与抗剪强度曲线相切[图 25-5(d)圆Ⅰ]。如果挡土结构物离开土体向左移动，其后土体的应力状态将发生变化，这时大主应力不变，$\sigma_1=\gamma z$，小主应力不断减少，减少到某一数值时，莫尔圆与抗剪强度曲线相切[图 25-5(d)中圆Ⅱ]，土体处于主动朗金状态，这时作用在挡土结构上的力就是朗金主动土压力。由极限平衡理论

$$\sigma_3=\sigma_1\tan^2(45°-\varphi/2)-2c\tan^2(45°-\varphi/2)$$

及 $\sigma_1 = \gamma z$，并令 $k_a = \tan^2(45° - \varphi/2)$，则朗金主动土压力强度为

$$\sigma_a = \gamma z k_a - 2c\sqrt{k_a} \tag{25-5}$$

对无黏性土，

$$\sigma_a = \gamma z k_a \tag{25-6}$$

土体中滑动面与最大主应力作用面间夹角为 $45° + \varphi/2$。

对单位长度的挡土结构，主动土压力合力(图 25-6)如下。

(1)对无黏性土，

$$E_a = \frac{1}{2}\gamma h^2 k_a \tag{25-7}$$

式中，E_a 为主动土压力，kN/m；h 为挡土结构物高度，m；γ 为挡土结构背后土体重度，kN/m^3；k_a 为主动土压力系数，$k_a = \tan^2(45° - \varphi/2)$。

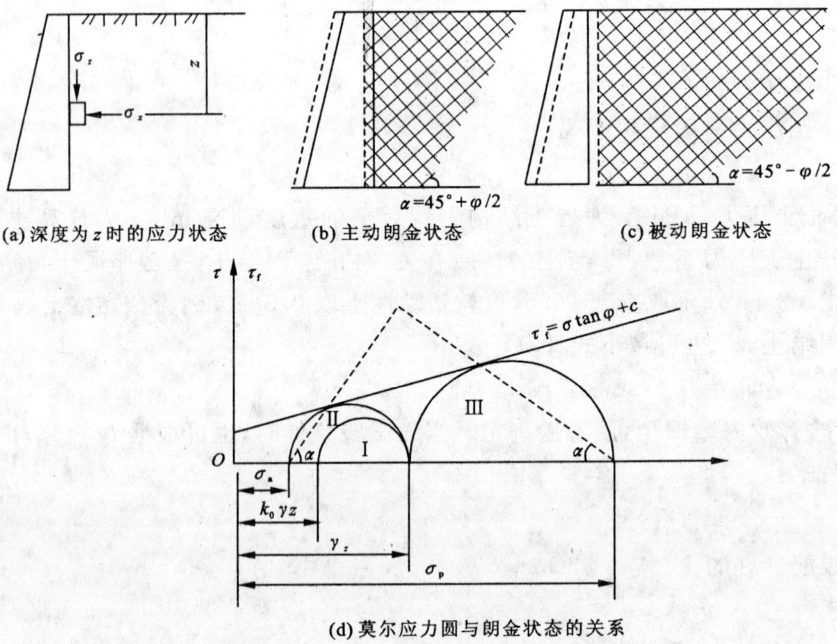

图 25-5 半空间体的极限平衡状态

(2)对黏性土，

$$E_a = \frac{1}{2}\gamma h^2 k_a - 2c\sqrt{k_a} + 2c^2/\gamma \tag{25-8}$$

式中，c 为挡土结构背后土的黏聚力，kPa。

图 25-6(c)中 a 点离填土面的深度 z_0 称为临界深度。若填土面上无荷载，令 $\sigma_a = 0$，可得临界深度

$$z_0 = \frac{2c}{\gamma\sqrt{k_a}} \tag{25-9}$$

2. 被动土压力

当土体受到挤压时，土中单元体所受的侧向应力不断增大，而竖向应力不变。当侧向应力

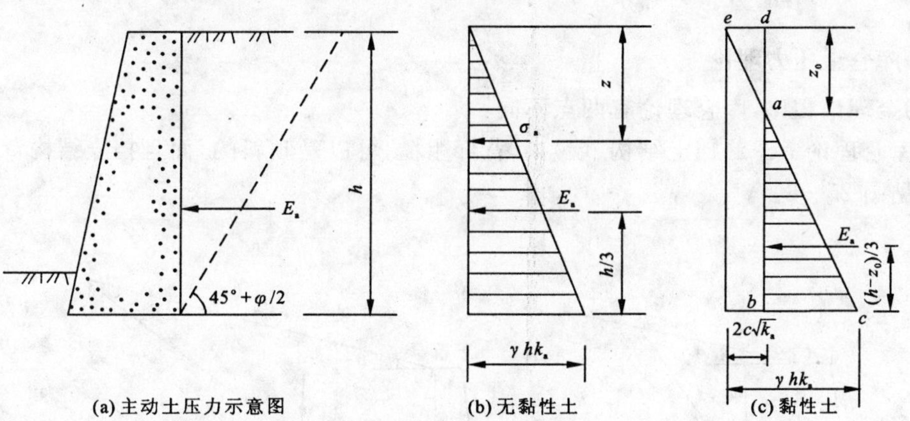

图 25-6　朗金主动土压力分布图

增大到某一数值时，由大小主应力所作的莫尔圆与抗剪强度曲线相切[图 25-5(d)中圆Ⅲ]，土体处于被动朗金状态，这时作用在挡土结构物上的力就是被动土压力。

土体处于被动朗金状态时，大主应力为侧向应力，小主应力为自重应力，$\sigma_3=\gamma z$。由极限平衡理论，

$$\sigma_1 = \sigma_3 \tan^2(45° + \varphi/2) + 2c\tan^2(45° + \varphi/2)$$

令 $k_p = \tan^2(45° + \varphi/2)$，把 $\sigma_3 = \gamma z$ 代入，得

$$\sigma_p = \gamma z k_p + 2c\sqrt{k_p} \tag{25-10}$$

对单位长度的挡土结构，被动土压力合力(图 25-7)如下。

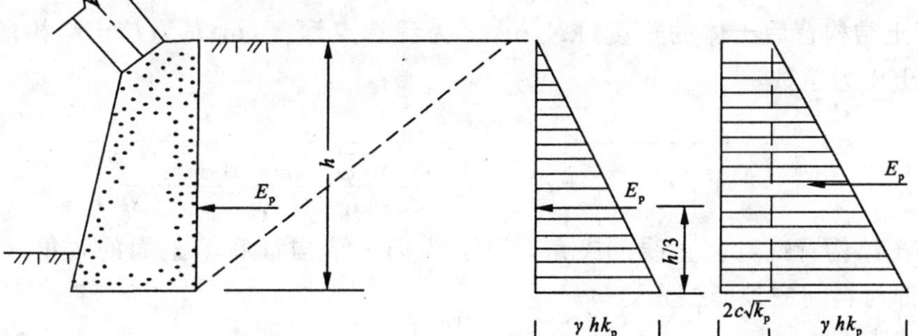

图 25-7　朗金被动土压力分布

(1)对黏性土，

$$E_p = \frac{1}{2}\gamma h^2 k_p + 2c\sqrt{k_p} \tag{25-11}$$

(2)对无黏性土，

$$E_p = \frac{1}{2}\gamma h^2 k_p \tag{25-12}$$

(三)库仑土压力理论

与朗金理论相比,库仑理论有两点不同:

(1)库仑理论考虑的挡土结构(墙),其背部粗糙,可以是倾斜的,而且挡土结构背后填土面有倾角,见图 25-8。

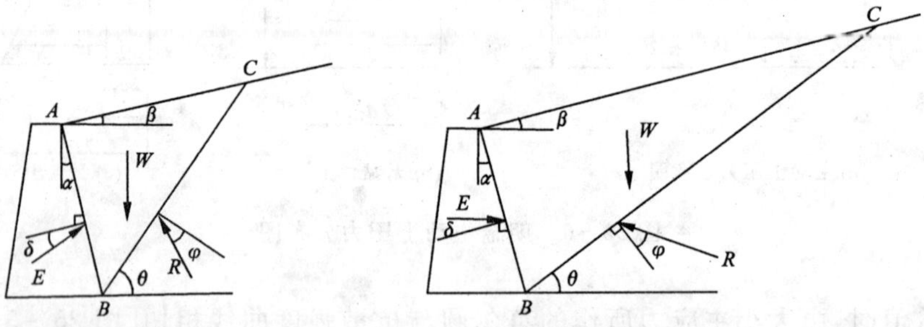

(a) 主动状态　　(b) 被动状态

图 25-8　库仑土压力理论

(2)库仑理论不是从研究挡土结构后土体某一点的应力状态出发,而是从考虑挡土结构后某一个滑动楔体的整体静力平衡条件出发,直接求出作用在挡土结构背后的总土压力。

由库仑理论推出的公式经简化后可表示如下。

1)主动状态。

①主动土压力强度:　$\sigma_a = \gamma z k_a$　(25-13)

②主动土压力:　$E_a = \frac{1}{2}\gamma h^2 k_a$　(25-14)

式中,γ 为挡土结构背后土体的重度,kN/m^3;z 为计算点深度,m;h 为挡土结构的长度,m;k_a 为库仑主动土压力系数,

$$k_a = \frac{\cos^2(\varphi-\alpha_1)}{\cos^2\alpha_1\cos(\alpha_1+\delta)\left[1+\sqrt{\frac{\sin(\varphi+\delta)\sin(\varphi-\beta)}{\cos(\alpha_1+\delta)\cos(\alpha_1-\beta)}}\right]^2} \tag{25-15}$$

式中,α 为挡土结构背部与竖直线的夹角,(°);β 为挡土结构背后填土面的倾角,(°);δ 为土与挡土结构背部材料间的外摩擦角,(°)。

2)被动状态。

①被动土压力强度:　$\sigma_p = \gamma z k_p$　(25-16)

②被动土压力:　$E_p = \frac{1}{2}\gamma h^2 k_p$　(25-17)

式中,k_p 为库仑被动土压力系数,

$$k_p = \frac{\cos^2(\varphi+\alpha_1)}{\cos^2\alpha_1\cos(\alpha_1-\delta)\left[1-\sqrt{\frac{\sin(\varphi+\delta)\sin(\varphi+\beta)}{\cos(\alpha_1-\delta)\cos(\alpha_1-\beta)}}\right]^2} \tag{25-18}$$

(四)太沙基-佩克理论

太沙基-佩克根据顶部设有支撑的挡土结构(墙)的实测资料,提出了土压力分布建议,见图 25-9。

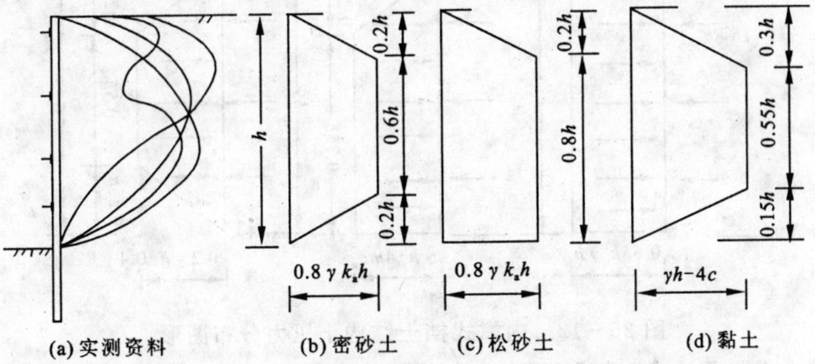

图 25-9　实测土压力分布与太沙基-佩克的建议

(五)日本铃木的方法

(1)砂土地基见图 25-10。

(2)黏土地基见图 25-11。

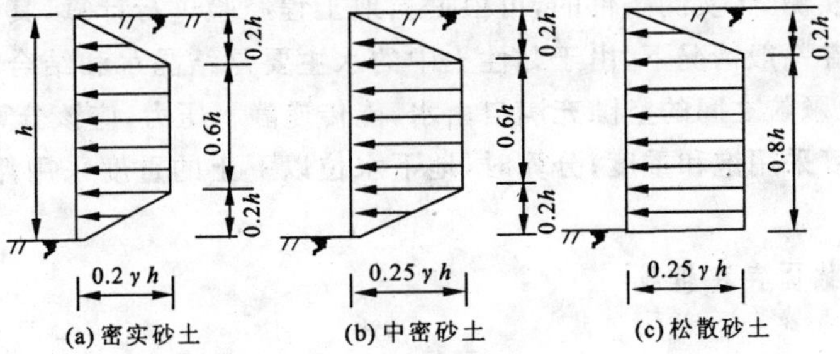

图 25-10　砂土的土压力分布

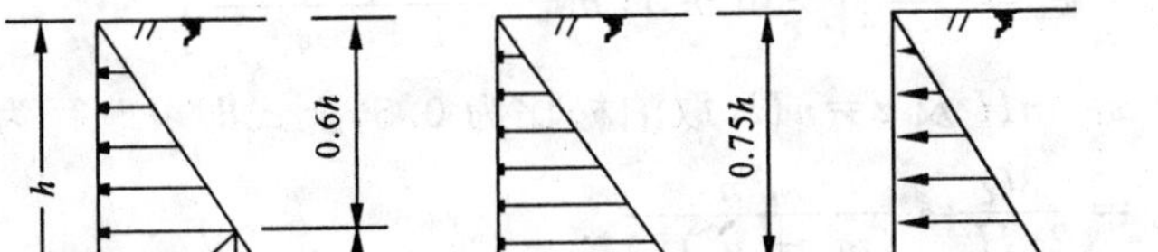

图 25-11　黏土的土压力分布

(六)规范所提供的方法

我国《岩土工程勘察规范》(GB50021—94)中对内支撑式挡土结构的土压力分布所提供的方法见图 25-12。

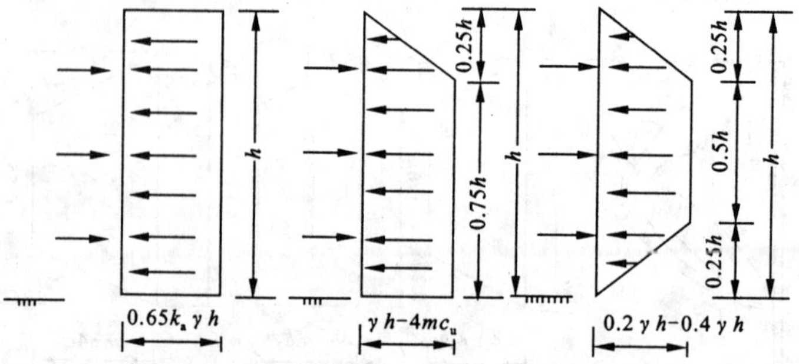

图 25-12 内撑式挡土结构土压力分布图形

图中 γ 为土的重度,kN/m^3;h 为开挖深度,m;c_u 为开挖范围及基槽下相邻土层的不排水抗剪强度,kPa;m 为修正系数,当基底下存在较厚的软黏土时,$m=0.4$,当基底下存在坚硬土层时,$m=1.0$

(七)土压力计算的一些问题

1. 水压力的计算

作用在挡土结构上的侧向荷载,除了土压力之外,还有地下水位以下的水压力。在实际工程中最好采取现场实测,无实测条件的,可根据当地工程经验进行计算,其计算方法分为分算和合算两种情况。在一般情况下,由于黏性土中的水主要是结晶水和结合水,应该水土合算;在砂性土中,由于土颗粒之间的空隙充满自由水,能传递静水压力,应该分算。进行合算时,地下水位以下土的重度采用饱和重度;分算时,地下水位以下土的重度采用浮重度,另外单独计算静水压力。

2. 挡土结构后地面存在超载

(1)集中荷载。

由集中荷载 Q 所产生的土压力分布可按弹性理论确定。作用在表面上的集中荷载所引起的水平应力,按 Boussinesq 解为

$$\sigma_h=\sigma_r=\frac{Q}{2\pi z^2}\left[3\sin^2\theta\cos^3\theta-\frac{(1-2\mu)\cos^2\theta}{1+\cos\theta}\right] \tag{25-19}$$

若令 $r=x$,并设 $x=mH$ 及 $z=nH$,取泊松比为 0.5,上式即可改写为

$$\sigma_h=\frac{3Q}{2\pi H^2}\cdot\frac{m^2n}{(m^2+n^2)^{2/5}} \tag{25-20}$$

当计算刚性墙上的侧向压力时,可按实测值对上述理论进行修正,据 Spangler 的研究(图 25-13),由集中荷载产生的侧向压力为

$$\sigma_h=\frac{1.77Q}{H^2}\cdot\frac{m^2n}{(m^2+n^2)^3}\quad(m>0.4) \tag{25-21}$$

$$\sigma_h=\frac{0.28Q}{H^2}\cdot\frac{n^2}{(0.16+n^2)^3}\quad(m\leqslant0.4) \tag{25-22}$$

$$\sigma'_h=\sigma_h\cos^2(1.1\alpha) \tag{25-23}$$

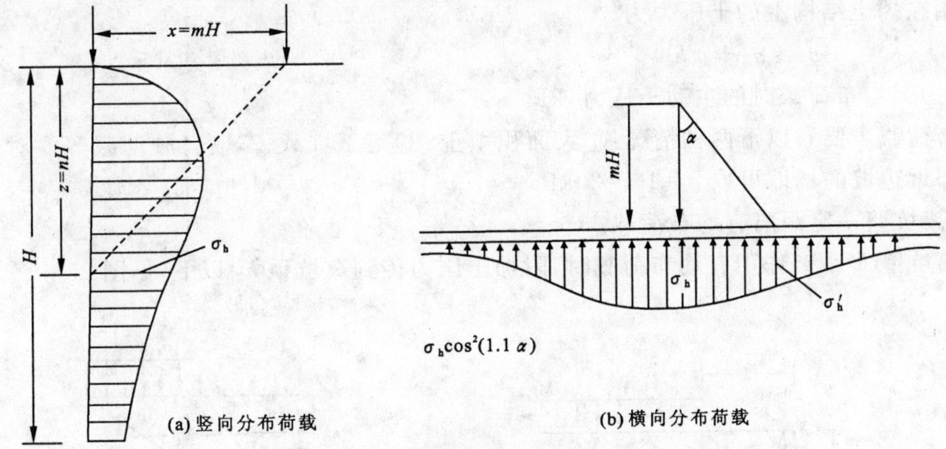

图 25-13　集中荷载作用下土压力分布

(2)线荷载。

对于线荷载 q(图 25-14)产生的侧向压力，按 Boussinesq 解可表示为

$$\sigma_h = \frac{2q}{\pi H} \cdot \frac{m^2 n^2}{(m^2 + n^2)^2} \tag{25-24}$$

据实测结果，实际值大约是上述理论值的两倍，经修正后为

$$\sigma_h = \frac{4q}{\pi H} \cdot \frac{m^2 n^2}{(m^2 + n^2)^2} \quad (m > 0.4) \tag{25-25}$$

$$\sigma_h = \frac{q}{H} \cdot \frac{0.203n}{(0.16 + n^2)^2} \quad (m \leqslant 0.4) \tag{25-26}$$

(3)均布荷载。

由均布荷载引起的附加侧向土压力(图 25-15)为

$$\sigma' = q\,k_a \tag{25-27}$$

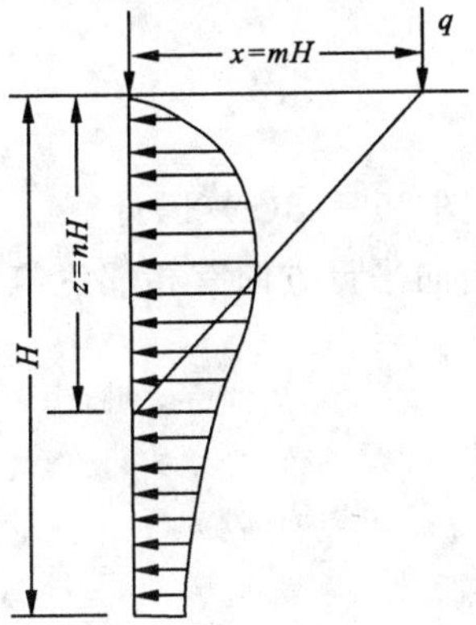

图 25-14　线荷载作用下土压力分布

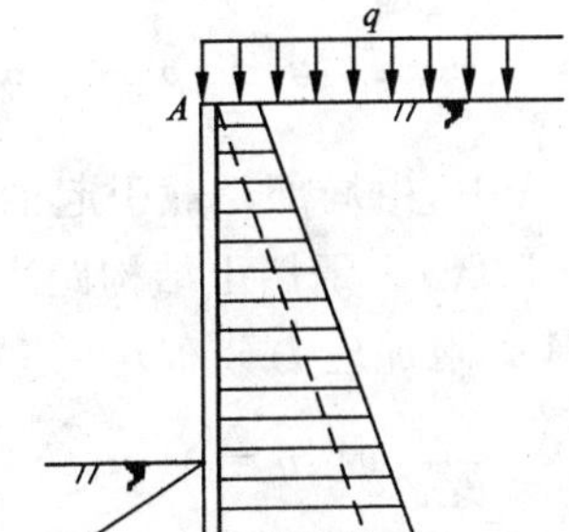

图 25-15　挡土结构后地面存在均布荷载

式中，σ'为作用在挡土结构上的附加侧向土压力，kPa；q 为挡土结构后地面的均布荷载，kPa；

k_a 为主动土压力系数。

作用在挡土结构上的土压力为

$$\sigma = \sigma_a + q\,k_a \tag{25-28}$$

式中，σ_a 为无均布荷载时的主动土压力，kPa。

均布荷载主要有以下两种情况：①大面积填土；②施工堆载、车辆行驶动载等。对无固定超载的邻近边坡的场地可取 $q=10\sim20$kPa。

(4)离坑壁一定距离有均布荷载。

当离坑壁 L 距离作用有均布荷载时，附加土压力传到离坑顶 h_1 以下，见图 25-16。

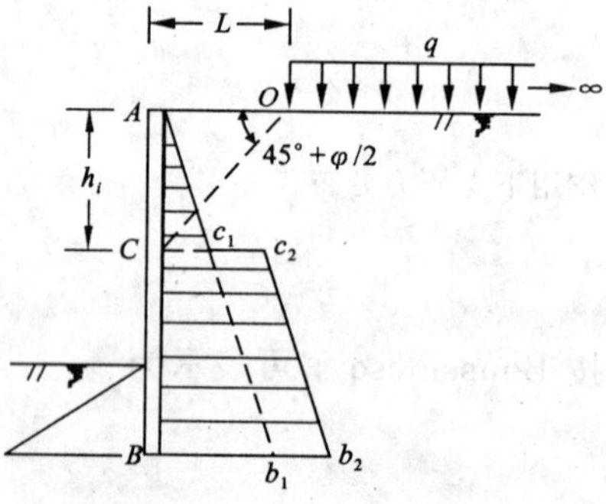

图 25-16　离坑壁一定距离作用有均布荷载

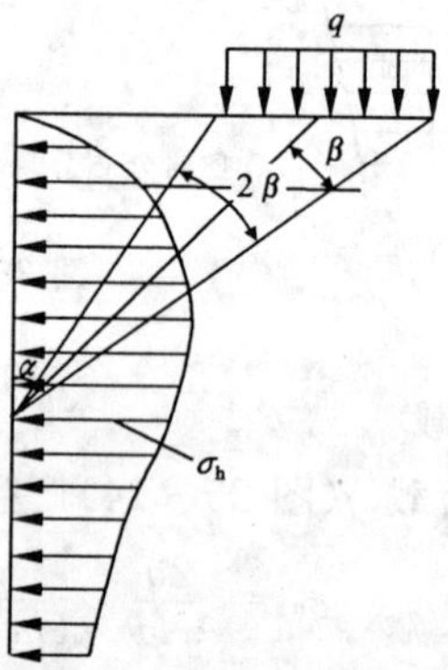

图 25-17　局部超载作用下土压力分布

$$h_i = L\cdot\tan(45^\circ+\varphi/2) \tag{25-29}$$

$$\sigma' = q\,k_a \tag{25-30}$$

式中，σ'为附加土压力，kPa；q 为均布荷载，kPa；k_a 为主动土压力系数。

(5)存在局部超载。

局部超载主要指局部堆载、邻近建筑物及公路、路堤等。

局部超载所引起的侧向土压力可按修正后的 Terzaghi 公式计算，见图 25-17，其表达式为

$$\sigma_h = \frac{2q}{\pi}(\beta - \sin\beta\cos2\alpha) \tag{25-31}$$

实际工程中，由局部超载引起的附加土压力可近似按图 25-18(a)(b)计算。

图 25-18(c)为距挡土结构距离为 a，在与挡土结构走向平行方向有相邻建筑条形或矩形基础时，其基底附加应力分布。

1)当 $z<\dfrac{\alpha}{\tan\theta}$ 时，$q_i=0$。

2)当 $z\geqslant\dfrac{\alpha}{\tan\theta}$ 时，

条形基础
$$q_i = \frac{q_0 b}{b+2z\tan\theta} \tag{25-32}$$

矩形基础
$$q_i = \frac{l\,q_0 b}{(b+2z\tan\theta)(l+2z\tan\theta)} \tag{25-33}$$

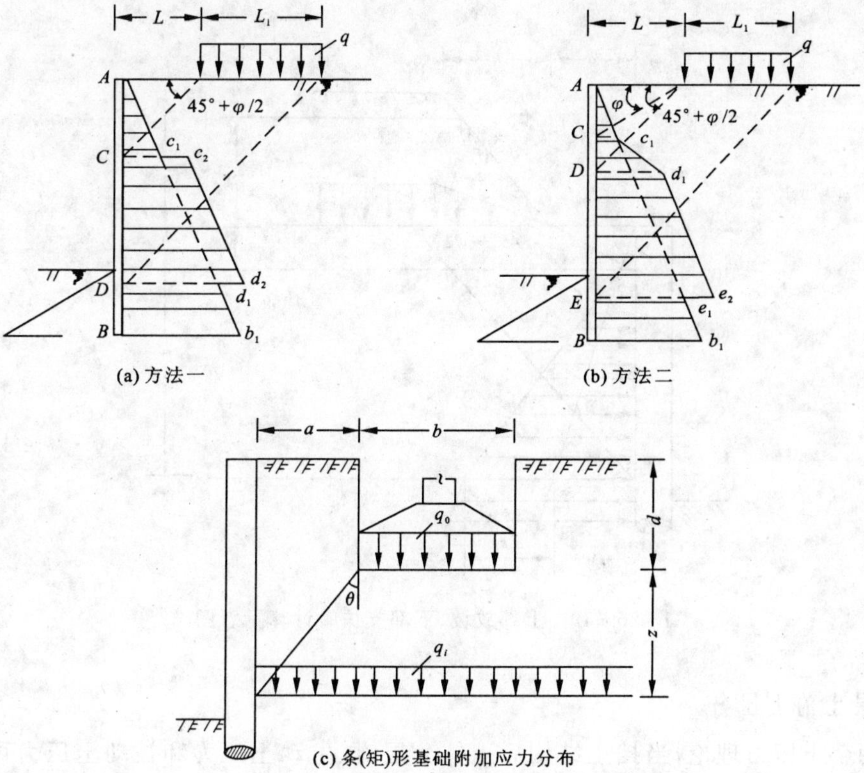

(a) 方法一　(b) 方法二

(c) 条(矩)形基础附加应力分布

图 25－18　存在局部超载时的土压力计算图

$$q_0 = p - \sigma_{cz} \tag{25-34}$$

式中，q_0 为分布在地面或基础底面的均布附加压力，kPa；q_i 为分布在第 i 层底面的竖向均布附加压力，kPa；a 为基础边离挡土结构边的距离，m；b 为基础底面宽度或荷载分布宽度，m；d 为基础埋置深度，m；p 为基底平均压力，kPa；σ_{cz} 为基底处土的自重压力，kPa；z 为均布附加压力分布底面至第 i 层底面的距离，m；l 为基础底面长度，m；θ 为地基附加应力扩散线与垂直线的夹角，对条形基础取 $\theta=45°$，对矩形基础取 $\theta=30°$。

(6)上部放坡，下部采用挡土结构。

若基坑上部采用放坡，下部采用挡土结构进行支护，由放坡土体或活荷产生的土压力可按下列公式计算。

$$e_0 = q_1 k_0$$

$$e_a = q_1 k_a$$

$$q_1 = 0 \quad (z \leqslant z_0)$$

$$q_1 = \frac{z - z_0}{z_1 - z_0} q_0 \quad (z_0 < z < z_1)$$

$$q_1 = q_0 \quad (z \geqslant z_1)$$

$$z_0 = a\tan\varphi$$

$$z_1 = (a + b)(45° + \varphi/2)$$

式中各符号意义见图 25－19。

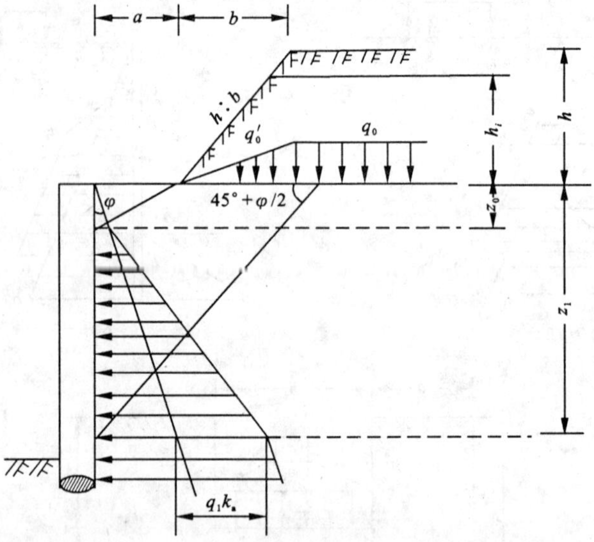

图 25－19　上部放坡、下部支护时计算示意图

3. 分层土的土压力

根据朗金土压力理论，当挡土结构后土体分层时，主动土压力和被动土压力可按下式计算。如图 25－20 所示。

(1)主动土压力。

1)第 i 层土底面对挡土结构的主动土压力强度 σ_{Ai} 为

$$\sigma_{Ai} = \left(q + \sum_{i=1}^{i} \gamma_i z_i\right)\tan^2\left(45° - \frac{\varphi_i}{2}\right) - 2c_i \tan^2\left(45° - \frac{\varphi_i}{2}\right) \tag{25-35}$$

2)第 i 层土顶面对挡土结构的主动土压力强度 σ_{Ai0} 为

$$\sigma_{Ai0} = \left(q + \sum_{i=1}^{i} \gamma_{i-1} z_{i-1}\right)\tan^2\left(45° - \frac{\varphi_i}{2}\right) - 2c_i \tan^2\left(45° - \frac{\varphi_i}{2}\right) \tag{25-36}$$

式中，σ_{Ai}、σ_{Ai0} 分别为第 i 层土底面、顶面的侧向主动土压力强度，kPa；q 为地面超载，kPa；γ_{i-1}、γ_i 分别为第 $i-1$ 层、i 层土重度，kN/m^3；z_{i-1}、z_i 分别为第 $i-1$ 层、i 层土厚度，m；φ_i 为第 i 层土内摩擦角，(°)；c_i 为第 i 层土黏聚力，kPa。

3)第 $i+1$ 层土顶面对挡土结构的主动土压力强度 $\sigma_{A(i+1)0}$ 为

$$\sigma_{A(i+1)0} = \left(q + \sum_{i=1}^{i} \gamma_i z_i\right)\tan^2(45° - \frac{\varphi_{i+1}}{2}) - 2c_{i+1} \tan^2\left(45° - \frac{\varphi_{i+1}}{2}\right) \tag{25-37}$$

式中，φ_{i+1} 为第 $i+1$ 层土的内摩擦角，(°)；c_{i+1} 为第 $i+1$ 层土的黏聚力，kPa。

(2)被动土压力。

1)从基坑底面算起第 j 层土底面对挡土结构的被动土压力强度 σ_{pj} 为

$$\sigma_{pj} = \left(q + \sum_{j=1}^{j} \gamma_j z_j\right)\tan^2\left(45° + \frac{\varphi_j}{2}\right) - 2c_j \tan^2\left(45° + \frac{\varphi_j}{2}\right) \tag{25-38}$$

2)第 j 层土顶面对挡土结构的被动土压力强度 σ_{pj0} 为

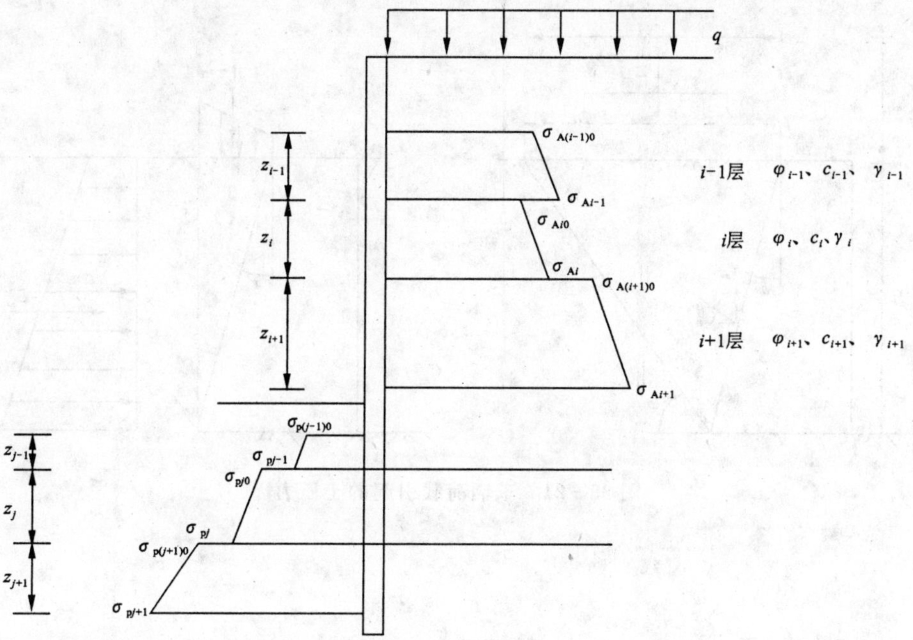

图 25-20　挡土结构后土体分层时土压力计算

$$\sigma_{pj0}=\left(\sum_{j=1}^{j-1}\gamma_{j-1}z_{j-1}\right)\tan^2\left(45^\circ+\frac{\varphi_j}{2}\right)+2c_j\tan^2\left(45^\circ+\frac{\varphi_j}{2}\right) \tag{25-39}$$

3)第 $j+1$ 层土顶面对挡土结构的被动土压力强度 $\sigma_{p(i+1)0}$ 为

$$\sigma_{p(i+1)0}=\left(\sum_{j=1}^{j}\gamma_j z_j\right)\tan^2\left(45^\circ+\frac{\varphi_{j+1}}{2}\right)+2c_{j+1}\tan^2\left(45^\circ+\frac{\varphi_{j+1}}{2}\right) \tag{25-40}$$

式中，σ_{pj0}、σ_{pj} 分别为第 j 层土顶面、底面的侧向被动土压力强度，kPa；γ_j 为第 j 层土的重度，kN/m^3；φ_j 为第 j 层土的内摩擦角，(°)；c_j 为第 j 层土的黏聚力，kPa；z_{j-1}、z_j 分别为第 $j-1$ 层、j 层土厚度，m；φ_{j+1} 为第 $j+1$ 层土内摩擦角，(°)；c_{j+1} 为第 $j+1$ 层土的黏聚力，kPa。

4. 车辆荷载引起的土压力

基坑施工时一般要求汽车、吊车在支护结构顶上的钢筋混凝土路面上行走，因此，应计算对挡土墙产生的土压力。在《公路桥涵设计通用规范》(JTJ021—89)中，对车辆荷载引起的土压力的计算方法做了具体规定，其计算原理是按照库仑土压力理论，把填土破坏楔体范围内的车辆荷载用一个均布荷载(或换算成等代均布土层)来代替，然后用库仑土压力公式计算，见图 25-21。

计算时首先确定破坏楔体的长度 l_0，当墙背俯斜时，

$$l_0=H(\tan\varepsilon+\cot\alpha) \tag{25-41}$$

$$\cot\alpha=-\tan(\varphi+\delta+\varepsilon)+\sqrt{[\cot\varphi+\tan(\varphi+\delta+\varepsilon)][\tan(\varphi+\delta+\varepsilon)-\tan\varepsilon]} \tag{25-42}$$

式中，H 为挡土墙高度，m；ε、α 分别为墙背倾角及滑动面倾角，(°)。

墙背仰斜时，计算公式中的 ε 角用负值代入；墙背直立时，$\varepsilon=0$。

作用在破坏楔体范围内的车辆荷载，换算成厚度为 h_e 的等代均布土层，见图 25-21，其表

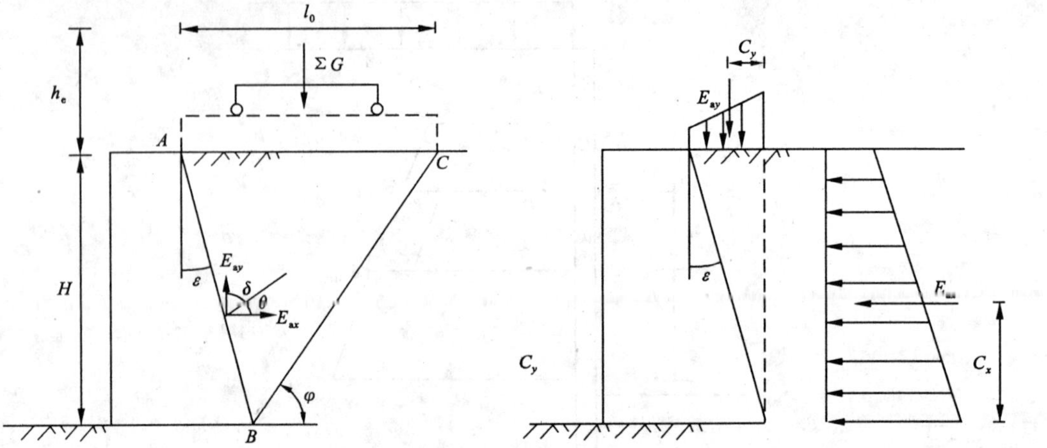

图 25-21 车辆荷载引起的土压力

达式为

$$h_e = \frac{\sum G}{Bl_0\gamma} \tag{25-43}$$

式中，γ 为填土厚度，m；B 为挡土墙的计算长度，m；l_0 为墙后填土的破坏楔体长度，m；$\sum G$ 为布置在 $B\times l_0$ 面积内的车辆重力，kN。

如图 25-22 所示。挡土墙的计算长度可按下式确定。

$$B = l + a + H\tan 30^\circ \tag{25-44}$$

式中，l 为汽车前后轴轴距；a 为车轮或履带着地长度；H 为挡土墙高度。

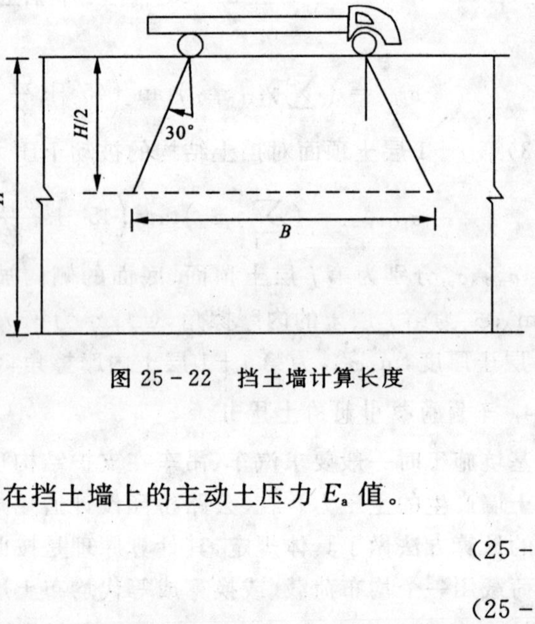

图 25-22 挡土墙计算长度

车辆车轮重力 $\sum G$ 为在 $B\times l_0$ 面积内可能出现的车轮重力。

求得等代土层厚度后，可按下式计算作用在挡土墙上的主动土压力 E_a 值。

$$E_a = \frac{1}{2}\gamma H(H+2h_e)k_a \tag{25-45}$$

$$E_{ax} = E_a\cos\theta \tag{25-46}$$

$$E_{ay} = E_a\sin\theta \tag{25-47}$$

式中，θ 为 E_a 与水平线间的夹角，(°)，$\theta=\delta+\varepsilon$；$k_a$ 为库仑主动土压力系数。E_{ax} 与 E_{ay} 的分布图形见图 25-21，其作用点分别位于各分布图形的形心处。E_{ax} 的作用点距墙脚 B 点的竖直距离 C_x 为

$$C_x = \frac{H}{3}\cdot\frac{H+3h_e}{H+2h_e} \tag{25-48}$$

E_{ay} 的作用点距墙脚 B 点的水平距离 C_y 为

$$C_y = \frac{d}{3} \cdot \frac{d + 3d_1}{d + 2d_1} \tag{25-49}$$

5. **土压力系数的调整**

当支护结构承受的侧向变形条件不符合主动、被动极限平衡状态条件时，由朗金和库仑理论计算的主动及被动土压力系数 k_a、k_p 应进行调整，或采用实际产生的土压力。

根据《建筑基坑工程技术规范》(YB9258—97)，调整方法如下。

(1)主动土压力系数 k_a 的调整值 k_{ma} 为

$$k_{ma} = \frac{1}{2}(k_0 + k_a) \tag{25-50}$$

(2)被动土压力系数 k_p 的调整值 k_{mp} 为

$$k_{mp} = (0.5 \sim 0.7)k_p \tag{25-51}$$

式中，k_{ma} 为调整后的主动土压力系数；k_{mp} 为调整后的被动土压力系数。

第二十六章　基坑支护结构的设计原理与计算方法

第一节　支护结构的破坏形式

深基坑支护结构可分为非重力式支护结构(即柔性支护结构)和重力式支护结构(即刚性支护结构)。非重力式支护结构包括钢板桩、钢筋混凝土板桩和钻孔灌注桩、地下连续墙等;重力式支护结构包括深层搅拌水泥土挡墙和旋喷帷幕墙等。

一、非重力式支护结构的破坏

非重力式支护结构的破坏包括强度破坏和稳定性破坏。

(一)强度破坏

强度破坏包括图 26-1 所示内容。

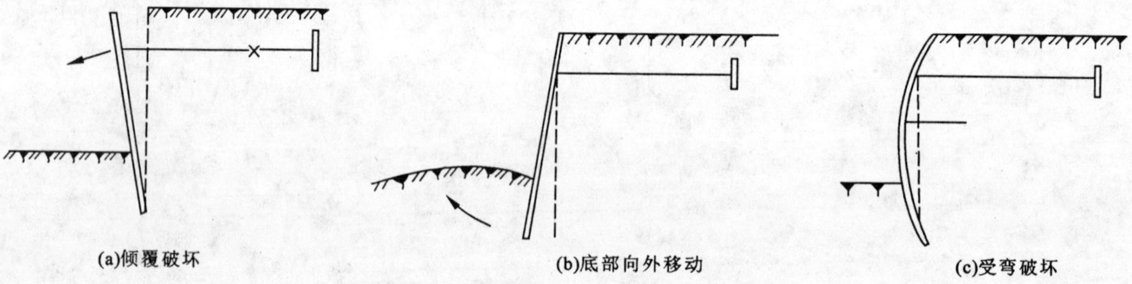

图 26-1　非重力式支护结构强度破坏形式

(1)支护结构倾覆破坏。破坏的原因是存在过大的地面荷载,或土压力过大引起拉杆断裂,或锚固部分失效,腰梁破坏等。

(2)支护结构底部向外移动。当支护结构入土深度不够,或挖土超深、水的冲刷等都可能产生这种破坏。

(3)支护结构受弯破坏。当选用的支护结构截面不恰当或对土压力估计不足时,容易出现这种破坏。

(二)稳定性破坏

支护结构稳定性破坏包括图 26-2 所示内容。

(1)墙后土体整体滑动失稳。破坏原因包括:①开挖深度很大,地基土又十分软弱;②地面大量堆载;③锚杆长度不足。

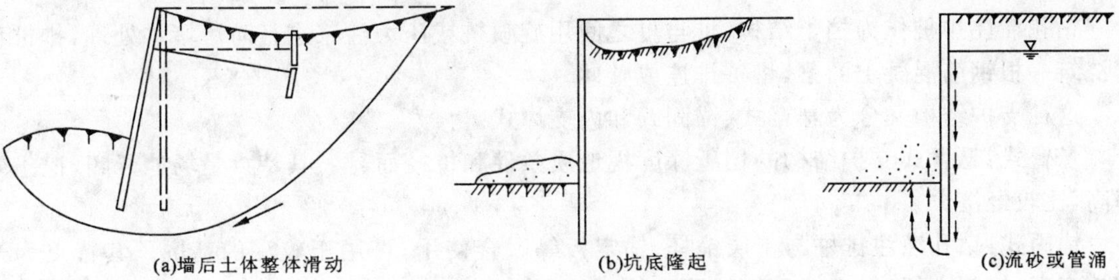

图 26-2　非重力式支护结构的稳定性破坏

(2)坑底隆起。当地基土软弱、挖土深度过大或地面存在超载时容易出现这种破坏。

(3)管涌或流砂。当坑底土层为无黏性的细颗粒土，如粉土或粉细砂，且坑内外存在较大水位差时，易出现这种破坏。

二、重力式支护结构的破坏形式

重力式支护结构的破坏也包括强度破坏和稳定性破坏两个方面。

强度破坏只有水泥土抗剪强度不足所产生的剪切破坏，为此需验算最大剪应力处的墙身应力。

稳定性破坏包括以下内容。

(1)倾覆破坏。若水泥土挡墙截面、质量不够大，支护结构在土压力作用下产生整体倾覆失稳。

(2)滑移破坏。当水泥土挡墙与土之间的抗滑力不足以抵抗墙后的推力时，会产生整体滑动破坏。

其他破坏形式，如土体整体滑动失稳、坑底隆起和管涌或流砂与非重力式支护结构相似。

第二节　支护结构的类型及适用条件

常见的支护结构类型及适用条件如下。

1. 钢板桩

钢板桩用打入或振动打入法就位，工程结束后可回收，可以重复使用。常用的钢板桩有槽钢钢板桩和“拉森”钢板桩。槽钢钢板桩的刚度比较小，并且容易渗水，一般在浅基坑中应用。“拉森”钢板桩刚度大，而且通过锁口相互咬合，基本不透水。

在软土地区使用钢板桩，打入时会产生挤土作用，常引起地面隆起，拔出时会带出土体，形成比钢板桩大得多的孔洞，若不及时采取措施，容易造成周围地面下沉。因此，在建筑物密集地区使用时要慎重。

2. 钢筋混凝土板桩

钢筋混凝土板桩是预制的钢筋混凝土构件，用打入法就位，并且相互嵌入。这种板桩有较大的刚度和不透水性，一般是一次性的。

3. 钻孔灌注排桩

钻孔灌注排桩作为挡土结构，桩与桩之间用旋喷桩或压力注浆进行防渗堵水处理，排桩顶部浇筑一根钢筋混凝土圈梁，将桩排连成整体。

这种支护结构又分为悬臂式、锚固式和内支撑式。

悬臂式：悬臂式支护结构的挡土深度视地质条件和桩径而异。其特点是场地开阔，挖土效率高，比较经济。

锚固式：钻孔灌注排桩与土层锚杆、锚定板等联合使用，可用于较深的基坑。其特点为开挖效率高，施工方便，但水泥及钢材用量相对较多。

内支撑式：在基坑内加钢质支撑或钢筋混凝土支撑等。内支撑有竖向斜支撑和水平支撑两大类。斜支撑适用于支护结构高度不大、所需支撑力不大的情况，一般为单层；水平支撑可单层设置，也可多层设置。

4. 水泥土深层搅拌桩挡墙

国内常用深层搅拌法形成重力式挡墙，一般形成格栅状。这类挡土结构的优点是不设支撑，不渗水，并且只需水泥，不要钢材，造价低。但为了保持稳定，一般宽度很大。

日本一般采用 SMW 工法(Soil Mixed Wall)，这种方法是在单排搅拌桩内插入 H 型钢，再配以支撑系统，从而达到既挡土又挡水的目的。

5. 地下连续墙

这种结构常用于较深的基坑，如地铁、车站或多层地下停车场等。其刚度与强度都较好，但造价高。

6. 围筒式支护结构

围筒式支护结构按平面形式不同分为圆形、拱形或复合型等。这种结构受力合理，充分利用了材料的抗压强度，位移小。

(1)钻孔灌注桩形成圆形或弧形桩排；

(2)水泥土搅拌桩或素混凝土桩排列成拱形，拱脚处设置钢筋混凝土桩，见图 26-3。

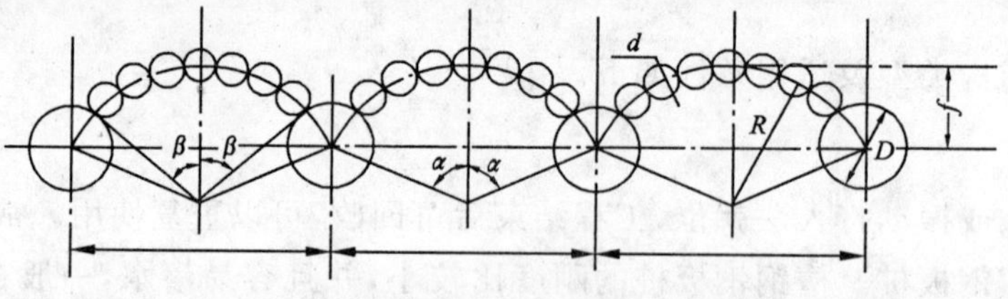

图 26-3 连拱式支护结构平面图

第三节 支护结构的设计原则

基坑工程根据结构破坏可能产生的后果，采用不同的安全等级，见表 26-1。

深基坑支护结构的设计按两种状态(即承载力极限状态和正常使用极限状态)进行设计。

一、承载力极限状态

也称应力极限状态。以悬臂桩为例，承载力极限状态包括以下几种情况。

表 26-1　安全等级

安全等级	破坏后果
一	很严重
二	严重
三	不严重

1. 抗剪切破坏

要求满足下式

$$\tau_p \leqslant [\tau_p] \qquad (26-1)$$

式中，τ_p 为桩所承受的剪应力，kPa；$[\tau_p]$为支护结构的抗剪强度，kPa。

2. 抗倾覆破坏的极限状态

要求满足下式

$$E_p \geqslant E_a \qquad (26-2)$$

式中，E_p 为支护结构承受的被动土压力；E_a 为支护结构承受的主动土压力。

3. 抗滑动破坏的极限状态

要求满足

$$\tau_s \leqslant [\tau_s] \qquad (26-3)$$

式中，τ_s 为滑动面上地基土受到的剪应力；$[\tau_s]$为地基土的抗剪强度。

4. 抗弯破坏的极限状态

要求满足

$$M \leqslant [M] \qquad (26-4)$$

式中，M 为支护结构截面所受的弯矩；$[M]$为抗弯强度。

二、正常使用极限状态

也称变形极限状态。若支护结构在土的侧向压力作用下产生位移，则地面必然会产生沉降，从而影响在建工程或邻近建(构)筑物的正常使用。如果侧向位移过大，还会引起周围建筑物下沉、倾斜、开裂、门窗变形以及地下管线设施受损，造成断电、断水、断气等。

第四节　支护结构的设计原理与计算方法

支护结构的类型具有很多种，但其计算方法是类似的。根据受力状态的不同可分为悬臂式和单(多)支撑(锚)[简称单(多)支点]支护结构。

一、悬臂式支护结构计算

(一)支护结构上侧向压力分布

悬臂式支护结构插入坑底的深度不同，其变形情况亦有所不同。第一种情况：若插入深度较深，支护结构向坑内倾斜较小时，下端 B 处没有位移，见图 26-4。第二种情况：若支护结构插入深度较浅，当达到最小插入深度 D_{min}时，它的上端向坑内倾斜较大，下端 B 向坑外位移；

若插入深度小于 D_{min}，支护结构丧失稳定，顶部向坑内倾斜。

对第一种情况，支护结构所受的土压力分布见图 26－5(a)，主动土压力和被动土压力相互抵消后土压力分布见图 26－5(b)。

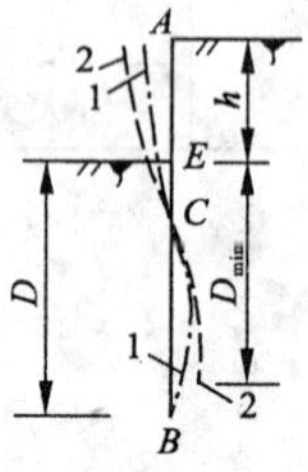

图 26－4　支护结构变形示意图

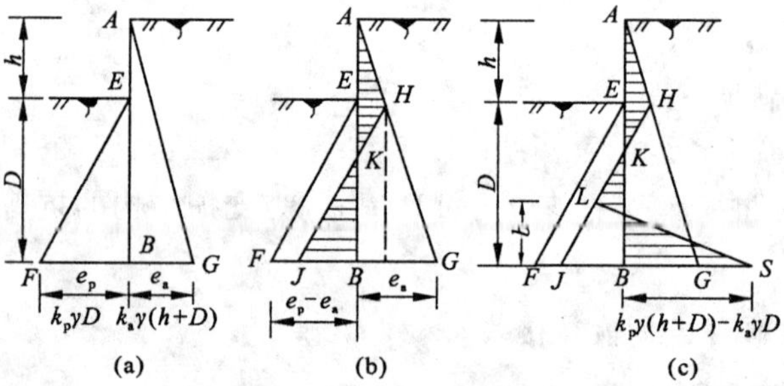

图 26－5　土压力分布图

对第二种情况，由于支护结构绕一点 C 转动，B 点向外移动。那么，从力的平衡来看，B 点必然受到向坑内的被动土压力和向坑外的主动土压力，这两个力抵消后等于$[k_p\gamma(h+D)-k_a\gamma D]$，最终它所受的土压力分布见图 26－5(c)。

(二)最小插入深度的确定方法

1. 第一种情况

对于第一种情况，所有力对桩尖取矩，令 $\sum M_B=0$，则得

$$\frac{1}{3}(h+D)\times\left[\frac{1}{2}\gamma(h+D)^2k_a-2c(h+D)\sqrt{k_a}+\frac{2c^2}{\gamma}\right]-\frac{1}{3}D\left[\frac{1}{2}\gamma D^2k_p+2cD\sqrt{k_p}\right]=0 \tag{26-5}$$

由上式求出 D 后，增加 $0.2D$ 作为实际入土深度，则支护结构总长为

$$L=h+1.2\gamma_0 D \tag{26-6}$$

式中，γ_0 为基坑重要性安全系数，一、二、三级基坑分别取 1.1，1.0，0.9。

桩身最大弯矩截面在截面剪应力等于零处。设最大弯矩截面离坑底 t_0，则由

$$\frac{1}{2}(h+t_0)^2k_a-2c(h+t_0)^2\sqrt{k_a}+\frac{2c^2}{\gamma}=\frac{1}{2}\gamma t_0^2k_p+2ct_0\sqrt{k_p} \tag{26-7}$$

可求出 t_0，由 t_0 可求出最大弯矩 M_{max}。

2. 第二种情况

由图 26－5(c)可列两个方程：

$\sum N=0$　　　静力平衡方程

$\sum M_B=0$　　　力矩平衡方程

由上述两方程可得

$$b=\frac{k_pD^3-k_a(h+D)^2}{(k_p-k_a)(h+2D)} \tag{26-8}$$

$$k_a(h+D)^3-k_pD^3+b^2(k_p-k_a)(h+2d)=0 \tag{26-9}$$

将式(26－8)代入式(26－9)，求出 D，再求最大弯矩 M_{max}。

3. **图解法(弹性曲线法)**

具体计算步骤如图 26－6 所示。

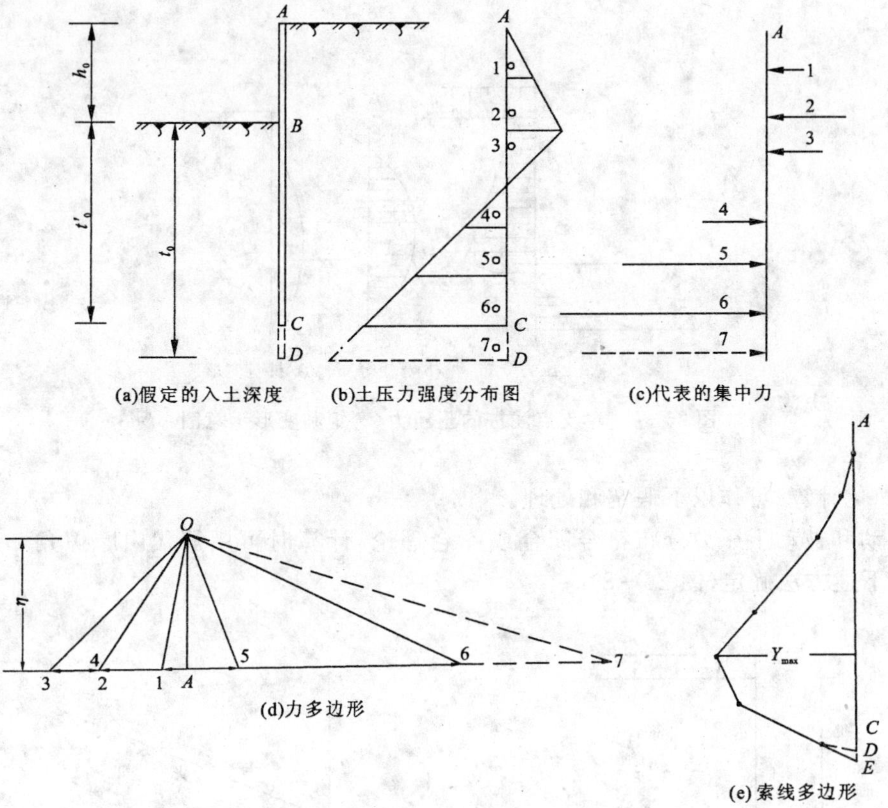

图 26－6　图解法

(1)假定支护结构的入土深度为 t'_0；

(2)根据土的 γ、c、φ 和地下水的变化画出土压力图形；

(3)将土压力分布图沿深度分成若干个小块(一般 0.5～1.0m 为一段)，并将各小块的土压力用集中力代替，作用点在土压力面积的质心上；

(4)选择一个适当的力的比例尺及极矩 η 绘制力多边形；

(5)绘制索线多边形，在索线多边形上，若最后一根索线与闭合线的交点恰好落在最后一个小块的底边线上，表明假定的入土深度是合适的，否则要重新修正；

(6)支护结构在任一截面的弯矩 M 为 $M=\eta Y$，即极矩 η 与索线多边形上相应坐标 Y 的乘积。其中最大弯矩为 $M_{max}=\eta Y_{max}$。

二、单支点支护结构计算

单支点支护结构随入土深度的不同，将发生不同的变形，而支护结构的变形反过来又影响土压力的分布。

目前，在计算单支点支护结构入土深度和内力时，多采用两种状态。

1. 第一种状态——单支点浅桩

这种状态的支护结构插入坑底深度较小，桩身只有一个方向的弯矩，桩身入土部分的位移较大（图 26-7）。这时可把支护结构上端视为简支，下端为自由支承，它的作用相当于单跨简支梁。

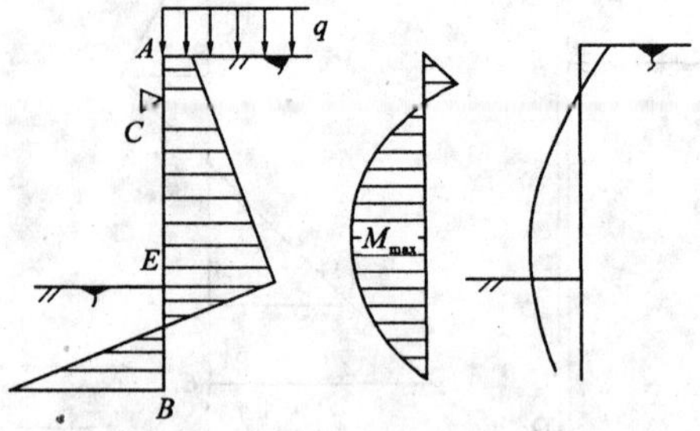

图 26-7 单支点浅桩的土压力、弯矩和变形示意图

为了简化计算，可作以下假定和处理。

(1)主动和被动土压力分布符合朗金或库仑理论，计算时可用等代内摩擦角 φ'代替 c 和 φ。φ'可用下述方法确定（图 26-8）。

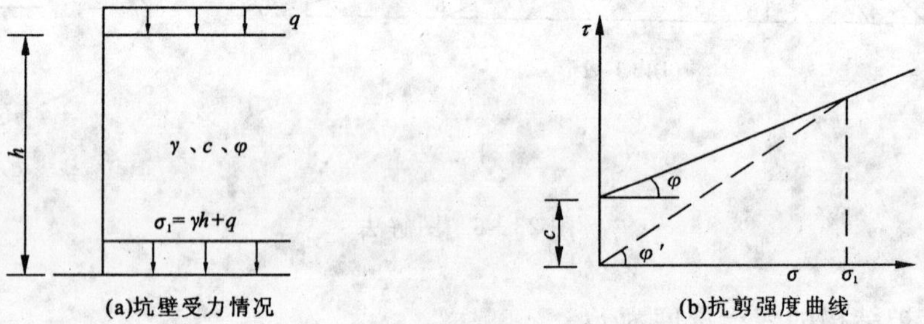

图 26-8 等代内摩擦角计算图

在抗剪强度曲线上取 $$\sigma_1 = h\gamma + q \tag{26-10}$$

式中，σ_1 为坑底处的垂直应力，kPa；q 为地面超载，kPa；h 为基坑深度，m。

令 $$\sigma_1 \tan\varphi' = \sigma_1 \tan\varphi + c \tag{26-11}$$

则 $$\varphi' = \arctan[\tan\varphi + c/\sigma_1] \tag{26-12}$$

(2)不考虑支护结构物的自重及发生在基坑面的应力。

由上述假定，可求出单支点浅桩的最小插入深度 D_{min}和支撑或锚杆的反力 R。

如图 26-9 所示。方法如下。

1)由 $\sum M_c = 0$，可得

$$E_q\left[\frac{(h+D)}{2} - h_0\right] + E_a\left[\frac{2(h+D)}{3} - h_0\right] = E_p\left(h - h_0 + \frac{2D}{3}\right) \tag{26-13}$$

由上式可求出入土深度 D_{min}。

2)由静力平衡条件 $\sum N=0$,可求出支点 C 的反力

$$R=E_q+E_a-E_p \tag{26-14}$$

由 R 和 D 即可求出最大弯矩 M_{max}。

2. 第二种状态——单支点深桩

这种状态的支护结构入土较深,在坑底部分出现了反弯矩。这时弯矩小,坑底部分位移也较小,稳定性好,见图 26-10。

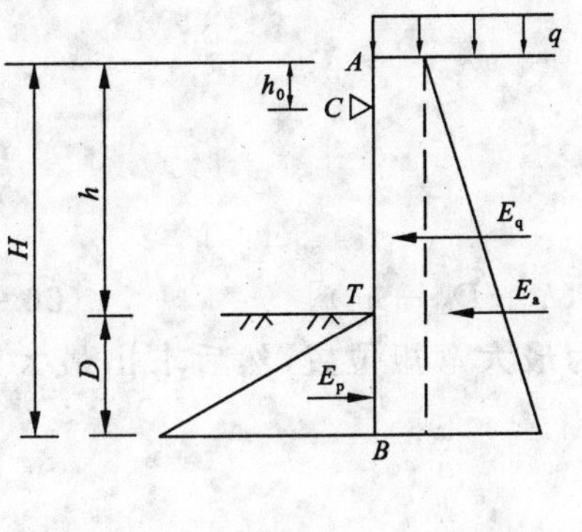

图 26-9　单支点浅桩土压力分布图

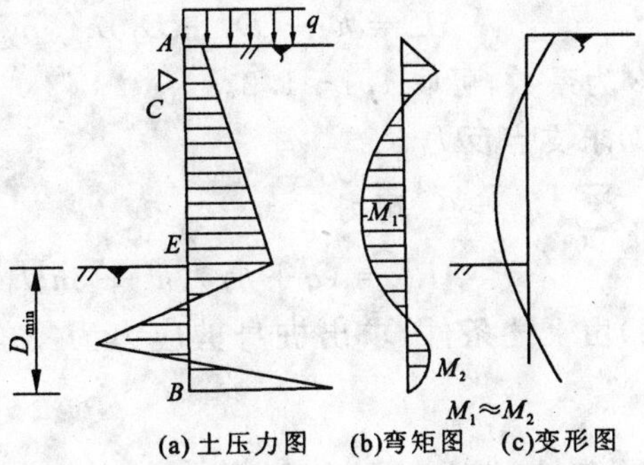

图 26-10　单支点深桩的土压力、弯矩和变形示意图

在计算时,可将桩下端当作固定端,采用等值梁法进行计算。为便于计算,在土压力分布图上将大小相等的压力加在曲线两侧[图 26-11(a)],并用 E_3 代替右侧下部土压力,则桩身所受土压力分布可简化为图 26-11(b)。

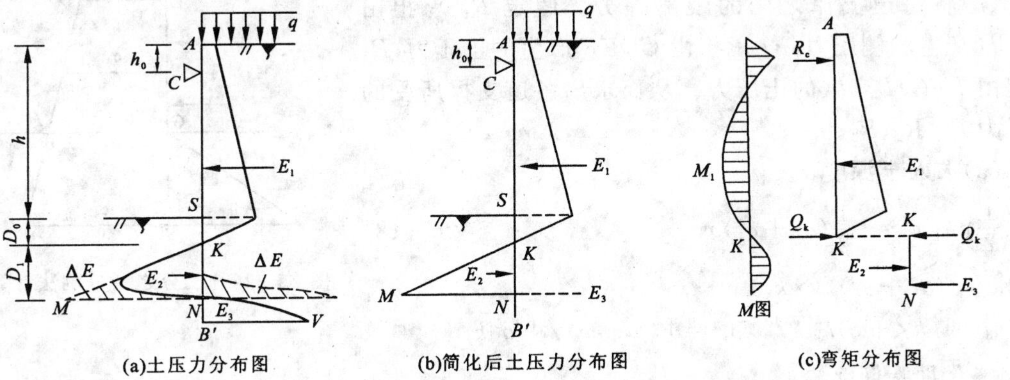

图 26-11　单支点深桩的土压力分布及计算简化图

图中,E_1 为 K 点以上的总土压力;E_2 为左侧土压力;E_3 为作用于支护结构下部的整个右侧的土压力,当支护结构下端固定时,土压力零点 K 与弯矩零点位置很相近,可近似地以 K 点作为零弯矩点。这样单支点深桩就可简化为两个在 K 点相联的简支梁[图 26-11(c)],这种计算方法称为等值梁法。其计算步骤如下。

(1)求 K 点位置。

由 $\sigma_a=\sigma_p$，即 $[q+(h+D_0)\gamma]k_a=D_0\gamma k_p$，可求得 K 点离坑底距离

$$D_0=\frac{(q+h\gamma)k_a}{\gamma(k_p-k_a)} \tag{26-15}$$

(2)求插入深度。

1)K 点以下深度 D_1，可按下式计算

$$D_1=\sqrt{\frac{6Q_k}{\gamma(k_p-k_a)}} \tag{26-16}$$

2)桩身总长 L，可按下式计算

$$L=h+(D_0+D_1)k'$$

式中，k' 为系数，可取 1.1～1.2。

(3)求支点反力 R_c。

由 $\sum M_k=0$，可得

$$R_c=(q+h\gamma)(h^2+3hD_0+2D_0^2)/[6(h+D_0-h_0)] \tag{26-17}$$

(4)由上述条件，求出桩身剪应力为零的位置，即为最大弯矩位置，然后求出最大弯矩 M_{max}。

三、多支点支护结构计算

1. 二分之一分割法

这种方法是将各道支撑之间的距离等分，假定每道支撑承担相邻两个半跨的侧压力(图 26-12)。

计算步骤如下。

(1)求出作用在挡土结构上的土压力分布。

(2)将每道支撑之间的距离等分。假定 R_1 承担由 $ABCD$ 产生的侧压力，R_2 承担由 $CDEF$ 产生的土压力，R_3 承担由 $EFGH$ 产生的土压力。从而求出各道支撑所受的水平力 R_1、R_2、R_3。

(3)求入土深度 x。

$$\frac{1}{2}\gamma k_p x^2=\frac{1}{2}(\sigma_3+\sigma_4)x \tag{26-18}$$

$$x=(\sigma_3+\sigma_4)/(\gamma k_p)$$

$$\sigma_3=(h\gamma+q)k_a,\qquad \sigma_4=[(h+x)\gamma+q]k_a$$

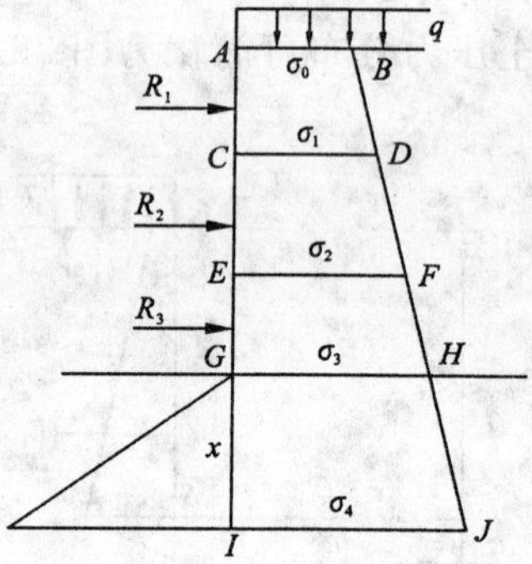

图 26-12　二分之一分割法计算图

2. 分段等值梁法

这种方法是每挖一段，就将这段桩的上部支点和插入段弯矩零点的桩身作为简支梁进行计算。然后把计算出来的支点反力假定不变，将其作为外力计算下一段梁中的支点反力。由于这一计算方法考虑了施工时的工况，计算结果与实际结果比较相符。分段等值梁法计算图见图 26-13，其计算步骤如下。

(1)第一层支撑阶段，挖土深度要满足第二层支撑安装需要，见图 26-13(a)，$R_i=R_1$，土

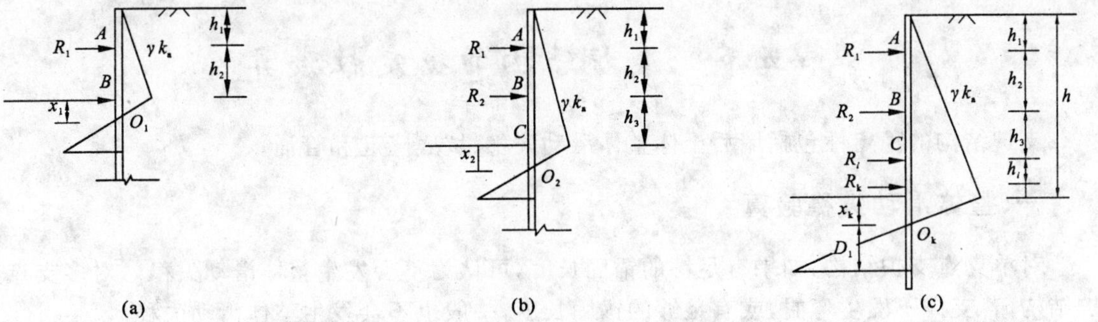

图 26-13　分段等值梁法示意图

压力零点为 O_1。

1)求 x_1。

由单支点深桩计算公式

$$\gamma k_a(h_1+h_2+x_1)=\gamma k_p x_1$$

$$x_1=(h_1+h_2)k_a/(k_p-k_a) \tag{26-19}$$

2)求 R_1。

把 AO_1 段当作简支梁，各力对 O_1 点取矩。由 $\sum M_{O_1}=0$，得

$$R_1=\frac{1}{6(x_1+h_2)}[\gamma k_a(h_1+h_2+x_1)^3-\gamma k_p x_1^3] \tag{26-20}$$

(2)第二层支撑阶段，挖土深度要满足第三层支撑安装需要，见图 26-13(b)，R_1 为已知，土压力零点在 O_2。

1)求 x_2。

$$x_2=\frac{(h_1+h_2+h_3)k_a}{k_p-k_a} \tag{26-21}$$

2)求 R_2。

由 $\sum M_{O_2}=0$，得

$$R_2=\frac{1}{6(x_2+h_3)}[(h_1+h_2+h_3+x_2)^3\gamma k_a-\gamma x_2^3 k_p]-R_1\frac{(h_2+h_3+x_2)}{(h_3+x_2)} \tag{26-22}$$

依此类推，可求出各层支撑反力 R_i。

(3)挖到设计基坑深度时，求零点位置 O_k、反力 R_c，然后按等值梁法求 Q_k 点以下深度 D_1。

1)求 O_k。

$$Q_k=E-(R_1+R_2+\cdots+R_i) \tag{26-23}$$

式中，Q_k 为 Q_k 点支护结构所承受的剪应力；E 为 Q_k 点以上土压力。

2)求 D_1。由等值梁法得

$$D_1=\sqrt{\frac{6Q_k}{(k_p-k_a)\gamma}} \tag{26-24}$$

3)支护结构长度 L 按下式计算

$$L=H+(x_k+D_1)k' \tag{26-25}$$

式中，H 为基坑深度；k'为系数，可取 1.1～1.2。

第五节 支护结构的稳定性验算

支护结构的稳定性包括墙后土体整体滑动失稳、坑底隆起和管涌。

一、整体滑动失稳验算

对单支点支护结构，如果有足够的锚固长度，可认为不会发生整体滑动失稳。对多支点支护结构，若支撑不发生弯曲，或有足够的锚固长度，一般也不会发生整体滑动失稳。

对悬臂式支护结构，可采用条分法进行验算。

二、坑底隆起验算

在软土层中开挖深基坑时，若支护结构背后的土体重力超过基坑底面以下地基的承载力时，地基的平衡状态就会破坏，从而发生坑壁土流动、坑顶下陷、坑底隆起的现象。为防止发生这种现象，需要验算地基是否会隆起，常用的验算方法有以下两种。

1. **地基稳定性验算法**

假定在重力为 W 的土体作用下，土体下的软土地基沿圆柱面 BC 发生破坏和产生滑动（图 26-14）。

此时，转动力矩为

$$M_d = Wx/2 \tag{26-26}$$

式中，W 为沿基坑方向单位长度土体作用在基底处的竖向力，

$$W = (q + \gamma h)x \tag{26-27}$$

稳定力矩

$$M_r = x\int_0^{\pi}\tau(x\mathrm{d}\theta) \tag{26-28}$$

当土层为均质土时，

$$M_r = \pi\tau x^2 \tag{26-29}$$

式中，τ 为地基土不排水剪强度，在饱和软黏土中，$\tau=c$（c 为黏聚力）。

要保证坑底不隆起，需满足下式

$$k = M_r/M_d \geqslant 1.2 \tag{26-30}$$

上述方法未考虑土体与支护结构间的摩擦力，也未考虑 AB 面上土的抗剪强度对土体下滑的阻力，所以偏于安全。

2. **地基承载力公式验算法**

这一方法把桩尖平面视作基底，按地基承载力公式验算（图 26-15），验算公式为

$$k_a = \frac{\gamma D N_q + cN_c}{\gamma(H+D)+q} \tag{26-31}$$

式中，γ 为土的重度；q 为地面超载；N_c、N_q 均为地基承载力系数。

1）用 Prandtl 公式时，N_c、N_q 按下式计算

$$N_q = \tan^2(45^\circ + \varphi/2)\mathrm{e}^{\pi\tan\varphi} \tag{26-32}$$

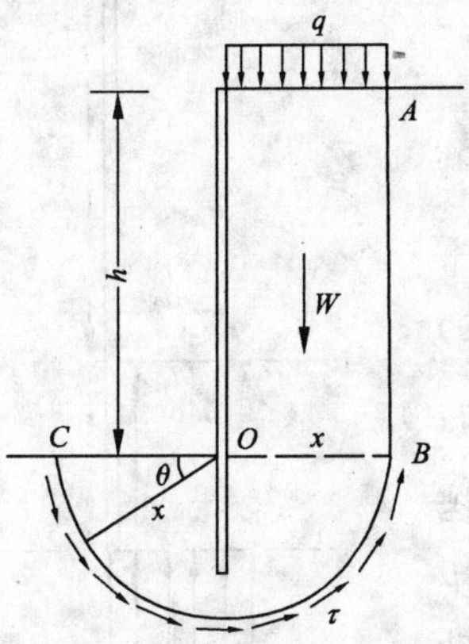

图 26-14　坑底隆起验算计算图

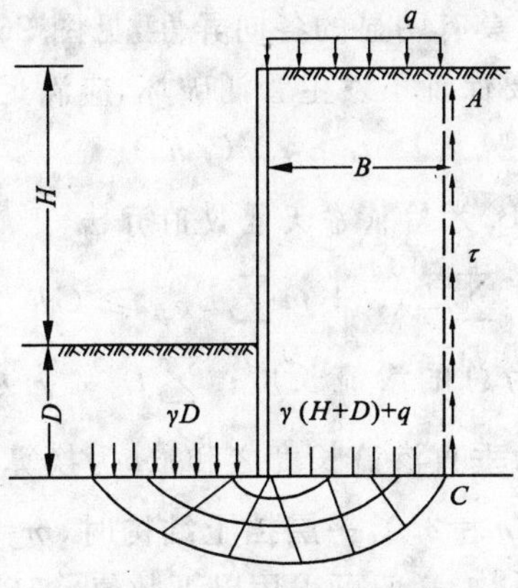

图 26-15　地基承载力公式验算法

$$N_c = (N_q - 1)\frac{1}{\tan\varphi} \tag{26-33}$$

并要求 $k_s \geqslant 1.1 \sim 1.2$。

2)用 Terzaghi 公式时,N_c、N_q 按下式计算

$$N_q = \frac{1}{2}\left[\frac{e^{(\frac{3}{4}\pi - \varphi/2)}}{\cos(45^\circ + \varphi/2)}\right]^2 \tag{26-34}$$

$$N_c = (N_q - 1)\frac{1}{\tan\varphi} \tag{26-35}$$

并要求 $k_s \geqslant 1.15 \sim 1.25$。

三、管涌验算

验算管涌的方法有很多种,比较常用的有如下几种。

1. 一般方法

要避免基坑底部土体发生管涌破坏,需满足下式

$$K = \frac{\gamma'}{j} \geqslant 1.5 \sim 2.0 \tag{26-36}$$

式中,K 为安全系数;γ 为土体的浮重度;j 为动水压力,$j = i\gamma_w = \frac{h'}{2t + h'}\gamma_w$;$i$ 为水力梯度;γ_w 为水的重度;h' 为水头差;$h' + 2t$ 为最短渗透路径。见图 26-16。

因此,要保证不发生管涌破坏,插入深度要满足下式

$$t \geqslant (Kh'\gamma_w - \gamma' h')/(2\gamma') \tag{26-37}$$

2. 施内贝利(Schneebeli)法

(1)第一种情况:支护结构插入坑底部分位于比较不透水的土层中,见图 26-17(a),其验算公式为

$$t \geqslant \gamma_w/\gamma'(h_C - h_B) \tag{26-38}$$

式中,h_C 为 C 点水头压力;h_B 为 B 点水头压力。

(2)第二种情况：支护结构插入坑底部分位于比较透水的土层，且具有明显的各向异性，见图 26-17(b)，此时 $h_C-h_B\approx h'$。要保证不发生管涌破坏，应满足下式

$$t\geqslant\gamma_w/(\gamma'h') \quad (26-39)$$

3. A. B. 米哈依洛夫建议的方法

$$L_{总}=\sum L_{水平}+m\sum L_{垂直}\geqslant C_i h' \quad (26-40)$$

式中，$L_{总}$为总的渗流长度；$\sum L_{水平}$ 为水平渗流长度之和；$\sum L_{垂直}$ 为垂直渗流长度之和；m 为换算系数，两层或更多挡土结构时，$m=2.0$，一层挡土结构时，$m=1.5$；h'为计算水头差；C_i 为系数，一般可采用以下数值：细砂 8～10，中砂和粗砂 6～7，粉质黏土 4～5，黏土 3～4。

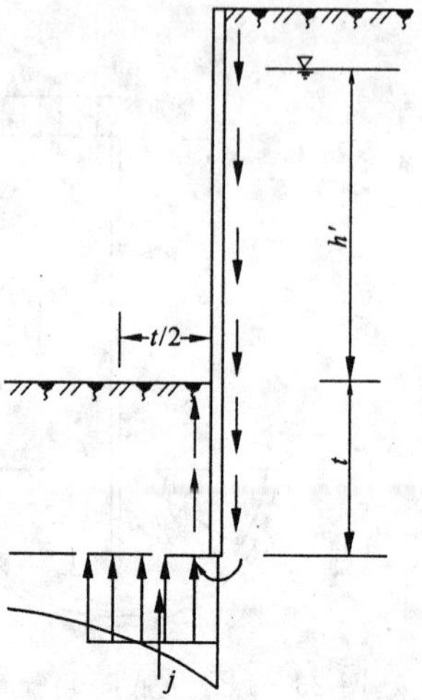

图 26-16 管涌计算简图

在进行管涌验算时，一般可同时用几种方法进行验算。

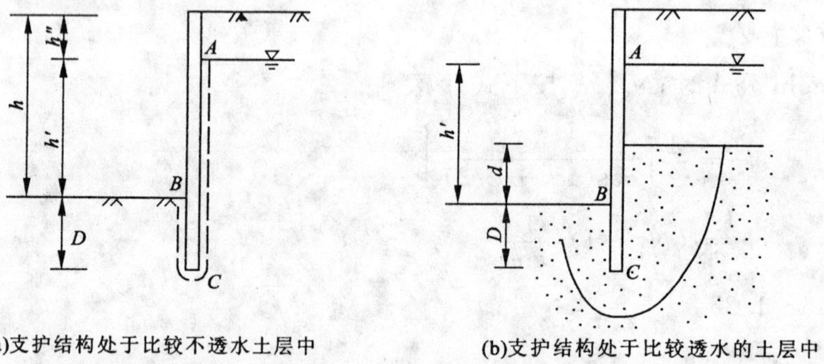

图 26-17 坑底管涌验算示意图

第六节 基坑周围土体变形计算

在大中城市建筑密集地带开挖深基坑时，周围土体的变形是一个不容忽视的问题。若变形太大必然会影响建(构)筑物的正常使用，使地下管线受到破坏。

基坑周围土体的变形与支护结构的横向变形、施工降水有关。如果开挖基坑时，支撑或锚杆加设及时，则支护结构横向变形较小，地面沉降也小。如果开挖基坑时，支撑或锚杆加设不及时，或坑边有大的超载，则支护结构的横向变形就大，地面沉降也相应增大。

对于由支护结构横向变形引起的地面沉降值，可参考以下方法。

一、Peck 简化方法

Peck 所提出的简化计算方法的计算程序如下。

(1)计算支护结构的横向变形曲线。

(2)以积分方法求出支护结构及横向变形曲线包围的体积 V_w。

(3)按下式计算地面沉降影响距离

$$D = H\tan(45^\circ - \varphi/2) \tag{26-41}$$

式中，H 为支护结构长度；D 为地面沉降影响距离；φ 为土的内摩擦角。

(4)按下式计算基坑边处的地面沉降值

$$\sigma_{s\sigma(0)} = 4V_w/D \tag{26-42}$$

式中，$\sigma_{s\sigma(0)}$ 为基坑边处的地面沉降值。

(5)距离坑边 x 处的地面沉降值

$$\sigma_{s\sigma(x)} = \sigma_{s\sigma(0)}(x/D)^2 = 4V_w x^2/D^3 \tag{26-43}$$

二、Clough 与 O'Rourke 图示法

1990 年，Clough 与 O'Rourke 以图示的方式表示了在各种土质中进行基坑开挖所导致邻近区域沉陷量的估量，见图 26-18、图 26-19 和图 26-20。

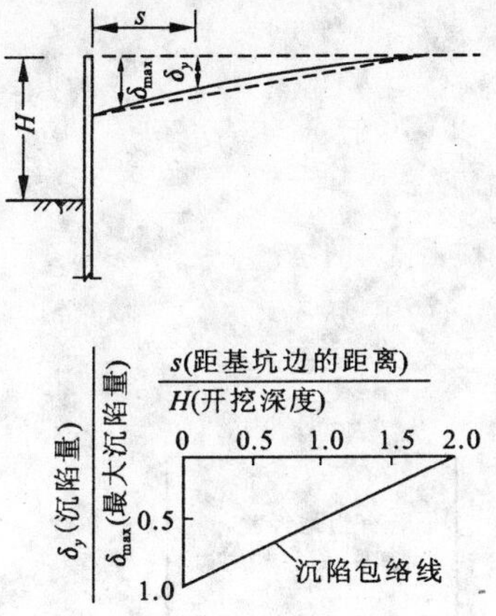

图 26-18　砂性土沉陷量估算图

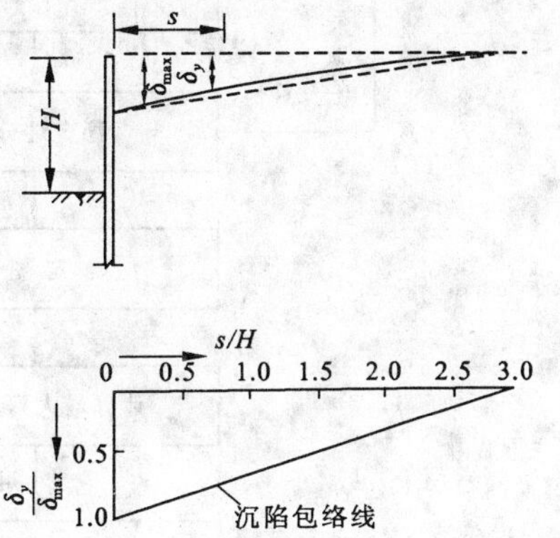

图 26-19　粉土、硬塑状黏性土沉陷量估算图

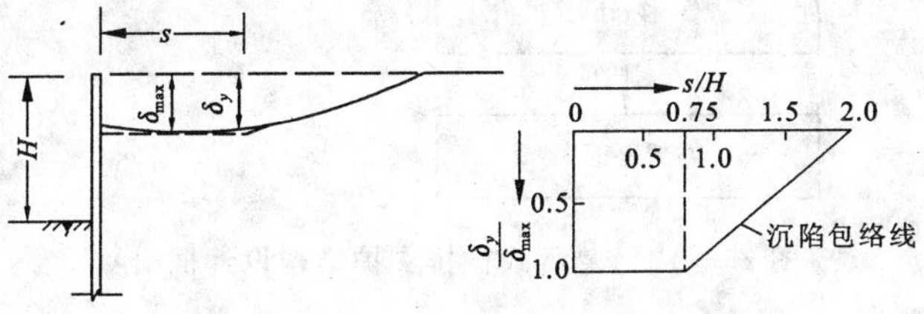

图 26-20　软塑与可塑状黏性土沉陷量估算图

最大沉陷量 δ_{max} 的确定方法如下。

(1)对于坚硬、硬塑状黏土及砂性土，有

$$\delta_{max}/H = 0.2\% \sim 0.3\%$$

(2)对软塑与可塑状黏性土，有

当 $K \leqslant 1.2$ 时，$\delta_{max}/H = 0.2\%$；

当 $K > 2.0$ 时，$\delta_{max}/H = 0.5\%$。

式中,K 为安全系数。

第七节 常见支护结构的设计

一、悬臂式桩排支护结构

计算步骤见图 26 - 21。

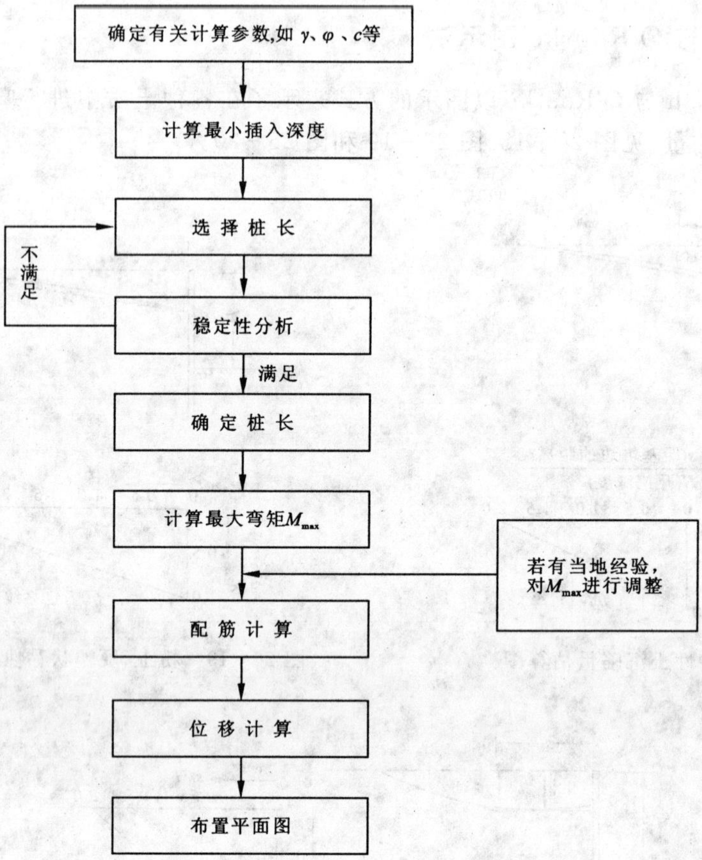

图 26 - 21 悬臂式桩排支护结构设计框图

(1)根据工程地质勘察报告和设计要求确定以下内容:①基坑开挖深度 H;②地下水埋深;③各土层的 γ_i、c_i、φ_i 以及各土层厚度 z_i;④地面超载 q。

(2)求最小插入深度 $D_{\min}$。

1)土压力计算。

如果各土层性质相差不大,可取各土质参数的加权平均值,即

$$\gamma = \frac{\sum \gamma_i z_i}{\sum z_i}$$

$$\varphi = \frac{\sum \varphi_i z_i}{\sum z_i}$$

$$c = \frac{\sum c_i z_i}{\sum z_i}$$

如果土质参数相差较大，应分别计算各层顶面、底面的土压力强度。如果取加权平均值弯矩会出现较大误差。

2)根据设计原理介绍的公式计算 D_{min}。

(3)选择桩长。

$$L = H + D_{min} \times 1.2 \tag{26-44}$$

(4)稳定性验算。

1)用条分法进行整体滑动验算；

2)基坑隆起验算；

3)管涌验算。

如果 $K' < K$，重新选择桩长；

如果 $K' \geqslant K$，把选择的桩长作为实际桩长。

(5)计算 M_{max}。

由土压力分布图，求出剪应力为零的截面位置，再由结构力学原理计算。

(6)配筋计算。

1)根据《混凝土结构设计规范》(GB50010—2002)中的规定进行计算，有

$$\begin{cases} 0 = \alpha \alpha_1 f_c A\left(1 - \dfrac{\sin 2\pi\alpha}{2\pi\alpha}\right) + (\alpha - \alpha_t) f_y A_s & (26-45) \\ M_{max} \leqslant \dfrac{2}{3}\alpha_1 f_c A r \dfrac{\sin^3 \pi\alpha}{\pi} + f_y A_s r_s \dfrac{\sin\pi\alpha + \sin\pi\alpha_t}{\pi} & (26-46) \end{cases}$$

$$\alpha_t = 1.25 - 2\alpha$$

式中，A 为构件截面面积，见图 26-22；A_s 为全部纵向钢筋的截面面积；r 为圆形截面的半径；r_s 为纵向钢筋所在圆的半径；α 为对应于受压区混凝土截面面积的圆心角(rad)与 2π 的比值，α_1 为受压区混凝土矩形应力图的应力值与混凝土轴心抗压强度设计值的比值，当混凝土强度等级不超过 C50 时，α_1 取为 1.0；α_t 为纵向受拉钢筋面积与全部纵向钢筋截面面积的比值，当 $\alpha > 0.625$ 时，取 $\alpha_t = 0$；f_c 为混凝土弯曲抗压强度设计值；f_y 为普通钢筋的抗拉强度设计值。

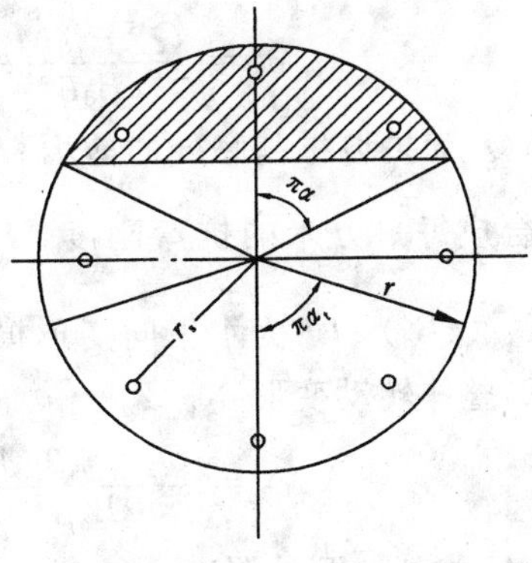

图 26-22　配筋计算图

2)等效矩形截面法。

将护坡桩圆形面积等效为矩形截面，使它们刚度相等，即

$$\frac{b d^3}{12} = \frac{\pi D^4}{64}$$

令 $b = d$，则 $b = 0.876D$

式中，D 为桩直径；b、d 为等效矩形边长。

按《混凝土结构设计规范》(GB50010—2002)中有关规定计算，有

$$\begin{cases} M_{max} \leqslant f_c bx(h_0 - x/2) + f'_y A'_s(h_0 - \alpha'_s) & (26-47) \\ f_c bx = f_y A_s - f'_s A'_s & (26-48) \end{cases}$$

式中，x 为混凝土受压区高度，$x \leqslant \xi_b h_0$；ξ_b 为相对界限受压区高度，$\xi_b = \dfrac{0.8}{\left(1 + \dfrac{f_s}{0.033E_s}\right)}$；$f_y$、$f'_y$分别为纵向钢筋的抗拉、抗压强度设计值，对普通钢筋 $f = f'_y$；E_s 为钢材的弹性模量，对于二级钢 $E_s = 2\times10^5$ MPa；h_0 为截面有效高度。

如用这种方法计算，计算结果比用传统方法要减小 40%左右，但钢筋笼的排列很重要。

如果某工程采用 C20 混凝土及Ⅱ型钢筋，计算结果 $5\phi20$ 就够了。排列如图 26-23 所示。

(7)变形计算。护坡桩的变形包括三部分，见图 26-24。

$$\delta = \delta_1 + \delta_2 + \delta_3 \tag{26-49}$$

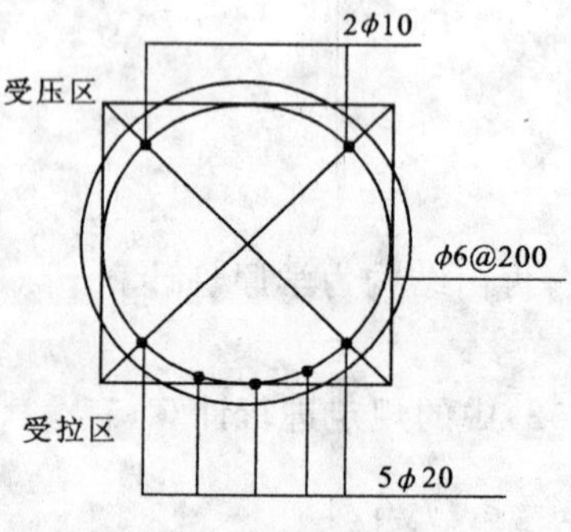

图 26-23 等效矩形截面法配筋计算图

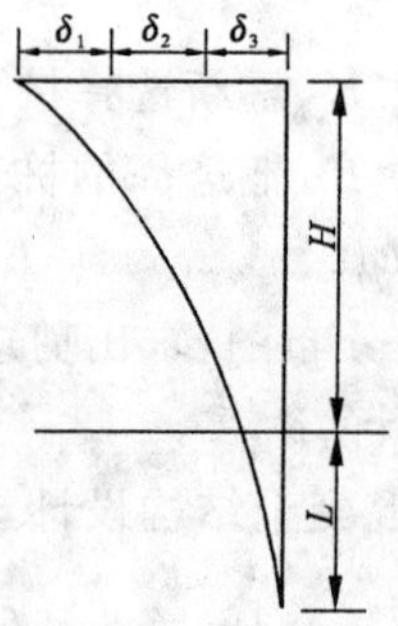

图 26-24 桩的变形图

式中，δ 为总的变形；δ_1 为护坡桩的整体水平推移；δ_2 为整体转动变形；δ_3 为柔性变形。

1)整体水平推移 δ_1。

$$\delta_1 = \frac{Q_u + \beta M_\mu}{2B_d\beta^3} \tag{26-50}$$

式中，Q_u 为护坡桩基底处的剪力；M_μ 为护坡桩基底处的弯矩；B_d 为护坡桩的等效抗弯刚度，即折合成每平方米的抗弯刚度，$B_d = \dfrac{EI}{a}$，a 为桩间距；β 为计算参数，$\beta = 4\sqrt{E_0}/(4B_d) = 4\sqrt{KD}/(4B_d)$；$E_0$ 为水平向变形模量；D 为桩径；K 为弹性系数。

2)整体转动变形 δ_2。

$$\delta_2 = \frac{Q_u + 2\beta M_\mu}{2B_d\beta^3}H \tag{26-51}$$

式中，H 为基坑开挖深度。

3)柔性变形 δ_3。

$$\delta_3 = \frac{M_\mu}{5B_d}H^2 \tag{26-52}$$

在以上三种变形中，当直径 D=800mm 时，整体抗弯刚度为$(1.2\sim1.5)\times10^5$kPa，挠曲为$(3.0\sim4.0)\times10^5$/m，柔性变形为整体变形的 1%～3%，所以 δ_3 可忽略不计。

求出 δ 后验算

$$\delta \leqslant [\Delta] \qquad (26-53)$$

二、桩锚支护结构设计

桩锚支护结构计算步骤见图 26－25。

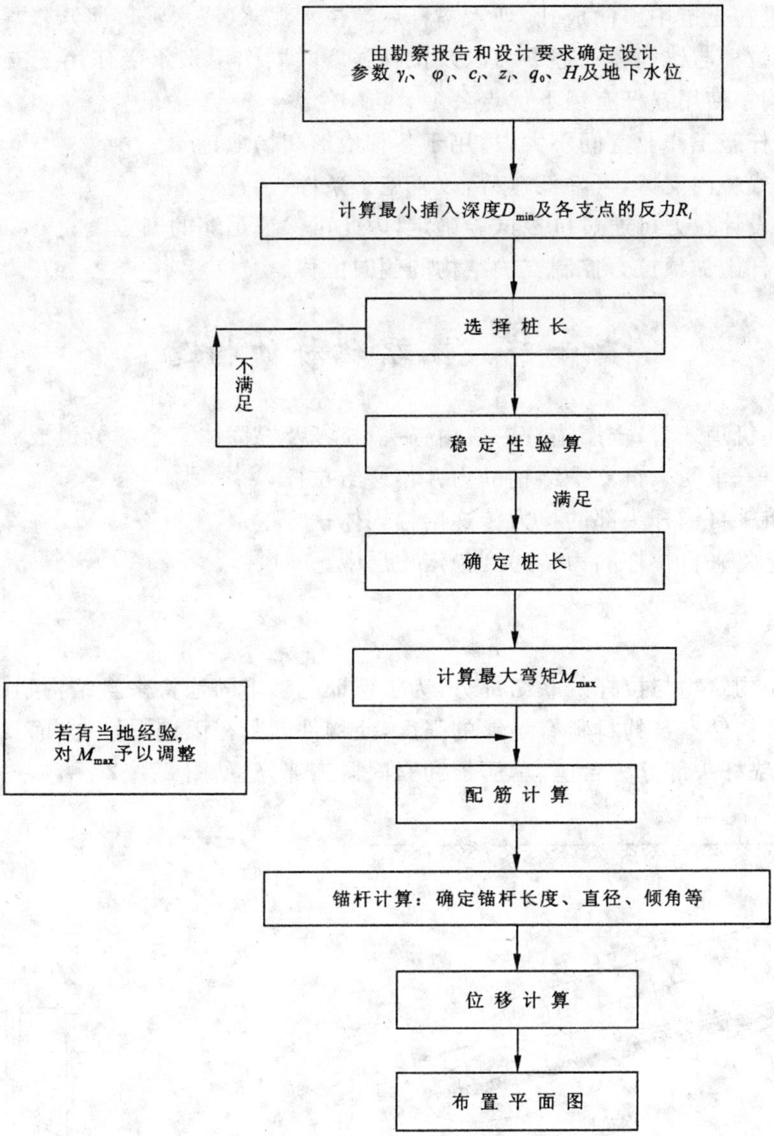

图 26－25　桩锚支护结构计算框图

图中锚杆计算见第二十七章。

在进行具体计算时，也可先假定支护结构的入土深度及锚杆或支撑层数，然后进行验算，满足稳定性要求后再进行配筋计算和锚杆计算。

第二十七章 土层锚杆技术

土层锚杆是在土层中斜向成孔，埋入锚杆后灌注水泥浆（或水泥砂浆），依靠锚固体与土体之间的摩擦力、拉杆与锚固体的握裹力以及拉杆强度共同作用来承受作用于支护结构上的荷载。在支护结构中使用锚杆有以下优点：

(1)进行锚杆施工作业空间不大，适用于各种地形和场地；

(2)由锚杆代替内支撑，可降低造价，改善施工条件；

(3)锚杆的设计拉力可通过抗拔试验确定，因此可保证足够的安全度；

(4)可对锚杆施加预拉力控制支护结构的侧向位移。

第一节 土层锚杆的构造

从力的传递机理来看，土层锚杆一般由锚头、拉杆及锚固体三个部分组成。见图 27-1。

锚杆头部——承受来自支护结构的力并传递给拉杆；

拉杆——将来自锚杆头部的拉力传递给锚固体；

锚固体——将来自拉杆的力传递到稳定土层中。

一、锚杆头部

锚杆头部是构筑物与拉杆的联结部分，为了保证能够牢固地将来自结构物的力得到传递，一方面必须保证构件本身的材料有足够的强度，使构件能紧密固定；另一方面又必须将集中力分散开。为此，锚杆头部分为台座、承压板和紧固器三部分，见图 27-2。

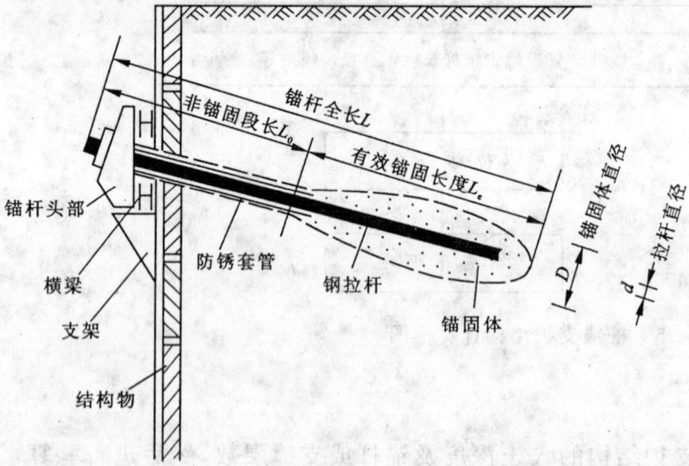

图 27-1 锚杆的组成

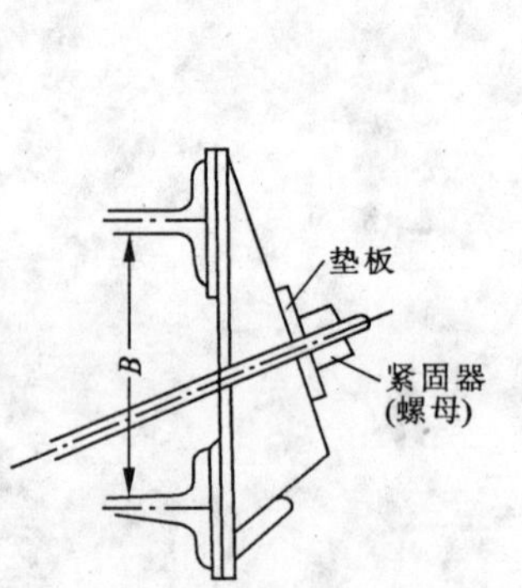

图 27-2 锚杆头部构造

(1)台座:支护结构与拉杆方向不垂直时,需要用台座作为拉杆受力调整的插座,并能固定拉杆位置,防止其横向滑动与有害的变位,台座用钢板或钢筋混凝土做成。

(2)承压垫板:为使拉杆的集中力分散传递,并使紧固器与台座的接触面保持平整,拉杆必须与承压板正交,一般采用 20～40mm 厚的钢板。

(3)紧固器:拉杆通过紧固器与垫板、台座、支护结构等牢固联结在一起。如拉杆采用粗钢筋,则用螺母或专用的连接器、焊螺丝端杆等。当拉杆采用钢丝或钢绞线时,锚杆端部可由锚盘及锚片组成,锚盘的锚孔根据设计钢绞线的多少而定,也可采用公锥及锚销等零件,见图 27-3。

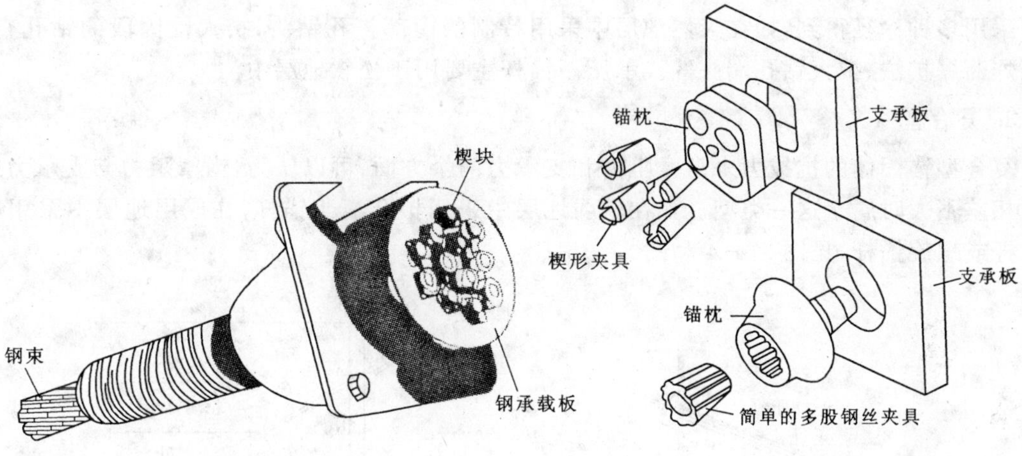

(a)多根钢束锚杆头装置　(b)锚杆头处夹固多股钢束锚索的方法

图 27-3　锚孔装置

二、拉杆

拉杆依靠抗拔力承受作用于支护结构上的侧向压力,是锚杆的中心受拉部分。拉杆的长度是指锚杆头部到锚固体尾端的全长。拉杆的全长根据主动滑动面分为有效锚固长度部分(锚固体长度)和非锚固长度部分(自由长度)。有效锚固长度主要根据每根锚杆需承受多大的抗拔力来决定;非锚固长度按照支护结构与稳定土层间的实际距离而定。

拉杆的设计包括材料选择和截面设计两方面。拉杆材料的选择根据具体施工条件而定。拉杆截面设计需要确定每根拉杆所用的钢材规格和根数,并根据钢拉杆的断面形状和灌浆管的尺寸决定钻孔的直径。

三、锚固体

锚固体是锚杆尾端的锚固部分,通过锚固体与土之间的相互作用,将力传递给稳定地层。由锚固体提供的锚固力能否保证支护结构的稳定是锚杆技术成败的关键。

从力的传递方式来看,锚固体分为三种类型。

1. 摩擦型

摩擦型是指在钻孔内插入钢筋并灌注浆液,形成一段柱状的锚固体,这种锚杆通常叫灌浆锚杆。灌浆锚杆分为一般压力灌浆锚杆和压力灌浆锚杆两种情况。压力灌浆锚杆在灌浆时对水泥砂浆施加一定的压力,水泥砂浆在压力作用下向孔壁土层扩散并在压力作用下固结,从而使锚杆具有较大的抗拔力。

土层锚杆的承载能力主要取决于拉杆与锚固体之间的握裹力和锚固体与土壁之间的摩阻力,但主要取决于后者。在一般情况下,锚固体周围土层内部的抗剪强度 τ_i 比锚固体表面与土层之间的摩阻力 f_i 小,所以锚固力的估算一般按 τ_i 来考虑。在实际工程中以摩擦型锚杆占多数。

2. 承压型

这种类型的锚固体有局部扩大段,锚杆的抗拔力主要来自支承土体的被动土压力。扩大段可采用多种途径得到,如在天然地层中采用特制的内部扩孔钻头,扩大锚固段的钻孔直径;或用炸药爆扩法、扩大钻孔端头等。承压型锚杆主要用于松软地层中。

3. 复合型

复合型锚固体的抗拔力来自摩阻力和支承力两个方面,可以认为,当摩阻力与支承力所占比例相差不大时属于这一类型。如在软弱地层中采用扩孔灌浆锚杆;在成层地层中采用串铃状锚杆或螺旋锚杆,见图 27-4 和图 27-5。

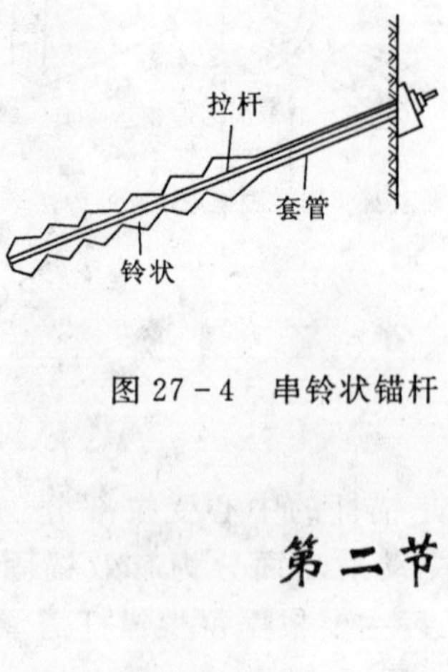

图 27-4 串铃状锚杆

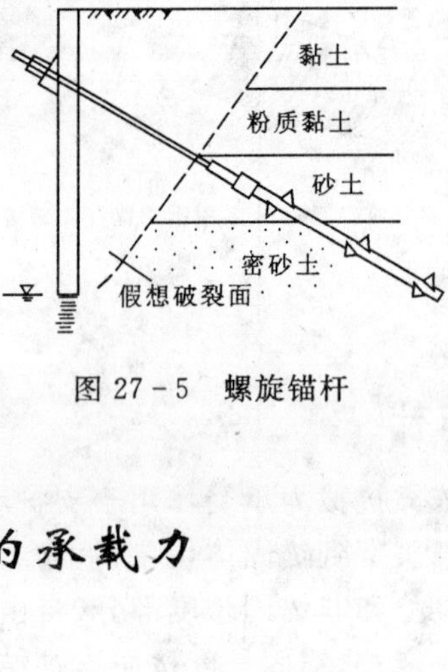

图 27-5 螺旋锚杆

第二节 土层锚杆的承载力

一、锚杆的作用原理

当锚固段受力时,首先通过钢筋(钢绞线)与周边的水泥砂浆之间的握裹力传到水泥砂浆中,然后再通过砂浆与孔壁土的摩阻力传递到锚固地层中(图 27-6)。

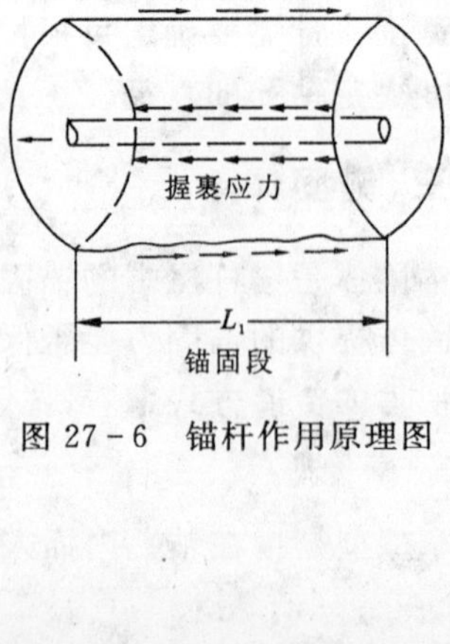

图 27-6 锚杆作用原理图

抗拔试验表明,当拔力不大时,锚杆位移量极小;拔力增大,锚杆位移量加大;拔力增大到一定数值时,变形不能稳定,此时砂浆与土层间的摩阻力超过了极限。

二、灌浆锚杆的抗拔力

锚杆的允许拉力宜通过现场抗拔试验确定。当无条件在设计阶段进行抗拔试验时，可按有关公式进行计算。

1. **Habib** 公式

法国 Habib 提出的土层锚杆极限抗拔力公式为

$$T_u = F + Q = \pi D_1 \int_{z_1}^{z_1+l_1} \tau_z \mathrm{d}z + \pi D_2 \int_{z_2}^{z_2+l_2} \tau_z \mathrm{d}z + qA \qquad (27-1)$$

式中，T_u 为土层锚杆的极限抗拔力，kN；F 为锚固体周围表面的总侧阻力，kN；Q 为锚固体承压面的总端阻力，kN；D_1 为锚固体直径，cm；D_2 为锚固体扩大部分的直径，cm；τ_z 为某一深度处相应土体的极限抗剪强度，MPa；q 为锚固体扩孔部分土体的端阻力，MPa；A 为锚固体扩大部分的承压面积，cm^2；l_1、l_2、z_1、z_2 均为长度，cm，见图 27-7。

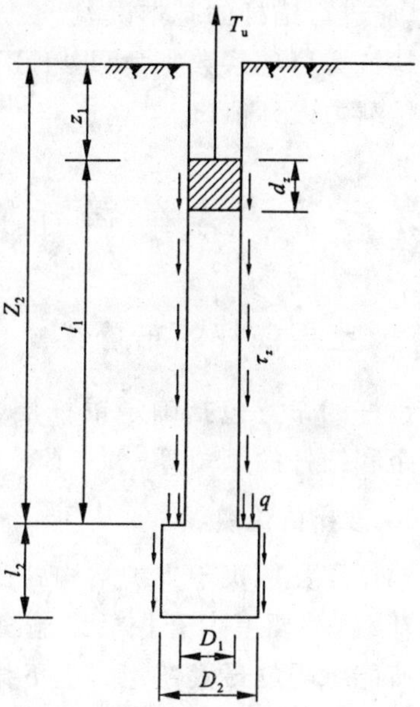

图 27-7　土层锚杆的极限抗拔力

对于一般灌浆锚杆，土体抗剪强度可按下式计算

$$\tau_z = c + K_0 \gamma h \tan\varphi \qquad (27-2)$$

式中，c 为孔壁周边土的内聚力；φ 为孔壁周边土的内摩擦角；γ 为土体的重力密度；h 为锚固段中部土层的厚度；K_0 为锚固段孔壁的土压力系数，由土的性质决定，一般 $K_0=0.5\sim1.0$。

对于压力灌浆的锚杆，土体抗剪强度可按下式计算

$$\tau_z = c + \sigma \tan\varphi \qquad (27-3)$$

式中，σ 为孔壁周边的法向压应力。在进行初步设计时，也可参考有关资料选取 τ_z 值，见表 27-1 和表 27-2。

表 27-1　各种土层的 τ_z 值

锚固体所在土层	τ_z/MPa
薄层灰岩夹页岩	0.40～0.60
细砂岩、粉砂质泥岩	0.20～0.40
风化砂页岩、炭质页岩、黏砂质泥岩	0.15～0.20
粉砂土	0.06～0.13
软黏土	0.02～0.03

表 27-2　各种土层的 τ_z 值（日本锚杆协会提供）

土层种类			τ_z/MPa
岩石	硬质岩		1.2～2.5
	软质岩		1.0～1.5
	风化岩		0.6～1.0
	泥　岩		0.6～1.2
砂砾	N 值	10	0.10～0.20
		20	0.17～0.25
		30	0.25～0.35
		40	0.35～0.45
		50	0.45～0.70
砂土	N 值	10	0.10～0.14
		20	0.18～0.22
		30	0.23～0.27
		40	0.29～0.35
		50	0.30～0.40
黏　性　土			$10c$

注：N—标准贯入锤击数；c—土的黏聚力。

2. 规范方法

《建筑基坑支护技术规程》(JGJ120—99)对安全等级为二级且有邻近工程经验的基坑、三级基坑，按下式计算锚杆轴向受拉承载力设计值。

$$N_u = \frac{\pi}{\gamma_s}\left[D_1 \sum_i q_{sik} l_i + D_2 \sum_j q_{sjk} l_j + 2c_k (D_2^2 - D_1^2)\right] \qquad (27-4)$$

式中，N_u 为锚杆轴向受拉承载力设计值；l_i 为第 i 层土中直孔部分锚固段长度；l_j 为第 j 层土中扩孔部分锚固段长度；q_{sik}、q_{sjk} 均为土体与锚固体的极限摩阻力标准值，应根据当地经验取值，当无经验时，可按表 27－3 取值；c_k 为扩孔部分土体黏聚力标准值；γ_s 为锚杆轴向受拉抗力分项系数，可取 1.3。

对安全等级为一级及缺乏地区经验的二级基坑，应进行锚杆的基本试验，取极限承载力除以受拉抗力分项系数 γ_s（可取 1.3）为锚杆轴向受拉承载力设计值。

表 27－3 土体与锚固体极限摩阻力标准值

土的名称	土的状态	q_{sik}/kPa
填土		16～20
淤泥		10～16
淤泥质土		16～20
黏性土	$I_L<1$	18～30
	$0.75<I_L\leqslant1$	30～40
	$0.50<I_L\leqslant0.75$	40～53
	$0.25<I_L\leqslant0.50$	53～65
	$0<I_L\leqslant0.25$	65～73
	$I_L\leqslant0$	73～80
粉　土	$e>0.90$	22～44
	$0.75<e\leqslant0.70$	44～64
	$e<0.75$	64～100
粉细砂	稍密	22～42
	中密	42～63
	密实	63～85
中　砂	稍密	54～74
	中密	74～90
	密实	90～120
粗　砂	稍密	90～130
	中密	130～170
	密实	170～220
砾　砂	中密、密实	190～260

第三节　土层锚杆的设计

一、土层锚杆的布置

锚杆的布置包括确定锚杆层数、锚杆的水平间距和锚杆的倾角等。

1. 锚杆的层数

锚杆层数取决于支护结构的截面和其所承受的荷载，并要考虑开挖后未施工锚杆时支护结构所能承受的最大弯矩。上下排间距不宜小于 2.5m。

为了不致引起坑壁周围土体隆起，最上层锚杆的上面要有足够的覆土厚度，该厚度要通过计算确定，使锚杆的向上垂直分力小于上覆土体的重力，一般认为不宜小于 4m。

此外，在可能产生流砂的地区施工锚杆，在布置锚杆时，要使锚头标高与砂层有一定距离，以防渗透路径过短造成流砂从钻孔涌出。

2. 锚杆的水平间距

锚杆的水平间距取决于支护结构承受的荷载和每根锚杆所能承受的拉力。在支护结构荷载一定的情况下，水平间距愈大，每根锚杆所承受的拉力愈大。另外，锚杆的水平间距过小还会相互影响，降低单根锚杆的承载能力，即所谓的“群锚效应”。一般认为锚杆的水平间距最好不小于 1.5m。

3. 锚杆的倾角

确定锚杆的倾角是锚杆设计的重要内容。倾角不同，锚杆在水平和垂直方向的分力大小就不同，而且倾角的大小影响锚杆锚固段与非锚固段的划分。

在锚杆的分力中，水平分力是有效分力，垂直分力不但无效而且还增加支护结构底部的压力，当支护结构底部土质不好时很不利。因此，从这点出发，倾角是越小越好。但是在确定锚杆倾角时要从多个方面进行考虑，首先要考虑到土层情况，锚杆的锚固体最好位于土质较好的土层中以提高锚杆的承载能力；其次锚杆还要避开邻近的构筑物和管线等，而且锚杆最好不与原有的或设计中的锚杆相交叉；此外，锚杆的倾角还影响到钻孔和灌浆过程是否方便。因此，根据经验，锚杆的倾角一般不宜小于 12°30′，但也不宜大于 45°，以 15°～35°为好。

二、拉杆材料的选择

锚杆的受力拉杆与钢筋混凝土结构中的钢筋相似，采用的钢材在张拉时应具有足够大的弹性变形。为了降低锚杆拉伸时的用钢量，适宜采用高强度钢。各类材料强度指标见表 27－4。

表 27－4　钢丝、钢绞线、钢筋强度标准值 f_{ptk}　（单位：N/mm^2）

碳素钢筋		刻痕钢筋	冷拔低碳钢丝			钢铰线			热轧钢筋				
			甲级		乙级	d=9 (7φ3)	d=12 (7φ4)	d=15 (7φ4)	Ⅰ级 A_3、Y_3	Ⅱ级		Ⅲ级 (25MnSi、20MnNb)	Ⅳ级 (40SiMnV、45SiMnV)
φ4	φ5	φ5	φ4	φ5	φ3～φ5					d≤25	d=28～40		
1 670	1 570	1 470	700 (650)	650 (600)	550	1 670	1 570	1 470	235	335	315	370	540

(1)粗钢筋：我国目前常用的拉杆材料为热轧光面钢筋和变形钢筋，直径采用 φ22～32mm，单根或 2～3 根点焊成束，为了增强钢筋与砂浆之间的握裹力，拉筋最好选用变形钢筋。由于高强钢筋可焊性差，可根据实际需要选用精轧螺纹钢筋，如 45SiMnV，可配用出厂的螺帽作联结，φ10～25mm，屈服强度 $0.55kN/mm^2$，拉张强度 $0.85kN/mm^2$。

(2)高强钢丝及钢绞线：按国家标准 GB5223—85 与 GB5224—85 选用。

三、锚杆结构参数的计算

锚杆承载力计算应符合下式规定

$$T_d \leqslant N_u \cos\alpha \tag{27-5}$$

式中，T_d 为锚杆水平拉力设计值，$T_d = 1.25\gamma_0 T_c$；T_c 为支点力计算值。

1. 锚杆自由段与锚固段长度

锚杆自由段长度不宜小于 5.0m，对于倾斜锚杆，自由段长度应超过破裂面 1.0m。计算简图见图 27－8。

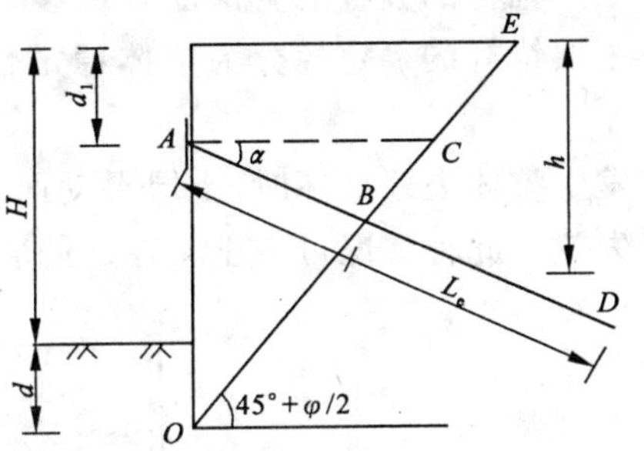

图 27－8　计算简图

(1)锚固段长度。

锚杆的锚固段长度可由式(27－4)计算，当无扩孔段，且锚固体周围土体均匀时，可简化为

$$L_e \geqslant \frac{T_d \gamma_s}{\cos\alpha \pi D_1 q_{sik}} = \frac{1.63\gamma_0 T_c}{\cos\alpha \pi D_1 q_{sik}} \tag{27-6}$$

式中，L_e 为锚固段长度。

(2)自由段长度。

在图 27－8 中，OE 为破裂面，AB 为自由段，其长度为 L_f。

在图 27－8 中，$\overline{AC} = \overline{AO}\tan(45° - \varphi/2)$，$\angle ACB = 45° + \varphi/2$。

$$\angle ABC = 180° - (45° + \varphi/2) - \alpha = 135° - \varphi/2 - \alpha$$

由正弦定律，得

$$\overline{AC} : \sin\angle ABC = \overline{AB} : \sin(45° + \varphi/2)$$

$$\overline{AB} = \frac{\overline{AC} \cdot \sin(45° + \varphi/2)}{\sin[135° - (\varphi/2) - \alpha]} = \frac{\overline{AO} \cdot \tan(45° - \varphi/2)\sin(45° + \varphi/2)}{\sin[135° - (\varphi/2) - \alpha]}$$

$$L_f = \frac{(H + d_2 - d_1)\tan(45° - \varphi/2)\sin(45° + \varphi/2)}{\sin[135° - (\varphi/2) - \alpha]}$$

$$= \frac{(H + d_2 - d_1)\sin(45° - \varphi/2)}{\sin[45° + (\varphi/2) + \alpha]} \quad (27-7)$$

式中，L_f 为锚杆自由段长度，m；H 为基坑开挖深度，m；d_2 为支护结构插入深度，m；d_1 为锚杆离坑顶距离，m；φ 为内摩擦角，(°)。

2. 拉杆截面计算

(1)钢筋。

$$A_c \geqslant \frac{T_d}{\cos\alpha f_y} \quad (27-8)$$

式中，A_c 为钢筋截面积，mm^2；f_y 为钢筋强度设计值，N/mm^2。

(2)钢绞线。

钢绞线一般用 7 根 $\phi 5$。

$$n = \frac{T_d}{\cos\alpha \times A_s \times f_y} \quad (27-9)$$

式中，n 为钢绞线束数；A_s 为钢绞线截面积，mm^2；f_y 为钢绞线强度设计值，N/mm^2。

第四节　锚杆的稳定性验算

土层锚杆的设计既要保证有足够的承载能力，又要保证土体不产生滑动失稳。

土层锚杆的稳定性分为整体稳定性和深部破裂面稳定性两方面。其破坏形式见图 27-9。

发生整体失稳破坏时，土层滑动面在支护结构的下面，由于土体的滑动使支护结构和土层锚杆失效。此种情况可按土坡稳定的验算方法进行验算。

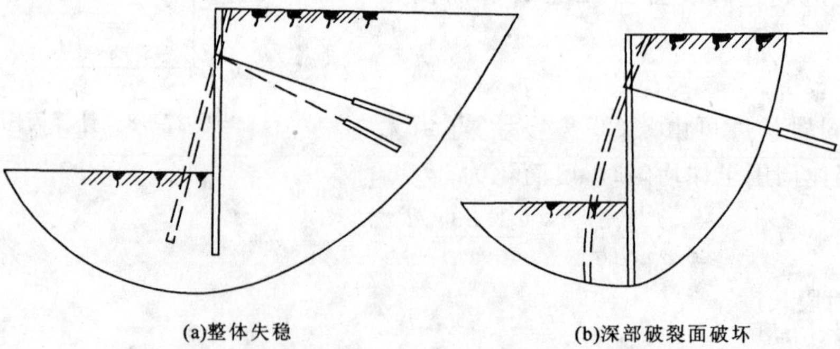

(a)整体失稳　(b)深部破裂面破坏

图 27-9　土层锚杆的失稳

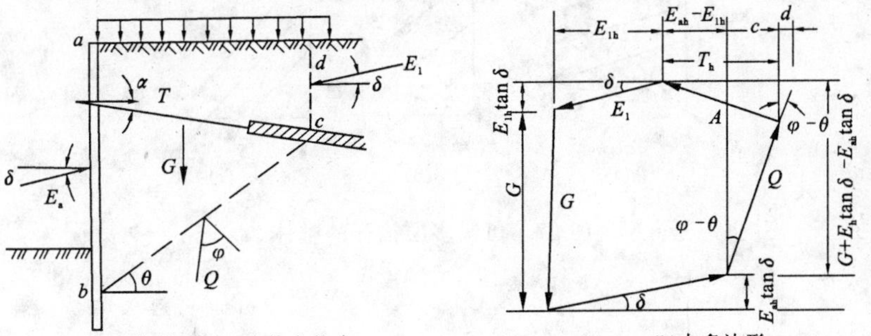

(a)作用于abcd土体上的力　(b)力多边形

图 27-10　土层锚杆深部破裂面稳定性计算简图

深部破裂面在支护结构的下端处,这种破坏形式是由德国 E. Kranz 于 1953 年提出。可利用 Kranz 的简易计算法进行验算,计算简图见图 27-10。

在图 27-10(a)中,由锚固体的中点 c 与支护结构下端的假想支承点 b 连成直线 bc,假定 bc 线即为深部滑动线,再通过 c 点向上作垂直线 cd,cd 为假想墙。这样由假想墙、深部滑动线和支护结构包围的土体 $abcd$ 上,除土体自重 G 之外,还有作用在假想墙上的主动土压力 E_1、作用于支护结构上的主动土压力的反作用力 E_a 和作用于 bc 面上的反力 Q。当土体 $abcd$ 处于平衡状态时,即可利用力多边形求得土层锚杆所能承受的最大拉力 T 及其水平分力 T_h,如果 T_h 与土层锚杆设计的水平分力 T'_h 之比大于或等于 1.5,就以为不会发生深部破裂面破坏。

由图 27-10(b),将各力分解出水平分力,则从多边形可得出下列计算公式

$$T_h = E_{ah} - E_{1h} + c \tag{27-10}$$

$$c + d = (G + E_{1h}\tan\delta - E_{ah}\tan\delta)\tan(\varphi - \theta) \tag{27-11}$$

而

$$d = T_h\tan\alpha\tan(\varphi - \theta) \tag{27-12}$$

$$T_h = E_{ah} - E_{1h} + (G + E_{1h}\tan\delta - E_{ah}\tan\delta)\tan(\varphi - \theta) - T_h\tan\alpha\tan(\varphi - \theta) \tag{27-13}$$

由上式得

$$T_h = \frac{E_{ah} - E_{1h} + (G + E_{1h}\tan\delta - E_{ah}\tan\delta)\tan(\varphi - \theta)}{1 + \tan\alpha\tan(\varphi - \theta)} \tag{27-14}$$

要求

$$K = T_h/T'_h \geqslant 1.5 \tag{27-15}$$

式中,G 为假想墙与深部滑动线范围内的土体重力,N;E_a 为作用在支护结构上的主动土压力的反作用力,N;E_1 为作用在假想墙上的主动土压力,N;Q 为作用在 bc 面上反力的合力,N;φ 为土的内摩擦角,(°);δ 为支护结构与土之间的摩擦角,(°);θ 为深部滑动面与水平面的夹角,(°);α 为土层锚杆倾角,(°);T'_h为土层锚杆设计的水平分力,N;E_{1h}、E_{ah}、T_h 分别为 E_1、E_a、T 的水平分力,N。

在进行多层锚杆设计时,是否需要核算整体稳定性,可根据锚固段是否伸入支护结构以下而定。在加拿大的有关规程中,把多层锚杆系统分为三种情况,见图 27-11。

在图 27-11(a)中,锚杆全部在墙脚以上,需要进行验算;图 27-11(b)中有一道锚杆可以不核算其稳定性;图 27-11(c)中三道锚杆都在墙脚以下,不必验算。

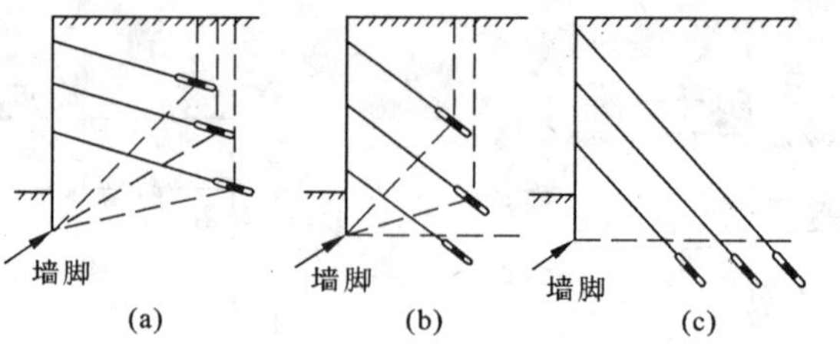

图 27－11　多层锚杆的整体

第五节　土层锚杆施工

锚杆的施工方法及施工质量直接影响到锚杆的承载能力。即使在相同的地基条件下，由于施工方法、施工机械、所使用材料的不同，承载能力会产生较大的差别。因此在进行施工时，要根据以往的工程经验、现场的试验资料确定最适宜的施工方法和施工机械等。

一、施工前准备工作

在进行土层锚杆施工前，要了解以下事项。

(1)施工前要熟悉与设计有关的地层条件、工程规模、重要性等。

(2)要了解地下水的状态及其水质条件，以便研究水对土层锚杆腐蚀的可能性和应采取的防腐措施。

(3)查明施工地区的地下管线、构筑物等的位置和情况，分析施工对其可能产生的影响，研究处理措施。

(4)编制土层锚杆施工组织设计，确定施工顺序，保证供水、排水和动力的需要。在施工之前应安排设计单位进行技术交底。

二、钻孔机械选择

土层锚杆的主要机械设备是钻孔机械。土层锚杆的成孔机械，按工作原理可分为回转式、冲击式及万能式(即回转冲击式)三类，按动力形式可分为电动、液压、风动、内燃四种。一般回转式钻机适用于一般土质条件，冲击式钻机适用于岩石、卵石等条件。而在黏土夹卵石或砂夹卵石地层中，用万能式钻机最合适。

成孔钻机一般应具备以下性能。

(1)在各种工程地质条件下，有必要的成孔能力，长度能达 40m，倾角变化范围 0°～9°，直径最大能达 250mm；

(2)以小角度钻进时，具有一定的稳定性；

(3)外形尺寸能适应在场地狭窄条件下工作，具有较好的机动性；

(4)可利用组合方法进行钻孔。

我国目前进行锚杆施工常用的钻孔机械，一部分是从国外引进的钻机，如德国 Krupp DHR 系列，意大利土力公司 SM 系列；另一部分是利用我国常用的地质钻机和工程钻机适当加以改装用来施工土层锚杆的钻机，如 XU－300 型、XU－600 型、XJ－100 型等；还有一部分国内生产的土层锚杆钻机在工程中也有使用。

国外各种履带式全液压钻机的规格、性能见表 27-5。

表 27-5　国外履带式全液压钻机主要性能表

性能 公司	型号	功率/kW	给进起拔力/kN	扭矩/(kN·m)	转速/(r/min)	冲击功/(N·m)	冲击频率/(次/min)	质量/kg	备注
美国英格索兰公司	KR803D01	61	26/42	8	44	180～400	1 500～2 700	8 530	
	KR803D02	79	50/100	12	46	610	2 000	10 500	双头
	KR804D00/01	79	40/76	8	46	610	2 000	13 100	双头
	KR804D02/03	79	80/80	8	46	610	2 000	13 400	双头
	KR806D	109	40/78	8	44	610	2 000	12 000	双头
	KR807D	125	120/120	2.5	36	610	2 000	16 600	
	KR900A	47.5	26/39	4.7	100	180～400	1 500～2 700	7 000	
	KR904	75	40/40	8.9	109	400	1 500～2 700	8 100	
德国宝峨公司	UBW07	65		11.9				10 000	
	UBW08	82	44/79	7		900～600	2 600	1 000	
	AB2	92		7+10				40 500	双头
	HBM	150	240	7+10				60 000	双头
德国克虏伯公司	DHR80A	74.6	25/45	4+6	40～110		1 800	8 300	
	DHR80G1	61	28/28	0.95+4	0～140		1 800	8 500	
	DHR91A	74.6	68/68	13	0～110			9 200	
	DHR92A	109	68/68	13	0～110			10 300	
日本矿研公司	RPD-100C	81.4	60	8	0～50	300～750	1 900～3 000	8 400	
	RPD-75C	55.5	50	6	40～80	350～550	2 200～3 000	8 200	
	RPD-65LCE	53.2	40	6	0～70	500	1 350	7 200	
	RPD-200C	95		16	0～65				
	RPD-130C	60		8	36～80				
	RPD-40CB	36	26	3	0～40	300	200	500	
瑞典阿特拉斯公司	A50	58	49/49	9.95	815			9 800	
	A60	70	78/78	12.75	530			12 000	
意大利土力公司	SM205	60						3 800	
	SM305	75	60/60	11	350			9 000	
	SM400	108.8	35.8/79.4	11.9	463			10 500	
	SM405	130	50/109.9	14.9	560			16 200	
意大利卡沙特地公司	C3	37		4.5				3 500	
	C6	67		10	2 000			11 000	
	C65	100		10+12	2 150			14 000	
	C7	74		11.3	2 300			14 500	
	C8	100		11.3	2 150			17 000	
	C11	100		10+15	2 000			20 000	
	C12	140		10+15	2 000			24 000	
日本利根公司	TRG-1000		70/70	8.4	10～110	400～650	2 500～3 500	10 400	

国内土层锚杆钻机的主要性能见表 27-6。

表 27-6 国内土层锚杆钻机主要性能表

公司 \ 性能	型号	功率/kW	给进起拔力/kN	扭矩/(kN·m)	转速/(r/min)	冲击功/(N·m)	冲击频率/(次/min)	质量/kg	备注
北京探矿厂	QDG1	11	16～23	1.2	25～130			1 000	
镇江煤矿设备厂	MZ30	15	21	0.3～0.9	65～190			1 500	
	MZ30A	15	21	1.1～2.1	30～54			1 600	
无锡探矿厂	MD50	18.5	17/25		20～60			980	
重庆探矿厂	MGJ50	11	14.6/22		32～187			850	
无锡钻王	MG50	11	21/30		29～181			950	
西安煤科分院	MK5	30	50/50	2	10～375				
	MKD5	30	130/90	2	10～375				
	MKG5	30	50/90	0.9	10～800				
柳州建机厂	YTM87	37	47	7.35	200				双头
赤峰钻机厂	土星 881	30	30/50	3+2	0～10 0～60				双头
无锡煤机厂	GD130	37	35/50	3.5+2.8	0～17 0～76	250	2 500		双头
北京地质机械厂	GD150	37	40～60	5+3	0～80 0～140				双头
北京桩工厂	MZⅡ	40			78				步履式
北京华钻公司	金星 9001	70	50/50	6+4	120	250	2 500	8 000	双头
	金星 9002	45	50/50	8	90			7 000	电动式
香港汉机公司	HD46	34	27/51.3						
	HD70	51.5	27/51	4	30～90		1 800	7 200	
	HD90MKⅡ	66	27/51	8		400		8 200	
	HD120	87		16					
	HD150	118	72/122						

三、锚杆施工

锚杆施工包括以下主要工序：钻孔、安放拉杆、灌浆、养护、安装锚头、张拉。施工顺序见图 27-12。

1. 钻孔

在进行土层锚杆施工时，常用的钻孔方法有以下几种。

(1)清水循环钻进成孔。这种方法在实际工程中应用较广，软硬土层都能适用，但需要有配套的排水循环系统。用此类方法钻孔，可选用改装的工程地质钻机或专用钻机。

在钻进时，冲洗液从地表循环管路经由钻杆流向孔底，携带钻削下来的土屑从钻杆与孔壁的环隙返回地表。待钻到规定孔深(一般大于土层锚杆长度 0.5～1.0m)后，进行清孔，开动水

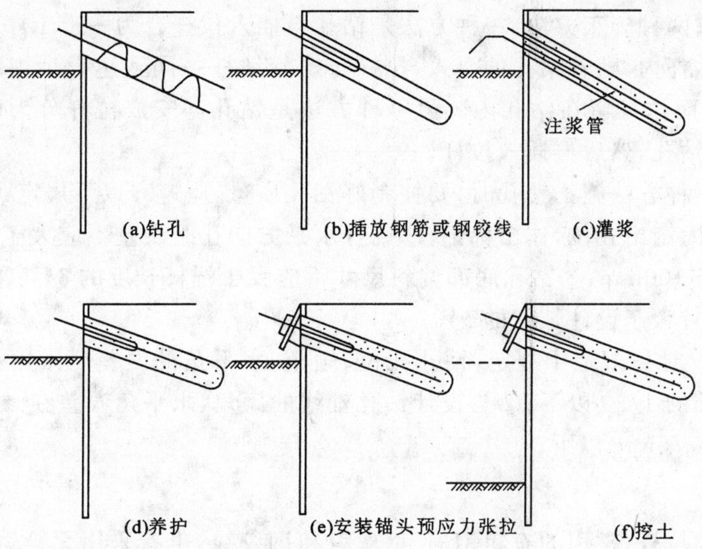

图 27-12　锚杆施工顺序示意图

泵将钻孔内残留的土屑冲出，直到水流不再浑浊为止。

在软黏土成孔时，如果不用跟管钻进，应在钻孔孔口处放入 1～2m 的护壁套管，以保证孔口处不坍陷。钻进时宜用 3～4m 长的岩芯管，以保证钻孔的直线性，钻进时如遇到易坍塌地层，如流砂层、砂卵石层，应采用跟管钻进。

(2)潜钻成孔法。这种方法采用一种专门用来穿越地下电缆的风动工具，风动工具的成孔器(俗称地鼠)一般长 1m 左右，直径 ϕ80～140mm，由压缩空气驱动，内部装有配气阀、气缸、活塞等机构，利用活塞的往复运动作定向冲击，使成孔器挤压土层向前运动成孔。由于它始终潜入孔底工作，冲击功在传递过程中损失小，具有成孔效率高、噪音低等特点。为了控制冲击器，使其在达到预定深度后能退出钻孔，还需要配一台钻机，将钻杆连接在冲击器尾部，待达到预定深度后，由钻杆沿钻机导向架后退将冲击器带出钻孔。

潜钻成孔法主要用于孔隙率大、含水量低的土层中。成孔速度快，孔壁光滑而坚实，由于不出土，孔壁无坍落和堵塞现象。但是，在含水量较高的土层中，孔壁土结构易遭到破坏，而且孔壁光滑，在注浆压力较低的情况下，浆体与孔壁土体结合不密实，不能有效提高锚固能力。

(3)螺旋钻孔干作业法。该法适用于无地下水条件的黏土、粉质黏土、密实性和稳定性都较好的砂土等地层。

这种方法利用回转的螺旋钻杆在一定钻压和钻速下，一面钻进，一面将切削下来的土屑排出孔外。在施工过程中根据不同的土质选用不同的回转速度和扭矩。对于内摩擦角大的土和能形成粗糙孔壁的土，由于钻削下来的土屑与孔壁间的摩阻力大，土屑容易排出，这时所选用的扭矩和转速可相对小些。对于含水量高，呈软塑或流动状态的土，由于钻削下来的土屑与孔壁间的摩阻力小，土屑排出困难，需要提高转速才能有效排出土屑。凝聚力大的软黏土、淤泥质黏土等，对孔壁和螺旋叶片产生较强的附着力，需要较大的扭矩和一定的转速才能顺利排出土屑。

为了施工方便，螺旋钻杆不宜太长，一般 4～5m 为宜。目前使用的长螺旋钻长达 8～12m

不等。螺旋钻进时不用水冲洗，不使用套管护壁，因此辅助作业时间少，钻进速度快。

用该法成孔有两种施工方法：一种方法是钻孔与插入拉杆合为一道工序，即钻孔时将拉杆插入空心的螺旋钻杆内，随着钻孔的深入，拉杆与螺旋钻杆一同到达设计规定的深度，然后边灌浆边退出钻杆，而拉杆留在钻孔内。另一种方法是钻孔与安放拉杆分为两道工序，即钻孔后，螺旋钻杆退出钻孔，然后再插入拉杆。

1）在用上述三种方法施工钻孔时，要控制好钻孔质量，应遵守以下规定：①钻孔前，根据设计要求和土层条件，定出孔位，作出标记；②锚杆水平方向孔距误差不应大于 50mm，垂直方向孔距误差不应大于 100mm；③钻孔底部偏斜尺寸不应大于锚杆长度的 3%；④锚杆孔深不应小于设计长度，也不宜大于设计长度的 1%。

2）在日本 FZP 地锚规范中规定，钻孔孔位、倾角、水平角的误差可采用如下值：①锚固点布置误差为拉杆长的 1/30 以下；②与设计钻孔轴线的倾角、水平角误差在±2.5°以下；③与锚头钻孔轴的误差在 75mm 以下。

2. 安放拉杆

土层锚杆用的拉杆，常用的有粗钢筋、钢丝束和钢绞线，也有采用无缝钢管（或钻杆）作为拉杆的。承载能力较小时，多用粗钢筋；承载能力较大时，多用钢绞线。

（1）粗钢筋拉杆。钢筋拉杆由一根或数根粗钢筋组合而成，如果是数根钢筋则需用绑扎或电焊连成一体。为了使拉杆钢筋安置在钻孔的中心以便于插入，另外为了增加锚固段拉杆与锚固体的握裹力，应在拉杆表面设置定位器，每隔 1.5～2.0m 设置一个。钢筋拉杆的定位器用细钢筋制作，外径宜小于钻孔直径 1cm。实际工程使用的几种定位器见图 27－13。

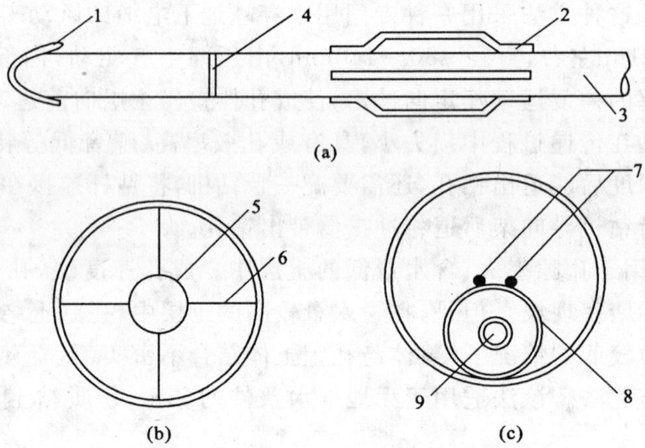

图 27－13 粗钢筋拉杆用的定位器

1－挡土板；2－支承滑条；3－拉杆；4－半圆环；5－ϕ38mm 钢管内穿 ϕ32mm 拉杆；6－35×3 钢带；7－2ϕ32mm 钢筋；8－ϕ65mm 钢管；l=60，间距 1～1.2m；9－灌浆胶管

拉杆作为承力结构的一部分，长期处于潮湿土体中，它的防腐问题相当重要。对锚固区的拉杆，可通过设置定位器保证拉杆有足够厚度的水泥砂浆或水泥浆保护层来防腐蚀。

对非锚固区的拉杆，应根据不同的情况采取相应的防腐措施。在无腐蚀性土层中的临时性锚杆，而使用期间在 6 个月以内时，可不作防腐处理；使用期限在 6 个月至 2 年之间的，则要经过简单的防腐处理，如除锈后刷二至三道富锌漆等耐湿、耐久的防锈漆即可；对使用两年以上的拉杆，必须进行认真的防腐处理，先除锈，涂上一层环氧防腐漆冷底子油，待其干燥后，再涂一层环氧玻璃铜（或玻璃聚胺酯预聚体等），待其固化后，再缠绕两层聚乙烯塑料薄膜。

对于粗钢筋拉杆，国外常用的几种防腐方法为：

1)将经过润滑油浸渍过的防腐带，用粘胶带绕在涂有润滑油的钢筋上；

2)在自由段拉杆上套上套筒，然后向其内灌注防腐材料；

3)将半刚性聚氯乙烯管或厚约 2～3mm 的聚乙烯管套在涂有润滑油的钢筋拉杆上；

4)将聚丙烯管套在涂有润滑油的钢筋拉杆上，这种管的直径约为拉杆直径的 2 倍，装好后加热则收缩贴紧在钢筋拉杆上。

(2)钢丝束拉杆。钢丝束拉杆可制成通长一根，它的柔性较好，安放方便。

钢丝束拉杆的自由段需理顺扎紧，并进行防腐处理。防腐方法可用玻璃纤维布缠绕两层，外面再用粘胶带缠绕；也可将钢丝束拉杆的自由段插入特制护管内，护管与孔壁间的空隙可与锚固段同时灌浆。钢丝束拉杆的锚固段需用撑筋环，如图 27-14。钢丝束的钢丝分为内外两层，外层钢丝绑扎在撑筋环上，内层钢丝从撑筋环中间通过。设置撑筋环可增大钢丝束与砂浆接触面积，增强了黏结力。

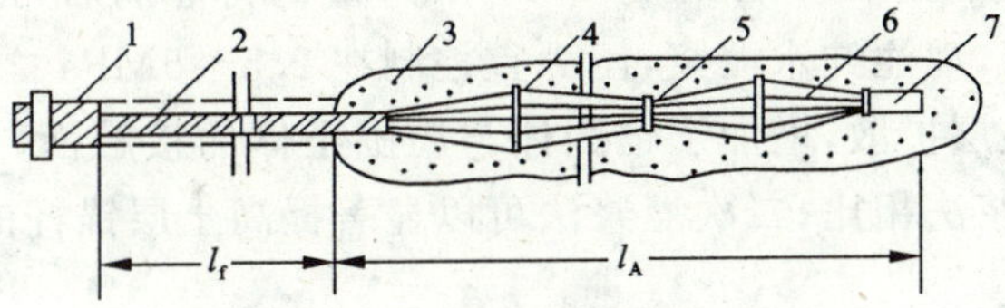

图 27-14　钢丝束拉杆的撑筋环

1—锚头；2—自由段及防腐层；3—锚固体砂浆；4—撑筋环；5—钢丝束结；6—锚固段的外层钢丝；7—小竹筒

(3)钢绞线拉杆。主要用于承载能力大的土层锚杆。

钢绞线拉杆及其定位架见图 27-15 和图 27-16。

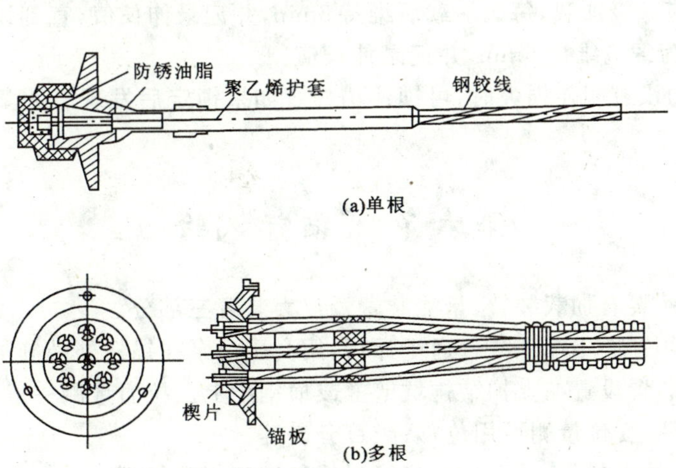

图 27-15　钢绞线拉杆

钢绞线自由段套以聚丙烯防护套进行防腐处理。

3. 灌浆

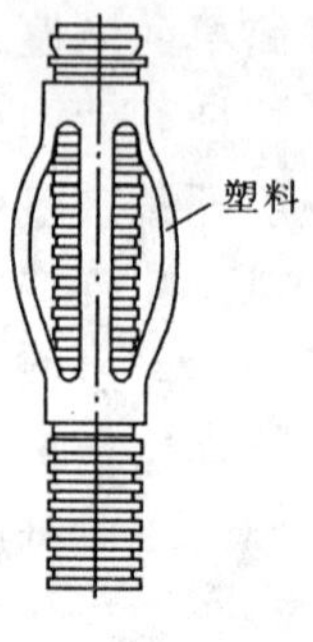

图 27-16 定位架

灌浆是土层锚杆施工的一个重要工序。灌浆的浆液为水泥砂浆或水泥浆。浆液的配比宜采用灰砂比 1∶1 或 1∶2(质量比)、水灰比 0.38～0.45 的砂浆,或水灰比 0.45～0.5 的水泥浆。水泥宜采用 32.5MPa 普通硅酸盐水泥。灌浆方法分为一次灌浆法和二次灌浆法。一次灌浆法只用一根注浆管,一般采用 ϕ30mm 左右的钢管(或胶皮管),注浆管一端与压浆泵相连,另一端与拉杆同时送入钻孔内,注浆管端距孔底 50cm 左右。在确定钻孔内的浆液是否灌满时,可根据从孔口流出来的浆液浓度与搅拌的浆液浓度是否相同来判断。对于压力灌浆锚杆,待浆液流出孔口时,将孔口用黏土等进行封堵,严密捣实,再用 2～4MPa 的压力进行补灌,稳压数分钟后才告结束。

二次灌浆法适用于压力灌浆锚杆,要用两根注浆管。第一次灌浆用的注浆管,其管端距离锚杆末端 50cm 左右,管端出口用胶布塑料等封住或塞住,以防插入时土进入注浆管。第二次灌浆用的注浆管,其管端距离锚杆末端 100cm 左右,管端出口用胶布、塑料等封住或塞住,且从管端 50cm 处开始在锚固段内每隔 2m 左右作出 1m 长的花管,花管的孔眼为 ϕ8mm。

第一次灌浆时,灌注水泥砂浆,压力为 0.3～0.5MPa,待灌满后,把注浆管拔出来,待浆液初凝后,进行第二次灌浆,灌注纯水泥浆,压力宜控制在 2.5～5MPa 之间,稳压 2min。浆液冲破第一次灌浆体后,向土层扩散,增加了锚固体与周围土体的接触面,并使周围土体的抗剪强度提高。因此与一次灌浆法相比,二次灌浆法可以显著提高土层锚杆的承载能力。

4. 张拉与锁定

灌浆后的锚杆养护 7～8d 后,砂浆的强度大于 15MPa 并能达 75%的设计强度。这时可进行预应力张拉,张拉应力宜为设计锚固力的 0.9～1.0 倍。在张拉时要遵守以下几项规定。

(1)张拉宜采用"跳张法",即隔二拉一。

(2)锚杆正式张拉前,应取设计拉力的 10%～20%,对锚杆预张拉 1～2 次,使各部位接触紧密。

(3)正式张拉应分级加载,每级加载后维持 3min,并记录伸长值,直到设计锚固力的 0.9～1.0 倍。最后一级荷载应维持 5min,并记录伸长值。

(4)锚杆预应力没有明显损失时,可锁住锚杆。如果锁定后发现有明显应力损失,应进行张拉。

第六节 锚杆试验

锚杆试验设备主要有加载装置、量测装置及反力装置三部分。

加载装置可采用穿心千斤顶或普通千斤顶,用高压油泵在锚杆外端施加拉力。

千斤顶的反力装置设置在支护结构坑壁上或横钢梁上。拉力量测一般可用连接于油泵的压力表或荷载盒量测;变位量测可用位移计、百分表等。

《建筑基坑支护技术规程》(JGJ120—99)对锚杆试验规定如下。

一、一般规定

(1)锚杆锚固段浆体强度达到15MPa或达到设计强度等级的75%时可进行锚杆试验。

(2)加载装置(千斤顶、油泵)的额定压力必须大于试验压力,且试验前应进行标定。

(3)加荷反力装置的承载力和刚度应满足最大试验荷载要求。

(4)计量仪表(测力计、位移计等)应满足测试要求的精度。

(5)基本试验和蠕变试验锚杆数量不应少于3根,且试验锚杆材料尺寸及施工工艺应与工程锚杆相同。

(6)验收试验锚杆的数量应取锚杆总数的5%,且不得少于3根。

二、基本试验

(1)基本试验最大的试验荷载不宜超过锚杆杆体承载力标准值的0.9倍。

(2)锚杆基本试验应采用循环加卸荷载法,加荷等级与锚头位移测读间隔时间应按表27-7确定。

表27-7　锚杆基本试验循环加卸荷等级与位移观测间隔时间

加载标准 循环数	$\frac{加载量}{预计破坏荷载}$/%								
第一循环	10	—	—	—	30	—	—	—	10
第二循环	10	30	—	—	50	—	—	30	10
第三循环	10	30	50	—	70	—	50	30	10
第四循环	10	30	50	70	80	70	50	30	10
第五循环	10	30	50	80	90	80	50	30	10
第六循环	10	30	50	90	100	90	50	30	10
观测时间/min	5	5	5	5	10	5	5	5	5

注:①在每级加荷等级观测时间内,测读锚头位移不应少于3次。

②在每级加荷等级观测时间内,锚头位移小于0.1mm时,可施加下一级荷载,否则应延长观测时间,直至锚头位移增量在2h内小于2.0mm时,方可施加下一级荷载。

(3)锚杆破坏标准:

1)后一级荷载产生的锚头位移增量达到或超过前一级荷载产生位移增量的2倍时;

2)锚头位移不稳定;

3)锚杆杆体拉断。

(4)试验结果宜按循环荷载与对应的锚头位移读数列表整理,并绘制锚杆荷载-位移($Q-s$)曲线。锚杆荷载-弹性位移($Q-s_e$)曲线和锚杆荷载-塑性位移($Q-s_p$)曲线。

(5)锚杆弹性变形不应小于自由段长度变形计算值的80%,且不应大于自由段长度与1/2锚固段长度之和的弹性变形计算值。

(6)锚杆极限承载力取破坏荷载的前一级荷载。在最大试验荷载下未达到规定的破坏标准时,锚杆极限承载力取最大荷载。

三、验收试验

(1)最大试验荷载应取锚杆轴向受拉承载力设计值 N_u。

(2)锚杆验收试验加荷等级及锚头位移测读间隔时间应符合下列规定:

1)初始荷载宜取锚杆轴向拉力设计值的 0.1 倍;

2)加荷等级与观测时间宜按表 27-8 规定进行;

表 27-8 验收试验锚杆加荷等级及观测时间

加荷等级	$0.1N_u$	$0.2N_u$	$0.4N_u$	$0.6N_u$	$0.8N_u$	$1.0N_u$
观测时间/min	5	5	5	10	10	15

3)在每级加荷等级观测时间内,测读锚头位移不应少于 3 次;

4)达到最大试验荷载后观测 15min,卸荷至 $0.1N_u$ 并测读锚头位移。

(3)试验结果宜按每级荷载对应的锚头位移列表整理,并绘制锚杆荷载-位移($Q-s$)曲线。

(4)锚杆验收标准:

1)在最大试验荷载作用下,锚头位移相对稳定;

2)应符合 JGJ120—99 规程基本试验部分第 5 条的规定。

四、蠕变试验

(1)锚杆蠕变试验加荷等级与观测时间应满足表 27-9 的规定,在观测时间内荷载应保持恒定。

表 27-9 锚杆蠕变试验加荷等级及观测时间

加荷等级	$0.4N_u$	$0.6N_u$	$0.8N_u$	$1.0N_u$
观测时间/min	10	30	60	90

(2)每级荷载按时间间隔 1min、2min、3min、4min、5min、10min、15min、20min、30min、45min、60min、75min、90min 记录蠕变量。

(3)试验结果宜按每级荷载在观测时间内不同时段的蠕变量列表整理,并绘制蠕变量-时间对数($s-\lg t$)曲线,蠕变系数可由下式计算

$$K_c = \frac{s_2 - s_1}{\lg(t_2/t_1)} \tag{27-16}$$

式中,s_1 为 t_1 时所测得的蠕变量;s_2 为 t_2 时所测得的蠕变量。

(4)蠕变试验和验收标准为:最后一级荷载作用下的蠕变系数小于 2.0mm。

第二十八章　水泥土挡墙

水泥土搅拌桩在基坑支护工程中运用很广泛，其基本方法是采用深层搅拌机械将相邻搅拌桩搭接施工，形成连续墙体来抵抗水和土产生的侧压力。一般布置成壁状或空腹格栅状，也可形成拱状结构。

由于水泥土挡墙抗弯(拉)强度较低，一般按重力式挡墙进行设计计算。计算内容包括抗滑稳定性、抗倾覆稳定性、整体稳定性、抗渗和抗降起稳定性以及墙身应力验算。

第一节　格栅状支护结构

在实际工程中多采用格栅状支护结构，这种结构可限制格栅中软土的变形，减小其竖向沉降，同时保证复合地基在侧向力作用下共同作用。计算简图见图 28 - 1。

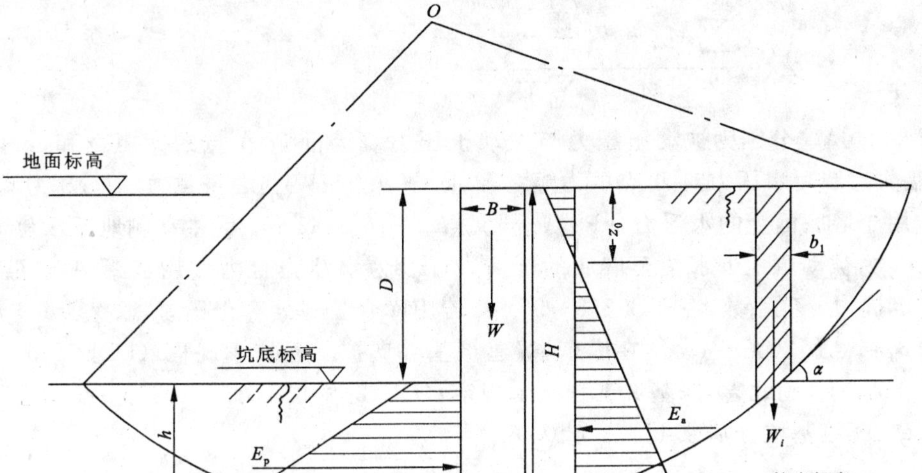

图 28 - 1　水泥土挡墙计算简图

一、土压力计算

为了简化计算，在计算土压力时，对成层分布的土体，墙底以上各层土的物理力学指标取加权平均值

$$\gamma = \sum_{i=1}^{n} \frac{\gamma_i h_i}{H} \tag{28-1}$$

$$\varphi = \sum_{i=1}^{n} \frac{\varphi_i h_i}{H} \tag{28-2}$$

$$c = \sum_{i=1}^{n} \frac{c_i h_i}{H} \tag{28-3}$$

式中，γ_i 为墙底以上各层土的天然重度，kN/m^3；φ_i 为墙底以上各层土的内摩擦角，(°)；c_i 为墙底以上各层土的黏聚力，kPa；h_i 为墙底以上各层土的厚度，m；H 为墙高，m。

主动土压力值

$$E_a = \frac{1}{2}\gamma H^2 k_a - 2cH\sqrt{k_a} + 2c^2/\gamma \tag{28-4}$$

被动土压力值

$$E_p = E_{p1} + E_{p2} = \frac{1}{2}\gamma\,\gamma_h h^2 k_p + 2c_h h\sqrt{k_p} \tag{28-5}$$

式中，γ_h 为坑底以下各层土的天然内摩擦角，(°)；c_h 为坑底以下各层土的黏聚力的加权平均值。

如果地表有超载，将其折算成相当厚度的土层加以考虑。

二、抗倾覆计算

抗倾覆稳定抗力分项系数按下式计算

$$\gamma_t = \frac{\sum M_{Ep} + W\dfrac{B}{2} - ul_w}{\sum M_{Ea} + \sum M_w} \tag{28-6}$$

式中，$\sum M_{Ep}$、$\sum M_{Ea}$分别为被动土压力与主动土压力绕墙前趾 A 点的力矩之和，kN·m/m；$\sum M_w$为墙前与墙后水压力对 A 点的力矩之和，kN·m/m；W 为墙身重力，kN；B 为墙身宽度，m；u 为作用于墙底面上的水浮力，kPa，$u = \gamma_w(h_{wa} + h_{wp})/2$；$h_{wa}$为主动侧地下水位至墙底的距离，m；$h_{wp}$为被动侧地下水位至墙底的距离，m；$l_w$ 为水浮力合力作用点距 A 点距离，m；γ_t 为倾覆稳定抗力分项系数，在 YB9258—97 中，若用库仑公式计算土压力，取 $\gamma_t \geqslant 1.0 \sim 1.1$，若用朗金公式需增大 20%～40%，在广东省《建筑基坑支护工程技术规程》(DBJ/T15—20—97)中取不小于 $1.3\gamma_t$，湖北省《深基坑工程技术规定》(DB42)中取不小于 $1.35\gamma_t$；γ_0 为工程重要性系数，一、二、三级基坑分别取 1.1、1.0、0.9。

三、抗滑动计算

(一)一般方法

抗滑动安全系数

$$k_h = (E_p + W\mu)/E_a \tag{28-7}$$

式中，μ 为基底摩擦系数，应由试验确定，当无试验资料时，可按表 28-1 选用。要求 $k_h \geqslant 1.3$。

表 28-1 挡土墙墙底摩擦系数

墙底岩土类别		摩擦系数
黏性土	可塑状态	0.25
	硬塑状态	0.25～0.30
	坚硬状态	0.30～0.40
砂 土		0.40
碎石土		0.40～0.50
软质岩石		0.50～0.60
表面粗糙的硬质岩石		0.60～0.70

(二)YB9258—97 中计算方法

在 YB9258—97 中水平滑动稳定抗力分项系数按下式确定

$$\gamma_h = \frac{\sum E_p + (w-u)\tan\varphi_u + c_{cu}B}{\sum E_a + \sum E_w} \tag{28-8}$$

式中，$\sum E_p$、$\sum E_a$ 分别为被动和主动土压力的合力，kN；$\sum E_w$ 为作用于墙前墙后水压力的合力，kN；φ_u 为墙底处土的固结快剪摩擦角，(°)；c_{cu}为墙底处土的固结快剪黏聚力，kPa；γ_h 为水平滑动稳定抗力分项系数，若用库仑公式计算土压力，取 $\gamma_h \geqslant 1.1 \sim 1.2$，若用朗金公式计算土压力，增大 15%～30%。

四、整体稳定性验算

水泥土挡墙常设置在软土地基上，挡墙前后有地下水位差，墙后又存在表面超载，因此进行整体稳定性验算是一个主要内容。计算时采用滑弧滑动法，要求满足下式

$$K = \frac{\sum c_i l_i + \sum (q_i b_i + w_i)\cos\alpha_i \tan\varphi_i}{\sum (q_i b_i + w_i)\sin\alpha_i} \geqslant 1.2 \sim 1.3 \tag{28-9}$$

式中，K 为整体稳定安全系数；c_i 为第 i 条土条滑动面上土的黏聚力，kPa；l_i 为第 i 条土条的弧长，m；q_i 为第 i 条土条顶面的作用荷载，kPa；b_i 为第 i 条土条的宽度，m；w_i 为第 i 条土条自重，kN，不计渗透力时，坑底地下水位以上取天然重度计算，当计入渗透力时，对坑底地下水位至墙后地下水位之间的土体在计算滑动力矩时取饱和重度，在计算抗滑力矩时取浮重度；α_i 为第 i 条滑弧中点的切线与水平线的夹角，(°)。

五、墙体厚度计算与墙身应力验算

(一)墙体厚度计算

由《建筑基坑支护技术规程》(JGJ120—99)，水泥土厚度设计值仍宜根据抗倾覆稳定条件按下列规定计算。

(1)当水泥土墙底部位于碎石土或砂土时，墙体厚度设计值宜按下式确定

$$B \geqslant \sqrt{\frac{10 \times (1.2\gamma_0 \sum M_{Ea} - \sum M_{Ep})}{5\gamma_{cs}(h+h_d) - 2\gamma_0\gamma_w(2h + 3h_d - h_{wp} - 2h_{wa})}} \tag{28-10}$$

式中，B 为墙体厚度，m；γ_0 为建筑基坑重要性系数；h 为基坑开挖深度，m；h_d 为支护结构嵌固深度设计值，m；γ_{cs}为水泥土墙体平均重度，kN/m³。

(2)当水泥土墙底部位于黏性土或粉土中时，墙体厚度设计值宜按下式确定

$$B \geqslant \sqrt{\frac{2 \times (1.2\gamma_0 \sum M_{Ea} - \sum M_{Ep})}{\gamma_{cs}(h+h_d)}} \tag{28-11}$$

当按以上两式计算的厚度小于 $0.4h$ 时取 $0.4h$。

(二)墙身应力验算

墙体厚度设计值除应符合上述要求外，还应按下列规定进行强度核算。

1. JGJ120—99 验算规定

(1)压应力验算。

$$1.25\gamma_0\gamma_{cs}z + \frac{M}{W} \leqslant f_{cs} \tag{28-12}$$

式中，z 为由墙顶至计算截面的深度，m；M 为单位长度水泥土墙截面弯矩设计值，kN·m，$M=1.25\gamma_0 M_c$；M_c 为截面弯矩计算值，kN·m；W 为水泥土墙截面模量，MPa；f_{cs} 为水泥土开挖龄期抗压强度设计值，MPa。

(2)拉应力验算。

$$\frac{M}{W}-\gamma_{cs}z\leqslant 0.06f_{cs} \quad (28-13)$$

2. YB9258—97 验算规定

(1)墙下端和墙身应力由下式确定。

$$\sigma_{max}=\gamma_{cs}z+q+\frac{M_y x}{I_y},\ \sigma_{min}=\gamma_{cs}z+q-\frac{M_y x}{I_y} \quad (28-14)$$

式中，σ_{max}、σ_{min} 为计算断面水泥土壁最大、最小应力，kPa；z 为计算点深度，m；q 为墙顶面的超载，kPa；M_y 为计算断面墙身力矩，kN·m；I_y 为计算断面的惯性矩，m^4；x 为由计算断面形心起算的最大水平距离，m。

(2)墙底端截面应力应满足下式。

$$\sigma_{max}\leqslant 1.2f \quad (28-15)$$

$$\sigma_{min}>0 \quad (28-16)$$

式中，f 为墙底端处地基承载力设计值，kPa。

(3)墙身应力应满足下式。

$$\sigma_{max}\leqslant 0.3q_u \quad (28-17)$$

$$\sigma_{min}>0 \quad (28-18)$$

式中，q_u 为水泥土墙的单轴抗压强度，kPa。

其他还有抗隆起、抗渗验算，参见第二十六章。

挡土墙断面尺寸的确定是由上述墙和地基的强度和稳定性的要求来控制的。水泥土桩与桩之间的搭接宽度应根据挡土及截水要求确定，考虑截水作用时，桩的有效搭接宽度不宜小于150mm；不考虑截水作用时，搭接宽度不宜小于100mm。

第二节　连拱式水泥土挡墙支护结构

连拱式支护结构是一种组合空间结构，其原理是将水土压力产生的拉弯力转化为沿拱轴方向的轴压力，这样可以利用水泥土受压强度较高的特性，充分发挥材料的作用，节省钢材，从而节省工程投资。而且这一结构其截面惯性矩和抗弯刚度远大于壁状布置，因而受力可靠，变形相对较小。

一、拱轴几何参数

在实际工程中，为施工方便一般布置为圆弧拱，见图 28-2。

二、拱身内力

拱身内力包括轴力、剪力、拱脚弯矩、拱顶弯矩，见图 28-3。

在水泥土拱中，拱脚的受力最大，要验算该截面的轴力与剪力，使其不超过水泥土相应的强度。

拱脚脚面的轴力与剪力可按以下两式计算。

$$N = V\sin\alpha + H\cos\alpha \tag{28-19}$$

$$Q = V\cos\alpha - H\sin\alpha \tag{28-20}$$

$$\alpha = \arccos[(R - f)/R] \tag{28-21}$$

式中，V 为拱脚竖向推力；H 为拱脚横向推力；V、H 查表 28－2 计算。

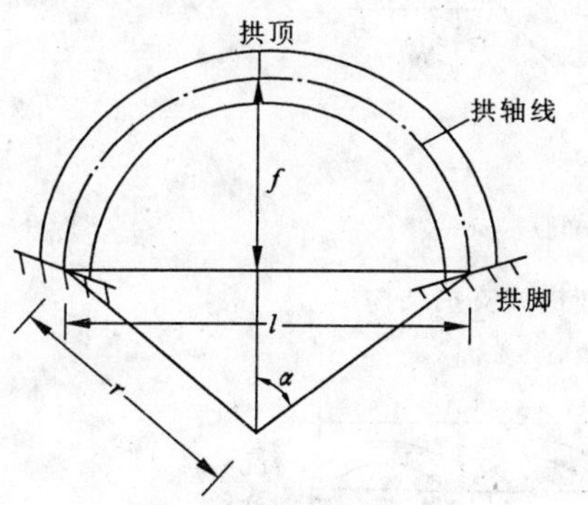

图 28－2　圆弧无铰拱

f—矢高；l—跨度；r—圆弧半径；α—半弧心角

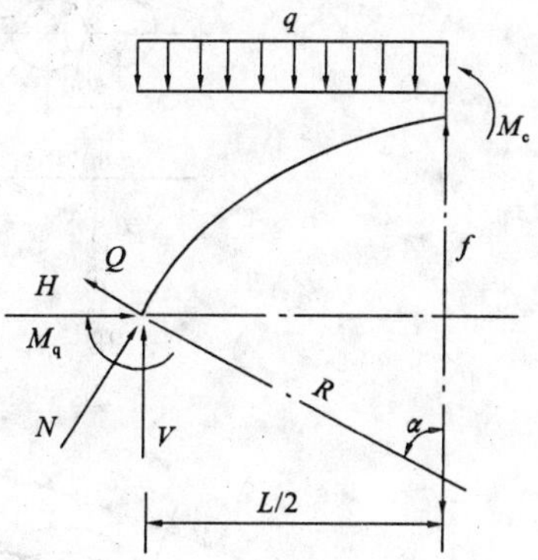

图 28－3　拱身内力

表 28－2　拱身内力系数

系数 θ 项目 / 内力	ρ 0.1	0.2	0.3	0.4	0.5	系数 η
V	0.500 0	0.500 0	0.500 0	0.500 0	0.500 0	ql
H	1.260 93	0.637 82	0.434 21	0.335 58	0.275 83	ql
M_q	0.001 31	0.004 14	0.009 25	0.016 49	0.024 67	ql^2
M_c	0.000 22	0.001 58	0.003 99	0.007 25	0.011 75	ql^2

注：表中 q 为某一深处土压力；ρ 为矢跨比，$\rho = f/l$。

$$V = \theta\eta,\ H = \theta\eta$$

将不同高跨比所求的 V、H 代入式(28－19)和式(28－20)就可求出拱脚的剪应力 τ 和轴向压应力 σ，并要求满足以下两式：

$$\sigma \leqslant [\alpha],\quad \tau \leqslant [\tau]$$

式中，$[\alpha]$为允许压应力；$[\tau]$为允许剪应力。

由于连拱式支护结构所受侧向压力全部由拱脚承受，所以一般在拱脚设置钻孔灌注桩并加支撑，在桩头浇筑钢筋混凝土承台，那么侧向压力就通过拱脚灌注桩传递到支撑上，见图 28－4。某排管工程开挖深度 9m，槽宽 4.6m，总长 120m，采用变断面水泥土连拱，并在拱脚外设置两道支撑，见图 28－5。

连拱式支护结构插入深度、稳定性验算与一般悬臂结构相同。

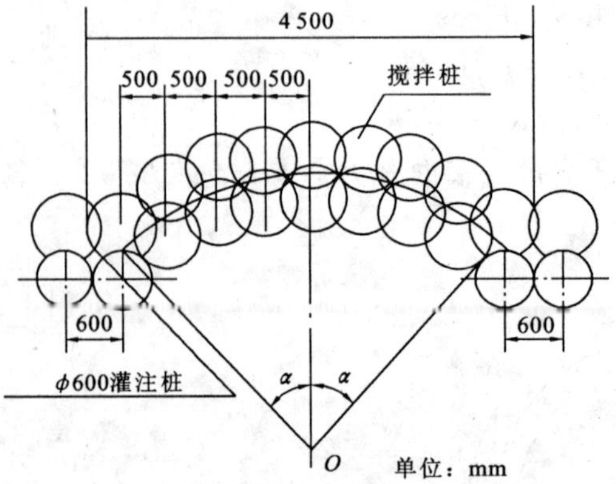

图 28-4 某工程中应用的连拱式支护结构

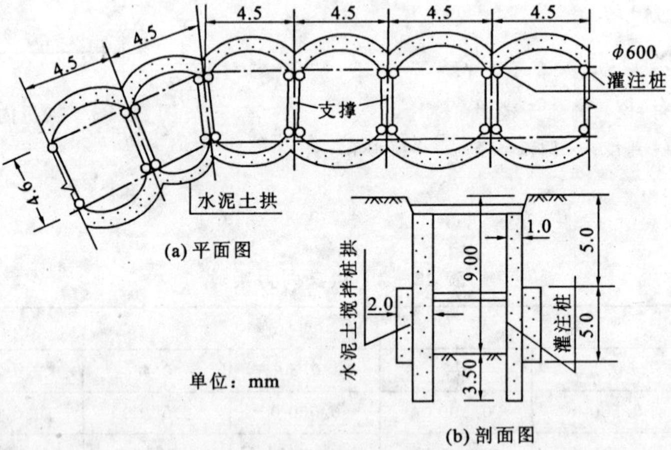

图 28-5 某排管工程中的拱形水泥土支护结构

第二十九章　土钉支护技术

土钉墙是用钢筋作为加筋件，依靠土与加筋件之间的摩擦力，使土体拉结成整体，并在坡面上喷射混凝土，以提高边坡的稳定性。这种挡土结构适用于基坑支护和天然边坡的加固。

第一节　土钉的分类

土钉按照施工方法的不同，可分为钻孔注浆型土钉、打入型土钉和射入型土钉三类。其施工方法及原理、应用状况见表 29－1。

表 29－1　土钉的施工方法及应用状况

土钉类别	施工方法及原理	应用状况
钻孔注浆型土钉	先在土坡上钻直径为 100～200mm 的一定深度的钻孔，然后插入钢筋、钢杆或钢绞索等小直径拉筋，再进行压力注浆形成与周围土体紧密黏合的土钉，最后在坡面上设置与土钉端部相联结的构件，并喷射混凝土组成土钉墙面，构成一个具有自撑能力且能起支挡作用的加固区	用于永久性或临时性支挡工程
打入型土钉	将钢杆件直接打入土中。钢杆件多采用 L50mm×50mm×5mm～L60mm×60mm×5mm 的等边角钢；打设机械一般为专用，如气动土钉机，土钉长度一般不超过 6m	由于长期的防腐工作难以保证，多用于临时性支挡工程，所提供摩阻力相对较低，耗钢量大
射入型土钉	采用压缩空气的射钉机根据选定的角度将 ϕ25～38mm、长 3～6m 的光直钢杆射入土中，土钉射入时在土中形成环形压缩土层，使其不至弯曲。土钉头常配有螺纹，以附设面板	施工快速、经济，适用于多种土层

在以上三种类型的土钉中以钻孔注浆型土钉运用最多，这一支护结构由喷射混凝土、注浆锚杆和钢筋网联合作用，对边坡提供柔性支挡，其技术实质是隧道施工技术中喷锚支护技术在软土地基中的延伸，在实际工程中也称为喷锚网支护技术。

第二节　土钉与加筋土挡墙、锚杆的对比

一、土钉与加筋土挡墙的异同

土钉与加筋土挡墙在形式中有些类似，但也有一些根本性的区别。

1. 相同点

(1)加筋体(拉筋或土钉)均处于无预应力状态，只当土体产生位移后，才能发挥其作用。

(2)两者的受力机理类似，都是由加筋体与土之间产生的界面摩阻力提供加筋力，加筋土

体本身处于稳定状态，可支承其后的侧向压力，类似于重力式挡土墙的作用。

(3)面层都较薄，在支挡结构的整体稳定中不起主要作用。

2. 不同点

(1)施工程序不同。土钉施工是自上而下，分步施工；而加筋土挡墙的施工则是自下而上。这对加筋体应力分布有很大影响，施工期间更明显。

(2)应用范围不同。土钉是一种原位加筋技术，用来改良天然边坡或挖方区；加筋土挡墙用于填方区，形成人工堆填的土质陡坡。

(3)设置形式有差别。土钉可水平布置，也可倾斜布置，当其垂直于滑裂面设置时，将充分发挥其抗剪能力；而加筋土挡墙一般为水平设置。

(4)土钉技术通常包含使用灌浆技术，使拉筋与周围土体密实黏结，荷载通过浆体传递给土层；而在加筋土挡墙中，摩擦力直接产生于加筋体与土层间。

二、土钉与锚杆的异同

1. 相似点

当用于边坡加固和基坑支护时，土钉可视为小尺寸的被动式锚杆。

2. 不同点

(1)土层锚杆在设置后施加预应力，以防止支挡结构产生位移。而土钉一般不予张拉，并要求产生少量位移，以充分发挥其摩阻力。

(2)土钉长度的绝大部分与土层相黏合，而锚杆只在其有效锚固范围内才与周围土体密实黏合。因此两者在支挡土体内产生的应力分布是不同的。

(3)土钉的设置密度很高，一般 $0.5\sim2.0m^2$ 设置一根，因此单筋破坏的后果不严重。另外，从受力作用考虑，土钉的施工精度要求不高。

(4)锚杆承受的荷载很大，因此其端头部的构造比土钉复杂，必须安装适当的承载装置，以防止因承载面板失效而导致挡土结构破坏。土钉承受的荷载较小，一般不需要安装坚固的承载装置，利用喷射混凝土及小尺寸垫板即可满足要求。

(5)为满足承载要求，一般单根锚杆较长，多在 15～45m 范围内，因此需要用大型机械进行施工；而土钉相对而言施工规模较小。

第三节　土钉技术的适用性及其特点

一、土钉技术的适用性

土钉适用于地下水位低于土坡开挖段或经过降水使地下水位低于开挖层的情况。在施工钻孔注浆型土钉时，通常采用分阶段开挖方式，每一阶段高度为 1～2m，由于处于无支撑状态，要求开挖段土层在施工土钉、面层构件及喷射混凝土期间，能够保持自立稳定。因此，土钉适用于具有一定黏结性的杂填土、黏性土、粉土、黄土及弱胶结的砂土边坡。

对标准贯入击数低于 10 击的砂土边坡，采用土钉一般不经济；对不均匀系数小于 2 的砂土，以及含水丰富的粉细砂层、砂卵石层和淤泥质土不宜采用。对塑性指数大于 20 的黏性土，必须评价其蠕变特性后，才可将土钉作为永久性挡土结构。土钉不适用于软土边坡，因为软土只能提供很低的界面摩阻力，技术经济效益不理想。同样，土钉不适宜在腐蚀性土(如煤渣、矿渣、炉渣酸性矿物废料等)中作为永久性支挡结构。

另外，土钉墙一般不宜兼作挡水结构，也不宜应用于对变形要求较严的深基坑支护工程。

二、土钉技术的特点

(1)土钉墙施工具有快速、及时，且对邻近建筑物影响小的特点。由于土钉墙施工采用小台阶逐段开挖，在开挖成型后及时设置土钉与面层结构，对坡体扰动较少，且施工与基坑开挖同步进行，不独立占用工期，施工迅速，土坡易于稳定。由实测资料表明，采用土钉支护的土坡只要产生微小变形就可发挥土钉的加筋力，因此，坡面位移与坡顶变形很小(图 29-1)，对相邻建筑物的影响也很小。

(2)施工机具简单，施工灵活，占用场地小。施工土钉时所采用的钻进机械及混凝土喷射设备都属小型设备，机动性强，占用施工场地很少，即使紧靠建筑红线下切垂直开挖亦能照常施工。施工所产生的振动和噪音低，在城区施工具有一定的优越性。

(3)经济效益好。根据国内有关资料的分析，土钉墙支护可比排桩法、钢板桩节省投资 25%～40%；根据西欧统计资料，开挖深度在 10m 以内的基坑，土钉比锚杆支护可节省投资 10%～30%。因此，采用土钉墙支护具有较高的经济效益。

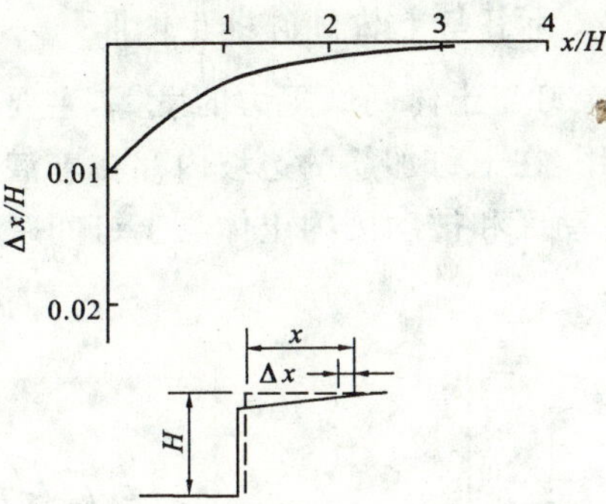

图 29-1　土钉加筋后坡面的位移

第四节　土钉支护的加固机理

土钉墙的加固机理主要表现在以下几方面。

1. 提高原位土体强度

由于土体的抗剪强度低，抗拉强度更低，因此自然边坡保持直立的临界高度较小。当土坡自立高度超过临界高度，或者坡顶有较大超载以及土的含水量等环境因素发生变化时，都会引起土坡的失稳。为此，过去常采用支挡结构来承受侧向压力并限制土体的变形，这属于常规的被动制约机制的支挡结构。土钉支护结构则是在土体内增设具有一定长度和分布密度的锚固体，使它与土体牢固结合并共同工作，增强土坡坡体自身的稳定性，它属于主动制约机制的支挡体系。

土钉在其加强的复合土体中起箍束骨架的作用，提高了土坡的整体刚度与稳定性。由模拟试验表明，土钉墙在超载作用下的变形特征，表现为持续的渐进性破坏。即使在土体内已出现局部剪切面和张拉裂缝，并随着超载的增加而扩展，但仍可持续很长时间不发生整体塌滑，表明其仍具有一定的强度。然而素土边坡在坡顶超载作用下，当其产生的水平位移远低于土钉加固的边坡时，就出现快速的整体滑裂和塌落，见图 29-2。

土钉对土体的加强作用可用强度提高系数 K_R 表示，$K_R=\frac{F_n}{F_R}$，其中 F_n 表示土钉复合体的三轴抗压强度，F_R 表示原状结构土的强度。国内学者对粉土及粉质黏土进行的模拟试验成果见图 29－3。由实验成果表明，土钉的设置明显地提高了原位土体的抗剪强度，土钉设置密度越大，提高的幅度相对越大。

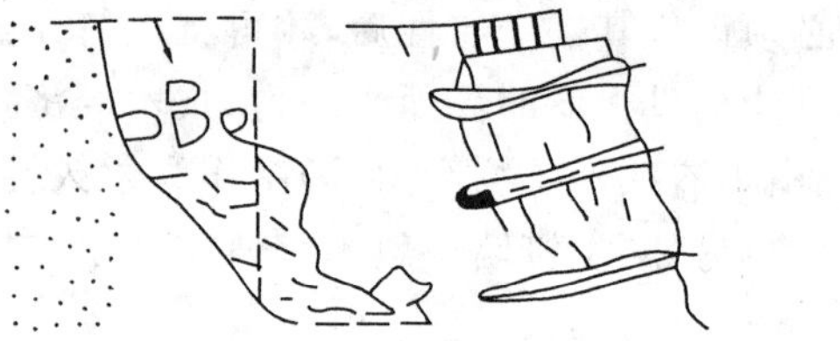
(a)素土边坡　(b)土钉加筋的边坡

图 29－2　素土边坡和土钉加筋的边坡破坏形式

此外，在地层中常有裂隙发育，在进行钻孔压力注浆时，浆液会顺着裂隙扩散，浆液胶结后，必然会增强土钉与周围土体的黏结和整体作用。当采用一次压力注浆时，对宽度为 1～2mm 的裂隙，注浆后可扩大成 5mm 的浆脉。

2. 土钉与土体间的相互作用

土钉与土体间摩阻力的发挥，主要是由土钉与土之间的相对位移而产生的。由于土压力的作用，在土钉加筋的边坡内存在着潜在的滑裂面，并将土体分为主动区和被动区，见图 29－4。主动区和被动区内土体与土钉间摩阻力的发挥方向正好相反。

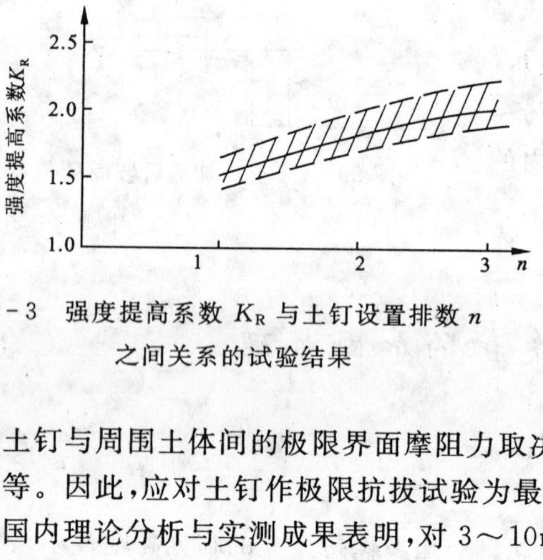

图 29－3　强度提高系数 K_R 与土钉设置排数 n 之间关系的试验结果

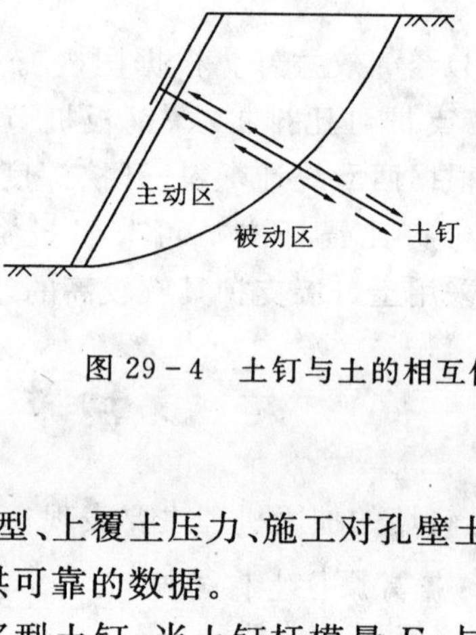

图 29－4　土钉与土的相互作用

用土钉与周围土体间的极限界面摩阻力取决于土的类型、上覆土压力、施工对孔壁土的扰动程度等。因此，应对土钉作极限抗拔试验为最后设计提供可靠的数据。

据国内理论分析与实测成果表明，对 3～10m 长的注浆型土钉，当土钉杆模量 E_b 与土体模量 E_s 之比大于 10 时，界面摩阻力可近似地按均匀分布考虑。且原位土钉与周围土体的摩擦特性和加筋土具有相同的特点，即似摩擦系数 $f\left(f=\frac{\text{摩阻力}}{\text{垂直压力}}\right)$ 随着有效垂直压力的增加而减小。

土钉支护结构由加筋土钉、复合土体与喷射混凝土面层组成。面层主要起着将主动区产生的土压力传递给土钉，并保证土钉不被侵蚀风化的作用。由于它采用的施工顺序与常规的支挡体系不同，因此，面层上土压力的分布也与一般重力式挡墙不同。王步云等对山西某黄土边坡土钉工程进行了原位监测，所获得的土压力曲线见图 29－5。

4. 土钉复合体滑裂面的形式

在工程实践中，常用以下两种方法来确定土钉复合体的滑裂面形式。

(1)王步云建议的方法。王步云建议采用图 29－6 所示的曲线作为简化滑裂面形式。

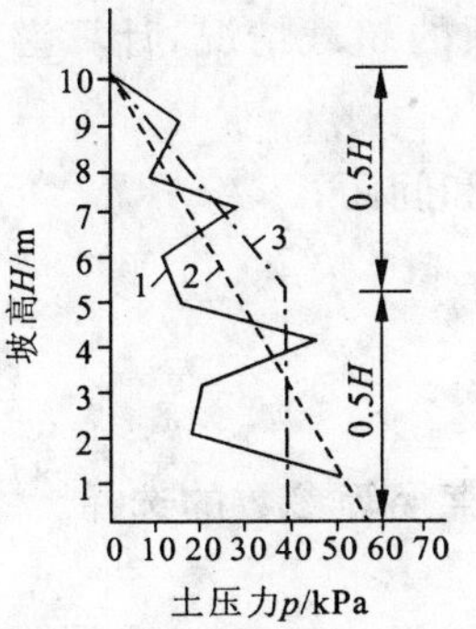

图 29-5　土钉面层上的土压力分布

1—实测土压力；2—主动土压力；3—简化土压力

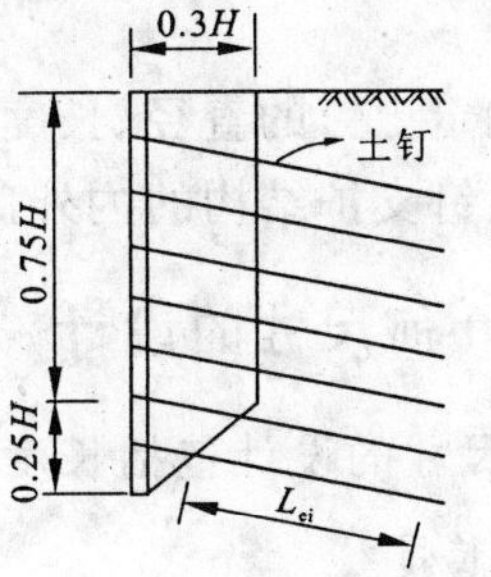

图 29-6　王步云建议的简化滑裂面

(2) Wai－Fah－Chen 方法。这一方法用对数螺旋线模型(图 29-7)来表示土钉复合体的滑裂面。

在滑动面上任意点，土的位移向量与转动半径向量成正交并与该点切线的夹角大致等于土的内摩擦角 φ，那么半径与切线的夹角 $\psi=90°-\varphi$；切线与垂直线的夹角为 α；半径与水平线的夹角 $\theta=\varphi+\alpha$。图中 R_0 为滑动面与地面交点处的转动半径，该点切线与垂直线的夹角为 α_0，对黄土类土、弱胶结土，取 $\alpha_0=0°$；对黏性土，取 $\alpha_0=3°$。

R_f 为滑动面与底面交点处的转动半径，该点切线与水平线的夹角为 β。

该点切线与垂直线的夹角 $\alpha_f=90°-\beta$。

滑动面上各参数之间的关系见表 29-2。

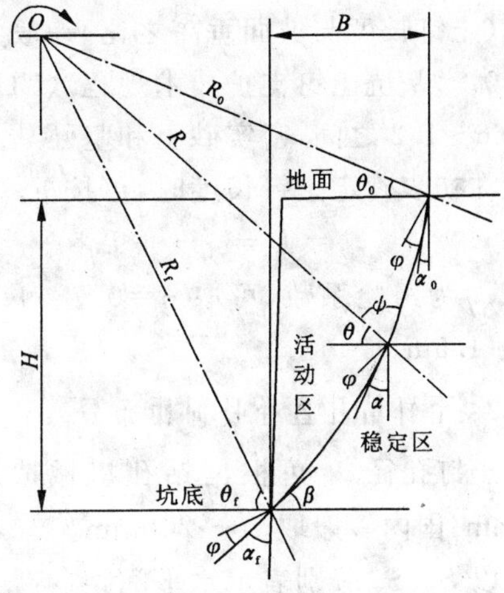

图 29-7　土钉复合体对数螺旋线滑裂面

表 29-2　滑动面上各参数之间的关系

1	螺旋线方程：$R=me^{\theta\tan\varphi}$，其中 m 为常数
2	对坡顶角小于 15°，土钉下倾角为 15°左右时，$\beta=0.5\varphi+0.201\omega\varphi+0.265\omega+0.087$。式中，$\omega$ 为边坡坡角，rad
3	极角 θ_0、θ_f：$\theta_0=\varphi+\alpha_0$，$\theta_f=\varphi+\alpha_f$
4	$m=\dfrac{H}{(e^{K\theta_f}\sin\theta_f-e^{K\theta_0}\sin\theta_0)}$，式中，$K=\tan\varphi$
5	$\dfrac{B}{H}=\dfrac{e^{K\theta_0}\cos\theta_0-e^{K\theta_f}\cos\theta_f}{e^{K\theta_f}\sin\theta_f-e^{K\theta_0}\sin\theta_0}$

第五节　土钉支护结构的设计计算

土钉支护结构的设计一般包括以下几个步骤。

(1)根据坡体的剖面尺寸、土的物理力学性能和坡顶的超载情况，计算潜在滑动面的位置与形状；

(2)初步确定土钉的直径、长度、倾角以及布置方式和间距；

(3)验算土钉支护结构的内外部稳定性。

一、土钉几何尺寸的设计

土钉几何尺寸的设计包括长度、间距、孔径、加筋杆直径等参数的选择。

1. 土钉的长度

抗拔试验表明，对高度小于12m的土坡采用相同的施工工艺，在同类土质条件下，当土钉长度达到一倍土坡垂直高度时，再增加其长度，对承载能力无显著提高。1987年，Bruce和Jewell通过对十几项土钉工程的分析表明，对钻孔注浆型土钉，用于粒状土陡坡加固时，其长高比(土钉长度与坡面垂高之比)一般为0.5～0.8；用于冰碛物或泥炭灰岩边坡时，一般为0.5～1.0。《基坑土钉支护技术规程》(CECS 96:97)建议土钉长度与基坑深度之比对非饱和土宜在0.6～1.2之间，密实砂土和坚硬黏土中可取低值；对软塑黏性土，比值 L/H 不应小于1.0。因此在初步确定土钉长度时，可按下式计算

$$L = \eta H + L_0 \tag{29-1}$$

式中，η 为经验系数，可取 $\eta=0.7\sim1.2$；H 为土坡的垂直高度，m；L_0 为止浆器长度，一般为0.8～1.5m。

2. 土钉钻孔直径及间距布置

土钉孔径 d_h 可根据钻孔机械选定。国外对钻孔注浆型土钉一般取土钉孔径为76～150mm；国内一般取70～200mm。

以 S_x、S_y 分别表示水平间距(行距)和垂直间距(列距)。行距、列距的选择原则是以每个土钉注浆对其周围土的影响区与相邻孔的影响区相重叠为准。CECS 96:97建议，S_x、S_y 宜在1.2～2.0m范围内，在饱和黏性土中可小到1m，在干硬黏性土中可超过2m；土钉的竖向间距应与每步开挖深度相对应，沿面层布置的土钉密度不应低于6m^2/根。王步云等建议按(6～8)d_h 选定行距、列距，且应满足下式的要求

$$S_x S_y = K_1 d_h L \tag{29-2}$$

式中，K_1 为注浆工艺系数，对一次压力注浆工艺，取1.5～2.5。

3. 土钉加筋杆直径选择

土钉钢筋宜采用Ⅱ级以上螺纹钢筋，直径宜为18～32mm，也可采用多根钢绞线组成的钢绞索。当采用钢管时，一般用 ϕ50mm 钢管。

王步云等建议，土钉的加筋杆直径 d_b 可按下式估算

$$d_b = (20 \sim 25) \times 10^{-3}\sqrt{S_x S_y} \tag{29-3}$$

4. 土钉倾角

土钉钻孔的倾角向下宜在0°～20°的范围内，当利用重力向孔中注浆时，倾角不宜小于15°，当用压力注浆且有可靠排水措施时，倾角宜接近水平。当上层土软弱时，可适当加大倾角，使土钉插入强度较高的下层土中。当遇有局部障碍物时，允许调整钻孔位置与方向。

5. 注浆材料

用水泥砂浆或水泥素浆。水泥采用不低于 32.5 级普通硅酸盐水泥，水灰比 1：(0.4～0.5)。

6. 土钉面层混凝土厚度

喷射混凝土的厚度在 50～150mm 之间，混凝土强度等级不低于 C20，3d 强度不低于 10MPa。面层内应设置钢筋网，钢筋网的钢筋直径 6～8mm，网格尺寸 150～300mm，当面层厚度大于 120mm 时，宜设置二层钢筋网。土钉支护的喷射混凝土面层宜插入基坑底部以下，插入深度不小于 0.2m；在基坑顶部也宜设置宽度为 1～2m 的喷射混凝土护顶。

二、喷射混凝土面层设计

根据《基坑土钉支护技术规程》(CECS 96:97)，在土体自重及地表均布荷载 q 作用下，喷射混凝土面层所受的侧向土压力 p_0 可按下式估算

$$p_0 = p_{01} + p_q \tag{29-4}$$

$$p_{01} = 0.7\left(0.5 + \frac{s-0.5}{2}\right)p_1 \leqslant 0.7p_1 \tag{29-5}$$

式中，s 为土钉水平间距和竖向间距中的较大值；p_q 为地表均布荷载引起的侧压力；p_1 为土钉长度中点所处深度位置上由支护土体自重引起的侧压力。

喷射混凝土面层按《混凝土结构设计规范》设计，取荷载分项系数为 1.2，当环境安全有严格要求时，另取结构的重要性系数 1.1～1.2。

面层可按土钉为点支承的连续板进行强度验算，作用于面层的侧向压力在同一间距内可按均布考虑，其反力作为土钉的端部拉力。验算内容包括在跨中和支座截面的受弯，板在支座截面的冲切等。

土钉与面层的连接，应能承受土钉端部拉力的作用。当用螺纹、螺母和垫板与面层连接时，垫板边长及厚度应通过计算确定。当用焊接方法通过不同形式的部件与面层相连时，应对焊接强度作出验算。此外，面层连接处尚应验算混凝土局部承压作用。

三、内部稳定性分析

土钉结构内部稳定性的分析方法有很多种，以下介绍四种设计方法。

1. 王步云建议的方法

(1)抗拉断裂极限状态。在面层土压力作用下，土钉将承受拉应力，为保证土钉端部不产生过量的拉伸或发生屈服，土钉主筋应具有一定安全系数的抗拉强度。为此，土钉主筋的直径 d_b 应满足下式

$$\frac{\pi d_b^2 f_y}{4E_i} \geqslant 1.5 \tag{29-6}$$

式中，E_i 为第 i 列单根土钉支承范围内面层上的土压力，$E_i = q_i S_x S_y$；q_i 为第 i 列土钉处的面层土压力，$q_i = m_e K \gamma h_i$；h_i 为土压力作用点至坡顶的距离，当 $h_i > H/2$ 时，取 $h_i = 0.5H$；H 为土坡垂直高度；γ 为土的重度；m_e 为工作条件系数，对使用期不超过两年的临时性工程，取 $m_e = 1.1$，对使用期超过两年的永久性工程，取 $m_e = 1.2$；K 为土压力系数，$K = \frac{1}{2}(K_0 + K_a)$；

f_y 为主筋抗拉强度设计值；K_0、K_a 分别为静止、主动土压力系数。

(2)锚固力极限状态。在面层土压力作用下，土钉内部潜在滑裂后的有效锚固段应具有足够的界面摩阻力而不被拔出。为此，应满足下式

$$\frac{F_i}{E_i} \geqslant K \tag{29-7}$$

式中，F_i 为第 i 列单根土钉的有效锚固力，$F_i = \pi\tau d_b L_{ei}$；L_{ei} 为土钉有效锚固长度；τ 为土钉与周围土体间的极限界面摩阻力，应通过抗拔试验确定，当无实测资料，可参考表 29-3 取值；K 为安全系数，取 1.3 ～ 2.0，对临时性工程取小值，永久性工程取大值。

2. Schlosser 方法

(1)土钉与土体间的界面摩阻力。当坡顶没有超载时，土钉支护结构可能产生的滑动面与垂线夹角为 $\delta = 90° - \frac{1}{2}(\beta + \varphi)$，如图 29-8 所示。考虑作用于土钉侧面的水平应力，土钉与土体间的界面摩阻力为

$$F_{Ni} = L_{ei} \tan\varphi\, h'_i \gamma d_h [2 + (\pi - 2) K_0] \tag{29-8}$$

式中，F_{Ni} 为土钉与土体间的界面摩擦力；L_{ei} 为土钉有效锚固长度；φ 为土钉与土体间摩擦角；K_0 为静止土压力系数；h'_i 为土钉有效锚固长度以上的土层厚度。

表 29-3 不同土质中土钉的极限界面摩阻力 τ 值

土　类	τ/kPa
黏　土	130～180
弱胶结砂土	90～150
粉质黏土	65～100
黄土类粉土	52～55
杂填土	35～40

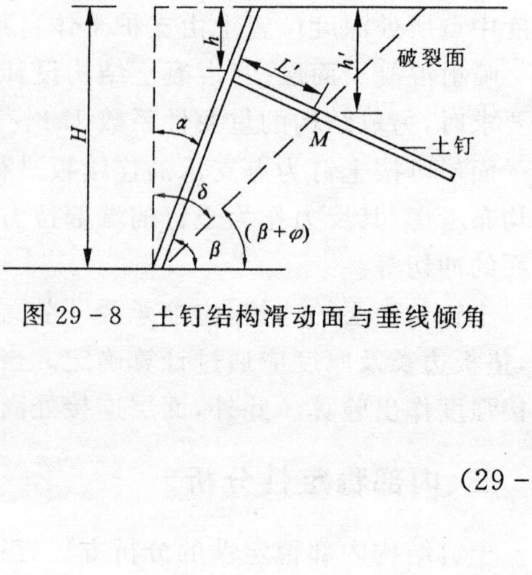

图 29-8 土钉结构滑动面与垂线倾角

总摩擦力为

$$F_N = \sum F_{Ni} \tag{29-9}$$

侧向总压力 E 为

$$E = \frac{1}{2} K_a \gamma H^2 \tag{29-10}$$

式中，K_a 为主动土压力系数，$K_a = \left[\frac{\sin(\beta - \varphi)}{(\sin\beta)^{1.5} + \sin\varphi(\sin\beta)^{0.5}}\right]$；$\gamma$ 为土的重度；φ 为土的内摩擦角。

土钉结构的安全系数 K 要求满足下式

$$K = \frac{F_N}{E} \geqslant 1.5 \sim 2.5 \tag{29-11}$$

(2)土钉承受的拉力。土钉支护结构中单根土钉所承受的拉力可假定为其所承担的面层上的侧向土压力。由于最低层土钉所承受的土压力最大，因此土钉的拉力将为最大，其值可按下式计算

$$T = K_h \gamma h_m S_x S_y \tag{29-12}$$

式中，T 为土钉的拉力；h_m 为最低层土钉的深度；S_x、S_y 分别为土钉间的行距和列距。

土钉拉筋的抗拉安全系数 K' 为

$$K'=\frac{\pi d_b^2 f_n}{4T} \tag{29-13}$$

式中，f_n 为主筋的极限抗拉强度。

3. Bridle 方法

(1)滑动面上力矩的平衡。将主动区的土体竖向分割成若干个土条，分别计算作用于土条的滑动力矩和抵抗力矩，然后汇总起来求出滑动总力矩和抵抗总力矩之间的不平衡力矩，此不平衡力矩即为土钉应提供的平衡力矩。图 29－9 为第 i 个土条其重力作用于滑动面的情况。

主动区土体所产生的滑动力矩

$$M_W=\sum W_i R_i \cos\theta_i \tag{29-14}$$

土的黏聚力和内摩擦角沿滑动面产生的抵抗力矩为

$$M_R=\sum (W_i \sin\alpha_i \tan\varphi + cl_i) R_i \cos\varphi \tag{29-15}$$

式中，W_i 为第 i 个土条重力；l_i 为滑动面上第 i 个土条所对应的弧长；c 为该段弧长上土的黏聚力。

需要土钉提供的平衡力矩 ΔM 应满足

$$\Delta M=M_W-M_R \tag{29-16}$$

(2)土钉受力情况分析。在土钉支护结构中，不同部位的土钉由于其与滑动面所成角度不同，土钉的受力情况有所差别：①与滑动面切线成直角的土钉只受剪力作用而无轴向荷载；②与滑动面切线成逆时针转向的土钉既承受剪力也承受拉力；③与滑动面切线成顺时针转向的土钉，既承受剪力也产生压力。当土钉接近于竖向或垂直设置时，会出现这种情况。由于压力对土钉不利，所以应该避免。

在实施土钉工程中，一般属于①、②两种情况。

每根土钉所受剪力和拉力可由土钉的设置倾角来调整，设 ρ_i 为第 i 列土钉与滑动面法线的夹角，则 $\rho_i=\theta-\varphi-\varepsilon$，$\varepsilon$ 为土钉与水平线 的夹角(图 29－10)，土钉在滑动面切线方向所受的剪应力为

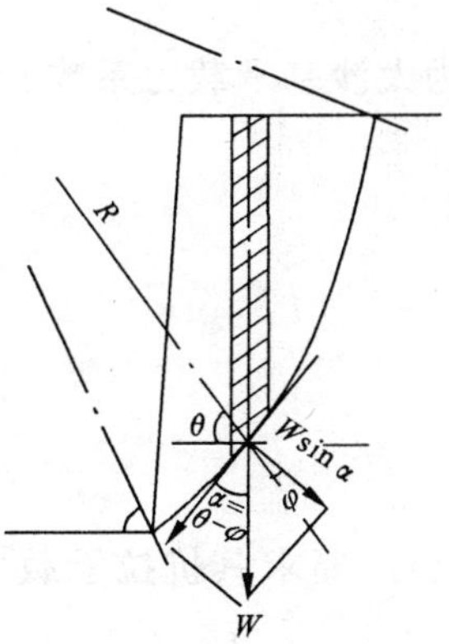

图 29－9　垂直条分法

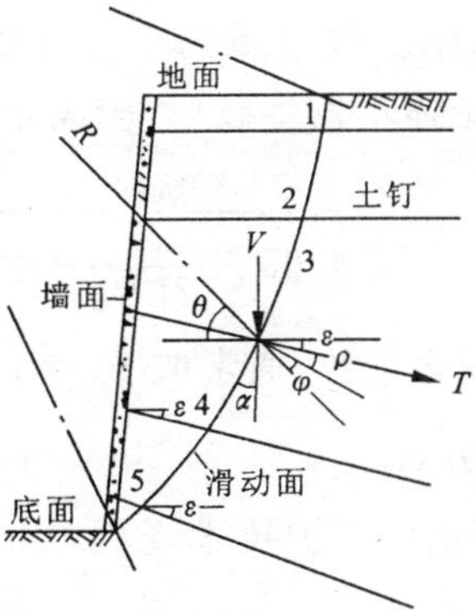

图 29－10　土钉内力分析

注：图中数字为土层

$$\tau_b = \frac{(T_i \sin\rho_i + S_i \cos\rho_i)\cos\rho_i}{A_{si}} \tag{29-17}$$

式中，T_i 为第 i 列土钉所受轴力；S_i 为第 i 列土钉在滑动面上所承受的剪力；A_{si} 为第 i 列土钉的截面积。

当 $\frac{d\tau_b}{d\rho} = 0$ 时，τ_b 最大。由此可得出以下关系式

$$T_i = S_i \tan(2\rho_i) \tag{29-18}$$

为使土体平衡，不平衡力矩由土钉穿过滑裂来平衡，应满足

$$\begin{aligned}\Delta M &= \sum S_i R_i[\cos(\varphi+\rho_i)+\tan(2\rho_i)\sin(\varphi+\rho_i)-\sin\rho_i\tan\varphi\sin\varphi+\tan(2\rho_i)\cos\rho_i\tan\varphi\sin\varphi] \\ &= \sum S_i R_i \lambda_i\end{aligned} \tag{29-19}$$

式中，

$$\lambda_i = \cos(\varphi+\rho_i)+\tan(2\rho_i)\sin(\varphi+\rho_i)-\sin\rho_i\tan\varphi\sin\varphi+\tan(2\rho_i)\cos\rho_i\tan\varphi\sin\varphi$$

若第 i 层土钉的截面都相同，S_i 可由下式计算

$$S_i = \frac{\Delta M R_i \cos(\varphi+\rho_i)(N_i)^{0.4}(z_i)^{0.6}}{\sum \lambda_i R_i^2 \cos(\varphi+\rho_i)(N_i)^{0.4}(z_i)^{0.6}} \tag{29-20}$$

式中，N_i 为第 i 层土钉的根数；z_i 为第 i 层土钉的深度。

T_i 由 $T_i = S_i\tan(2\rho_i)$ 求得。

(3)土钉的抗拔力。当土钉与水平线成 ε 角时，土钉的抗拔力可按下式计算

$$T_{Ri} = 4R_0\tan\varphi[\gamma z\cos\varepsilon + K_a(1+\sin\varepsilon)] + 1.5\tan\varphi\cdot\varepsilon + 2c\pi LR_0 \tag{29-21}$$

式中，T_{Ri} 为土钉的抗拔力；R_0 为土钉截面的半径；z 为土钉的设置深度。

并且应满足下式

$$\frac{T_{Ri}}{T_i} \geqslant F_{Si} \tag{29-22}$$

式中，F_{Si} 为安全系数，可取 $F_{Si}=2.0$。

(4)土体承载力。土体承载力可由太沙基承载力公式计算

$$q_u = cN_c + \gamma z N_q + \frac{1}{2}b\gamma N_r \tag{29-23}$$

式中，q_u 为极限承载力；b 为土钉直径，$b=d_h$；N_c、N_q、N_r 均为太沙基承载力系数。

为保证土体不发生破坏，应满足下式

$$\frac{q_u}{4.55\times\frac{S_i}{2LR_0}+\gamma z} \geqslant F_S \tag{29-24}$$

式中，F_S 为安全系数，通常取 $F_S=3$。

4. **规范方法**

在《建筑基坑支护技术规程》(JGJ120—99)中，对单根土钉，要求其抗拉承载力符合以下要求

$$1.25\gamma_0 T_K \leqslant T_u \tag{29-25}$$

式中，T_K 为单根土钉受拉荷载标准值；$T_K = \zeta e_{ak} S_x S_z/\cos\alpha$；$\zeta$ 为荷载折减系数，

$$\zeta = \tan\frac{\beta-\varphi}{2}\left[\frac{1}{\tan\frac{\beta+\varphi}{2}}-\frac{1}{\tan\beta}\right]\Big/\tan^2(45°-\varphi/2)$$

e_{ak}为土钉位置处的水平荷载标准值；S_x、S_z 分别为土钉与相邻土钉的平均水平、垂直间距；α 为土钉与水平面的夹角。

$$T_u = \frac{1}{\gamma_s}\pi d_n \sum q_{sik} l_i \tag{29-26}$$

式中，γ_s 为土钉抗拉抗力分项系数，取 1.3；d_n 为土钉锚固体直径；q_{sik}为土钉穿越第 i 层土体与锚固体极限摩阻力标准值，应由现场试验确定，如无试验资料，可采用表 29－4 确定；l_i 为土钉在直线破裂面外穿越第 i 稳定土体内的长度，破裂面与水平面的夹角为 $(\beta+\varphi)/2$ 。

表 29－4　土钉锚固体与土体极限摩阻力标准值

土的名称	土的状态	q_{sik}/kPa
填土		16～20
淤泥		10～16
淤泥质土		16～20
黏性土	$I_L>1.0$	18～30
	$0.5<I_L\leqslant0.75$	30～40
	$0.75<I_L\leqslant1$	40～53
	$0.25<I_L\leqslant0.50$	53～65
	$0<I_L\leqslant0.25$	65～73
	$I_L\leqslant0$	73～80
粉　土	$e>0.90$	20～40
	$0.75<e\leqslant0.90$	40～60
	$e<0.75$	60～90
粉细砂	稍密	20～40
	中密	40～60
	密实	60～80
中　砂	稍密	40～60
	中密	60～70
	密实	70～90
粗　砂	稍密	60～90
	中密	90～120
	密实	120～150
砾砂	中密、密实	130～160

注：表中数据为低压或无压注浆值，高压注浆时可按表 27－3 取值。

四、外部稳定性分析

在原位土钉支护结构的自身稳定与黏结整体作用得到保证的条件下，其外部稳定性分析可按重力式挡土墙考虑，内容包括土钉结构的抗倾覆稳定性、抗滑移稳定性以及地基强度验算等。

第六节 土钉支护结构的施工技术

土钉墙的施工一般按以下程序进行：

(1)开挖工作面，修整边坡，坡面排水，埋设喷射混凝土厚度控制标志；

(2)喷射第一层混凝土；

(3)设置土钉(包括钻孔、置筋、注浆垫板等)，安设连接件；

(4)绑扎钢筋网；

(5)喷射第二层混凝土。

一、开挖工作面、修整边坡

基坑开挖应按设计要求分段分层进行。分层开挖深度主要取决于暴露坡面的自立能力，一次开挖高度宜为0.5～2.0m。考虑到土钉施工设备，开挖宽度至少要6m，开挖长度取决于交叉施工期间能保护坡面稳定的坡面面积。

开挖基坑时，应最大限度地减少对支护土层的扰动。在机械开挖后，应辅以人工修整坡面，坡面平整度应达到设计要求。对松散的或干燥的无黏性土，尤其是受到外来振动时，应先进行灌浆处理。

二、排水

土钉支护结构必须考虑地下水的影响。在施工期间应做好排水工作，避免过大的静水压力作用于面板，保护面板(特别是喷射混凝土面层)免遭水的不利影响，避免加固土体处于饱和状态。一旦加固土体处于饱和状态，将显著地影响支护结构在开挖过程中和开挖之后的位移，并可能影响其稳定性。一般对支挡结构有以下三种主要排水方式。

1. 浅部排水

采用直径100mm、长300～400mm的塑料管将坡后水迅速排除。

2. 深部排水

用开缝管做排水管，管径50mm，长度通常比土钉长，上斜5°或10°，其间距取决于土体和地下水条件。

3. 坡面排水

贴着坡面设置连续的排水系统，其间距取决于地下水条件和冻胀力的作用，一般为1～5m。在最底部由泄水孔排入集水系统。

三、设置土钉

开挖出工作面后，就可在工作面上进行土钉施工。

1. 成孔

应根据土层条件以及具体的设计要求选择合理的钻机与机具。土钉施工机具可采用地质钻机、螺旋钻以及洛阳铲等。

成孔质量标准：①孔位偏差不大于±100mm；②孔深误差不大于±50mm；③孔径误差不

大于±5mm；④倾斜度偏差不大于5%；⑤土钉钢筋保护层厚度不宜小于25mm。

2. 清孔

采用0.5～0.6MPa压缩空气将孔内残渣清除干净，当孔内土层的湿度较低时，常采用孔花管由孔底向孔口方向逐步湿润孔壁，润孔花管内喷出的水压不应超过0.15MPa。

3. 置筋

清孔完毕后，应及时安放钢杆件，以防塌孔。钢杆件一般采用Ⅱ级螺纹钢筋或Ⅳ级精轧螺纹钢筋，钢筋尾部设置弯钩。为保证土钉钢筋的保护层厚度，应设定位器使钢筋位置居中。另外，土钉钢拉杆使用前要保证平直并进行除锈、除油。

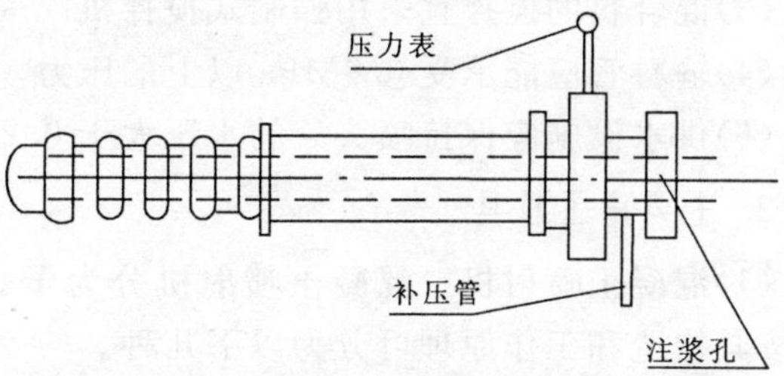

图29-11　止浆塞示意图

4. 注浆

注浆是保证土钉与周围土体紧密结合的一个关键工序。

注浆前，在钻孔孔口设置止浆塞(图29-11)，并旋紧，使其与孔壁贴紧。由注浆孔插入注浆管，使其距孔底0.5～1.0m。注浆管与注浆泵连接后，开动注浆泵，边注浆边向孔口方向拔管，直到注满为止。放松止浆塞，将注浆管与止浆塞拔出，用黏性土或水泥砂浆充填孔口。

注浆压力应保持在0.4～0.6MPa，当压力不足时，从补压管口补充压力。

注浆材料宜用1∶0.5的水泥净浆或水泥砂浆。水泥砂浆配合比宜为1∶1～1∶2(质量比)，水灰比控制在0.4～0.45范围内。

注浆过程中若因故停止超过30min时，应用水或稀水泥浆润滑注浆泵及其管路。

为防止水泥砂浆(细石混凝土)在硬化过程中产生干缩裂缝，提高其防腐性能，保证浆体与周围土壁的紧密结合，可掺入一定量的膨胀剂。具体掺入量由试验确定，以满足补偿收缩为准。

四、绑扎钢筋网

钢筋网宜采用Ⅰ级钢筋，钢筋直径6～10mm，钢筋网间距150～300mm。钢筋网应与土钉和横向联系钢筋绑扎牢固，并且在喷射混凝土时不得晃动。

钢筋网与坡面间要留有一定的间隙，宜为30mm。如果采用双层钢筋网，第二层钢筋网应在第一层被埋没后铺设。

五、喷射混凝土

喷射混凝土面层厚度一般为80～200mm，常用的厚度为100mm。第一次喷射混凝土厚度一般为40～70mm，第二次喷射到设计厚度。喷射混凝土强度等级不宜低于120。

(一)施工机具

1. 对施工机具的要求

喷射混凝土施工机具包括：混凝土喷射机、空压机、搅拌机和供水设施等。对各施工机具的要求如下。

(1)混凝土喷射机应满足以下要求:①密封性能良好;②输料连续、均匀;③生产能力(干混合料)为 3～5m^3/h;④允许输送的骨料最大粒径为 25mm;⑤输送距离(干混合料)水平不小于 100m,垂直不小于 30m。

(2)选用的空压机应满足喷射机工作风压和耗风量的要求,一般不小于 9m^3/min。

(3)混合料的搅拌宜采用强制式搅拌机。

(4)输料管应能承受 0.8MPa 以上的压力,并应有良好的耐磨性能。

(5)供水设施应保持喷头处的水压大于 0.2MPa。

2. 主要施工机具

(1)混凝土喷射机。混凝土喷射机分为干式和湿式两类,国产干式混凝土喷射机种类较多,按其构造和工作原理可分为以下几种。

1)双罐式混凝土喷射机(图 29－12)。

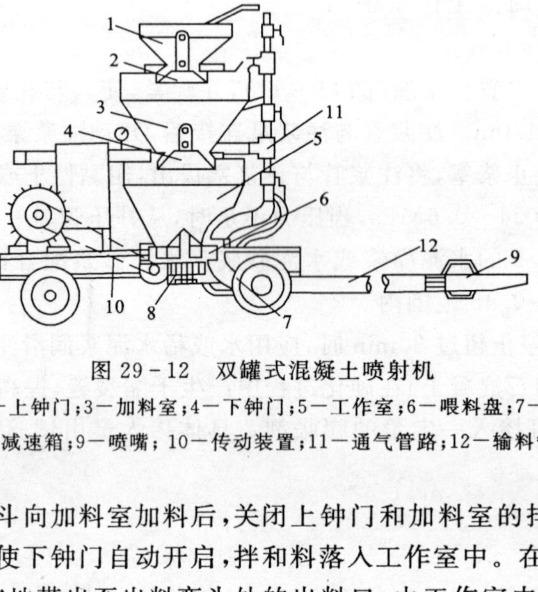

图 29－12 双罐式混凝土喷射机

1－加料斗;2－上钟门;3－加料室;4－下钟门;5－工作室;6－喂料盘;7－出料弯头;
8－减速箱;9－喷嘴;10－传动装置;11－通气管路;12－输料管

工作原理:通过加料斗向加料室加料后,关闭上钟门和加料室的排气阀门,打开加料室的进气阀门,由于材料自重使下钟门自动开启,拌和料落入工作室中。在此由安装在减速器竖轴上的喂料盘将拌和料均匀地带出至出料弯头处的出料口,由工作室内的压缩空气经出料弯头将拌和料压送至输料器。为了使拌和料能顺利地通过出料弯头,在弯头处再加一个吹管,利用压缩空气将拌和料经输送管送至喷嘴处。喷嘴由混合室和枪筒(拢料管)组成,混合室内壁有环状小孔,高压水由小孔射出,与干拌和料迅速混合后由喷嘴高速喷出。

加料时,关闭下钟门和加料室的进气阀,同时打开加料室的排气阀门,上钟门则自动开启,可继续加料。如此反复就能使混凝土喷射机连续工作。

该混凝土喷射机优点:结构简单,生产可靠,性能好,经久耐用。缺点:体积较大、笨重,易产生反风,粉尘大。

2)螺旋式混凝土喷射机(图 29－13)。

工作原理:干拌和料从加料斗落下,在电动机 5 作用下,经减速器 2 带动的螺旋喂料器空心轴 6 的叶片推动下推出,压缩空气由螺旋叶片空心轴尾部通入,至前端处喷出产生负压,加上锥管 8 输入的压缩空气助吹,将螺旋叶片推来的干拌和料吹出。

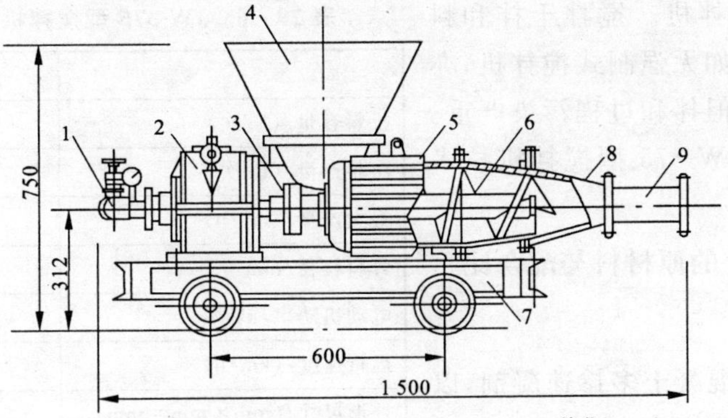

图 29－13　螺旋式混凝土喷射机

1—主吹风管；2—减速器；3—联轴器；4—加料斗；5—电动机；6—螺旋喂料器空心轴；7—机架；8—锥管；9—连接管

该混凝土喷射机优点：结构简单，体积小，质量小，成本低。缺点：螺旋和锥管易磨损，输送距离短，粉尘大。

3)转子式混凝土喷射机。

工作原理：干拌和料是从旋转着的转子的料孔（格子）中加入，当旋转体的料孔转到风口处时，即被压缩空气吹出，吹净后，料孔转至排气孔处排除余气，准备下次装料。

常用混凝土喷射机的型号与技术性能见表 29－5。

表 29－5　常用混凝土喷射机的型号与技术性能表

项目		双罐式			螺旋式			转子式	
		冶建-65	HP1	WD25	SP-2	ZPG2	HPZ-30B	SP3	HP-7430
生产能力/(m^3/h)		4	4～5	4	4～5	3～7	3～5	2～5	2～6
工作压力/MPa		0.12～0.6	0.15～0.6	0.12～0.6	0.3－0.5	0.3～0.5	0.1～0.6	0.1～0.5	0.1～0.5
耗风量/(m^3/min)		7～8	9	6～8	5～10	7～8	7～10	6～10	10
输料管内径/mm		50	50	50	50	50	50	50	50
骨料最大粒径/mm		25	25	25	25	25	25	25	25
最大输送距离	水平/m	200	240	200	200	200	200	200	250
	垂直/m	70	60	70	60	60	80	60	100
电动机功率/kW		2.8	3	5.5	4	5.5	4	4	7.5
外形尺寸/(长 mm×宽 mm×高 mm)		1 600×850×1 630	1 840×970×1 660	1 600×850×1 630	1 250×750×1 435	1 352×774×1 160	1 430×868×1 375	1 390×890×952	1 500×1 000×1 600
机身质量/kg		1 100	1 000	1 100	650	920	700	700	800

国内研制的风动型湿式混凝土喷射机主要有 HZF-3 型和冶建-76 型。

(2)干拌和料搅拌机。搅拌干拌和料宜用强制式搅拌机,如无强制式搅拌机,亦可用自落式搅拌机,但拌和过程污染严重。表 29-6 为常用的 JW-375 型搅拌机技术性能指标表。

表 29-6 JW-375 型搅拌机技术性能指标表

参数	指标
投料容量/(L/次)	375
出料产量/(L/次)	250
最大产量/(m^3/h)	12.5
骨料粒径/mm	40/60(碎石/卵石)
电动机功率/kW	10
运行速度/(km/h)	<20
外形尺寸/(mm×mm×mm)	3 350×1 860×2 420

(二)喷射混凝土的原材料与配合比

1. 原材料

(1)水泥。喷射混凝土多掺速凝剂,以缩短混凝土的初凝和终凝时间,因此要注意水泥与速凝剂的相容性问题。水泥选择不当,可能造成急凝或凝结速度慢、初凝与终凝间隔时间长等不利因素而增大回弹量,对喷射混凝土强度的增长产生影响。一般宜选用如下水泥。

1)硅酸盐水泥和普通硅酸盐水泥。宜选用不低于 32.5 级的硅酸盐水泥和普通硅酸盐水泥。

2)矿渣硅酸盐水泥。使用前宜进行速凝剂的相容性试验,且不宜用于渗水的基坑。

3)喷射水泥。亦称速凝水泥,是一种不用掺加速凝剂就能用于喷射混凝土的水泥。

4)双快水泥。亦称控凝水泥,具有速凝快硬作用,是硅酸盐水泥的新发展,在制造过程中加入了 1%～2%的氟石(氟化钙)。使用双快水泥还必须辅以硬化剂和速凝剂,且水温必须保持在 38℃左右。

5)超早强水泥。超早强水泥为硫铝酸盐水泥。初凝时间为 10min～1h,终凝时间为 15min～15h。

(2)砂。砂宜用细度模数大于 2.5 的坚硬的中、粗砂,或者用平均粒径为 0.35～0.50mm 的中砂,或平均粒径大于 0.50mm 的粗砂,其中粒径小于 0.075mm 的颗粒不应超过 20%,否则会影响水泥与骨料表面的良好黏结。最好用天然石英,不宜用细砂,因为细砂能增大喷射混凝土的收缩。入搅拌机的砂含水率宜控制为 6%～8%,呈微湿状态。含水量过低,会产生大量粉尘;含水量过高,会使喷射机黏料,易造成管路堵塞。砂的质量要求见表 29-7。

表 29-7 砂的质量要求

颗粒级配	筛孔尺寸/mm	0.16	0.315	1.25	5
	累计筛余/%	95～100	70～95	20～55	0～10
泥土杂质含量(用冲洗法试验)/%		≤3			
硫化物和硫酸盐含量(折算为 SO_3)/%		≤1			
有机物含量(比色法试验)		颜色不应深于标准色。否则,须以混凝土强度对比试验加以复核			

(3)石子。一般多使用卵石和碎石,以卵石为佳。由于卵石表面光滑,便于输送,可减少堵管。石子的最大粒径宜不大于输料管道最小断面直径的 1/3～2/5。

石子中的杂质,硫化物(折算成 SO_3)按质量不大于 1%,片状颗粒不大于 15%,石粉对碎石不大于 2%。

喷射混凝土宜用连续级配。若缺少中间粒径，则混凝土拌和物易于分离，黏滞性差，回弹增多，适宜于喷射混凝土的骨料级配曲线见图 29－14。其中Ⅰ为上限，Ⅱ为下限，Ⅲ为中限，D 为石子的最大粒径。

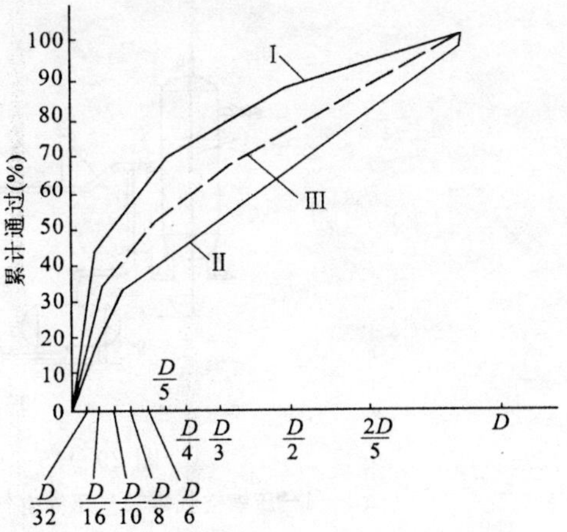

图 29－14　喷射混凝土的骨料级配曲线

(4)水。喷射混凝土用水与普通混凝土相同。

(5)外加剂。常用的外加剂有速凝剂、减水剂和早强剂等。对速凝剂要求符合以下条件：

1)初凝在 3min 以内；

2)终凝在 12min 以内；

3)8h 后的强度不小于 0.3MPa；

4)28d 强度不应低于不加速凝剂的试件强度的 70%。

2. 喷射混凝土配合比及拌制

混合料的配合比及拌制应满足下列要求。

(1)水泥与砂石之质量比宜为 1∶4～1∶4.5，含砂率宜为 45%～55%，水灰比宜为 0.4～0.45。

(2)原材料称量允许偏差：水泥和速凝剂均为±2%，砂、石均为±3%。

(3)采用容量小于 400L 的强制式搅拌机，搅拌时间不少于 1min；采用自落式搅拌机时，搅拌时间不少于 2min；掺有外加剂时，搅拌时间适当延长。

(4)混合料宜随拌随用，不掺速凝剂时，存放时间不超过 2h，掺速凝剂时，存放时间不应超过 20min。

(三)喷射混凝土施工

1. 施工方式

根据混凝土的搅拌和运输工艺的不同，喷射分为干式和湿式两种。

(1)干式喷射。干式喷射是用混凝土喷射机压送干拌和料，在喷嘴处加水与干料混合后喷出，其设备布置见图 29－15，工艺流程见图 29－16。

干式喷射的优点：①设备简单，费用低；②能进行远距离压送；③易加入速凝剂；④喷嘴脉冲现象少。缺点：①粉尘多；②回弹多；③工用条件不好；④施工质量取决于操作人员的熟练程度。

(2)湿式喷射。湿式喷射是用泵式喷射机将已加水拌和好的混凝土拌和物压送到喷嘴处，然后在喷嘴处加入速凝剂，在压缩空气助推下喷出，其工艺流程见图 29－17。

湿式喷射优点：粉尘少，回弹少，混凝土质量易保证。缺点：施工设备较复杂，不宜远距离压送，不易加入速凝剂和有脉动现象。

2. 主要施工参数

(1)风压。喷射混凝土是以压缩空气作为动力的，压缩空气的风压直接影响混凝土的回弹量。当风压适宜时，粗骨料所获取的动能在克服了空气阻力之后，恰好与冲入阻力相适应，这时的回弹量最少，喷射混凝土层的质量最好。风压不足或过量都会造成回弹量的增加。中国

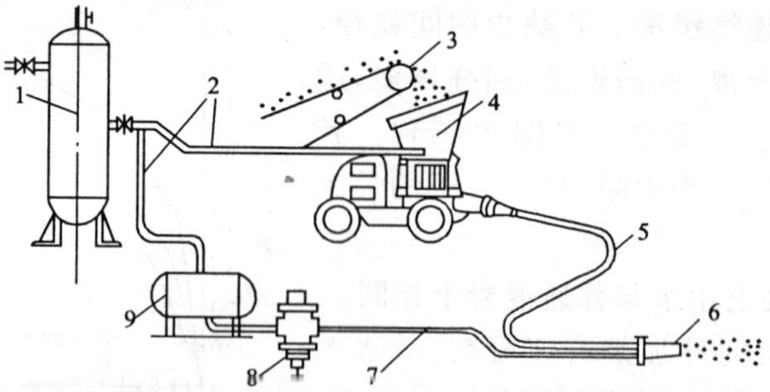

图 29－15 干式喷射混凝土施工的设备

1－压缩空气罐；2－压缩空气管；3－加料机械；4－混凝土喷射机；5－输送管；6－喷嘴；7－水管；8－水压调节阀；9－水源

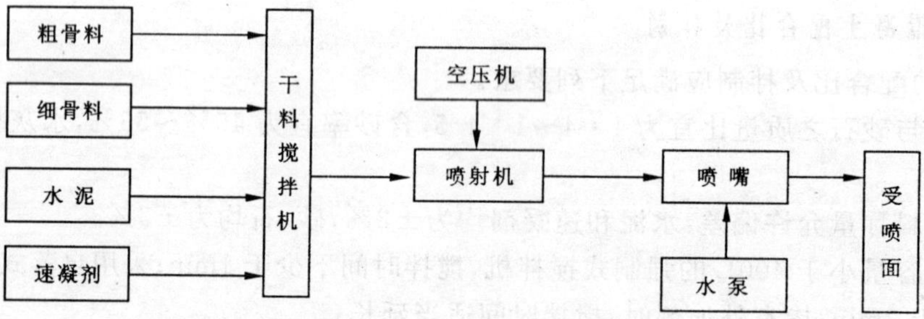

图 2Q9－16 干式喷射工艺流程

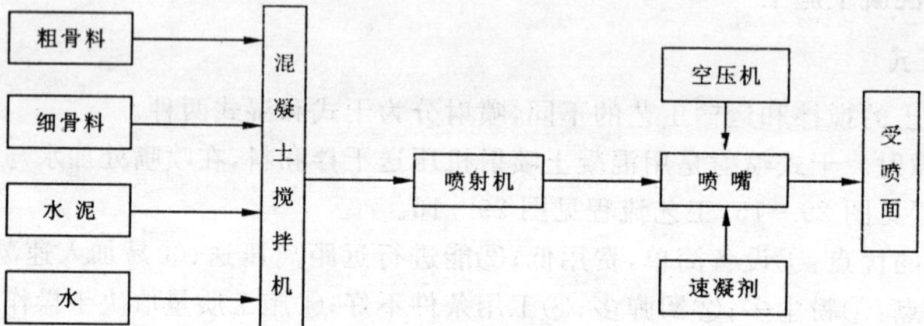

图 29－17 湿式混凝土喷射工艺流程图

建筑科学研究院发现双罐式喷射机的风压与水平距离之间存在如下的关系

$$P_{a1} = 0.001 \times l_h \qquad (29-27)$$

$$P_{a2} = 0.1 + 0.0013 \times l_h \qquad (29-28)$$

式中，P_{a1}为空载风压，MPa；P_{a2}为工作风压，MPa；l_h 为输料管长度，m。

(2)水压。为保证水从环隙射出时能充分湿润瞬间通过喷头的拌和料，水压应比风压大0.1MPa左右，在工程实践中供水压力一般大于0.2MPa。

(3)水灰比和喷头与受喷面的距离及倾角。由试验资料(图 29－18),水灰比介于 0.38～0.45 之间时,喷射混凝土的强度高且回弹率低。

当工作风压一定时,喷头距受喷面太近将引起回弹率剧增;若距离太远,则嵌固无力,骨料大量回落。如果喷头与受喷面距离适宜,可使回弹率达到最小,并获得较高的强度,一般以 0.6～1.0m 为宜。并且当喷头与受喷面垂直时,回弹率最低。

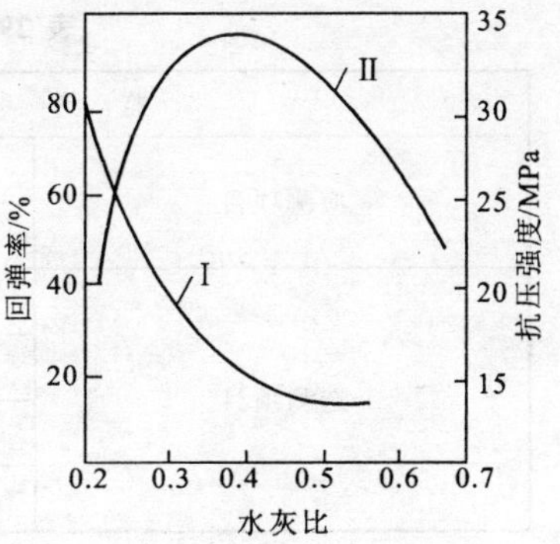

图 29－18　水灰比与回弹率、抗压强度的关系
Ⅰ—水灰比与回弹率的关系;Ⅱ—水灰比与抗压强度的关系

3. **喷射作业要求**

喷射作业应满足以下规定。

(1)喷射作业前,应对机械设备、风、水管路和电线进行全面的检查及试运转,清理受喷面,埋设控制混凝土厚度的标志。

(2)喷射作业开始时,应先送风,后开机,再给料,应待料喷完后,再关风。

(3)喷射作业应分段分片依次进行,同一分段内喷射顺序由上而下进行,以免新喷的混凝土层被水冲坏。

(4)喷射时,喷头应与受喷面垂直,并保持 0.6～1.0m 的距离。

(5)喷射混凝土的回弹率不应大于 15%。

(6)喷射混凝土终凝两小时后,应喷水养护。养护时间,一般工程不少于 7d,重要工程不少于 14d。

第七节　土钉墙的检验和监测

土钉支护结构与土层锚杆不同,它的整体效能是主要的,不必逐一检查。在每步开挖阶段,必须挑选土钉进行抗拔试验,以确定土钉与土体的界面摩阻力及极限抗拔力,检验设计、计算方法的可靠性。

在进行土钉工程质量验收时,应做抗拉试验。同一条件下试验数量不宜少于总数的 1%,且不应少于 3 根。

根据《锚杆喷射混凝土支护技术规范》GBJ86—85 土钉质量的合格条件为

$$\overline{P}_{An} \geqslant P_{A} \tag{29-29}$$

$$P_{A\min} \geqslant 0.9P_{A} \tag{29-30}$$

式中,n 为每批土钉抽样试验的试件组数;$\overline{P}_{An}$为同批 n 组试件抗拔力的平均值,N;P_A 为土钉设计抗拔力,N;$P_{A\min}$为同批 n 组试件抗拔力的最小值,N。

土钉支护结构的监测项目,可参照表 29－8。

在监测期间对监测数据应进行及时处理,达到信息化施工的目的。

表 29－8　土钉支护结构监测项目表

监　测　项　目		监　测　仪　器
应测项目	坡顶水平位移	经纬仪
	坡顶沉降	水平仪
选测项目	土钉应力	钢筋计、应变片
	墙体位移	测斜仪
	喷层钢筋应力	应变计
	土压力	土压力盒

主要参考文献

陈德基.工程地质及岩土工程新技术新方法论文集.武汉:中国地质大学出版社,1994
陈国兴,樊良本. 基础工程学. 北京:中国水利水电出版社,2002
陈仲颐,等.土力学.北京:清华大学出版社,1994
陈仲颐,叶书麟.基础工程学.北京:中国建筑工业出版社,1995
程良奎,等.喷射混凝土与土钉墙.北京:中国建筑工业出版社,1999
《地基处理手册》编写委员会.地基处理手册.北京:中国建筑工业出版社,1993
《工程地质手册》编写委员会.工程地质手册.北京:中国建筑工业出版社,1993
龚维明,戴国亮.桩承载力自平衡测试技术及工程应用.北京:中国建筑工业出版社,2006
龚晓南,张航.第四届地基处理学术讨论会论文集.杭州:浙江大学出版社,1992
龚晓南.复合地基.杭州:浙江大学出版社,2002
龚晓南.复合地基理论及工程应用.北京:中国建筑工业出版社,1992
顾晓鲁,等.地基与基础.北京:中国建筑工业出版社,1995
华南理工大学,浙江大学,湖南大学. 基础工程. 北京:中国建筑工业出版社,2003
黄生根,等.地基处理与基坑支护工程.武汉:中国地质大学出版社,2004
黄生根.CFG 桩复合地基现场试验及有限元模拟分析.岩土力学,2008(5)
黄生根.薄层褥垫刚性桩复合地基作用机理研究.岩土力学,2003(增刊 1)
黄生根.连拱式水泥土支护结构的应用.岩土工程技术,1998(3)
黄生根.逆做法刚性桩复合地基的作用原理与应用研究. 岩土力学,2005(8)
黄熙龄.高层建筑地下结构及基坑支护.北京:宇航出版社,1994
建设部综合勘察研究设计院.岩土工程勘察规范(GB50021—94).北京:中国建筑工业出版社,1995
江敏,张荣祥.深层搅拌石灰柱加固软弱地基.工程勘察,1995(2)
交通部第一公路工程总公司.公路桥涵施工技术规范(JTJ041—89).北京:人民交通出版社,1995
金喜平,邓庆阳. 基础工程.北京:机械工业出版社,2006
李世忠.钻探工艺学(下册).北京:地质出版社,1994
李天光.重锤低落距与轻锤高落距强夯法加固湿陷性地基效果对比.工程勘察,1995(2)
辽宁省人民防空办公室,上海市人民防空办公室.人防工程施工及验收规范(GBJ134—90).北京:中国建筑工业出版社,1991
林天健,熊厚金,王利群.桩基础设计指南.北京:中国建筑工业出版社,1999
林宗元.岩土工程治理手册.沈阳:辽宁科学技术出版社,1993

刘惠珊,徐攸在.地基基础工程283问.北京:中国计划出版社,2002
刘金砺.桩基础设计与计算.北京:中国建筑工业出版社,1996
刘金砺.桩基工程设计与施工技术.北京:中国建材工业出版社,1994
刘景政,等.地基处理与实例分析.北京:中国建筑工业出版社,1998
穆阳阳.地基与基础.北京:中国环境科学出版社,1995
秦惠民,叶政青.深基础施工实例.北京:中国建筑工业出版社,1992
饶卫国.桩-网复合地基原理及实践.北京:中国水利水电出版社,2004
沈克仁.地基与基础.北京:中国建筑工业出版社,1995
史佩栋,等.实用桩基工程手册.北京:中国建筑工业出版社,1999
史佩栋.我国桩基施工技术现状.建筑施工,1996,18(6)
孙福,等.岩土工程勘察设计与施工.北京:中国建筑工业出版社,1998
王协群,章宝华.基础工程.北京:北京大学出版社,2006
《岩土工程青年专家学术论坛文集》编委会.岩土工程青年专家学术论坛文集.北京:中国建筑工业出版社,1998
《岩土工程手册》编写委员会.岩土工程手册.北京:中国建筑工业出版社,1994
阎明礼,等.CFG桩施工工艺.施工技术,1996(1)
杨嗣信.高层建筑施工手册.北京:中国建筑工业出版社,1994
冶金部建筑研究总院.地基处理技术⑤.北京:冶金工业出版社,1992
冶金工业部建筑研究总院.建筑基坑工程技术规范(YB9258—97).北京:冶金工业出版社,1998
叶书麟,等.地基处理与托换技术.北京:中国建筑工业出版社,1994
叶书麟.地基处理工程实例应用手册.北京:中国建筑工业出版社,1998
赵志缙,赵帆.高层建筑基础工程施工(第二版).北京:中国建筑工业出版社,1994
赵志缙.新型混凝土及其施工工艺.北京:中国建筑工业出版社,1996
中国工程建设标准化协会.岩土锚杆(索)技术规程.北京:中国计划出版社,2005
中国建筑科学研究院.混凝土结构设计规范(GB50010—2002).北京:中国建筑工业出版社,2002
中国建筑科学研究院.建筑地基处理技术规范(JGJ79—2002).北京:中国计划出版社 ,1994
中国建筑科学研究院.建筑地基基础设计规范(GB50007—2002).北京:中国建筑工业出版社,1990
中国建筑科学研究院.建筑基坑支护技术规程(JGJ120—99).北京:中国建筑工业出版社,1999
中国建筑科学研究院.建筑结构荷载规范(GB50009—2002).北京:中国建筑工业出版社,2002
《桩基工程手册》编写委员会.桩基工程手册.北京:中国建筑工业出版社,1997